消防行业特有工种
职业培训与技能鉴定统编教材

消防设施操作员

（高级）

中国消防协会　组织编写

中国劳动社会保障出版社

图书在版编目（CIP）数据

消防设施操作员：高级 / 中国消防协会组织编写. -- 北京：中国劳动社会保障出版社，2020

消防行业特有工种职业培训与技能鉴定统编教材

ISBN 978-7-5167-4342-3

Ⅰ.①消… Ⅱ.①中… Ⅲ.①建筑物－消防－职业技能－鉴定－教材 Ⅳ.①TU998.1

中国版本图书馆 CIP 数据核字（2020）第 014480 号

中国劳动社会保障出版社出版发行

（北京市惠新东街 1 号 邮政编码：100029）

*

北京华联印刷有限公司印刷装订 新华书店经销

787 毫米 ×1092 毫米 16 开本 35.25 印张 653 千字

2020 年 1 月第 1 版 2021 年 4 月第 4 次印刷

定价：88.00 元

读者服务部电话：（010）64929211/84209101/64921644

营销中心电话：（010）64962347

出版社网址：http://www.class.com.cn

编写委员会

主　任：陈伟明

副主任：张荣昌　曹忙根　司　戈

委　员（按姓氏笔画）：

马振国　张国庆　周广连　段　炼　郭树林

本书编写人员

主　编：周广连　钟　阅

编　者（按姓氏笔画）：

丁显孔　王　力　王勇俞　龙道成　田锦林　白殿涛　任学明
刘　凯　刘玉宝　许春元　芦日新　李宁宁　李跃伟　李黎丽
杨志军　余广智　宋　洋　张　曦　张小忠　周广连　周雨荷
周建红　钟　阅　费春祥　骆明宏　翁立坚　黄晓家　梅志斌
智会强　熊　筠　潘志文

主　审：郭树林

审　稿（按姓氏笔画）：

刘　凯　李春强　张建国　赵玉全　南江林　晏　风　高晓斌

编　务：刘　峰　施　策　张　莹　葛书君

序

PREFACE

消防行业特有工种实行职业资格鉴定、推行持证上岗制度，是国家改进和加强社会公共消防安全的一项重要举措，对提高社会消防从业人员的业务技能和职业素质，推动社会化消防工作发展起到了重要的作用。特别是近年来，国家在深化改革的进程中，相继取消了一批职业资格，但仍然保留消防设施操作员职业资格，并作为准入类列入国家职业资格目录（《人力资源社会保障部关于公布国家职业资格目录的通知》，人社部发〔2017〕68号），充分说明党和国家对关乎人民生命财产安全的消防工作的重视。为了推进消防职业技能鉴定工作的发展，人力资源社会保障部、应急管理部批准了重新修订的《消防设施操作员国家职业技能标准》（以下简称《标准》），将于2020年1月起实施。

为了配合《标准》的实施，中国消防协会组织有关专家编写了这套消防行业特有工种职业培训与技能鉴定统编教材。

本套教材对标《标准》，按照消防设施操作员参加职业资格培训和技能鉴定的需求设定内容，并根据《标准》中划定的不同等级职业技能要求，将教材分成《消防设施操作员（基础知识）》《消防设施操作员（初级）》《消防设施操作员（中级）》《消防设施操作员（高级）》《消防设施操作员（技师　高级技师）》五册。

在教材编写过程中，应急管理部消防救援局、人力资源社会保障部职业技能鉴定中心以及有关单位给予了大力支持和指导，教材编写人员和审稿专家付出了辛勤的汗水，作出了突出的贡献，在此一并表示感谢。

本教材还有许多不足之处，欢迎读者提出宝贵意见，以便及时修改。

中国消防协会会长 陈伟明

编写说明

消防设施操作员是指从事建（构）筑物消防设施运行、操作和维修、保养、检测等工作的人员。《消防设施操作员国家职业技能标准》（以下简称《标准》）按照从业人员的职业活动范围、工作责任和工作难度将其划分为 2 个方向、5 个等级，其中消防设施监控操作职业方向分别为：五级 / 初级工、四级 / 中级工、三级 / 高级工、二级 / 技师；消防设施检测维修保养职业方向分别为：四级 / 中级工、三级 / 高级工、二级 / 技师、一级 / 高级技师。

为配合《标准》在 2020 年 1 月顺利施行，中国消防协会组织来自消防科研院校、产品生产企业、技术服务机构、消防救援队伍、职业技能鉴定站等从事一线工作的人员，编写了这套消防行业特有工种职业培训与技能鉴定统编教材。本套教材的总体构思由江苏省消防救援总队培训基地周广连高级工程师负责。本套教材的编写以《标准》为依据，分为基础知识和操作技能两大类；以“职业等级制划分”为基础，操作技能类分为《消防设施操作员（初级）》《消防设施操作员（中级）》《消防设施操作员（高级）》《消防设施操作员（技师　高级技师）》4 个分册；以“职业活动导向”为核心，《消防设施操作员（基础知识）》设 9 个培训模块，操作技能类依《标准》确定的职业方向及职业功能分设相应的培训模块；以“评价什么编什么”为思路，技能类分册依据职业功能划分培训模块，每个培训模块依工作内容划分为若干培训项目，每个培训项目再依技能点设若干培训单元，每个培训单元以职业能力为主线，按照“培训重点”“知识要求”“技能操作”3个组成部分来编写内容，强调知识为技能服务。本套教材内容全面对标《标准》，尤其是《标准》中确定的40项关键技能。

根据《标准》所确定的各等级鉴定申报条件，本套教材的配套使用情况为：《消防设施操作员（基础知识）》及《消防设施操作员（初级）》适用五级 / 初级工学习；五级 / 初级工所适用教材及《消防设施操作员（中级）》适用四级 / 中级工学习；四级 / 中级工所适用教材及《消防设施操作员（高级）》适用三级 / 高级工学习；三级 / 高级工所适用教材及《消防设施操作员（技师　高级技师）》适用二级 / 技师、一级 / 高级技师学习。各等级职业方向考生可参考《标准》中要求的考核科目，选择本等级培训教材中的相应培训模块进行学习。

《消防设施操作员（高级）》含“设施监控”“设施操作”“设施保养”“设施维修”“设施检测”“技术管理和培训”6个培训模块，每个培训模块中涉及“火灾自动报警系统”的相关内容由梅志斌、宋洋、翁立坚、王勇俞、刘玉宝、张曦、李宁宁、王力、潘志文、张小忠编写；涉及“自动灭火系统”的相关内容由黄晓家、许春元、熊筠、任学明、白殿涛、智会强、杨志军、骆明宏、田锦林编写；涉及“其他消防设施”的相关内容由刘凯、龙道成、周广连、周建红、余广智、费春祥、芦日新、李跃伟编写。“技术管理和培训”由李黎丽、钟阅、丁显孔、周雨荷编写。本分册主编为周广连、钟阅。

本教材编写、审稿期间，郭树林、刘凯、李春强、张建国、赵玉全、南江林、晏风、高晓斌等专家提出了宝贵的修改意见和建议。本教材存在的不足之处，敬请各位读者批评指正，以便进一步修改和完善。本教材中如存在与现行的相关国家法律、法规、规章、标准不一致的内容，以国家法律、法规、规章、标准为准。

编写组

2019年12月

目录

培训模块一　设施监控

培训模块二　设施操作

培训模块三　设施保养

培训模块四　设施维修

培训模块五　设施检测

培训模块六　技术管理和培训

三级 / 高级工考核示范样例

培训模块 一

设施监控

培训项目 1 设施巡检

培训单元 1 判断火灾报警控制器与相关设备的通信状态

【培训重点】

了解火灾报警控制器与相关设备的连接方式。
掌握火灾报警传输设备的通信功能。
掌握火灾报警控制器与消防联动控制器的通信功能。
掌握火灾报警控制器与消防控制室图形显示装置的通信功能。
熟练掌握火灾报警控制器与相关设备通信状态的判断方法。

【知识要求】

一、火灾报警控制器与相关设备的连接方式

消防控制室是建筑消防系统的信息中心、控制中心、日常运行管理中心和各自动消防系统运行状态监视中心，也是建筑发生火灾和日常火灾演练时的应急指挥中心；在有城市消防远程监控系统的地区，消防控制室也是建筑与远程监控中心的信息交互

中心。消防控制室应能集中控制、显示和管理建筑内所有消防设施包括火灾报警与消防联动控制设施设备的状态信息，并能将状态信息通过网络传输到城市消防远程监控中心。

消防控制室图形显示装置与火灾报警控制器、消防联动控制器、电气火灾监控器、可燃气体报警控制器等消防设备之间，应采用专用线路连接。具体工程的实际连接情况，应查看消防控制室的竣工图样。火灾报警控制器与相关设备的连接示意如图 1–1–1 所示。

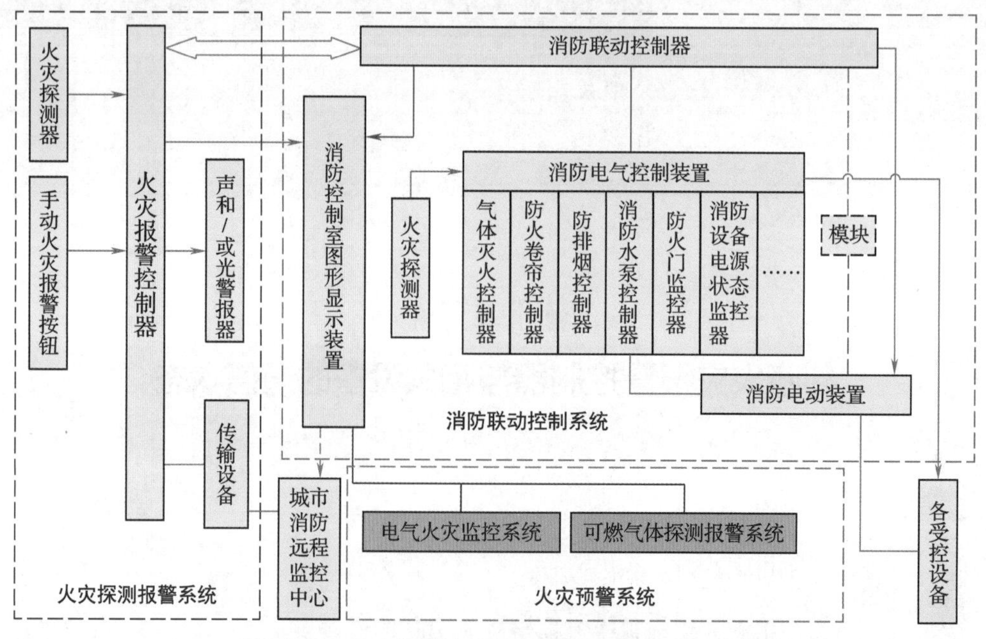

图 1–1–1　火灾报警控制器与相关设备的连接示意

目前，消防联动控制器一般与火灾报警控制器合二为一，设在同一机箱内，即火灾报警控制器（联动型）。

火灾报警控制器一般采用 RS232、RS485、RS422 总线接口，以及 CAN 总线接口或 RJ45 以太网接口同消防控制室图形显示装置通信，向消防控制室图形显示装置发送信息。

火灾报警控制器通过串口 RS232、RS485、RS422 以及并口等数据传输接口向火灾报警传输设备传输相关报警信息。火灾报警传输设备与火灾报警控制器连接方式示意如图 1–1–2 所示。

二、火灾报警传输设备的通信功能

火灾报警传输设备也称用户信息传输装置（简称传输设备或传输装置），设置在联网用户端，通过公用通信网或专用通信网等报警传输网络，与城市消防远程监控中心进行信息传输。

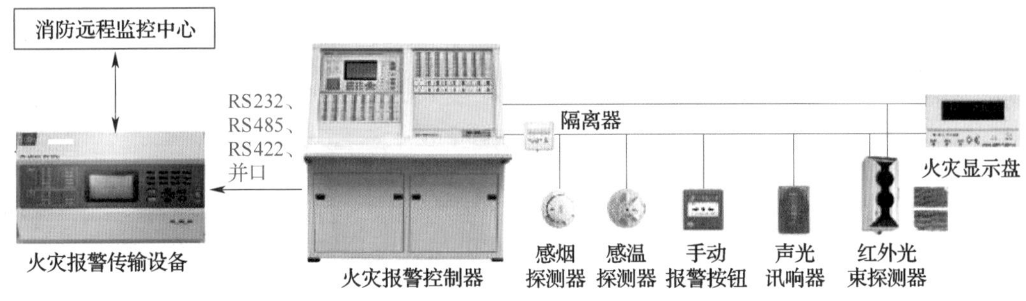

图 1–1–2 火灾报警传输设备与火灾报警控制器连接方式示意

1. 信息的接收与传输功能

火灾报警传输设备应能接收来自火灾报警控制器的火灾报警、监管报警、故障报警和屏蔽信息，并发出指示相应状态的光信号。传输设备应在 10 s 内将来自火灾报警控制器的信息传送给消防远程监控中心。在处理和传输各类报警信息或屏蔽信息时，传输设备对应状态指示灯应闪亮，在得到监控中心的正确接收确认后，该指示灯应常亮并在确认后或火灾探测报警系统复位后保持 5 min。当信息传送失败时应发出声、光信号。

传输设备在传输监管、故障、屏蔽或自检信息期间，如火灾报警控制器发出火灾报警信息，传输设备应能优先接收并传输火灾报警信息。

2. 手动报警功能

传输设备应设手动报警按键（钮），当手动报警按键（钮）动作时，应发出指示手动报警状态的光信号，并在 10 s 内将手动报警信息传送给监控中心。

传输设备在手动报警操作并传输信息时，手动报警指示灯应闪亮，在得到监控中心的正确接收确认后，该指示灯应常亮并保持 60 s。当信息传送失败时应发出声、光信号。

使用传输设备的手动报警功能适合以下几种情况：

（1）接收到人工报火警时（非手动报警按钮动作信号）；

（2）确认火灾后；

（3）传输设备自动传输采集到的火灾报警控制器输出的火警信号失败后。

个别情况下应放弃使用传输设备的手动报警功能，转而直接用固定电话或手机向监控中心进行火灾报警。例如：

（1）传输设备与监控中心的通信线路（链路）不能保障信息传输时；

（2）尝试一次手动报警，但传输失败后。

另外，传输设备在传输火灾报警、监管、故障、屏蔽或自检信息期间，应能优先进行手动报警操作和手动报警信息传输。

3. 本机故障报警功能

传输设备应设本机故障指示灯，只要传输设备存在本机故障信号，该故障指示灯（器）就应点亮。

当发生故障时，传输设备应在 100 s 内发出与火灾报警和手动报警有明显区别的本机故障声、光信号，并指示出类型，本机故障声信号应能手动消除，再有故障发生时，应能再启动；本机故障光信号应保持至故障排除。以下为几类常见故障：

（1）传输设备与监控中心间的通信线路（链路）不能保障信息传输。

（2）传输设备与建筑消防设施间的连接线发生断路、短路和影响功能的接地（短路时发出报警信号除外）。

（3）给备用电源充电的充电器与备用电源间连接线的断路、短路。

（4）备用电源与其负载间连接线的断路、短路。

对于（2）~（4）类故障，传输设备应在指示出该类故障后的 60 s 内将故障信息传送至监控中心。火灾报警传输设备面板指示灯示例如图 1–1–3 所示。

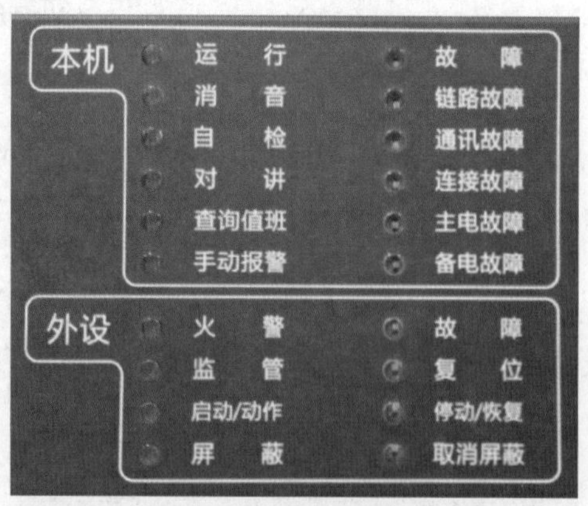

图 1–1–3　火灾报警传输设备面板指示灯示例

采用字母（符）—数字显示器时，当显示区域不足以显示全部故障信息时，应有手动查询功能。

三、火灾报警控制器与消防联动控制器的通信功能

消防联动控制器应能接收来自相关火灾报警控制器的火灾报警信号，显示报警区

域，发出火灾报警声、光信号，报警声信号应能手动消除，报警光信号应保持至消防联动控制器复位，并且消防联动控制器接收到火灾报警信号后，应在 3 s 内发出启动信号；当消防联动控制器与火灾报警控制器之间的连接线发生断路、短路和影响功能的接地时，消防联动控制器应发出故障报警信号并指示出故障类型。

火灾报警控制器（联动型）应能接收来自火灾探测器及其他火灾报警触发器件的火灾报警信号，指示火灾发生部位和发生时间，并将火灾报警部位信息发送给消防联动控制设备。

四、消防控制室图形显示装置与火灾报警控制器的通信功能

1. 通信故障报警功能

（1）消防控制室图形显示装置应能监视并显示与各类控制器通信的工作状态。

（2）消防控制室图形显示装置在与控制器及其他消防设备（设施）之间不能正常通信时，应在 100 s 内发出与火灾报警信号有明显区别的故障声、光信号，故障声信号应能手动消除，故障光信号应保持至故障排除。

（3）消防控制室图形显示装置与控制器的信息应同步，且在通信中断又恢复后，应能重新接收并正确显示。

2. 信息接收与状态显示功能

（1）当有火灾报警信号、监管报警信号、屏蔽信号、故障信号输入时，火灾报警控制器应向消防控制室图形显示装置发送输入信号的类别、名称、部位、位置、时间、工作状态（正常工作状态、火灾报警状态、屏蔽状态以及故障状态）等信息。

（2）消防控制室图形显示装置在火灾报警信号、反馈信号输入 10 s 内显示相应状态信息，在其他信号输入 100 s 内显示相应状态信息。

3. 信息传输功能

（1）消防控制室图形显示装置在接收到火灾报警控制器发出的火灾报警信号后，10 s 内将报警信息按规定的通信协议格式传送给监控中心。

（2）消防控制室图形显示装置应能接收监控中心的查询指令并能按规定的通信协议格式和规定的内容将相应信息传送到监控中心。

（3）在信息传输过程中，火灾报警信息应主动传输，且优先于其他信息。

技能 1　判断火灾报警控制器与火灾报警传输设备的通信状态

一、操作准备

1. 技术资料

火灾探测报警系统图，火灾探测器等系统部件现场布置图和地址编码表，火灾报警控制器、传输设备的使用说明书和设计手册等技术资料。

2. 实操设备

含有消防控制室图形显示装置、传输设备的集中型火灾自动报警模拟演示系统，旋具、万用表等必要的电工工具，秒表、声级计、照度计等必要的检查测试工具。

3. 记录表格

《消防控制室值班记录表》《建筑消防设施故障维修记录表》。

二、操作步骤

1. 检查传输设备本机故障报警情况

（1）检查传输设备与监控中心之间的链路情况

传输设备与监控中心之间应建立正常传输连接，即不存在链路故障。否则，传输设备不仅不能将接收到的火灾报警控制器的信息传输至监控中心，也无法实现向监控中心的手动报警。观察传输设备面板是否存在链路故障声、光信号指示及液晶显示器显示情况，发现问题及时处理。传输设备本机链路故障时光信号指示示例如图 1-1-4 所示。

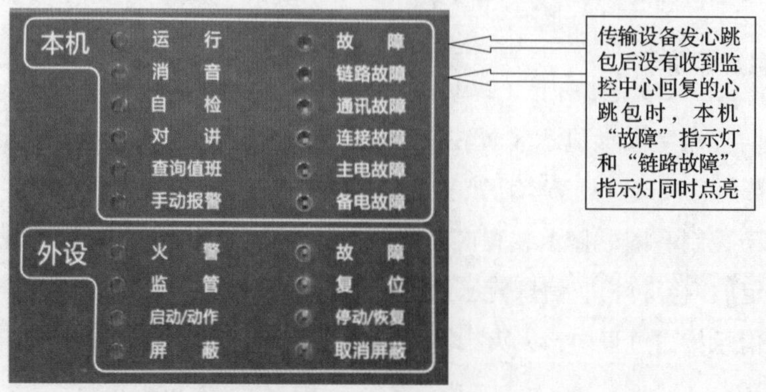

图 1-1-4　传输设备本机链路故障时光信号指示示例

若传输设备与监控中心之间的正常传输连接切断，当火灾报警控制器发出火灾报警、监管报警、故障报警或屏蔽信息并被传输设备接收时，传输设备还应发出信息传送失败的声、光信号指示。

（2）检查火灾报警控制器与传输设备之间的连接和通信情况

火灾报警控制器与传输设备之间的连接和通信应正常，即不存在连接故障信号。否则，传输设备将无法接收到火灾报警控制器发出的火灾报警、监管报警、故障报警和屏蔽信息，发生火灾时只能使用传输设备手动向监控中心报警。观察传输设备面板是否存在连接故障声、光信号指示及液晶显示器显示情况，发现问题及时处理。传输设备本机发生连接故障时光信号指示示例如图 1–1–5 所示。

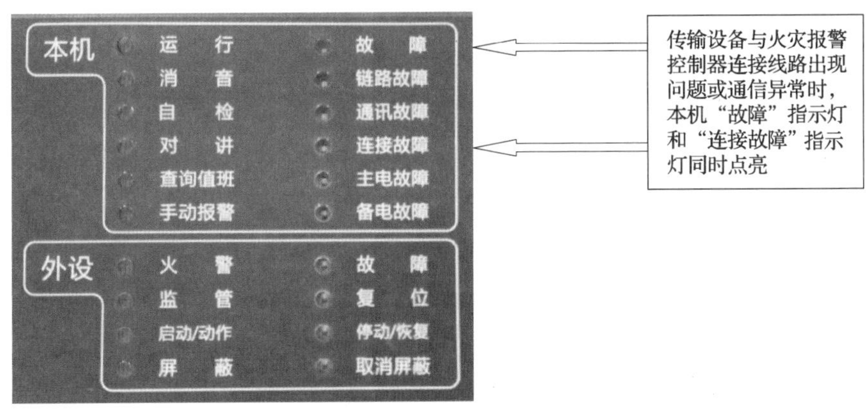

图 1–1–5 传输设备本机发生连接故障时光信号指示示例

（3）检查传输设备的其他本机故障报警状态

使传输设备产生其他类型的本机故障报警，观察并记录其本机故障声和光信号指示、故障响应时间、故障信息显示和传输等情况。

2. 检查传输设备的信息接收与传输状态

（1）检查传输设备的火灾报警信息接收与传输状态

若不存在上述链路故障或连接故障，使火灾报警控制器发出火灾报警信息，检查传输设备接收与传输火灾报警信息的正确性、完整性和及时性，观察并记录传输设备发出的火灾报警光信号、信息传输成功指示情况或信息传输失败指示情况。

传输设备上传报警信息失败时光信号指示示例如图 1–1–6 所示。

（2）检查传输设备的其他报警信息接收与传输状态

若不存在上述链路故障或连接故障，使火灾报警控制器发出监管报警、故障报警或屏蔽信息，检查传输设备接收与传输相关报警信息的正确性、完整性和及时性，观察并记录传输设备发出的此类信息光信号、信息传输成功或传输失败指示情况。

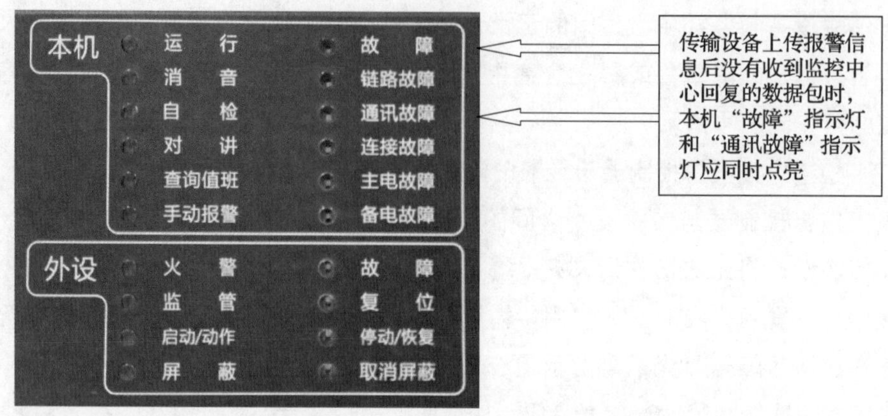

图 1-1-6　传输设备上传报警信息失败时光信号指示示例

（3）检查传输设备优先传输火灾报警信息情况

在传输设备分别处于传输监管、故障、屏蔽状态时，使火灾报警控制器发出火灾报警信息，观察并记录传输设备优先传输火灾报警信息的指示情况。

3. 填写记录

根据检查结果，规范填写《消防控制室值班记录表》；如发现传输设备存在故障，还应规范填写《建筑消防设施故障维修记录表》。

三、注意事项

1. 模拟产生报警、故障信号时，不应造成设备损坏。

2. 认真阅读传输设备的使用说明书和设计手册等技术资料，熟悉传输设备面板的本机和外设指示灯含义。

3.《消防控制室值班记录表》和《建筑消防设施故障维修记录表》的格式应符合现行国家标准《建筑消防设施的维护管理》（GB 25201）的规定。

技能 2　判断火灾报警控制器与消防联动控制器的通信状态

一、操作准备

1. 技术资料

火灾探测报警系统图，火灾探测器等系统部件现场布置图和地址编码表，火灾报警控制器、消防联动控制器的使用说明书和设计手册等技术资料。

2. 实操设备

含有消防控制室图形显示装置、传输设备的集中型火灾自动报警模拟演示系统，旋具、万用表等必要的电工工具，秒表、声级计、照度计等必要的检查测试工具。

3. 记录表格

《消防控制室值班记录表》《建筑消防设施故障维修记录表》。

二、操作步骤

1. 检查消防联动控制器与火灾报警控制器之间连接线故障的指示情况

大部分厂家生产的消防联动控制器与火灾报警控制器是一体化产品，即火灾报警控制器（联动型）。如果是分体式产品，消防联动控制器与火灾报警控制器之间以联网方式进行通信。

若消防联动控制器与火灾报警控制器之间的连接线发生故障，消防联动控制器故障报警功能应正常，观察并记录消防联动控制器故障声 / 光信号、故障总指示灯、故障时间及类型区分情况。消防联动控制器与火灾报警控制器之间连接线存在故障时面板指示示例如图 1-1-7 所示。

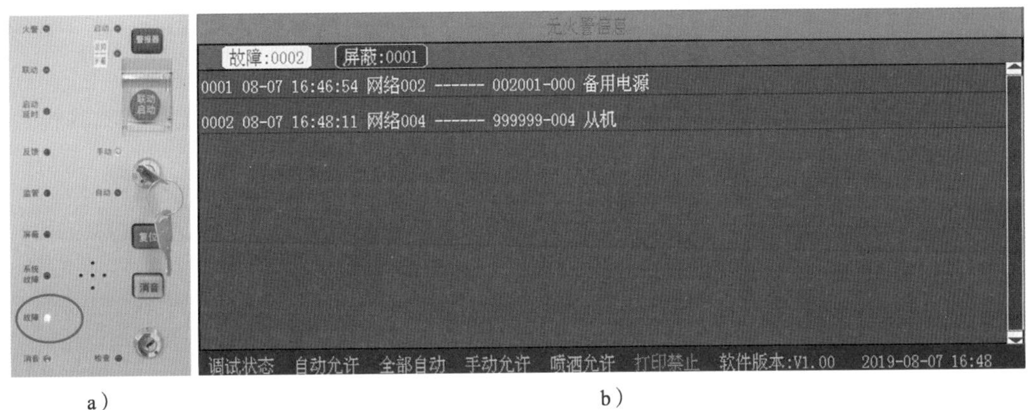

a） b）

图 1-1-7 消防联动控制器与火灾报警控制器之间连接线存在故障时面板指示示例

a）控制器面板界面基本按键与指示灯单元指示 b）控制器面板界面液晶显示器指示

2. 检查消防联动控制器的火灾报警信息接收与控制情况

消防联动控制器应能接收来自相关火灾报警控制器的火灾报警信号，显示报警区域，发出火灾报警声、光信号；在自动状态下，当火灾报警控制器发出火灾报警信号时，观察并记录消防联动控制器状态和负载启动情况。自动状态下火灾报警控制器（联动型）状态指示情况示例如图 1-1-8 所示。

3. 填写记录

根据检查结果，规范填写《消防控制室值班记录表》；如发现消防联动控制器与火灾报警控制器之间的连接线发生故障或通信异常，还应规范填写《建筑消防设施故障维修记录表》。

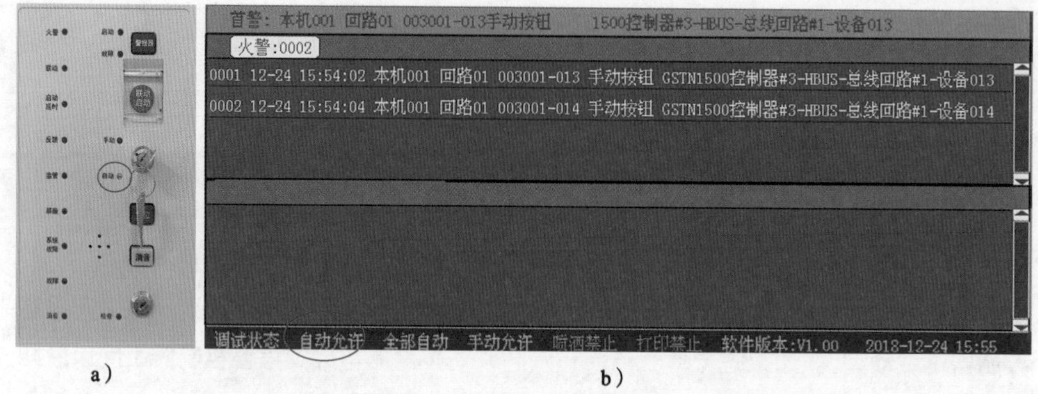

a）　　　　b）

图 1-1-8　自动状态下火灾报警控制器（联动型）状态指示情况示例

a）控制器面板界面基本按键与指示灯单元的自动状态指示　b）控制器面板界面液晶显示器的自动状态指示

三、注意事项

1. 自动状态下模拟测试时，不应对其他正常工作产生不利影响。

2. 若模拟产生消防联动控制器与火灾报警控制器之间连接线故障，不应造成设备损坏。

3.《消防控制室值班记录表》和《建筑消防设施故障维修记录表》的格式应符合现行国家标准《建筑消防设施的维护管理》（GB 25201）的规定。

技能 3　判断火灾报警控制器与消防控制室图形显示装置的通信状态

一、操作准备

1. 技术资料

火灾自动报警系统图，火灾探测器等系统部件现场布置图和地址编码表，火灾报警控制器（以下操作步骤中简称为控制器）、消防控制室图形显示装置的使用说明书和设计手册等技术资料。

2. 实操设备

含有消防控制室图形显示装置、传输设备的集中型火灾自动报警模拟演示系统，旋具、万用表等必要的电工工具，秒表、声级计、照度计等必要的检查测试工具。

3. 记录表格

《消防控制室值班记录表》《建筑消防设施故障维修记录表》。

二、操作步骤

1. 检查消防控制室图形显示装置的通信故障报警情况

使消防控制室图形显示装置与控制器之间连线产生断路或短路等故障，观察并记录消防控制室图形显示装置和控制器发出故障声、光信号指示以及故障时间显示情况。此时该故障指示有三处部位同时显示，分别是图形显示装置面板故障指示灯、图形显示装置界面故障指示和控制器面板故障指示。其中，消防控制室图形显示装置界面显示连接故障示例如图 1–1–9 所示（该图形显示装置界面状态栏显示区域中“通讯”状态指示由绿色变黄色，左下方系统消息栏区域显示“与控制器断开”故障）。

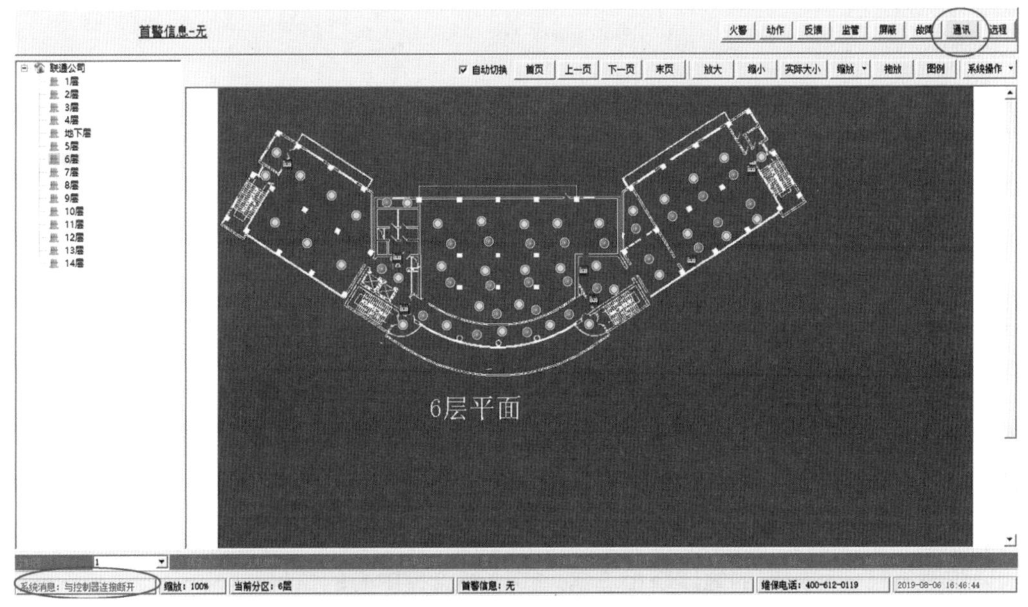

图 1–1–9　消防控制室图形显示装置界面显示连接故障示例

2. 检查消防控制室图形显示装置与控制器的信息是否同步

在通信中断时，模拟产生火灾报警信号，恢复通信后，检查消防控制室图形显示装置与控制器的信息是否同步。

3. 检查消防控制室图形显示装置的信息接收与状态显示情况

在控制器发出火灾报警信号、监管报警信号、反馈信号、屏蔽信号或故障信号时，观察消防控制室图形显示装置状态信息显示的完整性及其显示相应状态信息的时间一致性。消防控制室图形显示装置火灾报警状态信息显示示例如图 1–1–10 所示。

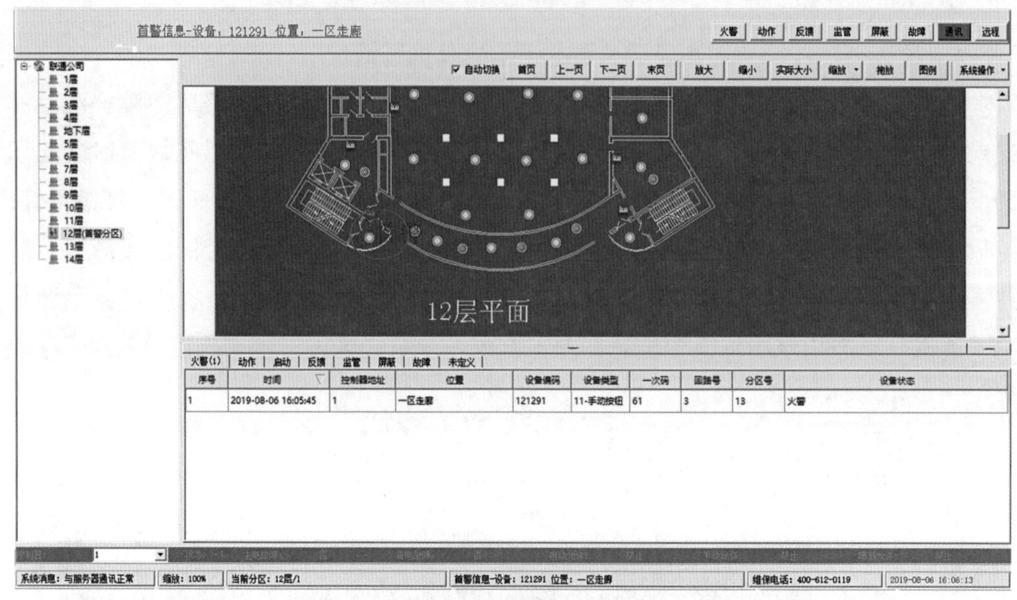

图 1-1-10　消防控制室图形显示装置火灾报警状态信息显示示例

4. 检查消防控制室图形显示装置的信息传输情况

采用消防控制室图形显示装置向监控中心传输信息时，还应检查消防控制室图形显示装置的信息传输情况。

（1）分别使控制器发出火灾报警信号、联动信号、故障信号等，检查消防控制室图形显示装置的信息传输和状态显示情况，以及在故障等其他信息存续状态下火灾报警信息主动传输且优先于其他信息传输的情况。

（2）检查消防控制室图形显示装置能否接收监控中心的查询指令，并能否按规定的通信协议格式和规定的内容将相应信息传送到监控中心的情况。

5. 填写记录

根据检查结果，规范填写《消防控制室值班记录表》；如发现异常，还应规范填写《建筑消防设施故障维修记录表》。

三、注意事项

1. 若模拟产生消防控制室图形显示装置与火灾报警控制器之间连接线故障，不应造成设备损坏。

2.《消防控制室值班记录表》和《建筑消防设施故障维修记录表》的格式应符合现行国家标准《建筑消防设施的维护管理》（GB 25201）的规定。

培训单元 2
判断火灾预警系统与消防控制室图形显示装置的通信状态

【培训重点】

了解火灾预警系统与消防控制室图形显示装置的连接方式。

掌握火灾预警系统与消防控制室图形显示装置的通信功能。

熟练掌握火灾预警系统与消防控制室图形显示装置通信状态的判断方法。

【知识要求】

一、可燃气体探测报警系统与消防控制室图形显示装置的连接

可燃气体探测报警系统是火灾自动报警系统的独立子系统，属于火灾预警系统。可燃气体探测报警系统由可燃气体探测器和可燃气体报警控制器组成，能够在保护区域内泄漏可燃气体的浓度低于 25% 爆炸下限（LEL）的条件下报警，从而预防由于可燃气体泄漏引发的火灾和爆炸事故的发生。

可燃气体报警控制器与消防控制室图形显示装置应采用专用线路连接，一般采用 RS232、RS485、CAN、以太网、USB、LAN/WAN 等通信接口，可燃气体探测报警系统与消防控制室图形显示装置使用 RS232 接口连接示例如图 1-1-11 所示。通信接口应具有防脱落措施。

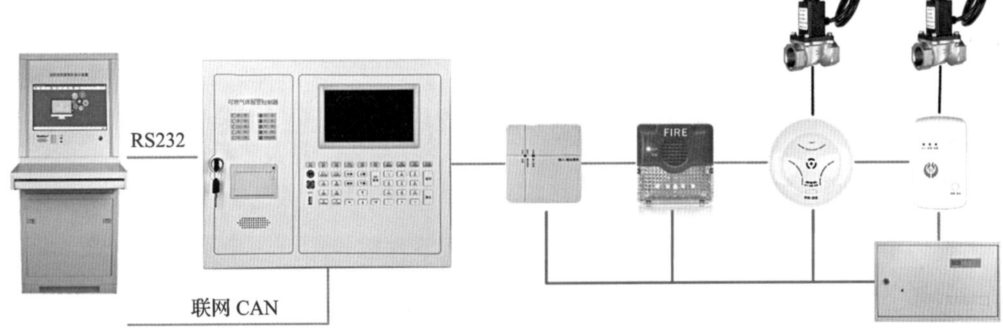

图 1-1-11　可燃气体探测报警系统与消防控制室图形显示装置使用 RS232 接口连接示例

二、可燃气体报警控制器与消防控制室图形显示装置的通信功能

1. 通信故障报警功能

（1）消防控制室图形显示装置应能监视并显示与可燃气体报警控制器通信的工作状态。

（2）消防控制室图形显示装置在与可燃气体报警控制器之间不能正常通信时，应在 100 s 内发出故障声、光信号，故障声信号应能手动消除，故障光信号应保持至故障排除。

（3）消防控制室图形显示装置与可燃气体报警控制器之间的信息应同步，且在恢复中断的通信后，应能重新接收并正确显示。

2. 信息接收与状态显示功能

（1）当可燃气体报警控制器有可燃气体报警信号、故障报警信号、屏蔽信号输入时，应向消防控制室图形显示装置发送输入信号的类别、名称、部位、位置、时间、工作状态（正常工作状态、可燃气体报警状态、故障状态以及屏蔽状态）等信息。

（2）消防控制室图形显示装置在可燃气体报警信号输入 10 s 内显示相应状态信息，在其他信号输入 100 s 内显示相应状态信息。

3. 信息传输功能

（1）消防控制室图形显示装置在接收到可燃气体探测报警系统的可燃气体报警信号后 10 s 内，将报警信息按规定的通信协议格式传送给监控中心。

（2）消防控制室图形显示装置应能接收监控中心的查询指令，并能按规定的通信协议格式和规定的内容将相应信息传送到监控中心。

（3）在信息传输过程中，可燃气体报警信息应主动传输，且优先于本系统其他信息传输。

三、电气火灾监控系统与消防控制室图形显示装置的连接

电气火灾监控系统是火灾自动报警系统的独立子系统，属于火灾预警系统。电气火灾监控系统由电气火灾监控探测器和电气火灾监控设备组成，能在电气线路、该线路中的配电设备或用电设备发生电气故障并产生一定电气火灾隐患的条件下发出报警，提醒专业人员排除电气火灾隐患，实现电气火灾的早期预防，避免电气火灾的发生，

具有很强的电气防火预警功能。

电气火灾监控设备与消防控制室图形显示装置应采用专用线路连接，一般采用RS232、RS485、CAN、以太网、USB、LAN/WAN 等通信接口，电气火灾监控系统与消防控制室图形显示装置使用 RS232 接口连接示例如图 1–1–12 所示。通信接口应具有防脱落措施。

四、电气火灾监控设备与消防控制室图形显示装置的通信功能

1. 通信故障报警功能

（1）消防控制室图形显示装置应能监视并显示与电气火灾监控设备通信的工作状态。

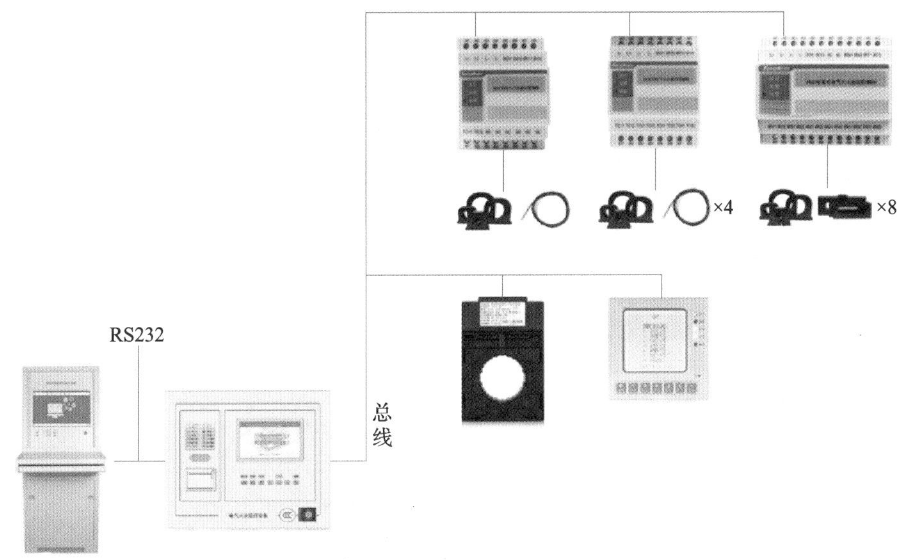

图 1–1–12 电气火灾监控系统与消防控制室图形显示装置使用 RS232 接口连接示例

（2）消防控制室图形显示装置在与电气火灾监控设备之间不能正常通信时，应在 100 s 内发出故障声、光信号，故障声信号应能手动消除，故障光信号应保持至故障排除。

（3）消防控制室图形显示装置与电气火灾监控设备之间的信息应同步，且在恢复中断的通信后，应能重新接收并正确显示。

2. 信息接收与状态显示功能

（1）当电气火灾监控设备有监控报警信号、故障报警信号、屏蔽信号输入时，应向消防控制室图形显示装置发送输入信号的类别、名称、部位、位置、时间、工作状态（正常工作状态、电气火灾报警状态、故障状态以及屏蔽状态）等信息。

（2）消防控制室图形显示装置在监控报警信号输入 10 s 内显示相应状态信息，在其他信号输入 100 s 内显示相应状态信息。

3. 信息传输功能

（1）消防控制室图形显示装置在接收到系统的监控报警信号后 10 s 内，将报警信息按规定的通信协议格式传送到监控中心。

（2）消防控制室图形显示装置应能接收监控中心的查询指令，并能按规定的通信协议格式和规定的内容将相应信息传送到监控中心。

（3）在信息传输过程中，监控报警信息应主动传输，且优先于本系统其他信息传输。

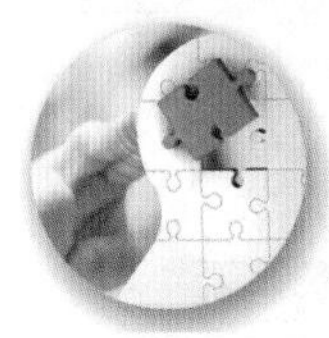

【技能操作】

技能 1　判断可燃气体报警控制器与消防控制室图形显示装置的通信状态

一、操作准备

1. 技术资料

可燃气体探测报警系统图，可燃气体探测器等系统部件现场布置图和地址编码表，可燃气体报警控制器、消防控制室图形显示装置的使用说明书和设计手册等技术资料。

2. 实操设备

电气火灾监控系统演示模型、可燃气体探测报警系统演示模型、消防控制室图形显示装置，电气火灾模拟测试仪器、可燃气体试样等测试用品，秒表、声级计、照度计等检测工具。

3. 记录表格

《消防控制室值班记录表》《建筑消防设施故障维修记录表》。

二、操作步骤

1. 判断可燃气体报警控制器与消防控制室图形显示装置连接是否正常

（1）查看可燃气体报警控制器与消防控制室图形显示装置的硬件连接

检查可燃气体报警控制器、消防控制室图形显示装置的通信电路板，检查通信接口处的接线端子，确认无松动和短接现象。查看可燃气体报警控制器与消防控制室图形显示装置的通信连接线，确认无破损和老化现象。

通信电路板上通信接口示例如图 1–1–13 所示。

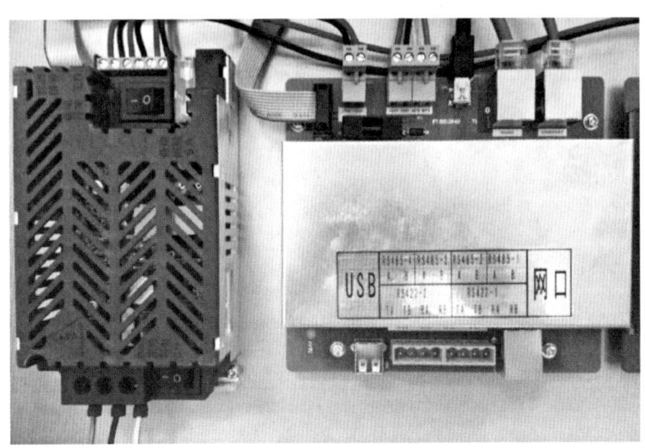

图 1–1–13　通信电路板上通信接口示例

（2）查看可燃气体报警控制器、消防控制室图形显示装置的软件设置

部分可燃气体报警控制器在与消防控制室图形显示装置硬件连通后，可以自行匹配，无须进入软件进行通信设置。还有的可燃气体报警控制器在与消防控制室图形显示装置硬件连通后，还需进入各自的操作系统内进行通信功能的设置。在可燃气体报警控制器操作界面设置与消防控制室图形显示装置通信示例如图 1–1–14 所示。

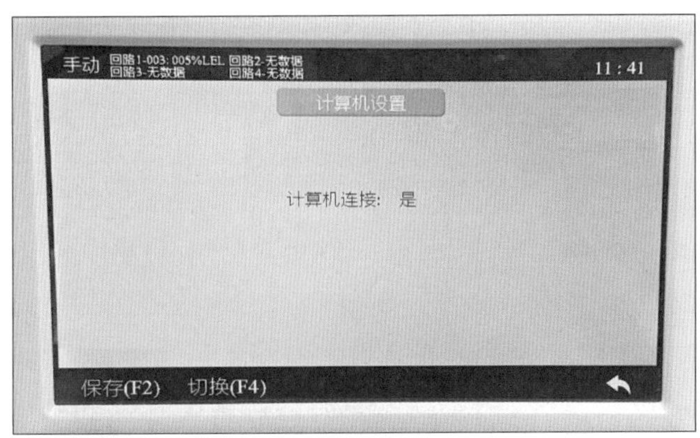

图 1–1–14　在可燃气体报警控制器操作界面设置与消防控制室图形显示装置通信示例

（3）可燃气体报警控制器与消防控制室图形显示装置的通信状态

在完成可燃气体报警控制器与消防控制室图形显示装置的硬件连接和软件设置后，观察消防控制室图形显示装置的液晶显示屏，液晶显示屏显示“通讯成功”等类似信息，消防控制室图形显示装置与可燃气体探测报警系统连接成功界面示例如图 1–1–15 所示。

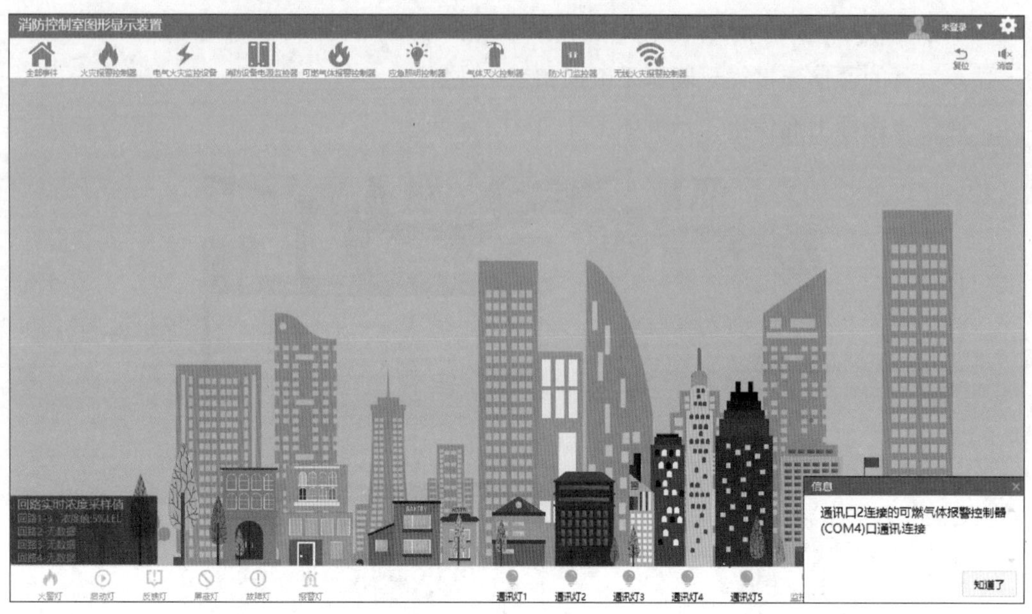

图 1–1–15　消防控制室图形显示装置与可燃气体探测报警系统连接成功界面示例

当消防控制室图形显示装置与可燃气体报警控制器之间连接出现问题或通信异常时，消防控制室图形显示装置发出故障声，消防控制室图形显示装置的液晶显示屏显示“通讯故障”等类似故障报警信息，这时可参照本教材模块四设施维修相关内容对设备进行修复。消防控制室图形显示装置液晶显示屏显示故障报警信息示例如图 1–1–16 所示。

图 1–1–16　消防控制室图形显示装置液晶显示屏显示故障报警信息示例

2. 检查消防控制室图形显示装置接收可燃气体报警控制器的上传信息

分别使可燃气体报警控制器发出可燃气体报警信号、故障报警信号，观察消防控制室图形显示装置状态信息显示的完整性，并用秒表等计时工具记录消防控制室图形显示装置显示相应状态信息的时间，以及可燃气体报警信息主动传输且优先于其他信息传输情况。消防控制室图形显示装置可燃气体报警状态信息显示示例如图 1-1-17 所示。

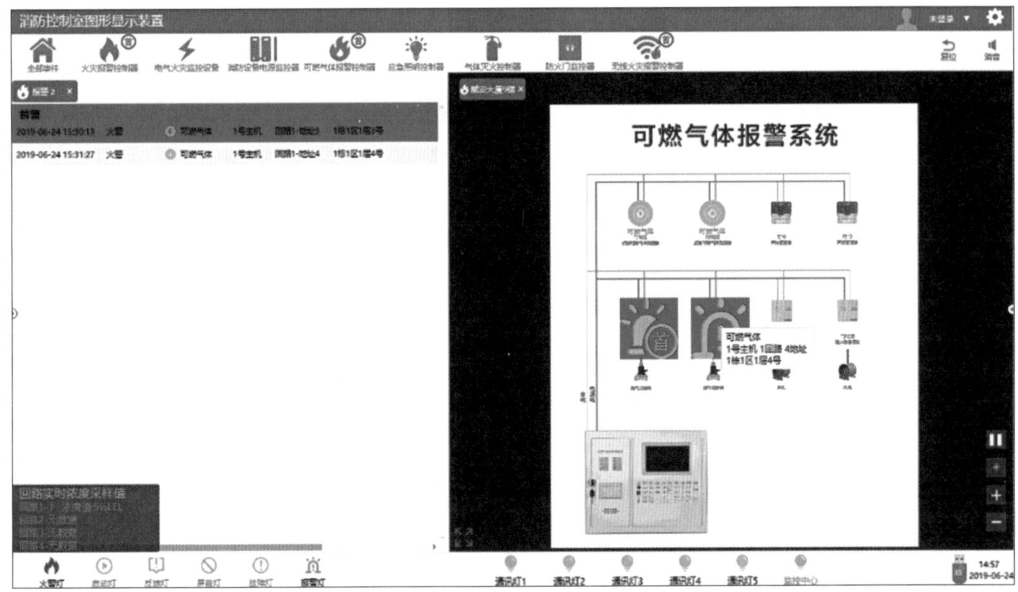

图 1-1-17 消防控制室图形显示装置可燃气体报警状态信息显示示例

3. 检查消防控制室图形显示装置与可燃气体报警控制器的信息是否同步

在消防控制室图形显示装置与可燃气体报警控制器通信中断时，模拟产生可燃气体报警信号，恢复通信后，检查消防控制室图形显示装置与可燃气体报警控制器的信息是否同步。

4. 填写记录

根据检查结果，规范填写《消防控制室值班记录表》；如有故障，填写《建筑消防设施故障维修记录表》，及时修复故障。

三、注意事项

1. 操作时做好防护措施，以免造成人身伤害。

2. 可燃气体报警控制器模拟产生报警信号时，避免发生危险和造成系统设施损坏。

3. 可燃气体报警控制器模拟产生启动信号时，不应造成不良影响。

技能 2　判断电气火灾监控设备与消防控制室图形显示装置的通信状态

一、操作准备

1. 技术资料

电气火灾监控系统图，监控探测器等系统部件现场布置图和地址编码表，电气火灾监控设备、消防控制室图形显示装置的使用说明书和设计手册等技术资料。

2. 实操设备

电气火灾监控系统演示模型、可燃气体探测报警系统演示模型、消防控制室图形显示装置，电气火灾模拟测试仪器、可燃气体试样等测试用品，秒表、声级计、照度计等检测工具等。

3. 记录表格

《消防控制室值班记录表》《建筑消防设施故障维修记录表》。

二、操作步骤

1. 判断电气火灾监控设备与消防控制室图形显示装置连接是否正常

（1）查看电气火灾监控设备与消防控制室图形显示装置的硬件连接

检查电气火灾监控设备、消防控制室图形显示装置的通信电路板，检查通信接口处的接线端子，确认无松动和短接现象。查看电气火灾监控设备与消防控制室图形显示装置的通信连接线，确认无破损和老化现象。

通信电路板上通信接口示例如图 1-1-18 所示。

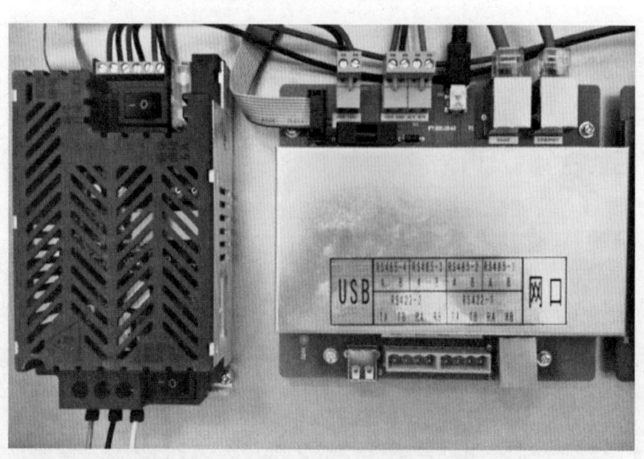

图 1-1-18　通信电路板上通信接口示例

（2）查看电气火灾监控设备、消防控制室图形显示装置的软件设置

一部分电气火灾监控设备在与消防控制室图形显示装置硬件连通后，可以自行匹配，无须进入软件进行通信设置。另一部分电气火灾监控设备在与消防控制室图形显示装置硬件连通后，还需进入各自的操作系统内进行通信功能的设置。在电气火灾监控设备操作界面设置与消防控制室图形显示装置通信示例如图 1-1-19 所示，在消防控制室图形显示装置操作界面设置与电气火灾监控设备通信示例如图 1-1-20 所示。

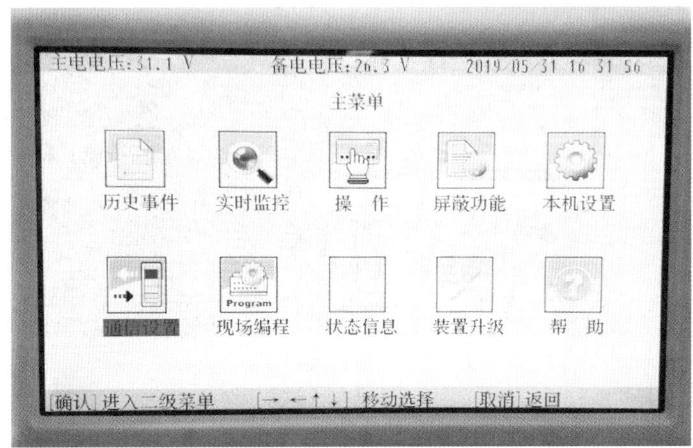

图 1-1-19 在电气火灾监控设备操作界面设置与消防控制室图形显示装置通信示例

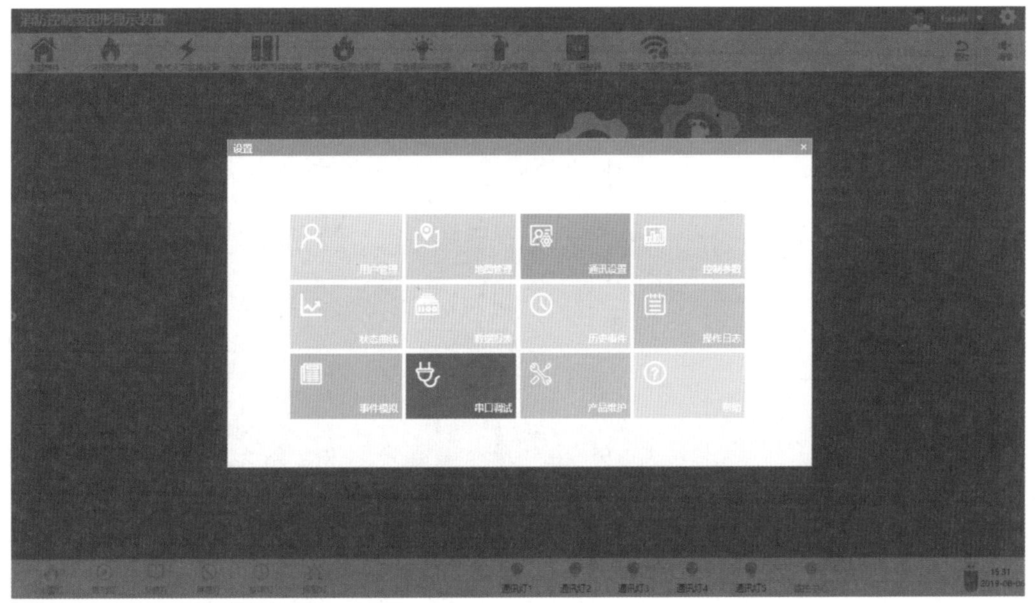

图 1-1-20 在消防控制室图形显示装置操作界面设置与电气火灾监控设备通信示例

（3）查看电气火灾监控设备与消防控制室图形显示装置的通信状态

在完成电气火灾监控设备与消防控制室图形显示装置的硬件连接和软件设置后，观

察消防控制室图形显示装置的液晶显示屏，液晶显示屏显示“通讯成功”等类似信息，消防控制室图形显示装置与电气火灾监控系统连接成功界面示例如图 1–1–21 所示。

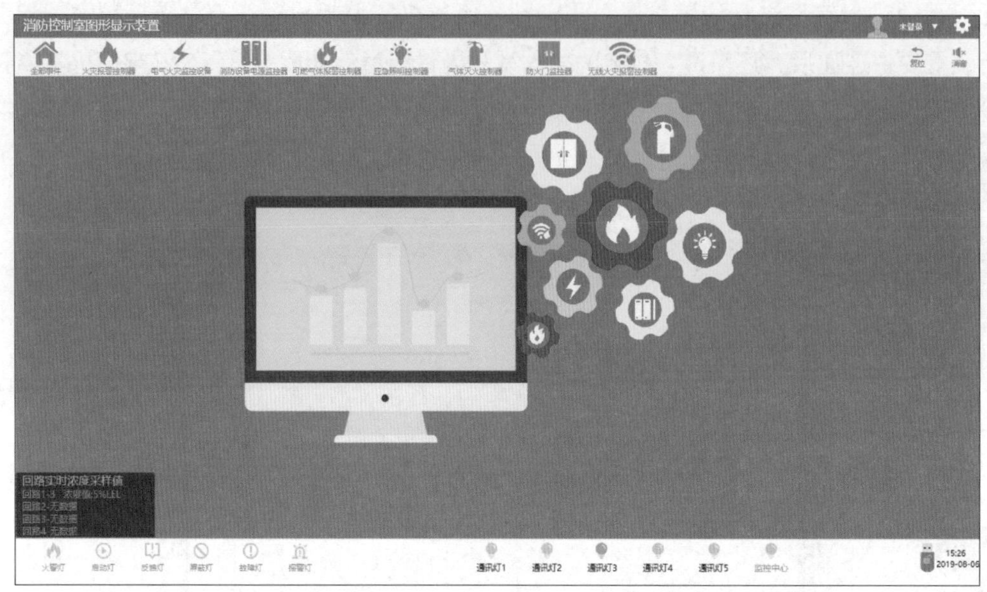

图 1–1–21　消防控制室图形显示装置与电气火灾监控系统连接成功界面示例

当消防控制室图形显示装置与电气火灾监控设备之间连接出现问题或通信异常时，消防控制室图形显示装置发出故障声，消防控制室图形显示装置的液晶显示屏显示“通讯故障”等类似故障报警信息，这时可参照本教材模块四设施维修相关内容对设备进行修复。消防控制室图形显示装置液晶显示屏显示故障报警信息示例如图 1–1–22 所示。

图 1–1–22　消防控制室图形显示装置液晶显示屏显示故障报警信息示例

2. 检查消防控制室图形显示装置接收电气火灾监控设备的上传信息

分别使电气火灾监控设备发出监控报警信号、故障报警信号，观察消防控制室图形显示装置状态信息显示的完整性，并用秒表等计时工具记录消防控制室图形显示装置显示相应状态信息的时间。消防控制室图形显示装置监控报警状态信息显示示例如图 1-1-23 所示。

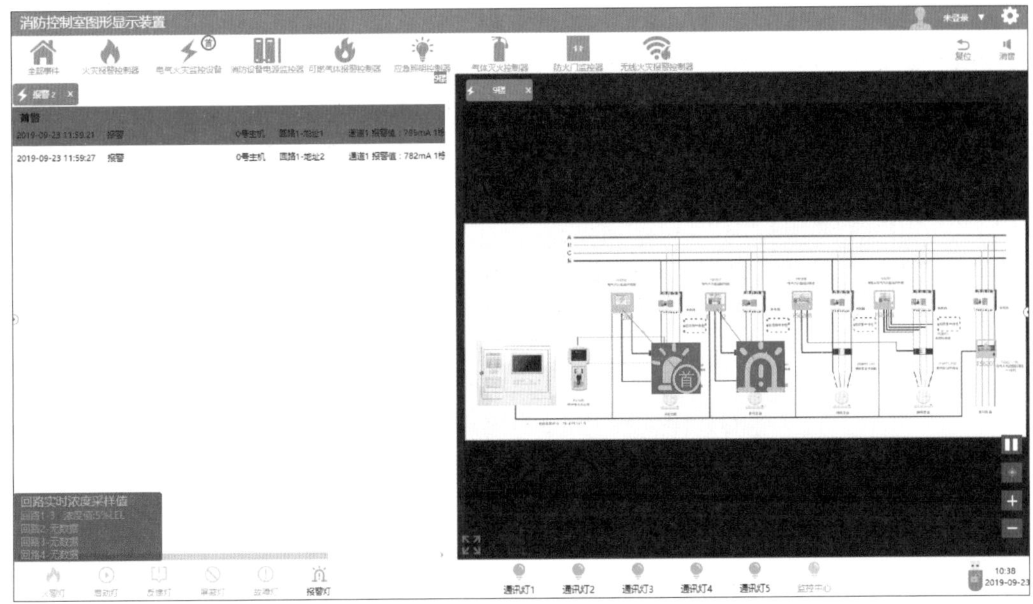

图 1-1-23 消防控制室图形显示装置监控报警状态信息显示示例

3. 检查消防控制室图形显示装置与电气火灾监控设备的信息是否同步

在消防控制室图形显示装置与电气火灾监控设备通信中断时，模拟产生电气火灾报警信号，恢复通信后，检查消防控制室图形显示装置与电气火灾监控设备的信息是否同步。

4. 填写记录

根据检查结果，规范填写《消防控制室值班记录表》；如有故障，填写《建筑消防设施故障维修记录表》，及时报修。

三、注意事项

1. 操作时做好防护措施，以免造成人身伤害。
2. 电气火灾监控设备模拟产生报警信号时，不应造成系统设施损坏。
3. 电气火灾监控设备模拟产生启动信号时，不应造成不良影响。

培训单元 3
判断火灾报警控制器之间的通信状态

【培训重点】

了解集中火灾报警控制器与区域火灾报警控制器的联网方式与通信功能。

掌握判断集中火灾报警控制器与区域火灾报警控制器通信状态的能力。

掌握判断主、分消防控制室之间火灾报警控制器通信状态的能力。

【知识要求】

一、火灾报警控制器之间的通信功能

现行国家标准《消防控制室通用技术要求》（GB 25506）和《火灾自动报警设计规范》（GB 50116）对集中报警系统和控制中心报警系统给出了明确的规定。

1. 集中报警系统中的通信功能

（1）集中报警系统的组成

集中报警系统应由火灾探测器、手动火灾报警按钮、火灾声光警报器、消防应急广播、消防专用电话、消防控制室图形显示装置、火灾报警控制器、消防联动控制器等组成。采用集中报警系统的建筑，只有一个消防控制室时，系统中的集中火灾报警控制器应设置在消防控制室内，消防控制室设备具有火灾自动报警和消防联动控制功能，能对所有自动消防设备进行联动控制。

（2）集中火灾报警控制器和区域火灾报警控制器之间的通信功能

在集中报警系统中，集中火灾报警控制器和区域火灾报警控制器之间的通信功能如下：

1）区域火灾报警控制器应能向集中火灾报警控制器发送火灾报警、消防联动、故障报警、自检以及可能具有的监管报警、屏蔽、延时等各种完整信息，并应能接收、处理集中火灾报警控制器的相关指令。

2）集中火灾报警控制器应能接收和显示来自各区域火灾报警控制器的火灾报警、火灾报警控制、故障报警、自检以及可能具有的监管报警、屏蔽、延时等各种完整信息，进入相应状态，并应能向区域火灾报警控制器发出控制指令。

3）集中火灾报警控制器在与其连接的区域火灾报警控制器间的连接线发生断路、短路和影响功能的接地时应能进入故障状态并显示区域火灾报警控制器的部位。

2. 控制中心报警系统中火灾报警控制器的通信功能

（1）控制中心报警系统的组成

具有两个及两个以上消防控制室时应设置控制中心报警系统并确定主消防控制室和分消防控制室。起集中监控功能的火灾报警控制器设置在主消防控制室内，具有火灾自动报警和消防联动控制功能；集中型火灾报警控制器设置在分消防控制室内，也具有火灾自动报警和消防联动控制功能，可独立进行火灾自动探测报警和消防联动控制。

（2）主、分消防控制室之间火灾报警控制器的通信功能

主、分消防控制室的火灾报警控制器除满足集中报警系统中集中火灾报警控制器和区域火灾报警控制器之间的通信功能外，还应具有以下功能：

1）主消防控制室内的消防设备应能显示各分消防控制室内消防设备的状态信息，并可对分消防控制室内的消防设备及其控制的消防系统和设备进行控制。

2）各分消防控制室内的控制和显示装置之间可以互相传输、显示状态信息，但不应互相控制。

二、火灾报警控制器之间的联网方式

火灾报警控制器之间通常采用RS485、CAN等通信方式进行联网，联网方式有以下几种：

1. 总线型联网拓扑

总线型联网拓扑图如图1-1-24所示，可以采用RS485、CAN等通信方式进行联网。其优点是布线要求简单、扩充容易、增删不影响其他工作，但是存在维护难、分支节点故障查找难等不利因素。

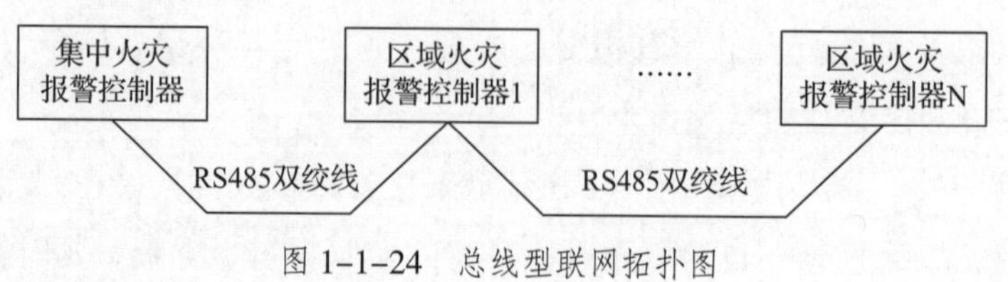

图 1-1-24　总线型联网拓扑图

2. 环型联网拓扑

双绞线环型联网拓扑图如图 1-1-25 所示，可以采用 RS485、CAN 等通信方式进行联网。其优点是简化了路径选择的控制、控制软件简单，但是存在不便扩充、维护难等不利因素。

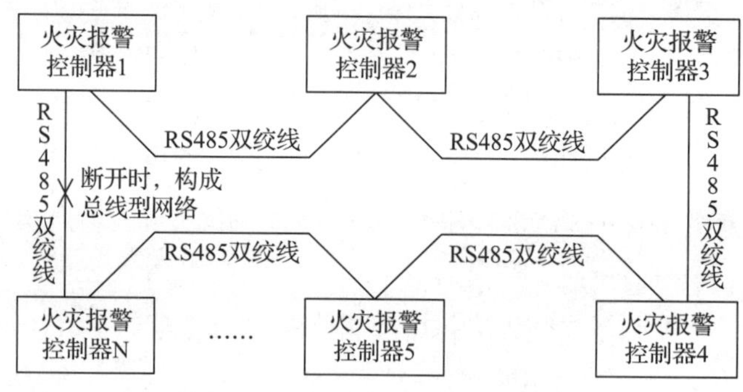

图 1-1-25　双绞线环型联网拓扑图

3. 星型联网拓扑

星型联网拓扑图如图 1-1-26 所示，可以采用 RS485、CAN 等通信方式进行联网。其优点是易于维护、安全性高、系统可靠性高，但是存在安装维护工作量大、中央节点负担重、分布处理能力低等不利因素。

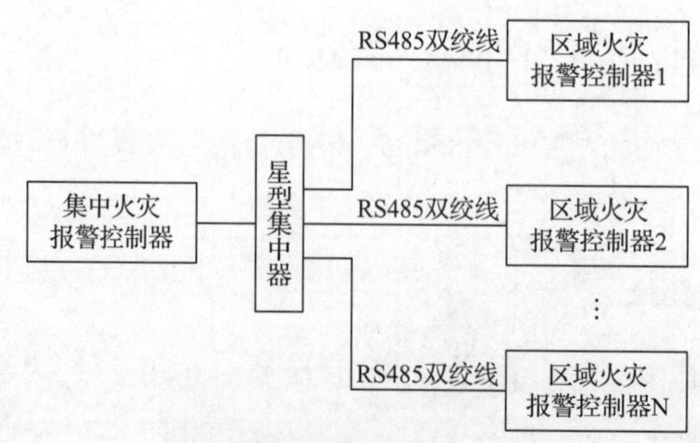

图 1-1-26　星型联网拓扑图

【技能操作】

技能 1 判断集中火灾报警控制器与区域火灾报警控制器的通信状态

一、操作准备

1. 技术资料

火灾自动报警系统图，火灾探测器等系统部件现场布置图和地址编码表，火灾报警控制器使用说明书和设计手册等技术资料。

2. 实操设备

集中型火灾自动报警系统模型（含 1 台起集中监控功能的火灾报警控制器及配套演示系统，2 台区域型火灾报警控制器及配套演示系统），火灾探测器功能试验仪器，旋具、万用表等电工工具，秒表、声级计等检测工具。

3. 记录表格

《消防控制室值班记录表》《建筑消防设施故障维修记录表》。

二、操作步骤

1. 检查集中火灾报警控制器与区域火灾报警控制器的连接

（1）连接线断路

模拟集中火灾报警控制器与区域火灾报警控制器间连接线发生断路，如图 1–1–27 所示，集中火灾报警控制器应能发出声光故障信号，指示故障区域火灾报警控制器的位置信息。

（2）连接线短路

模拟集中火灾报警控制器与区域火灾报警控制器间连接线发生短路，集中火灾报警控制器应能发出声光故障信号，指示故障区域火灾报警控制器的位置信息。

（3）连接线接地

模拟集中火灾报警控制器与区域火灾报警控制器间连接线发生影响功能的接地，集中火灾报警控制器应能发出声光故障信号，指示故障区域火灾报警控制器的位置信息。

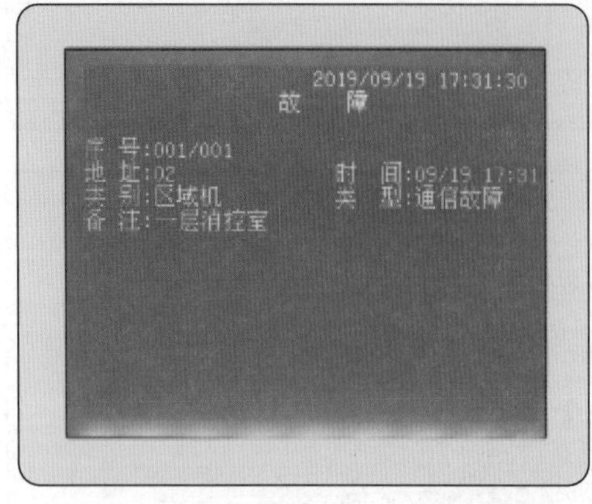

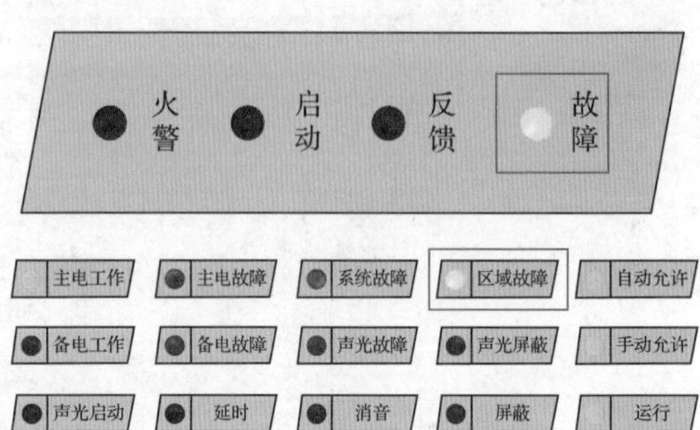

图 1-1-27　线路故障显示

2. 检查集中火灾报警控制器与区域火灾报警控制器的数据通信

（1）检查集中火灾报警控制器与区域火灾报警控制器的火灾报警信息通信

1）模拟区域报警系统所属火灾探测器报警，如图 1-1-28 所示，区域火灾报警控制器发出声光火灾报警信号，进入火灾报警状态，指示火灾发生部位及时间。

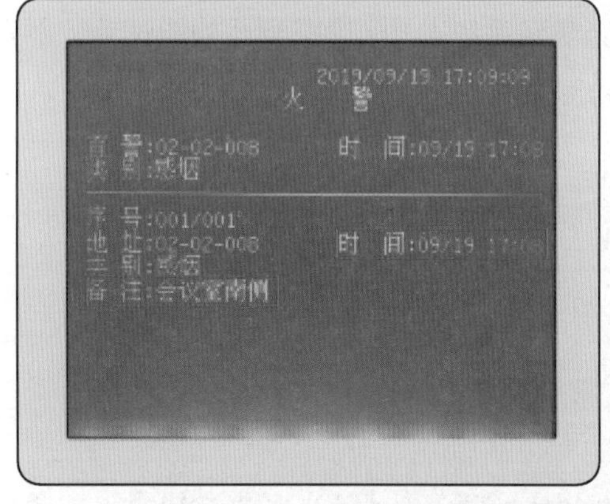

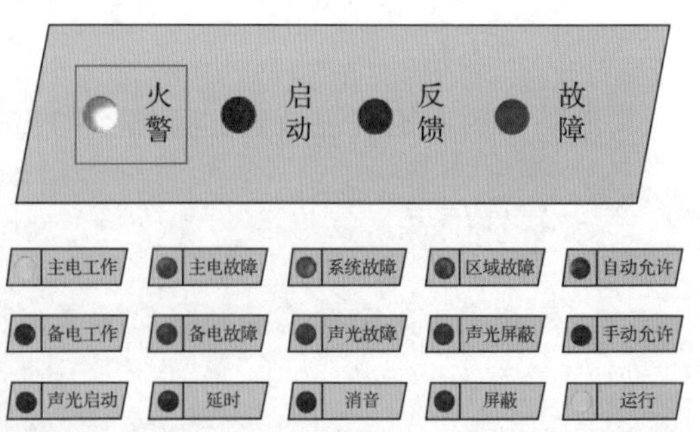

图 1-1-28　区域火灾报警控制器火灾报警信息

2）起集中监控作用的集中火灾报警控制器应能发出声光火灾报警信号并进入火灾报警状态。如图 1-1-29 所示，检查火灾发生部位及时间是否与区域火灾报警控制器一致。

（2）检查集中火灾报警控制器与区域火灾报警控制器其他信息的通信

1）在区域火灾报警控制器端，操作控制器进入故障、自检、屏蔽等状态。

2）在集中火灾报警控制器端，集中火灾报警控制器应能进入相应状态。

3. 填写记录

根据检查结果，规范填写《消防控制室值班记录表》；如发现火灾报警控制器存在本机故障，还应规范填写《建筑消防设施故障维修记录表》。

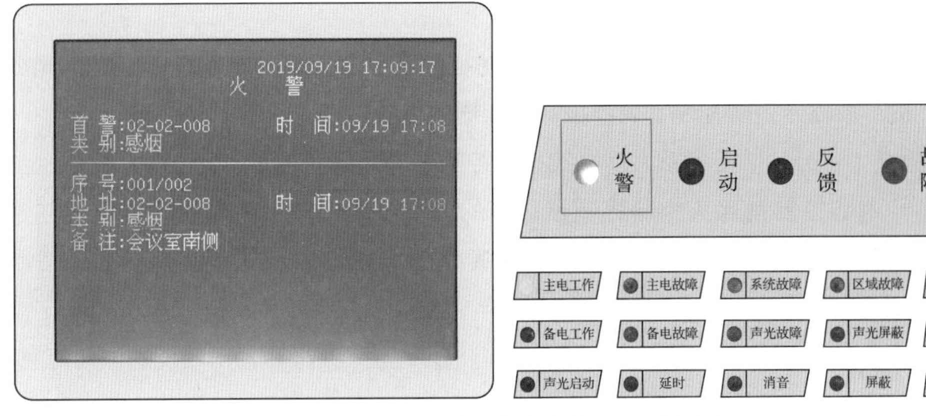

图 1-1-29 集中火灾报警控制器火灾报警信息

技能 2 判断主、分消防控制室之间火灾报警控制器的通信状态

一、操作准备

1. 技术资料

火灾自动报警系统图，火灾探测器等系统部件现场布置图和地址编码表，火灾报警控制器使用说明书和设计手册等技术资料。

2. 实操设备

消防控制中心型火灾自动报警系统模型（含 1 台起集中监控功能的火灾报警控制器及配套演示系统，2 台集中型火灾报警控制器及配套演示系统），火灾探测器功能试验仪器，旋具、万用表等电工工具，秒表、声级计等检测工具。

3. 记录表格

《消防控制室值班记录表》《建筑消防设施故障维修记录表》。

二、操作步骤

1. 检查主、分消防控制室之间火灾报警控制器的连接线路

（1）连接线断路

模拟控制器之间连接线发生断路，主消防控制室火灾报警控制器应能发出声光故障信号，指示故障分消防控制室火灾报警控制器的位置信息。

（2）连接线短路

模拟控制器之间连接线发生断路，主消防控制室火灾报警控制器应能发出声光故障信号，指示故障分消防控制室火灾报警控制器的位置信息。

（3）连接线接地

模拟控制器之间连接线发生断路，主消防控制室火灾报警控制器应能发出声光故障信号，指示故障分消防控制室火灾报警控制器的位置信息。

2. 检查主、分消防控制室之间火灾报警控制器的数据通信

主、分消防控制室火灾报警控制器之间的火灾报警、故障、自检、屏蔽等信息的通信操作同“技能 1　判断集中火灾报警控制器与区域火灾报警控制器的通信状态”。

（1）分消防控制室火灾报警控制器向主消防控制室火灾报警控制器发送联动信息

分消防控制室火灾报警控制器设置在分消防控制室内，具有自动联动功能。

1）在分消防控制室火灾报警控制器端，模拟火灾探测器报警，按事先预制的联动关系自动启动模拟设备，如图 1–1–30 所示，分消防控制室火灾报警控制器发出声、光报警信号，进入报警状态，同时启动相应的现场设备进入联动控制状态，指示报警部位及时间、启动部位及时间。

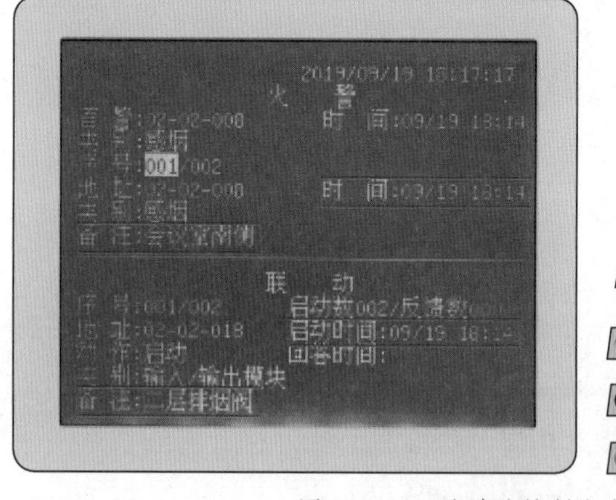

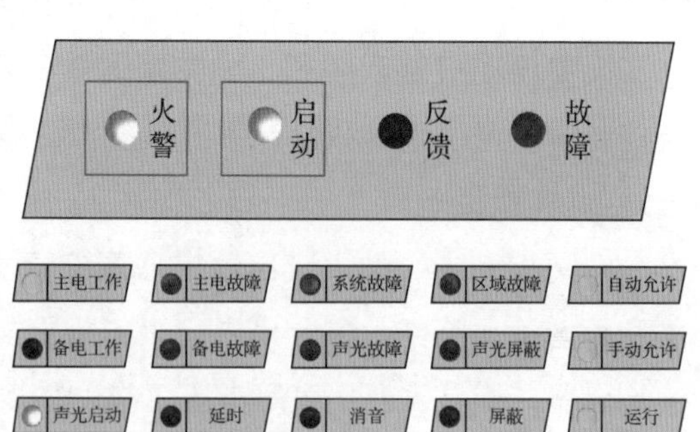

图 1–1–30　分消防控制室火灾报警控制器联动信息

2）在主消防控制室火灾报警控制器端，主消防控制室火灾报警控制器应能发出声、光报警信号，进入报警状态，同时启动相应的现场设备进入联动控制状态。如图 1–1–31 所示，检查指示报警部位及时间、启动部位及时间是否与分消防控制室火灾报警控制器一致。

（2）主消防控制室火灾报警控制器对分消防控制室火灾报警控制器进行联动控制

主消防控制室火灾报警控制器设置在主消防控制室内，应能对分消防控制室内的消防设备及其控制的消防系统和设备进行控制。

1）在主消防控制室火灾报警控制器端，主消防控制室火灾报警控制器应能手动启动分消防控制室火灾报警控制器上的联动设备，如图 1–1–32 所示。

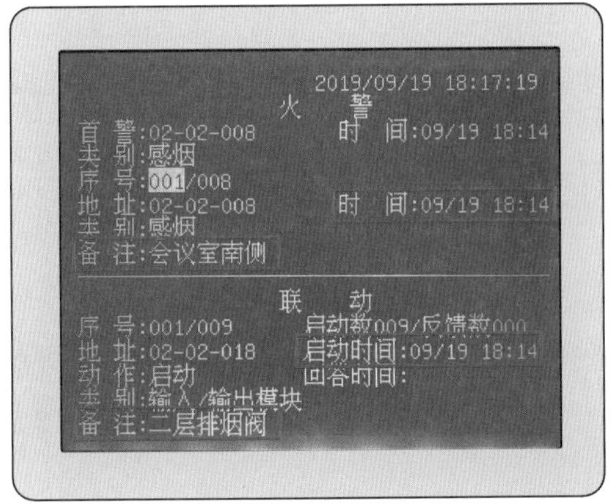

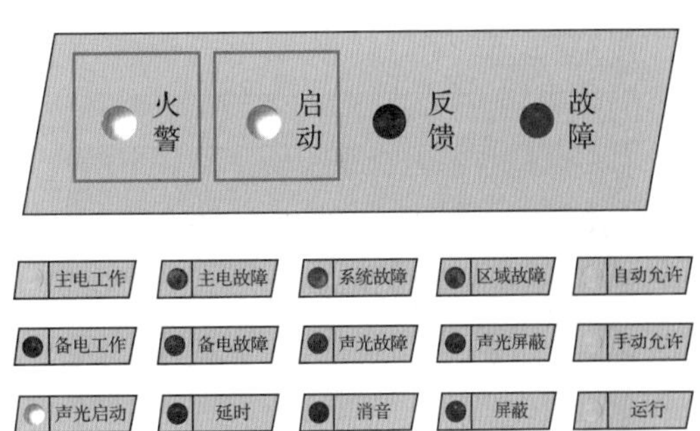

图 1-1-31 主消防控制室火灾报警控制器启动信息

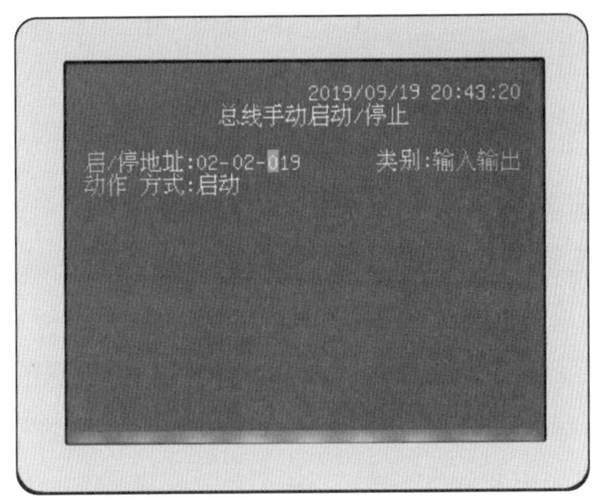

图 1-1-32 主消防控制室火灾报警控制器手动启动分消防控制室火灾报警控制器上的联动设备

2）在分消防控制室火灾报警控制器端，检查现场设备的启动状态，如图 1-1-33 所示，分消防控制室火灾报警控制器发出声光联动信号，指示启动部位及时间。

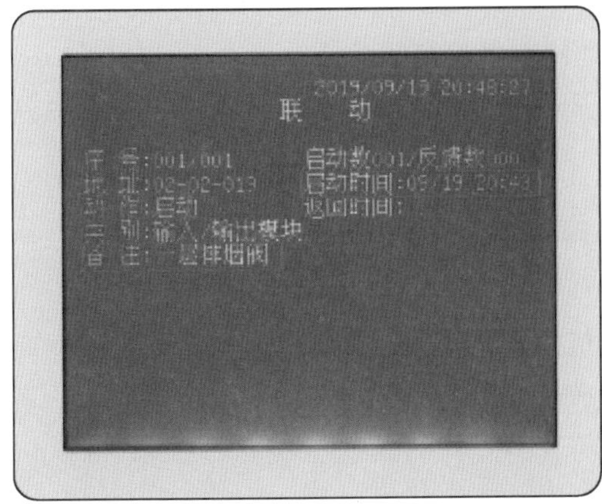

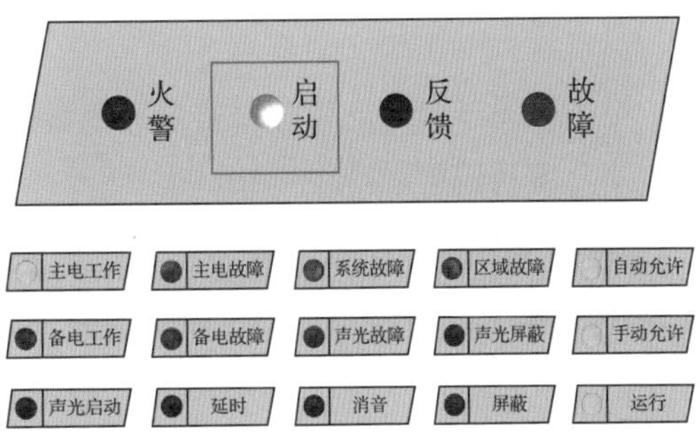

图 1-1-33 分消防控制室火灾报警控制器启动信息

3）在主消防控制室火灾报警控制器端，主消防控制室火灾报警控制器应能发出声光联动信号。如图 1-1-34 所示，检查启动部位及时间是否与分消防控制室火灾报警控制器一致。

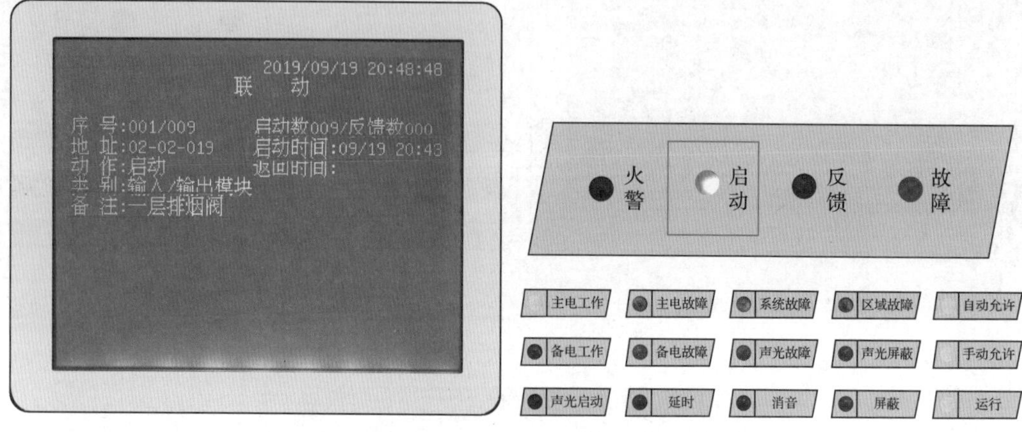

图 1-1-34　主消防控制室火灾报警控制器启动信息

3. 检查分消防控制室火灾报警控制器之间通信信息

控制中心报警系统要求各分消防控制室内的控制和显示装置之间可以互相传输、显示状态信息，但不应互相控制。

（1）检查分消防控制室火灾报警控制器之间火灾报警信息的通信

1）在分消防控制室火灾报警控制器端，模拟火灾探测器报警，分消防控制室火灾报警控制器发出声、光火灾报警信号，进入火灾报警状态，指示火灾发生部位及时间。

2）在另一个分消防控制室火灾报警控制器端，该火灾报警控制器应能发出声光火灾报警信号并进入火灾报警状态。检查火灾发生部位及时间是否与发生火灾报警的控制器一致。

（2）检查分消防控制室火灾报警控制器之间其他信息的通信

1）在分消防控制室火灾报警控制器端，操作控制器进入故障、自检、屏蔽等状态。

2）在另一个分消防控制室火灾报警控制器端，该控制器应能进入相应状态。

4. 填写记录

根据检查结果，规范填写《消防控制室值班记录表》；如发现火灾报警控制器存在本机故障，还应规范填写《建筑消防设施故障维修记录表》。

培训单元 4
判断消防设备电源状态监控器的工作状态

【培训重点】

了解消防设备电源监控系统的工作原理。
掌握消防设备电源状态监控器的工作原理。
熟练掌握判断消防设备电源状态监控器工作状态的方法。

【知识要求】

一、消防设备电源监控系统的工作原理

建（构）筑物的消防安全很大程度上取决于消防设备的好坏，而消防设备能否正常工作又取决于其供电电源的工作状态。一直以来，消防设备因电源失控造成消防设备失灵，致使火灾蔓延的事故屡有发生。因此，如何从技防手段上实现对消防设备供电电源工作状态的实时监测，一直受到消防部门的高度重视，在 2011 年 7 月 1 日开始贯彻实施的国家标准《消防控制室通用技术要求》（GB 25506）中作出了“消防控制室应能显示系统内各消防用电设备的供电电源和备用电源的工作状态和欠压报警信息”的强制性规定。2012 年 8 月 1 日开始贯彻实施的国家标准《消防设备电源监控系统》（GB 28184），进一步对消防设备电源监控系统的术语和定义、要求、试验方法、检验规则等进行了强制规定。

消防设备电源监控系统是用于监控消防设备电源工作状态，在电源发生断电、过压、欠压、过流、缺相等故障时能发出报警信号的监控系统，由消防设备电源状态监控器、电压传感器、电流传感器、电压 / 电流传感器等部分或全部设备组成。消防设备电源状态监控系统组成示意图如图 1–1–35 所示。

消防设备电源监控系统的工作原理是，系统通过电压传感器、电流传感器、电压 / 电流传感器实时监视消防设备的电源状态，当监视到消防设备电源发生断电、过压、欠压、过流、缺相、错相等故障时，实时将故障信息上传至消防设备电源状态监控器，由监控器发出故障警报，显示故障类型和位置，同时将故障报

警信息上传给消防控制室图形显示装置，提示消防设施操作员对故障进行及时处理。

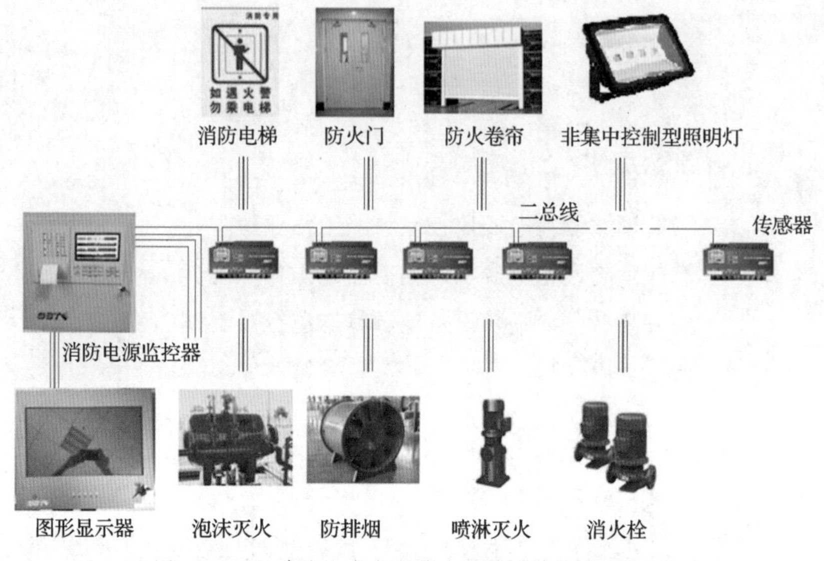

图 1–1–35　消防设备电源状态监控系统组成示意图

二、消防设备电源状态监控器的工作原理

消防设备电源状态监控器是消防设备电源监控系统的核心设备，为监控器自身和系统中电压、电流、电压 / 电流传感器提供稳定的工作电源，通过传感器实时监控消防设备电源的状态，当消防设备电源发生断电、过压、欠压、过流、缺相、错相等故障时，及时发出故障声、光信号，显示并记录故障的部位、类型和时间。

下面以某消防设备电源状态监控器为例，说明监控器的外观及工作状态显示方式。

1. 消防设备电源状态监控器外观

消防设备电源状态监控器外观示例如图 1–1–36 所示。

2. 消防设备电源状态监控器的工作状态显示

（1）工作状态指示灯

监控器工作状态指示灯示例如图 1–1–37 所示，各指示灯状态说明见表 1–1–1。

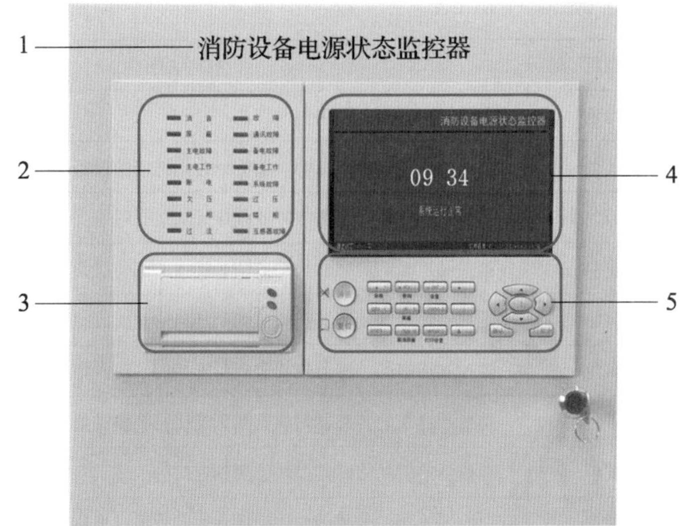

图 1-1-36 消防设备电源状态监控器外观示例

1—主机名称 2—工作状态指示灯 3—打印机 4—液晶显示屏 5—操作按键

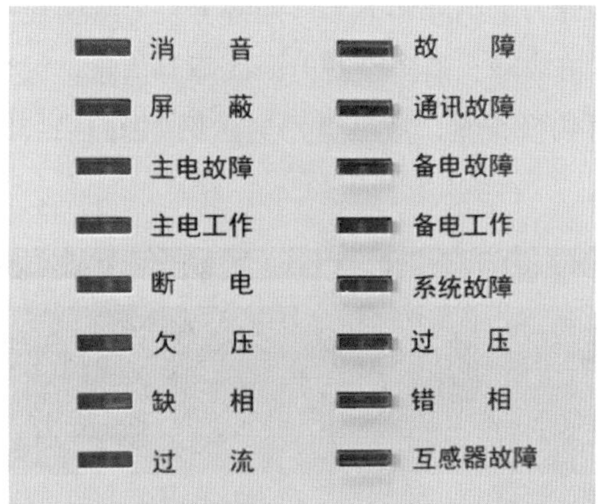

图 1-1-37 监控器工作状态指示灯示例

表 1-1-1 监控器工作状态指示灯状态说明

名称	颜色	状态说明
消音	绿色	监控器处于消音状态时点亮
故障	黄色	监控器检测到总线设备离线或故障、通讯故障、本身故障时点亮
屏蔽	黄色	系统中有设备处于屏蔽状态时点亮
通讯故障	黄色	系统与图显通讯故障时点亮
主电故障	黄色	系统交流电源故障时点亮
备电故障	黄色	系统备用电源故障时点亮
主电工作	绿色	监控器由交流电源供电时点亮

续表

名称	颜色	状态说明
备电工作	绿色	监控器由备用电源供电时点亮
断电	黄色	监控器连接的传感器模块监测到连接的消防设备电源断电时点亮
系统故障	黄色	监控器的存储器发生故障或程序无法运行时点亮
欠压	黄色	监控器连接的传感器模块监测到连接的消防设备电源欠压时点亮
过压	黄色	监控器连接的传感器模块监测到连接的消防设备电源过压时点亮
缺相	黄色	监控器连接的传感器模块监测到连接的消防设备电源缺相时点亮
错相	黄色	监控器连接的传感器模块监测到连接的消防设备电源错相时点亮
过流	黄色	监控器连接的传感器模块监测到连接的消防设备电源过流时点亮
互感器故障	黄色	监控器连接的传感器模块中的互感器故障时点亮

（2）液晶显示屏

监控器液晶显示屏分为上半屏和下半屏两部分，上半屏显示消防电源断电、屏蔽等信息；下半屏显示本机故障、消防设备电源故障等信息。每半屏最多同时显示 2 种信息，其余窗口信息可切换查看，液晶显示屏示例如图 1–1–38 所示，事件信息显示格式说明见表 1–1–2。

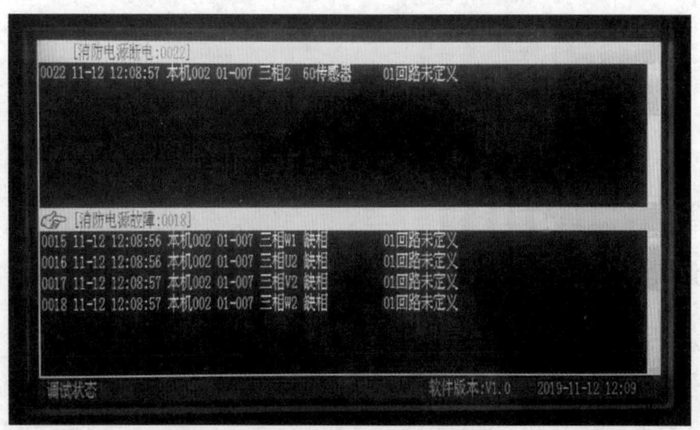

图 1–1–38 液晶显示屏示例

表 1–1–2 **事件信息显示格式说明**

序号	日期 时间	本机地址	回路号	设备编码	通道号	类型	设备注释 信息
顺序编号	日期和 时间	报警主机的 地址号	传感器所在 回路号	传感器地址 编码	传感器通 道号	传感器类型 / 故障类型	传感器的地址 信息

【技能操作】

技能 1 判断消防设备电源状态监控器的正常监视状态

一、操作准备

1. 技术资料

消防设备电源监控系统图，部件现场布置图和地址编码表，消防设备电源状态监控器使用说明书和设计手册等技术资料。

2. 实操设备

消防设备电源监控系统演示模型，旋具、万用表等电工工具，安全用电防护用品、警示牌等。

3. 记录表格

《消防控制室值班记录表》《建筑消防设施故障维修记录表》。

二、操作步骤

1. 检查监控器的工作状态指示灯

观察监控器面板指示灯，正常监视状态时，只有主电工作灯点亮。正常监视状态下面板指示灯显示示例如图 1-1-39 所示。

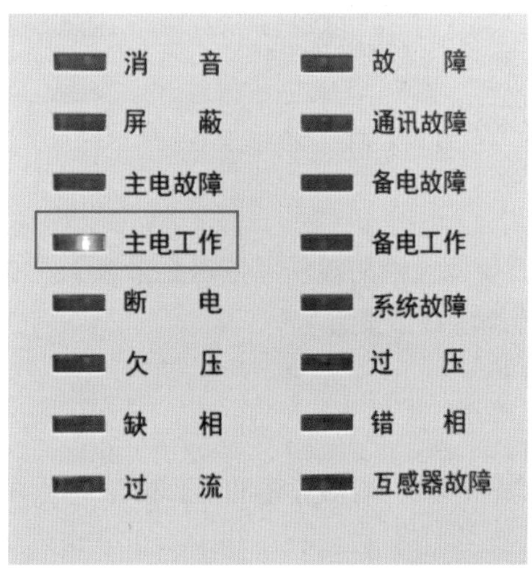

图 1-1-39 正常监视状态下面板指示灯显示示例

2. 检查监控器的液晶显示屏

观察监控器液晶显示屏，正常监视状态时，液晶显示屏显示当前时钟和系统运行正常提示。正常监视状态下液晶显示示例如图 1-1-40 所示。

图 1-1-40 正常监视状态下液晶显示示例

3. 检查监控器自检功能

操作监控器自检键，如图 1-1-41 所示，监控器应能进入自检菜单。输入用户密码并确认，监控器开始自检。自检时监控器将对指示灯、液晶屏、扬声器进行检查，面板的指示灯先全部点亮，再依次（或逐行）点亮，扬声器发出嘀嘀声，液晶屏显示操作指引，自检完成后（30 s 内）自动退出自检状态。

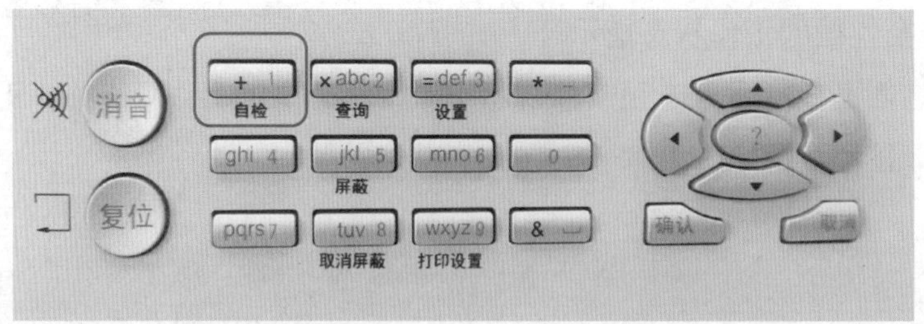

图 1-1-41 监控器自检操作示例

4. 填写记录

根据检查结果，规范填写《消防控制室值班记录表》；如发现系统异常，还应规范填写《建筑消防设施故障维修记录表》。

三、注意事项

不同设备厂家的状态指示灯、液晶显示和操作方法有差异，实际操作时以产品使用说明书为准。

技能2 判断消防设备电源状态监控器的故障报警状态

一、操作准备

1. 技术资料

消防设备电源监控系统图，部件现场布置图和地址编码表，消防设备电源状态监控器使用说明书和设计手册等技术资料。

2. 实操设备

消防设备电源监控系统演示模型，旋具、万用表等电工工具，安全用电防护用品、警示牌等。

3. 记录表格

《消防控制室值班记录表》《建筑消防设施故障维修记录表》。

二、操作步骤

1. 检查监控器电源故障状态

(1) 观察面板指示灯

模拟主电源发生故障，监控器故障灯、主电故障灯点亮；模拟备用电源发生故障，监控器故障灯、备电故障灯点亮。监控器电源故障面板指示灯显示示例如图 1-1-42 所示。

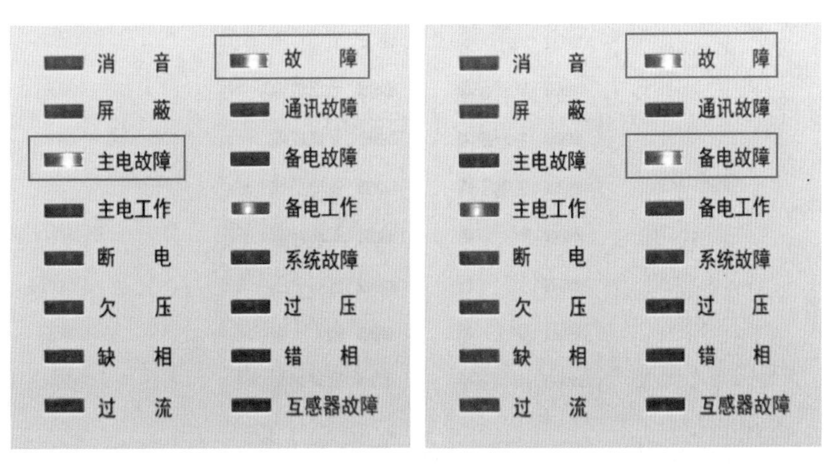

图 1-1-42 监控器电源故障面板指示灯显示示例

a）主电源故障 b）备用电源故障

（2）观察面板液晶显示屏

监控器的电源发生故障时，液晶显示屏下半屏显示出故障总数、故障时间、故障的部位及故障类型。监控器电源故障液晶显示示例如图 1–1–43 所示。

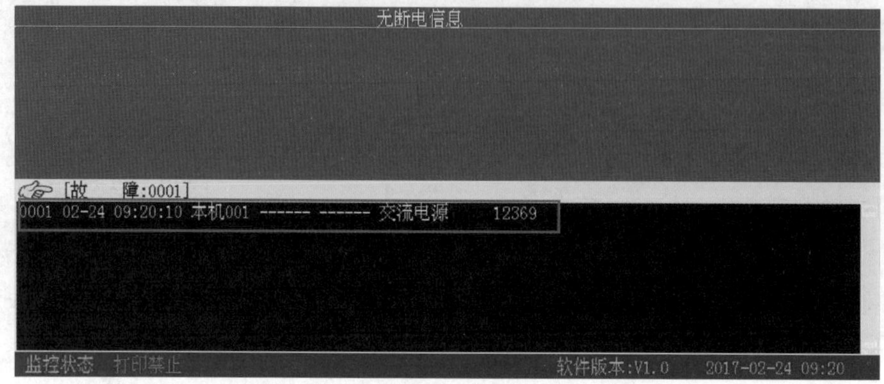

图 1–1–43 监控器电源故障液晶显示示例

（3）检查故障音响

监控器的电源发生故障时，监控器应发出故障声响，按一下监控器消音键，故障声响消除，监控器消音指示灯应点亮。

2. 检查监控器与传感器的线路连接故障状态

（1）观察面板指示灯

模拟监控器与传感器的连接线路发生故障，监控器故障灯处于点亮状态，其面板指示灯显示示例如图 1–1–44 所示。

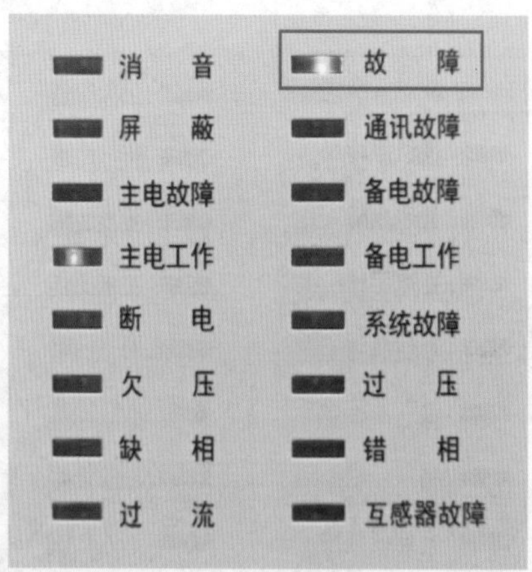

图 1–1–44 监控器与传感器的线路连接故障面板指示灯显示示例

（2）观察面板液晶显示屏

监控器与传感器的连接线路发生故障时，液晶显示屏下半屏显示出故障总数、故障时间、故障的部位及故障类型，其液晶显示示例如图 1–1–45 所示。

（3）检查故障音响

监控器与传感器的连接线路发生故障时，监控器应发出故障声响，按一下监控器消音键，故障声响消除，监控器消音指示灯应点亮。

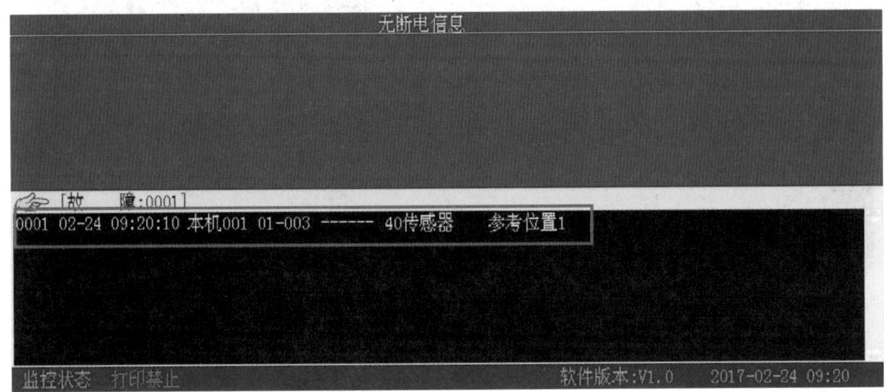

图 1-1-45 监控器与传感器的线路连接故障液晶显示示例

3. 检查消防设备电源断电故障报警状态

（1）观察面板指示灯

模拟被监控的消防设备电源发生断电故障，监控器故障、断电故障灯点亮，其面板指示灯显示示例如图 1-1-46 所示。

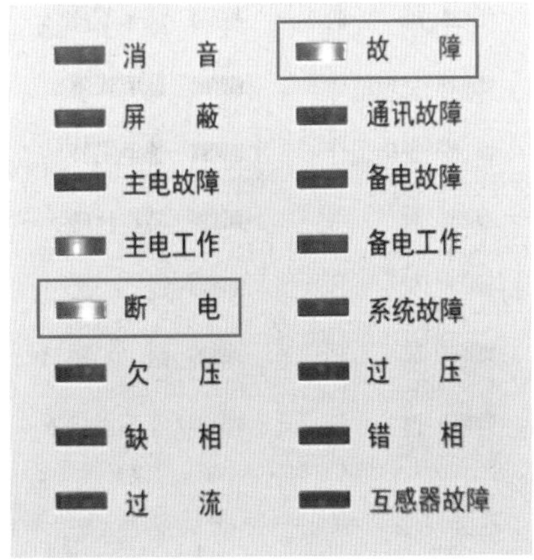

图 1-1-46 消防设备电源断电故障面板指示灯显示示例

（2）观察面板液晶显示屏

被监控的消防设备电源发生断电故障时，液晶显示屏上半屏显示故障报警的故障总数、故障时间、故障的部位及故障类型，其液晶显示示例如图 1-1-47 所示。

（3）检查故障音响

被监控消防设备电源断电故障报警时，监控器应发出故障声响，按一下监控器消音键，故障声响消除，监控器消音指示灯应点亮。

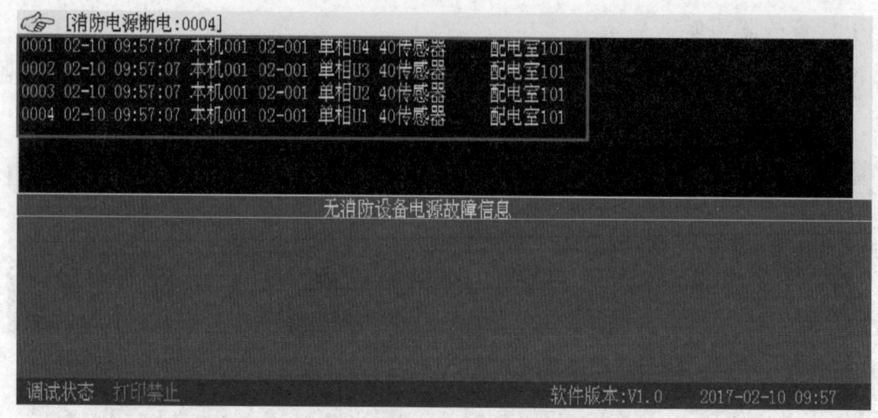

图 1–1–47 消防设备电源断电故障液晶显示示例

4. 检查消防设备电源供电异常故障工作状态

（1）观察面板指示灯

模拟被监控的消防设备电源发生供电异常故障（包括欠压、过压、缺相、错相、过流），以电源欠压为例，监控器故障灯、欠压故障灯点亮，其面板指示灯显示示例如图 1–1–48 所示。

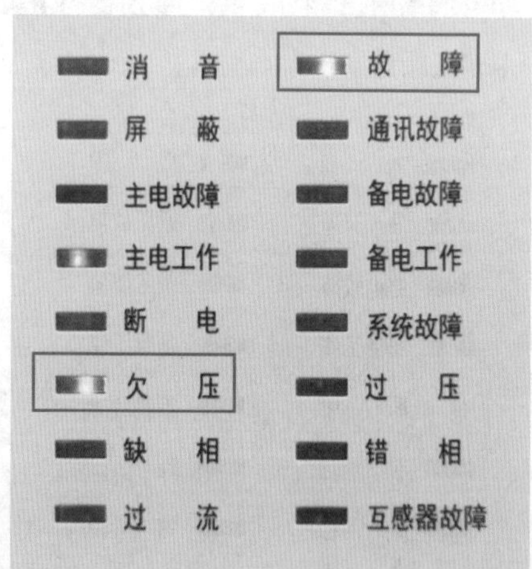

图 1–1–48 消防设备电源供电异常故障面板指示灯显示示例

（2）观察面板液晶显示屏

被监控的消防设备电源发生供电异常故障时，液晶显示屏下半屏显示故障报警的故障总数、故障时间、故障的部位及故障类型，其液晶显示示例如图 1–1–49 所示。

（3）检查故障音响

被监控的消防设备电源发生供电异常故障时，监控器应发出故障声响，按一下监控器消音键，故障声响消除，监控器消音指示灯应点亮。

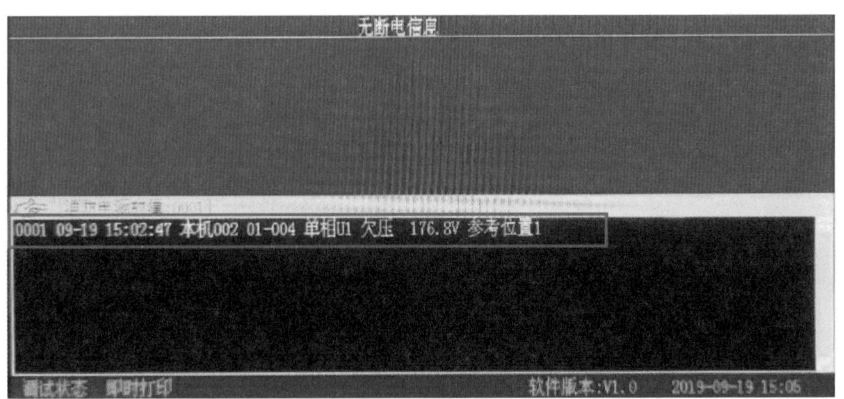

图 1-1-49 消防设备电源供电异常故障液晶显示示例

5. 填写记录

根据检查结果，规范填写《消防控制室值班记录表》；如发现系统异常，还应规范填写《建筑消防设施故障维修记录表》。

三、注意事项

1. 由于不同设备厂家的监控器结构、面板及操作界面各不相同，工作状态显示方式也不相同。实际操作应以具体产品的操作使用说明书为准。

2. 操作过程中，应注意安全，避免发生触电事故。

3. 若模拟产生各类故障，不应造成设备损坏。

培训项目 2 报警信息处置

培训单元 1 屏蔽（隔离）故障设施设备

【培训重点】

掌握火灾报警控制器的屏蔽功能。

熟练掌握火灾报警控制器屏蔽现场设备、解除屏蔽的方法。

【知识要求】

一、屏蔽指示

火灾报警控制器应有专用屏蔽总指示灯（器），无论火灾报警控制器处于何种状态，只要有屏蔽存在，该屏蔽总指示灯（器）应点亮。火灾报警控制器屏蔽指示灯点亮示例如图 1–2–1 所示。

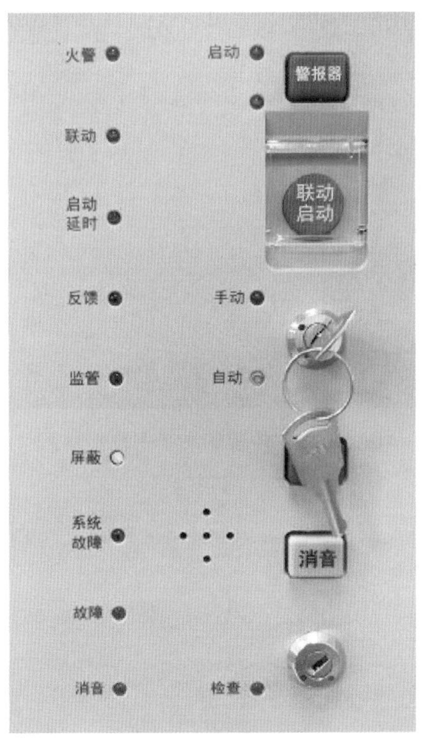

图 1-2-1 火灾报警控制器屏蔽指示灯点亮示例

二、屏蔽功能

火灾报警控制器应具有对下述设备进行单独屏蔽、解除屏蔽操作功能（应手动进行）：每个部位或探测区、回路；消防联动控制设备；故障警告设备；火灾声和 / 或光警报器；火灾报警传输设备。

火灾报警控制器应在屏蔽操作完成后 2 s 内启动屏蔽指示，屏蔽完成信息显示示例如图 1-2-2 所示。在有火灾报警信号时，每个部位或探测区、回路，消防联动控制设备、故障警告设备三项的屏蔽信息可以不显示，火灾声和 / 或光警报器、火灾报警传输设备二项屏蔽信息显示不能受火灾报警信号影响。

火灾报警控制器应能显示所有屏蔽信息，在不能同时显示所有屏蔽信息时，则应显示最新屏蔽信息，其他屏蔽信息应手动可查。

火灾报警控制器仅在同一个探测区内所有部位均被屏蔽的情况下，才能显示该探测区被屏蔽，否则只能显示被屏蔽部位。

火灾报警控制器在同一个回路内所有部位和探测区均被屏蔽的情况下，才能显示该回路被屏蔽。

屏蔽状态应不受火灾报警控制器复位等操作的影响。

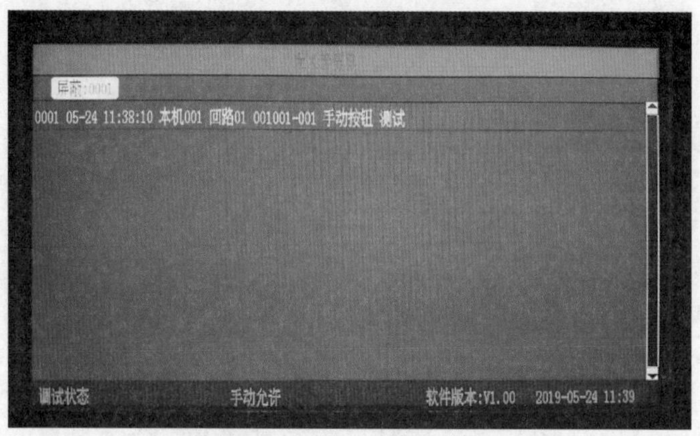

图 1-2-2　屏蔽完成信息显示示例

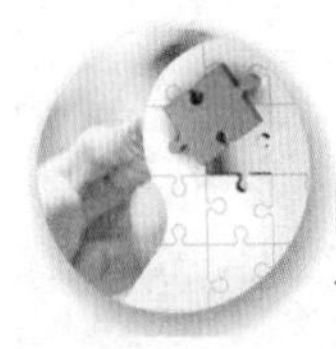

【技能操作】

屏蔽（隔离）故障设施设备

一、操作准备

1. 技术资料

火灾探测报警系统图，火灾探测器等系统部件现场布置图和地址编码表，火灾报警控制器使用说明书和设计手册等技术资料。

2. 实操设备

集中型火灾自动报警系统演示模型，旋具、万用表等电工工具。

3. 记录表格

《消防控制室值班记录表》。

二、操作步骤

1. 屏蔽设备、回路

（1）屏蔽菜单界面示例如图 1-2-3 所示，进入菜单界面，选择“屏蔽”功能。

（2）进入“屏蔽”选项，按设备编码屏蔽设备示例如图 1-2-4 所示，选择“按设备编码屏蔽设备”。

（3）输入设备编号，完成屏蔽。屏蔽信息显示示例如图 1-2-5 所示。

图 1-2-3　屏蔽菜单界面示例

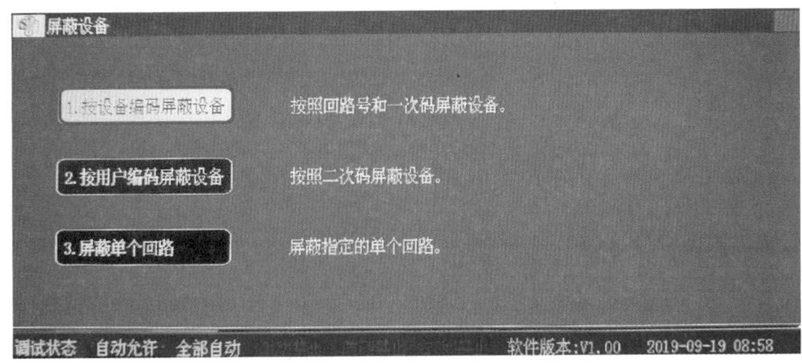

图 1-2-4　按设备编码屏蔽设备示例

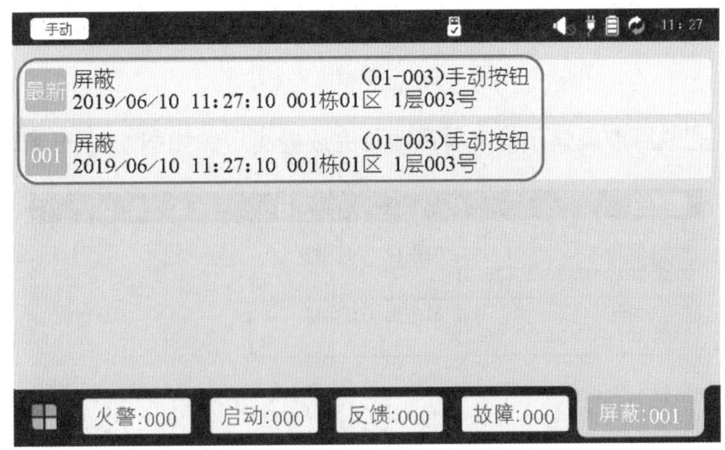

图 1-2-5　屏蔽信息显示示例

（4）进行屏蔽整个回路，在“3 屏蔽”里面选择“屏蔽回路”选项，如图 1-2-6 所示。

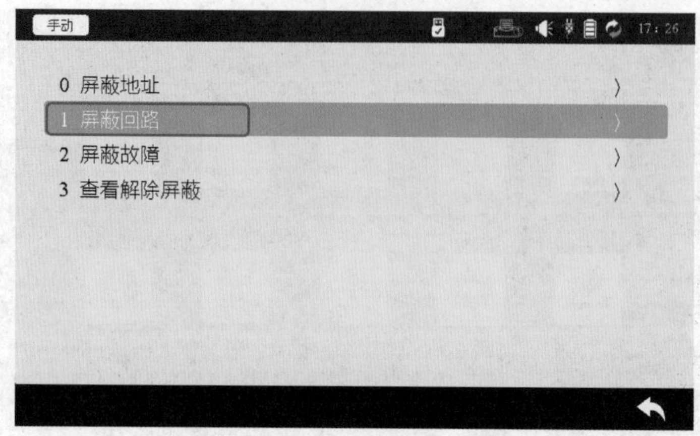

图 1-2-6　屏蔽回路功能选择示例

（5）屏蔽 01 回路，屏蔽回路界面示例如图 1-2-7 所示。

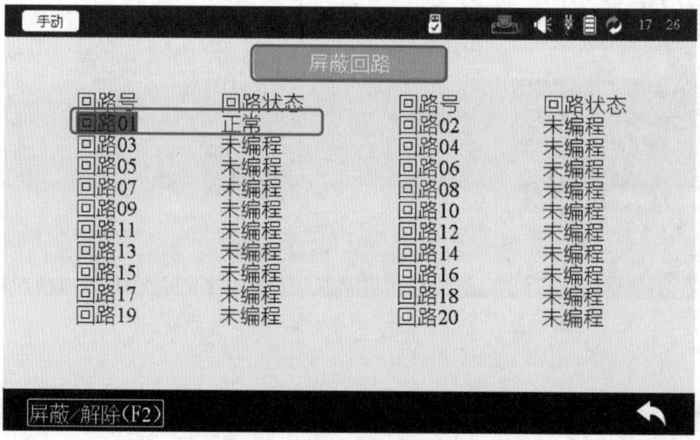

手动　17 26

屏蔽回路

回路号	回路状态	回路号	回路状态
回路01	正常	回路02	未编程
回路03	未编程	回路04	未编程
回路05	未编程	回路06	未编程
回路07	未编程	回路08	未编程
回路09	未编程	回路10	未编程
回路11	未编程	回路12	未编程
回路13	未编程	回路14	未编程
回路15	未编程	回路16	未编程
回路17	未编程	回路18	未编程
回路19	未编程	回路20	未编程

屏蔽/解除(F2)

图 1-2-7　屏蔽回路界面示例

（6）屏蔽完成后液晶显示信息屏蔽回路完成界面示例如图 1-2-8 所示。

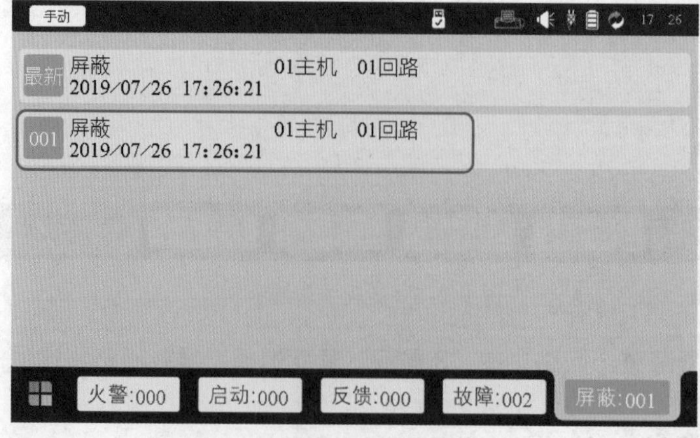

图 1-2-8　屏蔽回路完成界面示例

2. 解除屏蔽

（1）回到菜单界面后进入“3 屏蔽”界面里面选取“查看解除屏蔽”选项，可以对已屏蔽的设备或回路解除屏蔽，如图 1-2-9 所示。

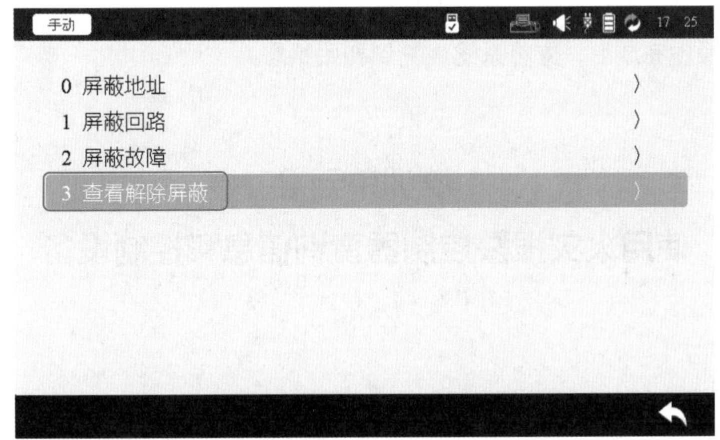

图 1-2-9 火灾报警控制器查看解除屏蔽功能示例

（2）以解除回路屏蔽为例，进行解除单条 01 回路的选择“解除”，进行全部解除屏蔽则选择“全部解除”，如图 1-2-10 所示。

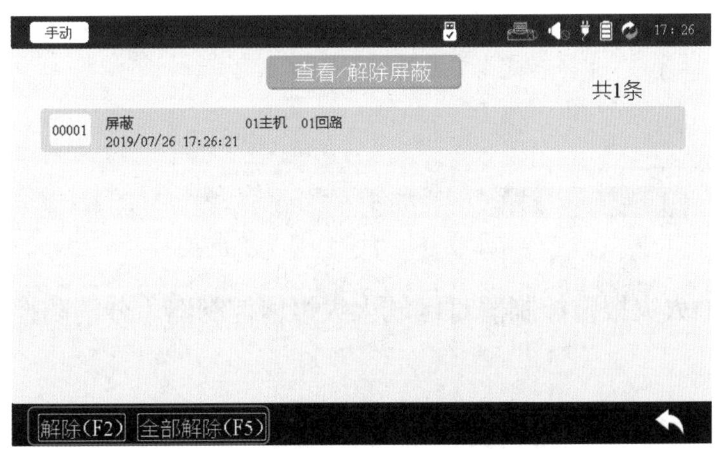

图 1-2-10 查看 / 解除单条屏蔽或全部解除屏蔽界面示例

（3）解除屏蔽设备或回路，也就意味着屏蔽设备已被恢复监控，若设备故障未排除则火灾报警控制器将会显示故障信息，若设备已经维修正常则火灾报警控制器保持正常监视状态。

3. 填写记录

根据测试结果，规范填写《消防控制室值班记录表》。

三、注意事项

1. 操作过程中应注意安全，防止触电。
2. 若模拟产生各类故障，不应造成设备损坏。
3. 全部操作完成后，应将系统恢复到初始状态。

培训单元 2
使用火灾报警控制器查询信息和控制设备

【培训重点】

掌握使用集中火灾报警控制器查询区域火灾报警控制器状态信息的方法。

掌握使用主消防控制室内的集中火灾报警控制器查询分消防控制室内消防设备的状态信息，控制共同使用的重要消防设备的方法。

【知识要求】

一、集中火灾报警控制器对区域火灾报警控制器（分消防控制室）的查询功能

集中火灾报警控制器可查询区域火灾报警控制器或分消防控制室内控制器上传的火警、联动、监管、故障、屏蔽等实时信息。目前各厂家的火灾报警控制器基本是通用型的，集中火灾报警控制器和区域火灾报警控制器的信息显示形式及查询方法均一致。

集中火灾报警控制器的当前报警信息显示按火灾报警与启动（反馈）、监管报警、故障报警、屏蔽状态及其他状态顺序由高至低排列信息显示等级，高等级的状态信息优先显示，低等级状态信息显示不应影响高等级状态信息显示；当集中火灾报警控制器处于某一高等级状态显示时，应能通过手动操作查询其他低等级状态信息，并且各状态信息不应交替显示。集中火灾报警控制器显示报警信息示例如图 1–2–11 所示。

图 1-2-11 集中火灾报警控制器显示报警信息示例

在集中火灾报警控制器上通过查看每条报警信息的“控制器号”“回路号”和“设备编码”内容，可以确定具体的报警点位，如果“控制器号”部分带有“网络”字样则是区域火灾报警控制器上传的信息，带有“本机”字样则是集中火灾报警控制器配接部件的报警信息。

二、主消防控制室对共用重要消防设备的控制功能

对于水泵等主消防控制室和分消防控制室共用的重要消防设备，一般采用以下两种方式实现：

1. 对共用消防设备直接手动控制

主消防控制室的集中火灾报警控制器通过直接手动控制单元连接到共用消防设备，这种方式可通过集中火灾报警控制器的直接手动控制单元按键实现手动控制。

2. 对共用消防设备跨区控制

分消防控制室的火灾报警控制器通过直接手动控制单元连接重要消防设备，主消防控制室的集中火灾报警控制器需要通过跨区发送指令，实现手动控制功能。在集中控制器上首先要确定连接消防设备的分控制器号、直接手动控制单元号及分组号，然后通过集中火灾报警控制器的操作面板输入后实现手动控制。

【技能操作】

技能 1　使用集中火灾报警控制器查询区域火灾报警控制器的状态信息

一、操作准备

1. 技术资料

火灾自动报警系统图，火灾探测器等系统部件现场布置图和地址编码表，火灾报警控制器使用说明书和设计手册等技术资料。

2. 实操设备

消防控制中心型火灾自动报警模拟演示系统，旋具、万用表等电工工具，秒表、声级计等检测工具。

3. 记录表格

《消防控制室值班记录表》《建筑消防设施故障维修记录表》。

二、操作步骤

1. 集中火灾报警控制器与区域火灾报警控制器之间的通讯故障检查

判断集中火灾报警控制器与区域火灾报警控制器之间的通讯状态，无通讯故障，集中机无故障，或者故障界面未出现 ** 号控制器故障。

2. 识别当前集中型火灾报警控制器的报警状态

根据火灾报警控制器界面面板上基本按键与指示灯单元中各报警类型专用总指示灯点亮情况、报警声信号类型，判断集中型火灾报警控制器所处状态，然后进行消音操作。

3. 直接查询集中火灾报警控制器的报警及联动信息

观察集中火灾报警控制器界面面板上的火警、启动、反馈指示灯是否点亮，如点亮，在液晶屏上直接查看报警信息，报警信息的具体内容包括报警的机器号、回路号、地址号、报警时间、报警类型，根据机器号确定是集中机自身的报警及联动信息还是区域机上传的报警及联动信息，并应根据设备注释信息确定报警位置，如无设备注释信息，即查看系统设备编码与保护场所（房间）对照表资料，以利于准确确定报警位置。集中控制器显示报警及联动信息示例如图 1-2-12 所示。

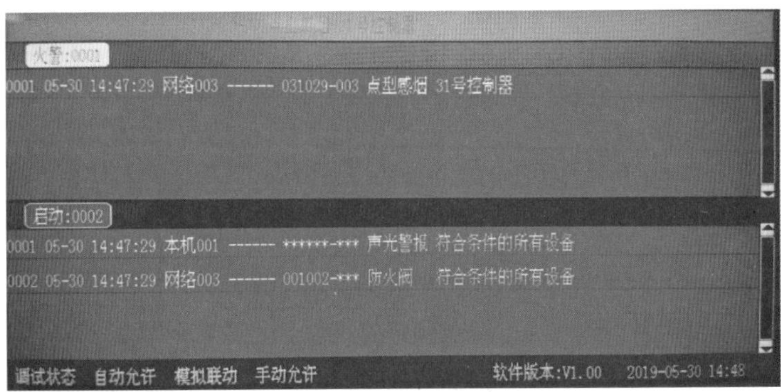

图 1-2-12 集中控制器显示报警及联动信息示例

4. 集中火灾报警控制器查询区域火灾报警控制器的故障状态

在集中火灾报警控制器上查询区域火灾报警控制器上传的故障信息，包括集中火灾报警控制器上的故障指示灯应点亮，液晶屏上显示区域机上传的故障信息。集中控制器显示区域控制器设备故障信息示例如图 1-2-13 所示。

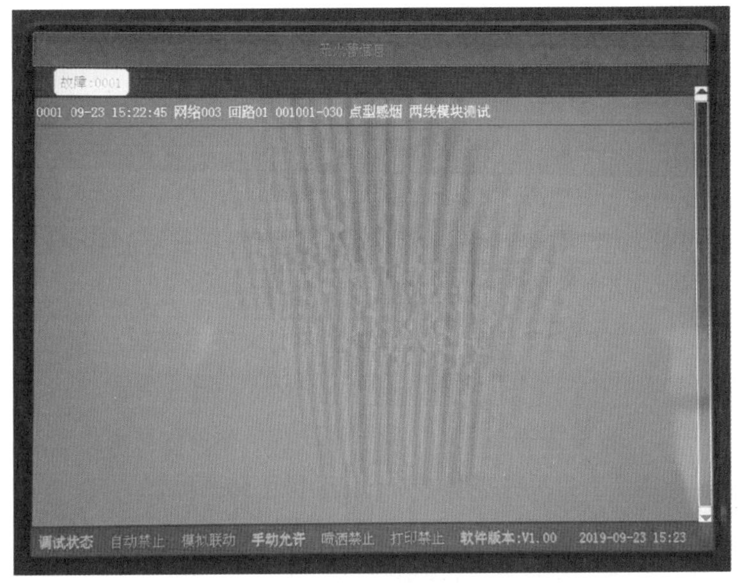

图 1-2-13 集中控制器显示区域控制器设备故障信息示例

5. 集中火灾报警控制器查询区域火灾报警控制器的其他状态

确定集中火灾报警控制器是否具有监管报警功能及屏蔽功能。如集中火灾报警控制器具有监管报警功能且监管报警指示灯点亮，则查询液晶屏监管报警信息栏内是否存在区域火灾报警控制器的监管报警信息。如集中火灾报警控制器具有屏蔽功能且屏蔽指示灯点亮，则查询液晶屏屏蔽信息栏内是否存在区域火灾报警控制器的屏蔽信息。

6. 填写记录

根据操作结果，规范填写《消防控制室值班记录表》；如存在故障，填写《建筑消防设施故障维修记录表》，及时修复故障。

技能 2　使用主消防控制室内的集中火灾报警控制器控制共同使用的重要消防设备

一、操作准备

1. 技术资料

准备火灾自动报警系统图，火灾探测器等系统部件现场布置图和地址编码表，火灾报警控制器使用说明书和设计手册等技术资料。

2. 实操设备

消防控制中心型火灾自动报警模拟演示系统，旋具、万用表等电工工具，秒表、声级计等检测工具。

3. 记录表格

《消防控制室值班记录表》《建筑消防设施故障维修记录表》。

二、操作步骤

1. 集中火灾报警控制器与分消防控制室内的火灾报警控制器之间的通讯故障检查

判断集中火灾报警控制器与分消防控制室内的火灾报警控制器之间的通讯状态，不应出现通讯故障。

2. 通过集中火灾报警控制器手动控制分消防控制室的重要消防设备

（1）检查确认集中火灾报警控制器处于手动操作允许状态。

（2）通过直接手动控制单元控制分消防控制室的重要消防设备。

首先通过集中火灾报警控制器的直接手动控制单元标签提示信息确定要启动分消防控制室内的消防设备，按下对应单元的启动按键，检查启动指示灯（红色）点亮情况。若在启动命令发出 10 s 后未收到反馈信号，则启动灯应闪亮，直到接收到反馈信号。收到反馈信号应点亮反馈指示灯（红色）。实地检查消防设备的动作情况，在分消防控制室的控制器及集中控制器的液晶屏上检查启动和反馈信息显示情况。

（3）通过集中火灾报警控制器的操作面板输入控制分消防控制室的重要消防设备。

1）操作集中火灾报警控制器控制面板上的启动按键，如图 1-2-14 所示，液晶屏应进入手动启动消防设备界面。

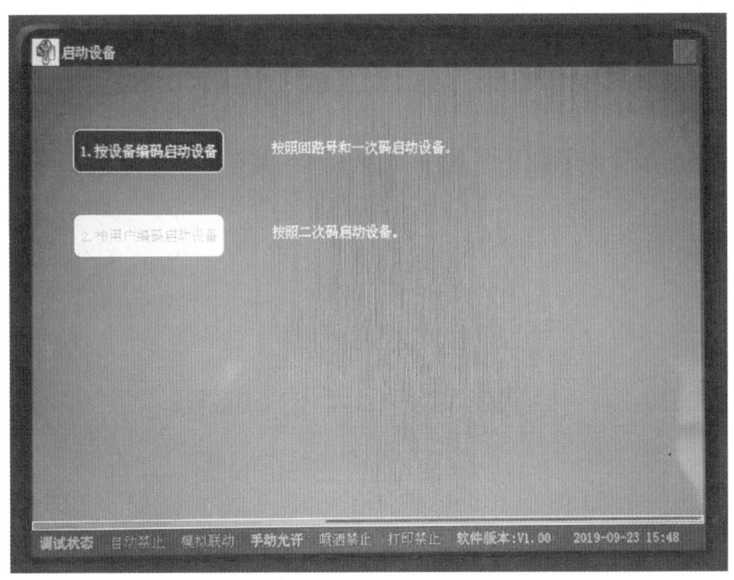

图 1-2-14　集中火灾报警控制器手动启动消防设备界面示例

2）如图 1-2-15 所示，输入分消防控制室的消防设备地址或编码（一般包括控制器号、回路号、地址号），操作确认启动。

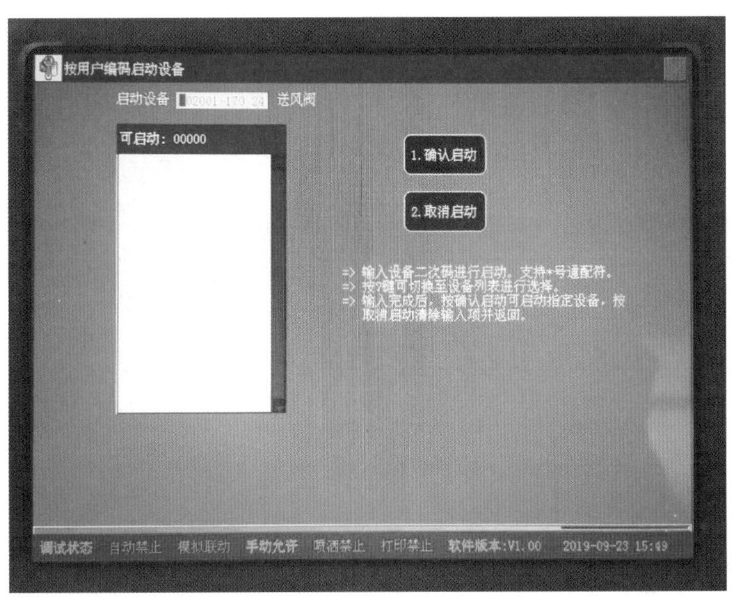

图 1-2-15　集中火灾报警控制器手动启动消防设备输入编码示例

3）检查消防设备的动作情况，在分消防控制室的控制器及集中控制器的液晶屏检查启动和反馈信息显示情况。

3. 填写记录

根据操作结果，认真填写《消防控制室值班记录表》；如有故障，填写《建筑消防设施故障维修记录表》，及时修复故障。

三、注意事项

模拟产生各类报警信息时不应损坏系统组件，启动重要消防设备时应保证不造成意外损失。

培训单元 3 使用传输设备手动向城市消防远程监控系统报警

【培训重点】

掌握使用传输设备手动向城市消防远程监控系统报警的方法。

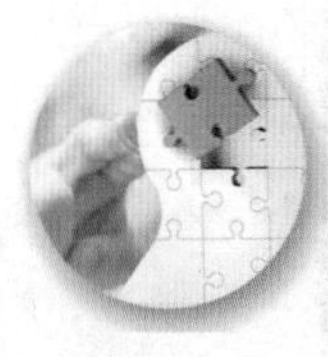

【技能操作】

手动向城市消防远程监控系统报警

一、操作准备

1. 技术资料

传输设备的使用说明书和设计手册等技术资料。

2. 实操设备

传输设备，旋具、万用表等电工工具，秒表、声级计等检测工具。

3. 记录表格

《消防控制室值班记录表》《建筑消防设施故障维修记录表》。

二、操作步骤

1. 检查传输设备本机是否存在链路故障情况

通过查看传输设备面板界面的本机指示灯和液晶显示器信息，判断传输设备是否存在链路故障（也可称为传输故障）情况。如存在，应及时报修处理。

2. 手动报警

传输设备面板上的手动报警按键（钮）位置示例如图 1-2-16 所示。在该示例中，通过连续按两下传输装置的“火警”键，启动向监控中心的手动报警。

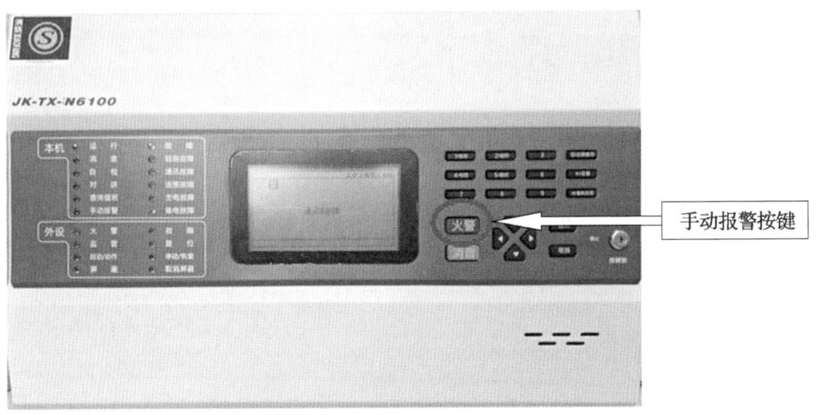

图 1-2-16　传输设备面板上的手动报警按键（钮）位置示例

然后，观察传输设备发出的手动报警信息传输（或优先传输）指示和信息传输成功指示情况。传输设备手动报警信息传输时液晶显示示例如图 1-2-17 所示。

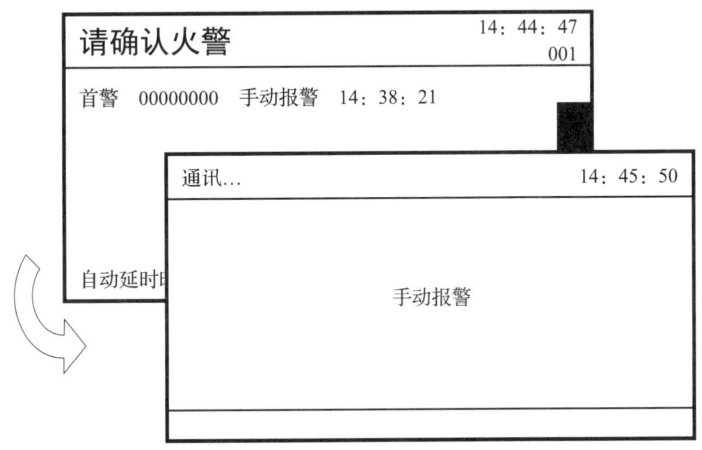

图 1-2-17　传输设备手动报警信息传输时液晶显示示例

3. 手动报警失败后的处置措施

如果传输设备发出手动报警信息传送失败的声、光信号指示，应使用固定电话或手机拨打“119”报警。

4. 填写记录

根据检查结果，规范填写《消防控制室值班记录表》；如发现异常，还应规范填写《建筑消防设施故障维修记录表》。

三、注意事项

认真阅读传输设备的使用说明书和设计手册等技术资料，熟悉传输设备面板界面的按键操作方法，以及本机和外设指示灯含义。

培训模块

设施操作

培训项目1 火灾自动报警系统操作

培训单元1 操作火灾报警控制器

【培训重点】

熟练掌握模拟测试火灾自动报警系统的火警、故障、监管报警、屏蔽和隔离功能的方法。

熟练掌握火灾报警控制器工作状态设置和修改用户密码的方法。

【知识要求】

一、火灾报警控制器的火灾报警功能

火灾报警控制器直接或间接地接收来自火灾探测器、手动火灾报警按钮等火灾报警触发器件的火灾报警信号后，在火灾报警控制器上发出火灾报警声、光信号，显示并记录火灾报警的时间、部位等相关信息。

模拟测试火灾报警控制器的火灾报警功能，其方法一是触发手动火灾报警按钮，当系统中设有可恢复的手动火灾报警按钮时，通过对可恢复的手动火灾报警按钮施加适当

的推力，使其报警按钮动作并发出火灾报警信号；当系统只设有不可恢复的手动火灾报警按钮时，应采用模拟动作的方法使其报警按钮动作（具体方法按照设备使用说明操作，当有备用启动零件时，可在动作后进行更换），并发出火灾报警信号。二是通过触发火灾探测器，以感烟火灾探测器为例，利用便携式烟雾发生器、气溶胶喷雾或者焚香（注意应符合使用现场相关规定）发出烟雾来触发点型感烟火灾探测器发出火灾报警信号。

二、火灾报警控制器的故障报警功能

当控制器内部、控制器与其连接的部件间发生故障（如设备丢失、连接线路短路、电源中断等）时，在火灾报警控制器上发出故障声、光信号，显示并记录故障报警的时间等相关信息。

将火灾报警控制器恢复到正常工作（监视）状态后，通过摘除某一手动报警按钮或点型感烟火灾探测器、点型感温火灾探测器等与火灾报警控制器之间的连接线，可以模拟测试火灾报警控制器的故障报警功能。正常状态下，火灾报警控制器应在 100 s 以内接收到故障报警信号，进入故障报警状态。

三、火灾报警控制器的监管报警功能

火灾报警控制器监视的除报警、故障信号之外的其他输入信号称为监管报警信号，如消防水池（水箱）低于正常水位信号、消防水压（液压）低于正常压力信号、信号阀门开关状态信号等。火灾报警控制器接收到监管报警信号后，在火灾报警控制器上发出监管声、光信号，显示并记录监管报警的时间、所属设备和部位等相关信息。

模拟测试火灾报警控制器的监管报警功能：一是将输入模块与监管设备之间的信号线短接（具体方法按照设备使用说明操作），触发输入模块发出监管报警信号；二是手动击碎消火栓按钮启动零件或者使启动零件位移来启动消火栓按钮，使之发出监管报警信号。正常状态下，火灾报警控制器应在 100 s 以内接收到监管报警信号，进入监管报警状态。

四、火灾报警控制器的屏蔽功能

在火灾自动报警系统出现某些无法及时恢复的故障时，为了不影响火灾报警系统其他部件或设备的正常运行、监控并及时显示其他状态信息，有些控制器设计了屏蔽功能，可以对设备进行单独屏蔽和解除屏蔽操作。

模拟火灾报警控制器的屏蔽功能，可先通过摘除系统中一只总线设备，如手动报警按钮、点型感烟火灾探测器或者点型感温火灾探测器等，使火灾报警系统进入故障状态，然后在火灾报警控制器上选择故障屏蔽功能，屏蔽该故障设备。

五、火灾自动报警系统的总线短路隔离功能

火灾自动报警系统的信号传输总线中设有总线短路隔离器。其作用是，当总线上某部位出现短路情况时，总线短路隔离器动作，切断总线短路隔离器后端的短路部分与前端总线的电气连接，保护接在该总线短路隔离器之前的部件不受总线短路的影响，保持正常工作状态。总线短路隔离器动作时，火灾报警控制器显示并记录被隔离部件的部位号等相关信息，当总线短路故障恢复后，总线短路隔离器和被隔离的部件可自行恢复正常工作状态。

模拟火灾自动报警系统的总线短路隔离功能，可先将系统回路总线中一只总线短路隔离器的后端（输出端）进行短接，然后在火灾报警控制器上查看故障信息：与该短路隔离器接入同一总线回路且处于该模块前端（输入端之前）的连接设备，应能正常工作；与该模块接入同一总线回路且处于该模块后端（输出端之后）的连接设备，应处于故障状态。

【技能操作】

技能1　模拟测试火灾报警控制器的火警、故障、监管报警、屏蔽和隔离功能

一、操作准备

1. 技术资料

火灾自动报警系统图，火灾探测器等系统部件现场布置图和地址编码表，火灾报警控制器、消防联动控制器的使用说明书和设计手册等技术资料。

2. 实操设备

集中型火灾自动报警模拟演示系统，旋具、万用表等电工工具，秒表、声级计等检测工具。

3. 记录表格

《消防控制室值班记录表》《建筑消防设施故障维修记录表》。

二、操作步骤

1. 模拟测试火灾报警功能

（1）通过触发系统中的一只手动火灾报警按钮（或者点型感烟火灾探测器）动作，发出火灾报警信号，使系统中的火灾报警控制器进入火灾报警状态。

（2）检查火灾报警控制器是否发出火灾声、光报警信号，红色火灾报警总指示灯是否点亮，如图 2–1–1a 所示，火灾报警控制器显示器是否显示火灾报警信息，如图 2–1–1b 所示。

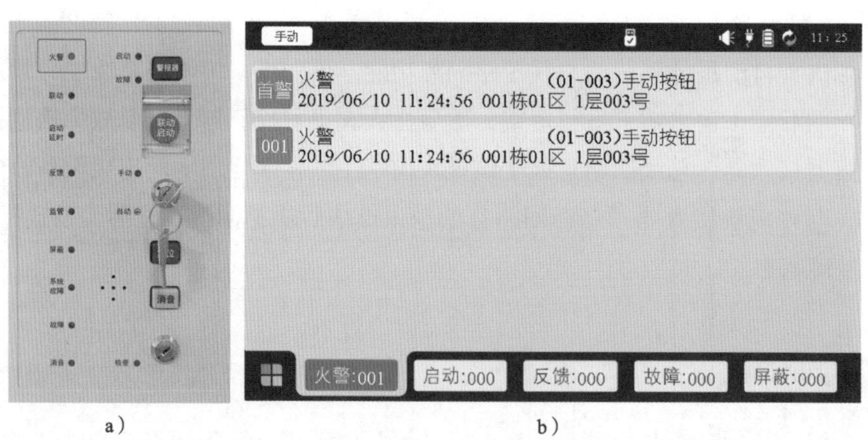

a） b）

图 2–1–1 火灾报警控制器的火警信息

a）火灾报警状态指示 b）火灾报警信息显示

2. 模拟故障报警功能

（1）通过摘除系统中一只手动报警按钮（或者点型感烟火灾探测器、点型感温火灾探测器）与火灾报警控制器之间的连接线，使系统中的火灾报警控制器进入故障报警状态。

（2）检查火灾报警控制器是否发出故障声、光报警信号，黄色故障报警总指示灯是否点亮，如图 2–1–2a 所示，火灾报警控制器显示器是否显示故障报警信息，如图 2–1–2b 所示。

3. 模拟监管报警功能

（1）通过手动触发系统中的一只输入模块，模拟产生监管报警信号，使火灾报警控制器进入监管报警状态。

（2）检查火灾报警控制器是否发出监管声、光报警信号，红色监管报警指示灯是否点亮，如图 2-1-3a 所示，火灾报警控制器显示器是否显示监管报警信息，如图 2-1-3b 所示。

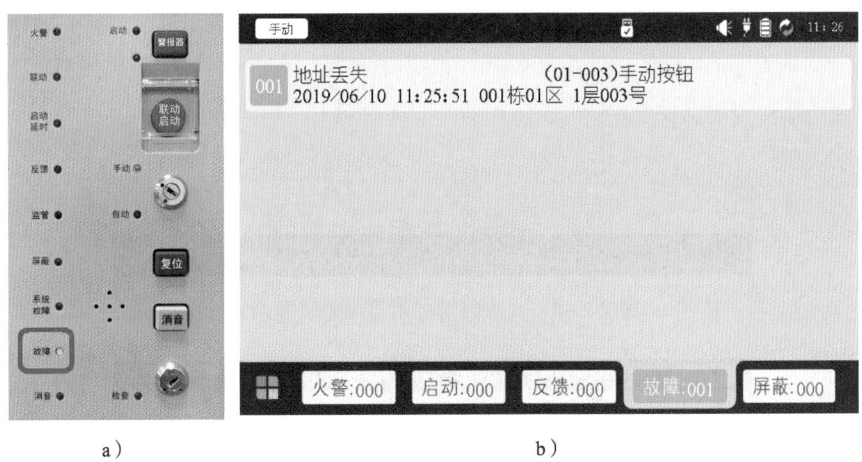

a） b）

图 2-1-2 火灾报警控制器的故障信息

a）故障报警状态指示 b）故障报警信息显示

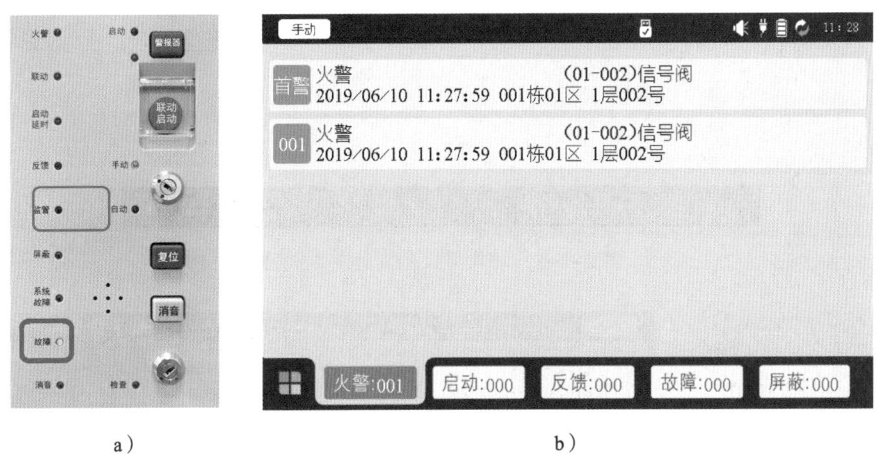

a） b）

图 2-1-3 监视模块功能的火警信息

a）监管报警状态指示 b）监管报警信息显示

4. 模拟屏蔽功能

（1）通过摘除系统中一只手动报警按钮（或者以总线方式连接的点型感烟火灾探测器、点型感温火灾探测器等）与火灾报警控制器之间的总线连接线，使其进入故障状态。

（2）在火灾报警控制器上选择故障屏蔽功能，如图 2-1-4 所示。

（3）选择并屏蔽该故障设备，如图 2-1-5 所示。

（4）检查火灾报警控制器上的屏蔽状态指示灯是否点亮，如图 2-1-6a 所示，火灾报警控制器显示器是否显示屏蔽设备信息，如图 2-1-6b 所示。

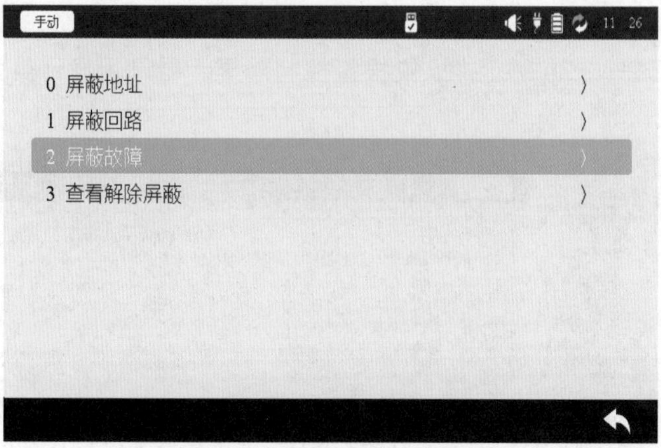

手动 11 26

0 屏蔽地址

1 屏蔽回路

2 屏蔽故障

3 查看解除屏蔽

图 2-1-4 火灾报警控制器屏蔽故障功能

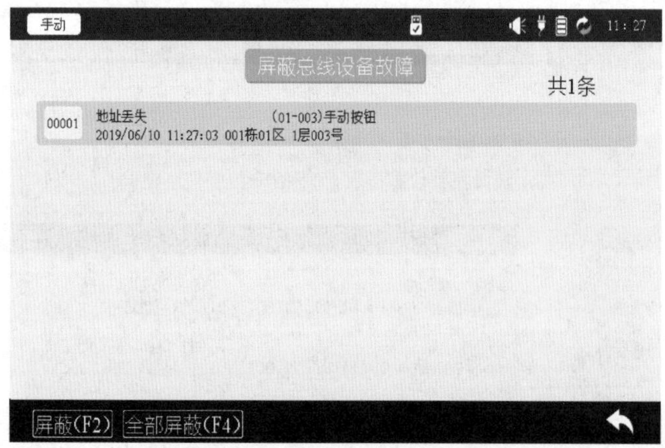

图 2-1-5 对故障设备进行屏蔽处理

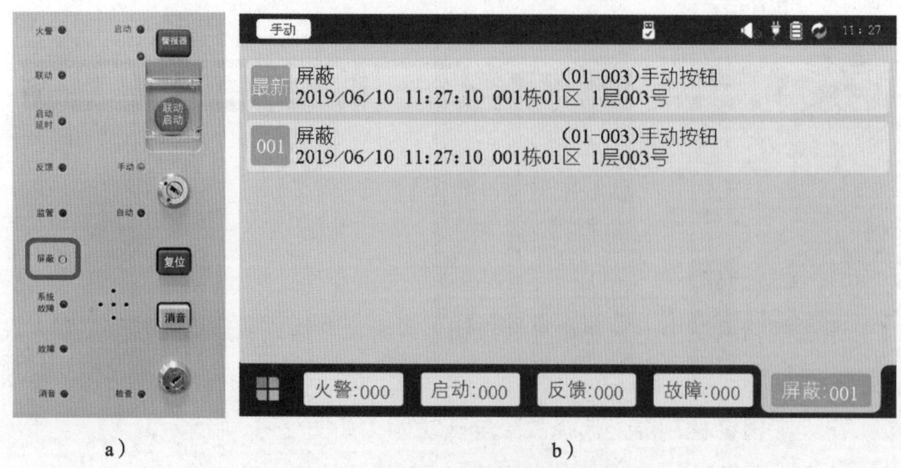

图 2-1-6 火灾报警控制器的屏蔽信息

a）屏蔽状态指示 b）屏蔽信息显示

5. 模拟隔离功能

（1）将系统总线回路中一只总线短路隔离器的后端（输出端）用导线进行短接。

（2）观察短路隔离器是否动作。

（3）在火灾报警控制器上检查故障信息：与该模块接入同一总线回路且处于该模块后端（输出端之后）的连接设备，应显示故障。

6. 填写记录

根据检查结果，认真填写《消防控制室值班记录表》；如有故障，填写《建筑消防设施故障维修记录表》，及时修复。

三、注意事项

1. 模拟各项报警功能之前，应通知相关人员，以免造成不必要的恐慌。

2. 模拟火灾和监管报警测试之前，应切断相关的联动设施，如风机、阀门等，以免造成不必要的损失。

技能 2　使用火灾报警控制器设置联动控制系统工作状态和设置、修改用户密码

一、操作准备

1. 技术资料

火灾自动报警系统图，火灾探测器等系统部件现场布置图和地址编码表，火灾报警控制器，消防联动控制器使用说明书和设计手册等技术资料。

2. 实操设备

集中型火灾自动报警模拟演示系统，旋具、万用表等电工工具，秒表、声级计等检测工具。

3. 记录表格

《消防控制室值班记录表》《建筑消防设施故障维修记录表》。

二、操作步骤

1. 手动 / 自动功能转换

（1）方法一

1）当区域火灾报警控制器处于正常监控状态时，通过系统菜单中的“操作”选项，进入“操作”页面，如图 2–1–7a 所示；在“操作”页面选择“手动 / 自动切换”选项，进入手动 / 自动切换界面，如图 2–1–7b 所示。

a）　　　　　　　　　　　　　　　　　　b）

图 2-1-7　火灾报警控制器的“操作”选项界面

2）进入手动 / 自动切换界面后，在手动 / 自动切换界面查看当前状态为“手动”状态，如图 2-1-8a 所示；通过切换选项按键“F4”切换，如图 2-1-8b 所示；将区域火灾报警控制器从当前的“手动”控制状态切换为“自动”控制状态（也可从“自动”控制状态切换为“手动”控制状态），如图 2-1-8c 所示。

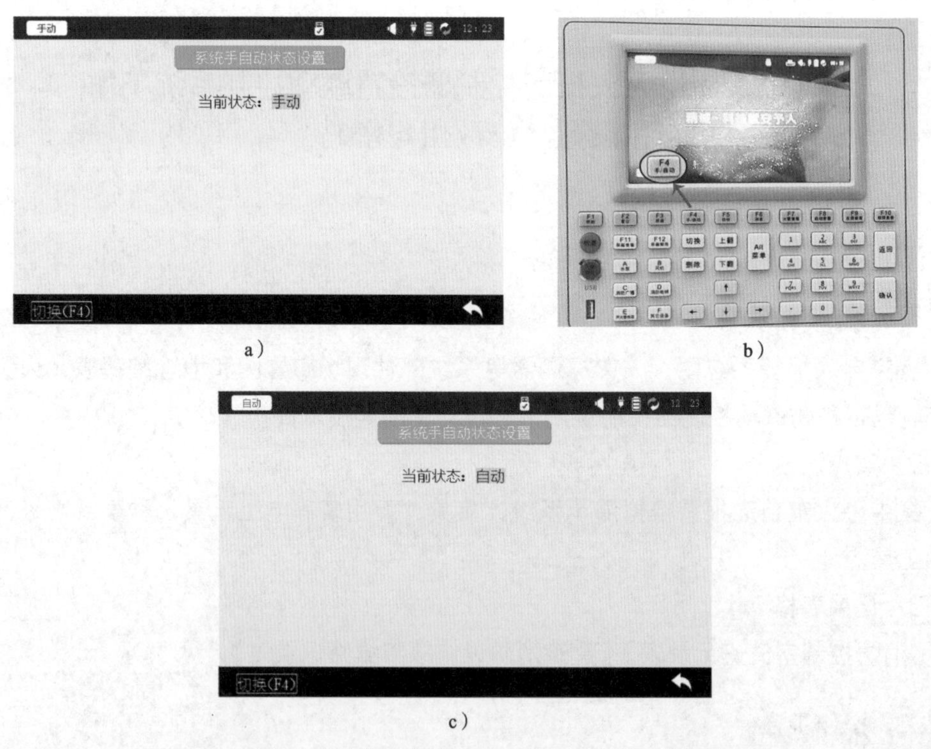

a）　　　　　　　　　　　　　　　　　　b）

c）

图 2-1-8　火灾报警控制器的手动 / 自动切换界面和切换按键

（2）方法二

1）当区域火灾报警控制器处于正常监视状态时，直接按下键盘区的“手动 / 自动”切换按键，如图 2-1-9a 所示，输入系统操作密码并确认，进入控制状态切换界面，如图 2-1-9b 所示。

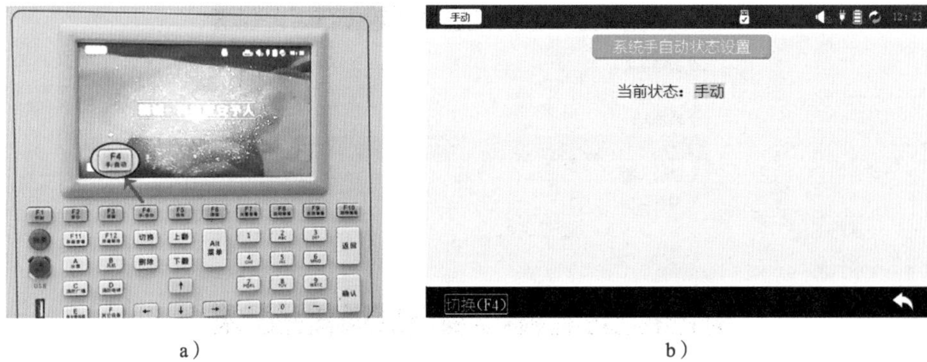

a）　　　　　　　　b）

图 2-1-9　火灾报警控制器的“手动 / 自动”切换按键和手动 / 自动切换界面

2）进入手动 / 自动切换界面后，在手动 / 自动切换界面查看当前状态，可通过切换选项按键“F4”切换手动 / 自动工作状态，操作方法如方法一。

（3）方法三

1）检查火灾报警控制器在手动操作面板中是否设有独立的手动 / 自动状态转换钥匙，如图 2-1-10 所示。

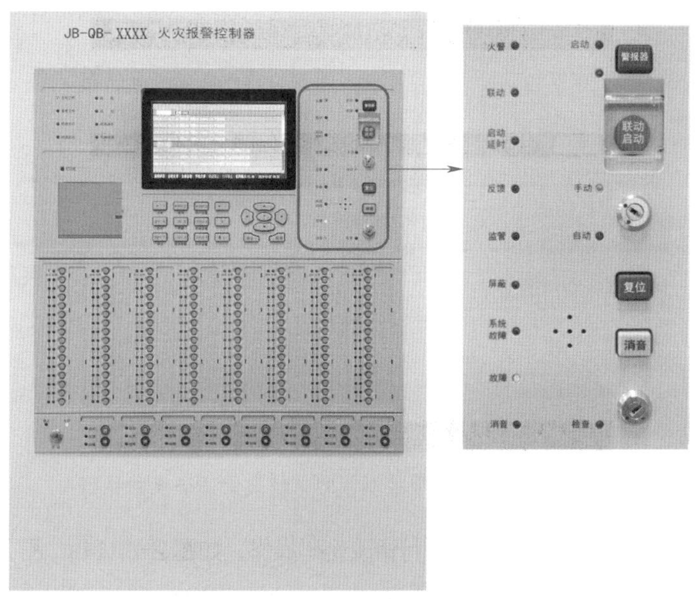

图 2-1-10　火灾报警控制器手动操作面板中的“手动 / 自动状态转换钥匙”

2）将手动 / 自动状态转换钥匙插入锁孔，通过转动钥匙设置系统手动 / 自动工作状态。

2. 用户权限与密码修改

（1）通过系统菜单，进入修改密码功能，如图 2-1-11 所示。

（2）系统操作密码设置，如图 2-1-12 所示。

（3）系统设置密码设置，如图 2-1-13 所示。

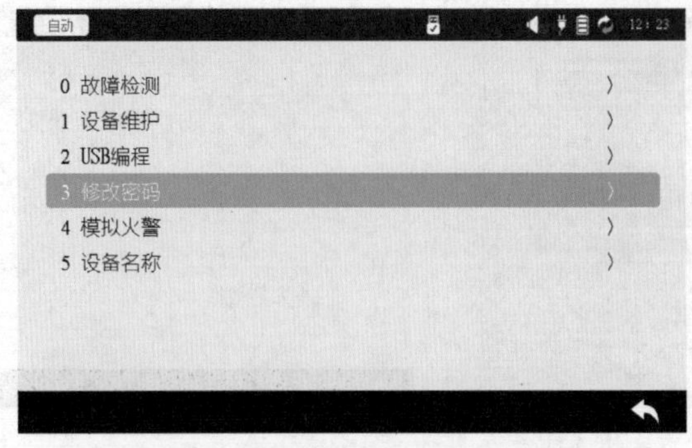

图 2-1-11　火灾报警控制器修改密码界面

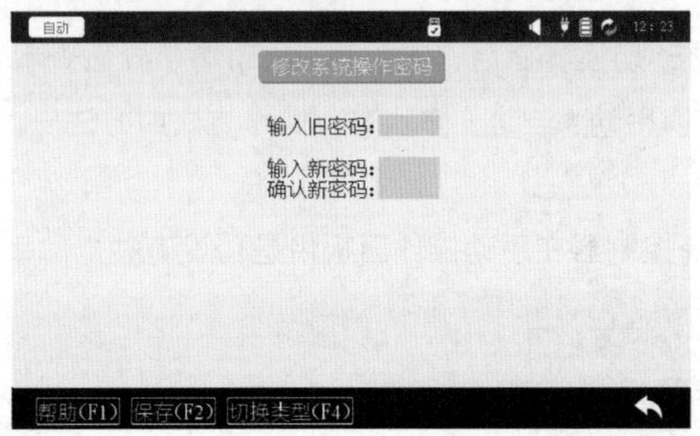

图 2-1-12　火灾报警控制器的系统操作密码设置界面

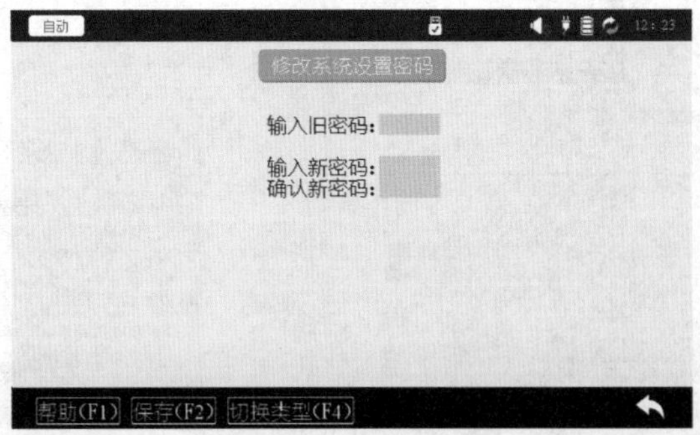

图 2-1-13　火灾报警控制器的系统设置密码设置界面

（4）在已知旧密码的情况下，可进行修改密码操作，如图 2-1-14a、图 2-1-14b 所示。

3. 填写记录

根据检查结果，认真填写《消防控制室值班记录表》；如有故障，填写《建筑消防设施故障维修记录表》，及时修复故障。

三、注意事项

1. 火灾报警控制器的手动 / 自动状态切换具体操作方法以火灾报警控制器使用说明书为准。

a)　　　　　　　　　　b)

图 2-1-14　系统操作密码和系统设置密码修改示例

2. 对火灾报警控制器进行手动 / 自动状态切换操作时，应注意火灾报警控制器的当前工作状态，如处于火警或者监管报警状态时，应根据火灾报警控制器的具体设置情况进行操作。

3. 火灾报警控制器的控制状态应不受复位操作的影响。

培训单元 2
测试火灾自动报警系统的报警和联动功能

【培训重点】

掌握按照防火分区或报警回路模拟测试报警和联动控制功能的方法。

掌握核查火灾探测器等组件编码及位置提示信息的方法。

掌握核查联动控制逻辑命令的方法。

【知识要求】

一、整体联动功能测试内容

根据相关规范的要求，常见自动消防系统的整体联动控制功能测试见表 2-1-1。

表 2–1–1　　常见自动消防系统的整体联动控制功能测试

测试功能	检查方法
消防联动控制器应发出控制火灾警报、消防应急广播系统、防火卷帘系统、防火门监控系统、防烟排烟系统、消防应急照明和疏散指示系统、电梯和非消防电源等相关系统动作的启动信号，点亮启动指示灯	使报警区域内符合火灾警报、消防应急广播系统、防火卷帘系统、防火门监控系统、防烟排烟系统、消防应急照明和疏散指示系统、电梯和非消防电源等相关系统联动触发条件的火灾探测器、手动火灾报警按钮发出火灾报警信号，检查消防联动控制器的工作状态
警报器和扬声器应按下列规定交替工作： （1）警报器应同时启动，持续工作 8 ~ 20 s 后，所有警报器应同时停止警报 （2）警报器停止工作后，扬声器进行 1 ~ 2 次消防应急广播，每次应急广播的时间应为 10 ~ 30 s；应急广播结束后，所有扬声器应停止播放广播信息	检查火灾警报器、扬声器的交替工作情况；用秒表分别测量火灾警报器、扬声器单次持续工作时间
按联动控制设计要求，防火卷帘控制器应控制防火卷帘分两步或直接下降至楼板面	检查防火卷帘的动作情况
防火门监控器应控制报警区域内所有常开防火门关闭	检查防火门的动作情况
相应的电动送风口应开启，风机控制箱（柜）应控制加压送风机启动	对照设计文件，检查受控设备的启动情况
电动挡烟垂壁、排烟口、排烟阀、排烟窗、空气调节系统的电动防火阀应动作	对照设计文件，检查受控设备的动作情况
风机控制箱（柜）应控制排烟风机启动	检查排烟风机的启动情况
应急照明控制器应控制配接的消防应急灯具、应急照明集中电源、应急照明配电箱应急启动	检查应急照明集中电源或应急照明配电箱工作状态、应急照明灯具光源点亮情况
电梯应停于首层或转换层、相关非消防电源应切断、其他相关系统设备应动作	检查电梯、非消防电源等相关系统的动作情况

二、消防系统的联动信号

1. 联动信号含义

火灾自动报警系统联动控制的受控消防对象（设备 / 设施）种类较多，主要为消防专用设备及一些非消防专用设备。建设工程执行的消防技术标准版本不同，直接影响受控消防对象的联动控制设计。各类消防系统联动控制设计涉及的联动信号含义如下：

（1）联动触发信号

火灾自动报警系统控制受控消防对象启动或分步启动的联动逻辑判断信号。

（2）联动控制信号

火灾自动报警系统发出的用于控制受控消防对象进入应急工作状态的信号。

（3）联动反馈信号

真实反映受控消防设备启动或停止的工作状态信号，以及消防控制室需要获取并在消防联动控制器显示的受控对象相关状态信号。

根据《火灾自动报警系统设计规范》（GB 50116），需要火灾自动报警系统联动控制的消防设备，其联动触发信号应采用两个独立触发装置报警信号的“与”逻辑组合。

2. 各类灭火系统的联动信号

根据现行消防技术标准，各类灭火系统的联动信号见表 2–1–2。

表 2–1–2　　灭火系统的联动信号

<table>
<tr><th colspan="3">系统名称</th><th>联动触发信号</th><th>联动控制信号</th><th>联动反馈信号</th></tr>
<tr><td rowspan="9">自动喷水灭火系统</td><td colspan="2">湿式和干式系统</td><td>报警阀压力开关的动作信号与该报警阀防护区域内任一火灾探测器或手动报警按钮的报警信号</td><td>启动喷淋泵</td><td>干管水流指示器的动作信号，以及信号阀、压力开关的动作信号和喷淋消防泵的启 / 停信号</td></tr>
<tr><td colspan="2" rowspan="2">预作用系统</td><td>同一报警区域内两只及以上独立的感烟火灾探测器或一只感烟火灾探测器与一只手动火灾报警按钮的报警信号</td><td>开启预作用阀组、开启快速排气阀前电动阀</td><td rowspan="2">干管水流指示器的动作信号，以及信号阀、压力开关的动作信号，喷淋消防泵的启 / 停信号，有压气体管道气压状态信号和快速排气阀前电动阀动作信号</td></tr>
<tr><td>报警阀压力开关的动作信号与该报警阀防护区域内任一火灾探测器或手动报警按钮的报警信号</td><td>启动喷淋泵</td></tr>
<tr><td colspan="2" rowspan="2">雨淋系统</td><td>同一报警区域内两只及以上独立的感温火灾探测器或一只感温火灾探测器与一只手动火灾报警按钮的报警信号</td><td>开启雨淋阀组</td><td rowspan="2">干管水流指示器的动作信号、压力开关的动作信号、雨淋阀组和雨淋消防泵的启 / 停信号</td></tr>
<tr><td>报警阀压力开关的动作信号与该报警阀防护区域内任一火灾探测器或手动报警按钮的报警信号</td><td>启动喷淋泵</td></tr>
<tr><td rowspan="4">水幕系统</td><td rowspan="2">用于防火卷帘的保护</td><td>防火卷帘下落到楼板面的动作信号与本报警区域内任一火灾探测器或手动报警按钮的报警信号</td><td>开启水幕系统控制阀组</td><td rowspan="4">压力开关的动作信号、水幕系统相关控制阀组和消防泵的启 / 停信号</td></tr>
<tr><td>报警阀压力开关的动作信号与该报警阀防护区域内任一火灾探测器或手动报警按钮的报警信号</td><td>启动喷淋泵</td></tr>
<tr><td rowspan="2">用于防火分隔</td><td>报警区域内两只独立的感温火灾探测器的火灾报警信号</td><td>开启水幕系统控制阀组</td></tr>
<tr><td>报警阀压力开关的动作信号与该报警阀防护区域内任一火灾探测器或手动报警按钮的报警信号</td><td>启动喷淋泵</td></tr>
</table>

续表

系统名称	联动触发信号	联动控制信号	联动反馈信号
消火栓系统	消火栓按钮的动作信号	给出使用消火栓位置的报警信息，以及由消防联动控制器联动控制消防泵启动；启动干式消火栓系统的快速启闭装置	消火栓泵的动作信号
气体灭火系统	任一防护区域内设置的感烟火灾探测器、其他类型火灾探测器或手动火灾报警按钮的首次报警信号	启动设置在该防护区内的火灾声光警报器	气体灭火控制器直接连接的火灾探测器的报警信号
	同一防护区域内与首次报警的火灾探测器或手动报警按钮相邻的感温火灾探测器、火焰探测器或手动火灾报警按钮的报警信号	关闭防护区域的送、排风机及送、排风阀门，停止通风和空气调节系统，关闭该防护区的电动防火阀，启动防护区域开口封闭装置，包括关闭门、窗，启动气体灭火装置，启动入口处表示气体喷洒的火灾声光警报器	选择阀的动作信号、压力开关的动作信号

3. 其他消防系统的联动信号

根据现行消防技术标准，其他消防系统的联动信号见表 2–1–3。

表 2–1–3 其他消防系统的联动信号

系统名称	联动触发信号	联动控制信号	联动反馈信号
火灾警报和消防应急广播系统	同一报警区域内两只独立的火灾探测器或一只火灾探测器与一只手动报警按钮的报警信号	确认火灾后，启动建筑内火灾声光警报器、启动消防应急广播	消防应急广播分区的工作状态
防火卷帘系统	对于疏散通道上设置的防火卷帘，防火分区内任两只独立的感烟火灾探测器或任一只专门用于联动防火卷帘的感烟火灾探测器的报警信号应联动控制防火卷帘下降至距楼板面 1.8 m 处；任一只专门用于联动防火卷帘的感温火灾探测器的报警信号应联动控制防火卷帘下降到楼板面	防火卷帘控制器应控制防火卷帘分两步下降至楼板面	防火卷帘下降至距楼板面 1.8 m 处和下降到楼板面的动作信号，以及防火卷帘控制器直接连接的感烟火灾探测器、感温火灾探测器的报警信号
	对于非疏散通道上设置的防火卷帘，卷帘所在防火分区内任两只独立的火灾探测器的报警信号，应联动控制防火卷帘直接下降到楼板面	防火卷帘控制器应控制防火卷帘一步直接下降至楼板面	防火卷帘下降到楼板面的动作信号

续表

<table>
<tr><th colspan="2">系统名称</th><th>联动触发信号</th><th>联动控制信号</th><th>联动反馈信号</th></tr>
<tr><td colspan="2">防火门系统</td><td>防火门所在防火分区内的两只独立的火灾探测器或一只火灾探测器与一只手动报警按钮的报警信号</td><td>防火门监控器应控制报警区域内所有常开防火门关闭</td><td>疏散通道上各防火门的开启、关闭及故障状态信号</td></tr>
<tr><td rowspan="4">防烟排烟系统</td><td rowspan="2">防烟系统</td><td>加压送风口所在防火分区内的两只独立的火灾探测器或一只火灾探测器与一只手动报警按钮的报警信号</td><td>相应的电动送风口应开启，风机控制箱（柜）应控制加压送风机启动</td><td rowspan="4">送风口、排烟口、排烟窗或排烟阀的开启和关闭信号，防烟、排烟风机启/停信号，电动防火阀关闭动作信号</td></tr>
<tr><td>同一防烟分区内且位于电动挡烟垂壁附近的两只独立的感烟火灾探测器的报警信号</td><td>降落电动挡烟垂壁</td></tr>
<tr><td rowspan="2">排烟系统</td><td>同一防烟分区内的两只独立的火灾探测器或一只火灾探测器与一只手动报警按钮报警信号的“与”逻辑</td><td>开启排烟口、排烟窗或排烟阀，停止该防烟分区的空气调节系统</td></tr>
<tr><td>串接排烟口的反馈信号应并接，作为启动排烟风机的联动触发信号</td><td>风机控制箱（柜）应控制排烟风机启动</td></tr>
<tr><td colspan="2">消防应急照明和疏散指示系统</td><td>同一报警区域内两只独立的火灾探测器或一只火灾探测器与一只手动报警按钮的报警信号</td><td>应急照明控制器应控制配接的消防应急灯具、应急照明集中电源、应急照明配电箱应急启动</td><td>—</td></tr>
<tr><td colspan="2">电梯</td><td>《火灾自动报警系统设计规范》（GB 50116）相关要求</td><td>电梯应停于首层或转换层</td><td>电梯运行状态信息和停于首层或转换层的反馈信号</td></tr>
</table>

【技能操作】

技能 1 按照分区、回路模拟测试系统报警和联动控制功能

一、操作准备

1. 技术资料

火灾自动报警系统图，火灾探测器等系统部件现场布置图和地址编码表，火灾报警控制器（联动型）使用说明书和设计手册等技术资料。

2. 实操设备

集中型火灾自动报警模拟演示系统，旋具、万用表等电工工具，秒表、声级计、火灾探测器功能试验器等检测工具。

3. 记录表格

《消防控制室值班记录表》《建筑消防设施故障维修记录表》。

二、操作步骤

1. 报警功能测试

模拟测试的防火分区或系统回路，宜选择火灾危险性较大的防火分区和敷设线路较长的回路。

在报警回路末端或防火分区内选择一只火灾探测器进行模拟火灾测试。模拟火灾测试应采用专用的检测仪器或模拟火灾的方法。检查火灾报警控制器面板火警信号指示信息的完整性、及时性和准确性情况。

采用感烟探测器功能试验器现场模拟火灾测试场景示例如图 2–1–15 所示。

图 2–1–15　采用感烟探测器功能试验器现场模拟火灾测试场景示例

某型号产品可采用模拟报警的方法按防火分区、回路测试火灾报警功能，其具体操作步骤示例如下：

（1）进入菜单界面，选择“调试”功能。该型号火灾报警控制器菜单界面示例如图 2–1–16 所示。

图 2–1–16　某型号火灾报警控制器菜单界面示例

（2）在“调试”功能内，选择模拟火警选项。该型号火灾报警控制器模拟火警功能菜单选项示例如图 2–1–17 所示。

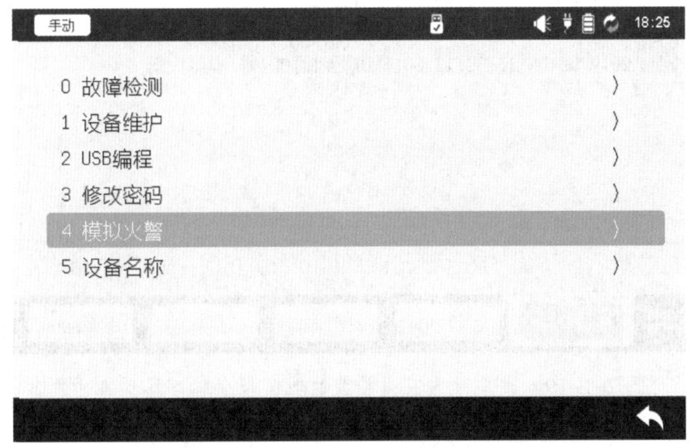

图 2–1–17　某型号火灾报警控制器模拟火警功能菜单选项示例

（3）进入模拟火警选项，选择好需要模拟的防火分区及报警回路设备，按“F2”模拟。该型号火灾报警控制器模拟火警操作界面示例如图 2–1–18 所示。

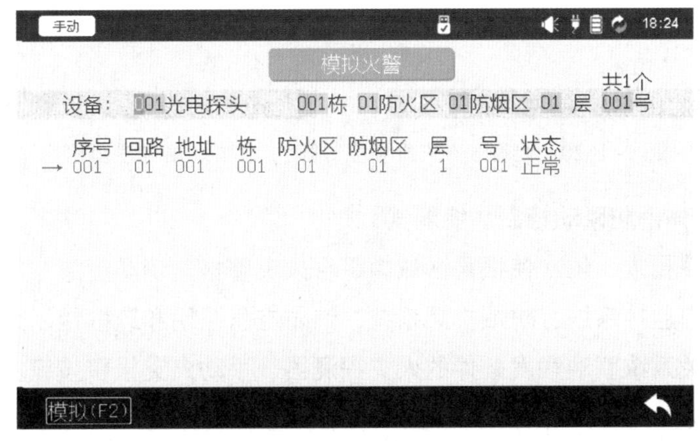

图 2–1–18　某型号火灾报警控制器模拟火警操作界面示例

（4）模拟火警操作后，火灾报警控制器主机会命令选中的火灾探测器生成模拟火警信号，该模拟信号与真实火警有着相同意义。该型号火灾报警控制器模拟火警信息界面示例如图 2–1–19 所示。

2. 火灾报警控制器自动工作状态确认

检查火灾报警控制器面板界面上基本按键与指示灯单元的自动工作状态指示灯，及时确认系统是否处于自动控制状态。

某型号火灾报警控制器手动 / 自动转换界面示例如图 2–1–20 所示。在手动 / 自动转换界面下，通过按“F4”将火灾报警控制器从“手动”状态转换成“自动”状态。

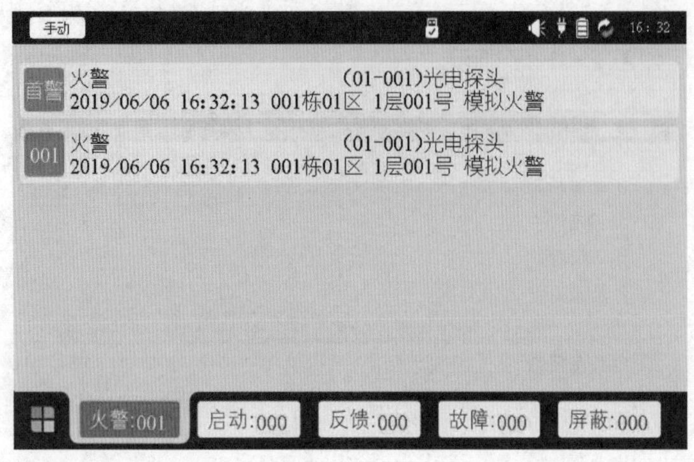

图 2–1–19　某型号火灾报警控制器模拟火警信息界面示例

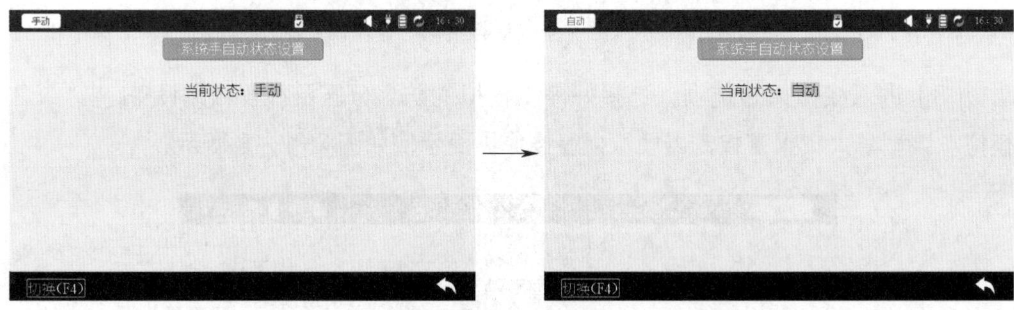

图 2–1–20　某型号火灾报警控制器手动 / 自动转换界面示例

3. 系统整体消防联动控制功能测试

按设计文件要求，依次使报警区域内符合火灾警报、消防应急广播系统、防火卷帘系统、防火门监控系统、防烟排烟系统、消防应急照明和疏散指示系统、电梯和非消防电源等相关系统联动触发条件的火灾探测器、手动火灾报警按钮发出火灾报警信号。检查报警区域内各自动消防系统整体联动功能响应情况。

4. 复位

对火灾报警触发装置、火灾报警控制器、消防联动控制器进行复位操作，动作的受控消防设备恢复至正常状态。

5. 填写记录

根据检查和测试结果，规范填写《消防控制室值班记录表》；如发现系统异常，还应规范填写《建筑消防设施故障维修记录表》。

三、注意事项

1. 对于不可恢复的火灾探测器、现场禁止明火和操作空间受限场所可采取模拟报警方法。

2. 模拟测试系统的报警和联动控制功能，应避免对保护场所生产运营产生不利影响。

3. 确保防排烟风机、防火卷帘等消防用电设备的配电柜启动开关处于自动位置（通电状态）。

技能2 核查火灾探测器等组件编码及位置提示信息

一、操作准备

1. 技术资料

火灾自动报警系统图，火灾探测器等系统部件现场布置图和地址编码表，火灾报警控制器使用说明书和设计手册等技术资料。

2. 实操设备

集中型火灾自动报警模拟演示系统，旋具、万用表等电工工具，秒表、声级计、火灾探测器功能试验器等检测工具。

3. 记录表格

《消防控制室值班记录表》《建筑消防设施故障维修记录表》。

二、操作步骤

1. 检查组件编码及位置信息完整性

（1）核查现场组件类别和地址总数

对于设置检查功能的火灾报警控制器，通过手动操作检查功能钥匙（或按钮），使控制器处于检查功能状态，这时检查功能状态指示灯（器）应点亮。操作手动查询按钮（键），核查火灾报警控制器配接现场组件的地址总数、不同类别现场组件的地址数，以及每回路配接现场组件的地址数、不同类别现场组件的地址数。某型号火灾报警控制器检查按钮操作示例如图2-1-21所示，其检查信息显示示例如图2-1-22所示。

（2）检查现场组件地址和位置信息是否完整

通过火灾报警控制器的查询功能，检查现场组件的地址及位置注释信息完整性；查看液晶显示器的相关信息显示情况，判断控制器配接的火灾探测器等现场组件类别、地址总数和位置信息有无遗漏。

2. 核查现场组件设置符合性

对照设计文件，核查现场组件的设置符合性，其选型和设置部位应符合设计文件要求。

图 2-1-21　某型号火灾报警控制器检查按钮操作示例

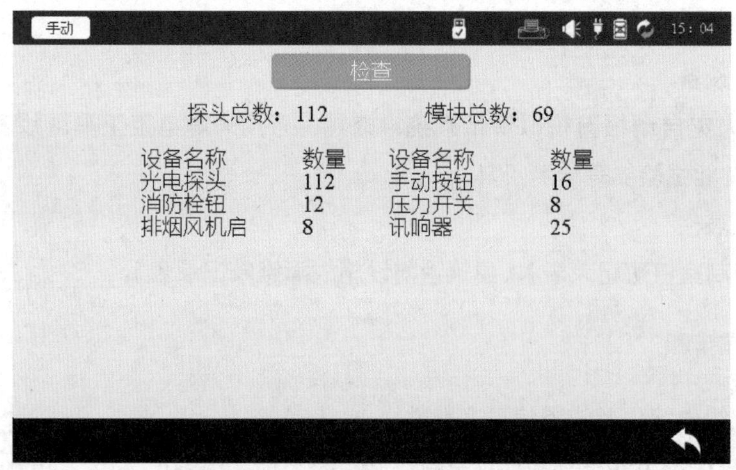

图 2-1-22　某型号火灾报警控制器检查信息显示示例

3. 测试验证现场组件地址和位置信息正确性

对待核查的火灾探测器等组件，按照厅室或设置部位，采用适合的模拟方法使之依次发出火灾报警信号（或故障报警信号），并准确记录测试顺序。

通过火灾报警控制器的报警信息查询操作，对应报警事件时间顺序，判断报警信息的地址及位置信息是否正确。查询火警历史事件时液晶显示器显示信息示例如图 2-1-23 所示。

4. 复位

手动复位火灾报警控制器，撤除火灾探测器等组件的报警信号。

5. 填写记录

根据检查和测试结果，规范填写《消防控制室值班记录表》；如发现异常情况，还应规范填写《建筑消防设施故障维修记录表》。

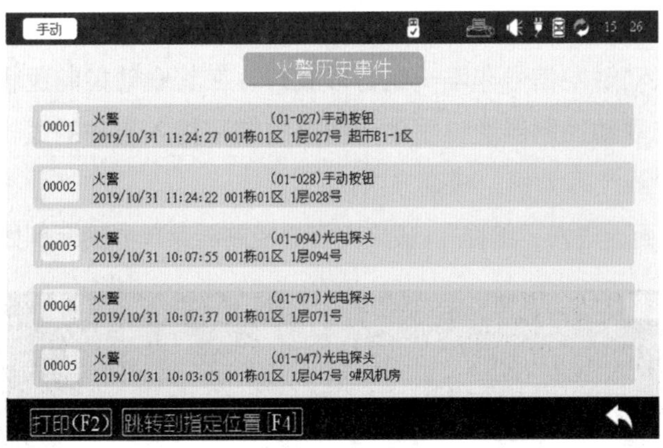

图 2–1–23　查询火警历史事件时液晶显示器显示信息示例

三、注意事项

1. 对于不可恢复的火灾探测器、现场禁止明火和操作空间受限场所可采取模拟报警方法。

2. 火灾探测器等组件发出报警信号的测试，应避免对保护场所生产运营产生不利影响。

技能 3　核查联动控制逻辑命令

一、操作准备

1. 技术资料

火灾自动报警系统图，火灾探测器等系统部件现场布置图和地址编码表，火灾报警控制器使用说明书和设计手册等技术资料。

2. 实操设备

集中型火灾自动报警模拟演示系统，旋具、万用表等电工工具，秒表、声级计、火灾探测器功能试验器等检测工具。

3. 记录表格

《消防控制室值班记录表》《建筑消防设施故障维修记录表》。

二、操作步骤

1. 明确受控对象的联动控制逻辑设计

确定待核查联动控制逻辑命令的受控设备。通过熟悉消防控制室相关资料，明确受控对象的消防联动控制逻辑设计情况。

2. 核查联动控制逻辑关系的编写输入情况

相关系统的联动触发信号非唯一组合形式时，在其联动控制逻辑命令实际测试基础上，还应对消防联动控制器通过手动或程序的编写输入启动的逻辑关系进行核查确认。以某型号控制器产品为例，核查方法如下：

（1）在菜单界面，进入“编程”。该火灾报警控制器菜单界面示例如图 2-1-24 所示。

图 2-1-24　某型号火灾报警控制器菜单界面示例

（2）进入“联动关系”。该火灾报警控制器编程界面示例如图 2-1-25 所示。

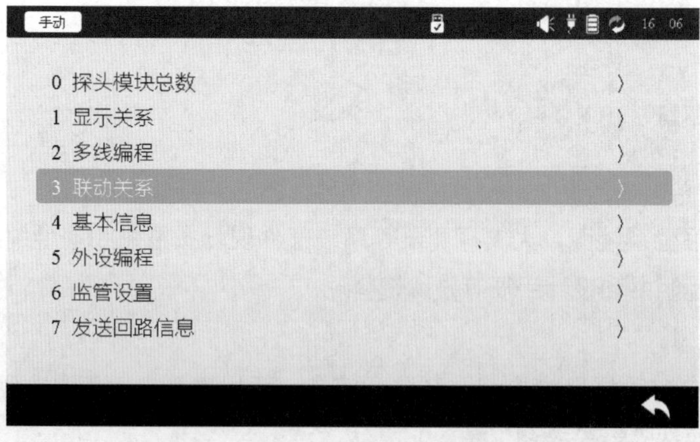

图 2-1-25　某型号火灾报警控制器编程界面示例

（3）核查联动控制逻辑命令是否与联动设备一致。该火灾报警控制器联动关系设置界面示例如图 2-1-26 所示，以此确认通过手动或程序的编写输入启动的逻辑关系是否正确。

3. 测试验证

对于各类灭火系统，分别生成符合设计文件要求的联动触发信号，消防联动控制器应按设定的控制逻辑向各相关受控设备发出联动控制信号，点亮启动指示灯，并接收相关设备的联动反馈信号。

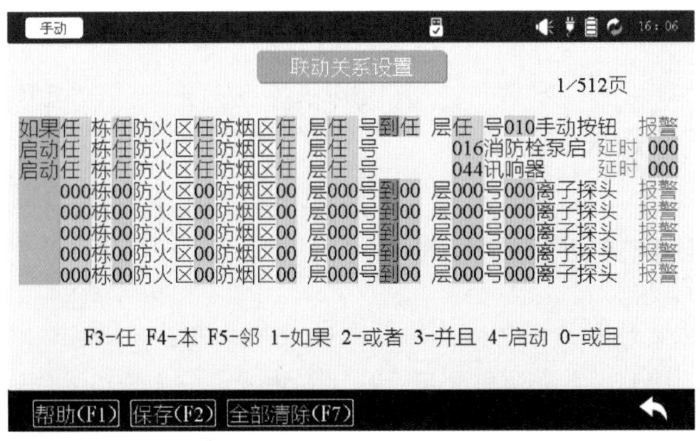

图 2-1-26　某型号火灾报警控制器联动关系设置界面示例

对于其他相关系统，依次使报警区域内符合火灾警报、消防应急广播系统、防火卷帘系统、防火门监控系统、防烟排烟系统、消防应急照明和疏散指示系统、电梯等相关系统联动触发条件的火灾探测器、手动火灾报警按钮发出火灾报警信号。

4. 复位

对火灾报警触发装置、火灾报警控制器、消防联动控制器等进行复位操作，动作的受控消防设备恢复至正常状态。

5. 填写记录

根据检查和测试结果，规范填写《消防控制室值班记录表》；如发现异常情况，还应规范填写《建筑消防设施故障维修记录表》。

三、注意事项

测试系统的报警和联动控制功能，应避免对保护场所生产运营产生不利影响。

培训单元 3
模拟测试火灾探测器的报警功能

【培训重点】

掌握吸气式感烟火灾探测器、火焰和图像型火灾探测器的功能特点。

熟练掌握吸气式感烟火灾探测器、火焰和图像型火灾探测器的火警、故障报警功能的测试。

【知识要求】

一、吸气式感烟火灾探测器

1. 吸气式感烟火灾探测器的分类

吸气式感烟火灾探测器按响应阈值范围可分为普通型、灵敏型和高灵敏型；按功能构成方式可分为探测型和探测报警型；按采样方式可分为管路采样式（见图 2–1–27）和点型采样式。

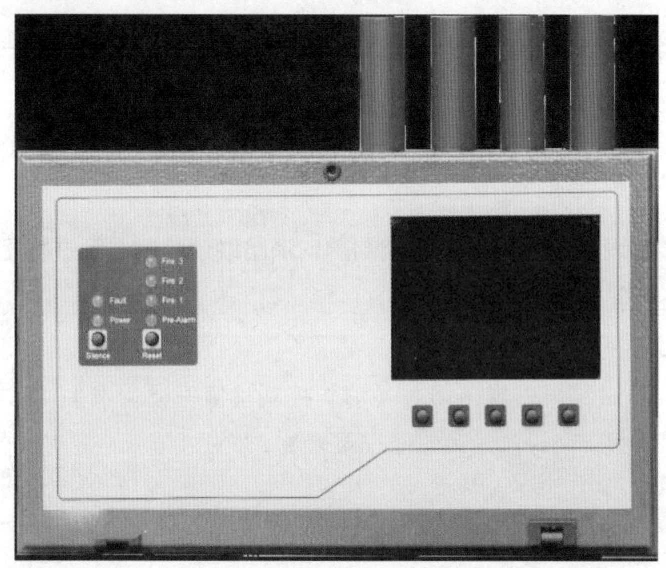

图 2–1–27 管路采样式吸气式感烟火灾探测器整机示例

2. 吸气式感烟火灾探测器的工作原理

吸气式感烟火灾探测器通常由气路选择组件、吸气泵、过滤器、测量室、信号处理单元、按键及显示模块和通讯模块等部分组成，吸气式感烟火灾探测器内部构成示例如图 2–1–28 所示。

3. 管路采样式吸气感烟火灾探测器基本性能

（1）管路采样式吸气感烟火灾探测器的火灾报警性能

探测器在任一采样孔获取的火灾烟参数符合报警条件时，应在 120 s 内发出火灾报警信号，指示火灾发生部位，记录火灾报警时间（探测器时钟的日计时误差不应超过 30 s），并予以保持，直至复位；报警声信号应能手动消除。对于有多路火灾报警功能

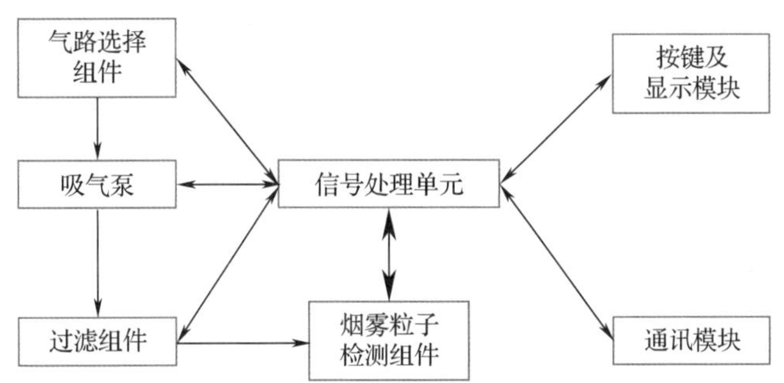

图 2-1-28 吸气式感烟火灾探测器内部构成示例

的探测器，当有新的火灾发生时，应能再次发出火灾报警声、光信号。火灾报警信号应优先于故障报警信号。

（2）管路采样式吸气感烟火灾探测器的故障报警性能

探测器与其连接的部件间发生故障时，应能在 100 s 内发出与火灾报警信号有明显区别的故障声、光信号，故障光信号应保持至故障排除。探测器的声信号应能手动消除，当有新的故障信号时声信号应能再启动。探测器应能显示下述故障的类型：主电源断电或欠压；给备用电源充电的充电器与备用电源之间连接线断线、短路；备用电源与其负载之间连接线断线、短路或由备用电源单独供电时其电压不足以保障探测器正常工作；探测器吸气流量大于正常吸气流量的 150%或小于正常吸气流量的 50%。

（3）管路采样式吸气感烟火灾探测器的主要部件性能

探测器上应有黄色故障指示灯，当探测器发生故障信号时，该指示灯应点亮并保持至故障排除。探测器上还应有绿色电源指示灯，当探测器接通电源时，该指示灯应点亮并保持。

探测报警型探测器应设指示火灾报警和故障的音响器件。在正常工作条件下，音响器件在其正前方 1 m 处的声压级（A 计权）应大于 65 dB，小于 115 dB。在 85%额定工作电压条件应能工作。

（4）管路采样式吸气感烟火灾探测器的电源性能

当探测器采用交流供电时，在 110% 和 85% 额定工作电压条件下，应能正常工作，并具有主、备电源转换功能。当主电源断电时，应能自动转换到备用电源；当主电源恢复时，应能自动转换到主电源；应有主、备电源的工作状态指示，主电源应有过流保护措施。主、备电源的转换不应使探测器发出火灾报警信号。当探测器备用电源在放电至终止电压条件下，充电 24 h，其容量应能保证探测器在正常监视状态下工作 8 h 后，在报警状态条件下工作 30 min。

（5）管路采样式吸气感烟火灾探测器的自检性能

探测器应具有手动检查其面板所有指示灯、显示器的功能。在执行自检期间，受其控制的输出节点均不应动作。探测器自检时间超过 1 min 或其不能自动停止自检功能时，探测器的自检功能应不影响非自检部位和探测器本身的火灾报警功能。

二、火焰探测器

1. 火焰探测器的分类

点型火焰探测器又称点型感光火灾探测器，是一种响应火灾发出的电磁辐射（红外、可见和紫外波段）的火灾探测器（以下简称火焰探测器）。响应波长低于 400 nm 波段电磁辐射的探测器称为紫外火焰探测器，响应波长高于 700 nm 波段电磁辐射的探测器称为红外火焰探测器。火焰探测器根据探测波段组成类型和数量可细分为单紫外、单红外、双红外、三红外、红外 / 紫外、附加视频等多规格；根据防爆类型可分为非防爆型、本安型和隔爆型。火焰探测器整机外观示例如图 2–1–29 所示。

图 2–1–29　火焰探测器整机外观示例

2. 火焰探测器的工作原理

火焰探测器是通过采用光谱传感元件响应火灾的紫外光、可见光及红外光辐射，通过算法判断火警并发出报警信号。火焰探测器工作原理框图示例如图 2–1–30 所示。

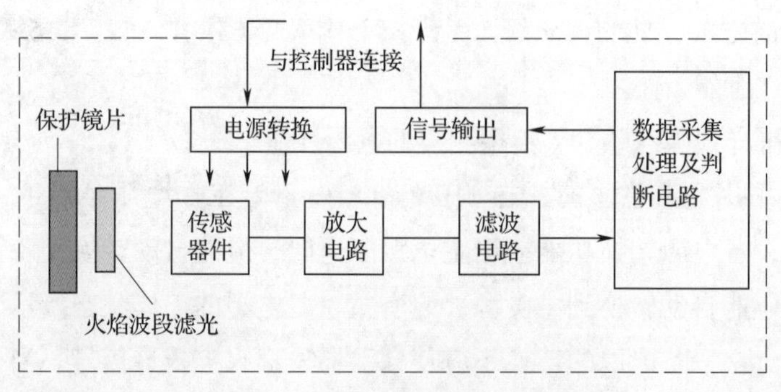

图 2–1–30　火焰探测器工作原理框图示例

三、图像型火灾探测器

图像型火灾探测器是指使用摄像机、红外热成像器件等视频设备（单独或组合方式）获取监控现场视频信息，进行火灾探测的火灾探测器。图像型火灾探测器主要适用于室内外、隧道、机场、体育场馆等高大空间场所，它能在各种复杂环境下对火情做出准确的判断，同时提供视频、网络、开关量三种报警方式，可灵活接入各类火灾报警系统。图像型火灾探测器示例如图 2-1-31 所示。

图 2-1-31 图像型火灾探测器示例

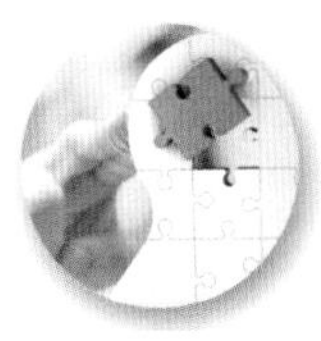

【技能操作】

技能 1 模拟测试吸气式感烟火灾探测器的火警、故障报警功能

一、操作准备

1. 技术资料

吸气式感烟火灾探测器系统图、现场布置图和地址编码表，吸气式感烟火灾探测器的使用说明书和设计手册等技术资料。

2. 实操设备

探测报警型管路采样式吸气感烟火灾探测器演示模型，旋具、万用表等电工工具，秒表、声级计、火灾探测器功能试验仪器等检测设备。

3. 记录表格

《消防控制室值班记录表》《建筑消防设施故障维修记录表》。

二、操作步骤

1. 模拟测试吸气式感烟火灾探测器故障

（1）堵住一半数量或以上采样孔，检查探测器故障报警情况，采样孔封堵示例如图 2-1-32 所示。

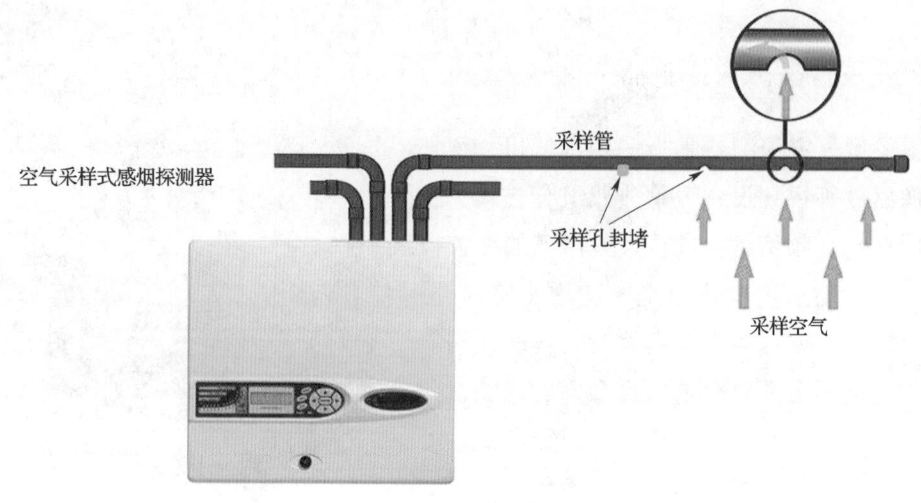

图 2-1-32　采样孔封堵示例

（2）若吸气式感烟火灾探测器带备用电源，则断开主电，检查探测器故障报警情况；或者主电正常，断开吸气式感烟火灾探测器的备用电源，检查探测器故障报警情况，探测器故障指示灯应点亮。吸气式感烟火灾探测器故障灯点亮示例如图 2-1-33 所示。

（3）将测量室与信号处理单元之间的连接线拔掉，检查探测器故障报警情况。探测器应点亮故障灯，探测报警型探测器应同时发出故障报警声。

2. 模拟测试吸气式感烟火灾探测器火警

点一根棉绳或棒香，同时启动计时器，在任一采样孔处持续加烟 30 s 或以上，探测器应在 120 s 内点亮火灾报警指示灯，探测报警型的火警声应同时启动，吸气式感烟火灾探测器火警灯点亮示例如图 2-1-34 所示。

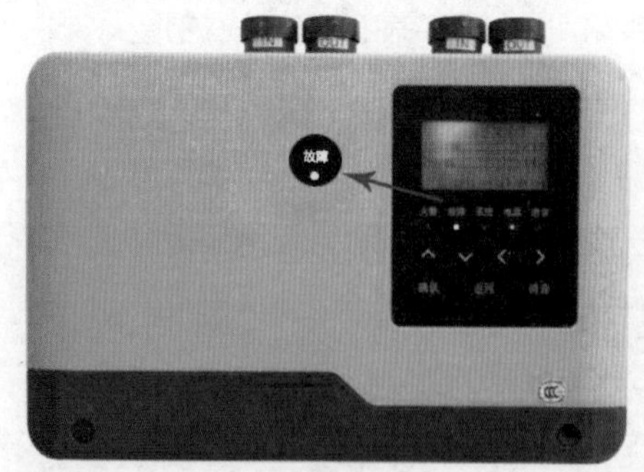

图 2-1-33　吸气式感烟火灾探测器故障灯点亮示例

图 2-1-34　吸气式感烟火灾探测器火警灯点亮示例

3. 填写记录

根据测试结果，规范填写《消防控制室值班记录表》；如有故障，填写《建筑消防设施故障维修记录表》，及时修复故障。

三、注意事项

1. 操作过程中应注意安全。
2. 若模拟产生各类故障，不应造成设备损坏。
3. 全部操作完成后，应将系统恢复到初始状态。

技能 2　模拟测试火焰探测器的火警、故障报警功能

一、操作准备

1. 技术资料

火焰探测器系统图、现场布置图和地址编码表，火焰探测器的使用说明书和设计手册等技术资料。

2. 实操设备

含有火焰探测器的集中型火灾自动报警演示系统，旋具、万用表等电工工具，秒表、声级计、火灾探测器功能试验仪器等检测设备。

3. 记录表格

《消防控制室值班记录表》《建筑消防设施故障维修记录表》。

二、操作步骤

1. 模拟测试火焰探测器故障

根据火焰探测器说明书，模拟其故障条件，观察火焰探测器工作情况，火焰探测器报故障示例如图 2-1-35 所示。断开火焰探测器电源，电源红色指示灯熄灭，此时探测器不能正常工作，故障继电器输出故障信号，探测器处于故障状态，观察其连接控制器工作情况。控制器报出火焰探测器故障示例如图 2-1-36 所示。

2. 模拟测试火焰探测器火警

在距离火焰探测器 2 m 左右处，点燃酒精灯、火焰模拟器或打火机，轻微晃动产生动态火苗并启动计时器，观察火焰探测器报火警情况。火焰探测器报火警示例如图 2-1-37 所示。

3. 填写记录

根据测试结果，规范填写《消防控制室值班记录表》；如有故障，填写《建筑消防设施故障维修记录表》，及时修复故障。

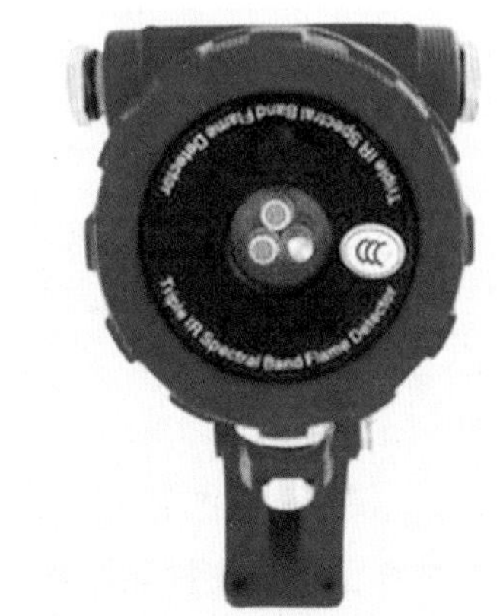

图 2-1-35　火焰探测器报故障示例

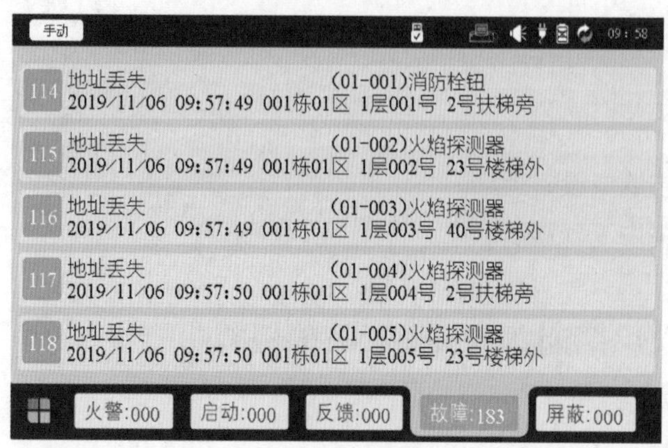

图 2-1-36 控制器报出火焰探测器故障示例

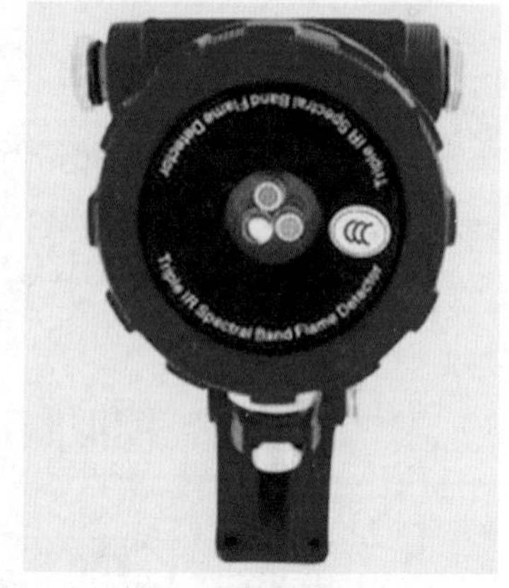

图 2-1-37 火焰探测器报火警示例

三、注意事项

1. 操作过程中应注意安全。
2. 若模拟产生各类故障，不应造成设备损坏。
3. 全部操作完成后，应将系统恢复到初始状态。

技能 3　模拟测试图像型火灾探测器的火警、故障报警功能

一、操作准备

1. 技术资料

图像型火灾探测器系统图、现场布置图和地址编码表，图像型火灾探测器的使用说明书和设计手册等技术资料。

2. 实操设备

含有图像型火灾探测器的集中型火灾自动报警演示系统，旋具、万用表等电工工具，秒表、声级计、火灾探测器功能试验仪器等检测设备。

3. 记录表格

《消防控制室值班记录表》《建筑消防设施故障维修记录表》。

二、操作步骤

1. 模拟测试图像型火灾探测器故障

将图像型火灾探测器光路全部遮挡，图像型火灾探测器应报故障。图像型火灾探测器报故障示例如图 2-1-38 所示。火灾报警控制器应发出声、光故障信号，指示故

障部位，记录故障时间。

2. 模拟测试图像型火灾探测器火警

在距离图像型火灾探测器 5 ~ 10 m 处，点燃酒精灯、火焰模拟器或打火机，轻微晃动产生动态火苗并启动计时器，观察图像型火灾探测器报警情况。图像型火灾探测器报火警示例如图 2-1-39 所示。火灾报警控制器应发出声、光火灾报警信号，指示报警部位，记录报警时间。

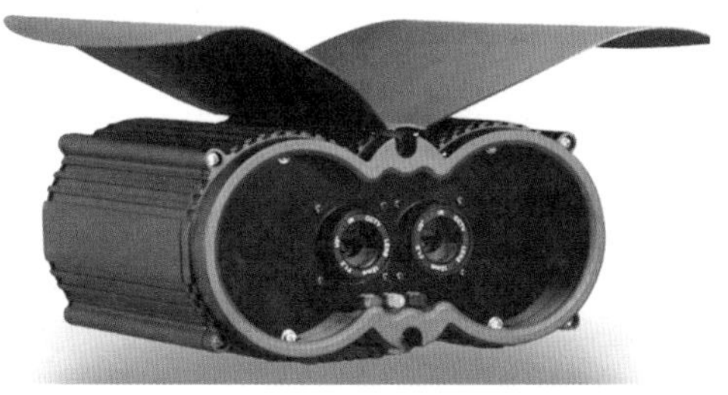

图 2-1-38 图像型火灾探测器报故障示例

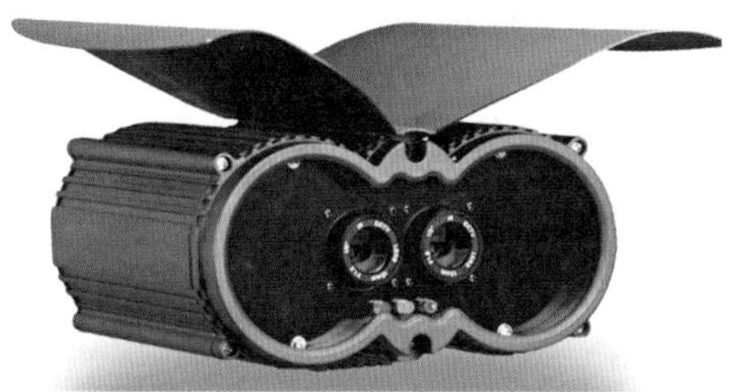

图 2-1-39 图像型火灾探测器报火警示例

3. 填写记录

根据测试结果，规范填写《消防控制室值班记录表》；如有故障，填写《建筑消防设施故障维修记录表》，及时修复故障。

三、注意事项

1. 操作过程中应注意安全。
2. 若模拟产生各类故障，不应造成设备损坏。
3. 全部操作完成后，应将系统恢复到初始状态。

培训单元 4
更新火灾自动报警系统组件位置信息

【培训重点】

了解电子编码器的使用方法及功能。

掌握火灾探测器的编址方法。

熟练掌握使用电子编码器对火灾探测器的编址操作。

【知识要求】

一、探测器编码方法

常见的火灾自动报警系统的总线设备编码方式有三种：手动拨码开关、电子编码和控制器自动分配。本单元主要介绍手动拨码开关和电子编码。

1. 手动拨码开关

（1）手动拨码开关的种类

在总线设备上使用的手动拨码开关一般分为两种：二进制和十进制。

1）二进制手动拨码开关示例如图 2–1–40 所示。

2）十进制手动拨码开关示例如图 2–1–41 所示。

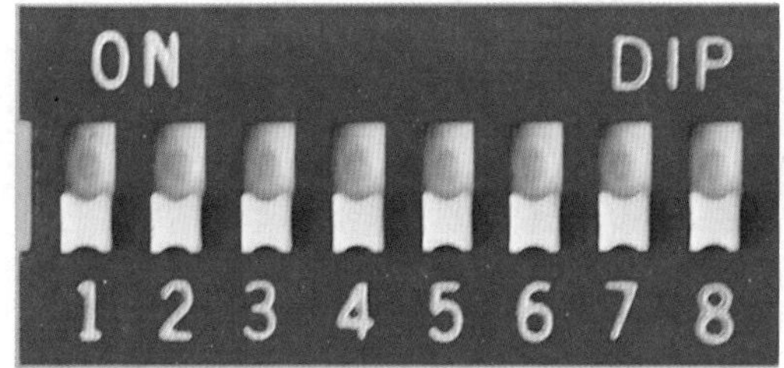

图 2–1–40　二进制手动拨码开关示例

图 2–1–41　十进制手动拨码开关示例

（2）手动拨码开关的编码规则

1）在总线设备上使用的二进制手动拨码开关一般选用 8 位数，编码范围是 0 ~ 255，编码原则是：

第一位数：2 的 0 次方；

第二位数：2 的 1 次方；

第三位数：2 的 2 次方；

……

第八位数：2 的 7 次方。

最小地址：0

最大地址：$2^7+2^6+2^5+2^4+2^3+2^2+2^1+2^0=255$

2）在总线设备上使用的十进制手动拨码开关一般选用两个或三个手动拨码开关，十进制的编码原则比较直观：

最末位开关代表个位，数字范围：0 ~ 9；

第二位开关代表十位，数字范围：0 ~ 9；

第三位开关代表百位，数字范围：0 ~ 9。

（3）手动拨码开关的特点

早期火灾自动报警系统的总线设备编码一般都采用手动拨码开关方式，其特点是操作灵活、直观可见。使用者不借助任何设备就可以进行编码并能直接读出该设备的编码。由于其方便、灵活的特点，在某些工业领域内安装的总线产品上仍在使用。手动拨码开关也存在其自身的弱点：

1）手动拨码开关长时间使用，触点易出现机械故障。

2）易发生拨码不到位致使触点虚连，造成总线设备丢失。

2. 电子编码

随着电子技术的发展，火灾自动报警系统的总线设备编码技术得到了提升，现在普遍使用的是电子编码技术。电子编码技术一般也分为两种：

（1）采用电子编码器对总线设备进行写码

该编码方式需在编码器上输入需要编写的地址，如 24 号，直接写入总线设备的地址存储芯片中。其特点是方便快捷、简单易用，是目前最常用的编码方式。

（2）控制器自动分配电子编码

该编码方式是部分生产制造企业特有的编码功能，对总线设备不进行编码直接安装，通过火灾报警控制器的操作界面，直接对总线设备进行在线电子编码。其优点是节省逐一编码的工作量，但也存在总线设备接线故障不易查找，编码无规则等不足之处。

二、电子编码器

电子编码器示例如图 2-1-42 所示，用于对火灾探测器、手动火灾报警按钮、消火栓按钮、声光警报器、模块等总线设备进行读地址、写地址、设置参数等操作。电子编码器采用手持方式，内置电源，方便现场调试维护。

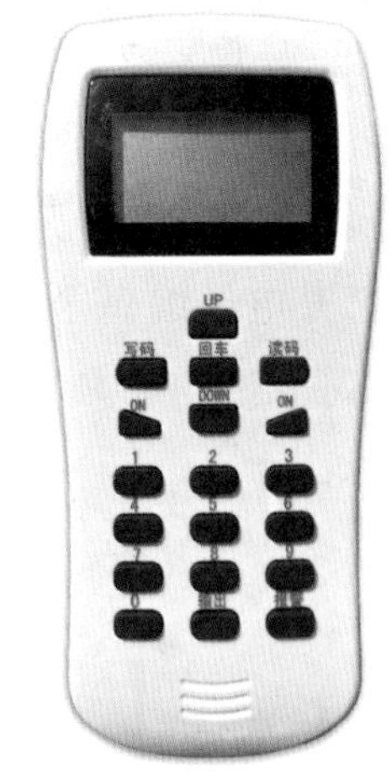

图 2-1-42 电子编码器示例

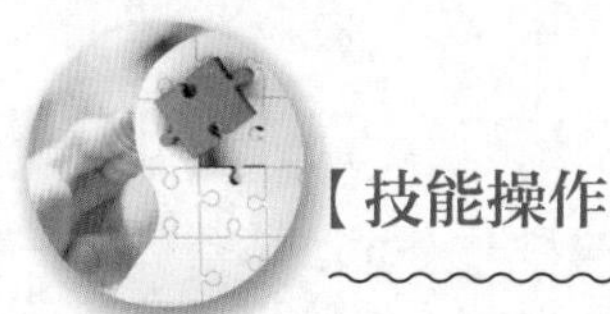

【技能操作】

技能1 火灾探测器编码操作

一、操作准备

1. 技术资料

火灾自动报警系统图，火灾探测器地址编码表，编码器的使用说明书等技术资料。

2. 实操设备

电子编码器，集中型火灾自动报警演示系统，旋具、万用表等电工工具，秒表、声级计、火灾探测器功能试验仪器等检测设备。

3. 记录表格

《火灾探测器编码记录表》《建筑消防设施故障维修记录表》。

二、操作步骤

1. 连接火灾探测器

取一只需要编码的火灾探测器，按电子编码器的使用说明书进行连接。

2. 使用电子编码器进行编码

（1）电子编码器开机准备

打开电子编码器电源，进入电子编码器的编地址功能，电子编码器开机准备示例如图2-1-43所示，选择“二总线设备”选项，进入火灾探测器的“写地址”模式。

→二总线设备
FS26XX传感器
消防电话系统

图2-1-43 电子编码器开机准备示例

(2) 输入地址编码

按地址编码表输入该火灾探测器需要设置的地址码 001，按“确认”键。输入地址编码示例如图 2-1-44 所示。

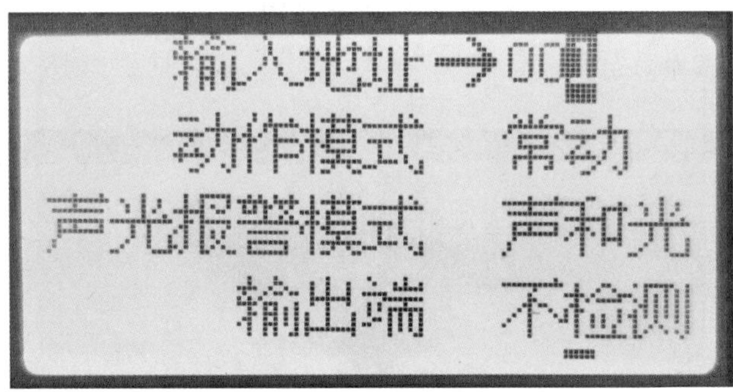

图 2-1-44 输入地址编码示例

(3) 写地址编码

电子编码器正在对火灾探测器写地址。写地址编码示例如图 2-1-45 所示。

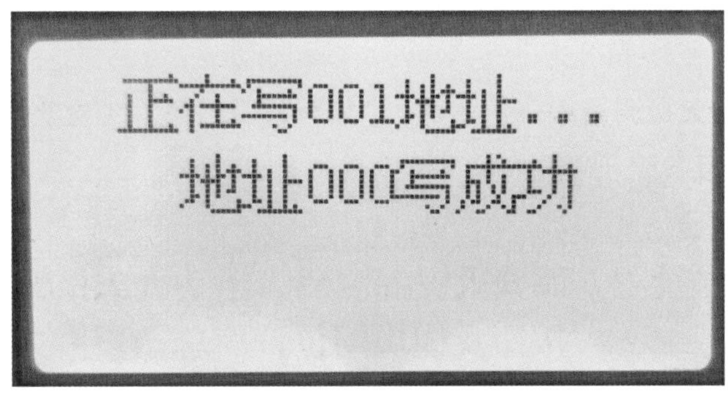

图 2-1-45 写地址编码示例

(4) 编码完成

在写地址成功后，电子编码器会自动升序进行下一个设备的编码。编码完成示例如图 2-1-46 所示。

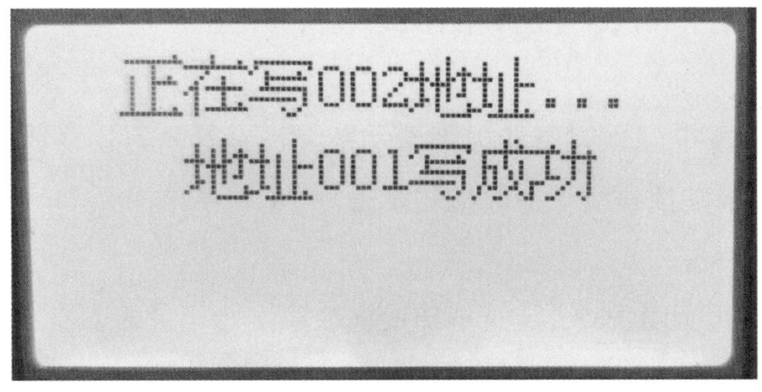

图 2-1-46 编码完成示例

3. 编码验证

火灾探测器编码结束后，可以对已编码火灾探测器进行读地址验证，确保编址的准确。读地址示例如图 2−1−47 所示。使用火灾探测器功能试验仪器测试已编码探测器的报警功能，观察火灾报警控制器接收到报警信息，核实探测器的地址编码是否已被火灾报警控制器识别。

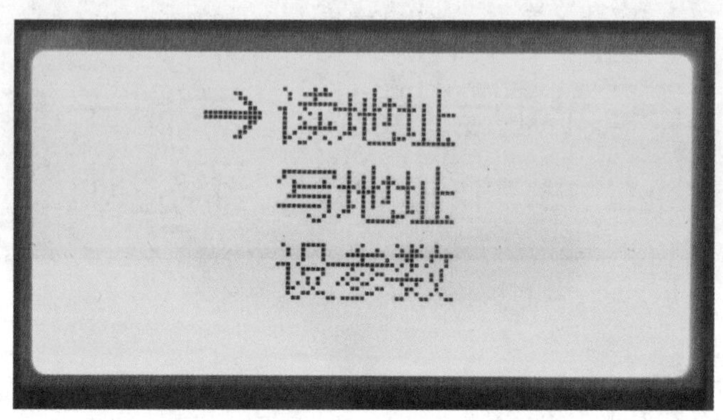

图 2−1−47 读地址示例

4. 填写记录

认真填写《火灾探测器编码记录表》；如有故障，填写《建筑消防设施故障维修记录表》，及时修复故障。

技能 2 调整火灾探测器、手动火灾报警按钮及模块的位置信息

一、操作准备

1. 技术资料

火灾自动报警系统图，火灾探测器等系统部件现场布置图和地址编码表，火灾报警控制器的使用说明书和设计手册等技术资料。

2. 实操设备

电子编码器，集中型火灾自动报警演示系统，旋具、万用表等电工工具，秒表、声级计、火灾探测器功能试验仪器等检测设备。

3. 记录表格

《消防控制室值班记录表》《建筑消防设施故障维修记录表》。

二、操作步骤

1. 确定调整位置信息的设备

首先需要确定调整位置信息的总线设备，如某库房改造为实验室和会议室，涉及 4 只点型感烟火灾探测器、2 只手动火灾报警按钮的位置信息发生变化，查阅火灾自动报警系统图、建筑物消防设施的平面布置图和地址编码表等技术资料，总线设备位置信息变化对照表见表 2–1–4。

表 2–1–4　　总线设备位置信息变化对照表

序号	产品名称	地址号	原位置信息	现位置信息
1	点型感烟火灾探测器	1–2–005	1 号库房东南侧	实验室南侧
2	点型感烟火灾探测器	1–2–006	1 号库房东北侧	实验室北侧
3	点型感烟火灾探测器	1–2–007	1 号库房西北侧	会议室北侧
4	点型感烟火灾探测器	1–2–008	1 号库房西南侧	会议室南侧
5	手动火灾报警按钮	1–2–105	1 号库房 1 号门	实验室正门
6	手动火灾报警按钮	1–2–106	1 号库房 2 号门	会议室正门

2. 通过控制器查询总线设备的位置信息

操作控制器的功能菜单，查找总线设备的位置信息。总线设备的位置信息查询示例如图 2–1–48 所示。

图 2–1–48　总线设备的位置信息查询示例

3. 更改总线设备位置信息

查找到 2 回路 5 号探测器的原位置信息为 1 号库房东南侧，通过火灾报警控制器自带的键盘输入法或其生产厂家提供的专用输入工具进行信息录入，将位置信息修改为实验室南侧，保存修改。总线设备的位置信息更改示例如图 2–1–49 所示。

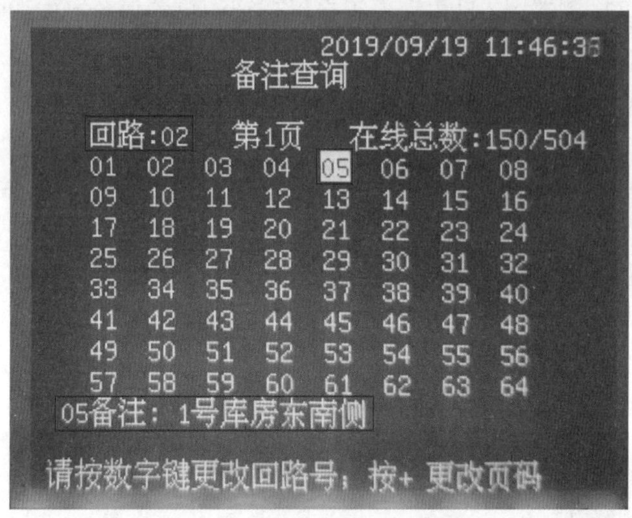

图 2–1–49 总线设备的位置信息更改示例

4. 批量修改总线设备位置信息

（1）按总线设备位置信息变化对照表和控制器使用说明规定的格式编辑设备的位置信息，并保存为 Excel 文档。

（2）批量上传总线设备位置信息

将计算机与火灾报警控制器主板通信口连接并确认通信正常，打开计算机上传下载工具软件，选择计算机文档中已经保存的设备的位置信息文件，并点击上传，等待信息上传完毕。总线设备的位置信息批量上传示例如图 2–1–50 所示。

5. 查询确认位置信息

操作控制器，查询并确认总线设备位置信息修改完毕。总线设备的位置信息查询确认示例如图 2–1–51 所示。使用火灾探测器功能试验仪器测试已编码探测器的报警功能，观察火灾报警控制器接收到报警信息，核实探测器的地址编码是否已被火灾报警控制器识别。

6. 填写记录

根据检查结果，规范填写《消防控制室值班记录表》；如发现异常情况，还应规范填写《建筑消防设施故障维修记录表》。

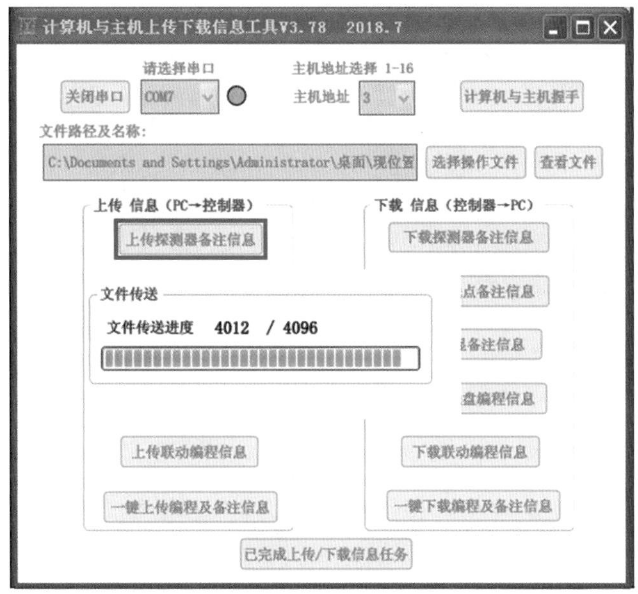

图 2-1-50 总线设备的位置信息批量上传示例

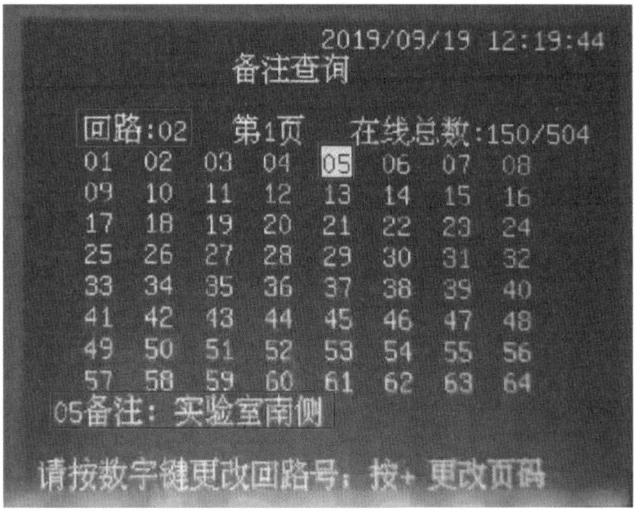

图 2-1-51 总线设备的位置信息查询确认示例

三、注意事项

1. 需要对应修改图形显示装置的平面布置及部件位置信息。
2. 需要修改系统部件现场布置图和地址编码表等技术资料，并存档。

培训项目 2 自动灭火系统操作

培训单元 1 手动启 / 停柴油机消防泵组

【培训重点】

了解柴油机消防泵组的作用、组成及控制柜的功能。

掌握手动启 / 停柴油机消防泵组的方法。

【知识要求】

一、柴油机消防泵组的作用

固定式消防给水设备可以采用由电动机驱动的消防泵组，也可以采用由柴油发动机驱动的消防泵组。柴油机消防泵组的国际标准名称为“工程用柴油机消防泵组”，它以柴油机为动力，驱动消防水泵，输出压力水或空气泡沫混合液进行消防灭火工作。

当要求双电源或为了进一步提高可靠性时，消防给水设备经常采用由柴油机驱动的消防泵组。柴油机消防泵组的各组成部件在经过严格的认证测试且合格后，其可靠性远高于电动机消防泵组。

二、柴油机消防泵组的组成

柴油机消防泵组主要由柴油机消防泵控制柜、消防泵、消防专用柴油机、燃油箱、蓄电池、传动装置、公共底座、仪器仪表和热交换冷却系统组成，如图 2–2–1 所示。

图 2–2–1 柴油机消防泵组的组成

1—柴油机消防泵控制柜 2—消防专用柴油机 3—燃油箱 4—消防泵

三、柴油机消防泵组主要组件的基本要求

柴油机消防泵组中消防泵的性能应符合《消防泵》(GB 6245)中有关要求，其他主要组件的基本要求如下。

1. 柴油机消防泵控制柜的基本要求

(1)具有显示柴油机的运行状态和启动成功的信号指示。

(2)管网压力检测功能，可根据需求自由设置启动压力点。

(3)压力记录、故障 / 报警信息记录。

(4)运行、故障 / 报警(低油压、发动机高温、发动机超速、柴油机油温高、水温高、润滑油压低及启动失败等)反馈输出信号。

(5)控制柜具有可见且能指示控制柜处于自动控制状态的开关。

(6)控制柜具有可接收远程启动信号和就地启动按钮启动消防泵的功能。

2. 消防专用柴油机的基本要求

（1）消防专用柴油机的组成

1）配备控制仪表箱，仪表箱具有消防泵转速表（累计计数式）、柴油机油压表、柴油机水温表、燃油油位表、电流表、蓄电池电压表。

2）配冷却水环路，该水路需要一用一备。

3）配备发动机预热器。

4）配备机械强制启动装置。

5）配备发动机换热器。

（2）消防专用柴油机的基本要求

1）控制仪表箱可向柴油机消防泵控制柜发出报警信号：运行报警、超速报警、发动机高温报警、待机低温报警、发动机外循环冷却水高温报警、发动机外循环冷却水低流量报警。

2）柴油机水温预加热装置应能使柴油机水温维持在 49℃。

3）当柴油机转速超过其额定转速 15% ~ 20% 时，超速断路装置能使柴油机停车，并且只能人工复位。

4）柴油机的调速器应保证泵在零流量与最大负荷之间可在 10% 的范围内调整转速。调速器应是现场可调的，并设置、锁定最大负荷时的转速为泵的额定转速。

5）柴油机 12 h 功率不宜小于《消防泵》（GB 6245）第 6.4 规定的工况 1 泵轴功率的 1.1 倍；柴油机 1 h 功率不宜小于《消防泵》（GB 6245）第 6.4 规定的工况 2 泵轴功率的 1.1 倍。

3. 蓄电池的基本要求

柴油机消防泵组启动用蓄电池组应固定架设在不会受高温、振动、机械损伤或水浸，且便于维护的位置。蓄电池组由两套能自动切换蓄电池组组成，每套蓄电池组的容量应能满足 6 次启动循环的要求，电池宜采用免维护性的蓄电池。蓄电池可通过柴油机上的发电机充电，也可通过自动控制且从交流电源处获取能量的充电设备充电。

充电设备在额定电压下，应能利用不损坏蓄电池的方式把电能输入彻底用完的蓄电池，24 h 内将蓄电池重新蓄存到 100% 的蓄电池额定容量值。当蓄电池要求充电的情况下，充电设备都应按最大的速率进行充电。充电设备应标明其能进行充电的最大容量蓄电池的容量或安培小时数，显示工作情况电流表精度为正常充电速度 5%，保险丝在柴油机自动或手动启动点火时不应被损坏或烧断。在控制线路故障时，为蓄电池供电的主蓄电池接触器应能人工机械合上。

4. 燃油箱的基本要求

燃油箱容积应能保证泵组在额定工况下，连续运转 4 h，并保证有 5% 燃油箱的空余。油箱除液位标管外还应有显示燃油容量的措施，同时还应有合适的加油、排油、排气等接口。

燃油箱上的出油管路应位于燃油箱一边的 5% 沉淀容积的高度，保证燃油箱的 5% 沉淀容积不会被柴油机吸入。燃油箱至出油管路的接口不得低于柴油机输油泵的高度，当燃油箱内油位处于最高位置时，不应超过输油泵入口最大静压要求。当用电磁阀来控制柴油机的供油管路时，当控制回路出现故障时该阀必须能手动操作或能旁通掉。所有暴露的供油管应有防护板或保护管。连接油箱的回油管上不得有切断阀。

四、柴油机消防泵组控制方式

1. 自动启动

根据火警信号或电动消防泵启动失败或消防水管网的压力低信号，柴油机水泵自动启动，自动启动后需人工手动操作停机。柴油机消防泵自动启动方式至少采用电启动、液压启动、压缩空气启动三种方式中的一种。

2. 手动启动

柴油机消防泵组在自动控制功能发生故障时，能手动操作，启动柴油机消防泵正常工作。它包括柴油机消防泵组的控制柜、柴油机仪表箱及柴油机上的手动启动。

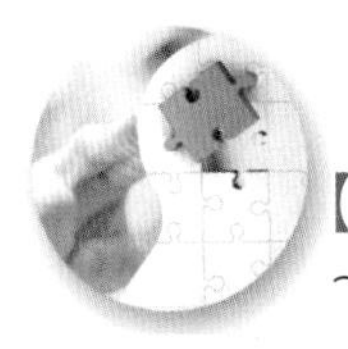

【技能操作】

手动启 / 停柴油机消防泵组

一、操作准备

1. 技术资料

设备现场布置图、产品使用说明书和设计安装手册等技术资料。

2. 实操设备

采用柴油机消防泵组供水的演示模型，旋具、万用表等电工工具，活扳手、管子钳等水工工具，压力表、流量计等检测工具，个人防护用品等。

3. 记录表格

《建筑消防设施故障维修记录表》《建筑消防设施维护保养记录表》。

二、操作步骤

1. 检查柴油机消防泵组各部分组成齐全完整，各部件连接完好。
2. 接通电源，观察柴油机消防泵组控制柜、各监视仪表显示是否正常。
3. 柴油机消防泵控制柜的启动 / 停止。

（1）启动

1）将柴油机消防泵控制柜上“手动 / 停止 / 自动”选择开关旋到“手动”位置。

2）按下“1# 电池”或“2# 电池”启动按钮，即可启动柴油机消防泵。

3）将柴油机消防泵控制柜选择开关旋到“自动”位置。

4）控制柜接收到“远程”启动信号或检测到管网低压力时，自动启动柴油机消防泵。柴油机消防泵控制柜启动 / 停止操作如图 2-2-2 所示。

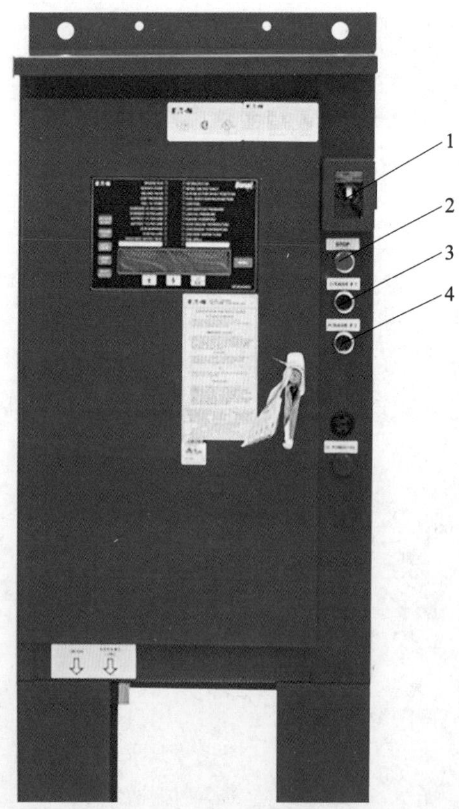

图 2-2-2 柴油机消防泵控制柜启动 / 停止操作

1—“手动 / 停止 / 自动”选择开关 2—“停止”按钮 3—“1# 电池”启动按钮 4—“2# 电池”启动按钮

（2）停止

1）将柴油机消防泵控制柜上“手动 / 停止 / 自动”选择开关旋到“停止”位置，即可停止柴油机消防泵的运行。

2）按下柴油机消防泵控制柜上“停止”按钮，即可停止柴油机消防泵的运行。

上述两个操作均能停止柴油机消防泵的运行。

4. 柴油机仪表箱的启动 / 停止

当柴油机消防泵控制柜发生故障不能启动消防泵，可以通过柴油机仪表箱来启动和停止消防泵。

（1）启动

1）将柴油机仪表箱“自动 / 手动 / 停止”按钮旋到“手动”位置。

2）按下“1# 电池”或“2# 电池”启动按钮，即可启动柴油机消防泵。

（2）停止

将“自动 / 手动 / 停止”按钮旋到“停止”位置，直到发动机完全停下后松开。

柴油机仪表箱启动 / 停止操作如图 2-2-3 所示。

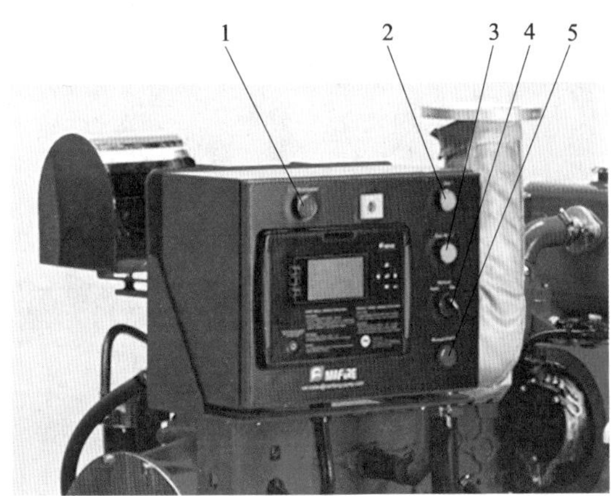

图 2-2-3 柴油机仪表箱启动 / 停止操作

1—“超速停机测试”按钮 2—“1# 电池”启动按钮 3—“2# 电池”启动按钮
4—“自动 / 手动 / 停止”按钮 5—手动状态指示

5. 柴油机的紧急启动 / 停止

当柴油机消防泵控制柜、柴油机仪表箱发生故障，均不能启动消防泵时，可通过柴油机上的紧急启动器来启动消防泵，如图 2-2-4 所示。

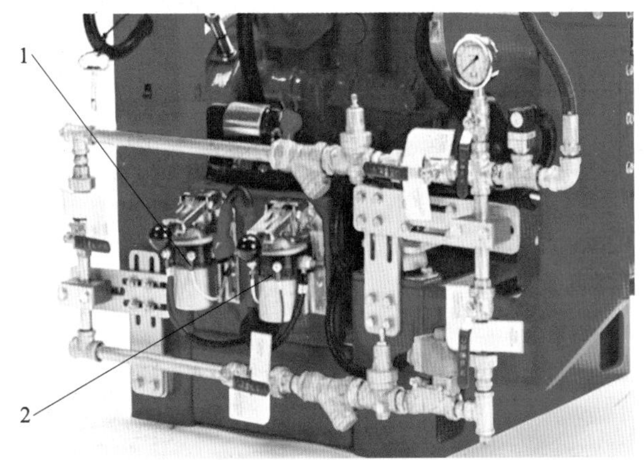

图 2-2-4 柴油机的紧急启动器

1—“1# 电池”紧急启动器 2—“2# 电池”紧急启动器

（1）启动

用力迅速向上拉 1# 电池紧急启动器或 2# 电池紧急启动器，直到发动机启动，上拉时间最长不超过 15 s。

（2）停止

如果柴油机仪表箱不能停止发动机，可通过操作柴油机燃油泵的停机拉杆停止。柴油机的紧急启动 / 停止操作如图 2–2–5 所示。

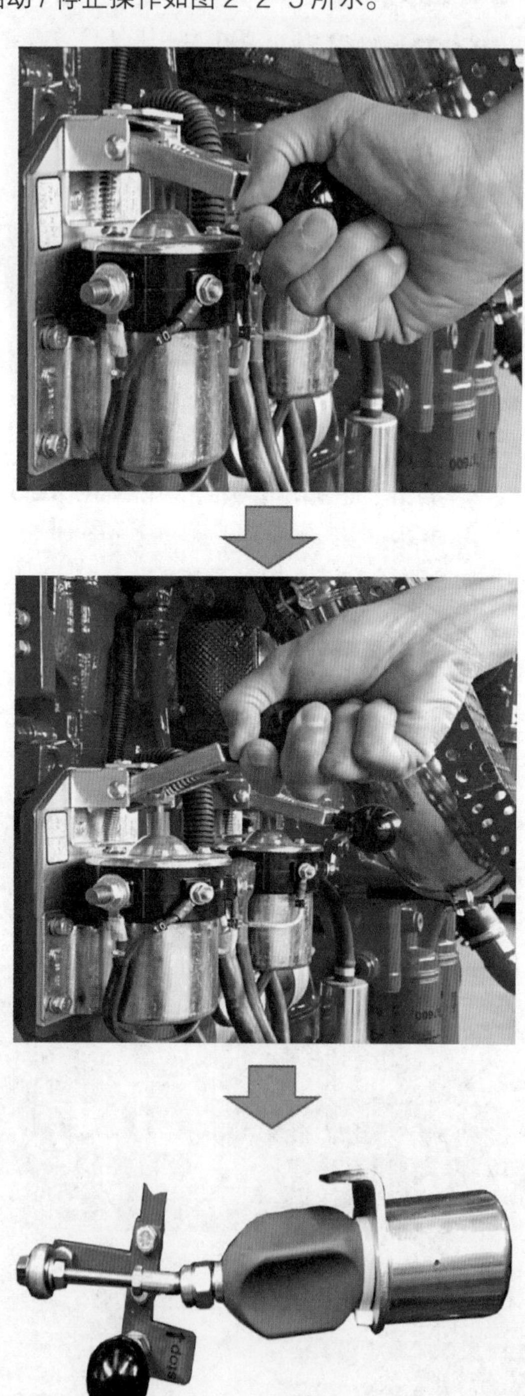

图 2–2–5　柴油机的紧急停止操作

6. 填写记录

认真填写《建筑消防设施故障维修记录表》《建筑消防设施维护保养记录表》。

三、注意事项

1. 柴油机消防泵控制柜在“自动”状态时，控制柜检测到管网压力低于设定的启动压力时，按下“停止”按钮无法停止消防泵的运行，只能将“选择开关”旋到“停止”位置，才能停止消防泵的运行。

2. 柴油机仪表箱在“手动”状态时，柴油机消防泵控制柜可以启动消防泵，但不可以停止消防泵。只有柴油机仪表箱在“自动”状态下，柴油机消防泵控制柜才可以启动和停止消防泵。

3. 柴油机运行过程中，如果发生高温报警或发动机冷却水环压力小于 0.1 MPa，打开冷却水环中的紧急旁通冷却管路阀门，增大冷却水流量、压力，防止柴油机因冷却水不足高温报警，如图 2-2-6 所示。

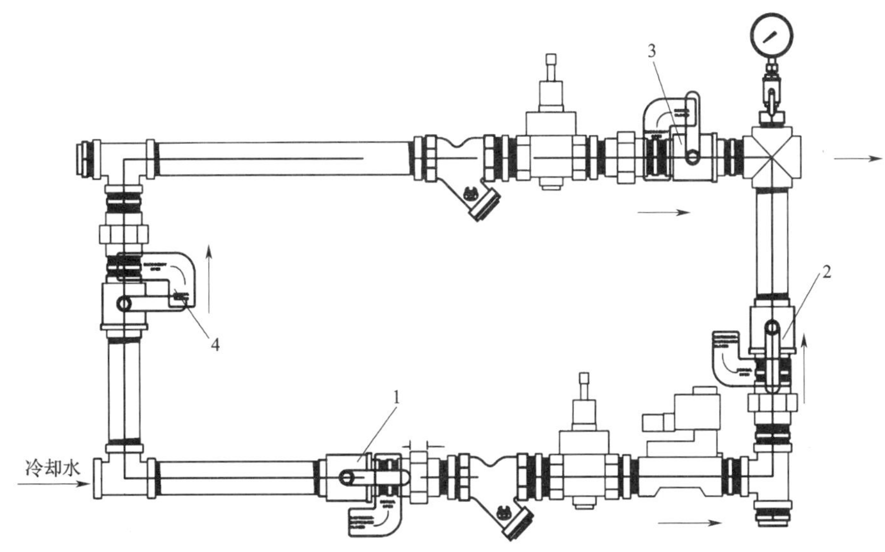

图 2-2-6 柴油机冷却系统运行示意

1—自动状态冷却阀 A 2—自动状态冷却阀 B 3—紧急旁通冷却阀 D 4—紧急旁通冷却阀 C

4. 按下启动按钮，正常情况下一次即能启动，如一次启动不成功，必须待启动机电枢完全静止后方可进行下一次启动。柴油机运行静止至少 8 h 后实施启动。

5. 当连续几次不能启动时，应对启动机、柴油机、蓄电池、连线等进行检查，排除故障后再启动。

6. 当柴油机正常运转后应及时检查水泵的压力，若达不到应及时通知维修工检查。柴油机消防泵在额定工况下连续运行中，每 30 min 检查一次。

7. 柴油机消防泵组必须至少 15 天运行一次，运行时间不少于 15 min，以确保随时处于良好状态。

8. 定期对齿轮面及轴承加润滑油脂。

9. 如消防泵长期停用应排尽泵腔内水液，以防环境温度过低冻裂泵体等零部件。

10. 根据柴油机保养规定及时对柴油机进行日常维护和保养，检查冷却水量、机油量、电瓶电压、油压表、温度表、转速表及其他控制装置是否正常。

培训单元 2 机械应急方式启 / 停电动消防泵组

【培训重点】

了解消防水泵应急启动装置功能、组成及工作原理。

掌握消防水泵组的机械应急启 / 停操作方法。

【知识要求】

一、消防水泵应急启动装置的功能

在火灾等紧急情况下，当消防水泵控制柜的控制线路发生故障而供电正常时，为保证及时供水，操作设置在消防水泵控制柜上的强制机械应急手柄，直接使主回路交流接触器吸合，全压启动消防水泵。

机械应急启动装置必须通过消防水泵控制柜的接触器实现，保证消防水泵启动安全可靠。低压机械应急启动装置是在接触器上加装机械装置，所需的电源是 380 V，如图 2–2–7 所示。高压机械应急启动装置由弹簧蓄能组成，所需的电源是 6 000 V 或 10 000 V，如图 2–2–8 所示。一般消防上常用的为低压机械应急启动装置。

二、消防水泵应急启动装置的组成和工作原理

1. 消防水泵应急启动装置的组成

机械应急启动装置主要由接触器单元和机械运动单元组成。

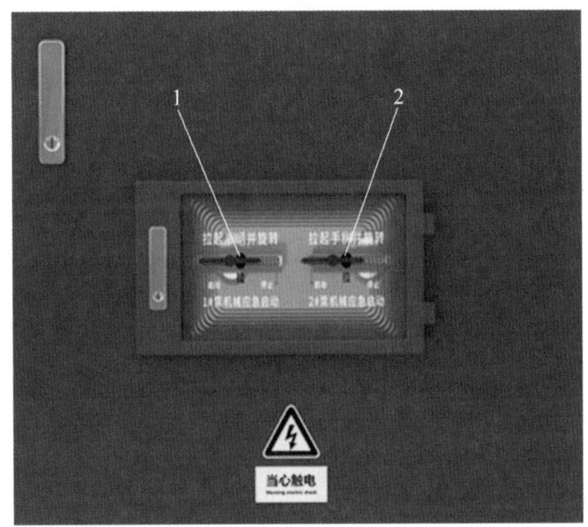

图 2-2-7 低压机械应急启动装置

1—1# 机械应急启动拉杆 2—2# 机械应急启动拉杆

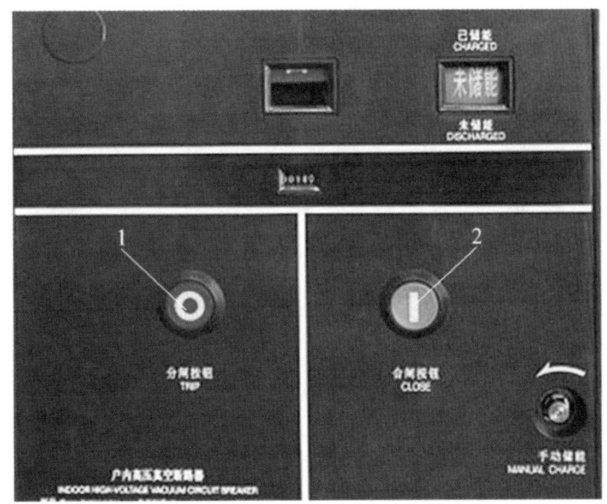

图 2-2-8 高压机械应急启动装置

1—机械应急停止按钮 2—机械应急启动按钮

（1）接触器单元

接触器单元内包括电磁装置、弹性部件、动触头和静触头。在电磁装置的供电电源未接通时，弹性部件的作用力使动触头脱离静触头，消防水泵电动机的供电主回路被断开；在电磁装置的供电电源接通时，电磁装置产生电磁力，克服弹性部件的作用力，使动触头接通静触头，消防水泵电动机的供电主回路被接通。

（2）机械运动单元

机械运动单元，主要有单一杠杆式和拉锁型。以拉锁型机械运动单元为例，主要包括机械臂、运动部件、拉索及手柄。人工向手柄施加作用力，该作用力通过拉索传递给运动部件，运动部件带动机械臂运动，使接触器的每一相动触头都能平衡可靠地同时接通静触头，可有效地防止缺相接通产生的有害电弧。

机械运动单元还包括闭锁装置和回弹装置。手动闭锁后，接触器的动触头接通静触头；手动释放后，通过回弹装置的作用力，接触器的动触头自动脱离静触头，同时手柄自动复位至初始位置。

2. 消防水泵应急启动装置的工作原理

消防水泵应急启动装置是采用机械方式使接触器闭合，接通电路源，使水泵电动机直接全压启动。机械应急启动装置不应借助或依赖任何电气控制回路、电磁装置或其他类似的等效装置。

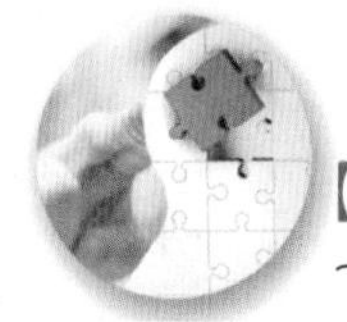

【技能操作】

机械应急方式启 / 停电动消防泵组

一、操作准备

1. 技术资料

设备现场布置图、产品使用说明书和设计安装手册等技术资料。

2. 实操设备

具有机械应急启动功能的电动消防泵组及配套供水管网；旋具、专用扳手、万用表、安全帽、绝缘手套等。

3. 记录表格

《建筑消防设施故障维修记录表》《建筑消防设施维护保养记录表》。

二、操作步骤

1. 检查消防水泵安装的完整性和牢固性，运行正常。

2. 接通主电源，观察消防水泵控制柜各种仪表显示正常。

3. 应急启动操作：分别迅速拉起消防水泵控制柜上的 1#、2# 机械应急启动手柄，到底后逆时针旋转手柄，到底后松开手柄，启动消防水泵。

4. 应急停止操作：拉动操纵手柄，并顺时针旋转手柄，到底后松开手柄，手柄自动复位，停止消防水泵。

三、注意事项

1. 注意安全操作。
2. 手动操作应急启动装置后，恢复消防水泵控制柜处于自动启动状态。
3. 填写《建筑消防设施故障维修记录表》《建筑消防设施维护保养记录表》。

培训单元 3
操作气体灭火系统

【培训重点】

了解气体灭火控制器的组成和功能。

掌握气体灭火控制器的工作原理。

熟练掌握气体灭火系统的自动、手动及机械应急三种控制方式。

熟练掌握选择阀、电磁阀、手动启 / 停按钮的操作方法。

【知识要求】

一、气体灭火控制器的组成

气体灭火控制器是用于控制各类气体自动灭火系统的一种消防电气控制装置，也是消防联动控制设备的基本组件之一。

如图 2–2–9 所示为比较典型的气体灭火控制器正面部位图，其内部结构如图 2–2–10 所示。

气体灭火控制器一般由主控单元、显示单元、操作单元、输入 / 输出控制单元、通信控制单元和电源单元组成。

1. 主控单元

主控单元是指主 CPU（或逻辑电路）控制单元，用于负责管理控制器的所有资源，如外部信号分析、逻辑判断、外控输出、系统时钟以及人机交互界面等项的管理。

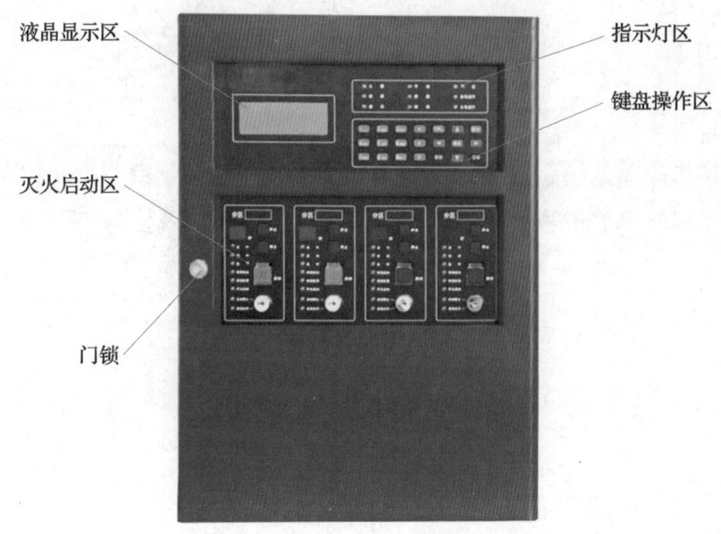

图 2-2-9　气体灭火控制器正面部位图

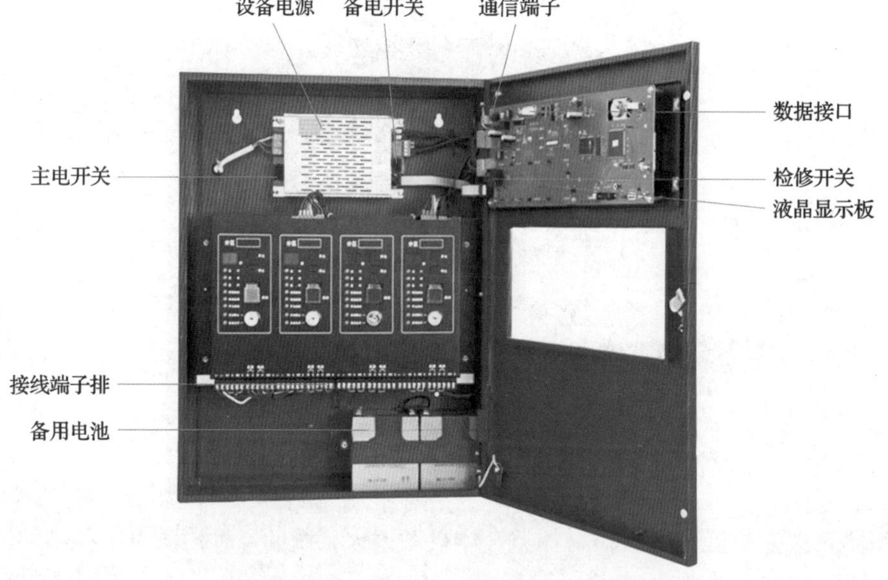

图 2-2-10　气体灭火控制器内部结构

2. 显示单元

显示单元用于显示灭火控制器本身及灭火控制系统工作状态、电源状态、报警信息、系统时钟等指示（见图 2-2-11）。

3. 操作单元

操作单元是实现人机交互指令输入和信息交流的器件（见图 2-2-12）。

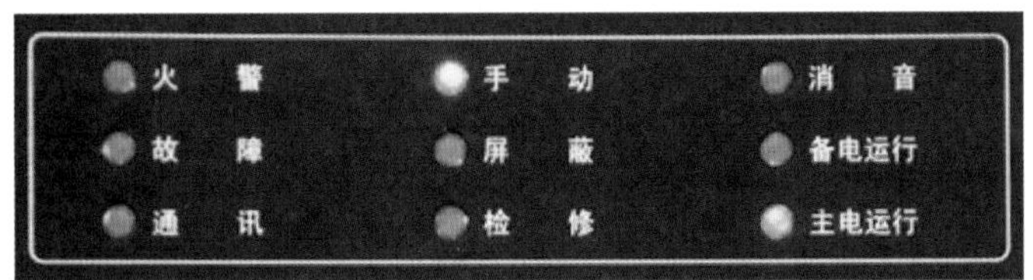

指示灯	状态说明
火警	正常运行时不亮，红色常亮表示有火警信号
故障	正常运行时不亮，黄色常亮表示控制器处于故障状态，需要及时排查
通讯	与其他控制器通讯正常时常亮，通讯有故障时不亮
手动	绿色常亮时表示控制器处于手动允许状态，不亮时表示控制器处于手动禁止状态
屏蔽	正常运行时不亮，黄色常亮表示有部件处于屏蔽状态
检修	正常运行时不亮，黄色常亮表示控制器处于检修状态
消音	正常运行时不亮，红色常亮表示控制器处于消音状态
备电运行	正常运行时不亮，绿色闪亮表示控制器处于备电工作状态，主电缺失
主电运行	正常运行时闪亮，不亮表示主电缺失

图 2-2-11　气体灭火控制器显示单元

按键名称	主要功能
功能 F	进入菜单选项
取消	返回上一级操作界面
确定	对输入数据及功能的确认
复位	恢复控制器到正常运行状态
消音	暂时关闭控制器发出的声音信号（喷洒反馈时消音键无效）
左右箭头	选项切换、退格
上下箭头	选项切换及翻页
*	辅助功能，用于修改数据等
#	辅助功能
数字键	数据输入

图 2-2-12　气体灭火控制器操作单元

4. 输入 / 输出控制单元

输入单元通过接收消防联动控制器的指令或操作现场启动和停止按键（按钮）等方式输入信号。输出控制单元输出信号控制喷洒声光警报器、通风空调和气体灭火设备的启 / 停（见图 2–2–13）。

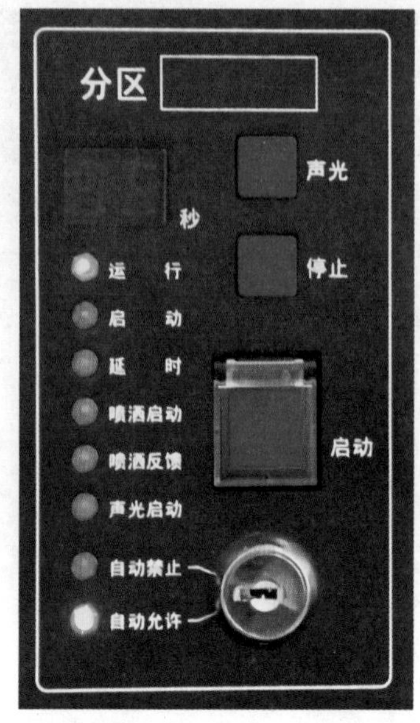

图 2–2–13　气体灭火控制器灭火分区图

5. 通信控制单元

用于与主控单元通信，将主控单元发来的命令、内部信息或所带设备信息通过通信控制单元发送给消防联动控制器。

6. 电源单元

为气体灭火控制器供电。

二、气体灭火控制器的主要功能

1. 控制和显示功能

（1）气体灭火控制器能按预置逻辑工作，接收启动控制信号后能发出声、光指示信号，记录时间。

（2）声指示信号能手动消除，消除后再有启动控制信号输入时，能再次启动；启动声光警报器。

（3）进入延时期间有延时光指示，显示延时时间和保护区域，关闭保护区域的防火门、窗和防火阀等，停止通风空调系统。

（4）延时结束后，发出启动喷洒控制信号，并有光信号。

（5）气体喷洒阶段发出相应的声、光信号并保持至复位，记录时间。

2. 延时功能

延时时间在 0 ～ 30 s 内可调，延时期间，能手动停止后续动作。

3. 手动和自动控制功能

（1）气体灭火控制器有手动和自动控制功能，并有控制状态指示，控制状态不受复位操作的影响。

（2）气体灭火控制器在自动状态下，手动插入操作优先。

（3）手动停止后，如再有启动控制信号，按预置逻辑工作。

4. 声信号优先功能

气体灭火控制器的气体喷放声信号优先于启动控制声信号和故障声信号，启动控制声信号优先于故障声信号。

5. 接收和发送功能

（1）能接收消防联动控制器的联动信号。

（2）能向消防联动控制器发送启动控制信号、延时信号、启动喷洒控制信号、气体喷洒信号、故障信号、选择阀和瓶头阀的动作信号。

6. 防护区控制功能

（1）气体灭火控制器具有分别启动和停止每个防护区声、光警报装置的功能。

（2）每个防护区设独立的显示工作状态的指示灯。

7. 计时功能

气体灭火控制器提供一个计时器，用于对工作状态提供监视参考。计时器的计时误差不超过 30 s。

8. 故障报警功能

在出现下述故障时，气体灭火控制器在 100 s 内应发出故障声、光信号，并指示故障部位。故障光信号采用黄色指示灯，故障声信号明显区别于其他报警声信号。

（1）当发生气体灭火控制器与声光警报器之间的连接线断路、短路和影响功能的接地。

（2）气体灭火控制器与驱动部件、现场“启动”和“停止”按键（按钮）等部件之间的连接线断路、短路和影响功能的接地。

9. 自检功能

（1）气体灭火控制器具有本机检查的功能（以下简称自检），气体灭火控制器在执行自检功能期间，受控制的外接设备和输出节点均不应动作。

（2）气体灭火控制器自检时间超过 1 min 或不能自动停止自检功能时，气体灭火控制器的自检功能不影响非自检部位和气体灭火控制器本身的灭火控制功能。

（3）气体灭火控制器具有手动检查本机音响器件、面板所有指示灯和显示器的功能。

10. 电源功能

气体灭火控制器的电源具有主电、备电自动转换，备用电源充电，电源故障监测，电源工作状态指示，为连接的部件供电等功能。

三、气体灭火控制器工作原理

1. 按照预设逻辑，气体灭火控制器在接收到防护区首个火警信号后，启动设置在该防护区内的火灾声光警报器。

2. 在接收到第二个独立火警信号后，气体灭火控制器发出启动（或延时启动）信号，启动气体灭火系统。防护区应实现如下联动控制：

（1）关闭防护区域的送（排）风机及送（排）风阀门。

（2）停止通风和空气调节系统及关闭设置在该防护区域的电动防火阀。

（3）联动控制防护区域开口封闭装置的启动，包括关闭防护区域的门、窗。

3. 自动控制状态时，气体灭火控制器延时启动结束前，按下防护区门外的紧急停止按钮，气体灭火控制器不发出启动信号，停止发出联动信号。

4. 气体灭火控制器接收到灭火剂输送管道上设置的压力反馈信号器的信号后，启动对应防护区门外的放气指示灯。

5. 气体灭火控制器应向火灾自动报警系统传输相应信号。

6. 气体灭火控制系统失效时，应采用机械应急操作方式启动气体灭火系统。气体灭火系统工作原理如图 2–2–14 所示。

四、气体灭火系统的控制方式

管网系统有自动控制、手动控制和机械应急操作三种启动方式。预置系统一般有自动控制、手动控制两种启动方式。有人或经常有人的防护区，一般采用手动控制；在防护区无人的情况下，可以转换为自动控制；当灭火控制系统失效时，应采用机械应急操作手动启动。

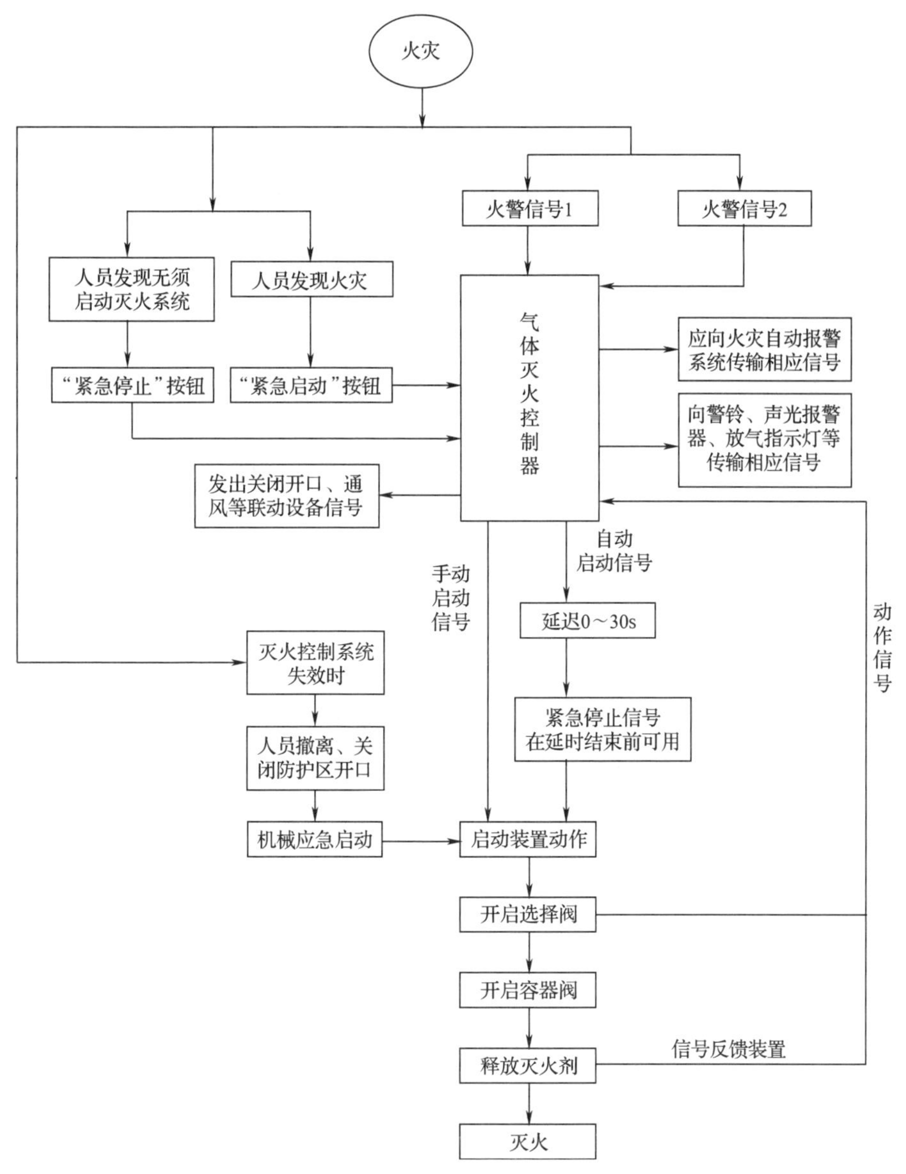

图 2-2-14 气体灭火系统工作原理

1. 自动控制状态

将气体灭火控制器或防护区入口处的手动 / 自动转换装置切换为“自动”，灭火系统处于自动控制状态。

（1）防护区内任何一只火灾探测器发出火灾信号时，气体灭火控制器即启动在该防护区内的声光报警器，通知有异常情况发生，而不会启动灭火系统释放灭火剂。此时，防护区域内的人员应迅速撤离，如经工作人员确认火灾，确须启动灭火系统灭火时，待该防护区内所有人员全部撤离后，按下设置在防护区入口处的“紧急启动”按钮，即可发出联动指令，关闭风机、防火阀等联动设备，启动灭火系统，释放灭火剂，实施灭火。

（2）气体灭火控制器接收两个独立的火灾信号后，发出联动指令，关闭风机、防火阀等联动设备，经过 0 ~ 30 s 延时后，发出灭火指令，打开与防护区域内相应的电磁阀释放启动气体，启动气体通过启动管路打开容器阀，释放灭火剂，实施灭火。

（3）工作人员如在延时过程中发现不需要启动灭火系统，可按下防护区外的或气体灭火控制器操作面板上的“紧急停止”按钮，即可终止灭火指令的发出，并停止正在执行的联动操作。

（4）根据人员安全撤离防护区的需要，应在气体灭火控制器上设置 0 ~ 30 s 的延迟喷射时间。对于平时无人工作的防护区，可设置为无延迟的喷射。

2. 手动控制状态

将气体灭火控制器或防护区入口处的手动 / 自动转换装置切换为“手动”，灭火系统处于手动控制状态。

当火灾探测器发出火警信号时，气体灭火控制器只启动防护区火灾声光报警设备，发出联动信号，而不启动灭火系统；经工作人员观察，确认火灾已发生时，待该防护区内所有人员全部撤离后，再启动设置在附近的气体灭火控制器手动“启动”按钮或设置在防护区入口处的“紧急启动”按钮，气体灭火控制器即可发出启动信号，启动灭火系统，释放灭火剂，实施灭火。

3. 机械应急操作

在气体灭火控制器及“紧急启动”按钮均失效且工作人员判断为火灾时，应立即通知现场所有人员撤离，在确定所有人员撤离现场后，方可按以下步骤实施机械应急操作启动。

（1）手动关闭联动设备并切断非消防电源，拔出储瓶间内与防护区域相应的电磁阀上的安全卡套，压下圆头把手，打开电磁阀，释放启动气体。

（2）若启动电磁阀失败，可先在储瓶间内打开对应防护区选择阀，然后人工手动操作对应防护区储瓶组容器阀应急操作装置，打开容器阀，即可实施灭火。

五、选择阀、电磁阀、手动启 / 停按钮

1. 选择阀

在组合分配系统中，每个防护区或保护对象在集流管上的排气支管上应设置与该区域对应的选择阀（见图 2–2–15）。

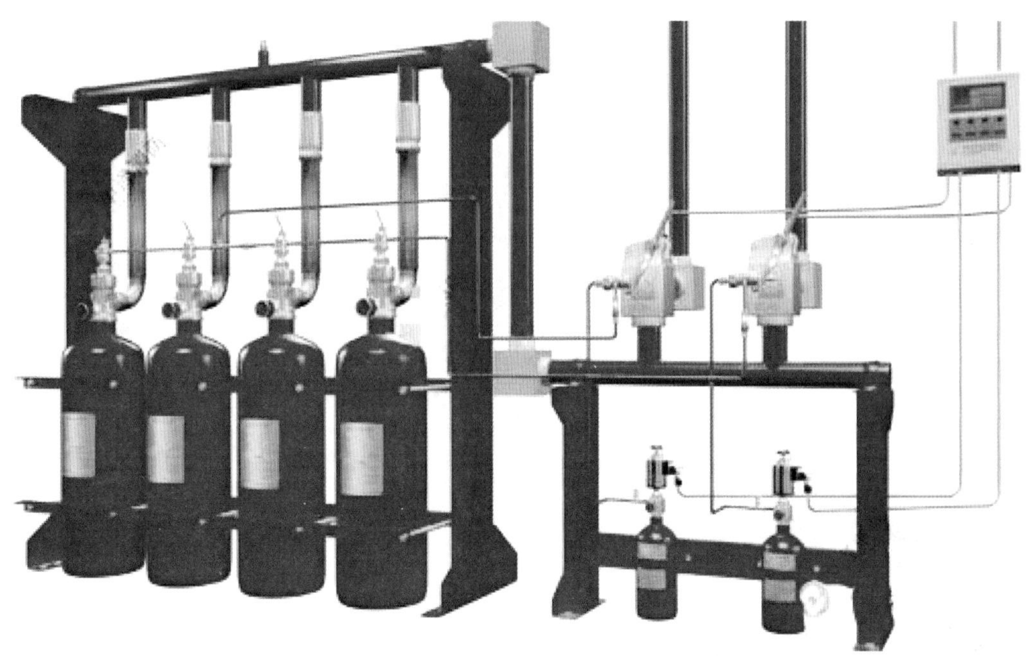

图 2–2–15 组合分配灭火系统中的选择阀

选择阀实物如图 2–2–16 所示，外形结构示意图如图 2–2–17 所示。

选择阀的位置宜靠近储存容器，并应便于手动操作，方便检查维护。选择阀上应设有标明防护区的铭牌。

选择阀可采用电动、气动或机械操作方式。选择阀的工作压力不应小于系统的最大工作压力。

系统启动时，选择阀应在容器阀动作之前或同时打开。选择阀动作后其信号应反馈至气体灭火控制器和消防联动控制器。

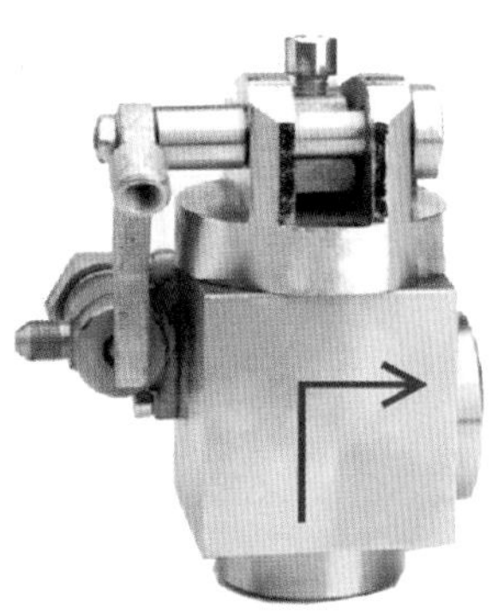

图 2–2–16 选择阀实物

2. 电磁阀

常见的电磁阀，安装在启动气体储存装置容器阀上（见图 2–2–18）。有的安装在灭火剂储存装置容器阀上（见图 2–2–19）；也有选择阀安装有电磁阀。它们都是用于打开对应的阀组。

电磁阀应有电动开启和人工机械应急直接开启两种方式。人工机械开启应操作简便、安全可靠，并应配备安全保险措施，防止由于人工操作失误而导致电磁阀被误开启。

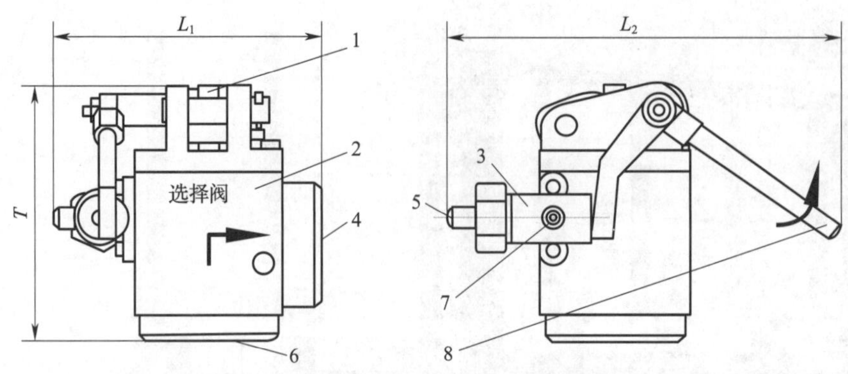

图 2-2-17　选择阀外形结构示意图

1—压臂调整螺栓　2—阀体　3—气动活塞　4—灭火剂出口　5—驱动气体进口　6—灭火剂进口　7—驱动气体出口　8—手动操作手柄

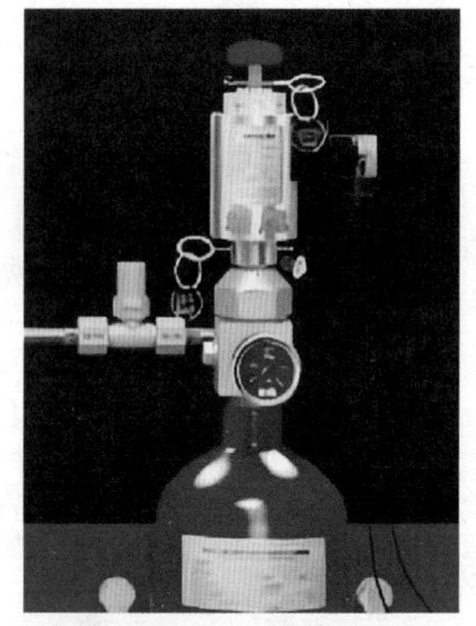

图 2-2-18　启动瓶电磁阀

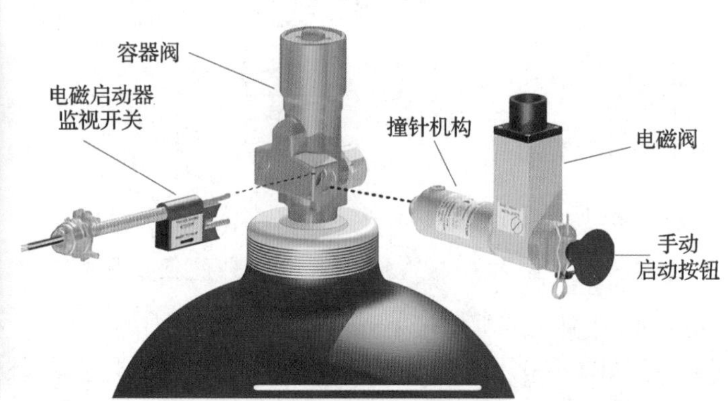

图 2-2-19　灭火剂储瓶电磁阀

3. 手动启 / 停按钮

（1）手动启 / 停按钮（见图 2-2-20）设置在防护区疏散出口的门外距地面 1.5 m 且便于操作的地方，用于人为控制气体灭火系统的启动或终止，应有防止人员误触及的保护措施与警示标志。

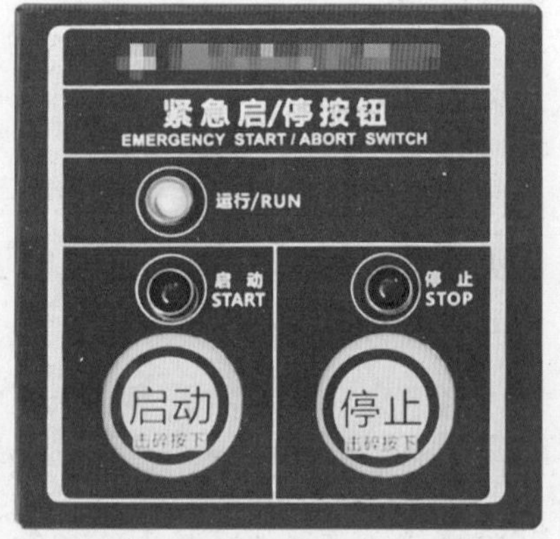

图 2-2-20　手动启 / 停按钮

（2）若确认火灾已发生时，待该防护区内所有人员全部撤离后，按下气体灭火控制器的手动“启动”按钮或按下设置在防护区疏散出口门外的“紧急启动”按钮，气体灭火控制器即可发出联动指令，关闭风机、防火阀等联动设备，启动灭火系统，释放灭火剂，实施灭火。

（3）无论气体灭火系统是处于自动控制还是手动控制状态，“紧急启动”按钮都会直接启动灭火系统。必须确认防护区内人员安全撤离后方可操作“紧急启动”按钮。

（4）自动控制状态下，气体灭火控制器接收两个独立的火灾信号后，系统进入0 ~ 30 s延时喷放时间。延时结束前，若发现不需要启动气体灭火系统，可按下防护区外的或气体灭火控制器操作面板上的“紧急停止”按钮，即可终止灭火指令的发出，并停止正在执行的联动操作。

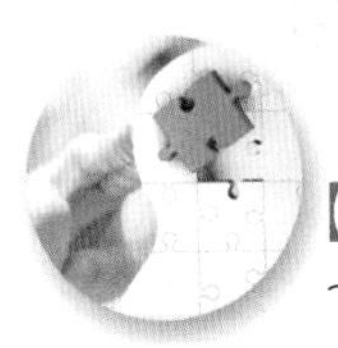

【技能操作】

技能1　切换气体灭火控制器工作状态

一、操作准备

1. 技术资料

气体灭火系统图、气体灭火控制器产品使用说明书和设计手册等技术资料。

2. 常备工具

旋具、钳子、万用表、绝缘胶带等。

3. 防护装备

安全防护装备，如防砸鞋、安全帽、绝缘手套等。

4. 实操设备

组合分配型气体灭火演示系统。

5. 记录表格

《建筑消防设施维护保养记录表》。

二、操作步骤

1. 确认灭火控制器显示正常，无故障或报警。

2. 操作控制器操作面板上的手动 / 自动转换开关

操作气体灭火控制器操作面板上的手动 / 自动转换开关（见图2-2-21），选择“手动”或“自动”状态，相应状态指示灯点亮。

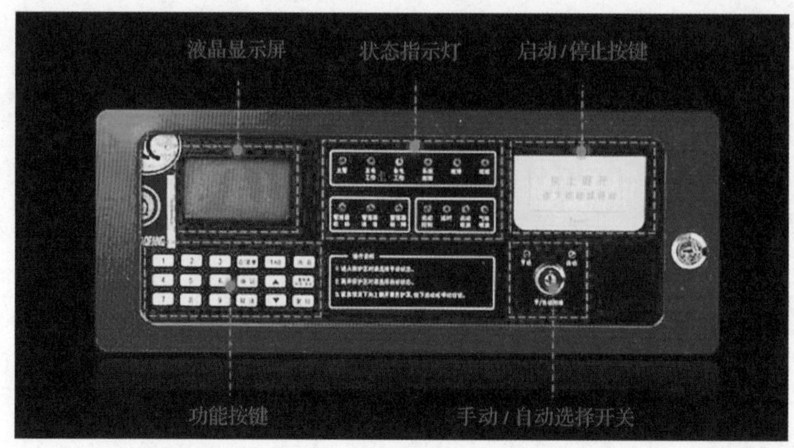

图 2-2-21　气体灭火控制器手动/自动转换开关

（1）使用专用钥匙，将手动/自动开关调至“自动”，自动状态指示灯点亮，控制系统处于自动工作状态。

（2）使用专用钥匙，将手动/自动开关调至“手动”，手动状态指示灯点亮，控制系统处于手动工作状态。

3. 操作防护区出入口的手动/自动转换开关

操作防护区出入口的手动/自动转换开关（见图 2-2-22、图 2-2-23），选择“手动”或“自动”状态，相应状态指示灯点亮。

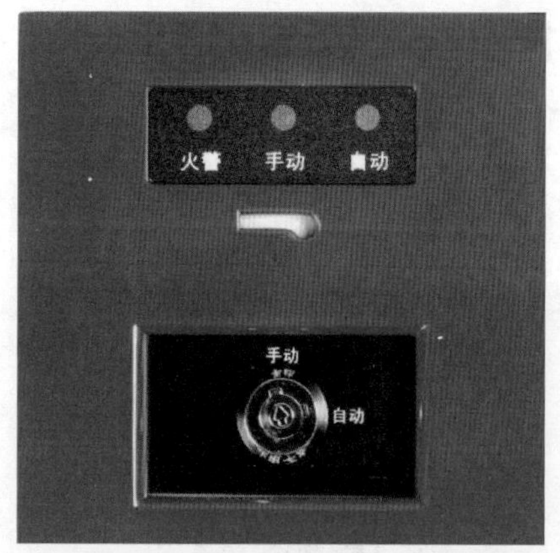

图 2-2-22　防护区出入口的手动/自动转换开关

图 2-2-23　带启动/停止按钮的手动/自动转换开关

4. 填写记录

根据实际作业的情况，填写相应记录表格。

技能 2　控制器手动启动气体灭火系统

一、操作准备

1. 技术资料

气体灭火系统图、气体灭火控制器产品使用说明书和设计手册等技术资料。

2. 常备工具

旋具、钳子、测试设备或万用表、绝缘胶带等。

3. 防护装备

安全防护装备，如防砸鞋、安全帽、绝缘手套等。

4. 实操设备

组合分配型气体灭火演示系统。

5. 记录表格

《建筑消防设施维护保养记录表》。

二、操作步骤

1. 为了防止气体误喷放，启动操作前，应将电磁阀和驱动瓶组的连接拆开；或拆开启动装置与灭火控制器启动输出端的连接导线，连接与启动装置功率相同的测试设备或万用表。

2. 按下气体灭火控制器的手动“启动”按钮（见图 2-2-24）。

3. 观察驱动器、测试设备是否动作，或万用表是否接到启动信号。

4. 观察对应防护区的声、光报警是否正常。

5. 观察风机、电动防火阀、电动门窗等联动设备的响应是否正常。

6. 填写记录。根据实际作业的情况，填写相应记录表格。

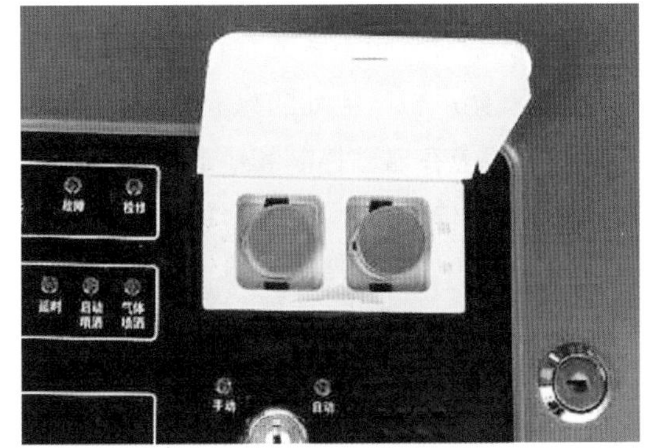

图 2-2-24　气体灭火控制器的手动启动按钮

三、注意事项

1. 应在自动控制和手动控制状态下，分别进行启动操作。

2. 如果气体灭火控制器在防护区附近，可以在确认防护区人员撤离后，进行此操作；如果气体灭火控制器远离防护区，不建议在控制器上直接启动灭火系统。

技能 3　防护区外手动按钮启 / 停气体灭火系统

一、操作准备

1. 技术资料

气体灭火系统图、气体灭火控制器产品使用说明书和设计手册等技术资料。

2. 常备工具

旋具、钳子、测试设备或万用表、绝缘胶带等。

3. 防护装备

安全防护装备，如防砸鞋、安全帽、绝缘手套等。

4. 实操设备

组合分配型气体灭火演示系统。

5. 记录表格

《建筑消防设施维护保养记录表》。

二、操作步骤

1. 手动启动气体灭火系统

（1）为防止气体误喷放，启动操作前，应将电磁阀和驱动瓶组的连接拆开；或拆开启动装置与灭火控制器启动输出端的连接导线，连接与启动装置功率相同的测试设备或万用表。

（2）按下设置在防护区疏散出口门外的“紧急启动”按钮。

1）观察启动装置、测试设备是否动作，或万用表是否接到启动信号。

2）观察对应防护区的声、光报警是否正常。

3）观察风机、电动防火阀、电动门窗等联动设备的响应是否正常。

注意：应在自动控制和手动控制状态下，分别进行启动操作。

2. 手动停止气体灭火系统

（1）为防止气体误喷放，启动操作前，应将电磁阀和驱动瓶组的连接拆开；或拆开启动装置与灭火控制器启动输出端的连接导线，连接与启动装置功率相同的测试设备或万用表。

（2）将控制系统的工作状态设置为“自动”工作状态。

（3）模拟防护区的两个独立火灾信号。

1）观察灭火控制器是否进入延时启动状态。

2）观察对应防护区的声、光报警是否正常。

3）观察风机、电动防火阀、电动门窗等联动设备的响应是否正常。

（4）灭火控制器延时启动时间结束前，按下防护区外的“紧急停止”按钮。

1）观察驱动器、测试设备是否动作，或万用表是否接到启动信号。

2）观察对应防护区的声、光报警是否取消。

3）观察风机、电动防火阀、电动门窗等联动设备的响应是否停止。

3. 填写记录

根据实际作业的情况，填写相应记录表格。

三、注意事项

如仅是检测或模拟启动试验，应提前做好预防措施，如将驱动装置与阀门的动作机构脱离，防止气体喷放。

技能 4 机械应急启动气体灭火系统

一、操作准备

1. 技术资料

气体灭火系统图、气体灭火控制器产品使用说明书和设计手册等技术资料。

2. 常备工具

旋具、钳子、万用表、绝缘胶带等。

3. 防护装备

安全防护装备，如防砸鞋、安全帽、绝缘手套等。

4. 实操设备

组合分配型气体灭火演示系统。

5. 记录表格

《建筑消防设施维护保养记录表》。

二、操作步骤

1. 手动操作以下相关设备。

（1）关闭防护区域的送（排）风机及送（排）风阀门，关闭防火阀。

（2）封闭防护区域开口，包括关闭防护区域的门、窗。

（3）切断非消防电源。

2. 到储瓶间内确认喷放区域对应的启动气瓶组（见图 2-2-25）。

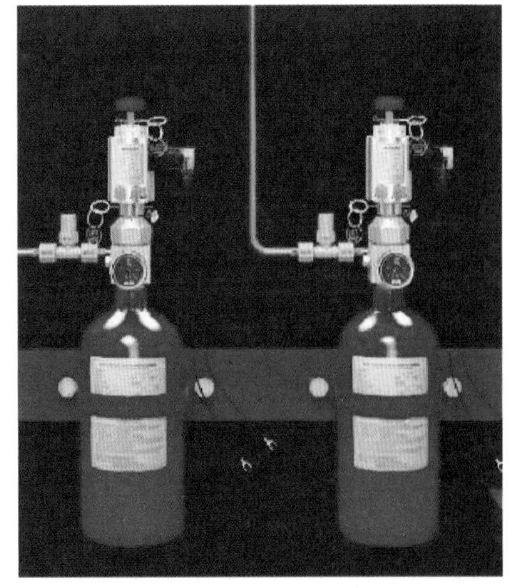

图 2-2-25 启动气瓶组

3. 拔出与着火区域对应驱动气瓶上电磁阀的安全插销或安全卡套（见图 2-2-26），压下手柄或圆头把手，启动容器阀，释放启动气体。（不同生产厂家产品结构略有不同。）

4. 若启动气瓶的机械应急操作失败，进行如下操作。

（1）对于单元独立系统，操作该系统所有灭火剂储存装置上的机械应急操作装置（见图 2-2-27），开启灭火剂容器阀，释放灭火剂，即可实施灭火。

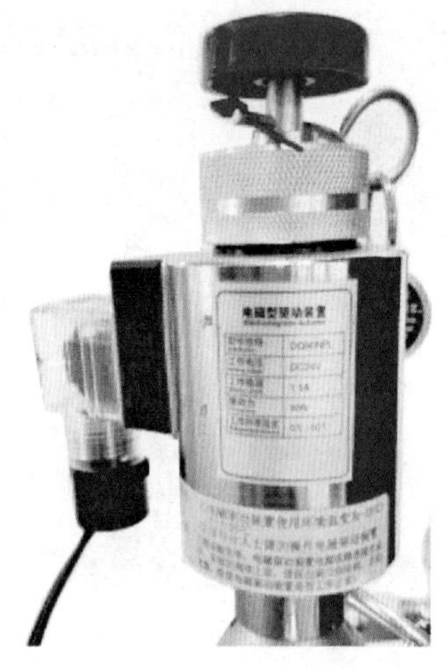

图 2-2-26　电磁阀

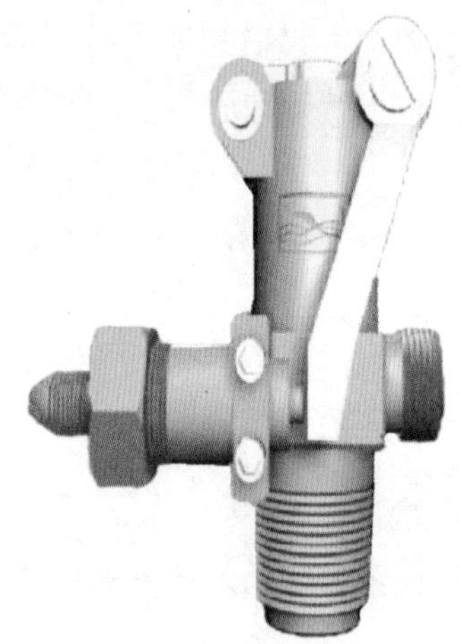

图 2-2-27　灭火剂容器阀和机械应急操作装置

（2）对于组合分配系统，首先开启对应着火区域的选择阀（见图 2-2-28），再手动打开对应着火区域所有灭火剂储瓶的容器阀，即可实施灭火。

5. 填写记录。根据实际作业的情况，填写相应记录表格。

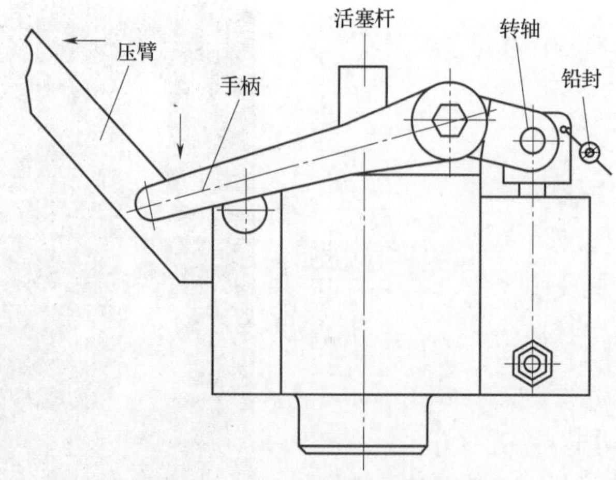

图 2-2-28　选择阀手动操作示意图

三、注意事项

1. 气体灭火剂比较昂贵，喷放后的更换及系统恢复工作费时费事，防护区没有发生火灾时，一般不进行此操作；建议在每年的模拟喷气试验时，使用试验瓶进行此操作。

2. 因储气瓶压力较高，此操作具有一定危险性，操作时应谨慎。

3. 设置在防护区内的预置系统，一般不采用机械应急操作方式启动。

培训单元 4
操作自动喷水灭火系统

【培训重点】

了解预作用报警装置及相关部件工作原理。
了解雨淋阀组及相关部件工作原理。
掌握预作用及雨淋自动喷水灭火系统水力警铃报警试验操作技能。
掌握预作用自动喷水灭火系统复位操作技能。
掌握雨淋自动喷水灭火系统复位操作技能。

【知识要求】

一、预作用报警装置及相关部件工作原理

预作用报警装置由湿式报警阀、雨淋报警阀、相应的管道以及气压维护装置组成，如图 2–2–29 所示。

1. 雨淋报警阀工作原理

雨淋报警阀隔膜腔内水压的高低控制着隔膜的启闭。当打开电磁阀或手动快开阀使隔膜腔内水压下降时，隔膜被供水压力顶开，水流进入系统侧管网。雨淋报警阀

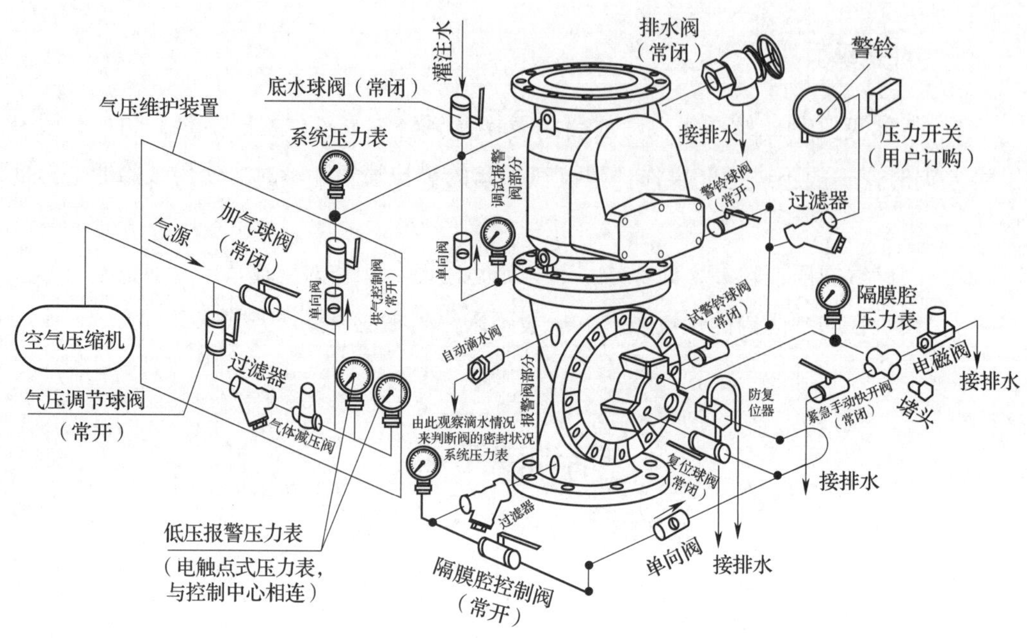

图 2-2-29　预作用报警装置示意图

设有防复位装置，当隔膜腔内的水压泄压后，无论电磁阀或手动快开阀是否重新被关闭，隔膜压力腔均不能重新升压，雨淋报警阀仍保持开启，可保证灭火过程中不会因电磁阀突然断电关闭使预作用报警阀组重新关闭。灭火结束后，须由工作人员将复位球阀打开才能使压力腔重新升压。若接到火灾信号后能及时将火控制住，则闭式喷头就不会打开喷水，再将预作用报警阀组关闭，排空管路中的水，恢复充气状态。

2. 湿式报警阀工作原理

预作用阀组上端部分的湿式报警阀用于封闭管网中的气压，以免气压通过下端雨淋报警阀上的自动滴水阀泄漏出去。为了更可靠地密封气体，上端阀内应预先灌注一定量的底水。平时系统在报警阀后的管道内无水，充以有压或无压气体。发生火灾时，保护区内的火灾探测器发出火灾报警信号，报警控制器在接到报警信号后发出声、光显示的同时打开系统末端快速排气装置排气，同时打开预作用报警装置上的电磁阀，隔膜室泄压，隔膜开启，水进入管网，压力开关连锁启动消防泵组，短时间内完成充水过程，同时水力警铃报警。如火灾进一步发展，则喷头爆裂喷水，水力警铃将持续报警。系统由平时的干式系统向火灾时的湿式系统转变的过程，包含着预备动作功能，故称为预作用自动喷水灭火系统。预作用自动喷水灭火系统的工作原理如图 2-2-30 所示。

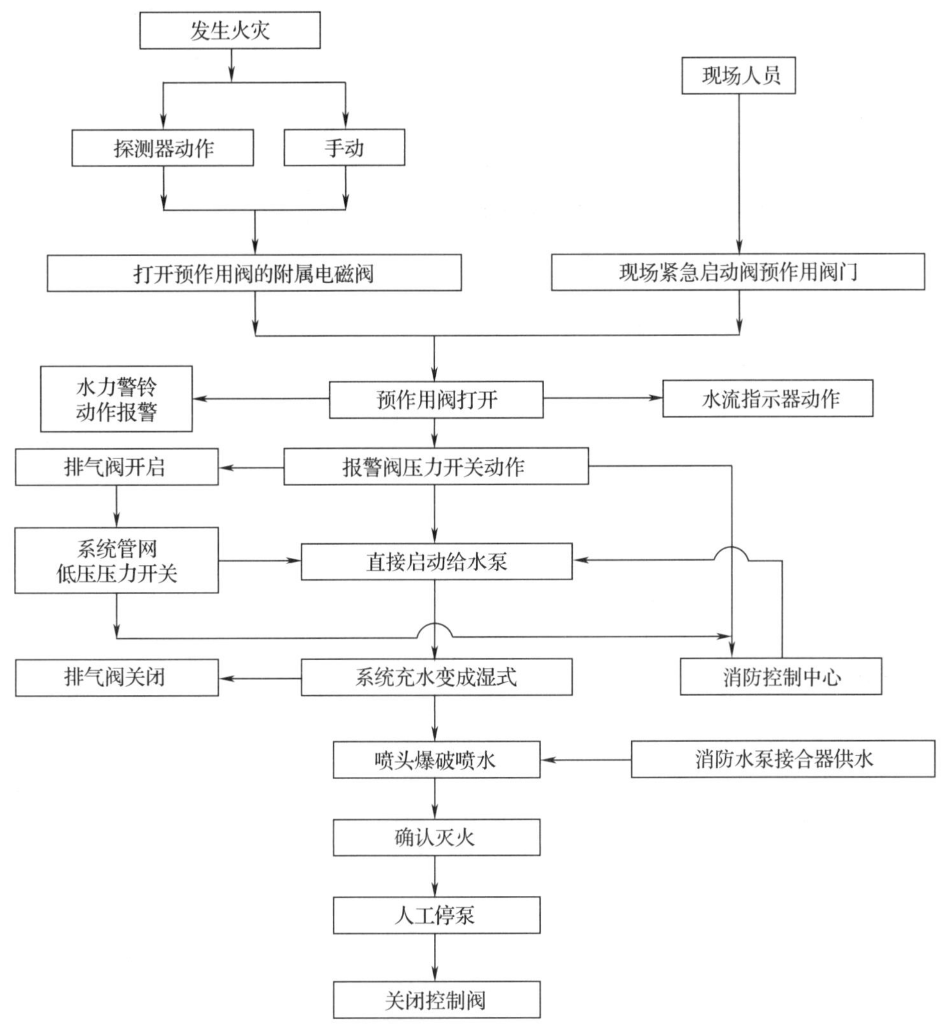

图 2-2-30 预作用自动喷水灭火系统工作原理

3. 快速排气装置工作原理

快速排气装置（见图 2-2-31）由自动排气阀（见图 2-2-32）和电磁阀组成。自动排气阀是利用水对不锈钢浮球的浮力作用特性原理，当排气阀水位上升，在排气的同时，浮球受到水的浮力作用，自动上浮，直到与排气口的密封面接触，到一定压力时球会自动关闭。管道在未充水时，浮球停在阀体底部，报警控制器在接到报警信号后打开自动排气阀前端的电磁阀进行排气，当管内空气排完后，水冲进阀内，浮球上浮关闭排气阀。

图 2–2–31　快速排气装置

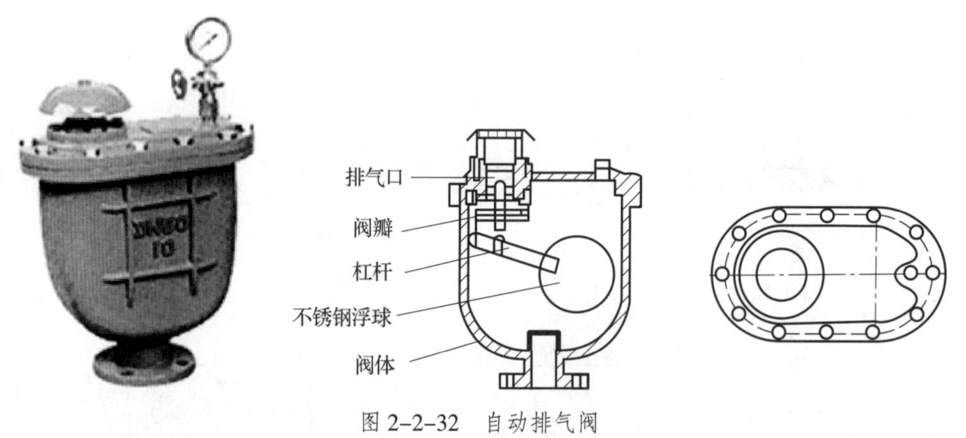

图 2–2–32　自动排气阀

4. 气压维持装置工作原理

气压维持装置（见图 2–2–33）和预作用报警阀组、控制盘、空气供给装置及管路附件等部件组成预作用报警装置。气压维持装置由电接点压力表、单向阀、减压阀、控制阀、减压孔板及过滤器等部件组成。控制盘、气压维持装置和空气供给装置配合使用，平时将系统侧管网内气压维持在 0.03 ~ 0.05 MPa 之间以检测系统侧管网的严密性，并实时监控现场各个带电部件的工作情况并向消防控制中心反馈信号。

通过快速补气阀对预作用自动喷水灭火系统管网充气，当压力达到 0.05 MPa 时，关闭快速补气阀，利用压力控制电接点压力表的上、下限（0.03 MPa 和 0.05 MPa）控制空压机的启动与停止。当系统管网中喷头或管道等泄漏时，由于减压阀的作用，管网压力迅速降低，使得报警反馈电接点压力表动作，至 0.02 MPa 以下发出低压故障报警信号。

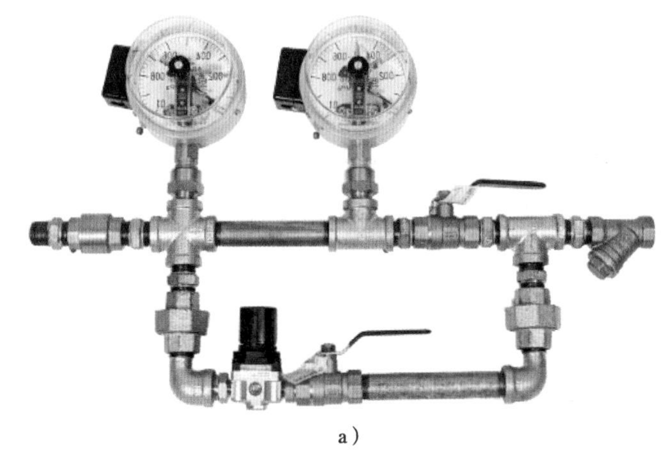

a）

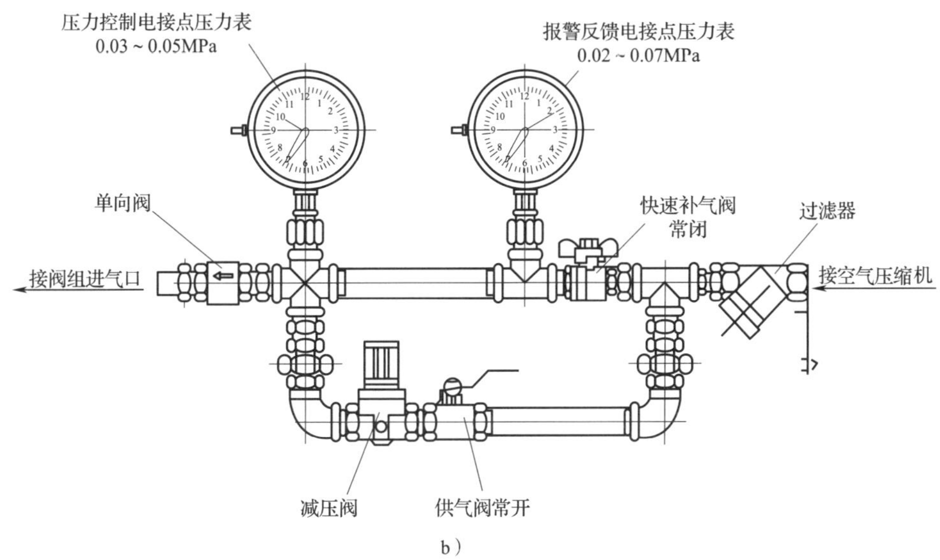

b）

图 2-2-33 气压维持装置

a）气压维持装置实物图 b）气压维持装置结构示意图

预作用自动喷水灭火系统适用于以下场所：系统处于准工作状态时严禁误喷的场所；系统处于准工作状态时严禁管道充水的场所；用于替代干式系统的场所。

二、雨淋阀组及相关部件工作原理

1. 雨淋阀组的组成

雨淋报警阀按照其结构可分为隔膜式、推杆式、活塞式、蝶阀式雨淋报警阀。雨淋阀组主要由水源控制阀（蝶阀）、雨淋阀、手动应急装置、自动滴水阀、排水球阀、供水侧压力表、控制腔压力表等组成（见图 2-2-34）。

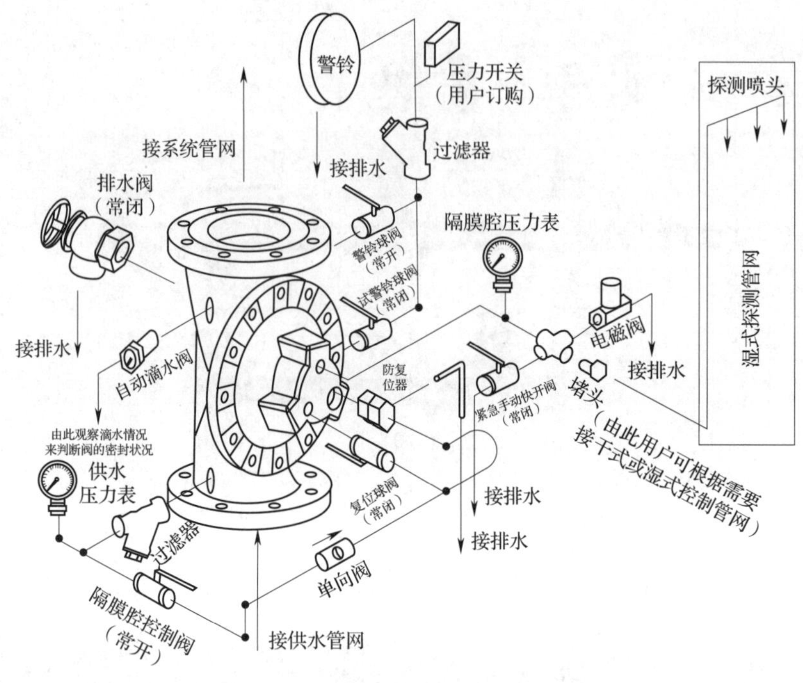

图 2-2-34　雨淋阀组示意图

雨淋阀供水侧和控制腔通过管路相连，伺应状态时长期充满压力水，当保护区域内发生火情时，火灾自动报警系统联动开启电磁阀泄压或传动管上的洒水喷头动作泄压，使控制腔内压力迅速降低，供水侧与控制腔内压力形成压差，阀瓣组件瞬间开启，防复位锁止机构动作，防止阀瓣组件关闭，供水侧的水流入系统侧管网上的洒水喷头供水灭火，其中少部分的水流向水力警铃及压力开关，水力警铃发出连续的报警声，压力开关动作将信号反馈至消防控制中心，同时启动供水泵持续给水，消防控制中心联动控制声、光报警，以达到自动喷水灭火和报警的目的。

2. 雨淋自动喷水灭火系统工作原理

雨淋自动喷水灭火系统的工作原理如图 2-2-35 所示。

3. 雨淋阀阀体结构

雨淋阀内部分为上腔、下腔和控制腔三个腔室，下腔与供水管道相通，上腔与灭火管网相通，控制腔与启动管路及供水管路相通。隔膜式雨淋阀组利用隔膜运动实现阀瓣的启闭，隔膜运动受两侧压力控制，可以分为角式和直通式。直通式隔膜雨淋阀构造如图 2-2-36 所示。

在准工作状态下，控制腔的水压与进水腔相同，由于上下腔受水作用面积的差异，保证了隔膜雨淋阀具有良好的密封性。

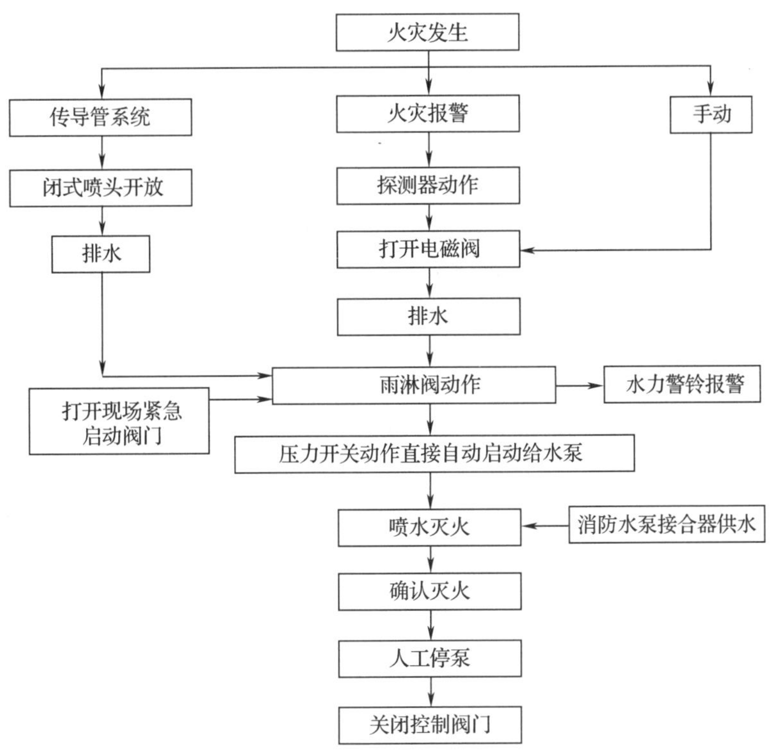

图 2-2-35 雨淋自动喷水灭火系统工作原理

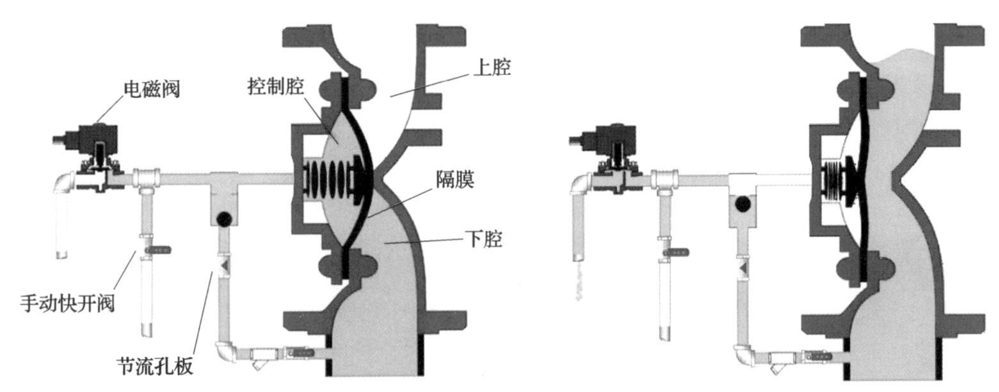

图 2-2-36 直通式隔膜雨淋阀构造

4. 雨淋阀组的启动方式

雨淋阀组有自动、手动、湿式传动管、干式传动管、机械应急启动等启动方式。

（1）自动启动

火灾时设在保护区的感温和感烟火灾探测器动作，火灾报警控制器启动雨淋控制腔启动管路上的电磁阀，控制腔泄压，阀瓣打开，压力水进入上腔的报警管路，水力警铃报警，压力开关启动消防水泵持续供水。

（2）手动启动

通过消防联动控制器手动“启动”按钮，远程手动启动控制腔启动管路上的电磁阀，以开启雨淋阀。

（3）湿式传动管启动

在一些不方便设置火灾报警系统的场所，可以接入充液传动管，传动管与雨淋阀启动管路连通，通过湿式传动管上的闭式喷头探测火灾，当设在保护区的湿式传动管路上的闭式喷头因火灾开启时，控制腔泄压，阀瓣打开。

（4）干式传动管启动

在一些不方便设置火灾报警系统的场所，可以接入气压传动管，传动管通过水气传动阀（见图 2–2–37）与雨淋阀启动管路连通，通过干式传动管上的闭式喷头探测火灾，当设在保护区的干式传动管路上的闭式喷头因火灾开启时，控制腔泄压，阀瓣打开。

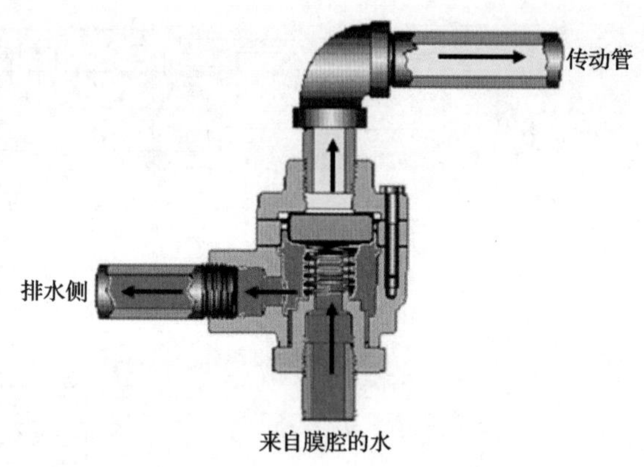

图 2–2–37　水气传动阀构造

（5）机械应急启动

手动打开控制腔启动管路上的紧急启动阀即可启动雨淋阀。

雨淋报警阀组应用于雨淋自动喷水灭火系统、预作用自动喷水灭火系统、水幕系统和水喷雾系统，不仅具有报警功能，还具有开启控制系统的作用。

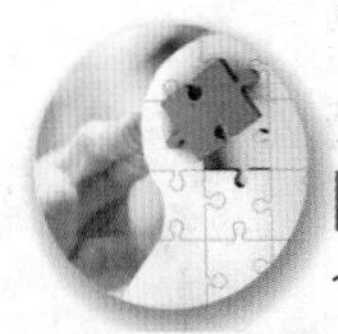

【技能操作】

技能 1　预作用及雨淋自动喷水灭火系统水力警铃报警试验操作

一、操作准备

1. 技术资料

预作用及雨淋自动喷水灭火系统图，预作用及雨淋自动喷水灭火系统产品使用说明书和设计手册等技术资料。

2. 常备工具

专用扳手等。

3. 防护装备

防滑鞋、安全帽等。

4. 实操设备

预作用及雨淋自动喷水灭火演示系统。

5. 记录表格

《消防控制室值班记录表》。

二、操作步骤

1. 关闭警铃球阀（见图 2-2-38），防止水流入系统侧。
2. 打开试警铃球阀，使水力警铃动作报警。
3. 关闭试警铃球阀，停止报警。
4. 打开警铃球阀，系统恢复伺应状态。

三、注意事项

进行水力警铃报警试验时，应将消防水泵控制柜设置在“手动”状态。

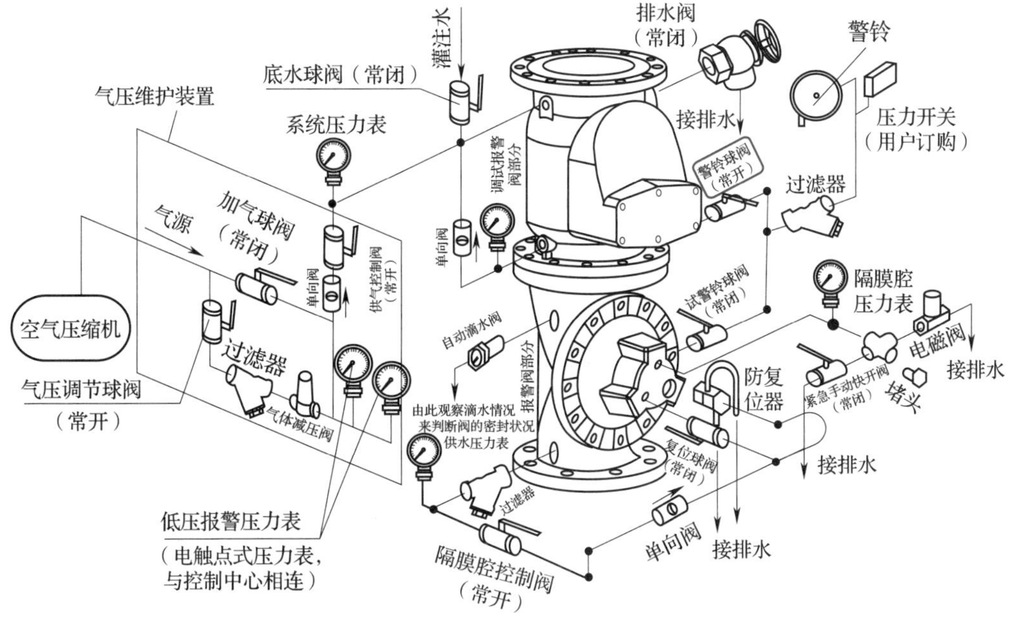

a）

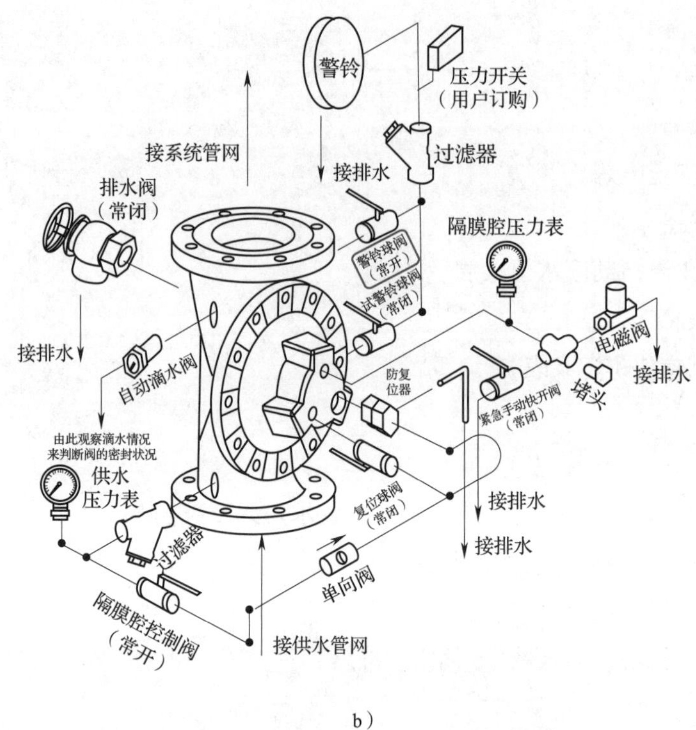

b）

图 2-2-38　警铃球阀

a）预作用系统警铃球阀　b）雨淋系统警铃球阀

技能 2　预作用自动喷水灭火系统复位操作

一、操作准备

1. 技术资料

预作用自动喷水灭火系统图、系统组件现场布置图，预作用自动喷水灭火系统产品使用说明书和设计手册等技术资料。

2. 常备工具

旋具、专用扳手等。

3. 防护装备

防滑鞋、安全帽等。

4. 实操设备

预作用自动喷水灭火演示系统。

5. 记录表格

《消防控制室值班记录表》。

二、操作步骤

1. 关闭系统的供水控制阀（见图 2-2-39），并使阀后控制阀（见图 2-2-39）处于开启状态。

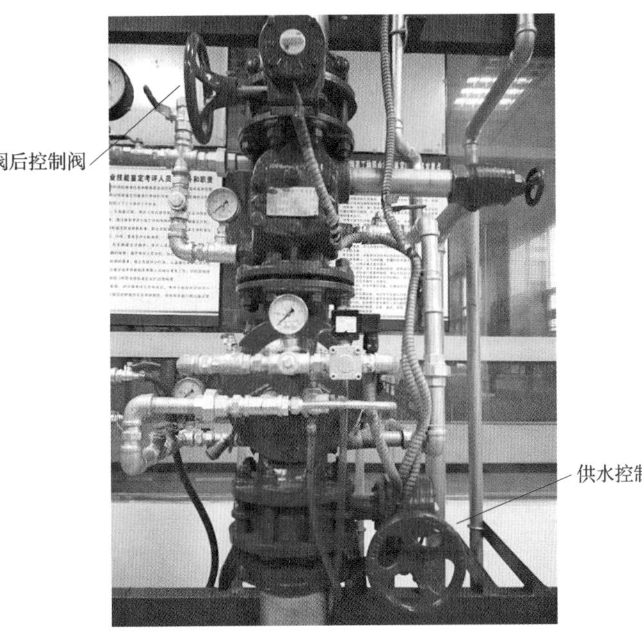

图 2-2-39　供水控制阀及阀后控制阀

2. 打开雨淋报警阀上的隔膜腔控制阀（见图 2-2-40）。

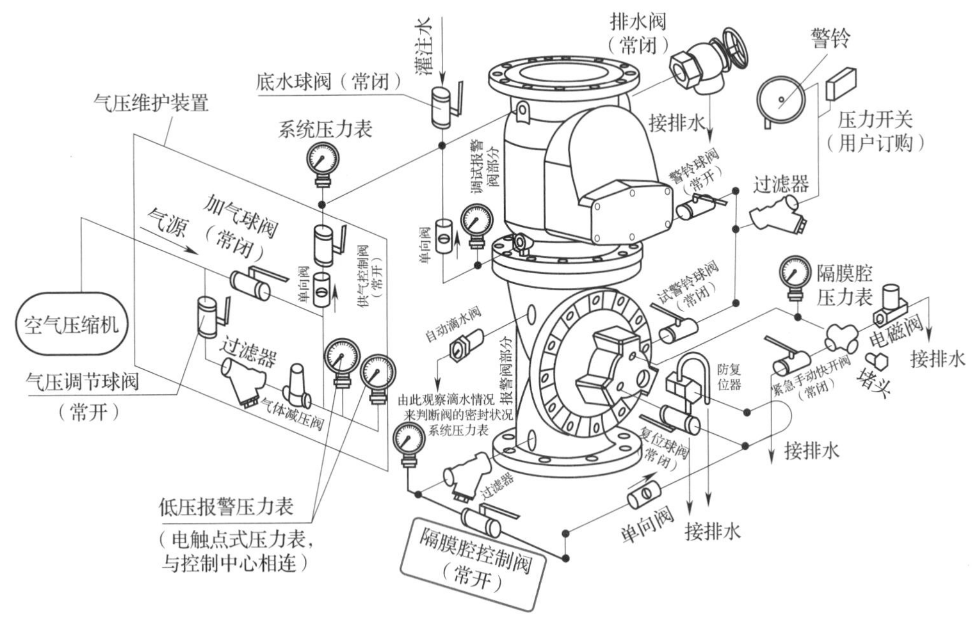

图 2-2-40　隔膜腔控制阀

3. 打开雨淋报警阀上的排水阀及警铃球阀（见图 2-2-41）将系统里的剩余水全部排掉。

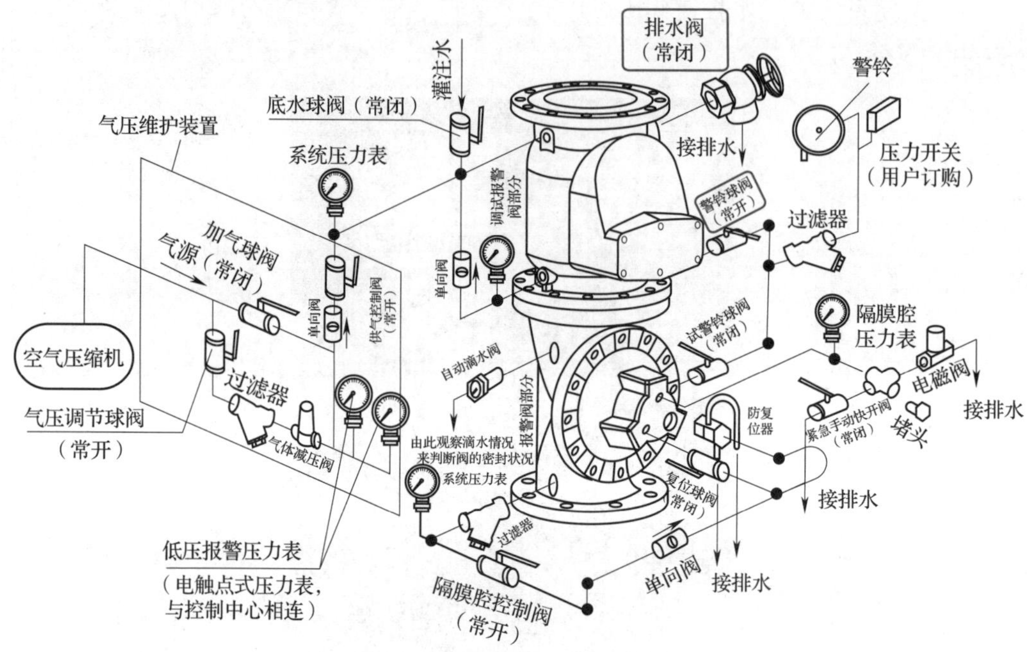

图 2-2-41　排水阀及警铃球阀

4. 推动自动滴水阀（见图 2-2-42）推杆，推杆能伸缩且流水已很微小时即可认定水已排尽。

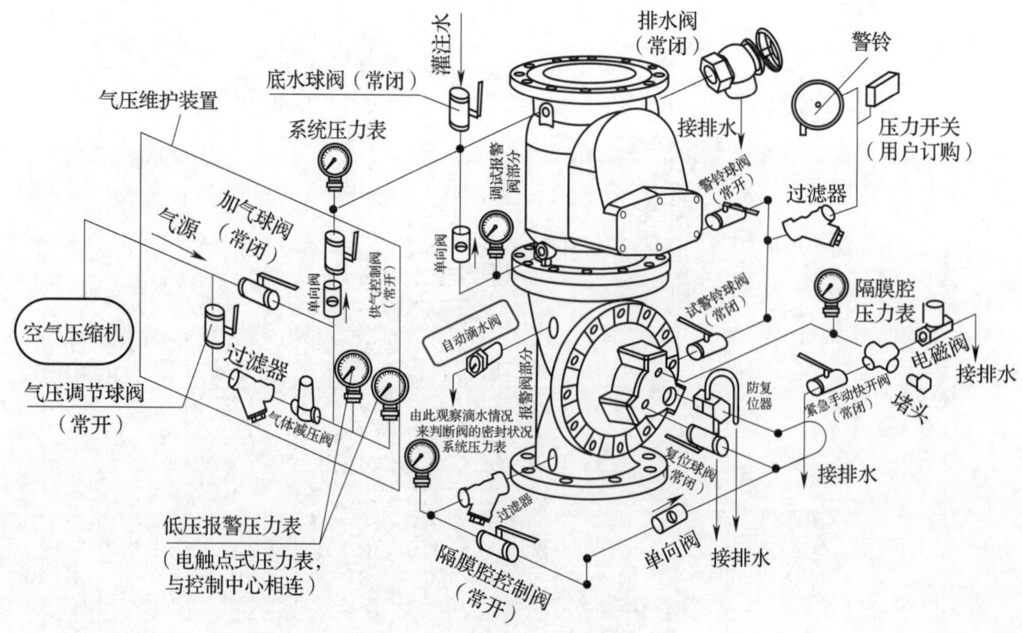

图 2-2-42　自动滴水阀

5. 打开复位球阀（见图 2-2-43），并使雨淋报警阀的紧急手动快开阀和试警铃球阀（见图 2-2-43）保持在关闭状态。

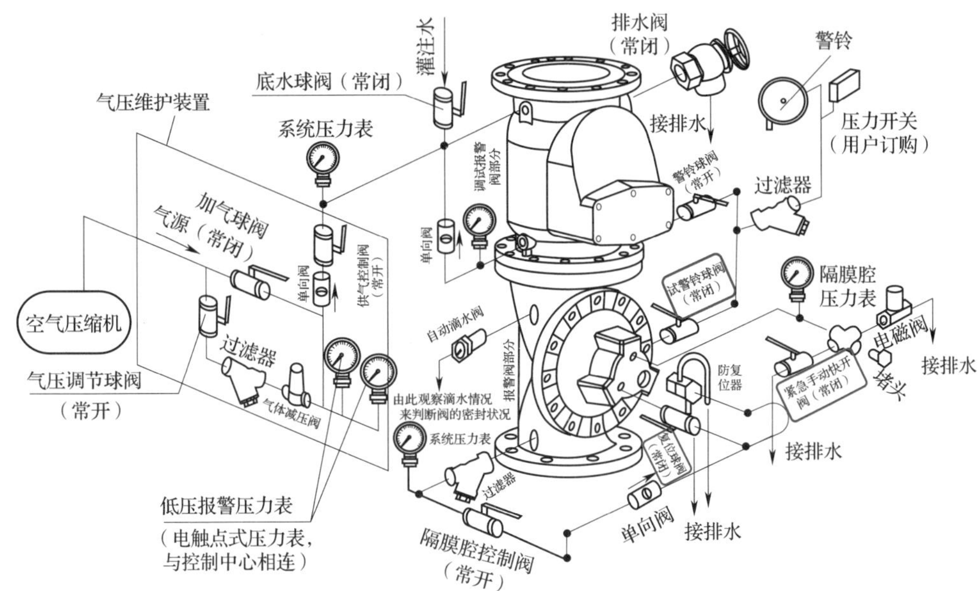

图 2-2-43 复位球阀、紧急手动快开阀和试警铃球阀

6. 按下控制柜的“复位”按钮释放电磁阀（见图 2-2-44），使其闭合。

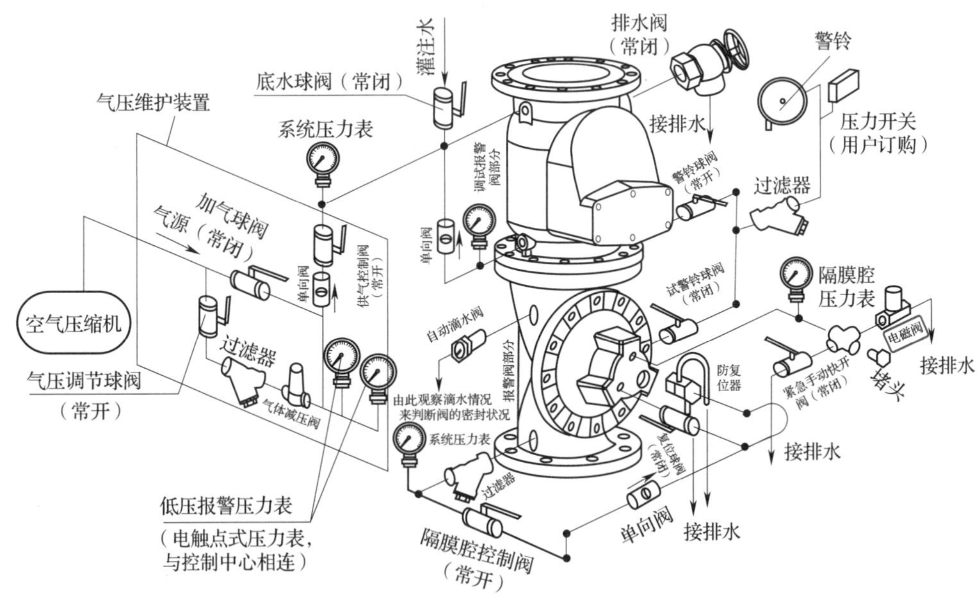

图 2-2-44 电磁阀

7. 缓慢打开阀前供水控制阀，待供水压力表和隔膜腔压力表的指示值相同时再将其完全打开。

8. 关闭复位球阀及排水阀。

9. 灌注底水，从底水球阀（见图 2-2-45）处缓慢灌入清水，直至溢出，再关闭底水球阀。

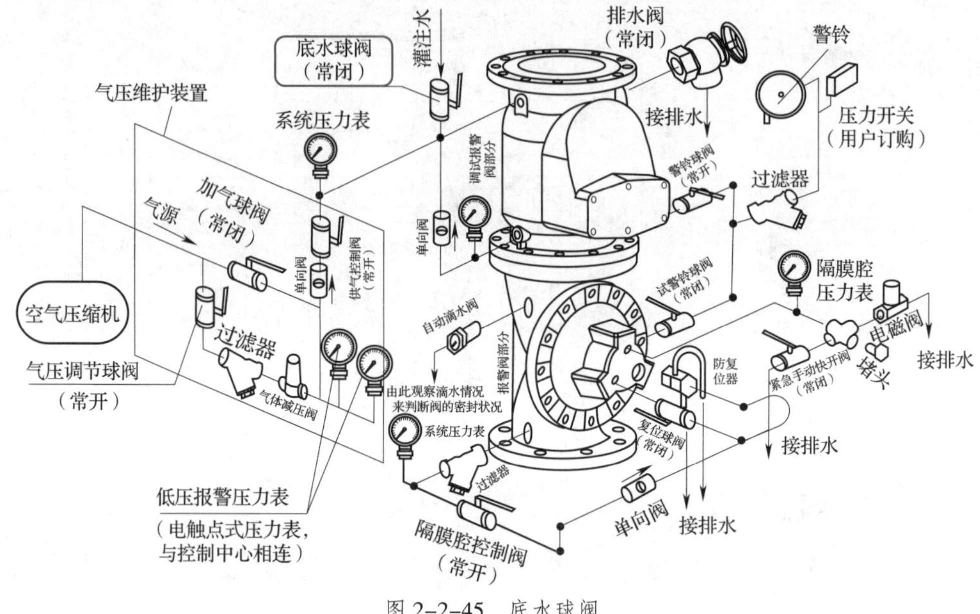

图 2-2-45　底水球阀

10. 接通气源供气，先打开供气控制阀（见图 2-2-46），后缓慢打开加气球阀（见图 2-2-46）注入压缩空气，待整个系统的气压值上升到 0.04 MPa 时关闭加气球阀，然后通过调压器管路补气，直到系统自动停止补气，复位完成。

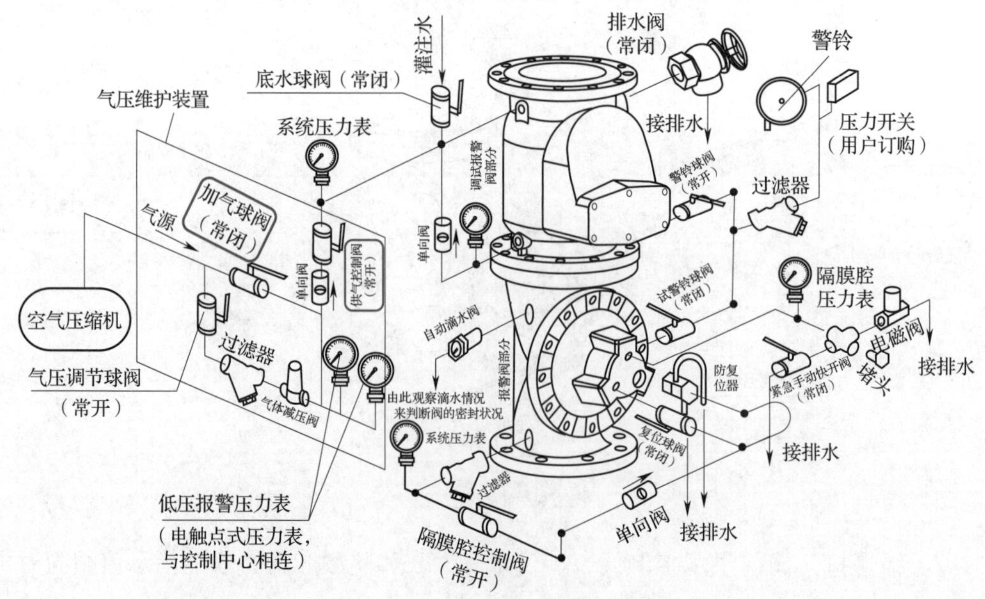

图 2-2-46　供气控制阀和加气球阀

三、注意事项

1. 供气过程中，观察滴水阀是否有水流出，如有水汽长时间流出且无减少趋势，应停止供气，打开湿式报警阀阀盖，检查阀瓣密封处是否有杂物。

2. 供水过程中，打开阀前供水控制阀，防复位器中有水从铜管里流出为正常现象，当两只压力表指示值完全稳定后，将会停止流水。若经过 2 ~ 3 min 后仍有较大水流从防复位器或自动滴水阀中流出，则须立即关闭供水控制阀并检查漏水原因。

技能 3　雨淋自动喷水灭火系统复位操作

一、操作准备

1. 技术资料

雨淋自动喷水灭火系统图、系统组件现场布置图，雨淋自动喷水灭火系统产品使用说明书和设计手册等技术资料。

2. 常备工具

旋具、专用扳手等。

3. 防护装备

防滑鞋、安全帽等。

4. 实操设备

雨淋自动喷水灭火演示系统。

5. 记录表格

《消防控制室值班记录表》。

二、操作步骤

1. 关闭系统的供水控制阀（见图 2-2-47），并使阀后控制阀（见图 2-2-47）处于开启状态。

2. 打开雨淋报警阀上的隔膜腔控制阀（见图 2-2-48）。

3. 打开雨淋报警阀上的排水阀及警铃球阀（见图 2-2-49）将系统里的剩余水全部排掉。

4. 推动自动滴水阀（见图 2-2-50）推杆，推杆能伸缩且流水已很微小时即可认定水已排尽。

图 2-2-47　供水控制阀及阀后控制阀

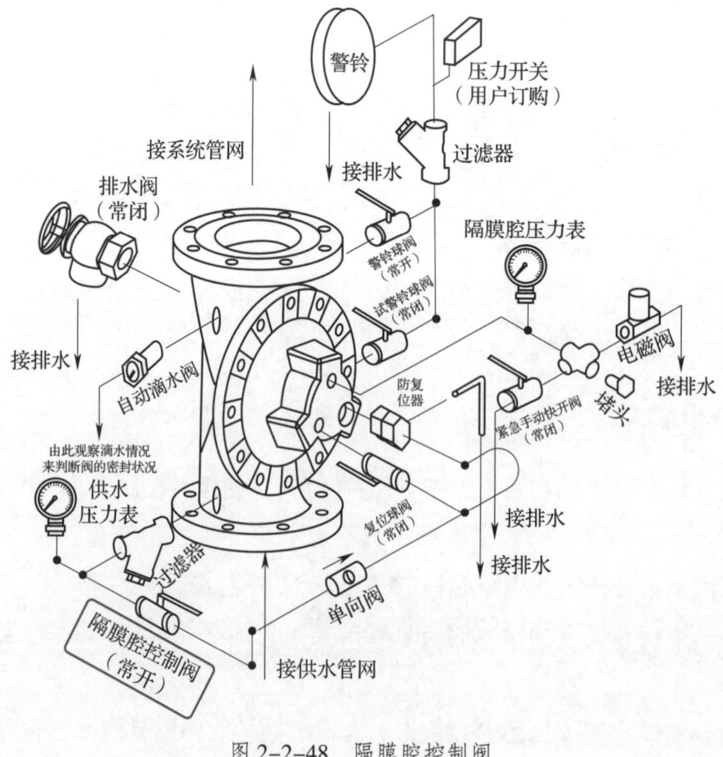

图 2-2-48　隔膜腔控制阀

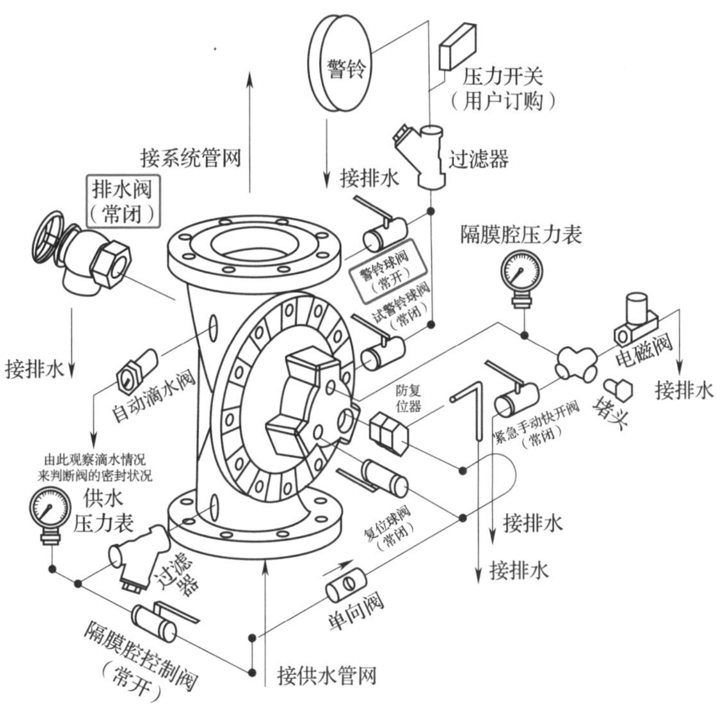

图 2-2-49　排水阀及警铃球阀

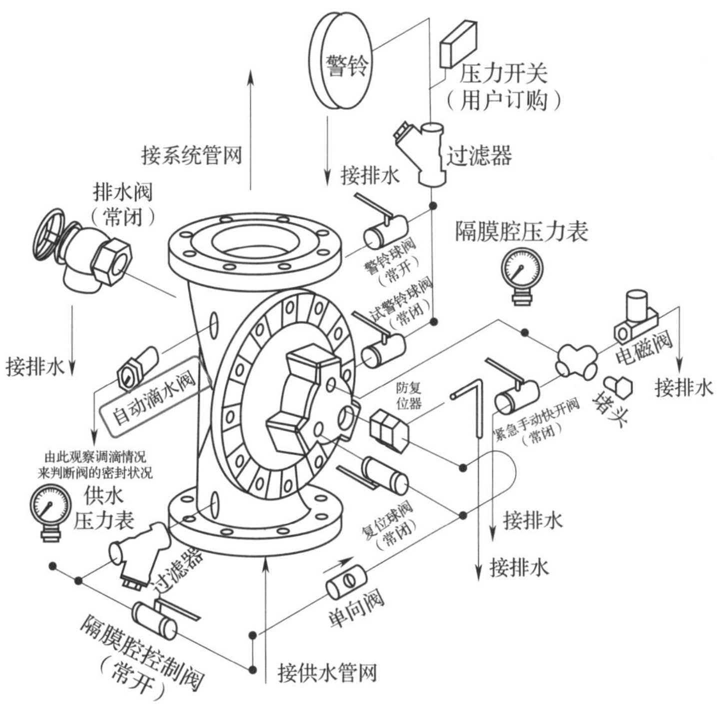

图 2-2-50　自动滴水阀

5. 打开复位球阀（见图 2-2-51），并使雨淋报警阀的紧急手动快开阀和试警铃球阀（见图 2-2-51）保持在关闭状态。

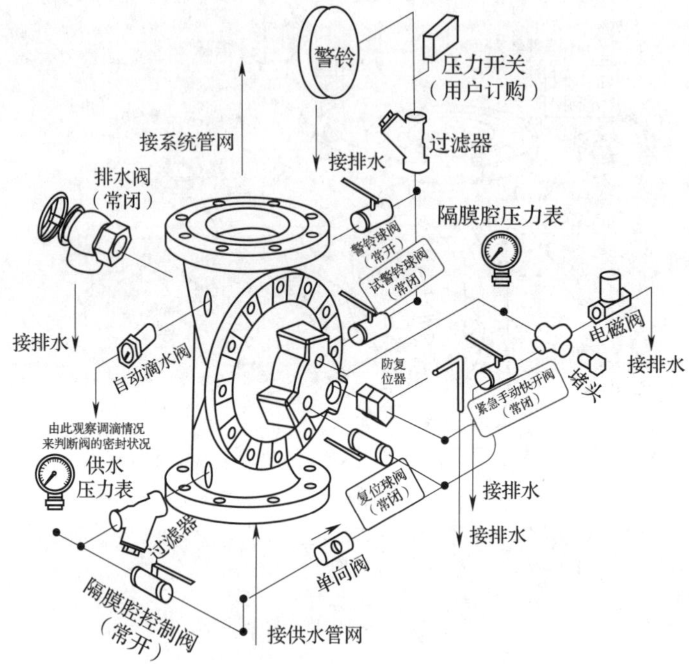

图 2-2-51　复位球阀、紧急手动快开阀和试警铃球阀

6. 按下控制柜的“复位”按钮释放电磁阀（见图 2-2-52），使其闭合。

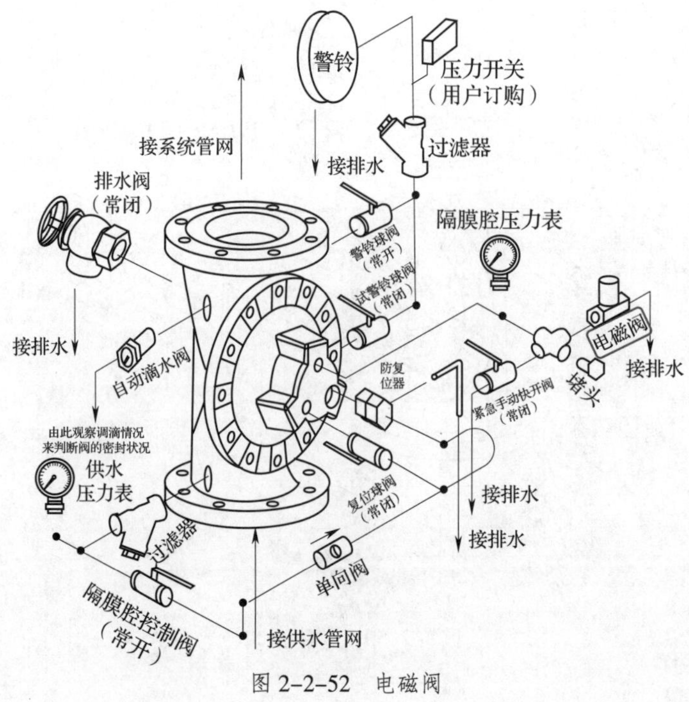

图 2-2-52　电磁阀

7. 缓慢打开阀前供水控制阀，待供水压力表和隔膜腔压力表的指示值相同时再将其完全打开。

8. 关闭复位球阀及排水阀，复位完成。

三、注意事项

供水过程中，打开阀前供水控制阀，防复位器中有水从铜管里流出为正常现象，当两只压力表指示值完全稳定后，将会停止流水。在经过 2 ~ 3 min 后仍有较大水流从防复位器或滴水阀中流出，则须立即关闭主供水控制阀并检查漏水原因。

培训单元 5
操作泡沫灭火系统

【培训重点】

了解泡沫灭火系统的分类、主要组成及工作原理。

熟练掌握泡沫灭火系统的操作方法。

【知识要求】

一、泡沫灭火系统的分类、组成及工作原理

1. 系统分类

按照所产生泡沫倍数的不同，泡沫灭火系统可分为低倍数、中倍数和高倍数泡沫灭火系统。低倍数泡沫灭火系统是指系统产生的灭火泡沫的倍数低于 20 的系统，中倍数泡沫灭火系统是指系统所产生的灭火泡沫倍数在 20 ~ 200 的系统，高倍数泡沫灭火系统是指系统产生的灭火泡沫倍数高于 200 的系统。按照系统组件的安装方式不同，泡沫灭火系统可分为固定式系统、半固定式系统和移动式系统。对于低倍数泡沫灭火系统，按保护对象的不同，一般又分为储罐区低倍数泡沫灭火系统、泡沫－水喷淋系

统、泡沫喷雾系统、泡沫枪及泡沫炮系统。对于中倍数和高倍数泡沫灭火系统，按灭火方式不同，又可分为全淹没系统、局部应用系统和移动式系统。

2. 系统组成

泡沫灭火系统一般由泡沫消防水泵、泡沫液、泡沫液储罐、泡沫液泵（一般为比例混合装置的组成部分）、泡沫比例混合器（装置）、泡沫产生装置、火灾探测与启动控制装置、控制阀门及管道等组件组成。

3. 工作原理

泡沫灭火系统的主要工作原理是：火灾发生后，消防联动控制器接到火灾报警信号，联动启动泡沫消防水泵、泡沫比例混合装置及相关控制阀门，向系统供给泡沫混合液，并经管道输送至泡沫产生装置产生泡沫，施加到保护对象进行灭火。

二、主要泡沫灭火系统介绍

下面主要对应用较多的储罐区低倍数泡沫灭火系统、泡沫－水喷淋系统、泡沫喷雾系统、泡沫炮系统、高倍数泡沫灭火系统进行简单介绍。

1. 储罐区低倍数泡沫灭火系统

（1）系统分类

按泡沫喷射形式不同，储罐区低倍数泡沫灭火系统可分为液上喷射系统、液下喷射系统和半液下喷射系统。

1）液上喷射系统。液上喷射系统是指泡沫产生器安装在储罐顶部，将泡沫从燃液上方喷放到罐内实施灭火的系统，如图 2–2–53 所示。液上喷射系统是目前国内应用最为广泛的一种形式，适用于各类甲、乙、丙类液体的固定顶、内浮顶和外浮顶储罐。

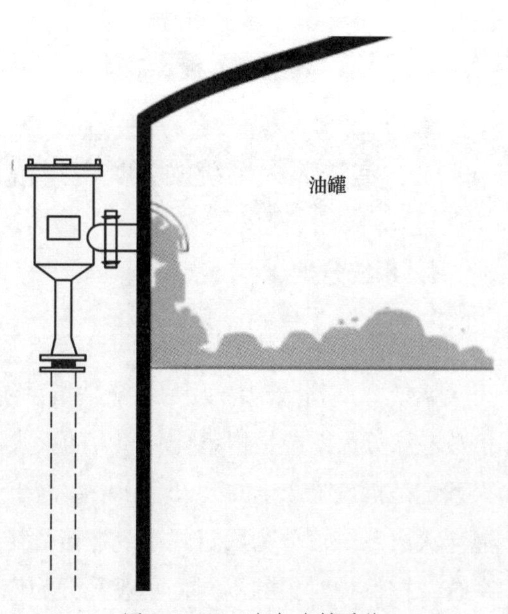

图 2–2–53　液上喷射系统

2）液下喷射系统。液下喷射系统是指将高背压泡沫产生器产生的泡沫，通过泡沫喷射管从燃烧液体液面下输送到储罐内，泡沫在初始动能和浮力的作用下浮到燃烧液面实施灭火的系统，如图 2–2–54 所示。液下喷射系统适用于非水溶性液体固定顶储罐。

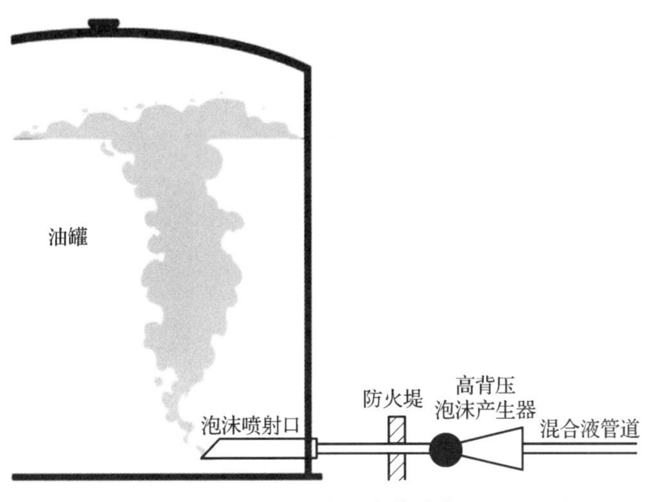

图 2–2–54　液下喷射系统

3）半液下喷射系统。半液下喷射系统是将一轻质软带卷存于液下喷射管上的软管筒内，当使用时，在泡沫压力和浮力的作用下软管漂浮到燃液表面，然后从燃液表面施放出泡沫来实现灭火的系统，如图 2–2–55 所示。半液下喷射系统适用于甲、乙、丙类可燃液体固定顶储罐，不适用于外浮顶和内浮顶储罐。

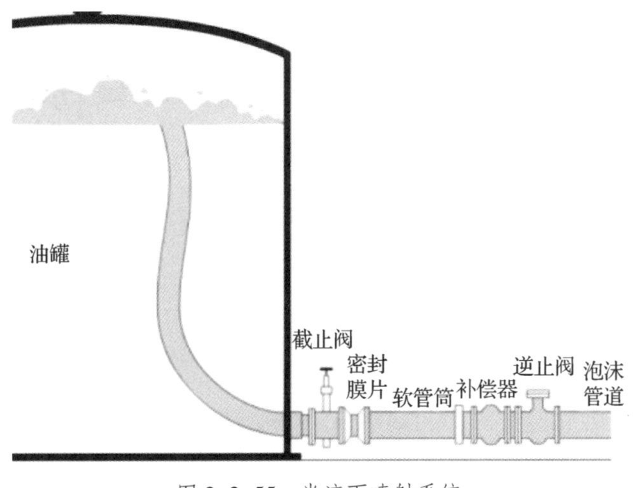

图 2–2–55　半液下喷射系统

（2）系统组成

储罐区低倍数泡沫灭火系统主要用于可燃液体储罐的灭火，其系统组成示意图如图 2–2–56 所示。主要系统组成见本节系统组成部分，其泡沫产生装置为低倍数泡沫产生器。

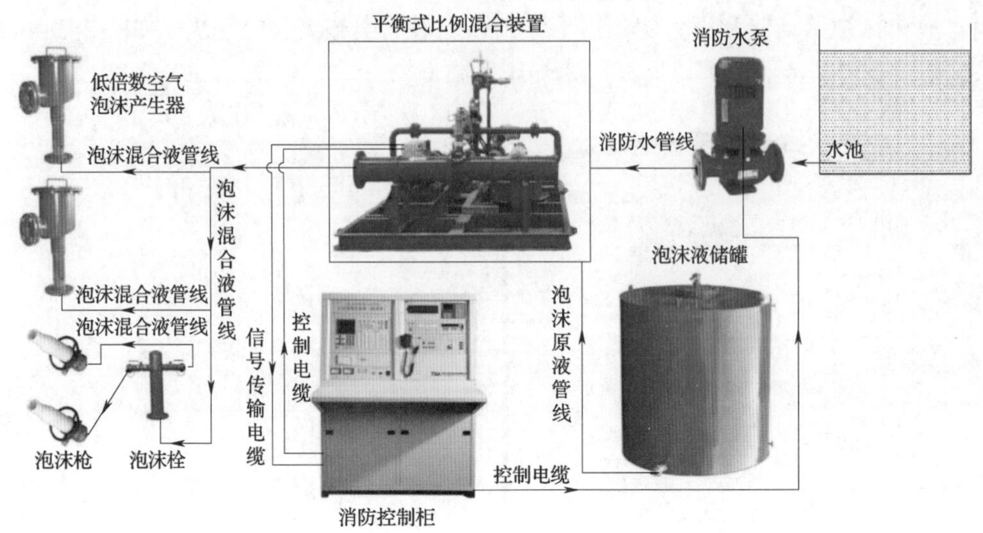

图 2-2-56　储罐区低倍数泡沫灭火系统组成示意图

2. 泡沫—水喷淋系统

（1）系统分类

泡沫—水喷淋系统和自动喷水灭火系统相同。泡沫—水喷淋系统可分为闭式系统和雨淋系统，闭式系统又可分为泡沫—水预作用系统、泡沫—水干式系统和泡沫—水湿式系统。

（2）系统组成

泡沫—水喷淋系统主要是在自动喷水灭火系统的基础上增加了泡沫液供给系统（比例混合装置、泡沫液及泡沫液储存装置），其他系统组件和自动喷水灭火系统相同，不再赘述。以闭式泡沫—水喷淋系统为例，其系统组成示意图如图 2-2-57 所示。

3. 泡沫喷雾系统

（1）系统分类

泡沫喷雾系统有两种形式。一是采用由消防水泵或压力水通过比例混合装置输送泡沫混合液经泡沫喷雾喷头喷洒泡沫到防护区的形式；二是采用由压缩氮气驱动储罐内的泡沫预混液经泡沫喷雾喷头喷洒泡沫到防护区的形式。

（2）系统组成

第一种形式的泡沫喷雾系统的组成见本单元相关描述。第二种形式的系统主要由驱动瓶组、动力瓶组、储液罐、水雾喷头等组件组成，其系统示意图如图 2-2-58 所示。

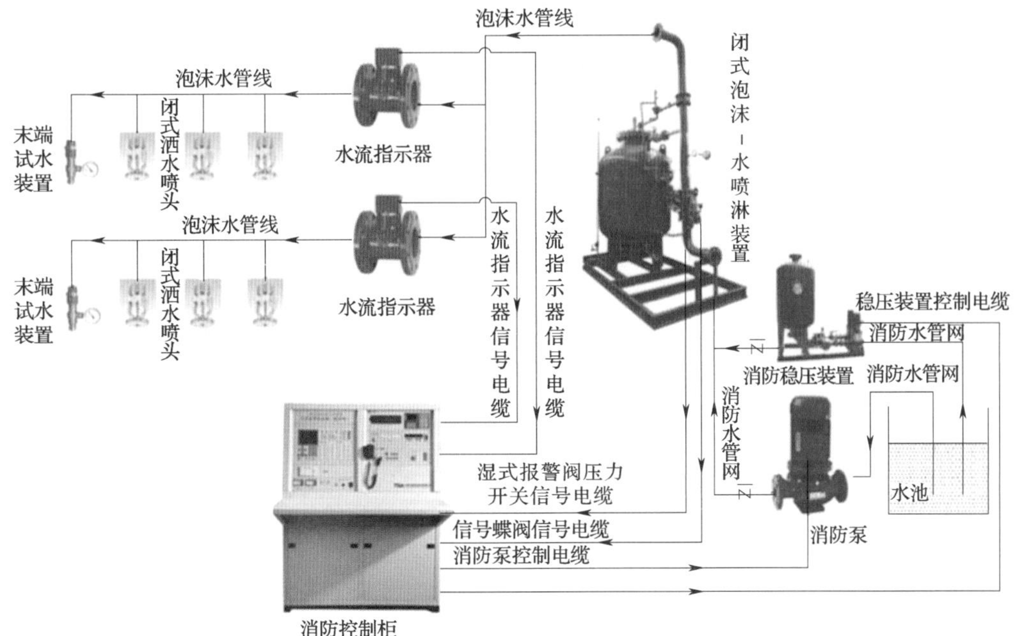

图 2-2-57　闭式泡沫－水喷淋系统组成示意图

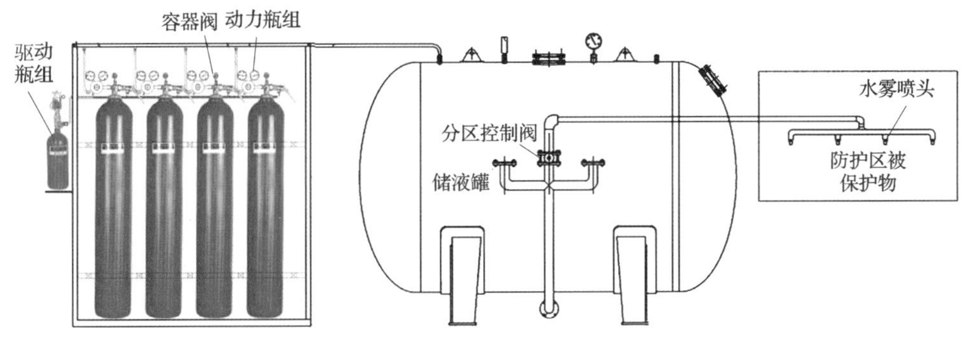

图 2-2-58　泡沫喷雾系统示意图

（3）工作原理

第一种形式的泡沫喷雾系统的工作原理见本节系统工作原理部分。第二种形式的泡沫喷雾系统采用氮气动力瓶组作为系统的动力源，储液罐储存的是泡沫预混液，当火灾报警控制器接到报警信号后，发出控制信号启动驱动瓶组，驱动瓶组释放氮气启动动力瓶组和对应的分区控制阀，氮气进入储液罐内驱动泡沫预混液至防护区内的水雾喷头，然后喷洒泡沫灭火。

4. 泡沫炮系统

（1）系统分类

泡沫炮系统是一种以泡沫炮为泡沫产生与喷射装置的低倍数泡沫系统。固定式泡沫炮系统一般可分为手动泡沫炮系统与远控泡沫炮系统。泡沫炮系统适用于石油化工企业、储罐区、飞机场、仓库、港口码头等场所。

（2）系统组成

泡沫炮系统的组成见本单元相关描述，其泡沫产生装置为泡沫炮，其系统示意图如图 2-2-59 所示。

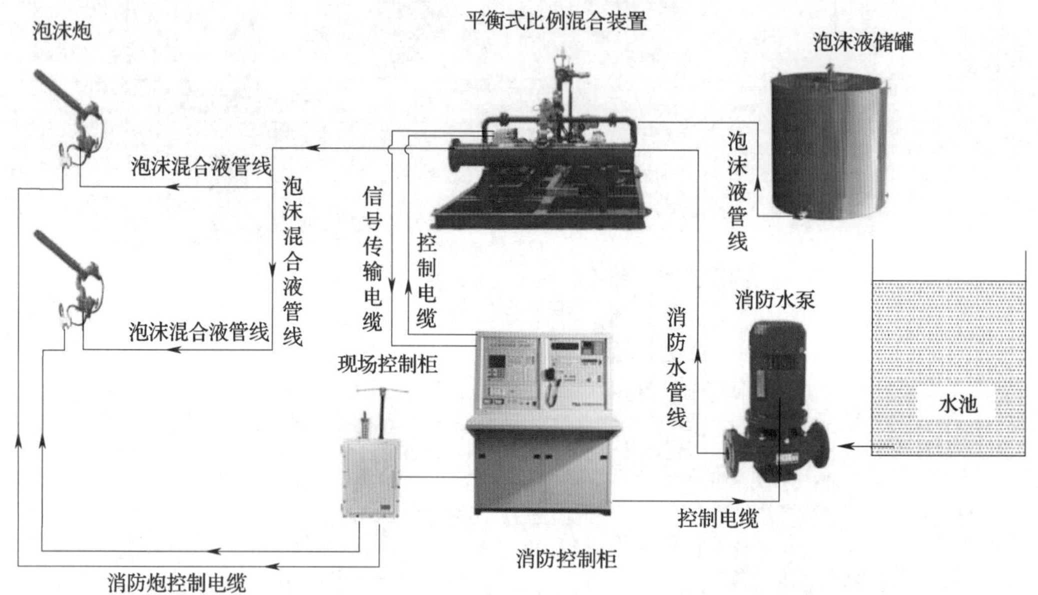

图 2-2-59　泡沫炮系统示意图

5. 高倍数泡沫灭火系统

（1）系统分类

按应用方式的不同，高倍数泡沫灭火系统可分为全淹没系统、局部应用系统和移动式系统三种类型。

1）全淹没系统。全淹没高倍数泡沫灭火系统是指由固定式泡沫产生器将泡沫喷放到封闭或被围挡的防护区内，并在规定的时间内达到一定泡沫淹没深度的灭火系统。该系统特别适用于大面积有限空间内的 A 类和 B 类火灾的防护。

2）局部应用系统。局部应用高倍数泡沫灭火系统是指由固定式泡沫产生器直接或通过导泡筒将泡沫喷放到火灾部位的灭火系统。对于高倍数系统来说，局部应用系统主要用于四周不完全封闭的 A 类火灾与 B 类火灾场所，也可用于天然气液化站与接收站的集液池或储罐围堰区。

3）移动式系统。移动式高倍数泡沫灭火系统由手提式或车载式高倍数泡沫产生器、比例混合器、泡沫液桶（罐）、水带、导泡筒、分水器、供水消防车或手抬机动消防泵等组成。使用时，将它们临时连接起来。该系统主要用于发生火灾的部位难以确定或人员难以接近的场所、流淌的 B 类火灾场所以及发生火灾时需要排烟、降温或排除有害气体的封闭空间。

（2）系统组成

高倍数泡沫灭火系统的组成见本节系统组成部分，其泡沫产生装置为高倍数泡沫产生器，其系统示意图如图 2–2–60 所示。

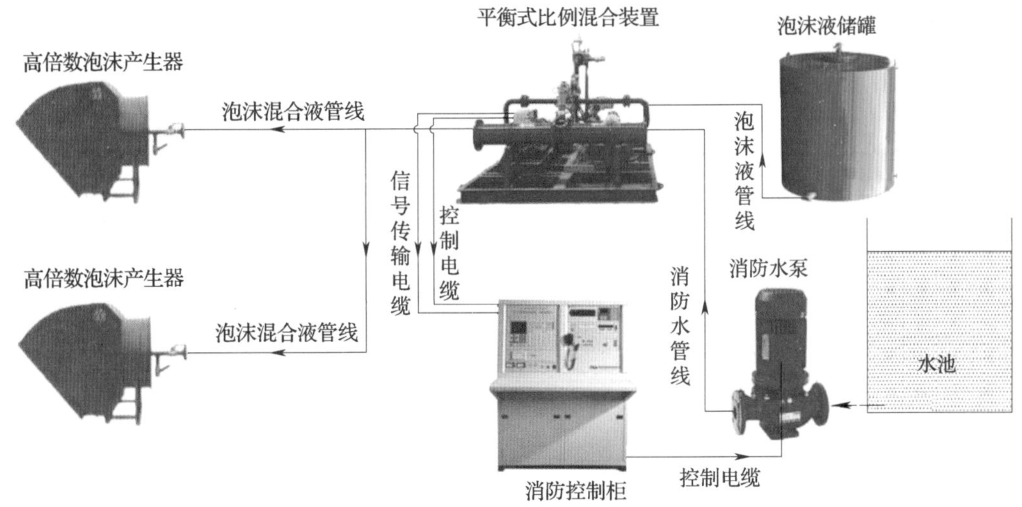

图 2–2–60　高倍数泡沫灭火系统示意图

三、泡沫灭火系统的操作与控制

1. 储罐区低倍数泡沫灭火系统

对于储罐区泡沫灭火系统，系统误动作会导致泡沫喷入油罐而污染油品，因此，一般不会采取全自动控制的运行方式。火灾发生时，一般均需要经人工确认，然后再启动系统，控制方式有一键程序控制启动、远程手动启动和现场就地启动。大型储罐区设置的泡沫系统一般具备以上三种启动方式。当消防控制中心人员接收到火灾信号后，首先要人工确认火灾，火灾确认后，按下着火储罐的程序启动按钮，系统会按预先设置好的程序启动消防水泵、比例混合装置及相关自动阀门。如该方式失效，可采用远程手动启动方式，即在控制中心消防控制盘上分别按下消防水泵启动按钮、比例混合装置启动按钮及相关电动阀门启动按钮来启动系统。另外泡沫系统的各组件均可现场启动，在远程控制失效的情况下，则可去各组件安装现场进行手动启动，如在消防泵房就地启动消防水泵、比例混合装置，对设置泡沫站的，需要去泡沫站手动启动比例混合装置。

2. 泡沫—水喷淋系统

对于湿式泡沫—水喷淋系统，当火灾发生时，闭式喷头达到一定温度后破裂喷水，系统侧压力降低，湿式报警阀开启，水力警铃报警，压力开关动作，启动消防水泵，同时报警管路上的压力水控制压力泄放阀开启，泄放泡沫液控制阀控制腔内的压力，泡沫液控制阀打开，向比例混合器供给泡沫液，消防水经过比例混合器后形成泡沫混合液经喷头喷出灭火。

对于泡沫—水雨淋系统，当火灾发生时，感烟、感温火灾探测器报警，消防联动控制器发出控制信号，同时开启雨淋报警阀和泡沫液控制阀，水力警铃报警，压力开关动作，启动消防水泵，消防水通过比例混合装置后形成泡沫混合液经喷头喷出灭火。当电磁阀故障时，可通过现场手动方式，打开雨淋阀控制腔的紧急手动快开阀，开启雨淋阀和泡沫液控制阀。消防水泵联动启动失败时，可通过联动控制器上的启泵按钮启动消防水泵，也可去泵房就地启动消防水泵。

3. 泡沫喷雾系统

泡沫喷雾系统的启动方式分为自动控制、手动控制和机械应急手动控制三种。当自动控制和手动控制均失效时，可采用机械应急手动控制。采用气体驱动的泡沫喷雾系统启动方式简述如下：

（1）自动控制

当泡沫喷雾系统控制器的控制方式置于“自动”位置时，系统处于自动控制状态。被保护区域出现火灾时，泡沫喷雾系统控制盘接到第一个火警信号后，控制盘立即发出声、光警报，报警控制器在接收到第二个火灾探测器的火灾信号后，发出联动指令，经过延时（根据需要预先设定）后打开电磁型驱动装置及保护区对应的区域控制阀，动力瓶组储存的高压气体随即通过减压阀，进入储液罐中，推动泡沫灭火剂，经过区域控制阀、管网和水雾喷头喷向被保护区域，实施灭火。

（2）手动控制

当泡沫喷雾系统控制器的控制方式置于“手动”位置时，灭火系统处于手动控制状态。被保护对象发生火灾时，操作人员按下泡沫喷雾灭火系统控制盘对应防护区的启动按钮即可按预设的程序启动系统，释放泡沫灭火剂，实施灭火。

（3）机械应急手动控制

当自动控制和手动控制均无法执行时，可由操作人员使用专用扳手打开对应的区域控制阀，然后拔掉电磁型驱动装置上的保险卡环，按下电磁型驱动装置的机械应急启动手柄，即可实现灭火剂的释放。

4. 高倍数泡沫灭火系统

全淹没高倍数泡沫灭火系统和自动控制的固定式局部应用系统的启动方式分为自动控制、手动控制和机械应急手动控制三种。按现行国家标准《火灾自动报警系统设计规范》(GB 50116)，高倍数泡沫灭火系统的启动方式和气体灭火系统相同，并采用泡沫灭火控制器进行控制，但实际中并无泡沫灭火控制器产品，需要时只能以气体灭火控制器代替。

（1）自动控制

当控制器的控制方式置于“自动”位置时，系统处于自动控制状态。被保护区域发生火灾时，火灾报警控制器接收到第一个火灾探测器的信号后，启动防护区内的声、光报警装置，提示人员疏散，报警控制器在接收到第二个火灾探测器的报警信号后，联动关闭防护区内的门窗、开启排气口、切断生产及照明电源等，并发出启动灭火系统指令，可延时一定时间，然后启动消防水泵、比例混合装置、分区阀及相关自动控制阀门，向防护区内喷洒泡沫灭火。

（2）手动控制

当控制器的控制方式置于“手动”位置时，灭火系统处于手动控制状态。被保护对象发生火灾时，操作人员按下火灾报警控制器上的消防水泵“启泵”按钮、比例混合装置“启动”按钮、分区阀及相关电动阀门“启动”按钮，对防护区释放泡沫灭火剂，实施灭火。

（3）机械应急手动控制

当自动控制和远程手动控制均无法执行时，可由操作人员去现场手动开启防护区分区阀，去泵房按下消防水泵“启泵”按钮、比例混合装置“启动”按钮，即可实现灭火功能。

【技能操作】

技能1　切换泡沫灭火控制器工作状态

一、操作准备

1. 技术资料

泡沫灭火系统图、系统组件现场布置图、泡沫灭火系统产品使用说明书和设计手册等技术资料。

2. 常备工具

万用表、试电笔、钳子、旋具、绝缘胶带等。

3. 防护装备

安全帽、绝缘手套、绝缘鞋等。

4. 实操设备

变电站泡沫喷雾灭火系统演示系统。

5. 记录表格

《消防控制室值班记录表》《建筑消防设施巡查记录表》。

二、操作步骤

1. 查看当前灭火控制器是否处于正常工作状态，如图 2–2–61 所示。

2. 根据当前要求，将灭火控制器的控制方式置于“手动”或“自动”状态，如图 2–2–62 所示。

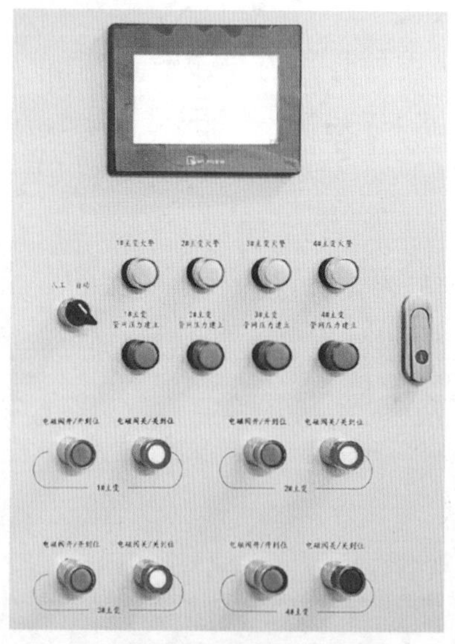

图 2–2–61　灭火控制器工作状态

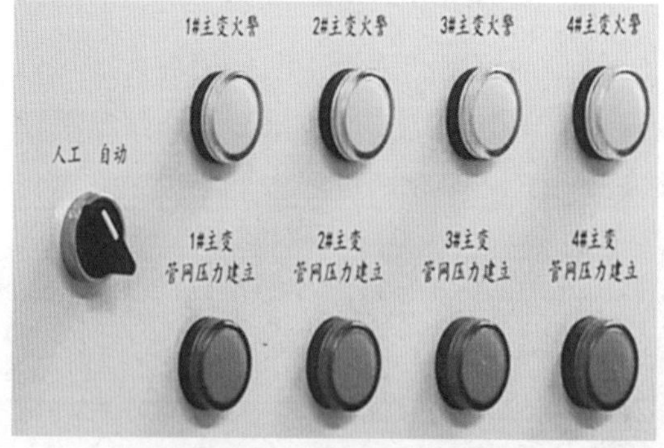

图 2–2–62　灭火控制器的控制方式

三、注意事项

1. 本例演示的是变电站的泡沫喷雾灭火系统控制器的控制方式转换，当处于自动位置时，如发生火灾，该控制器就会接受火灾报警控制器的信号自动启动泡沫喷雾系统。

2. 使用后应进行复位操作，使控制器处于正常的工作状态。

技能 2 手动启 / 停泡沫灭火系统

一、操作准备

1. 技术资料

泡沫灭火系统图、系统组件现场布置图、泡沫灭火系统产品使用说明书和设计手册等技术资料。

2. 常备工具

万用表、试电笔、钳子、旋具、绝缘胶带等。

3. 防护装备

安全帽、绝缘手套、绝缘鞋等。

4. 实操设备

储罐区低倍数泡沫灭火系统演示系统。

5. 记录表格

《消防控制室值班记录表》《建筑消防设施巡查记录表》。

二、操作步骤

1. 确认当前消防系统控制盘处于正常状态，如图 2–2–63 所示。

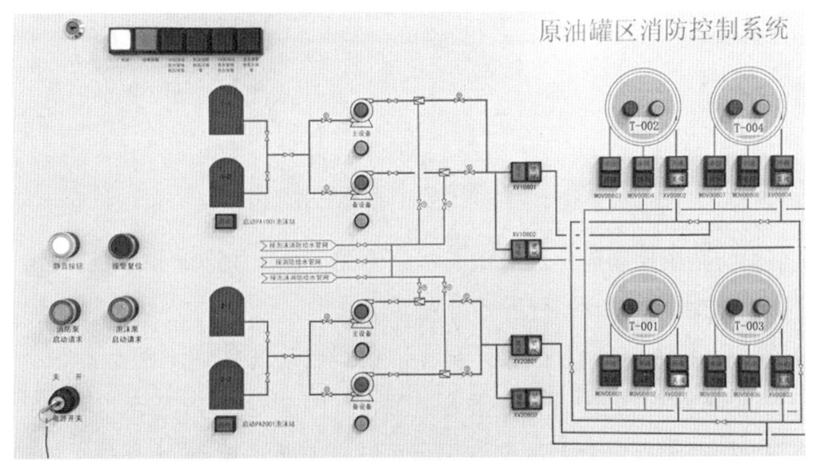

图 2–2–63 消防系统控制盘操作界面

2. 确认消防泵控制柜处于“自动”状态，若为“手动”状态，应将其置于“自动”状态，如图 2–2–64a 所示。

3. 确认比例混合装置控制柜控制方式处于“远程”状态，若为“就地”状态，应将其置于“远程”状态，如图 2–2–64b 所示。

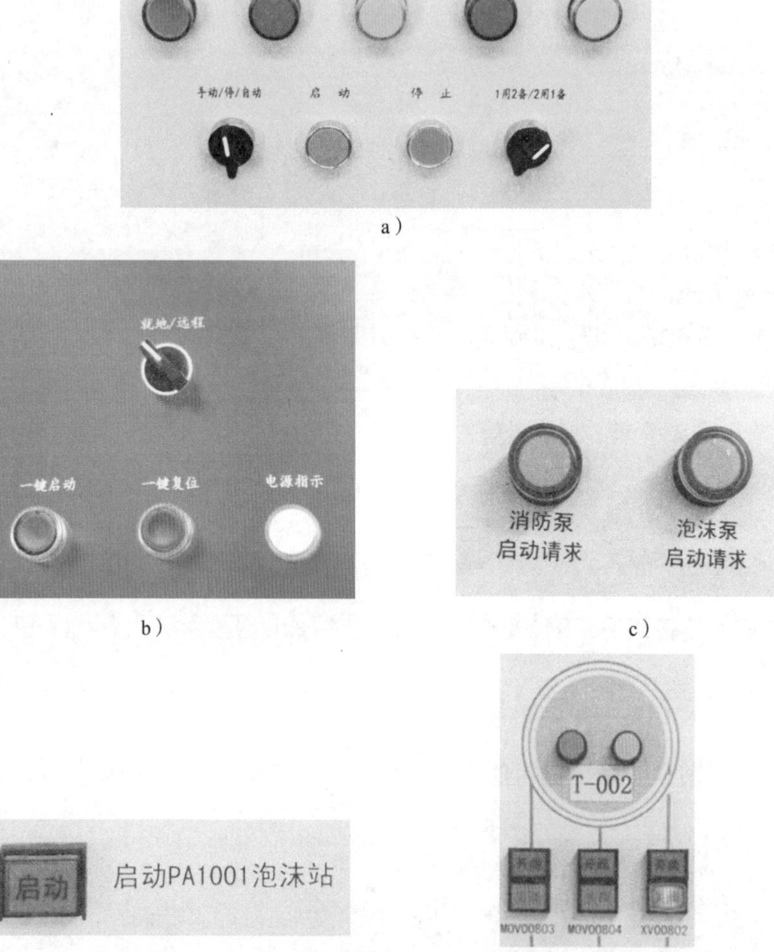

图 2-2-64 操作界面局部放大图（一）

4. 按下消防系统控制盘上泡沫消防水泵（图上标识为泡沫泵）“启动请求”按钮，远程启动泡沫消防水泵，如图 2-2-64c 所示。

5. 按下消防系统控制盘上比例混合装置“启动”按钮（图上标识为启动泡沫站），远程启动泡沫站内的泡沫比例混合装置，如图 2-2-64d 所示。

6. 按下消防系统控制盘上的泡沫灭火系统罐前阀“启动”（开阀）按钮，打开着火储罐（假定为 T-002 储罐）的罐前阀，如图 2-2-64e 所示。

7. 观察消防系统控制盘上各设备反馈信号是否正常。

三、注意事项

1. 本示例演示的是储罐区泡沫系统手动启动过程，实际储罐发生火灾时，应同时启动储罐冷却水系统和泡沫灭火系统。

2. 使用后应进行复位操作，使泡沫灭火系统处于正常的工作状态。

技能3 就地手动启动平衡式泡沫比例混合装置

一、操作准备

1. 技术资料

泡沫灭火系统图、系统组件现场布置图，泡沫灭火系统产品使用说明书和设计手册等技术资料。

2. 常备工具

万用表、试电笔、钳子、绝缘胶带等。

3. 防护装备

安全帽、绝缘手套、绝缘鞋等。

4. 实操设备

平衡式泡沫比例混合装置演示系统。

5. 记录表格

《消防控制室值班记录表》《建筑消防设施巡查记录表》。

图 2-2-65 平衡式泡沫比例混合装置控制柜操作界面

二、操作步骤

1. 查看当前控制柜控制方式，控制柜主界面如图 2-2-65 所示。

2. 将控制柜上的“就地/远程”旋钮置于“就地”状态，如图 2-2-66a 所示。

3. “一键启动”方式：按下控制柜上的“一键启动”按钮，控制柜按照预设的逻辑自动启动装置主系统。如果主系统故障，则主系统自动关闭并启动备用系统。

4. “分别启动”方式

（1）按下控制柜上的“主泡沫液泵进液阀”的“开/开到位”按钮，打开泡沫液泵的进液阀门，如图 2-2-66b 所示。

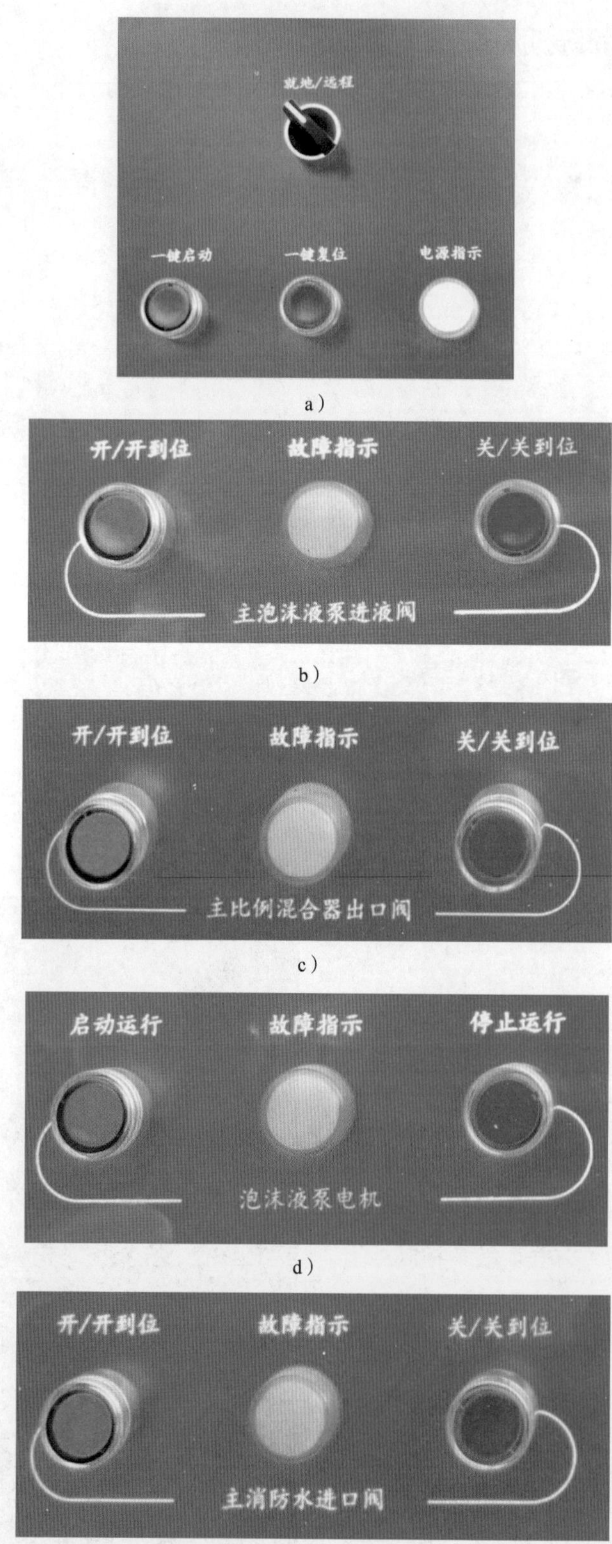

图 2-2-66　操作界面局部放大图（二）

（2）按下控制柜上的“主比例混合器出口阀”的“开 / 开到位”按钮，打开主比例混合器出口阀，如图 2-2-66c 所示。

（3）按下控制柜上的“泡沫液泵电机”的“启动运行”按钮，启动泡沫液泵，如图 2-2-66d 所示。

（4）按下控制柜上的“主消防水进口阀”的“开 / 开到位”按钮，打开主消防水进口阀，使消防水进入比例混合装置，如图 2-2-66e 所示。

三、注意事项

使用后应进行复位操作，使现场控制柜处于正常的工作状态。

培训单元 6
操作自动跟踪定位射流灭火系统

【培训重点】

了解自动跟踪定位射流灭火系统的组成及工作原理。

掌握自动跟踪定位射流灭火系统的操作与控制知识。

熟练掌握切换自动跟踪定位射流灭火系统控制装置工作状态的方法。

熟练掌握手动启 / 停自动跟踪定位射流灭火系统消防水泵的方法。

【知识要求】

一、自动跟踪定位射流灭火系统的分类和组成

1. 自动跟踪定位射流灭火系统的分类

按照灭火装置流量大小及射流方式不同，自动跟踪定位射流灭火系统分为自动消防炮灭火系统、喷射型自动射流灭火系统、喷洒型自动射流灭火系统三种。

2. 自动跟踪定位射流灭火系统的组成

（1）自动消防炮灭火系统的组成

1）图像型火灾探测定位自动消防炮灭火系统的组成。系统采用图像方式对早期火灾的火焰和烟气进行探测，实现火灾可视化报警，利用图像中心点匹配法对火源进行跟踪定位并自动灭火，系统由设置在保护现场的图像型火灾探测器、线性光束感烟火灾探测器、自动消防炮灭火装置、现场控制箱，设置在消防控制室的控制主机、监控设，以及管路和供水设施等组成。图像型火灾探测定位自动消防炮如图 2–2–67 所示，图像型火灾探测定位自动消防炮灭火系统组成示意图如图 2–2–68 所示。

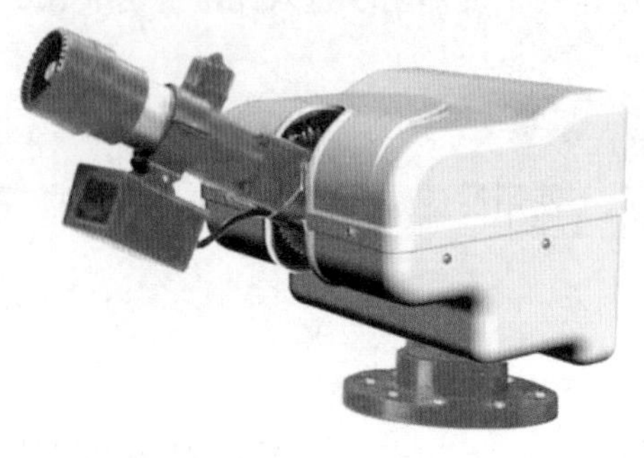

图 2–2–67　图像型火灾探测定位自动消防炮

2）红紫外光敏探测多级扫描定位自动消防炮灭火系统的组成。红紫外光敏探测多级扫描定位自动消防炮灭火系统通过第一级火灾探测器探测到火源并初步定位火灾区域，启动相应的自动消防炮红外线探测器作横向与纵向扫描，再次探测确认火灾并定位火源，启动系统自动灭火。系统由设置在保护现场的第一级火灾探测器（如复眼多波段火灾探测器），第二、三级扫描定位红外线火灾探测器（安装在自动消防炮炮体上），监控摄像头，自动消防炮灭火装置，现场控制箱，设置在消防控制室的控制主机、监控设备，以及管路和供水设施等组成。红紫外光敏探测多级扫描定位自动消防炮灭火系统组成示意图如图 2–2–69 所示。

（2）喷射型自动射流灭火系统的组成

喷射型自动射流灭火系统的组成与自动消防炮灭火系统基本一致。相比自动消防炮，喷射型自动射流灭火装置的流量较小，压力较低，保护半径也较小。目前现有的喷射型自动射流灭火系统大多数采用红外线探测器多级扫描定位方式。

（3）喷洒型自动射流灭火系统的组成

喷洒型自动射流灭火系统由设置在保护现场的智能探测装置、喷洒型自动射流灭火装置、现场控制箱，设置在消防控制室的控制主机、视频监控设备，以及供水设施等组成。在火灾发生时，发现火源的探测器所对应的灭火装置及自动控制阀自动开启射流灭火。该系统具有定位火灾区域自动灭火的功能。

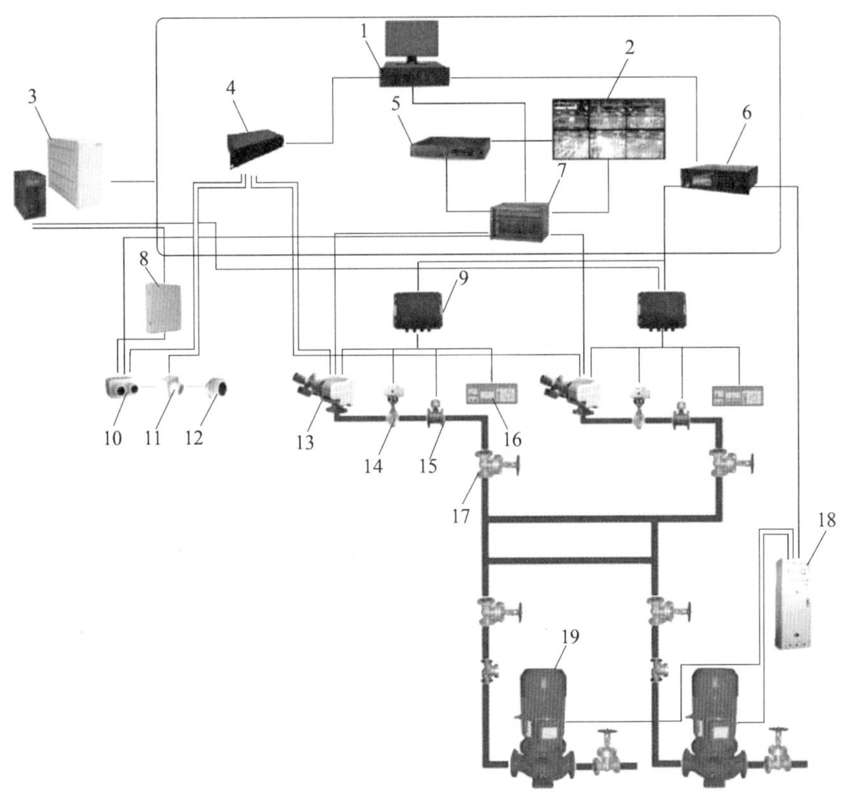

图 2-2-68 图像型火灾探测定位自动消防炮灭火系统组成示意图

1—控制主机 2—监视器 3—UPS 电源 4—图像处理器 5—硬盘录像机 6—消防炮控制器
7—矩阵切换器 8—火灾探测器电源箱 9—信号处理器 10—图像型火灾探测器
11—线性光束感烟火灾接收器 12—线性光束感烟火灾发射器 13—自动消防炮
14—自动控制阀 15—水流指示器 16—现场控制箱 17—检修阀
18—消防水泵控制柜 19—消防水泵

二、自动跟踪定位射流灭火系统工作原理

自动跟踪定位射流灭火系统以水为射流介质，利用探测装置对初期火灾进行自动探测、跟踪、定位，并运用自动控制方式来实现射流灭火。系统全天候实时监测保护场所，对现场的火灾信号进行采集和分析。当有疑似火灾发生时，探测装置捕获相关信息并对信息进行处理。如果发现火源，则对火源进行自动跟踪定位，准备定点（或定区域）射流（或喷洒）灭火，同时发出声、光警报和联动控制命令，自动启动消防水泵、开启相应的控制阀门及对应的灭火装置射流灭火。

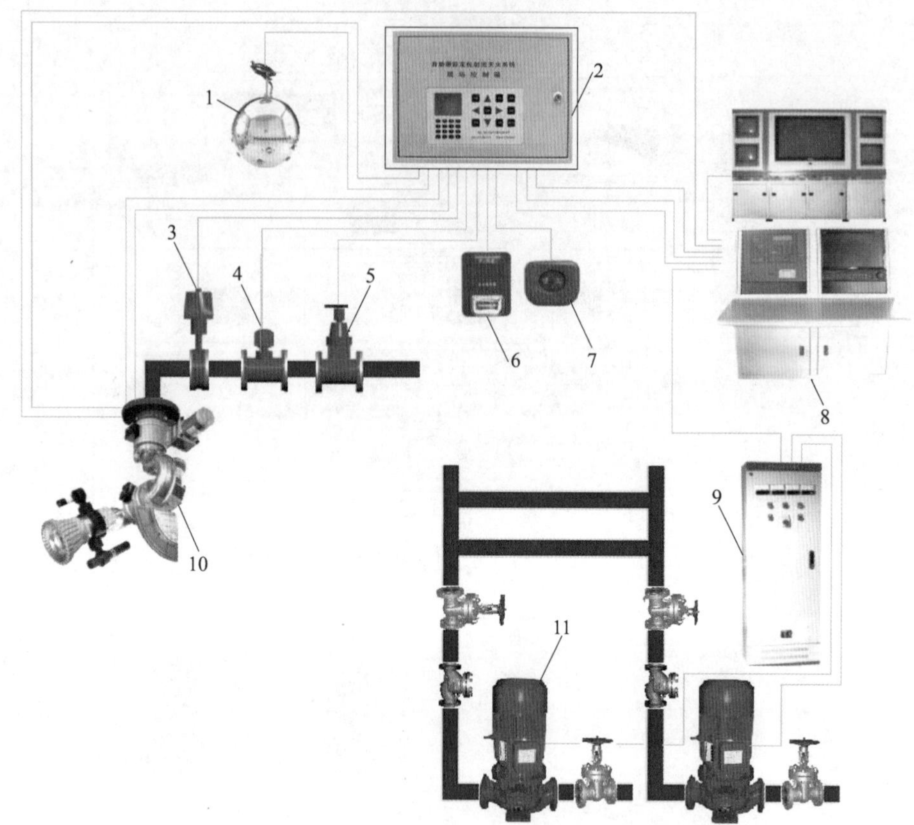

图 2-2-69　红紫外光敏探测多级扫描定位自动消防炮灭火系统组成示意图
1—复眼多波段火灾探测器　2—现场控制箱　3—自动控制阀　4—水流指示器
5—检修阀　6—声光警报器　7—手动报警按钮　8—控制主机
9—消防水泵控制柜　10—自动消防炮　11—消防水泵

三、自动跟踪定位射流灭火系统的操作与控制

自动跟踪定位射流灭火系统具有自动控制、消防控制室远程手动控制和现场手动控制三种控制方式，手动控制相对于自动控制应具有优先权。

系统在自动控制状态下，控制主机在接到火警信号，确认火灾发生后，应能自动启动消防水泵、打开自动控制阀、启动系统射流灭火，并同时启动声光警报器和其他联动设备。系统在手动控制状态下，须人工确认火灾并手动启动系统进行灭火。

1. 系统自动控制

系统现场控制箱上电后，电源指示灯及液晶面板亮起，此时灭火装置进入手动控制状态，系统控制主机上电后即进入系统手动控制状态，按下控制主机上的自动切换按键（或拨动状态选择键）后进入系统自动控制状态。此外，还应将消防控制室的消防联动控制器和消防水泵控制柜设为自动控制状态。系统自动控制状态下的工作流程，如图 2–2–70 所示。

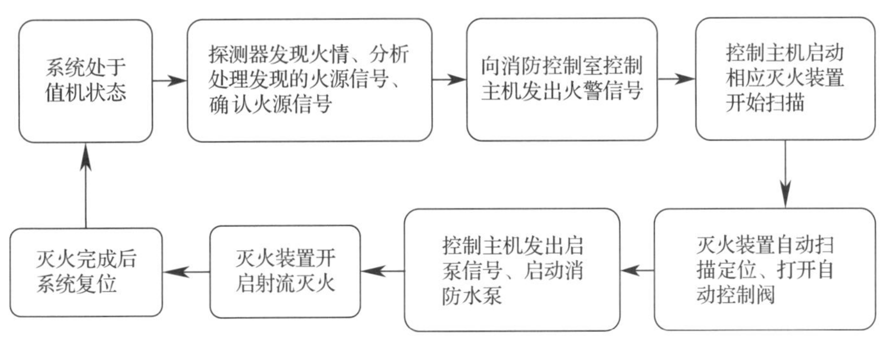

图 2–2–70 系统自动控制状态下的工作流程

自动跟踪定位射流灭火系统在自动工作状态下，全天候 24 h 值机监守，可自动完成灭火任务并自动复位。但消防水泵启动后，应由人工在消防泵房现场停泵。

2. 消防控制室远程手动控制

手动控制是指操作人员通过设置在消防控制室的控制主机手动操作系统进行灭火的方式。在消防控制室手动操作灭火装置灭火时，应调出相应的现场视频监控图像，观察现场灭火情况。消防控制室远程手动控制灭火流程如图 2–2–71 所示。

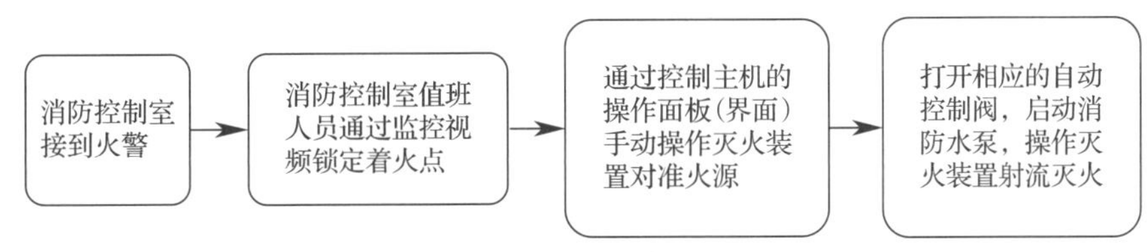

图 2–2–71 消防控制室远程手动控制灭火流程

3. 现场手动控制

现场手动控制是指操作人员通过现场控制箱操作系统进行灭火的方式。现场手动控制灭火流程如图 2–2–72 所示。

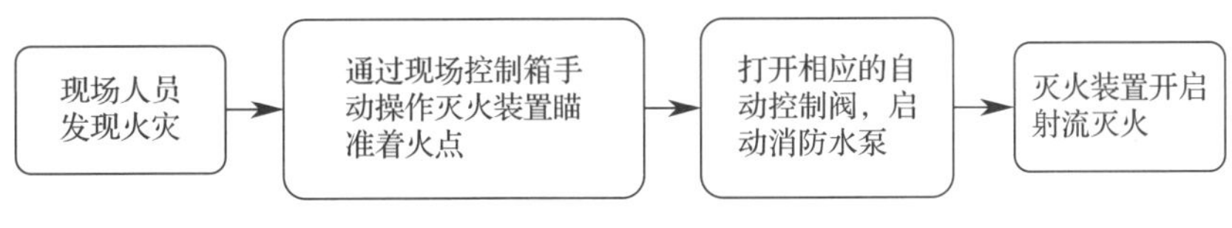

图 2–2–72 现场手动控制灭火流程

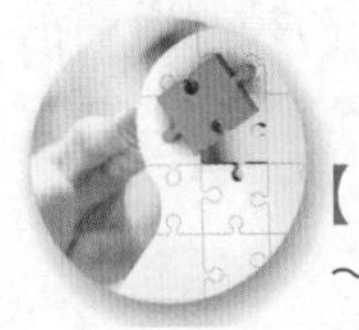

【技能操作】

技能 1　切换自动跟踪定位射流灭火系统控制装置工作状态

一、操作准备

1. 技术资料

自动跟踪定位射流灭火系统图、系统组件现场布置图和地址编码表，自动跟踪定位射流灭火系统产品使用说明书和设计手册等技术资料。

2. 常备工具

旋具、钳子、万用表、绝缘胶带等。

3. 防护装备

安全防护装备，如防砸鞋、安全帽、绝缘手套等。

4. 实操设备

自动跟踪定位射流灭火演示系统（所有设备）。

5. 记录表格

《消防控制室值班记录表》。

二、操作步骤

1. 检查系统工作状态

检查确认系统控制主机、视频监控系统、现场控制箱、灭火装置、自动控制阀、消防水泵及控制柜等系统组件和设备处于正常工作（待命）状态。

2. 自动状态切换操作

（1）解锁自动状态切换操作

在控制主机上切换手动、自动状态，需先用钥匙进行解锁。控制主机手动、自动状态切换面板如图 2-2-73 所示，左侧为消防水泵“手动 / 自动”和“禁止 / 允许”状态操作按钮，右侧为消防炮“手动 / 自动”状态操作按钮。

（2）切换为自动状态

将消防水泵“手动 / 自动”状态操作按钮打到“自动”状态、“禁止 / 允许”状态操作按钮打到“允许”状态，将消防炮“自动”打到“允许”状态，并将消防水泵控制柜打到“自动”状态，此时，系统处于自动控制状态。

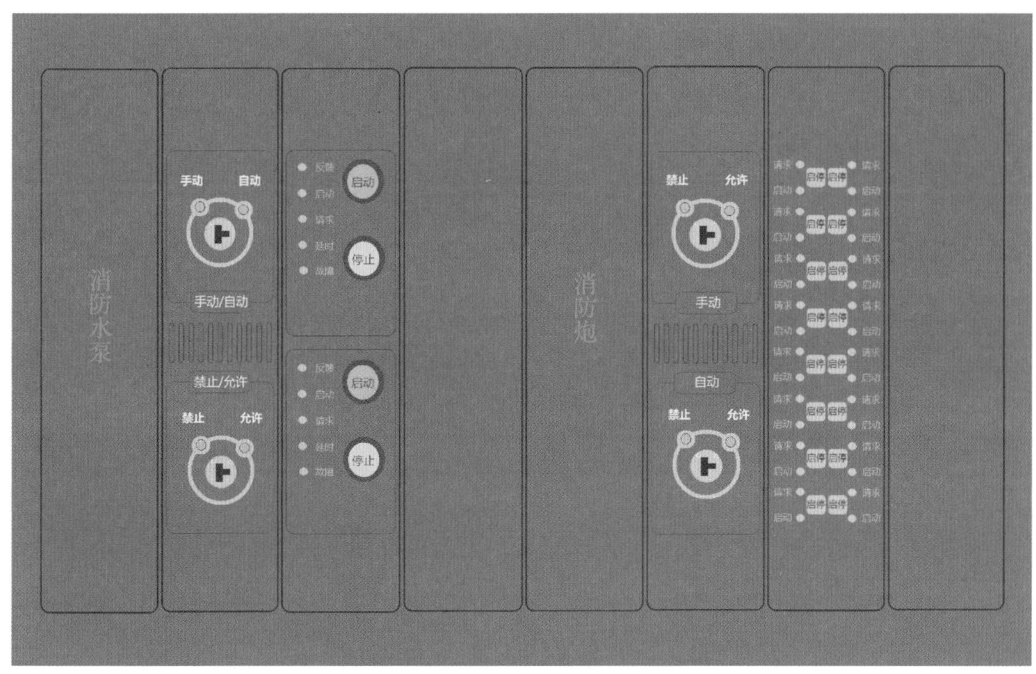

图 2-2-73 控制主机手动、自动状态切换面板

3. 消防控制室远程手动控制状态切换操作

（1）切换为消防控制室远程手动控制状态

在控制主机的操作面板（界面）上，将消防水泵“手动 / 自动”状态操作按钮打到“自动”状态、“禁止 / 允许”状态操作按钮打到“允许”状态，将消防炮“手动”打到“允许”状态、“自动”打到“禁止”状态，并将消防水泵控制柜打到“自动”状态，此时，系统处于消防控制室远程手动控制状态。

（2）消防控制室远程手动操作消防炮

1）系统登录。单击硬盘录像机的鼠标右键，在监视器上显示操作菜单，选择“云台控制”，单击鼠标左键确认，进入系统“登录”界面，输入用户名和密码，单击“确定”后登录，系统“登录”界面如图 2-2-74 所示。

图 2-2-74 系统“登录”界面

2）调用监控视频选择消防炮。监控视频如图 2-2-75 所示，单击鼠标右键，选择“通道选择”，选择需要操作的消防炮监控视频。例如，选择 2 号消防炮，即选择“Camera 02”，如图 2-2-76 所示。单击鼠标左键进入消防炮操作界面，消防炮操作界面如图 2-2-77 所示。

图 2-2-75　监控视频

图 2-2-76　选择 2 号消防炮

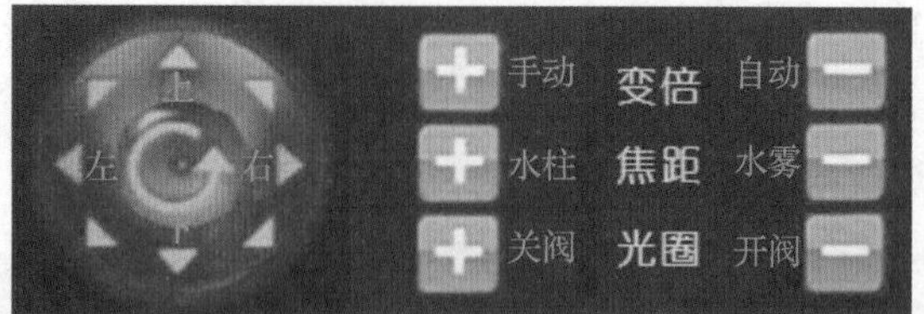

图 2-2-77　消防炮操作界面

3）操作消防炮。鼠标左键单击“手动”按钮，切换为“手动”状态。鼠标左键长按“上”“下”“左”“右”按钮，分别控制消防炮上、下、左、右运动，放开鼠标则消防炮停止运动；单击“水柱”“水雾”按钮控制消防炮喷射水柱或水雾。

4. 现场控制箱手动切换操作

（1）切换为现场手动控制状态

确定要操作的消防炮，找到该消防炮的现场控制箱，插入钥匙，由“禁止”转到“允许”状态，按下“手动”按钮，手动指示灯亮，即进入现场手动控制状态。现场控制箱如图 2-2-78 所示。

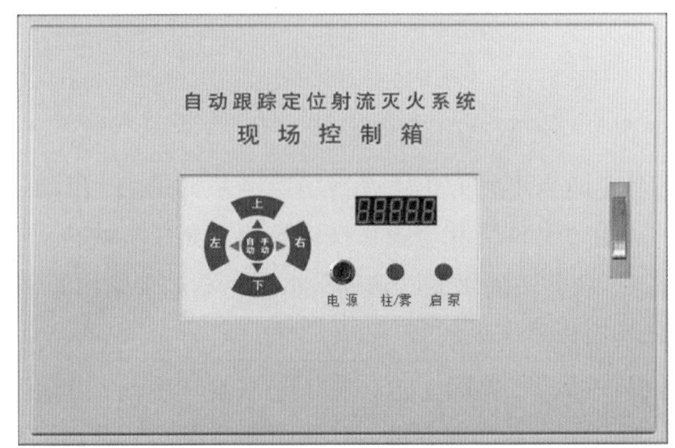

图 2-2-78 现场控制箱

(2)现场控制箱手动操作消防炮

长按“上”“下”“左”“右”按钮，分别控制消防炮上、下、左、右运动，松开按钮则消防炮停止运动；按“柱/雾”按钮控制消防炮喷射水柱或水雾。

5. 填写记录

操作结束后，根据操作情况填写《消防控制室值班记录表》。

三、注意事项

带电作业须按作业要求佩戴防护用具，登高作业须配监护人员。

技能 2 手动启/停自动跟踪定位射流灭火系统消防水泵

一、操作准备

1. 技术资料

自动跟踪定位射流灭火系统图、系统组件现场布置图和地址编码表，自动跟踪定位射流灭火系统产品使用说明书和设计手册等技术资料。

2. 常备工具

旋具、钳子、万用表、绝缘胶带等。

3. 防护装备

安全防护装备，如防砸鞋、安全帽、绝缘手套等。

4. 实操设备

自动跟踪定位射流灭火演示系统(控制主机、现场控制箱、消防水泵及控制柜)。

5. 记录表格

《消防控制室值班记录表》。

二、操作步骤

1．消防控制室远程手动启动消防水泵

在控制主机的操作面板（界面）上，将消防水泵“手动 / 自动”状态操作按钮打到“自动”状态、“禁止 / 允许”状态操作按钮打到“允许”状态，并将消防水泵控制柜打到“自动”状态，按下消防水泵“启动”按钮，启动消防水泵。

2．现场控制箱手动启动消防水泵

在控制主机的操作面板（界面）上，将消防水泵“手动 / 自动”状态操作按钮打到“自动”状态、“禁止 / 允许”状态操作按钮打到“允许”状态，并将消防水泵控制柜打到“自动”状态。按下现场控制箱上的“启泵”按钮，启动消防水泵。

3．消防泵房启 / 停消防水泵

在消防泵房，将消防水泵控制柜打到“手动”状态，按下“启泵”按钮，启动消防水泵；按下“停泵”按钮，停止消防水泵。

4．填写记录

操作结束后，根据操作情况填写《消防控制室值班记录表》。

三、注意事项

1．带电作业须按作业要求佩戴防护用具，登高作业须配监护人员。

2．消防水泵停泵时，应在消防水泵控制柜上手动停止。

培训单元 7
操作固定消防炮灭火系统

【培训重点】

了解固定消防炮灭火系统的分类及工作原理。

掌握固定消防炮灭火系统的组成与控制知识。

熟练掌握切换固定消防炮灭火系统控制装置工作状态的方法。

熟练掌握手动启 / 停固定消防炮灭火系统消防泵组的方法。

【知识要求】

一、固定消防炮灭火系统的分类

1. 按喷射介质分类

固定消防炮灭火系统按喷射介质可分为消防水炮灭火系统、消防泡沫炮灭火系统、消防干粉炮灭火系统。

2. 按控制和操作方式分类

固定消防炮灭火系统按控制和操作方式可分为远控消防炮灭火系统（简称远控炮系统）、手动消防炮灭火系统（简称手动炮系统）。远控消防炮的驱动方式主要有电动控制（电控）、液压控制（液控）等。

二、固定消防炮灭火系统的工作原理

1. 消防水炮灭火系统

消防水炮灭火系统是以水作为灭火介质，以消防炮作为喷射设备的灭火系统，适用于一般固体可燃物火灾的扑救，在石化企业、输油码头、展馆、仓库、大型体育场馆、飞机维修库、船舶等火灾重点保护场所有着广泛的应用。

火灾发生时，开启消防泵组及管路阀门，消防水经消防泵加压获得的静压能，在消防炮喷嘴处转换为动能，高速水流由喷嘴射向火源，能够隔绝空气并冷却燃烧物，起到迅速扑灭或抑制火灾的作用。消防炮能够做水平或俯仰回转以调节喷射角度，从而提高灭火效果。带有直流 / 喷雾转换功能的消防水炮能够喷射雾化型射流，液滴细小、喷射面积大，对近距离的火灾有更好的扑救效果。

2. 消防泡沫炮灭火系统

消防泡沫炮灭火系统是以泡沫混合液作为灭火介质，以消防炮作为喷射设备的灭火系统，工作介质有蛋白泡沫液、水成膜泡沫液等，适用于甲、乙、丙类液体及固体可燃物火灾的扑救，在石化企业、输油码头、展馆、仓库、飞机库、船舶等火灾重点保护场所应用广泛。

火灾发生时，开启消防泵组及管路阀门，消防压力水流经泡沫混合装置时按照一定的比例与泡沫原液混合，形成泡沫混合液，并在消防炮喷嘴处以高速射流喷出。泡沫混合液射流在消防炮喷嘴处及空中卷吸入空气，与空气混合、发泡形成空气泡沫液。空气泡沫液被投射到火源，覆盖在燃烧物表面形成泡沫层，能够隔氧阻燃、阻隔辐射热、吸热冷却，从而起到迅速扑灭或抑制火灾的作用。消防炮能够做水平或俯仰回转以调节喷射角度，从而提高灭火效果。

3. 消防干粉炮灭火系统

消防干粉炮灭火系统是以干粉作为灭火介质，以消防干粉炮作为喷射设备的灭火系统，适用于液化石油气、天然气等可燃气体火灾的扑救，在石化企业、油船油库、输油码头、机场机库等火灾重点保护场所应用广泛。

火灾发生时，开启氮气瓶组，其内的高压氮气经过减压阀减压后进入干粉储罐，其中一部分氮气被送入储罐顶部与干粉灭火剂混合，另一部分氮气被送入储罐底部对干粉灭火剂进行松散。随着系统压力的建立，混合有高压气体的干粉灭火剂积聚在干粉炮阀门处。当管路压力达到一定值时，开启干粉炮阀门，固、气两相态的干粉灭火剂通过消防干粉炮高速射向火源，切割火焰、破坏燃烧链，从而起到迅速扑灭或抑制火灾的作用。消防炮能够做水平或俯仰回转以调节喷射角度，从而提高灭火效果。

三、固定消防炮灭火系统的组成及主要组件

1. 消防水炮灭火系统

（1）系统组成

消防水炮灭火系统由消防水炮、控制装置、消防水泵、管路及阀门等组成。消防水炮灭火系统组成示意图如图 2–2–79 所示。

（2）主要组件

1）消防水炮。消防水炮有手动式、电控式、电—液控式、电—气控式等多种形式。部分产品外形如图 2–2–80 和图 2–2–81 所示。

2）控制装置。控制装置有立式控制柜、台式控制柜、无线遥控装置等形式。控制装置外形如图 2–2–82 所示。

2. 消防泡沫炮灭火系统

（1）系统组成

消防泡沫炮灭火系统由消防泡沫炮、控制装置、消防水泵、泡沫液储罐、泡沫比例混合装置、管路及阀门等组成。消防泡沫炮灭火系统组成示意图如图 2–2–83 所示。

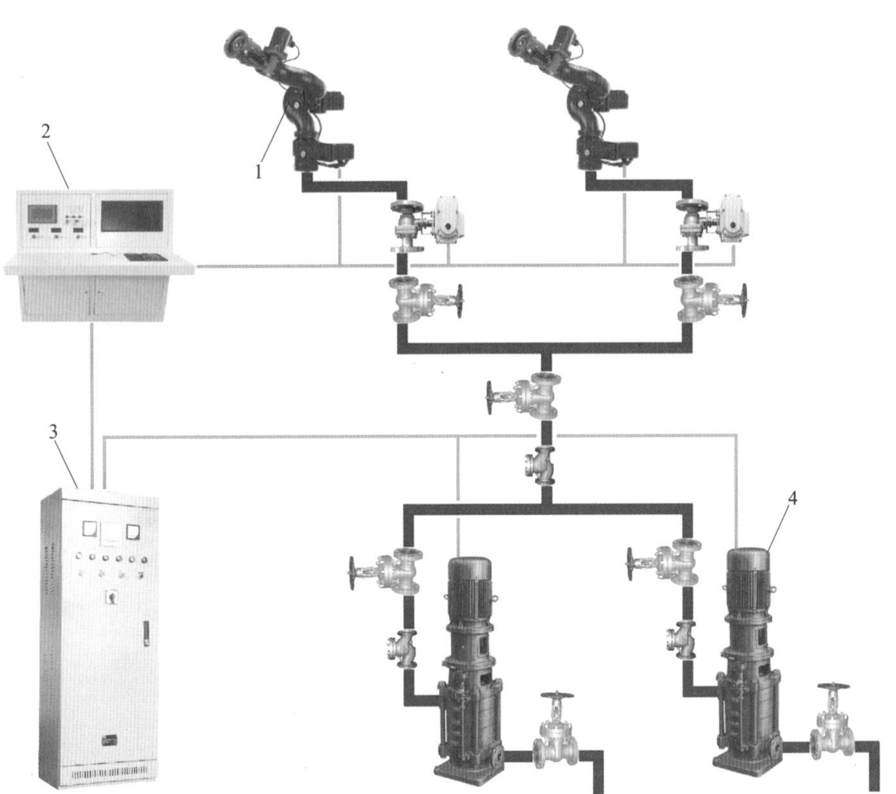

图 2-2-79 消防水炮灭火系统组成示意图
1—消防水炮 2—控制装置 3—消防水泵控制柜 4—消防水泵

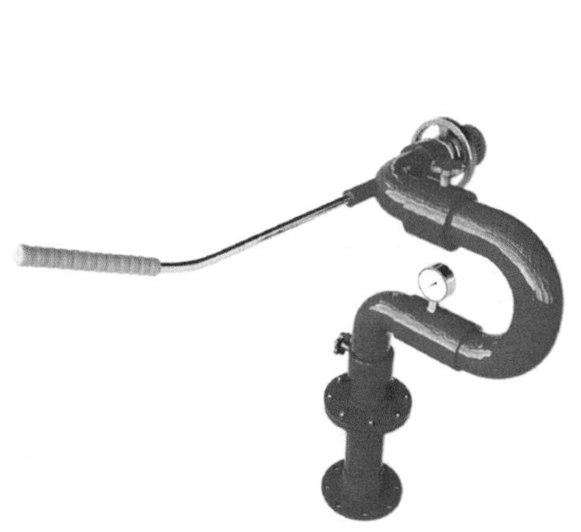

图 2-2-80 手动式消防水炮

图 2-2-81 电—液控式消防直流 / 喷雾水炮

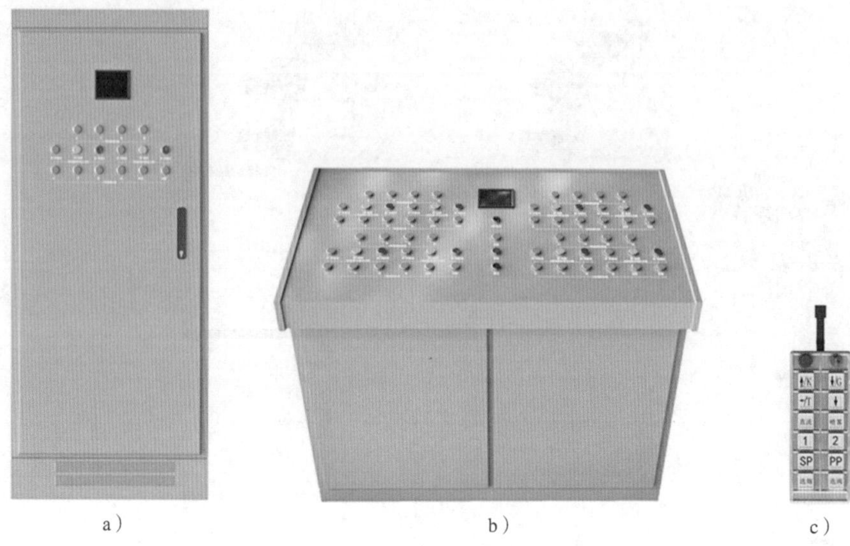

a）　　b）　　c）

图 2-2-82　控制装置外形图

a）立式控制柜　b）台式控制柜　c）无线遥控装置

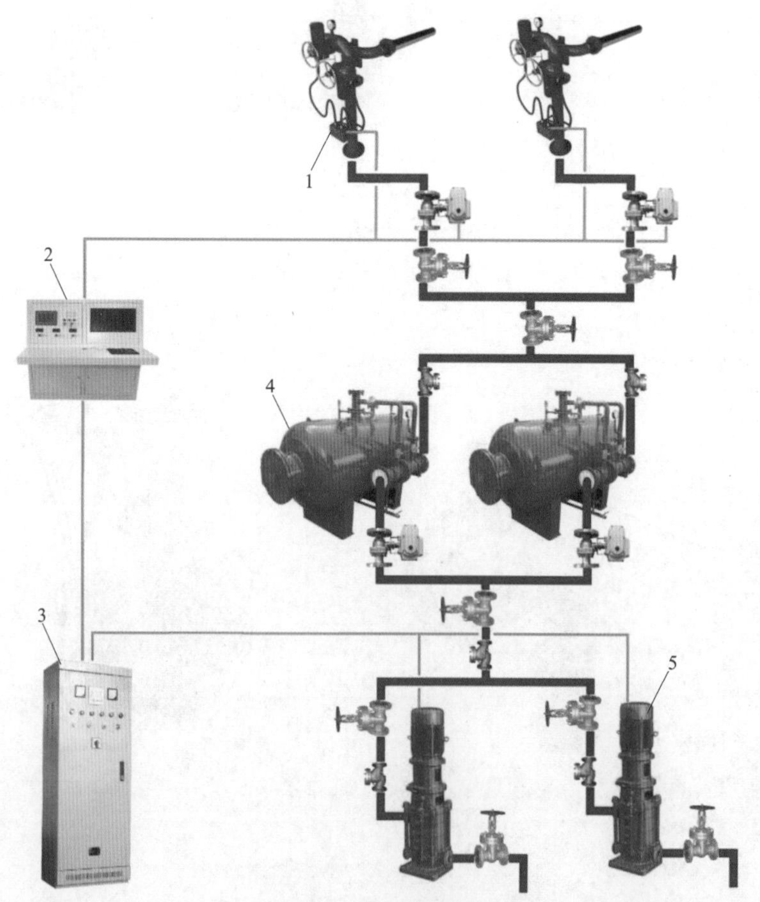

图 2-2-83　消防泡沫炮灭火系统组成示意图

1—消防泡沫炮　2—控制装置　3—消防水泵控制柜　4—泡沫比例混合装置　5—消防水泵

（2）主要组件

1）消防泡沫炮。消防泡沫炮有手动式、电控式、电—液控式、电—气控式等多种形式。部分产品外形如图 2-2-84 和图 2-2-85 所示。

图 2-2-84　电控式消防泡沫炮

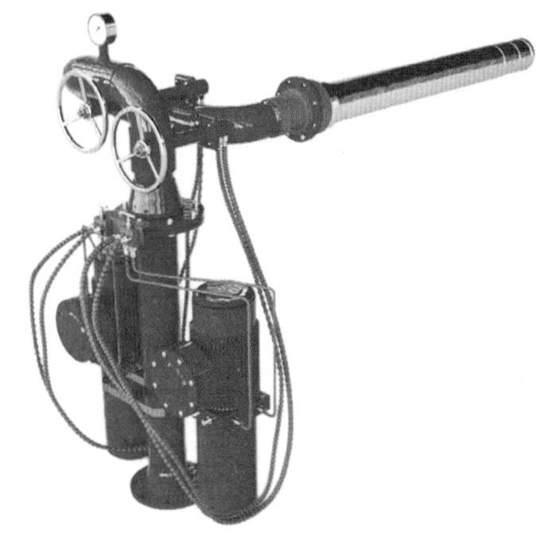

图 2-2-85　电—液控式消防泡沫炮

2）泡沫液储罐。泡沫液储罐按工作时罐体内是否承受压力分为压力式储罐和常压储罐两种。压力式储罐通常在罐体上配置泡沫比例混合器及管路、阀门等组成储罐压力式泡沫比例混合装置，同时具有储液和泡沫比例混合功能。常压储罐仅用来储存泡沫液，工作时罐体内与大气相通，不承受压力，可供平衡式比例混合装置、负压式比例混合装置、环泵式比例混合装置等作为储液之用。

图 2-2-86　储罐压力式泡沫比例混合装置

3）泡沫比例混合装置。储罐压力式泡沫比例混合装置如图 2-2-86 所示。

平衡式泡沫比例混合装置（俗称泡沫撬块）如图 2-2-87 所示。

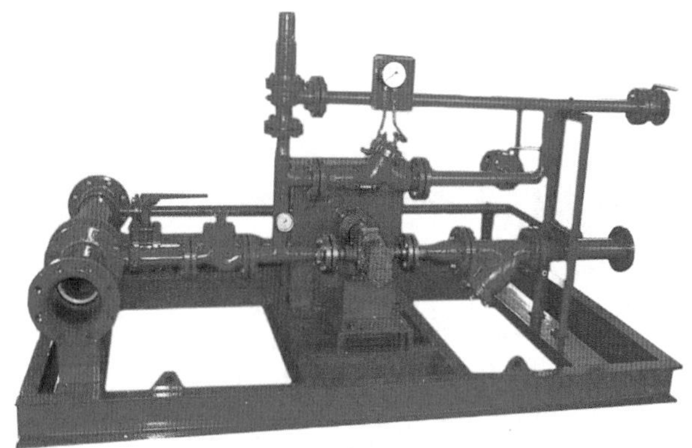

图 2-2-87　平衡式泡沫比例混合装置

3. 消防干粉炮灭火系统

（1）系统组成

消防干粉炮灭火系统由消防干粉炮、控制装置、干粉储罐、氮气瓶组、管路及阀门等组成。

（2）主要组件

1）消防干粉炮。消防干粉炮可分为手动消防干粉炮、电控消防干粉炮、电—液控消防干粉炮、电—气控消防干粉炮。消防干粉炮的各种控制方式与消防水炮和消防泡沫炮是一致的。

2）干粉储罐及氮气瓶组。干粉储罐为压力容器，干粉驱动装置通常采用高压氮气瓶组。

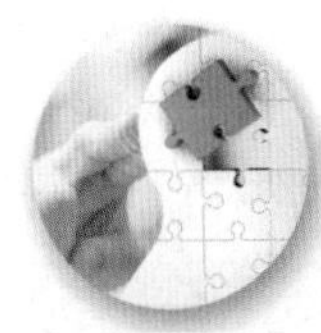

【技能操作】

技能1　切换固定消防炮灭火系统控制装置工作状态

一、操作准备

1. 技术资料

固定消防炮灭火系统图、系统组件现场布置图和地址编码表，固定消防炮灭火系统产品使用说明书和设计手册等技术资料。

2. 备品备件

控制主机和现场控制箱的按钮、按键、继电器、电源模块等。

3. 常备工具

旋具、钳子、万用表、绝缘胶带等。

4. 防护装备

安全防护装备，如防砸鞋、安全帽、绝缘手套等。

5. 实操设备

固定消防炮灭火演示系统。

6. 记录表格

《消防控制室值班记录表》。

二、操作步骤

1. 消防控制室远程手动操作

（1）使消防控制室的主控柜和现场的各个控制箱都处于上电状态，各设备的电源指示灯及各个分站的通信指示灯常亮。

（2）在主控柜上操作远控消防炮，按下相应消防炮的“上”“下”“左”“右”按钮，操作消防炮分别向上、下、左、右运动；按下“直流”或“喷雾”按钮，操作消防炮喷射柱状或雾状水流。

（3）调整好消防炮的位置后，按下相应消防炮出口控制阀的“开”“关”按钮，操作阀门打开或关闭。开或关时指示灯闪烁，完全打开或完全关闭时指示灯常亮。

主控柜控制面板如图 2-2-88 所示。

2. 无线遥控器手动操作

（1）将无线遥控器上方的红色旋钮打到“ON”位置（不使用时打到“OFF”位置）。

（2）选择要操作的消防炮，选择炮塔（“1”或“2”），选择水炮或泡沫炮系统（“SP”或“PP”），再选择操作炮或阀（“选炮”或“选阀”）。每次只能选择一座炮塔、一种系统的炮或阀。例如，要操作的是 1 号炮塔水炮，先按下 1 号炮塔，再按“SP”键，然后按“↑ /K”“↓ /G”“← /T”“→”“直流”“喷雾”键操作对应的水炮。

无线遥控器如图 2-2-89 所示。

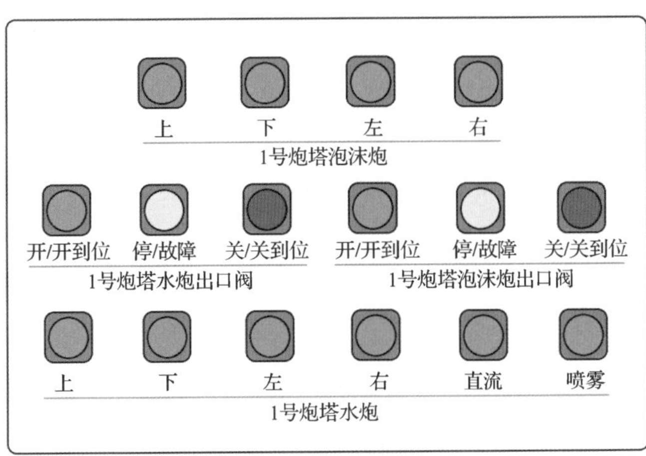

图 2-2-88 主控柜控制面板

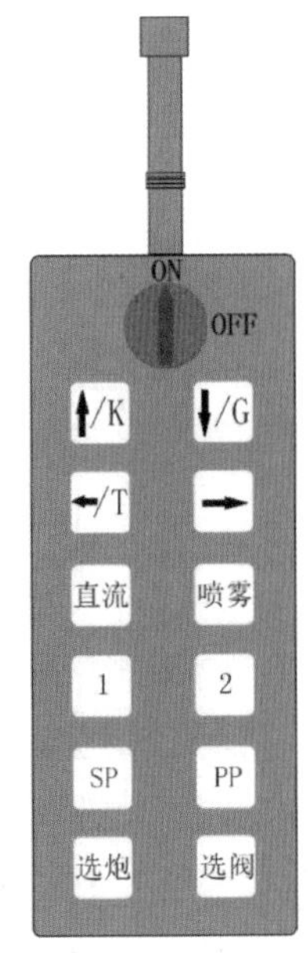

图 2-2-89 无线遥控器

3. 现场控制箱手动操作

（1）打开现场控制箱钥匙锁。

（2）按“上”“下”“左”“右”“直流”“喷雾”键，操作消防炮上、下、左、右运动，以及柱状、雾状切换。

4. 填写记录

操作结束后，根据操作情况填写《消防控制室值班记录表》。

三、注意事项

带电作业须按作业要求佩戴防护用具，登高作业须配监护人员。

技能 2　手动启 / 停固定消防炮灭火系统消防泵组

一、操作准备

1. 技术资料

固定消防炮灭火系统图、系统组件现场布置图和地址编码表，固定消防炮灭火系统产品使用说明书和设计手册等技术资料。

2. 备品备件

控制主机、现场控制箱和消防水泵控制柜的按钮、按键、继电器、电源模块等。

3. 常备工具

旋具、钳子、万用表、绝缘胶带等。

4. 防护装备

安全防护装备，如防砸鞋、安全帽、绝缘手套等。

5. 记录表格

《消防控制室值班记录表》。

二、操作步骤

1. 消防控制室远程手动启动消防泵组

将消防水泵控制柜打到“自动”状态，在消防控制室控制主机上按下消防泵组“启动”按钮，远程启动消防泵组。

2. 现场控制箱手动启动消防泵组

将消防水泵控制柜打到“自动”状态，按下现场控制箱上的“启泵”按钮，启动消防泵组。

3. 消防泵房启 / 停消防泵组

在消防泵房，将消防水泵控制柜打到“手动”状态，按下“启泵”按钮，启动消防泵组；按下“停泵”按钮，停止消防泵组。

4. 填写记录

操作结束后，根据操作情况填写《消防控制室值班记录表》。

三、注意事项

带电作业须按作业要求佩戴防护用具，登高作业须配监护人员。

培训单元 8
操作水喷雾灭火系统

【培训重点】

掌握水喷雾灭火系统的组成及工作原理。

掌握切换水喷雾灭火控制盘工作状态的方法。

熟练掌握手动启 / 停水喷雾灭火系统。

【知识要求】

一、水喷雾灭火系统的分类和组成

1. 水喷雾灭火系统的分类

水喷雾灭火系统是由水源、供水设备及管网、过滤器、雨淋阀组、配水管网及水雾喷头等组成，并配套设置火灾自动探测报警及联动控制系统或传动管系统，火灾时可向保护对象喷射水雾灭火或进行防护冷却的灭火系统。水喷雾灭火系统示意图如图 2-2-90 所示。水喷雾灭火系统按启动方式不同可分为电动启动水喷雾灭火系统和传动管启动水喷雾灭火系统。按应用方式不同可分为固定式水喷雾灭火系统、自动喷水—水喷雾混合配置系统和泡沫—水喷雾联用系统三种系统。

2. 水喷雾灭火系统的组成

（1）电动启动水喷雾灭火系统的组成

电动启动水喷雾灭火系统的组成如图 2-2-91 所示。

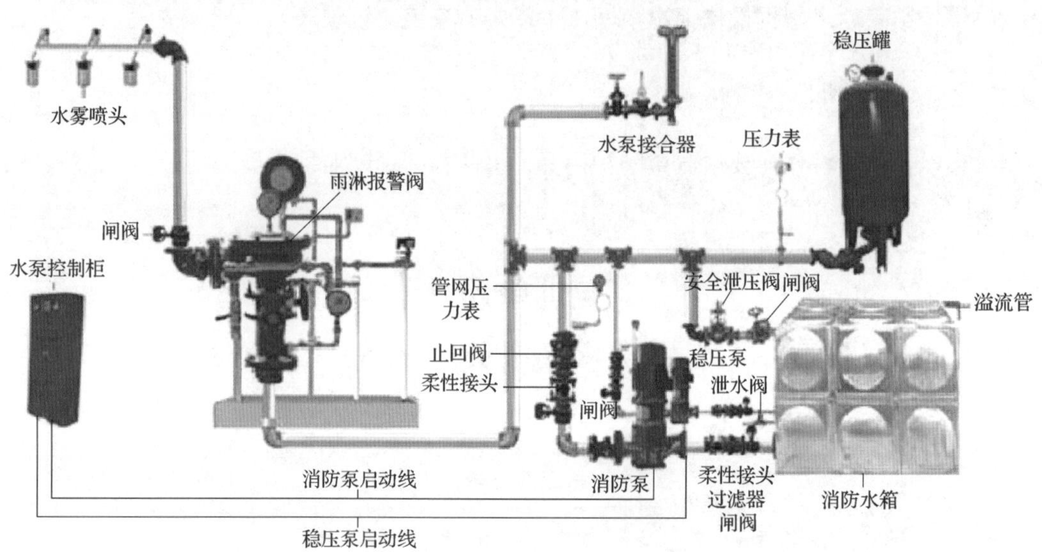

图 2-2-90　水喷雾灭火系统示意图

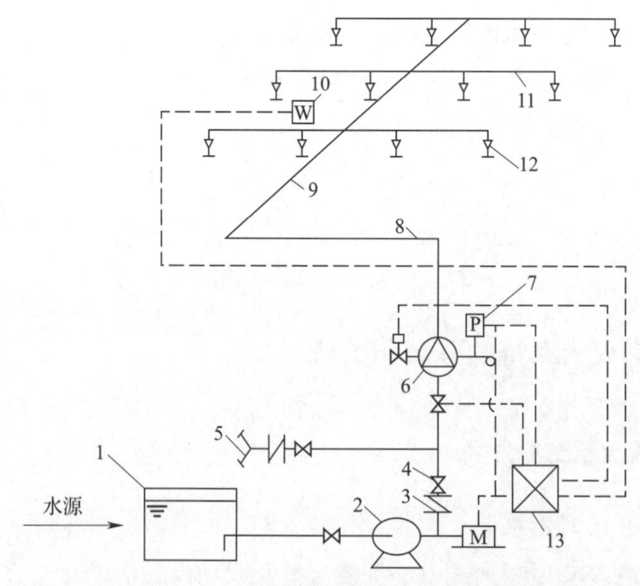

图 2-2-91　电动启动水喷雾灭火系统的组成

1—水池　2—水泵　3—止回阀　4—闸阀　5—水泵接合器　6—雨淋报警阀　7—压力开关　8—配水干管　9—配水管　10—感温（火焰或其他类型）探测器　11—配水支管　12—水雾喷头　13—火灾报警联动控制器及灭火控制器　P—压力表　M—驱动电动机

（2）传动管启动水喷雾灭火系统的组成

传动管启动水喷雾灭火系统按传动管内充压介质的不同，可分为充液传动管和充气传动管两种。

充液传动管内的介质一般为压力水，这种方式适用于不结冰的场所，充液传动管的末端或最高点应安装自动排气阀。

充气传动管内的介质一般是压缩空气，由空压机或其他气源保持充气传动管内平时的气压。这种方式适用于所有场所，但在北方寒冷地区，应在充气传动管的最低点设置冷凝器和气水分离器，保证充气传动管不会被冷凝水结冰堵塞。

传动管启动水喷雾灭火系统的组成如图 2–2–92 所示。

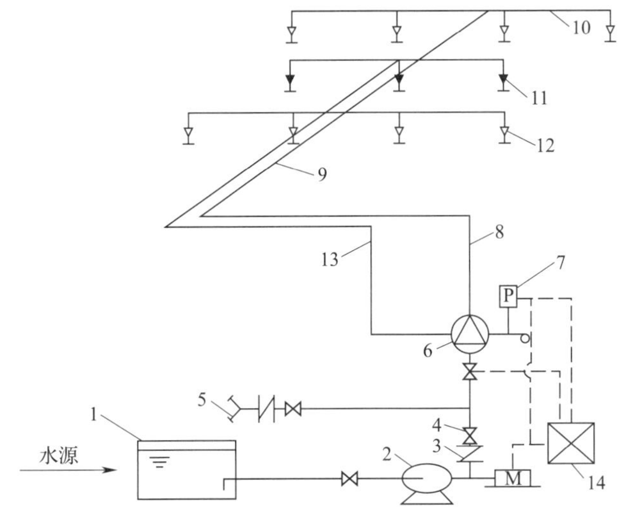

图 2–2–92 传动管启动水喷雾灭火系统的组成

1—水池 2—水泵 3—止回阀 4—闸阀 5—水泵接合器 6—雨淋报警阀 7—压力开关 8—配水干管 9—配水管 10—配水支管 11—闭式洒水喷头 12—水雾喷头 13—传动管 14—火灾报警联动控制器 P—压力表 M—驱动电动机

（3）固定式水喷雾灭火系统的组成

固定式水喷雾灭火系统由火灾自动报警系统、报警控制阀、供水水源、固定管道、水雾喷头等组成。系统组成如图 2–2–91 和图 2–2–92 所示。

（4）自动喷水—水喷雾混合配置系统的组成

自动喷水—水喷雾混合配置系统是在自动喷水系统的配水干管或配水管道上连接局部的水喷雾系统，系统组成如图 2–2–93 所示。

（5）泡沫—水喷雾联用系统的组成

泡沫—水喷雾联用系统是在水喷雾系统的雨淋报警阀前连接泡沫储罐和泡沫比例混合器，再与火灾报警控制系统、雨淋报警阀、水雾喷头组成的一个完整的系统，在火灾发生时，先喷泡沫灭火，再喷水雾冷却或灭火。系统组成如图 2–2–94 所示。

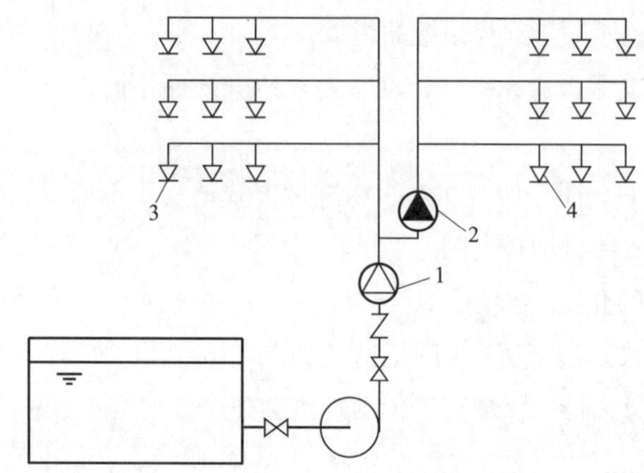

图 2-2-93　自动喷水—水喷雾混合配置系统的组成

1—湿式报警阀组　2—雨淋报警阀组　3—闭式洒水喷头　4—水雾喷头

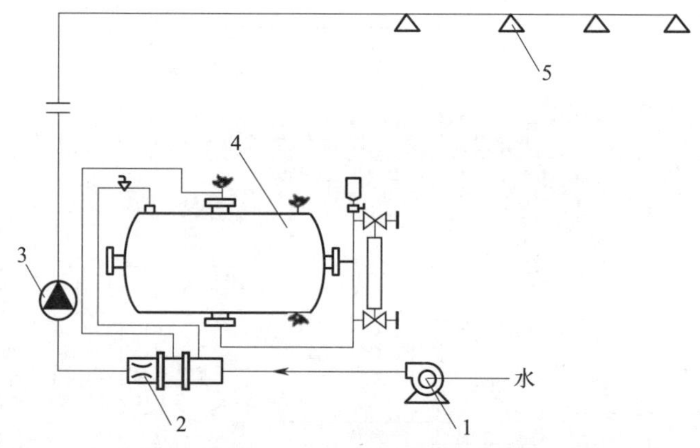

图 2-2-94　泡沫—水喷雾联用系统的组成

1—水泵　2—泡沫比例混合器　3—雨淋报警阀组　4—囊式泡沫液储罐　5—水雾喷头

二、水喷雾灭火系统工作原理

1. 灭火系统工作原理

（1）电动启动原理

电动启动水喷雾灭火系统是通过感温、感烟或缆式火灾探测器探测火灾的。当有火情发生时，探测器将火警信号传到火灾报警控制器，火灾报警控制器联动控制水喷雾灭火控制盘打开雨淋报警阀，同时启动水泵，喷水灭火。为了缩短系统的响应时间，雨淋报警阀前的管道内应为充满水的状态。

（2）传动管启动原理

水（气）传动管启动水喷雾灭火系统是以传动管作为火灾探测系统，传动管内充满压缩空气或压力水，当传动管上的闭式洒水喷头受火灾高温影响动作后，传动管内的压力迅速下降，打开封闭的雨淋报警阀。为了尽量缩短管网充水的时间，雨淋报警阀前的管道内应为充满水的状态。传动管的火灾报警信号通过压力开关传到火灾报警控制器和水泵控制柜，直接启动水泵或同时由报警控制器启动水泵，通过雨淋报警阀、管网将水送到水雾喷头，水雾喷头开始喷水灭火。传动管启动水喷雾灭火系统一般适用于防爆场所，或者不适合安装普通火灾探测系统的场所。

水喷雾灭火系统工作原理如图 2-2-95 所示。

2. 水喷雾灭火系统控制方式

水喷雾灭火系统的控制方式分为自动启动、手动启动和机械应急启动。

（1）自动启动方式

自动启动方式分为电动启动和传动管启动。

1）电动启动。电动控制部分由火灾报警控制器、水喷雾灭火控制盘、感烟火灾探测器、感温火灾探测器或复合型火灾探测器、手动报警按钮、输出输入模块等设备组成。水喷雾灭火控制盘面板上有“手动 / 自动”状态选择，当将其设置在“自动”状态时，水喷雾灭火控制盘处于自动控制状态。

当只有一种探测器发出火警信号时，水喷雾灭火控制盘即发出火灾声、光警报信号，通知有异常情况发生，而不启动灭火装置释放灭火剂。如确需启动水喷雾灭火系统灭火时，在水喷雾灭火控制盘面板按下“紧急启动”按钮，即可启动灭火装置，释放水喷雾，实施灭火。

当两个或两类探测器同时发出火警信号时，水喷雾灭火控制器发出火灾声、光警报信号，通知有火灾发生，有关人员应撤离现场，并发出联动指令，关闭风机、防火阀等联动设备。经过一段延时后，即发出灭火指令，启动水泵，火灾报警控制器联动控制水喷雾灭火控制盘打开区域雨淋报警阀电磁阀，释放灭火剂（水），实施灭火。

如处于延时阶段不需要启动灭火系统，可操作保护区外的手动控制盒上的“紧急停止”按钮或灭火控制盘控制操作面板上的“紧急中断”按钮，即可终止控制灭火指令的发出（注：此时报警信号未消除，需要通过报警控制器和灭火控制盘复位来消除报警信号）。

2）传动管启动。按照传动管启动原理，火灾发生时，传动管上的闭式洒水喷水开启后，雨淋报警阀开启，水雾喷水开始喷水灭火。

（2）手动控制方式

将火灾报警控制器或水喷雾灭火控制盘上的控制方式设为“手动”状态时，火灾报警控制器或水喷雾灭火控制盘处于手动控制状态。此时，当火灾探测器发出火警信号时，火灾报警控制器即发出火灾声、光报警信号，但不会启动水喷雾灭火系统；如需启动灭

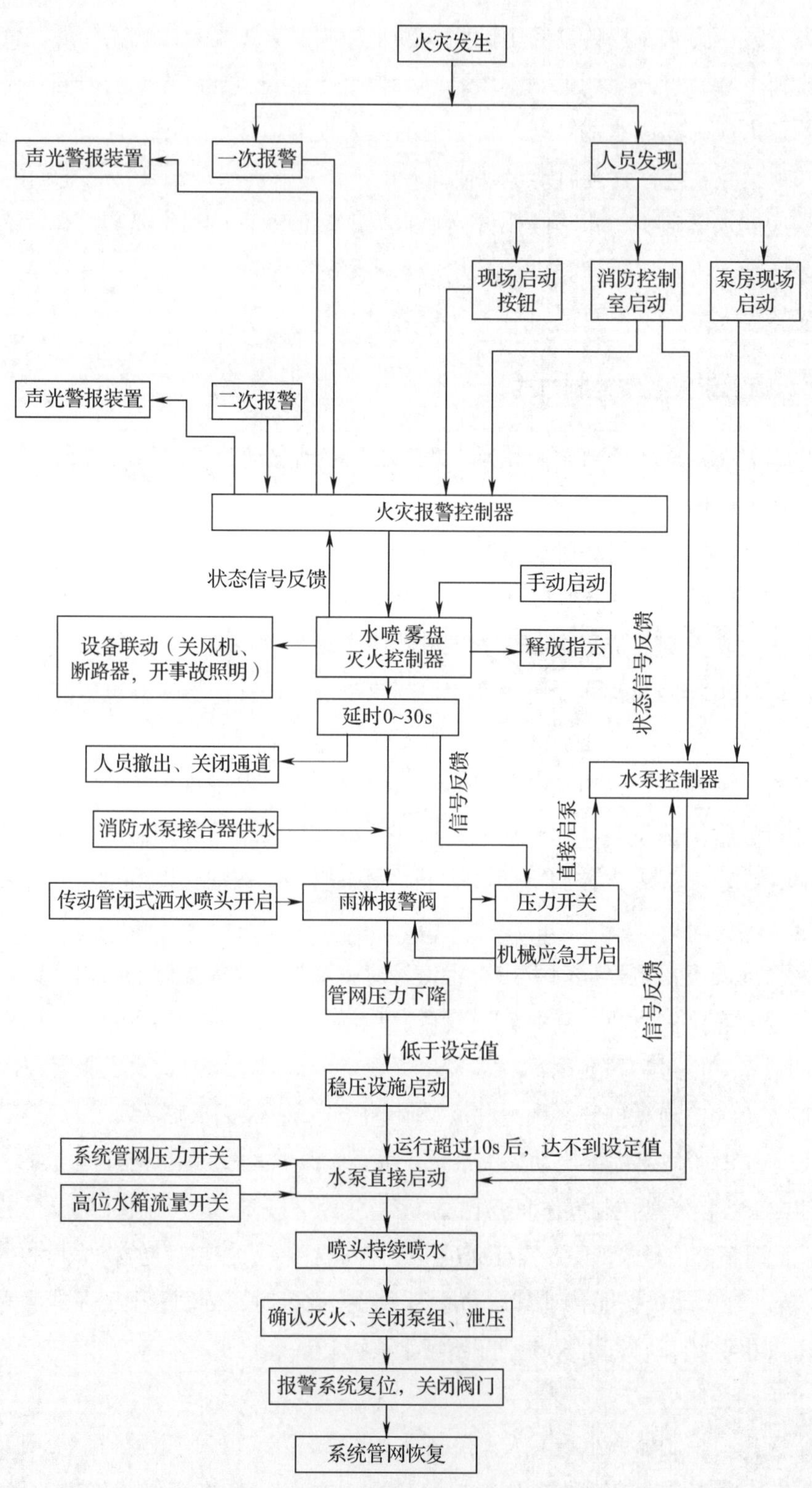

图 2-2-95　水喷雾灭火系统工作原理

火系统，需经消防值班人员确认后，可按下保护区外或控制器操作面板上的“紧急启动”按钮，或将火灾报警控制器和水喷雾灭火控制盘的“手动”状态转换为“自动”状态，即可启动水喷雾灭火系统，释放灭火剂，实施灭火。

或当发生火灾时，火灾报警控制系统或传动管系统未能及时发现火灾，此时由消防操作人员操作保护区外的手动控制盘上的“启动按下”按钮或水喷雾灭火控制盘操作面板上的“按下启动”按钮，即可启动灭火装置，释放灭火剂，实施灭火。

无论水喷雾灭火控制盘处于“自动”或“手动”状态，按下任何“紧急启动”按钮，启动水喷雾灭火系统，释放灭火剂，实施灭火。

（3）应急机械启动控制方式

当水喷雾灭火控制器失效时，或在急需紧急启动水喷雾灭火系统时，当消防值班人员判断为火灾时，应立即通知现场所有人员撤离现场，在确定所有人员撤离现场后，手动关闭消防联动设备并切断非消防电源。在雨淋报警阀所在处所，按照如图 2-2-96 所示雨淋报警阀图中的部件或阀门名称，直接操作对应保护区雨淋报警阀的“9—手动快开阀”，使雨淋报警阀开启，同时启动消防水泵，即刻实施灭火。

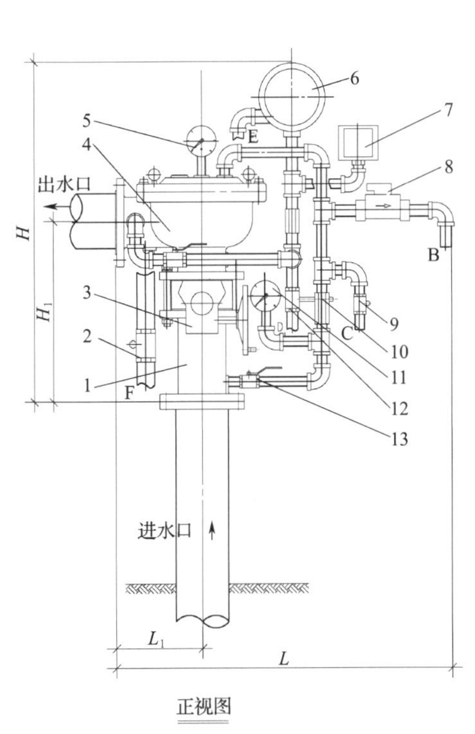

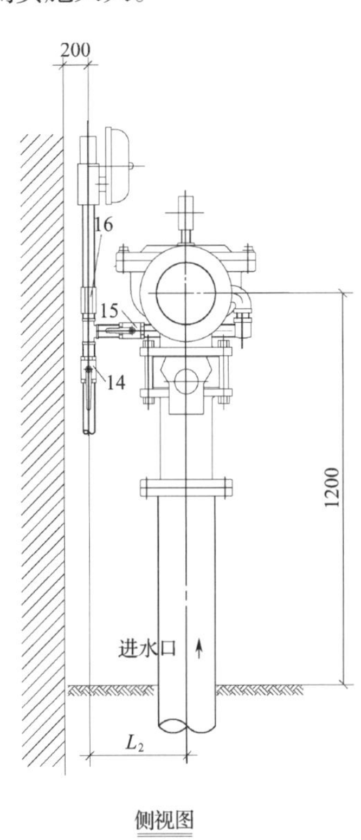

图 2-2-96　雨淋报警阀图

1—消防给水管　2、12—放余水阀　3—对夹式蝶阀　4—隔膜雨淋报警阀体　5、11—压力表　6—水力警铃　7—压力开关　8—电磁阀　9—手动快开阀　10—单向阀　13—控制管球阀　14—报警管球阀　15—试警铃球阀　16—过滤器

【技能操作】

技能 1　切换水喷雾灭火控制盘工作状态

一、操作准备

1. 技术资料

水喷雾灭火系统图，火灾探测器等系统部件现场布置图和地址编码表，水喷雾灭火控制器产品使用说明书和设计手册等技术资料。

2. 常备工具

旋具、钳子、万用表、绝缘胶带等。

3. 防护装备

安全防护装备，如防砸鞋、安全帽、绝缘手套等。

4. 实操设备

电动及传动管型水喷雾灭火演示系统。

5. 记录表格

《消防控制室值班记录表》《建筑消防设施维护保养记录表》。

二、操作步骤

1. 确认水喷雾灭火控制盘显示正常，无故障或报警。

2. 水喷雾灭火控制盘解锁。按下“解锁”按钮，输入密码确认，即可解锁。

3. 操作“手动 / 自动”按钮，可切换水喷雾灭火控制盘当前状态，每操作一次，状态切换一次。“自动”状态灯亮时，水喷雾灭火控制盘为“自动”状态，此时水喷雾灭火控制盘接受远程控制；“手动”状态灯亮时，水喷雾灭火控制盘为“手动”状态，此时水喷雾灭火控制盘不接受远程控制。水喷雾灭火控制盘面板如图 2-2-97 所示。

4. 根据实际作业的情况，填写相应记录表格。

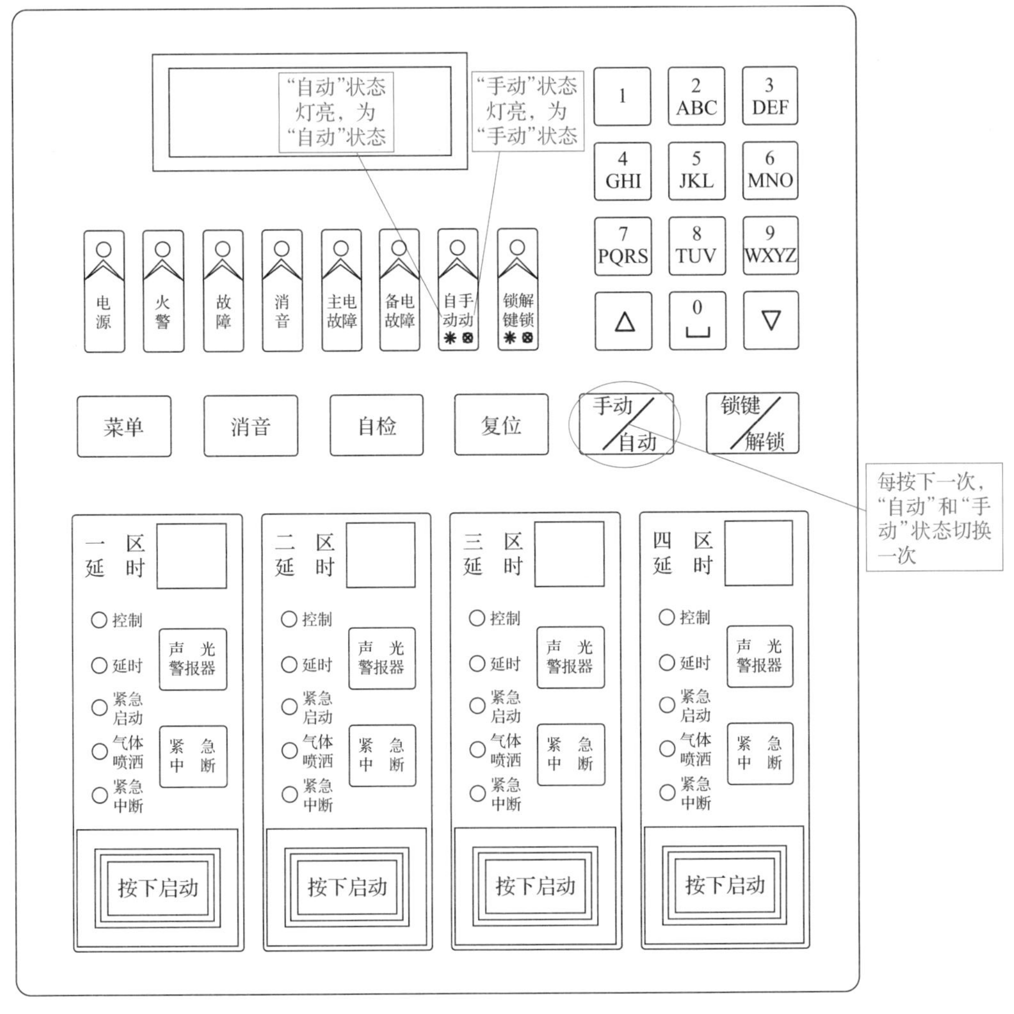

图 2-2-97 水喷雾灭火控制盘面板图

技能 2 手动启 / 停水喷雾灭火系统

一、操作准备

1. 技术资料

水喷雾灭火系统图，火灾探测器等系统部件现场布置图和地址编码表，水喷雾灭火控制器产品使用说明书和设计手册等技术资料。

2. 常备工具

旋具、钳子、万用表、绝缘胶带等。

3. 防护装备

安全防护装备，如防砸鞋、安全帽、绝缘手套等。

4. 实操设备

电动及传动管型水喷雾灭火演示系统。

5. 记录表格

《消防控制室值班记录表》《建筑消防设施维护保养记录表》。

二、操作步骤

1. 启动操作前，应将控制线路的连接拆开，防止真实喷放。

2. 紧急启动操作

（1）在灭火控制盘面板上操作（见图 2-2-98）

紧急启动操作用于紧急状态。当消防值班人员发现火情而此时火灾报警控制器未发出声、光报警信号时，应立即通知现场所有人员撤离现场，在确定所有人员撤离现场后，方可按下水喷雾灭火控制盘面板上的“按下启动”按钮，系统立即实施灭火操作。

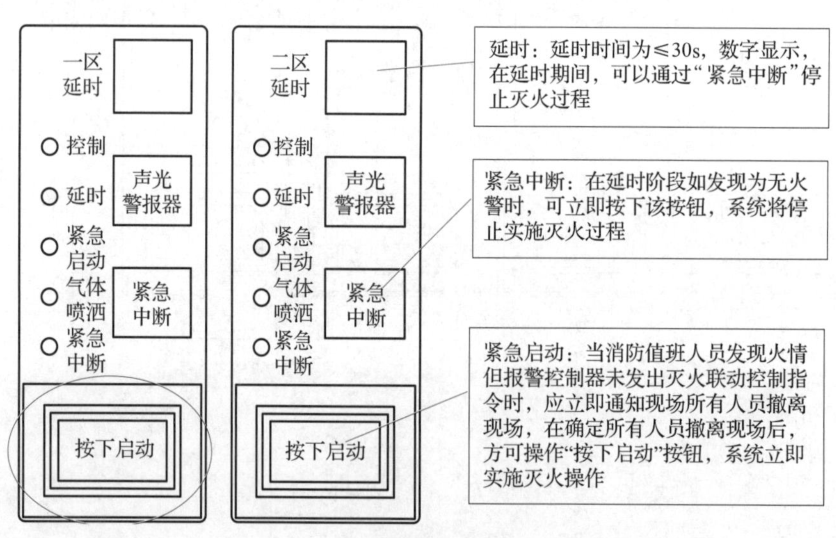

图 2-2-98　水喷雾灭火控制面板局部图

（2）在手动操作控制盒上操作（见图 2-2-99、图 2-2-100）

紧急启动操作用于紧急状态。当消防值班人员发现火情而此时火灾报警控制器未发出声、光报警信号时，应立即通知现场所有人员撤离现场，在确定所有人员撤离现场后，方可按下绿色“启动按下”按钮，系统立即实施灭火操作。

3. 观察相关动作信号及联动设备动作是否正常（如发出声、光报警，启动输出端的负载响应，关闭通风空调、防火阀等）。

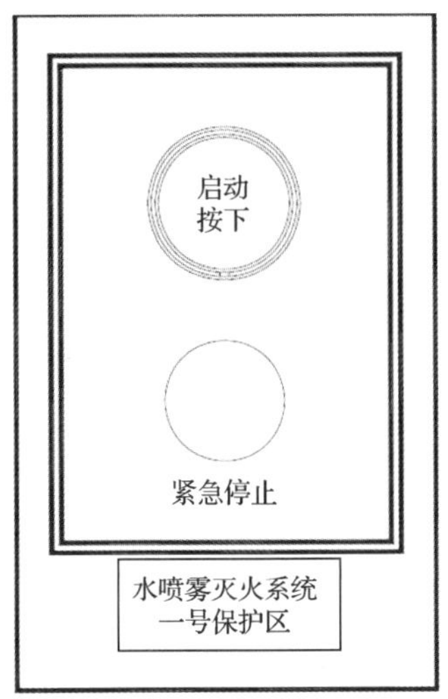

图 2-2-99 手动控制盒面板

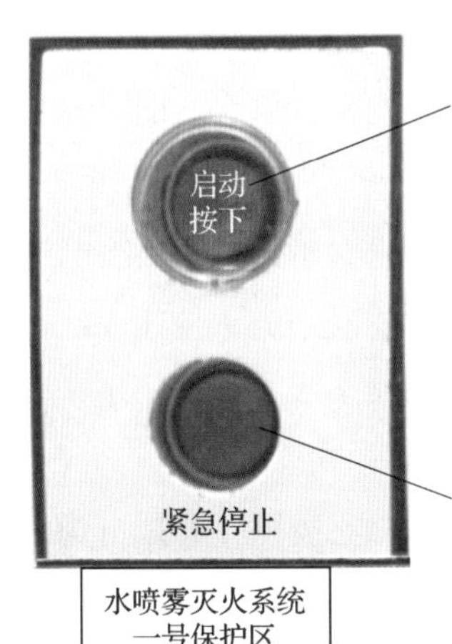

图 2-2-100 手动控制盒实物

4. 紧急停止操作。在水喷雾灭火控制盘延时 30 s 内，在水喷雾灭火控制盘面板上找到对应的“紧急中断”按钮或在手动控制盒上找到对应的“紧急停止”按钮，按下后系统即可停止灭火过程。

5. 恢复连接线路，将系统恢复至准工作状态。

6. 根据实际作业的情况，填写相应记录表格。

三、注意事项

进行操作前，应将控制线路的连接拆开，防止系统喷出灭火剂。

培训单元 9
操作细水雾灭火系统

【培训重点】

掌握细水雾灭火系统的组成及工作原理。

掌握切换细水雾灭火控制盘工作状态的方法。

熟练掌握手动启 / 停细水雾灭火系统的方法。

【知识要求】

一、细水雾灭火系统的组成

细水雾灭火系统由加压供水设备（泵组或瓶组）、系统管网、分区控制阀组、细水雾喷头、火灾自动报警及联动控制系统等组成。为了防止细水雾喷头堵塞，影响灭火效果，系统还设有过滤器。为了便于系统正常使用、检修维护，系统还设有泄水阀；闭式系统还设有排气阀和试水阀；开式系统还设有泄放试验阀。

细水雾灭火系统按照分配管网中流动介质的压力，可以分为高压系统、中压系统和低压系统；按照流动介质类型，可以分为单流体系统和双流体系统；按照安装方式，可以分为现场安装系统和预安装系统；按照采用的细水雾喷头形式，可以分为开式系统和闭式系统；按照系统供水方式（主要是按照驱动源类型）可以分为泵组式、瓶组式及其他形式，目前产品主要是泵组式和瓶组式两种形式。

1. 泵组式系统

泵组式细水雾灭火系统采用柱塞泵、高压离心泵、柴油机泵、气动泵等泵组作为系统的驱动源。系统由细水雾喷头、泵组单元、储水箱、分区控制阀、过滤器、安全阀、泄压调压阀、减压装置、信号反馈装置、火灾报警控制器、灭火控制盘、管路及附件等部件组成。泵组式开式细水雾灭火系统的组成如图 2–2–101 所示，泵组式闭式细水雾灭火系统的组成如图 2–2–102 所示。

2. 瓶组式系统

瓶组式细水雾灭火系统采用储气瓶组和储水瓶组中的储气容器和储水容器，分别储存高压氮气和水，系统启动时释放高压气体驱动水形成细水雾。系统备用状态下，储水容器处于常压状态，储气容器处于高压状态。

系统由细水雾喷头、储水瓶组、储气瓶组、分区控制阀、驱动装置、气体单向阀、安全泄放装置、减压装置、信号反馈装置、火灾报警控制器、灭火控制盘、集流管、连接管、过滤器、管路及附件等部件组成。瓶组式开式细水雾灭火系统的组成如图 2–2–103 所示，瓶组式闭式细水雾灭火系统的组成如图 2–2–104 所示。

因瓶组式细水雾灭火系统的持续灭火能力有限，故使用较少，本培训单元主要介绍泵组式细水雾灭火系统。

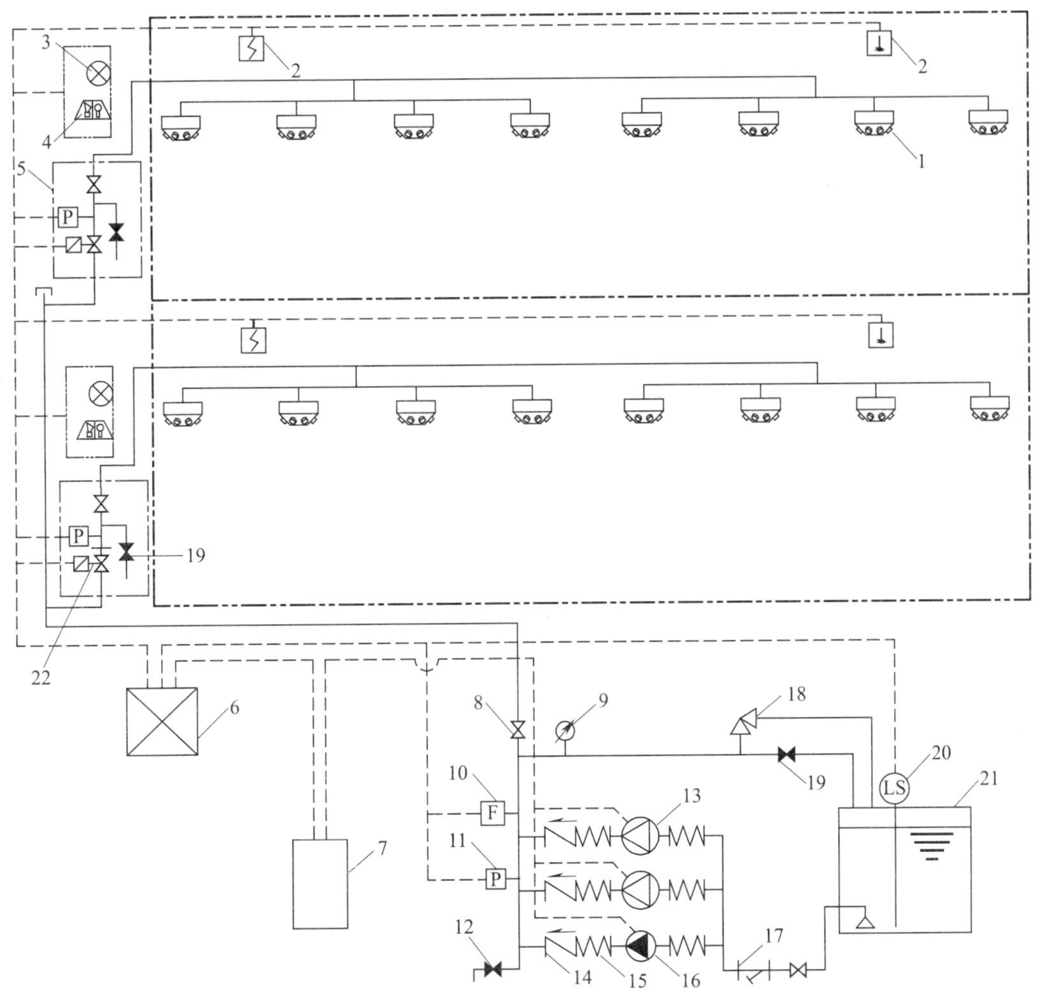

图 2-2-101 泵组式开式细水雾灭火系统的组成

1—开式细水雾喷头 2—火灾探测器（感温、感烟） 3—喷雾指示灯 4—火灾声光报警器 5—分区控制阀组 6—火灾报警控制器 7—消防泵控制柜 8—控制阀（常开） 9—压力表 10—水流传感器 11—压力开关 12—泄水阀（常闭） 13—消防泵 14—止回阀 15—柔性接头 16—稳压泵 17—过滤器 18—泄压调压阀 19—泄放试验阀 20—液位传感器 21—储水箱 22—分区控制阀（电磁 / 气动 / 电动阀，常闭，反馈开启信号）

3. 开式系统

开式细水雾灭火系统采用开式细水雾喷头，其系统组成和动作原理同电动控制的雨淋系统或水喷雾灭火系统，由火灾自动报警系统控制，自动开启分区控制阀及启动供水泵后，向喷头供水。开式系统按照系统的应用方式不同，可以分为全淹没应用和局部应用两种形式。采用全淹没应用方式时，微小的雾滴粒径以及较高的喷放压力使得细水雾雾滴能像气体一样具有一定的流动性和弥散性，充满整个空间，并对防护区内的所有保护对象实施保护。局部应用方式是针对防护区内某一部分保护对象，如油浸变压器、燃气轮机的轴承等，直接喷放细水雾实施灭火。

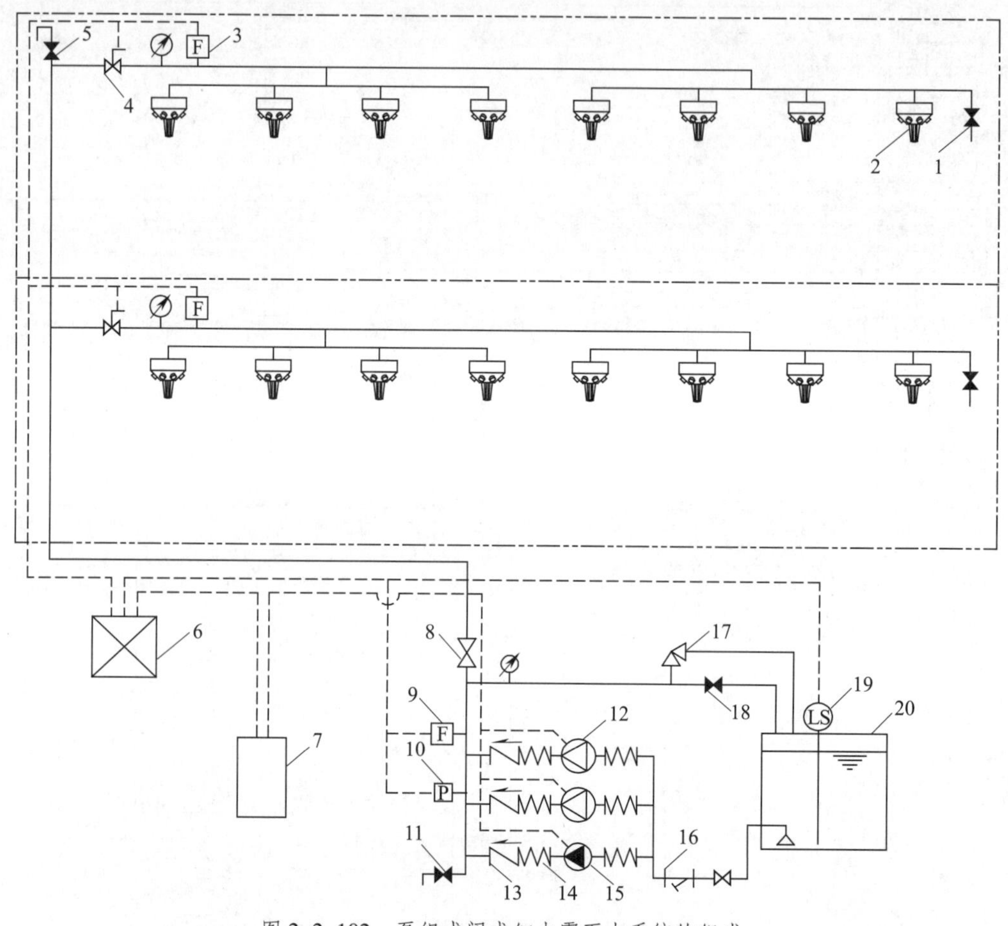

图 2-2-102　泵组式闭式细水雾灭火系统的组成

1—末端试水阀　2—闭式细水雾喷头　3—水流传感器　4—分区控制阀（常开，反馈开启信号）
5—排气阀（常闭）　6—火灾报警控制器　7—消防泵控制柜　8. 控制阀（常开）
9—水流传感器　10—压力开关　11—泄水阀（常闭）　12—细水雾泵组
13—止回阀　14—柔性接头　15—稳压泵　16—过滤器　17—泄压调压阀
18—泄放试验阀　19—液位传感器　20—储水箱

4. 闭式系统

闭式细水雾灭火系统是采用闭式细水雾喷头的细水雾灭火系统。根据使用场所不同，闭式系统还可以细分为湿式系统、干式系统和预作用系统。闭式细水雾灭火系统与闭式自动喷水灭火系统相比，除了喷头为细水雾闭式喷头外，其系统组成和工作原理均一致。

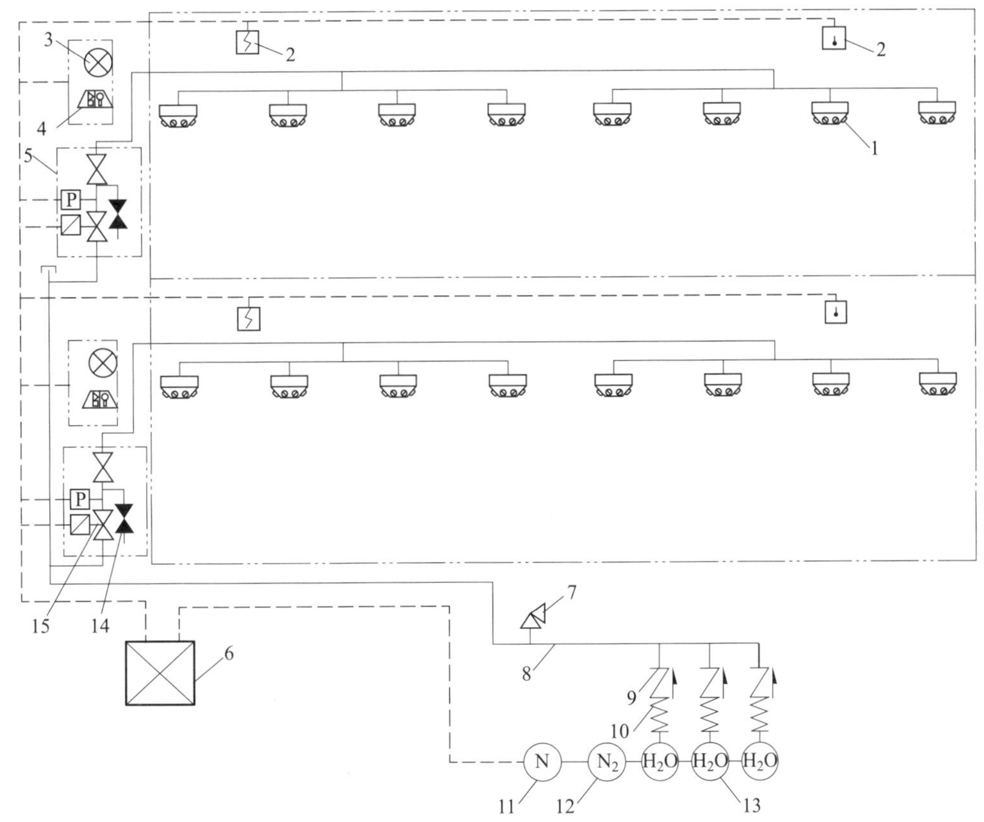

图 2-2-103 瓶组式开式细水雾灭火系统的组成

1—开式细水雾喷头 2—火灾探测器（感温、感烟） 3—喷雾指示灯 4—火灾声光报警器 5—分区控制阀组 6—火灾报警控制器 7—安全阀 8—集流管 9—止回阀 10—柔性接头 11—启动装置 12—储气瓶 13—储水瓶 14—泄放试验阀 15—分区控制阀（电磁 / 气动 / 电动阀，常闭，反馈开启信号）

二、细水雾灭火系统控制流程及灭火控制器工作原理

1. 开式细水雾灭火系统工作原理

开式细水雾灭火系统的工作原理：当系统的火灾探测器发现火灾后，自动或手动打开开式细水雾控制阀组，同时发出火灾报警信号给报警控制器，并启动细水雾消防水泵，通过供水管网到达细水雾喷头，细水雾喷头喷水灭火。其工作原理如图 2-2-105 所示。

2. 预作用式细水雾灭火系统工作原理

预作用式细水雾灭火系统的工作原理：准工作状态时，由消防水箱或稳压泵、气压给水设备等稳压设施维持预作用阀组入口前管道内充水的压力，预作用报警阀后的管道内平时无水或充以有压气体。发生火灾时，与喷头一起安装在同一保护区的火灾探测器，首先发出火灾报警信号，报警控制器确认后，在声光报警的同时即自动启动预作用阀组的驱动装置，将预作用控制阀打开，开始配水管道排气充水的预作用过程，使系统在闭式喷头动作前转换成湿式系统，并能在闭式喷头开启后立即喷水。预作用式细水雾灭火系统的工作原理如图 2–2–106 所示。

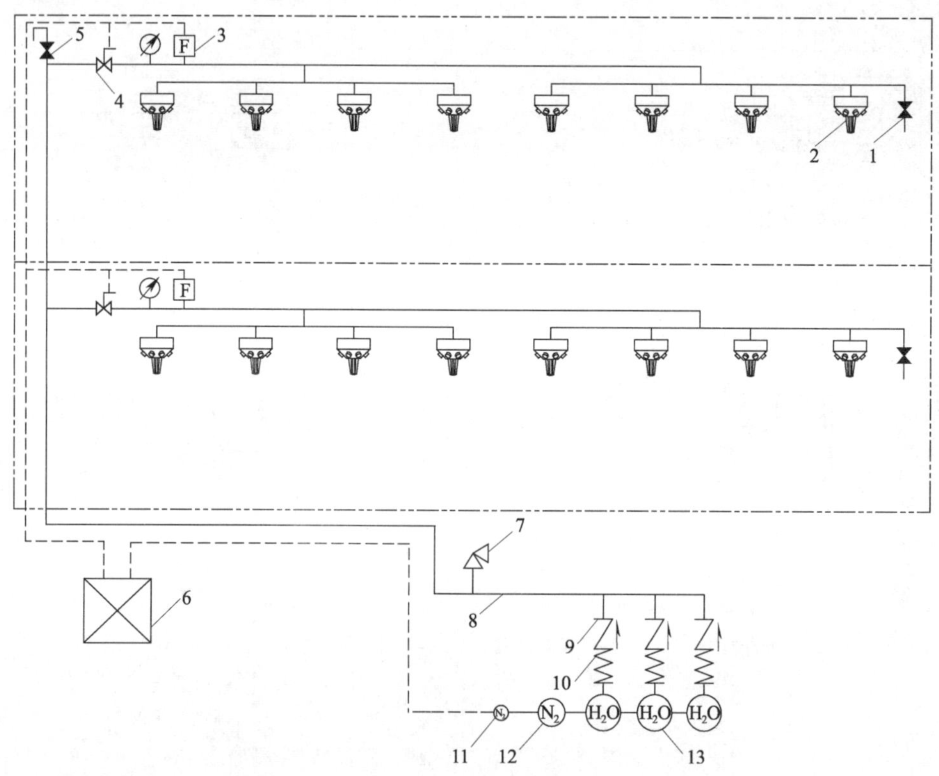

图 2–2–104　瓶组式闭式细水雾灭火系统的组成

1—末端试水阀　2—闭式细水雾喷头　3—水流传感器　4—分区控制阀（常开，反馈开启信号）　5—排气阀（常闭）　6—火灾报警控制器　7—安全阀　8—集流管　9—止回阀　10—柔性接头　11—启动装置　12—储气瓶　13—储水瓶

3. 湿式细水雾灭火系统工作原理

湿式细水雾灭火系统的工作原理：因该系统无须电动或手动启动控制，所以无须设置火灾报警探测系统。在准工作状态时，由消防水箱或稳压泵、气压给水设备等稳压设施维持管道内充水的压力。发生火灾时，在火灾温度的作用下，闭式喷头的热敏元件动作，喷头开启并开始喷水。此时，管网中的水由静止变为流动，流量开关动作送出电信号，在报警控制器上显示某一区域喷水的信息。由于持续喷水泄压造成管网水压下降，压力开关动作并输出启动供水泵的信号。供水泵投入运行后，完成系统的启动过程，实施灭火。湿式细水雾灭火系统的工作原理如图 2–2–107 所示。

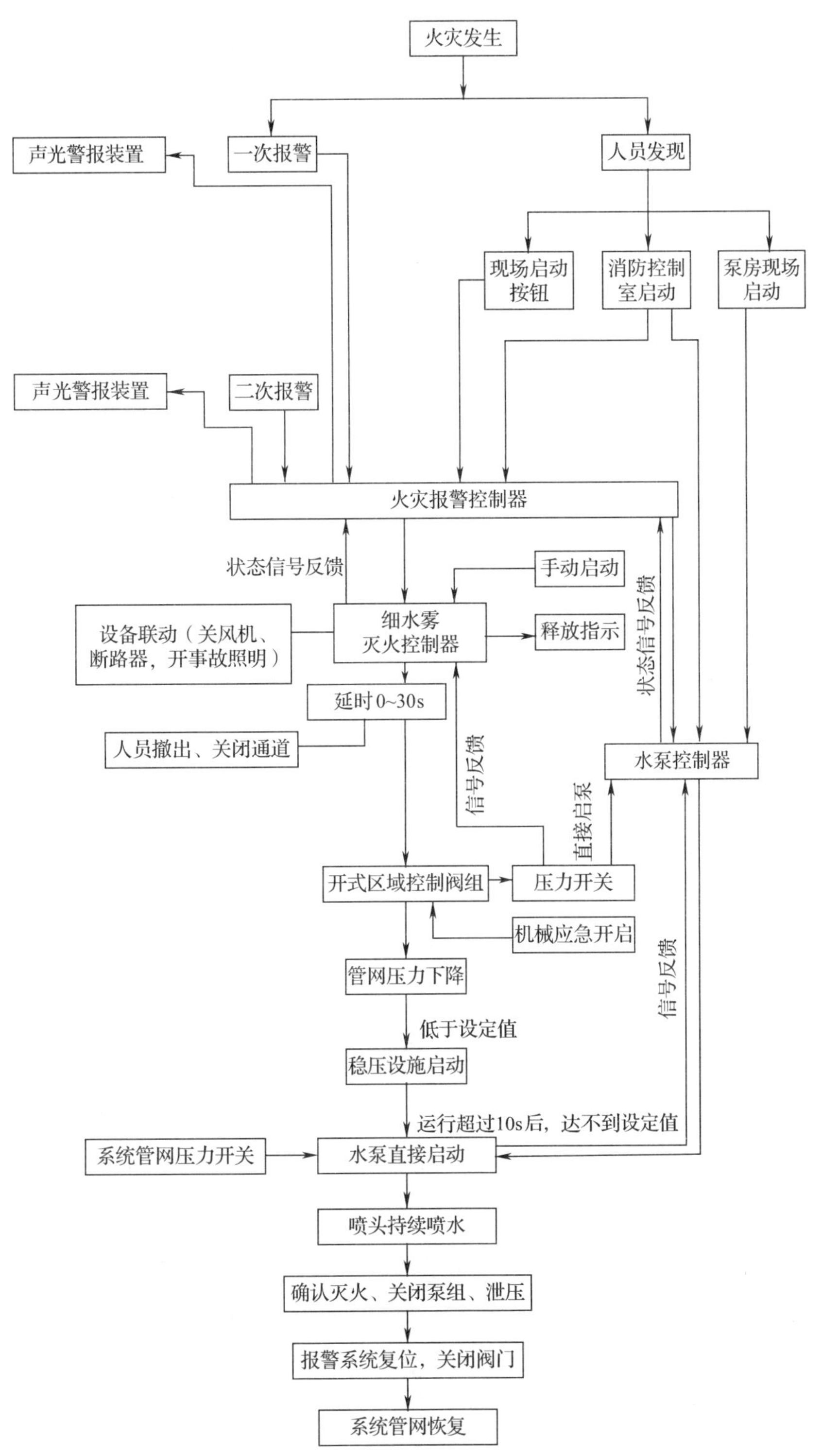

图 2-2-105　开式细水雾灭火系统工作原理

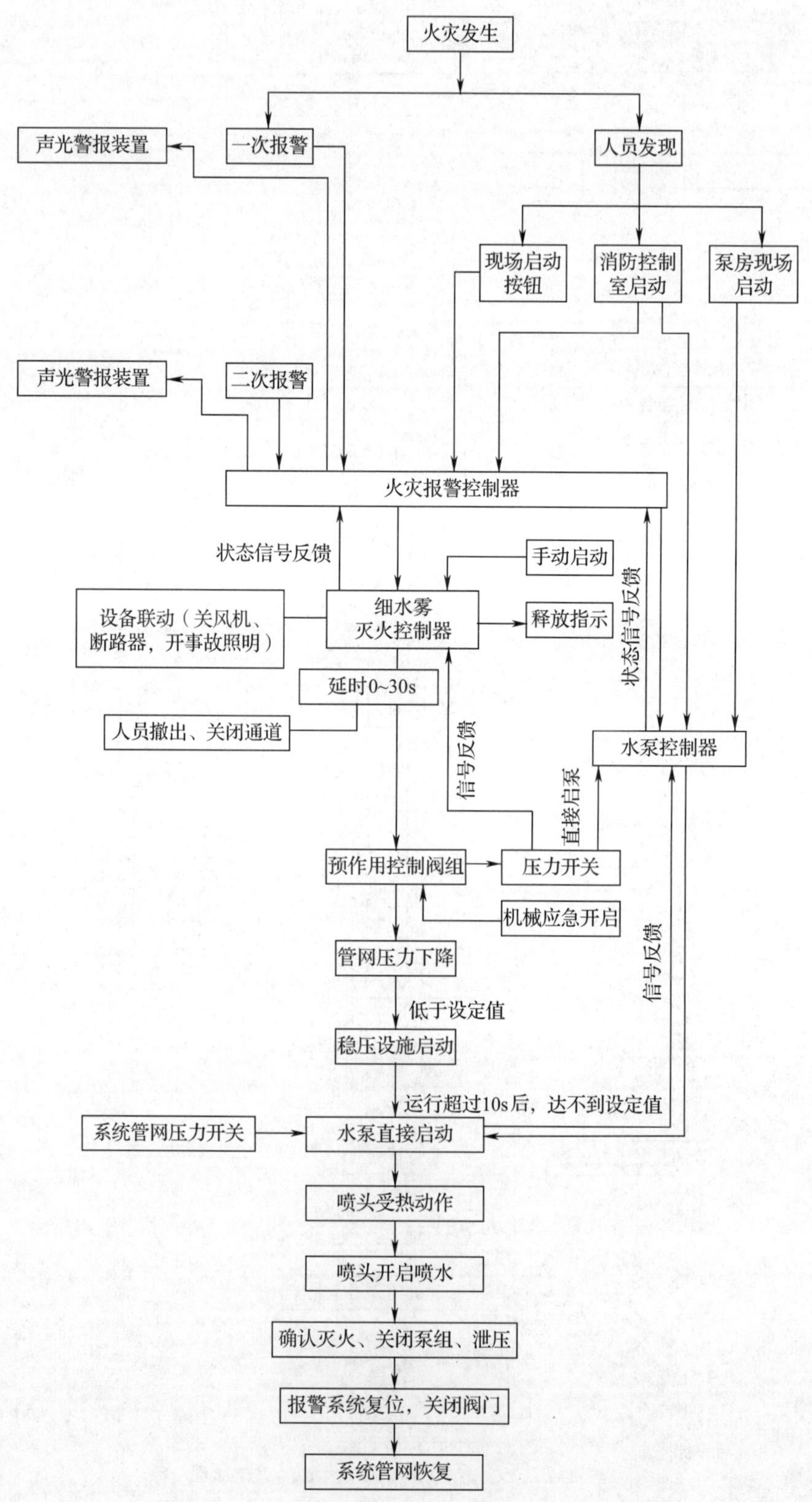

图 2-2-106　预作用式细水雾灭火系统工作原理

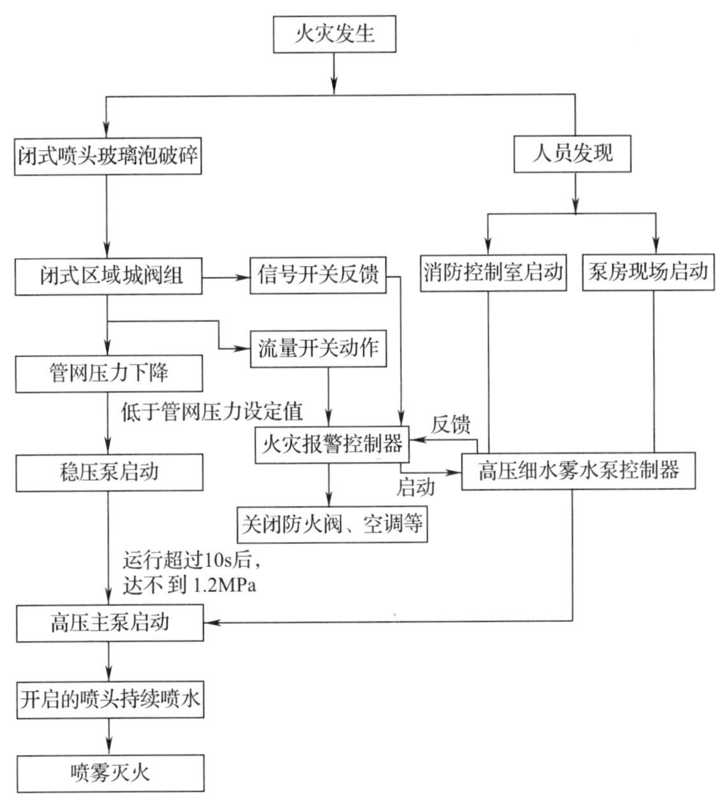

图 2-2-107 湿式细水雾灭火系统工作原理

三、开式及预作用细水雾灭火系统控制方式

1. 自动控制方式

电动控制部分由火灾报警控制器、细水雾灭火控制盘、感烟火灾探测器、感温火灾探测器或复合型火灾探测器、手动报警按钮、输出输入模块等设备组成。细水雾灭火控制盘面板上有“手动 / 自动”状态选择，当将其设置在“自动”状态时，细水雾灭火控制盘处于自动控制状态。

当只有一种探测器发出火警信号时，细水雾灭火控制装置即发出声、光火警信号，通知有异常情况发生，而不启动灭火装置释放细水雾。如确需启动细水雾灭火系统灭火时，在细水雾灭火控制盘面板操作“按下启动”按钮，即可启动灭火装置释放细水雾，实施灭火。

当两个或两类探测器同时发出火警信号时，细水雾灭火控制盘发出火灾声、光警报信号，通知有火灾发生，有关人员应撤离现场，并发出联动指令，关闭风机、防火阀等联动设备，经过一段时间的延时后，即发出灭火指令，启动细水雾水泵，火灾报警控制器联动控制细水雾灭火控制盘打开区域控制电磁阀，释放灭火剂（水），实施灭火。

如处于延时阶段过程中不需要启动灭火系统，可操作保护区外的手动控制盒上的“紧急停止”按钮或灭火控制盘操作面板上的“紧急中断”按钮，即可终止控制灭火指令的发出（注：此时报警信号未消除，需要通过报警控制器和灭火控制盘复位来消除报警信号）。

2. 手动控制方式

将火灾报警控制器或灭火控制盘上的控制方式设为“手动”状态时，火灾报警控制器或细水雾灭火控制盘处于手动控制状态。这时，当火灾探测器发出火警信号时，火灾报警控制器即发出火灾声、光报警信号，而不联动启动细水雾灭火系统。如需启动灭火系统，需经消防值班人员确认后，可立即按下保护区外的手动控制盒或控制器操作面板上的“紧急启动”按钮，或将火灾报警控制器和细水雾灭火控制盘的“手动”状态转换为“自动”状态，即可启动灭火装置，释放灭火剂，实施灭火。

或当发生火灾时，火灾报警控制系统未能及时发现火灾，此时由消防操作人员操作保护区外的手动控制盒上的“启动按下”按钮或水喷雾灭火控制盘操作面板上的“按下启动”按钮，即可启动灭火装置，释放灭火剂，实施灭火。

无论灭火控制盘是处于“自动”还是“手动”状态，按下任何“紧急启动”按钮，都可启动细水雾灭火系统，释放灭火剂，实施灭火。

3. 应急机械启动工作方式

对于细水雾开式或预作用式灭火系统，具有应急机械启动工作方式。

当报警控制器或灭火控制器失效时，或在急需紧急启动开式或预作用细水雾灭火系统时，值守人员在确定所有人员撤离现场后，按以下步骤实施应急机械启动：手动关闭联动设备并切断电源；启动细水雾消防水泵，手动打开对应区域分区控制阀；细水雾控制阀开启后，若为开式灭火系统，细水雾灭火系统管网开始充水，实施灭火；若为预作用式灭火系统，细水雾灭火系统管网开始充水，待闭式细水雾洒水喷头玻璃球爆破后即可实施灭火。

【技能操作】

技能 1　切换细水雾灭火控制盘工作状态

一、操作准备

1. 技术资料

细水雾灭火系统图，火灾探测器等系统部件现场布置图和地址编码表，细水雾灭火控制盘产品使用说明书和设计手册等技术资料。

2. 常备工具

旋具、钳子、万用表、绝缘胶带等。

3. 防护装备

安全防护装备，如防砸鞋、安全帽、绝缘手套等。

4. 实操设备

泵组式开式和闭式细水雾灭火演示系统。

5. 记录表格

《消防控制室值班记录表》《建筑消防设施维护保养记录表》。

二、操作步骤

1. 确认细水雾灭火控制盘显示正常，无故障或报警。

2. 解锁细水雾灭火控制盘。按下解锁按钮，输入密码确认，即可解锁。

3. 操作“手动 / 自动”按钮可切换细水雾灭火控制盘当前状态，每操作一次，状态转换一次。“自动”状态灯亮时，细水雾灭火控制盘为“自动”状态，此时细水雾灭火控制盘接受远程控制；“手动”状态灯亮时，细水雾灭火控制盘为“手动”状态，此时细水雾灭火控制盘不接受远程控制。细水雾灭火控制盘面板如图 2-2-108 所示。

4. 根据实际作业的情况，填写相应记录表格。

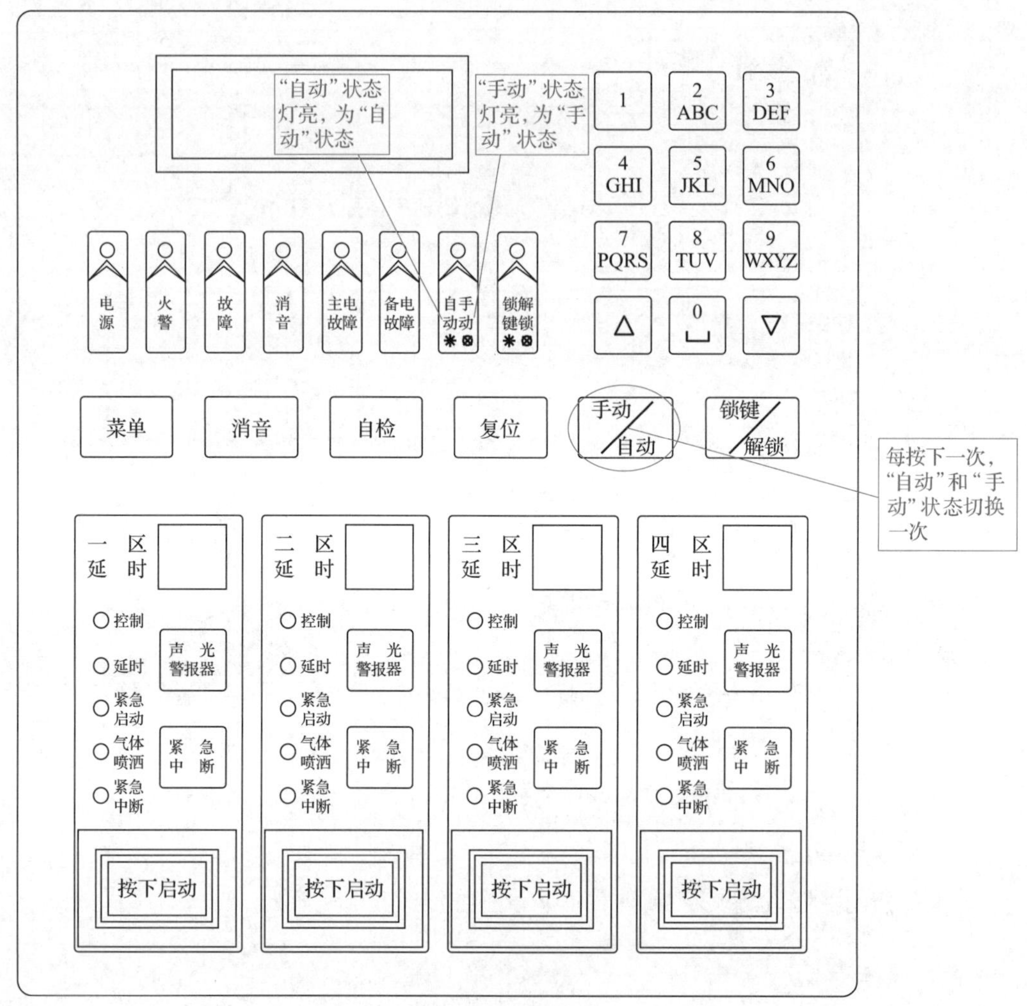

图 2-2-108　细水雾灭火控制盘面板图

技能 2　手动启 / 停细水雾灭火系统

一、操作准备

1. 技术资料

细水雾灭火系统图、火灾探测器等系统部件现场布置图和地址编码表，细水雾灭火控制器产品使用说明书和设计手册等技术资料。

2. 常备工具

旋具、钳子、万用表、绝缘胶带等。

3. 防护装备

安全防护装备，如防砸鞋、安全帽、绝缘手套等。

4. 实操设备

泵组式开式和闭式细水雾灭火演示系统。

5. 记录表格

《消防控制室值班记录表》《建筑消防设施维护保养记录表》。

二、操作步骤

1. 启动操作前，应将控制线路的连接拆开，防止真实喷放。

2. 紧急启动操作

（1）在灭火控制盘面板上操作（见图 2-2-109）

紧急启动操作用于紧急状态。当消防值班人员发现火情而此时火灾报警控制器未发出声、光报警信号时，应立即通知现场所有人员撤离现场，在确定所有人员撤离现场后，方可按下细水雾灭火控制盘面板上的“按下启动”按钮，系统立即实施灭火操作。

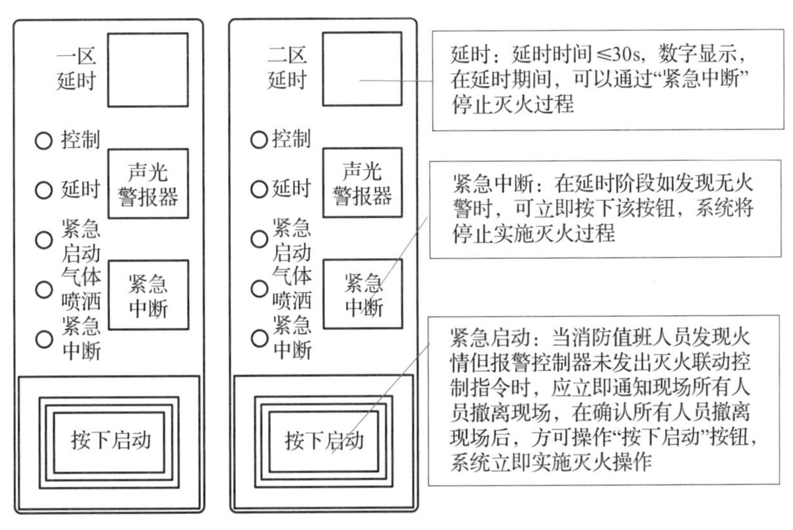

图 2-2-109 细水雾灭火控制盘面板图

（2）在手动操作控制盒上操作（见图 2-2-110、图 2-2-111）

紧急启动操作用于紧急状态。当消防值班人员发现火情而此时报警控制器未发出声、光报警信号时，应立即通知现场所有人员撤离现场，在确定所有人员撤离现场后，方可按下绿色“启动按下”按钮，系统立即实施灭火操作。

3. 观察相关动作信号及联动设备动作是否正常（如发出声、光报警，启动输出端的负载响应，关闭通风空调、防火阀等）。

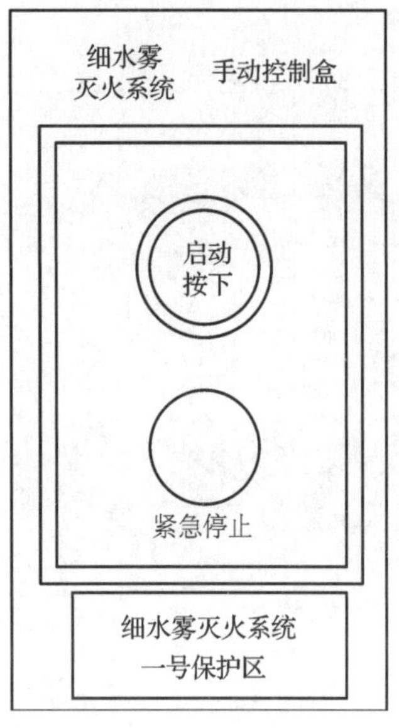

图 2-2-110 手动控制盒面板图

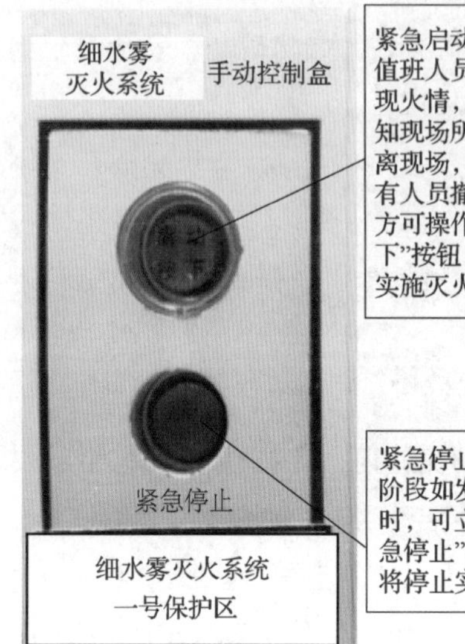

图 2-2-111 手动控制盒局部实物图

4. 紧急停止操作。在细水雾灭火控制盘延时 30 s 内，在细水雾灭火控制盘面板上找到对应的“紧急中断”按钮或在手动控制盒上找到对应的“紧急停止”按钮，按下后系统即可停止灭火过程。

5. 恢复连接线路，将系统恢复至准工作状态。

6. 根据实际作业的情况，填写《消防控制室值班记录表》《建筑消防设施维护保养记录表》。

三、注意事项

进行操作前，应将控制线路的连接拆开，防止系统喷出灭火剂。

培训单元 10
操作干粉灭火系统

【培训重点】

了解干粉灭火系统的分类、组成及工作原理。

掌握切换干粉灭火系统控制装置工作状态，手动启 / 停系统的方法。

【知识要求】

一、干粉灭火系统的组成和工作原理

干粉灭火系统按照干粉灭火剂充压方式的不同，分为储气瓶型干粉灭火系统和储压型干粉灭火系统。

1. 储气瓶型干粉灭火系统

（1）系统组成

储气瓶型干粉灭火系统由两部分组成：干粉灭火设备部分和火灾自动报警及联动控制部分，如图 2-2-112 和图 2-2-113 所示。前者由干粉储罐及其配件、驱动气体瓶组、集流管、连接管、安全泄放装置、减压阀、输粉管道、干粉喷放器（干粉喷嘴、干粉炮或干粉枪）等构成。后者由火灾探测器、火灾报警控制器等组成。

（2）工作原理

储气瓶型干粉灭火系统动作顺序如图 2-2-114 所示。当启动机构接收到控制盘的启动信号后动作，通过启动机构开启高压驱动气体气瓶的瓶头阀。高压驱动气体进入减压器，经减压后，具有一定压力的气体进入干粉储罐，搅动罐中干粉灭火剂，使罐中干粉灭火剂疏松形成便于流动的粉气混合物，同时使干粉储罐内的压力很快升高。当干粉储罐内的压力升到规定数值时，定压动作机构开始动作，打开干粉储罐出

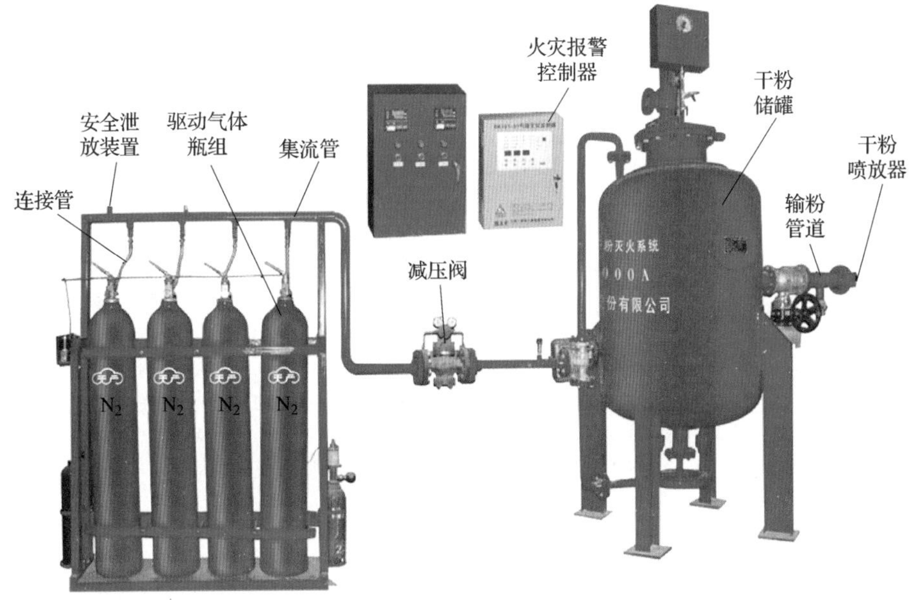

图 2-2-112 储气瓶型干粉灭火系统实体图

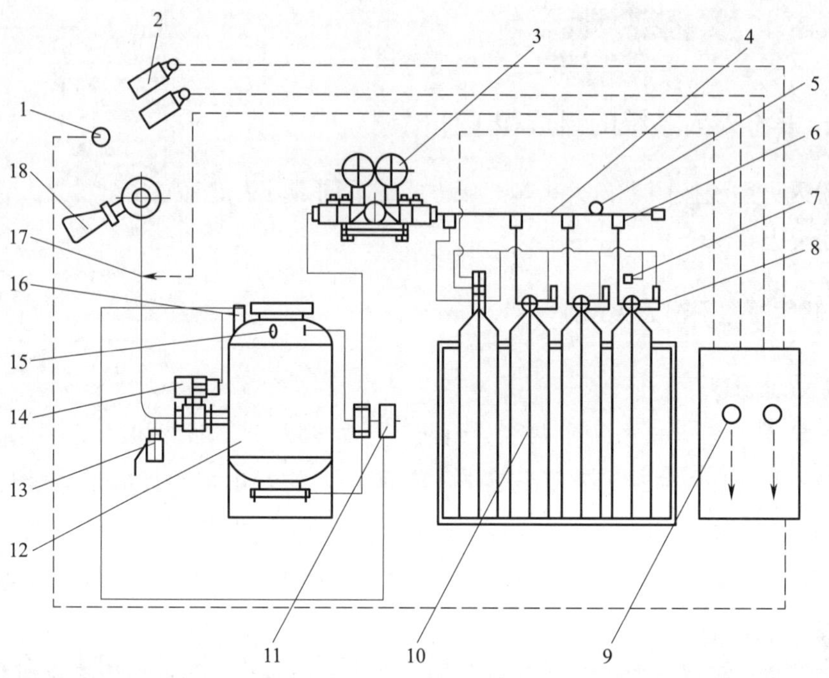

图 2–2–113　储气瓶型干粉灭火系统示意图

1—紧急启动按钮　2—火灾探测器　3—减压阀　4—集流管　5—安全泄放装置　6—主单向阀
7—气体单向阀　8—瓶头阀　9—控制盘　10—驱动气体瓶组　11—充气球阀
12—干粉储罐　13—吹扫管口　14—出粉总阀　15—安全阀　16—定压动作机构
17—信号反馈装置　18—喷嘴

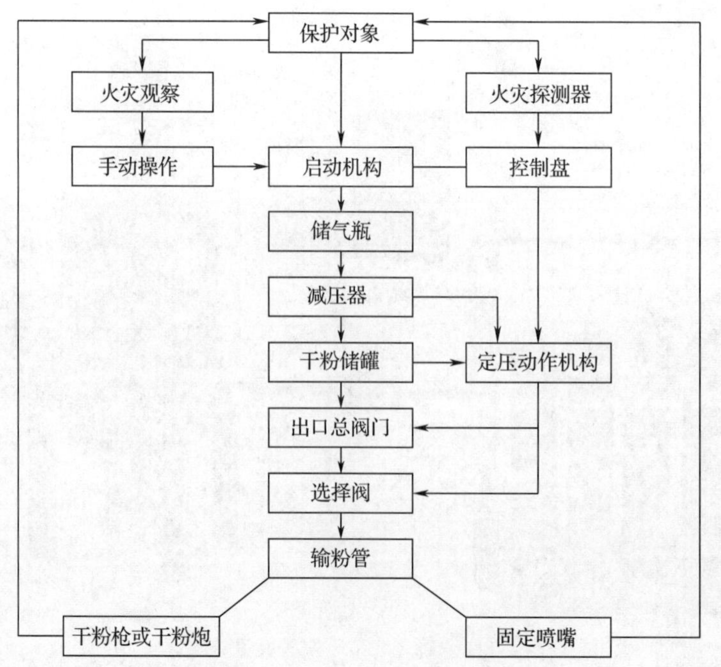

图 2–2–114　干粉灭火系统动作顺序图

口的总阀门释放干粉灭火剂（一些装置无出口总阀门，主要是通过膜片密封干粉罐的出口，当干粉储罐内的压力升到规定的数值时，膜片破裂释放干粉灭火剂），同时根据控制盘的指令打开通向某防护区或着火对象的选择阀。干粉灭火剂被气体输送，经过总阀门、选择阀、输粉管输送到喷放组件，把干粉灭火剂喷向保护对象，实施灭火。

（3）柜式灭火装置

柜式灭火装置是储气瓶型干粉灭火系统的一种特例，主要由柜体、干粉储罐、驱动气体瓶组、输粉管道和干粉喷嘴以及与之配套的火灾探测器、火灾报警控制器等组成，如图 2–2–115 和图 2–2–116 所示。

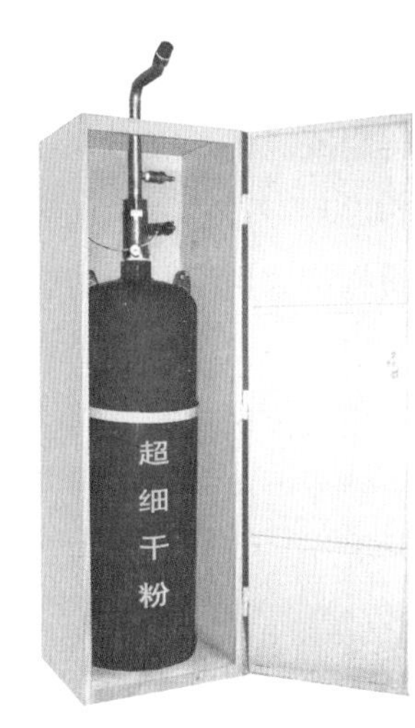

图 2–2–115 柜式灭火装置外观样式

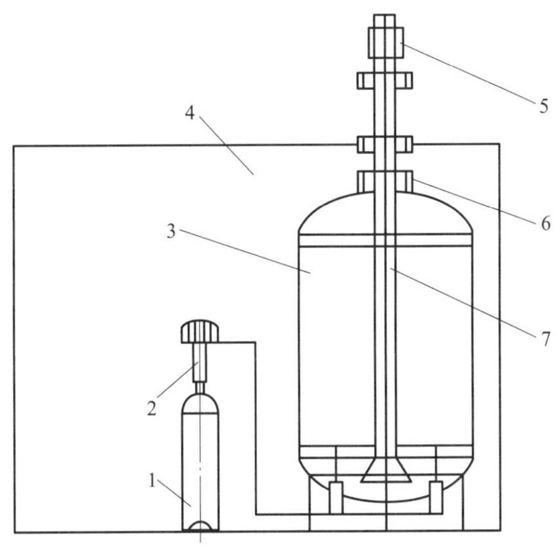

图 2–2–116 柜式灭火装置组成示意图

1—驱动气体瓶组 2—瓶头阀 3—干粉储罐 4—柜体 5—出粉口 6—释放组件 7—出粉管

柜式灭火装置的工作原理是，当启动机构接收到控制盘的启动信号后动作，通过启动机构开启干粉储存容器的容器阀，容器内的驱动气体驱动干粉灭火剂从容器阀喷出，进而喷向保护空间。

2. 储压型干粉灭火系统

（1）系统组成

储压型干粉灭火系统主要由干粉灭火设备部分和火灾自动报警及联动控制部分组成。前者由干粉储罐及其配件、安全泄放装置、输粉管道、干粉喷嘴等构成，如图 2–2–117 所示。后者由火灾探测器、火灾报警控制器等组成。

（2）工作原理

当启动机构接收到控制盘的启动信号后动作，通过启动机构开启干粉储存容器的容器阀，容器内的驱动气体驱动干粉灭火剂从容器阀喷出，进而喷向保护空间或者着火对象。

图 2–2–117 储压型干粉灭火系统

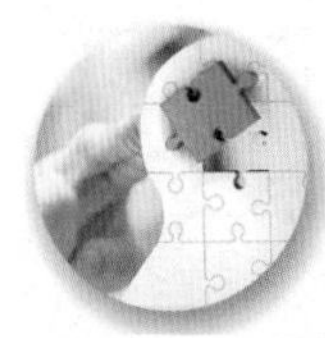

【技能操作】

切换干粉灭火系统控制装置状态和手动启 / 停干粉灭火系统

一、操作准备

1. 技术资料

干粉灭火系统的系统图、管线图、电气接线图，产品说明书和设计手册等技术资料。

2. 常备工具

旋具、钳子、万用表、绝缘胶带等。

3. 防护装备

安全防护装备，如口罩、安全帽等。

4. 实操设备

储气瓶型干粉灭火演示系统。

5. 记录表格

《消防控制室值班记录表》《建筑消防设施故障维修记录表》。

二、操作步骤

1. 将干粉灭火控制装置的启动输出端与干粉灭火系统相应防护区驱动装置连接。驱动装置应与阀门的动作机构脱离。也可以用一个启动电压、电流与驱动装置的启动电压、电流相同的负载代替驱动装置。

2. 检查干粉灭火系统控制盘上有无报警、故障及其他异常信息，若正常就进行下一步操作，若有异常则应该先排查并消除异常信息后再进行下一步操作。

3. 查看防护区内有无工作人员，确定没有人员后，将干粉灭火系统的操控开关置于“自动”状态。

4. 观察干粉灭火系统有无联动及反馈情况，判断灭火系统是否工作正常。

5. 将干粉灭火系统的操控开关置于“手动”状态。

6. 找到手动紧急启动 / 停止装置，按下手动“启动”按钮。观察相关动作信号是否正常（如发出声、光报警等）。

7. 在灭火剂喷放延迟时间内（一般不超过 30 s），手动按下“紧急停止”按钮，装置应能在灭火剂喷放前的延迟阶段中止。观察驱动装置（或替代负载）是否动作及其他设备有无联动情况。

8. 将系统复位（对平时没有人员的防护区设置在“自动”状态）。

三、注意事项

若干粉灭火系统操作失效，或者联动设备动作后，应该对整个系统进行全面检查，排除故障并复位。操作完成后应将驱动装置与阀门的动作机构重新连接，打开通风口，打开防护区内气体、液体的供应源等。

培训单元 1 操作柴油发电机组

【培训重点】

了解柴油发电机组供电系统的主要构成及相关基础知识。

掌握柴油发电机组的工作原理。

熟练掌握柴油发电机手动启 / 停和供电操作。

【知识要求】

应急发电机组有柴油发电机组和燃气轮机发电机组两种。柴油发电机组的容量应满足整个建筑物内所有消防设备同时运行时的容量要求。当柴油发电机组兼做其他重要设备的备用电源时，还应考虑备用电源的容量，但不是同时使用。

柴油发电机组是一种小型发电设备，是指以柴油等为燃料，以柴油机为原动机带动发电机发电的动力机械。由柴油机、三相交流无刷同步发电机、控制箱（屏）、散热水箱、联轴器、燃油箱、消声器及公共底座等组件组成刚性整体。柴油发电机组的组成如图 2–3–1 所示。整体可以固定在基础上，定位使用，亦可装在拖车上供移动使用。

图 2–3–1 柴油发电机组的组成

1—控制箱 2—发电机 3—刚性底座 4—散热水箱 5—柴油机 6—蓄电池组

柴油发动机的燃油是柴油发动机做机械功的重要工质。柴油机的主要燃料是柴油，轻柴油用于高速柴油机，重柴油用于中、低速柴油机。

选用轻柴油时，应根据地区气温与季节选用不同牌号（即不同凝点）。为了保证发动机燃料系统在低温下正常供油，柴油的凝点应比使用地区的最低气温低 4 ~ 6℃。10 号轻柴油适用于有预热设备的高速柴油机。0 号、–10 号、–20 号、–35 号、–50 号轻柴油分别适用于风险率为 10% 的最低气温在 4℃、–5℃，–14 ~ –5℃、–29 ~ –14℃、–44 ~ –29℃的地区。风险率为 10% 的最低气温值表示最低温度低于该温度的概率为 0.1，或者说最低温度低于该温度的可能性不超过 1/10。如按使用地区区分，各牌号轻柴油使用地区范围大致如下：

0 号轻柴油一般适于全国各地区 4—9 月份使用，长江以南地区冬季也可使用；–10 号轻柴油适于长城以南地区冬季和严冬时节使用；–20 号轻柴油适用于长城以北地区冬季和长城以南、黄河以北地区严冬时节使用；–35 号轻柴油适于东北、华北、西北寒区严冬时节使用；–50 号轻柴油适用于东北、华北、西北严寒区冬季使用。–35 号、–50 号轻柴油因生产的资源有限，成本高，价格贵，如在夏季或南方使用，不仅造成浪费，还因含有轻质成分，对防火安全不利。

【技能操作】

操作柴油发电机组

一、操作准备

1. 技术资料

柴油发电机组现场布置图，产品使用说明书和设计手册等技术资料。

2. 常备工具

温度计、手套、棉布、万用表、绝缘胶带等。

3. 防护装备

安全防护装备，如防砸鞋、安全帽、绝缘手套等。

4. 实操设备

柴油发电机组演示系统。

5. 记录表格

《消防控制室值班记录表》《建筑消防设施维护保养记录表》。

二、操作步骤

1. 做好柴油发电机组的手动启 / 停操作前准备与检查工作

（1）检查室内气温是否低于发电机组启动最低环境温度，如低于最低启动环境温度，应开启电加热器对机器进行预热。

（2）检查设备及周围有无妨碍运转和通风的杂物，如有应及时清走。

（3）检查曲轴箱油位、燃油箱油位、散热器水位，如油位或水位低于规定值，应补至正常位置。

（4）检查散热器循环水阀是否常开。检查燃油供油阀是否常开。检查启动柴油机的蓄电池组是否达到启动电压。检查应急控制柜电源开关状态是否为开启状态。

2. 手动启动操作

柴油发电机组手动启动操作流程如图 2-3-2 所示。

（1）按下应急控制柜发电机组控制屏（见图 2-3-3）的“手动”按钮，将发电机组控制方式设置为手动模式。

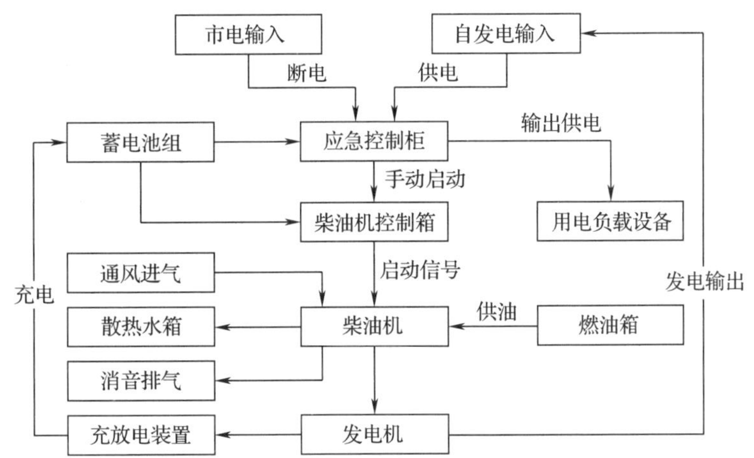

图 2-3-2　柴油发电机组手动启动操作流程

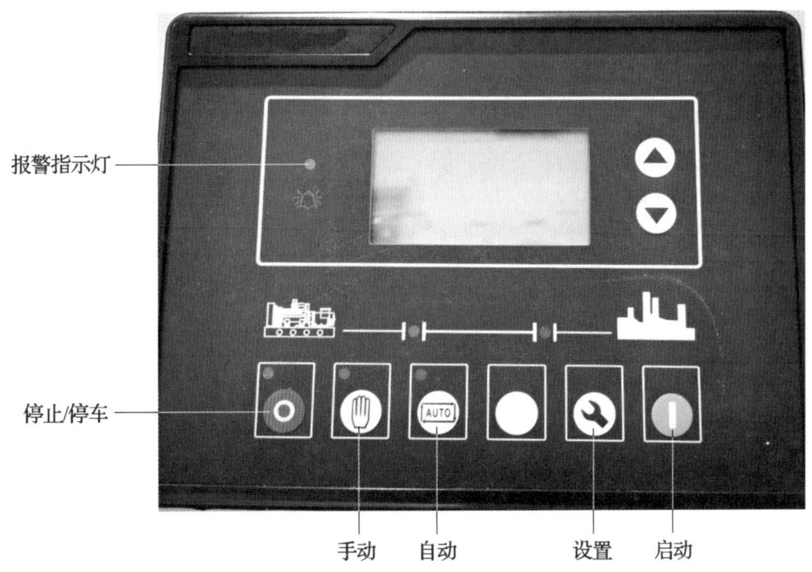

图 2-3-3　应急控制柜发电机组控制屏

（2）按下应急控制柜发电机组控制屏（见图 2-3-3）的“启动”按钮，观察柴油发电机组是否启动运转。

（3）如第一次启动失败，应待控制屏警报消除、机组恢复正常停车状态后方可进行第二次启动。启动后，若机器运转声音正常、冷却水泵运转指示灯亮及电路仪表指示正常，则说明启动成功。

3. 手动停车操作

柴油发电机组手动停车操作流程如图 2-3-4 所示。

（1）确认柴油发电机组控制方式设置为手动模式，图 2-3-3 中的“手动”按钮指示灯点亮。

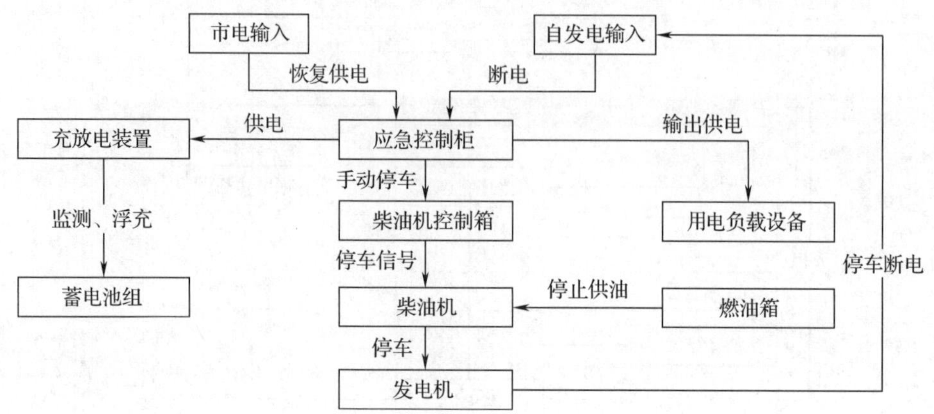

图 2–3–4　柴油发电机组手动停车操作流程

（2）按下应急控制柜发电机组控制屏的“停止 / 停车”按钮（见图 2–3–3），观察柴油发电机组是否停止运转，确认机组停止运转，停车完成。

4. 供电手动操作

柴油发电机组供电手动操作流程如图 2–3–5 所示。

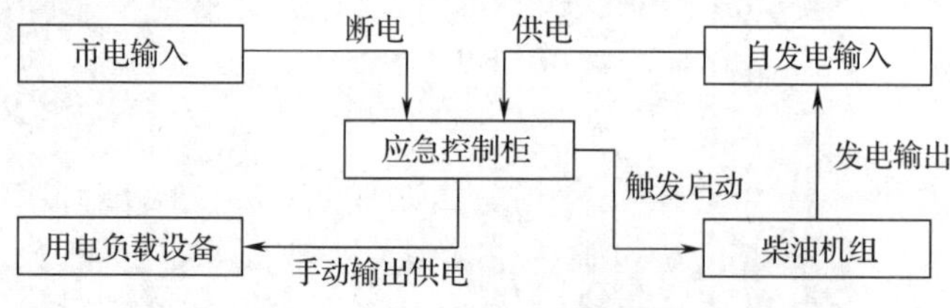

图 2–3–5　供电手动操作流程

（1）确认柴油发电机组应急控制柜“供电手动 / 自动开关”的控制方式设置为“手动”模式，如图 2–3–6 所示的“供电手动 / 自动开关”开关指向“手动”位。

（2）确认柴油发电机组已稳定运行。

（3）确认柴油发电机组发出电源频率与负载设备频率一致。

（4）确认柴油发电机组发出电源各相序电压已平衡。

（5）供电操作

1）设有同步器的系统操作。把并车发电机的同步器手柄打在“合闸”位置；观察同步指示器的指示灯，完全熄灭或指针旋转到零位时，即可打上并电合闸开关；机组进入并车运行，随后把其同步器手柄旋回“关断”位置；如果同步器合闸后，同步器指针旋转太快或逆时针旋转，则不允许并车，否则，将导致合闸失效。

2）双电源切换装置的系统手动操作。穿戴好安全防护用品，利用供电操作专用扳手，顺时针将双电源切换装置切换到备用电源供电状态，如图 2–3–7 所示。

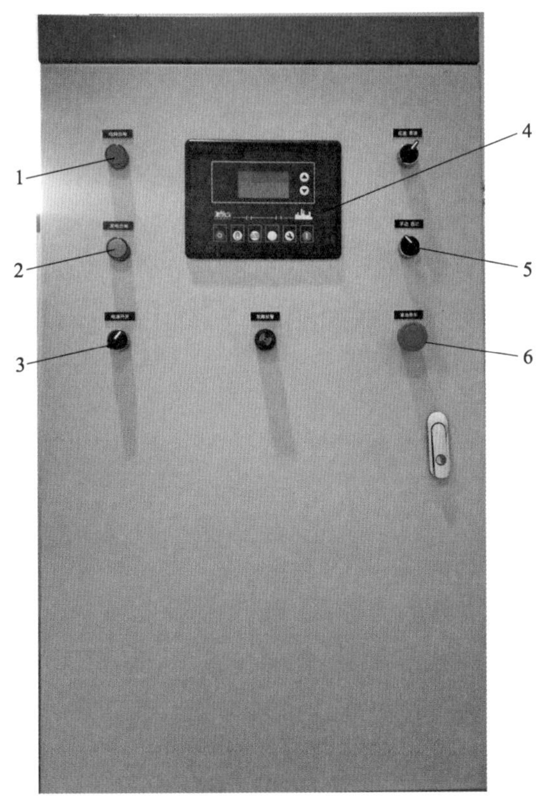

图 2-3-6　应急控制柜

1—主电电源合闸　2—发电机发电合闸　3—控制柜电源开关　4—发电机组控制屏
5—供电手动 / 自动开关　6—机组紧急停车按钮

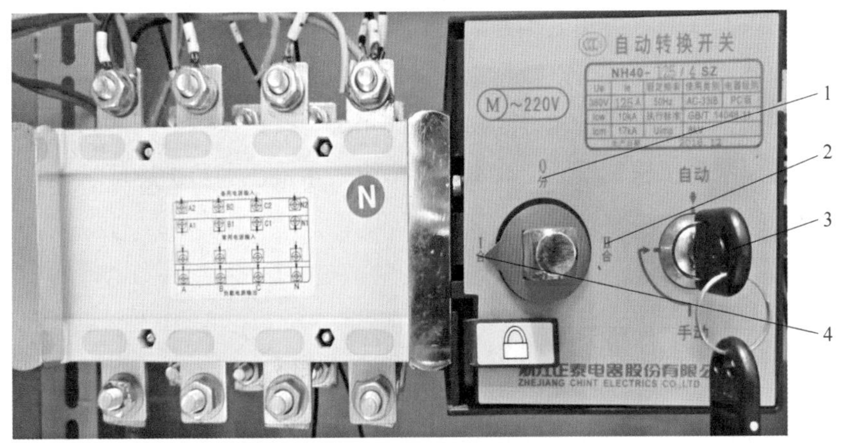

图 2-3-7　双电源切换装置

1—分闸　2—备电供电　3—手动 / 自动切换　4—主电供电

三、注意事项

1. 操作设备时不应损坏系统中的其他组件。

2. 操作设备时应注意不要接触发电机组机械部件，防止受到机械伤害。

3. 操作设备时应穿戴好安全防护用品，防止直接接触电气设备元件，防止受到触电伤害。

培训单元 2 操作水幕自动喷水系统控制装置

【培训重点】

掌握水幕自动喷水系统的工作原理。

熟练操作水幕自动喷水系统的控制装置。

【知识要求】

一、水幕系统的分类

水幕系统由开式洒水喷头或水幕喷头、雨淋报警阀组或感温雨淋阀、水流报警装置（水流指示器或压力开关）以及管道、供水设施等组成。水幕系统不具备直接灭火的能力，是用于挡烟阻火和冷却分隔物的防火系统。按照保护目的不同，可将水幕系统分为防火分隔水幕（密集喷洒形成水墙或水帘的水幕）和防护冷却水幕（冷却防火卷帘等分隔物的水幕）两种。

二、水幕系统工作原理

1. 性能用途

水幕系统处于准工作状态时，由消防水箱或稳压泵、气压给水设备等稳压设施维持管道内充水的压力。发生火灾时，由火灾自动报警系统联动开启雨淋报警阀组和供水泵，向系统管网和喷头供水。

防火分隔水幕系统利用密集喷洒形成的水墙或多层水帘，可封堵防火分区处的孔洞，阻挡火灾和烟气的蔓延，因此适用于局部防火分隔处。防护冷却水幕系统则利用喷水在物体表面形成的水膜，控制防火分区处分隔物的温度，使分隔物的完整性和隔热性免遭火灾破坏。

2. 控制方式

水幕系统同时具备三种开启报警阀组的控制方式：自动控制方式、手动控制方式、手动应急操作方式。

（1）自动控制方式

当自动控制的水幕系统用于防火卷帘的保护时（防护冷却水幕系统），应由防火卷帘下落到楼板面的动作信号与本报警区域内任一火灾探测器或手动火灾报警按钮的报警信号组成“与”逻辑作为水幕阀组启动的联动触发信号，并应由消防联动控制器联动控制水幕系统相关控制阀组的启动，雨淋报警阀开启，压力开关动作，连锁启动水幕消防泵。仅用水幕系统作为防火分隔时（防火分隔水幕系统），应由该报警区域内两只独立的感温火灾探测器的火灾报警信号作为水幕阀组启动的联动触发信号，并应由消防联动控制器联动控制水幕系统相关控制阀组的启动，雨淋报警阀开启，压力开关动作，连锁启动水幕消防泵。

（2）手动控制方式

水幕系统相关控制阀组和消防泵控制箱（柜）的启动、停止按钮是用专用线路直接连接至设置在消防控制室内的消防联动控制器的手动控制盘，能够直接手动控制消防泵的启动、停止及水幕系统相关控制阀组的开启。

（3）手动应急操作方式

当已确认有水幕系统需要启动时，可通过在设备间操作对应水幕系统雨淋报警阀组的应急启动阀门使水幕系统启动、停止。现场手动应急操作参照雨淋报警阀使用维护说明书。

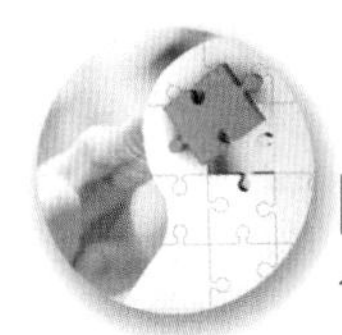

【技能操作】

操作水幕自动喷水系统的控制装置

一、操作准备

1. 技术资料

水幕自动喷水系统图样、控制装置产品使用说明书等技术资料。

2. 常备工具

万用表、旋具、钳子、绝缘胶带等。

3. 防护装备

安全防护装备，如安全帽、护目镜、绝缘手套等。

4. 实操设备

水幕自动喷水演示系统。

5. 记录表格

《建筑消防设施维护保养记录表》。

二、操作步骤

1. 自动控制方式操作步骤

（1）确认水幕系统控制装置显示正常，无故障或报警。

（2）操作消防泵控制柜操作面板上的手动 / 自动转换开关，使消防泵控制柜处于自动状态（如：一主二备、二主一备）。

（3）操作火灾报警控制器和消防联动控制器操作面板上的按钮 / 开关锁（如有），使面板按钮 / 开关处于解锁状态。

（4）操作火灾报警控制器和消防联动控制器操作面板上的手动 / 自动转换开关，使火灾报警控制器和消防联动控制器处于自动状态，相应自动状态指示灯点亮。

（5）根据实际作业情况，填写相关记录表单。

2. 手动控制方式操作步骤

（1）确认水幕系统控制装置显示正常，无故障或报警。

（2）操作消防泵控制柜操作面板上的手动 / 自动转换开关，使消防泵控制柜处于自动状态。

（3）操作消防联动控制器操作面板上的按钮 / 开关锁（如有），使面板按钮 / 开关处于解锁状态。

（4）操作消防联动控制器操作面板上的手动 / 自动转换开关，使消防联动控制器处于手动状态，相应手动状态指示灯点亮。

（5）操作消防联动控制器面板对应水幕喷水系统电磁阀启动 / 停止按钮。

（6）根据实际作业情况，填写相关记录表单。

三、注意事项

1. 设备间不能使用任何明火。

2. 操作设备时不应损坏系统中的其他组件。

3. 操作设备时应注意选择确认对应标识的按钮 / 开关，防止误操作。

4. 操作设备时应防止直接接触电气设备元件，防止受到触电伤害。

培训单元 3
操作消防设备末端配电装置

【培训重点】

了解消防设备末端配电装置（双电源自动切换装置）的工作原理与功能分类。

掌握消防设备末端配电装置（双电源自动切换装置）的功能与适用范围。

熟练掌握消防设备末端配电装置（双电源自动切换装置）的操作流程。

【知识要求】

一、消防设备末端配电装置的工作原理

根据国家标准《建筑设计防火规范》（GB 50016）第 10.1.8 条规定，消防控制室、消防水泵房、防烟和排烟风机房的消防用电设备及消防电梯等的供电，应在其配电线路的最末一级配电箱处设置自动切换装置。

双电源自动切换装置包括自投自复和自投不自复两种功能，对三相四线电网供电的两路电源的三相电压同时检测，当任一相发生过压、欠压（包括缺相），即自动从异常电源切换到正常电源。用于电网—发电系统的产品还能发出发电和卸载信号。

常用的消防设备末端配电装置即双电源自动切换装置（Automatic transfer switching equipment，ATSE），电器级别为 PC 级。目前，自动转换开关采用双列复合式触头、传动机构、微电机预储能以及微电子控制技术，基本实现了零飞弧，同时实现了电源与负载间的隔离，可靠性极高。安装消防设备末端配电装置的配电柜，统称为双电源互投柜（箱），如图 2-3-8 所示。常见的双电源自动切换开关如图 2-3-9 所示。

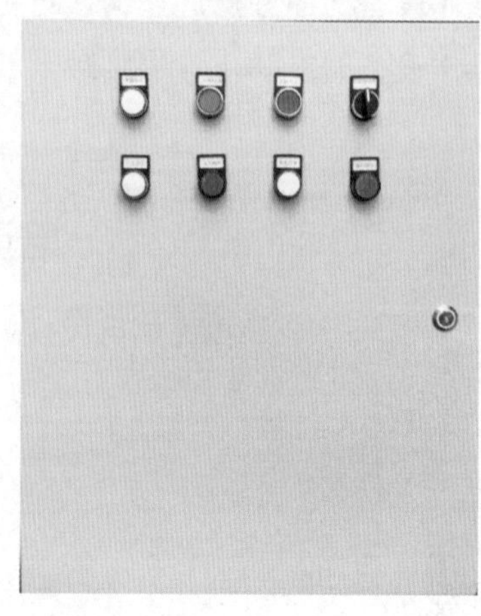

图 2-3-8　双电源互投柜（箱）

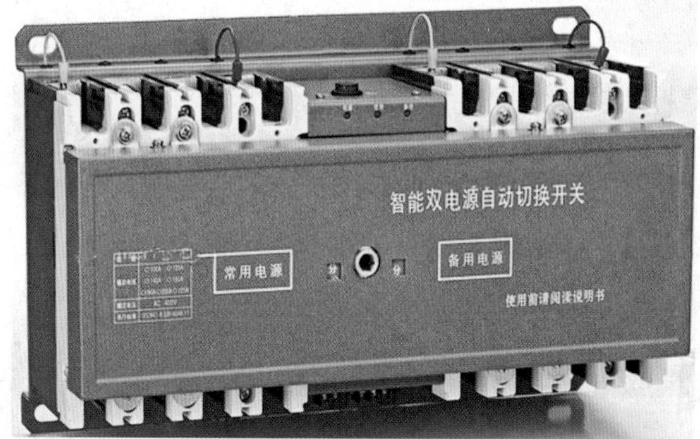

图 2-3-9　双电源自动切换开关

二、消防设备末端配电装置的工作方式

1. 自投自复

正常时主电源断路器供电。当主电源失电时，控制装置使主电源断路器断开，备用电源断路器闭合，备用电源供电。当主电源恢复供电时，控制装置使备用电源断路器断开，主电源断路器闭合，恢复主电源断路器供电。转换时间可调整（0 ~ 120 s）。

2. 自投不自复

正常时主电源断路器供电。当主电源失电时，控制装置使主电源断路器断开，备用电源断路器闭合，备用电源供电。当主电源恢复供电时，控制装置维持备用电源断路器供电。转换时间可调整（0 ~ 120 s）。

3. 互为备用

平时双路电源不分主、备用电源供电。当正在使用的电源（A 电源）失电时，控制装置使该故障电源（A 电源）断路器断开，闭合另一路电源（B 电源）断路器，确保持续供电。即故障电源（A 电源）恢复正常时，也不必采取转换恢复（A 电源）供电；仅在用电源（B 电源）发生失电时，控制装置再将供电电源转换至（A 电源）供电。

4. 电网—发电机

正常时主电源断路器供电。当主电源失电时，控制装置发出指令（无源常开接点），启动发电机发电，经延时后使主电源断路器断开，备用电源断路器闭合。当主电源恢复供电时，控制装置发出指令，停止发电机发电，经延时后使备用电源断路器断开，主电源断路器闭合，恢复主电源断路器供电。转换时间可调整（0~120 s）。

三、消防设备末端配电装置的功能

1. 过压保护

当电源电压大于 115%U_e（额定工作电压）时，实现转换。

2. 欠压保护

当电源电压小于 85%U_e（额定工作电压）时，实现转换。

3. 断相保护

当电源任一相断相时，实现转换。

4. 复位按钮功能

当控制装置设复位按钮时，如果电源回路出现过载或短路故障，断路器断开后，不可立即操作断路器闭合；只有排除故障，并按复位按钮后，方能闭合断开的断路器。

5. 手动—自动转换功能

当控制装置设有手动—自动转换按键时，操作按键处于手动状态时，在控制装置面板上，可手动控制主电源断路器、备用电源断路器的分、合；操作按键处于自动状态时，控制装置根据监测电源工作状态，可控制主电源和备用电源之间进行自动转换、恢复。

6. 双分功能

设置双分按键，按下双分按键，将主电源、备用电源全部切断。

7. 电气互锁功能

主电源断路器和备用电源断路器要有电气互锁功能，保证同时只能有一台断路器闭合。

四、双电源自动切换装置适用范围

适用于交流 50 Hz、400 V 的两路电源（主电源和备用电源或发电电源），当一路电源发生故障时实现电源之间的自动切换，以保证供电的可靠性和安全性。

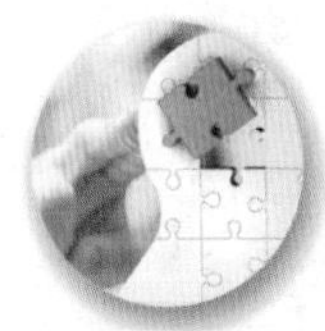

【技能操作】

技能 1　消防设备末端配电装置自动切换主、备用电源

一、操作准备

1. 技术资料

消防设备末端配电装置系统图，消防设备末端配电装置产品使用说明书和设计手册等技术资料。

2. 常备工具

绝缘钳、绝缘扳手、旋具等。

3. 防护装备

安全防护装备，如绝缘手套、绝缘鞋等电工防护用品。

4. 实操设备

具有双电源切换装置的配电箱（柜），秒表等检测工具。

5. 记录表格

《消防控制室值班记录表》《建筑消防设施维护保养记录表》。

二、操作步骤

以双电源自动切换装置为例，介绍主电源与备用电源的自动切换。

1. 切断主电源，检查备用电源的自动投入情况，并用秒表测量转换时间。
2. 检查消防设备末端配电装置各仪表及指示灯的显示情况。
3. 恢复电源。
4. 填写《消防控制室值班记录表》《建筑消防设施维护保养记录表》。

三、注意事项

1. 本操作涉及强电，请务必注意人身安全。
2. 两个进线开关应互锁。

技能 2　消防设备末端配电装置手动切换

一、操作准备

1. 技术资料

消防设备末端配电装置系统图、消防设备末端配电装置产品使用说明书和设计手册等技术资料。

2. 常备工具

绝缘钳、绝缘扳手、旋具等。

3. 防护装备

安全防护装备，如绝缘手套、绝缘鞋等电工防护用品。

4. 记录表格

《消防控制室值班记录表》《建筑消防设施维护保养记录表》。

二、操作步骤

1. 切断主电源供电断路器，手动操作双电源切换装置至备用电源一侧，实现备用电源供电，检查各仪表及指示灯是否正常。

（1）当采用电网电源做备用电源时，切断主电源供电断路器，手动操作双电源切换装置至备用电源一侧后，备用电源断路器闭合，备用电源持续供电。

（2）当采用发电机做备用电源时，切断主电源供电断路器，手动操作双电源切换装置至备用电源一侧后，断开双电源互投柜内负载断路器。启动发电机，待机组运行正常时，顺序闭合发电机空气开关、双电源互投柜内负载断路器，向负载供电。

2. 手动操作双电源切换装置至主电源一侧，检查各仪表及指示灯是否正常。

（1）当采用电网电源做备用电源时，手动操作双电源切换装置至主电源一侧：

1）断开双电源互投柜备用电源断路器。

2）闭合双电源互投柜主电源断路器。

3）恢复主电源供电。

（2）当采用发电机做备用电源时，手动操作双电源切换装置至主电源一侧：

1）断开双电源互投柜备用电源断路器。

2）闭合双电源互投柜主电源断路器。

3）断开发电机空气开关。

4）关闭发电机。

5）恢复主电源供电。

3. 填写《消防控制室值班记录表》《建筑消防设施维护保养记录表》。

三、注意事项

1. 本操作涉及强电，请务必注意人身安全。

2. 确认主电源断开后，再切换至备用电源。

3. 确认主电源恢复正常供电后，确认发电机停止工作。

4. 发电机运行期间，操作人员不得离开发电机组，并根据负荷变化及时调整电压、频率等，发现异常情况及时处理。

培训单元 4
测试消防设备电源状态监控器的报警功能

【培训重点】

了解消防设备电源状态监控器的组成。

掌握消防设备电源监控系统组件的工作原理。

熟练掌握测试消防设备电源状态监控器报警功能的方法。

【知识要求】

一、消防设备电源状态监控器的组成和基本功能

消防设备电源状态监控器是消防设备电源监控系统的核心设备，为监控器自身和与之连接的消防设备电源监控传感器提供稳定的工作电源，通过传感器实时监测消防设备电源的状态。当消防设备电源发生断电、过压、欠压、过流、缺相、错相等故障时，及时发出故障声、光信号，显示并记录故障的部位、类型和时间。以下以某厂家的消防设备电源状态监控器为例，说明监控器的组成和基本功能。

1. 消防设备电源状态监控器的组成

消防设备电源状态监控器通常由工作状态指示灯、液晶显示屏、操作键盘、打印机、电源、回路板、接线端子、蓄电池等部分组成。监控器前面板组成示例如图 2-3-10 所示，监控器内部组成示例如图 2-3-11 所示。

（1）工作状态指示灯及液晶显示屏

工作状态指示灯及液晶显示屏分别用于指示监控器的工作状态及显示监控器的运行和报警信息。本教材模块一项目一培训单元 4 详细说明了指示灯和显示格式的含义，本单元不再赘述。

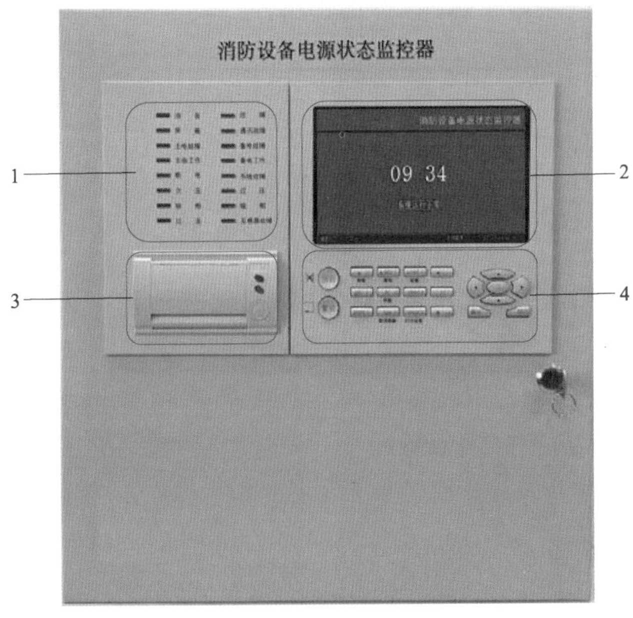

图 2-3-10 消防设备电源状态监控器前面板组成示例
1—工作状态指示灯 2—液晶显示屏 3—打印机 4—操作键盘

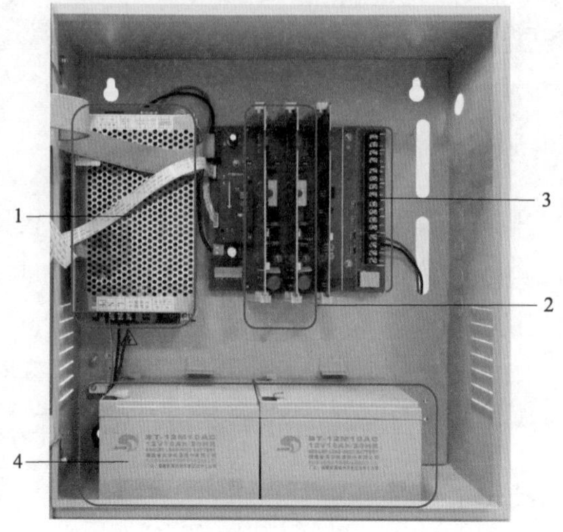

图 2-3-11　消防设备电源状态监控器内部组成示例

1—主电源　2—回路板　3—接线端子　4—蓄电池

（2）操作键盘

操作键盘用于对监控器进行操作。按照各按键的功能来划分，可以分为信息查询类按键、特殊功能类按键、设置功能类按键、字符键和操作键。操作键盘示例如图 2-3-12 所示。

1）信息查询类按键：可对监控器进行系统设备、历史记录等信息的查看。

图 2-3-12　操作键盘示例

2）特殊功能类按键：指用户操作监控器时完成相应命令、改变系统状态的按键，包括："复位""消音""自检""屏蔽""取消屏蔽"。

3）设置功能类按键：指用户需要设置监控器的参数、调试及改变监控器设置时使用的按键，包括："设置""打印设置"。

4）字符键：指用户输入数据用的数字或字符键（以及各种组合键），包括："空格"、数字键（0 ~ 9）、"*""&""+""×""="。数字键同时为菜单操作时快速进入菜单的快捷键。

5）操作键：指用户进行各种操作时均可能用到的按键，包括：◁、▷、△、▽、?、"确认""取消"。

（3）打印机

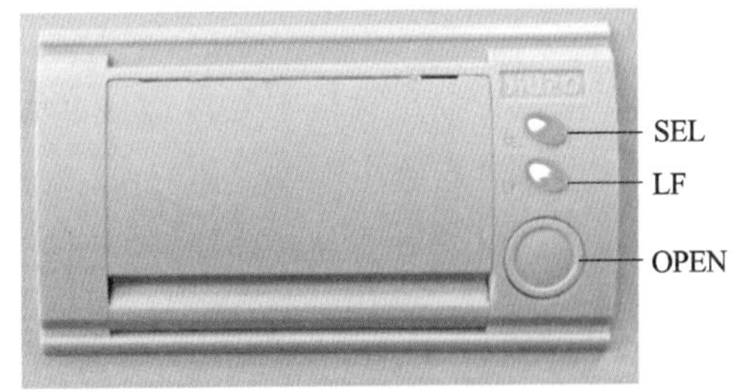

图 2-3-13　打印机示例

打印机用于实时或手动打印监控器的报警信息。打印机采用的是正面换纸方式的热敏打印机，方便用户更换打印纸。打印机示例如图 2-3-13 所示，SEL 表示打印机自检和在线控制键，LF 表示打印换行、走纸键，OPEN 表示换纸开关按钮。

（4）电源

为监控器自身和与之连接的消防设备电流监控传感器提供稳定的工作电源，主要由主电源和备用电源组成。当主电源断电时，能自动转换到备用电源；当主电源恢复时，能自动转换到主电源。备用电源满电状态下，能提供监控器在正常监视状态下至少工作 8 h。

（5）回路板

回路板用于巡检、采集、分析、处理与本回路连接的消防设备电源监控传感器的工作状态和消防设备电源状态。当消防设备电源发生断电、过压、欠压、过流、缺相、错相等故障时，向监控器发出报警信号。

2. 消防设备电源状态监控器的基本功能

（1）主电源和备用电源转换功能

监控器电源应设主电源和备用电源。主电源应采用 220 V、50 Hz 电源并设置过流保护措施，电源输入端应设接线端子，当交流电网供电电压变动幅度在额定电压 220 V 的 85% ~ 110% 范围内，频率偏差不超过标准频率 50 Hz 的 ±1% 时，监控器应能正常工作。

监控器的电源部分应具有主电源和备用电源转换功能，并应有主、备电源工作状态指示。当主电源断电时，能自动转换到备用电源；当主电源恢复时，能自动转换到主电源；主、备电源的转换不应影响监控器的正常工作。监控器的备用电源在放电至终止电压条件下充电 24 h 所获得的容量应能提供监控器在正常监视状态下至少工作 8 h。

（2）故障报警功能

监控器在下述状况下，应能在 100 s 内发出故障声、光信号：

1）被监控的消防设备供电中断。

2）监控器与连接的外部部件间连接线断路、短路和影响系统功能的接地。

3）监控器与其分体电源间连接线断路、短路和影响系统功能的接地。

4）被监控电源电压值大于额定电压的 110% 或小于额定电压的 85%（仅适用于具有此功能的监控器）。

5）被监控电源发生缺相、错相、过载等供电异常现象（仅适用于具有此功能的监控器）。

6）给监控器自身备用电源充电的充电器与备用电源间连接线的断路、短路。

7）监控器自身主电源欠压。

8）由软件控制实现各项功能的监控器，当程序不能正常运行时，监控器应有单独的故障指示灯指示主程序故障。

（3）信息显示功能

监控器采用字母（符）–数字显示时，还应满足下述要求：

1）应能显示当前中断供电的消防设备总数。

2）按接收到故障的时间先后顺序连续显示各故障部位，当显示区域不足以显示全部故障部位时，应采用循环方式显示，且应设手动查询按钮，每手动查询一次，只能查询一个故障部位及相关信息。

3）当采用公用显示器时，应优先显示电源中断供电故障信息，其他故障信息的显示不应影响电源中断供电故障信息的显示，电源中断供电故障信息不应与其他信息交替显示。

4）被中断供电故障信息覆盖的其他信息等应手动可查。监控器如具有显示被监控电源的电压值或电流值的功能，其显示误差不应大于5%。

（4）历史事件记录功能

监控器应至少能记录999条相关故障信息，并且在监控器断电后保持14天。记录的相关故障信息可通过监控器或其他辅助设备查询。

（5）消音功能

监控器的故障声信号应能手动消除，再有故障信号输入时，应能再启动。

（6）自检功能

监控器应具有手动检查其音响器件、面板所有指示灯和显示器的功能。监控器的自检时间超过1 min或不能自动停止自检时，不应影响非自检部位的正常工作。

（7）复位功能

监控器在故障排除后，故障信号可自动或手动复位。复位后，监控器应在100 s内重新显示尚存在的故障。

二、消防设备电源监控传感器的工作原理

电压、电流、电压/电流传感器是消防设备电源监控系统的基本组件，用于实时采集消防设备电源状态，并将电源状态上传给消防设备电源状态监控器。当消防设备电源发生断电、过压、欠压、过流、缺相时，消防设备电源状态监控器发出报警信号。以下以某厂家的产品为例，介绍几种常见传感器及其工作原理。

1. 交流单相电压传感器

交流单相电压传感器示例如图 2–3–14 所示。

通讯 1 2　通讯：端子1：二总线输入；端子2：二总线输出。无极性

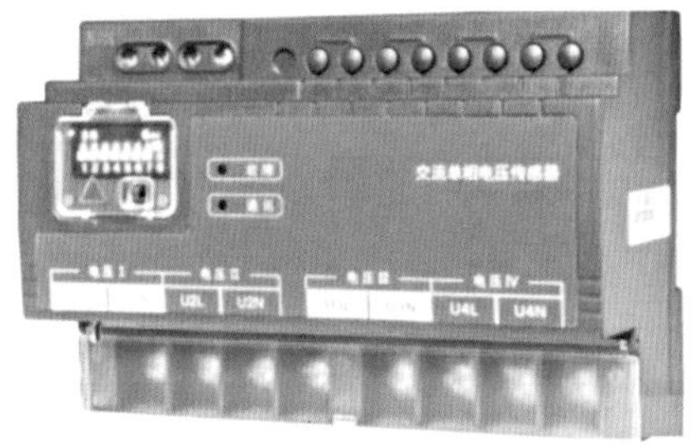

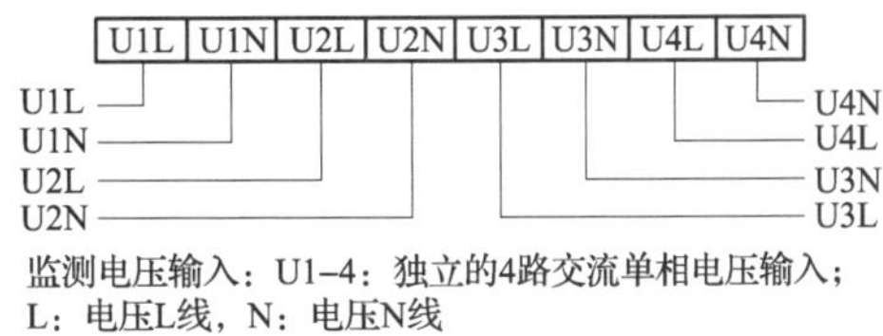

图 2–3–14　交流单相电压传感器示例

交流单相电压传感器能够采集四路被监测设备电源的电压值，也可以根据实际需要只采集某一路或某几路被监测设备电源的电压值，并通过总线通讯上传到监控器，监控器可以指示相应的电源故障类型，并发出声、光故障信号。

交流单相电压传感器可用于监测供电电源为 AC 220 V 的消防设备，如各种报警设备、电源配电箱、应急照明回路等。

2. 交流单相电压 / 电流传感器

交流单相电压 / 电流传感器示例如图 2–3–15 所示。

通讯 1 2　通讯：端子1：二总线输入；端子2：二总线输出。无极性

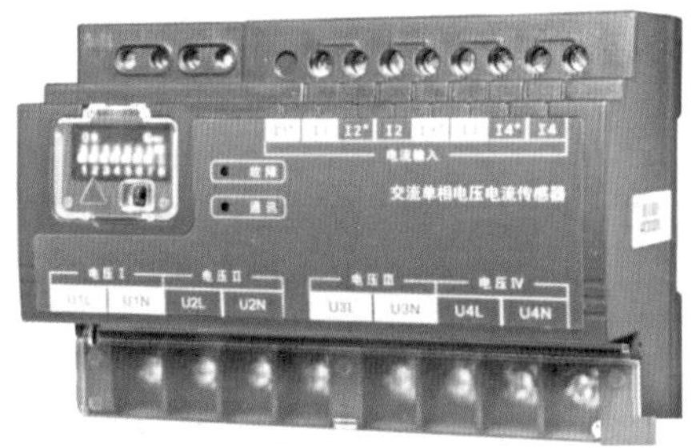

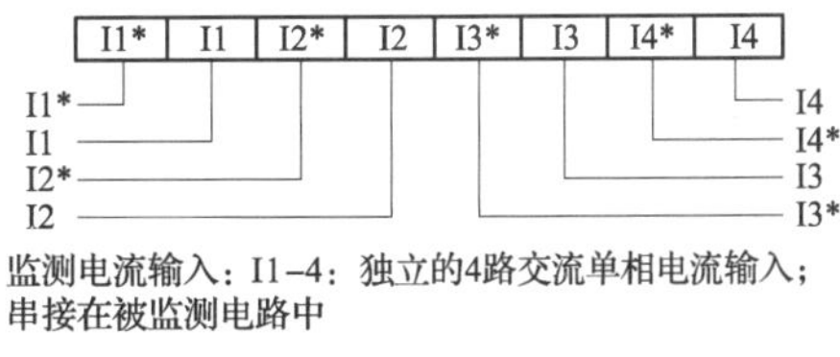

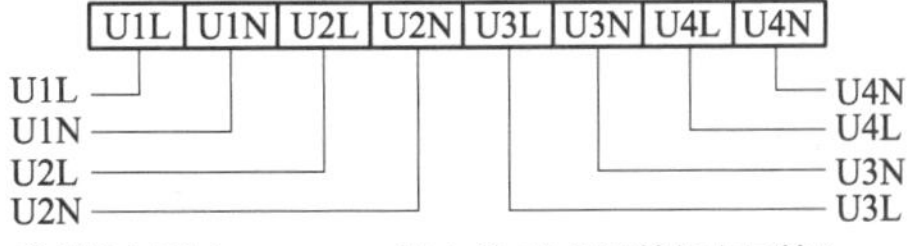

图 2–3–15　交流单相电压 / 电流传感器示例

交流单相电压 / 电流传感器能够同时采集被监测设备电源的四路电压值、四路电流值，也可以根据实际需要只采集某一路或某几路被监测设备电源的电压、电流值，并通

过总线通讯上传到监控器，监控器可以指示电源故障类型，并发出声、光故障信号。

交流单相电压 / 电流传感器可用于监测供电电源为 AC 220 V 的消防设备，如各种交流单相电动机、电源配电箱、应急照明回路等。

3. 交流三相电压传感器

交流三相电压传感器示例如图 2–3–16 所示。

通讯 1 2

通讯：端子1：二总线输入；端子2：二总线输出。无极性

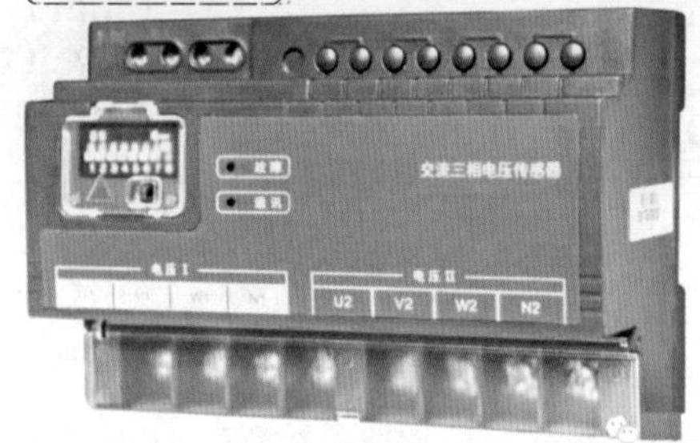

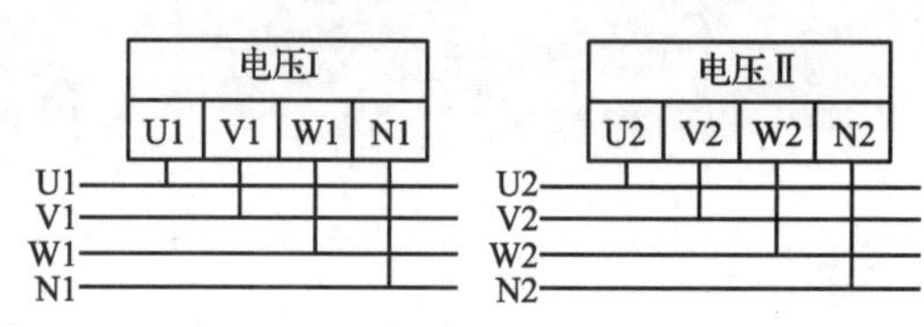

监测电压输入：电压Ⅰ和电压Ⅱ：两路独立的三相四线电压输入；并接在被监测电压上，注意U、V、W、N线的顺序及极性

图 2–3–16　交流三相电压传感器示例

交流三相电压传感器能够同时采集两组被监测设备电源的三相电压值，也可以根据实际需要只采集某一路或某几路被监测设备电源的电压值，并通过总线通讯上传到监控器，监控器可以指示电源故障类型，并发出声、光故障信号。

交流三相电压传感器可用于监测供电电源为 AC 380 V 的消防设备，如风机、泵类设备、交流三相电源配电箱等。

4. 交流三相电压 / 电流传感器

交流三相电压 / 电流传感器示例如图 2–3–17 所示。

通讯 1 2

通讯：端子1：二总线输入；端子2：二总线输出。无极性

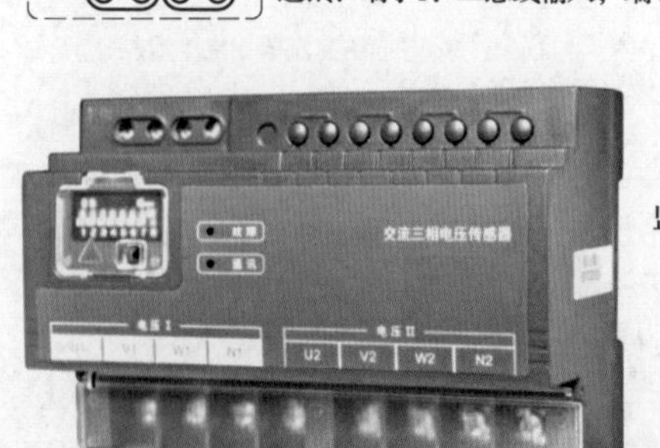

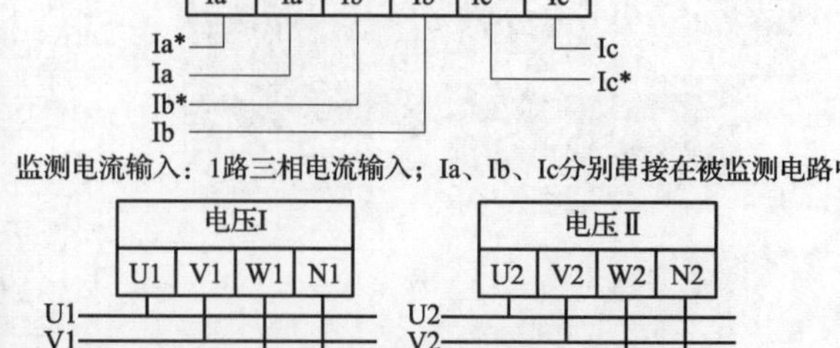

监测电压输入：电压Ⅰ和电压Ⅱ：两路独立的三相四线电压输入；并接在被监测电压上，注意U、V、W、N线的顺序及极性

图 2–3–17　交流三相电压 / 电流传感器示例

交流三相电压/电流传感器能够同时采集两组被监测设备电源的三相电压和一组电流值，也可以根据实际需要只采集某一路或某几路被监测设备电源的电压、电流值，并通过总线通信上传到监控器，监控器可以指示电源故障类型，并发出声、光故障信号。

交流三相电压/电流传感器可用于监测供电电源为 AC 380 V 的消防设备，如风机、泵类设备、交流三相电源配电箱等。

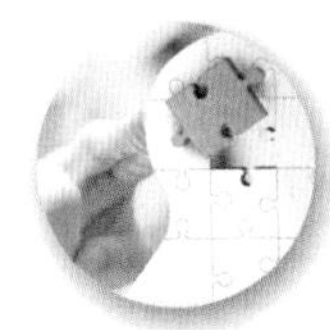

【技能操作】

测试消防设备电源状态监控器的报警功能

一、操作准备

1. 技术资料

消防设备电源监控系统图、系统部件现场布置图和地址编码表，消防设备电源状态监控器使用说明书和设计手册等技术资料。

2. 实操设备

消防设备电源状态监控系统演示模型，旋具、万用表、交流调压器、交流恒流源等电工工具，声级计、秒表等检测设备。

3. 记录表格

《消防控制室值班记录表》《建筑消防设施故障维修记录表》。

二、操作步骤

1. 测试消防设备供电中断故障报警功能

（1）断开某个被监控的消防设备供电电源。

（2）用秒表测量监控器发生故障警报的时间，检查监控器的显示情况。监控器的工作状态指示灯、液晶显示应如图 2-3-18、图 2-3-19 所示。

（3）按监控器“消音”键，如图 2-3-20 所示，监控器的故障声响应关闭，消音指示灯应点亮，如图 2-3-21 所示。

警的时间，检查监控器的显示情况。监控器液晶显示检查应如图 2–3–22 所示。

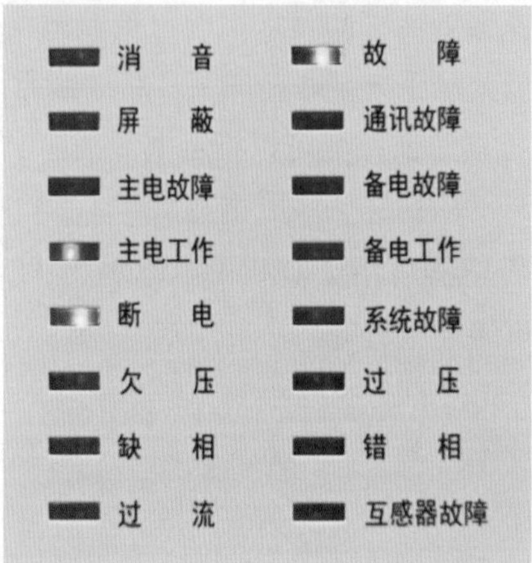

图 2–3–18　消防设备供电中断故障时工作状态指示灯示例

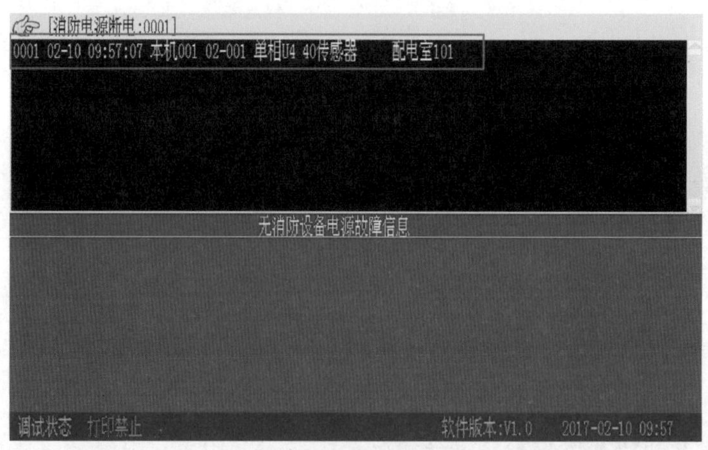

图 2–3–19　消防设备供电中断故障时液晶显示示例

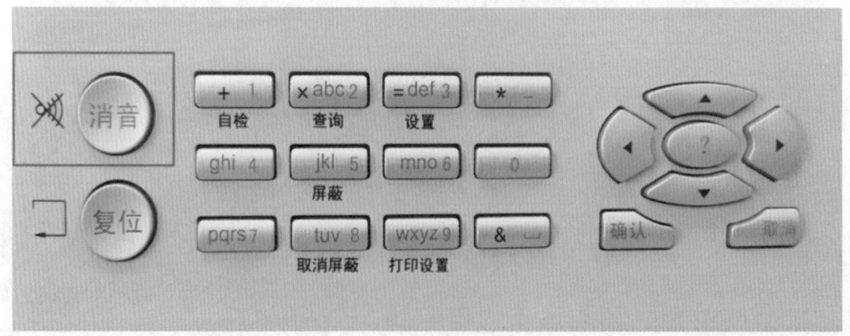

图 2–3–20　监控器消音操作示例

（4）再断开一个被监控的消防设备供电电源，用秒表测量监控器再次发出故障报警的时间，检查监控器的显示情况。监控器液晶显示检查应如图 2–3–22 所示。

（5）恢复上述消防设备供电。对于能自动复位的监控器，监控器应能自动复位至正常监视状态。对于需手动复位的监控器，操作监控器手动“复位”按键，如图 2–3–23 所示。

（6）记录测试结果

根据测试结果，规范填写《消防控制室值班记录表》；如发现系统异常，还应规范填写《建筑消防设施故障维修记录表》。

2. 测试消防设备电源状态监控器故障报警功能

（1）测试监控器与传感器间连接线故障报警功能

模拟监控器与传感器间连接线的断路、短路和影响系统功能的接地故障，用秒表测量监控器发出故障报警的时间，检查监控器的显示情况。监控器应能在 100 s 内发出故障声、光信号，显示并记录故障的部位、类型和时间。

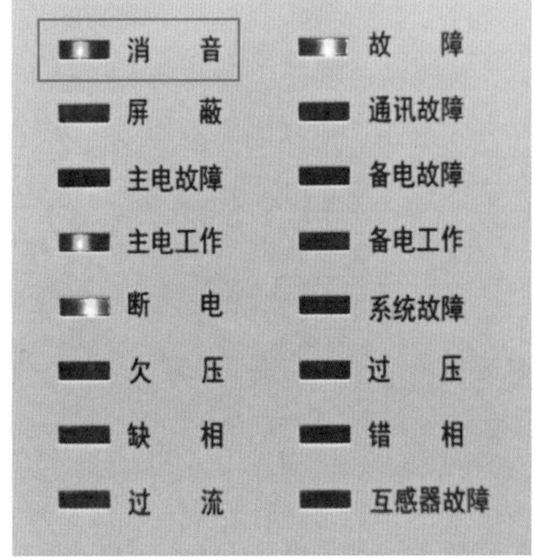

图 2–3–21　监控器消音指示灯示例

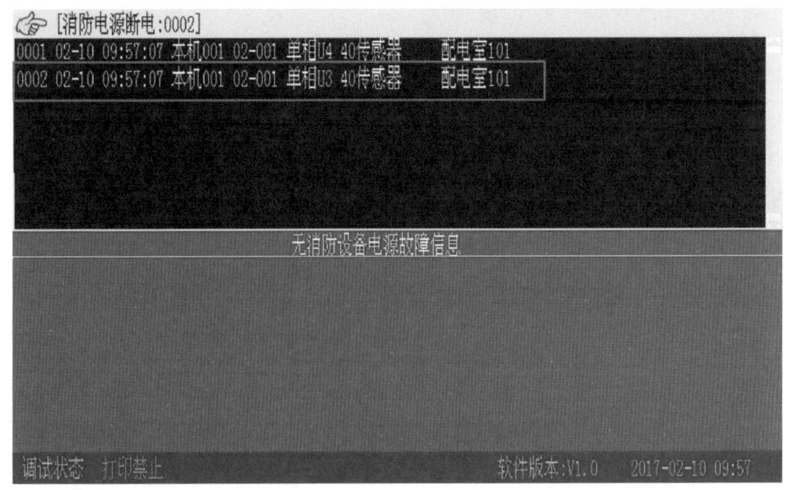

图 2–3–22　监控器新增消防设备供电中断故障显示示例

图 2–3–23　监控器手动复位操作示例

（2）测试监控器与备用电源间连接线故障报警功能

模拟监控器充电器与备用电源间连接线断路、短路（短路前应先将备用电源开关断开）故障，用秒表测量监控器发出故障报警的时间，检查监控器的显示情况。监控器应能在 100 s 内发出故障声、光信号，显示并记录故障的部位、类型和时间。

（3）测试监控器与主电源间连接线故障报警功能

模拟监控器自身主电源断电，用秒表测量监控器发出故障报警的时间，检查监控器的显示情况。监控器应能在 100 s 内发出故障声、光信号，显示并记录故障的部位、类型和时间。

（4）撤销模拟故障，测试复位情况

对于能自动复位的监控器，监控器应能自动复位至正常监视状态。对于需手动复位的监控器，操作监控器"复位"按键，将监控器复位至正常监视状态。

（5）填写记录

根据测试结果，规范填写《消防控制室值班记录表》；如发现系统异常，还应规范填写《建筑消防设施故障维修记录表》。

三、注意事项

1. 由于不同设备厂家监控器的结构、面板及操作界面各不相同，因而工作状态显示方式也不相同。实际操作应以具体产品的操作使用说明书为准。

2. 操作过程中，应注意安全，避免发生触电事故。

3. 消防设备断电、合闸应严格执行单位的设备断电、合闸规程。

培训单元 5
测试消防应急电源的故障报警和保护功能

【培训重点】

了解消防应急电源的基本组成及工作原理。

掌握消防应急电源基本操作。

熟练掌握消防应急电源报警功能的测试方法。

【知识要求】

一、消防应急电源工作原理（含组件介绍）

1. 消防应急电源的基本组成

消防应急电源系统用于各种用电设备的应急供电，如电梯、风机、水泵、照明、空调等。系统主要由逆变器（充电器）、静态切换开关、系统控制器、蓄电池、电池检测、系统配电、分路检测等组成。消防应急电源系统的基本组成如图 2–3–24 所示。

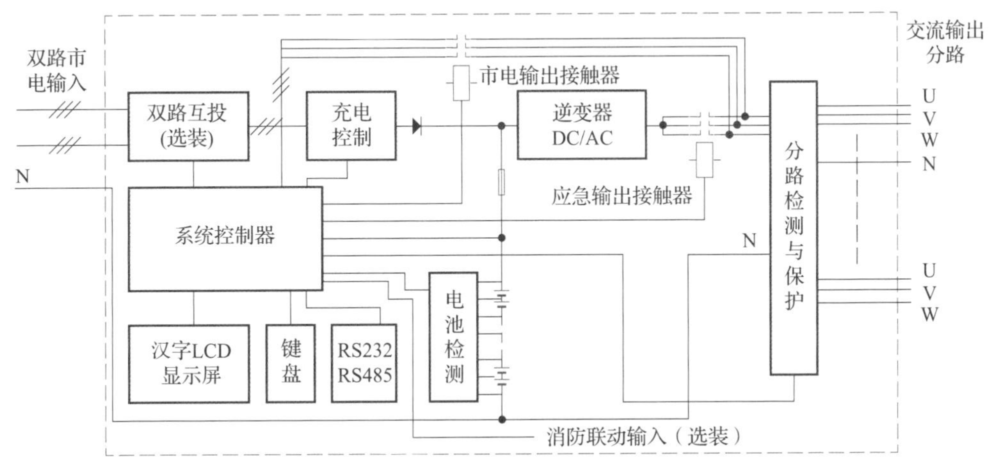

图 2–3–24　消防应急电源系统的基本组成

2. 消防应急电源工作原理

消防应急电源一般工作在三种状态：市电正常工作状态、市电异常工作状态和市电恢复正常工作状态。

（1）市电正常工作原理

如图 2–3–25 所示，当市电正常时，市电旁路供给负载；同时通过充电器给蓄电池充电。

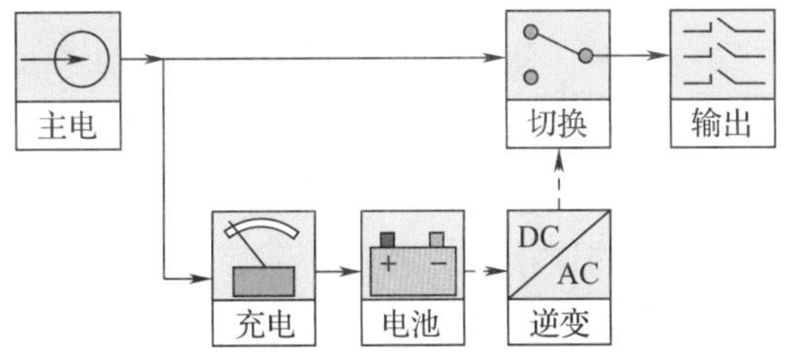

图 2–3–25　市电正常工作状态示意图

（2）市电异常工作原理

如图 2–3–26 所示，当市电异常时，蓄电池经逆变器向负载应急供电。

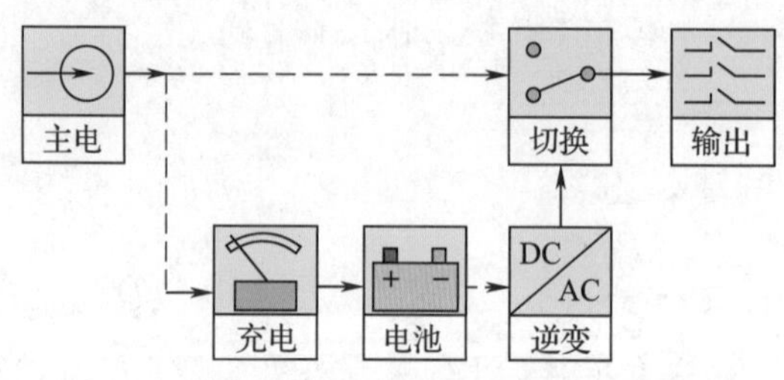

图 2–3–26　市电异常工作状态示意图

（3）市电恢复正常工作原理

当市电由异常状态恢复正常后，重新向蓄电池充电；市电旁路供给负载。

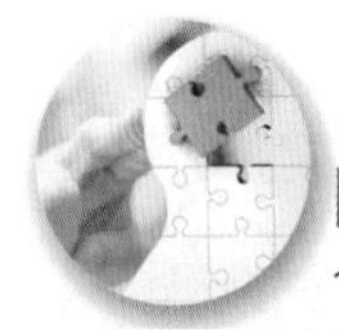

【技能操作】

测试消防应急电源的故障报警和保护功能

一、操作准备

1. 技术资料

消防应急电源使用说明书和设计手册等技术资料。

2. 实操设备

消防应急电源系统演示模型，旋具、万用表等电工工具。

3. 记录表格

《消防控制室值班记录表》。

二、操作步骤

1. 模拟消防应急电源故障报警和保护功能

（1）模拟充电器与电池组之间连接线的断线故障报警功能

断开充电器与电池组之间的连接线，检查消防应急电源是否发出故障声、光报警信号，并查看消防应急电源是否显示（指示）出故障类型等故障信息。

（2）模拟电池连接线的断线故障报警功能

断开一组电池之间的连接线，检查消防应急电源是否发出故障声、光报警信号，并查看消防应急电源是否显示（指示）出故障类型等故障信息。

（3）模拟消防应急电源电池欠压故障报警功能和过放电保护功能

用万用表测试消防应急电源蓄电池两端的电压；

断开消防应急电源主电空气开关，使消防应急电源进入应急工作状态；

当消防应急电源发出电池欠压故障报警声、光信号时，检查消防应急电源蓄电池是否不小于额定电压的 90%；

消防应急电源在报出电池欠压故障后，检查消防应急电源是否切断输出回路，对蓄电池进行过放电保护，终止放电；

终止放电时，用微安表（或者万用表的微安档位）测试蓄电池的静态泄放电流，静态泄放电流不应大于 $10^{-5}C_{20}$ A，其中 C_{20} 代表蓄电池放电时率为 20 h 的额定容量。

（4）模拟消防应急电源的输出过流故障报警功能和输出过流保护功能

1）模拟消防应急电源的输出过流故障报警功能

①断开控制消防应急电源输出的空气开关。

②将消防应急电源额定输出功率 120%（不同厂商、型号所规定的输出过流故障报警值不同，以产品说明书中具体规定的数值为准）的负载接入消防应急电源。

③闭合控制消防应急电源输出的空气开关，检查消防应急电源是否发出故障声、光报警信号，并查看消防应急电源是否显示（指示）出故障类型等故障信息。

操作过程中，消防应急电源系统菜单依次进入显示，如图 2–3–27 所示。

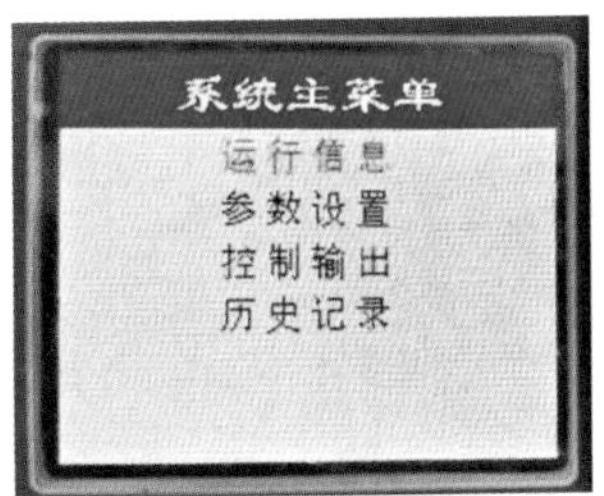

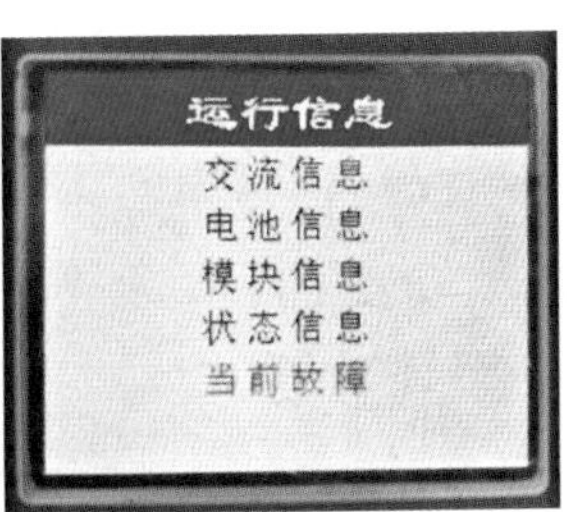

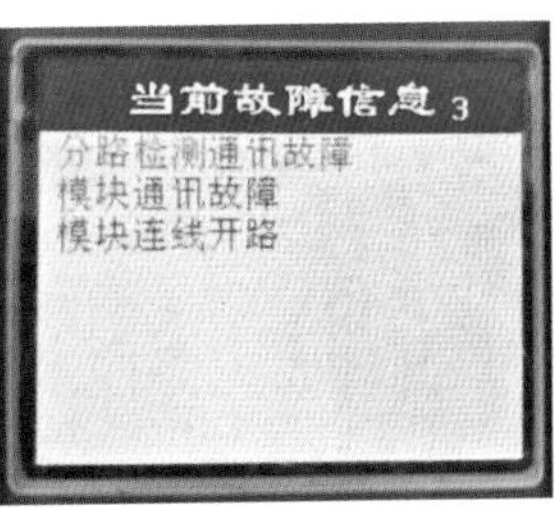

图 2–3–27 消防应急电源系统菜单的故障信息显示

2）模拟消防应急电源的输出过流保护功能

①断开控制消防应急电源输出的空气开关。

②将消防应急电源额定输出功率 150%（不同厂商、型号所规定的输出过流保护值不同，以产品说明书中具体规定的数值为准）的负载接入消防应急电源。

③闭合控制消防应急电源输出的空气开关，检查消防应急电源输出启动后是否自

动保护，停止输出。

④恢复负载为额定功率以下值，检查消防应急电源输出是否恢复到正常工作状态。

2. 填写记录

根据检查结果，认真填写《消防控制室值班记录表》。

三、注意事项

1. 操作过程中，应注意安全并做好防护工作，避免发生触电事故。

2. 模拟消防应急电源的输出过流故障报警功能和过流保护功能时，要注意根据设备产品说明书中具体规定的数值进行模拟测试。

培训单元 6
模拟测试电气火灾监控系统的报警、显示功能

【培训重点】

了解电气火灾探测器的报警功能。

掌握电气火灾监控设备报警状态的识别及报警信息的查询。

熟练掌握模拟测试电气火灾监控系统的报警、显示功能。

【知识要求】

一、电气火灾监控系统的报警功能

1. 剩余电流式电气火灾监控探测器的报警功能

当被保护线路剩余电流达到报警设定值时，剩余电流式电气火灾监控探测器应在 30 s 内发出报警信号。

2. 测温式电气火灾监控探测器的报警功能

当被监视部位温度达到报警设定值时，测温式电气火灾监控探测器应在 40 s 内发

出报警信号。

3. 故障电弧探测器的报警功能

当被探测线路在 1 s 内发生 14 个及以上半周期的故障电弧时，故障电弧探测器应在 30 s 内发出报警信号。

4. 电气火灾监控设备的报警功能

电气火灾监控设备应能接收来自探测器的报警信号，并在 10 s 内发出声、光报警信号，指示报警部位，显示报警时间。

二、电气火灾监控系统报警测试方法

1. 剩余电流式电气火灾监控探测器报警测试方法

采用剩余电流发生器模拟产生剩余电流，使探测器达到报警条件，进入报警状态。剩余电流发生器示例如图 2-3-28 所示，用于给线路产生剩余电流，通常用于系统生产或验收模拟时测试电气火灾监控探测器灵敏度及报警功能，具有 0~1 000 mA 电流调节功能。

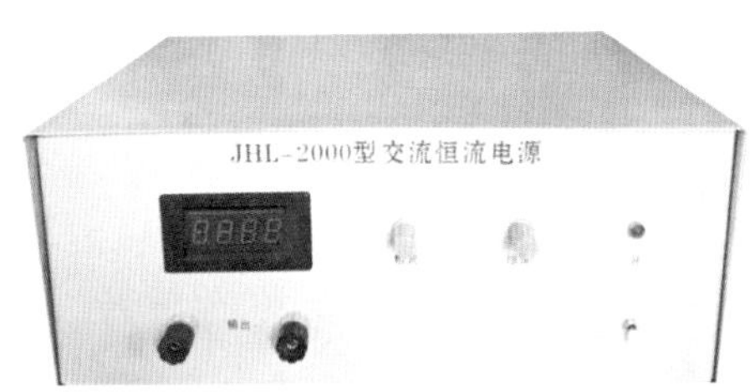

图 2-3-28 剩余电流发生器示例

2. 测温式电气火灾监控探测器报警测试方法

采用可调温式热风机或者其他可控温度的加温设备给探测器的感温元件加温，使探测器达到报警条件，进入报警状态。

3. 故障电弧探测器报警测试方法

采用故障电弧模拟发生装置产生故障电弧，使探测器达到报警条件，进入报警状态。故障电弧模拟发生装置示例如图 2-3-29 所示。

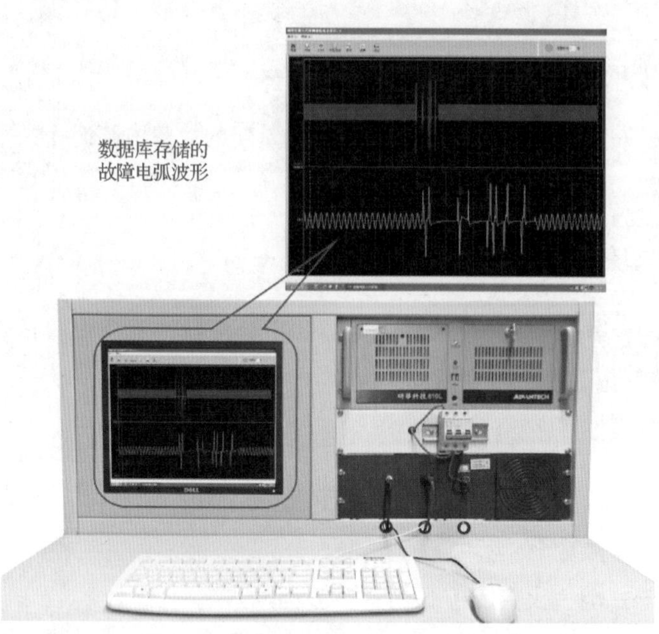

图 2-3-29　故障电弧模拟发生装置示例

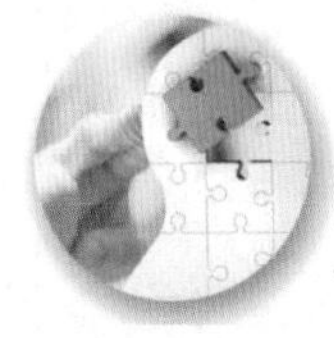

【技能操作】

模拟测试电气火灾监控系统的报警、显示功能

一、操作准备

1. 技术资料

电气火灾监控系统图，监控探测器等系统部件现场布置图和地址编码表，电气火灾监控设备使用说明书和设计手册等技术资料。

2. 实操设备

电气火灾监控系统演示模型，旋具、万用表等电工工具，测温仪、声级计、秒表等检测设备。

3. 记录表格

《消防控制室值班记录表》《建筑消防设施故障维修记录表》。

二、操作步骤

1. 检查电气火灾探测器的报警设定值

（1）检查剩余电流式电气火灾监控探测器的报警设定值

操作电气火灾监控设备查询剩余电流式电气火灾监控探测器的报警设定值，剩余电流式电气火灾监控探测器的报警设定值示例如图 2-3-30 所示，报警设定值为 500 mA。

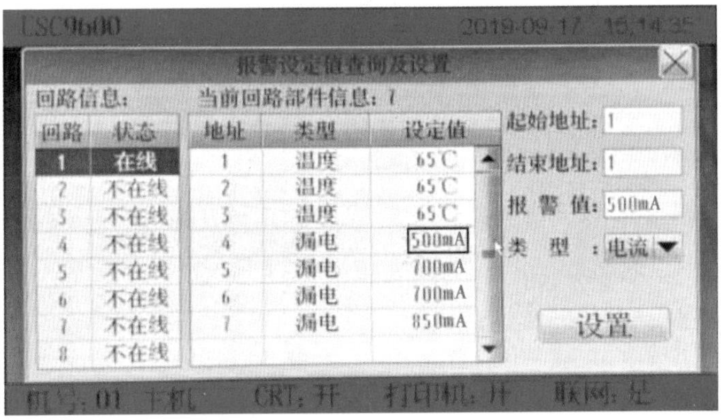

图 2-3-30 剩余电流式电气火灾监控探测器的报警设定值示例

（2）检查测温式电气火灾监控探测器的报警设定值

操作电气火灾监控设备查询测温式电气火灾监控探测器的报警设定值，测温式电气火灾监控探测器的报警设定值示例如图 2-3-31 所示，三只测温式电气火灾监控探测器的报警设定值均为 65℃。

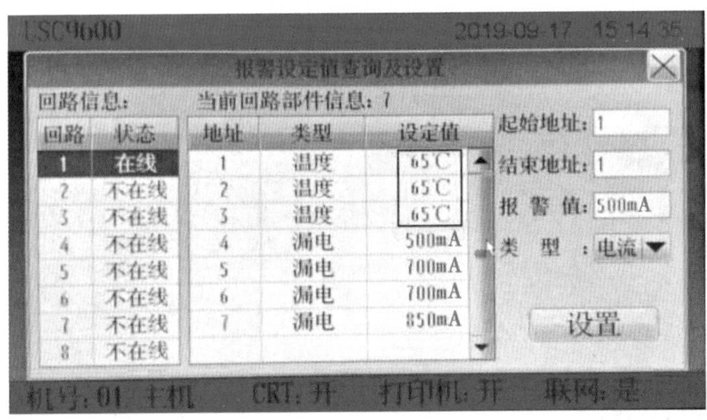

图 2-3-31 测温式电气火灾监控探测器的报警设定值示例

2. 模拟电气火灾探测器报警

（1）模拟剩余电流式电气火灾监控探测器报警

将剩余电流发生器接入剩余电流式电气火灾监控探测器的探测回路，调整发生器的电流值逐渐增大至报警设定值的 120%，直到探测器发出报警信号。剩余电流式电气火灾监控探测器模拟报警示例如图 2-3-32 所示，检查探测器报警确认灯点亮情况。

图 2-3-32　剩余电流式电气火灾监控探测器模拟报警示例

（2）模拟测温式电气火灾监控探测器报警

将热风机的出口温度调整为报警设定温度的 105% 以上，一般不高于 120%，即 69~78℃之间。用热风机吹测温式电气火灾监控探测器的温敏元件，探测器发出报警信号，检查探测器报警确认灯点亮情况。

（3）模拟故障电弧探测器报警

将故障电弧探测器接入电弧模拟发生器，操作发生器 1 s 内发出 14 个以上的故障电弧，直到探测器发出报警信号。

3. 查询电气火灾监控设备的监控报警功能

（1）电气火灾监控设备进入报警状态

剩余电流式电气火灾探测器、测温式电气火灾探测器或故障电弧探测器报警确认灯点亮后，检查电气火灾监控设备报警状态情况。电气火灾监控设备报警状态示例如图 2-3-33 所示，监控器应在 10 s 内发出声、光报警信号，指示报警部位，显示报警时间。

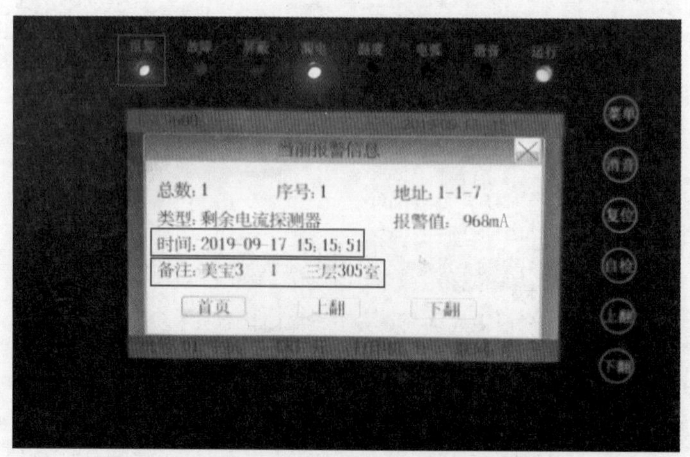

图 2-3-33　电气火灾监控设备报警状态示例

（2）查询探测器测量值功能

操作电气火灾监控设备查询监控探测器实时的剩余电流值和温度值，电气火灾监控设备测量值查询示例如图 2-3-34 所示，剩余电流式电气火灾探测器的电流值为 968 mA。

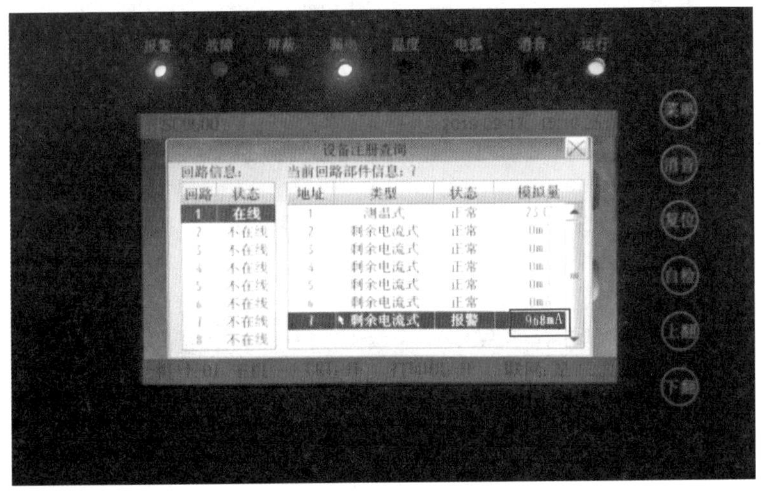

图 2-3-34　电气火灾监控设备测量值查询示例

4. 消除电气火灾监控设备报警声音

（1）操作电气火灾监控设备消音

电气火灾监控设备收到报警信息后，会点亮相对应状态的红色报警指示灯，同时发出报警提示音。电气火灾监控设备“消音”按键示例如图 2-3-35 所示，按下“消音”按键，检查声报警信号的消除情况。

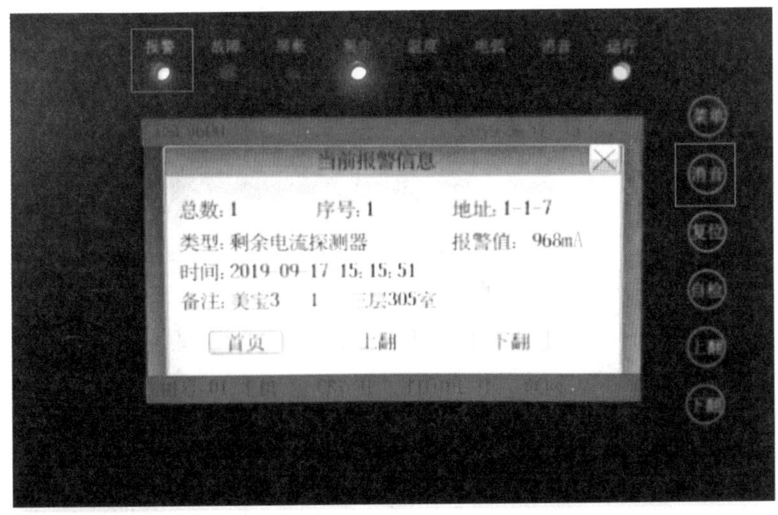

图 2-3-35　电气火灾监控设备“消音”按键示例

（2）消音指示

电气火灾监控设备消音指示示例如图 2-3-36 所示，监控器的消音指示灯应点亮，记录监控器的音响情况。

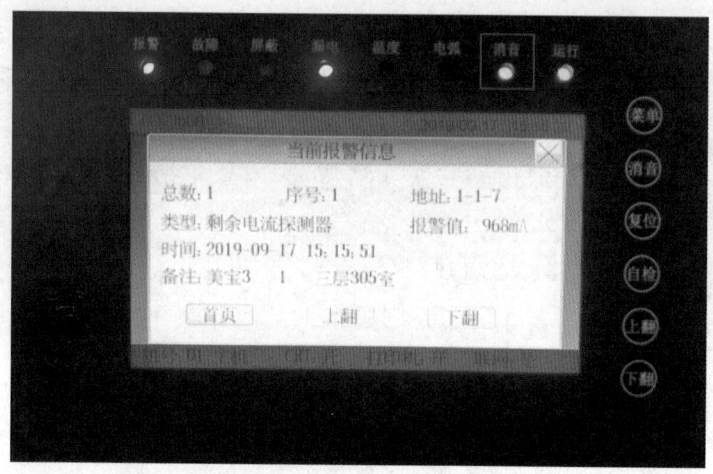

图 2-3-36　电气火灾监控设备消音指示示例

5. 查询电气火灾监控设备显示信息

（1）显示监控报警总数

电气火灾监控设备报警总数示例如图 2-3-37 所示，电气火灾监控设备的监控报警总数为 5 个。

（2）手动查询监控报警信息

当有多个监控报警信号输入时，监控设备应按时间顺序显示报警信息；在不能同时显示所有的监控报警信息时，未显示的信息应能手动查询，电气火灾监控设备手动查询示例如图 2-3-38 所示。

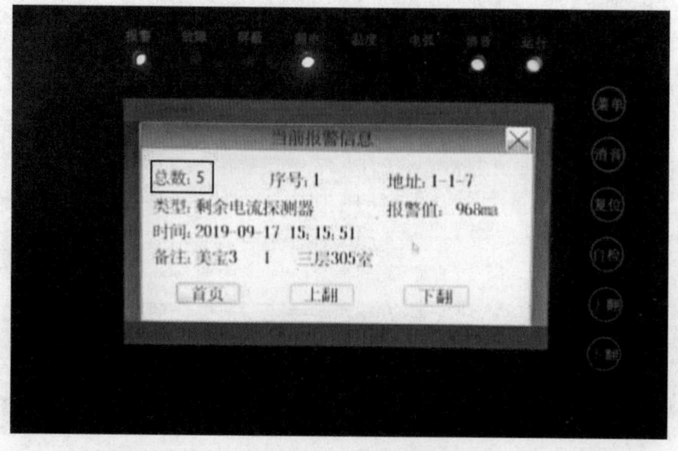

图 2-3-37　电气火灾监控设备报警总数示例

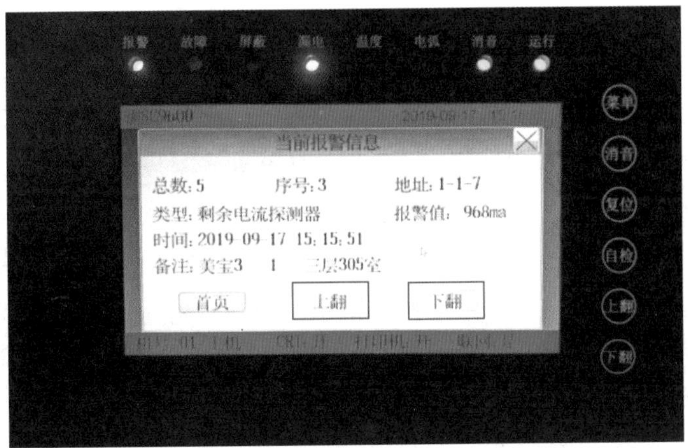

图 2-3-38 电气火灾监控设备手动查询示例

（3）监控报警信息优先显示

当电气火灾监控设备的故障信息和监控报警信息同时存在时，电气火灾监控设备报警显示优先示例如图 2-3-39 所示，监控报警信息优先于故障信息显示。

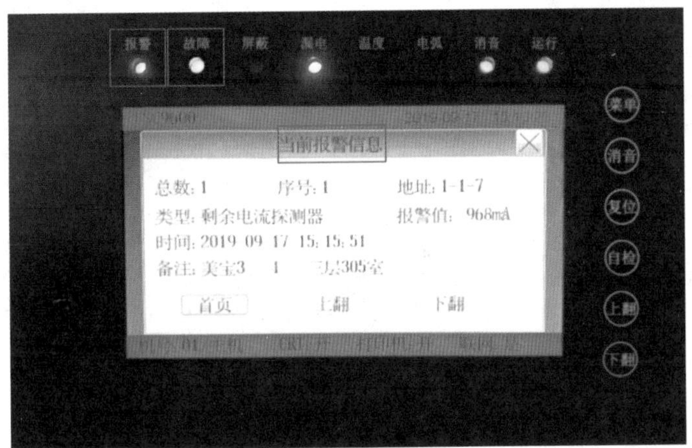

图 2-3-39 电气火灾监控设备报警显示优先示例

（4）报警状态下故障可查

当电气火灾监控设备的故障信息和监控报警信息同时存在时，监控报警信息优先于故障信息显示，故障信息手动操作查询示例如图 2-3-40 所示，故障信息应能手动操作查询。

6. 复位电气火灾监控设备

（1）操作电气火灾监控设备复位

恢复所有探测器施加的模拟报警措施，电气火灾监控设备“复位”按键示例如图 2-3-41 所示，手动操作监控器的“复位”按键，检查探测器指示灯的变化情况，检查监控器的工作状态。

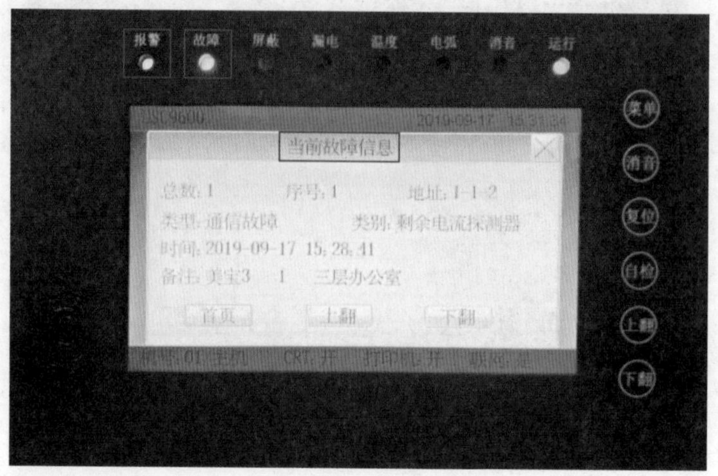

图 2-3-40　故障信息手动操作查询示例

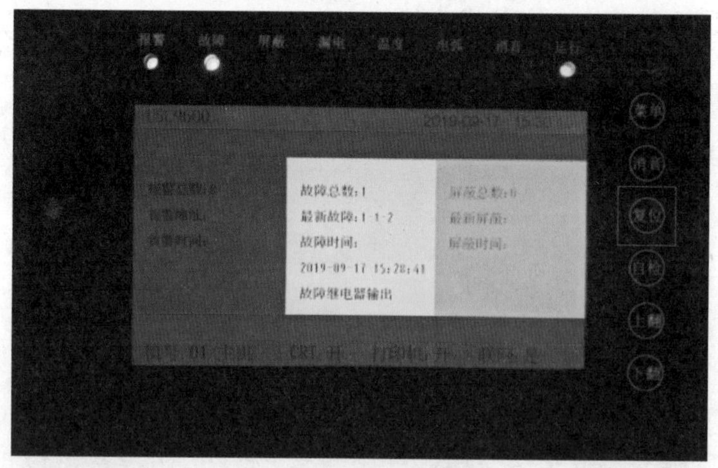

图 2-3-41　电气火灾监控设备“复位”按键示例

（2）电气火灾监控设备复位完毕

电气火灾监控设备复位完毕示例如图 2-3-42 所示，监控器应在 20 s 内完成复位操作，恢复至正常监视状态。

7. 填写记录

根据检查和测试结果，规范填写《消防控制室值班记录》；如发现系统异常，还应规范填写《建筑消防设施故障维修记录表》。

三、注意事项

模拟监控报警操作时，应注意安全防护，避免发生危险。

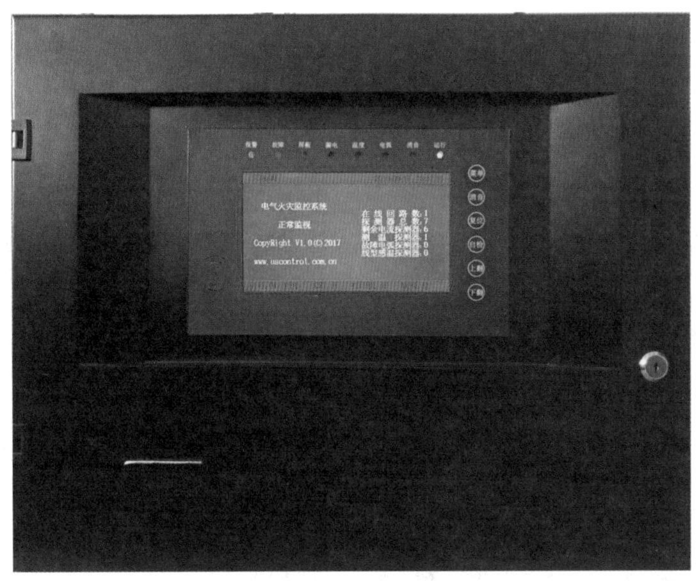

图 2-3-42　电气火灾监控设备复位完毕示例

培训单元 7
模拟测试可燃气体探测报警系统的报警、显示功能

【培训重点】

了解可燃气体探测器的报警功能。

掌握可燃气体报警控制器报警状态的识别及报警信息的查询。

熟练掌握模拟测试可燃气体探测报警系统的报警、显示功能。

【知识要求】

一、可燃气体探测报警系统的报警功能

1. 测量范围为 0 ~ 100%LEL 的点型可燃气体探测器的报警功能

在被监测区域内的可燃气体浓度达到报警设定值时，探测器应能发出报警信号。

探测器具有低限、高限两个报警设定值时，其低限报警设定值应在 1% ~ 25%LEL 范围，高限报警设定值应为 50%LEL；对于仅有一个报警设定值的探测器，其报警设定值应在 1% ~ 25%LEL 范围。报警设定值示例如图 2–3–43 所示。

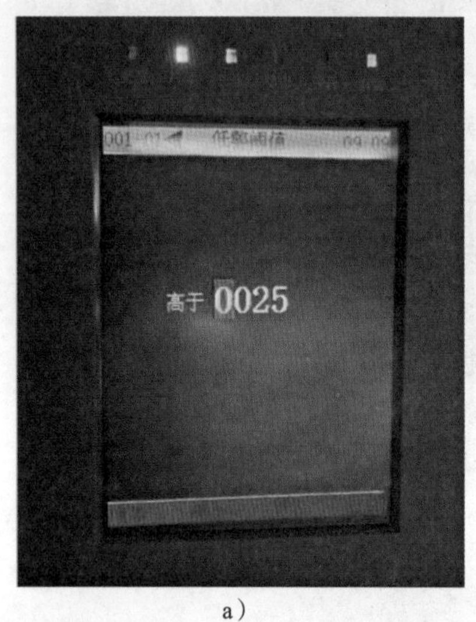

a）

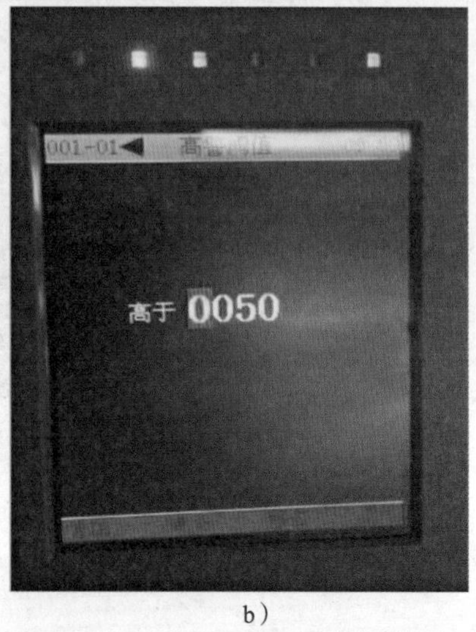

b）

图 2–3–43　报警设定值示例

a）低限报警设定值　b）高限报警设定值

2. 测量范围为 0 ~ 100%LEL 的独立式可燃气体探测器的报警功能

在被监测区域内的可燃气体浓度达到报警设定值时，探测器应能发出声、光报警信号。报警设定值要求同测量范围为 0 ~ 100%LEL 的点型可燃气体探测器。

3. 测量范围为 0 ~ 100%LEL 的便携式可燃气体探测器的报警功能

在被监测区域内的可燃气体浓度达到报警设定值时，探测器应能发出声、光报警信号。报警设定值要求同测量范围为 0 ~ 100%LEL 的点型可燃气体探测器。

4. 测量人工煤气的点型可燃气体探测器的报警功能

在被监测区域内的可燃气体浓度达到报警设定值时，探测器应能发出报警信号。探测器具有低限、高限两个报警设定值时，其报警设定值应符合表 2–3–1 中低限报警设定值范围和高限报警设定值的规定；对于仅有一个报警设定值的探测器，其报警设定值应符合表 2–3–1 中低限报警设定值范围的要求。

表 2–3–1　　报警设定值范围

试验气体	低限报警设定值范围（体积分数）	高限报警设定值（体积分数）
氢气	$(125 \sim 750) \times 10^{-6}$	$1\,250 \times 10^{-6}$
一氧化碳	$(50 \sim 300) \times 10^{-6}$	500×10^{-6}

5. 测量人工煤气的独立式可燃气体探测器的报警功能

在被监测区域内的可燃气体浓度达到报警设定值时，探测器应能发出声、光报警信号。报警设定值要求同测量人工煤气的点型可燃气体探测器。

6. 测量人工煤气的便携式可燃气体探测器的报警功能

在被监测区域内的可燃气体浓度达到报警设定值时，探测器应能发出声、光报警信号。报警设定值要求同测量人工煤气的点型可燃气体探测器。

7. 可燃气体报警控制器的报警功能

控制器应能直接或间接地接收来自可燃气体探测器及其他报警触发器件的报警信号，在 10 s 内发出可燃气体报警声、光信号，指示报警部位，记录报警时间。

二、可燃气体探测器测试方法及要求

可燃气体探测器报警测试一般采用标准气体，标准气体是生产厂家配制的，具有一定浓度的，储存在钢瓶内的可燃气体。标准气体示例如图 2–3–44 所示，标准气体钢瓶应避免阳光直射和重物撞击。在使用和存储环节，应严格遵照标准气体的说明书要求。

图 2–3–44　标准气体示例

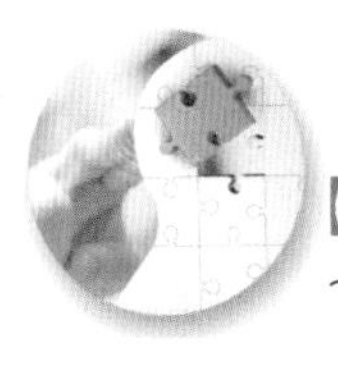

【技能操作】

模拟测试可燃气体探测报警系统的报警、显示功能

一、操作准备

1. 技术资料

可燃气体探测报警系统图，可燃气体探测器等系统部件现场布置图和地址编码表，可燃气体报警控制器使用说明书和设计手册等技术资料。

2. 实操设备

可燃气体探测报警系统演示模型，旋具、扳手、万用表等电工工具，声级计、秒表等检测设备。

3. 记录表格

《消防控制室值班记录表》《建筑消防设施故障维修记录表》。

二、操作步骤

1. 模拟可燃气体探测器报警

模拟测试可燃气体探测器报警示例如图 2-3-45 所示，选用探测器生产商提供或者指定的标准气体，通过减压阀、流量计、气管，用标定罩对准可燃气体探测器传感器，调整标准气体钢瓶的减压阀，使标准气体缓慢注入，检查探测器报警确认灯点亮情况。注意标准气体的浓度值一定要大于可燃气体探测器的高限报警设定值。

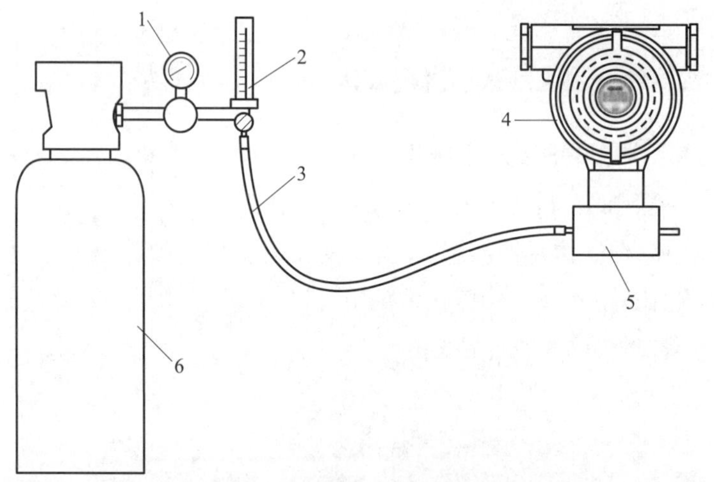

图 2-3-45 模拟测试可燃气体探测器报警示例

1—减压阀 2—流量计 3—软管 4—可燃气体探测器 5—标定罩 6—标准气体

2. 查询可燃气体报警控制器的报警信息

（1）可燃气体报警控制器进入报警状态

可燃气体探测器报警确认灯点亮后，检查可燃气体报警控制器报警状态情况。可燃气体报警控制器报警状态示例如图 2-3-46 所示，控制器应能 10 s 内发出可燃气体报警声、光信号，指示报警部位，记录报警时间。

（2）查询探测器浓度值功能

在可燃气体报警控制器报警状态下，操作可燃气体报警控制器，查询探测器的实时浓度显示。

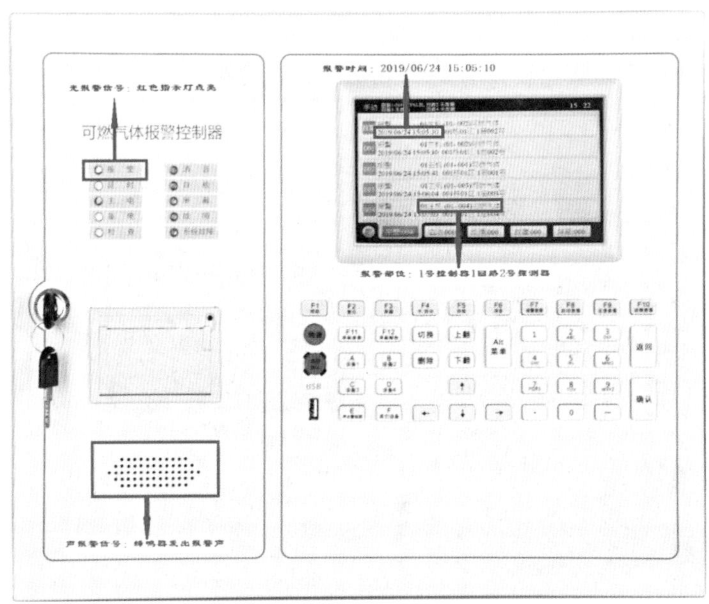

图 2-3-46　可燃气体报警控制器报警状态示例

3. 消除可燃气体报警控制器的报警声音

（1）操作可燃气体报警控制器消音

可燃气体报警控制器接收到报警信息，会点亮相对应状态的红色报警指示灯，同时发出报警提示音。可燃气体报警控制器“消音”按键示例如图 2-3-47 所示，按下“消音”按键，检查声报警信号的消除情况。

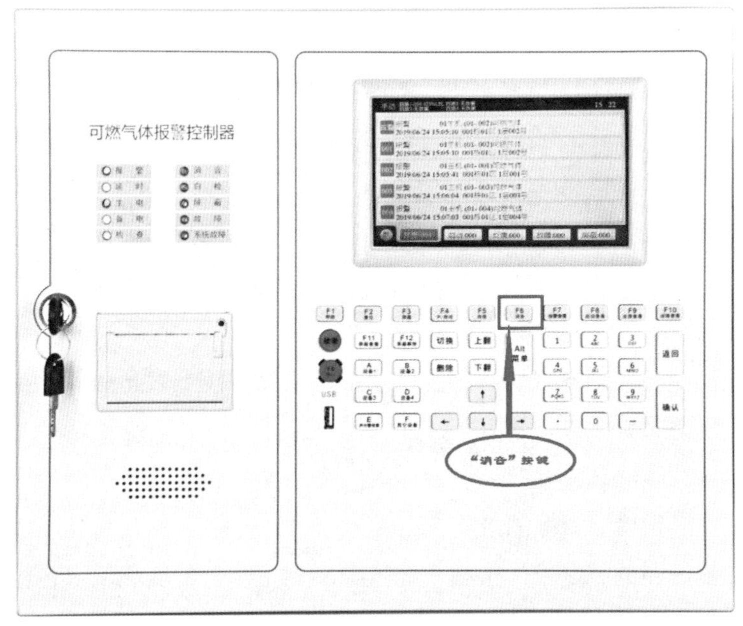

图 2-3-47　可燃气体报警控制器“消音”按键示例

（2）消音指示

检查控制器的消音指示是否清晰，控制器的报警声是否停止。可燃气体报警控制器消音指示示例如图 2-3-48 所示。

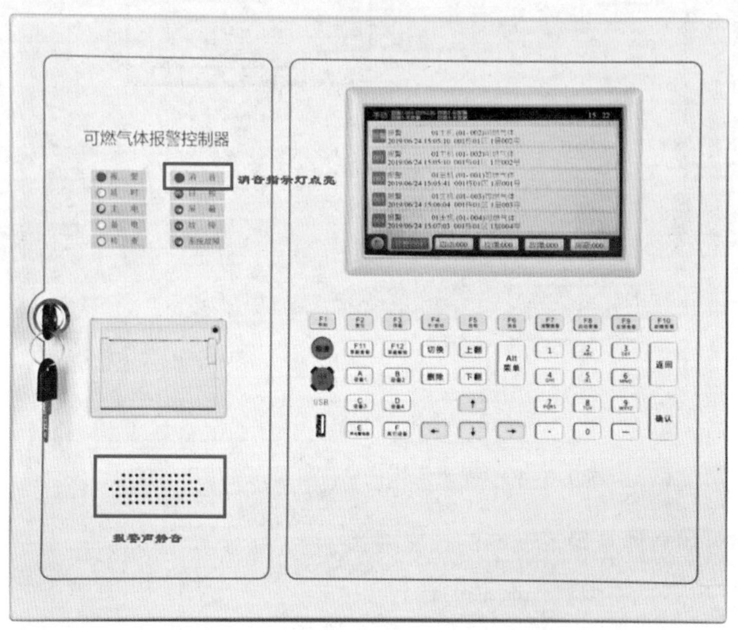

图 2-3-48　可燃气体报警控制器消音指示示例

4. 查询可燃气体报警控制器的显示信息

（1）查询报警信息

操作可燃气体报警控制器，查询首警部位、首警时间和报警总数。可燃气体报警控制器报警信息显示示例如图 2-3-49 所示，当前可燃气体报警部位的总数为 4 个。首警部位为 1 号控制器 1 回路 2 号探测器，首警时间为 2019 年 6 月 24 日 15 时 5 分 10 秒。

（2）手动查询报警信息

操作可燃气体报警控制器手动“查询”按键，查看后续报警部位是否按报警时间顺序循环显示。

（3）查询报警状态下的故障信息

在可燃气体报警控制器报警状态下，模拟非报警探测器发出故障，操作可燃气体报警控制器，查询探测器的故障信息。

5. 复位可燃气体报警控制器

（1）操作可燃气体报警控制器复位

手动操作控制器的“复位”按键，检查探测器指示灯的变化情况，检查控制器的工作状态。操作可燃气体报警控制器复位示例如图 2-3-50 所示。

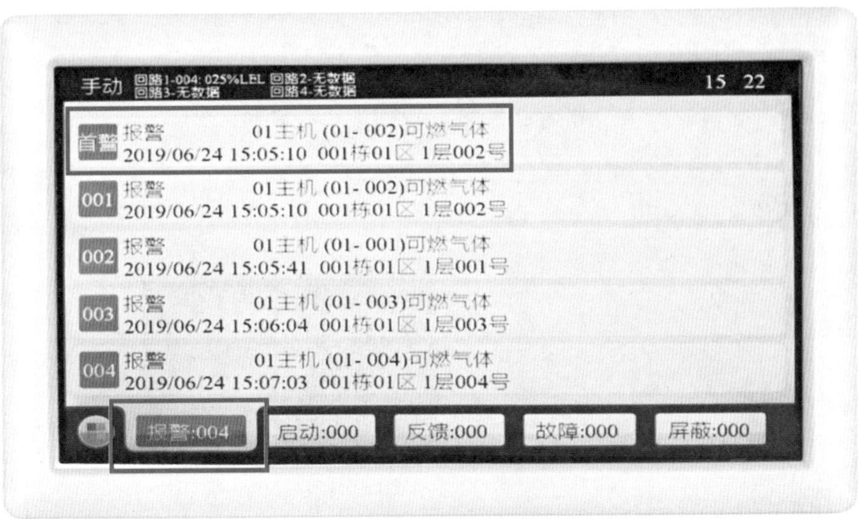

图 2-3-49 可燃气体报警控制器报警信息显示示例

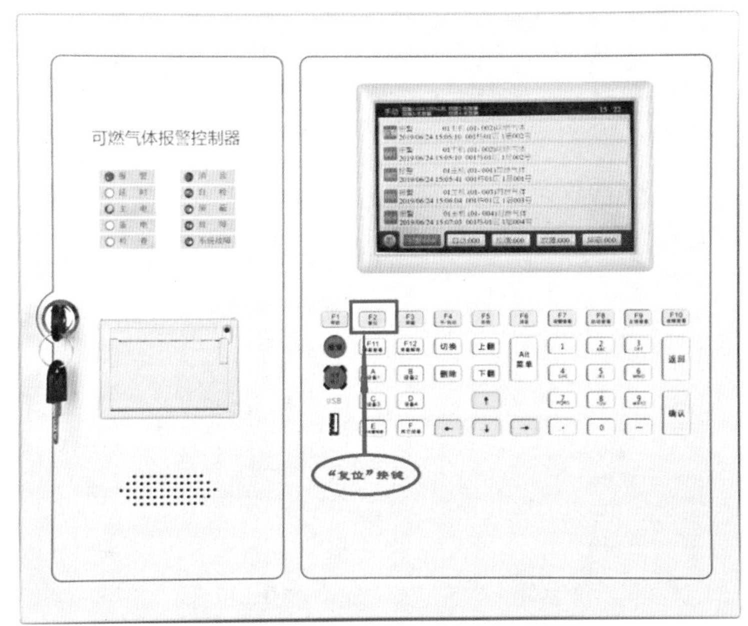

图 2-3-50 操作可燃气体报警控制器复位示例

（2）可燃气体报警控制器复位完成

可燃气体报警控制器正常监视状态示例如图 2-3-51 所示，控制器应在 20 s 内完成复位操作，恢复至正常监视状态。

6. 填写记录

根据检查和测试结果，规范填写《消防控制室值班记录表》；如发现系统异常，还应规范填写《建筑消防设施故障维修记录表》。

三、注意事项

模拟可燃气体报警时，注意安全防护，避免发生危险。

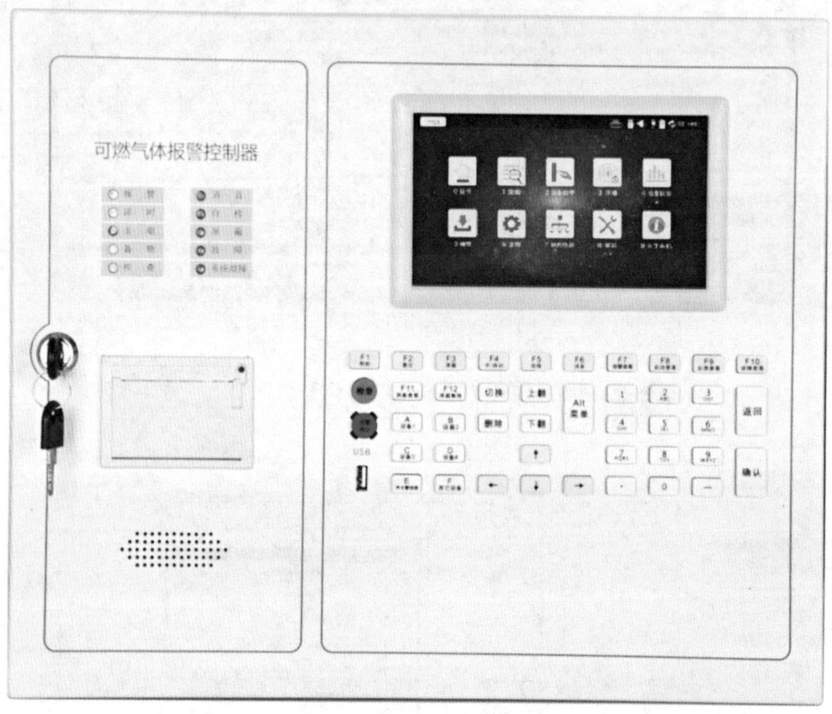

图 2–3–51　可燃气体报警控制器正常监视状态示例

培训模块

设施保养

培训项目 1 火灾自动报警系统保养

培训单元 1 清洁消防控制室设备

【培训重点】

掌握消防控制室设备机柜内部的清洁方法。

掌握消防控制设备组件的清洁方法。

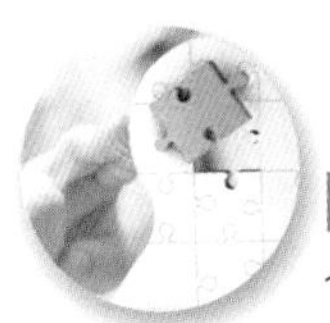

【技能操作】

技能 1　清洁消防控制室设备机柜内部

一、操作准备

1. 技术资料

消防控制室设备产品使用说明书和设计手册等技术资料。

2. 常备工具和材料

万用表、旋具、软布、防静电毛刷、吸尘器等除尘工具和无水酒精等。

3. 实操设备

集中型火灾自动报警演示系统。

4. 记录表格

《建筑消防设施维护保养记录表》。

二、操作步骤

1. 检查并记录设备运行情况

检查并记录被清洗设备的运行显示信息和开关状态，并确认安全。

2. 将拟清洁设备断电

在清洁消防控制室设备机柜内部之前，应按先备电、后主电的顺序断开设备的电源开关，并确认机柜接地良好。

3. 拆卸设备结构

在拆卸机箱背板和侧板时，应仔细阅读设备产品使用说明书，不可强行拆卸。消防控制室设备侧板拆卸示例如图 3-1-1 所示。

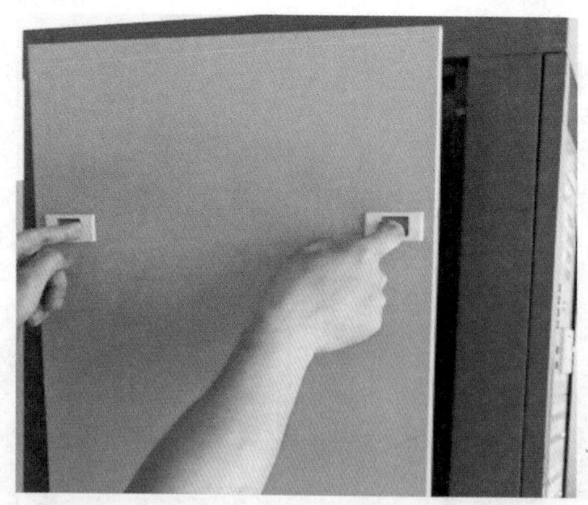

图 3-1-1　消防控制室设备侧板拆卸示例

4. 检查并清扫设备内部相关部件

（1）内部除尘

使用除尘工具清扫附着在设备内部电子元器件、电路板、接线端子以及电源部件上的灰尘，往软布上倒少许清洁电子设备的专用酒精，使其微湿，小心擦拭设备内部箱体，并待设备内部彻底晾干后再进行其他操作。设备机柜内部除尘示例如图 3-1-2 所示。

a）

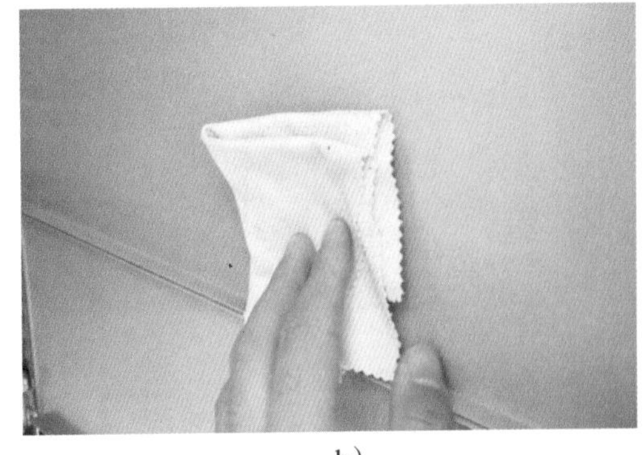

b）

图 3-1-2 设备机柜内部除尘示例

a）用除尘工具清洁 b）用软布擦拭

（2）接线口和绝缘护套的检查与更换

检查控制器机柜接线口的封堵是否完好，各接线的绝缘护套是否有明显的龟裂、破损，若存在问题及时进行修补和更换。机柜接线口封堵情况检查示例如图 3-1-3 所示，接线绝缘护套检查示例如图 3-1-4 所示。

a）

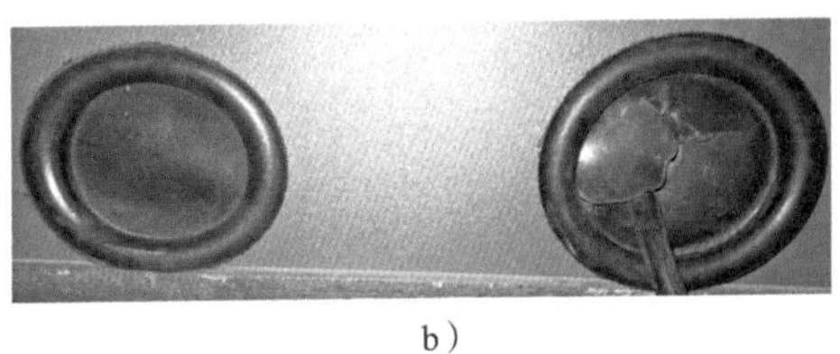

b）

图 3-1-3 机柜接线口封堵情况检查示例

a）封堵缺失 b）封堵完好

a）

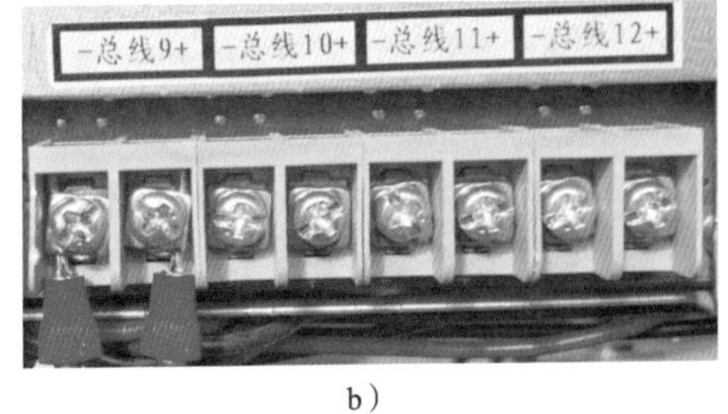

b）

图 3-1-4 接线绝缘护套检查示例

a）接线护套龟裂、破损 b）接线护套完好

（3）检查并紧固电路板和接线端子

检查电路板和组件是否有松动，接线端子和线标是否紧固、完好，对松动部位进行紧固。电路板紧固情况检查示例如图 3-1-5 所示，接线端子紧固情况检查示例如图 3-1-6 所示。

a）

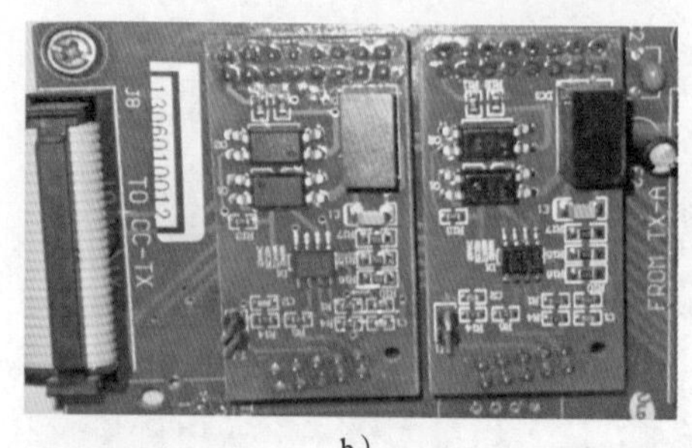

b）

图 3-1-5　电路板紧固情况检查示例

a）电路板有松动　b）电路板无松动

a）

b）

图 3-1-6　接线端子紧固情况检查示例

a）接线端子松动　b）接线端子紧固

5. 通电测试

安装好机柜侧门（板）后，先接通主电源开关，再接通备用电源开关，进行自检和整机功能测试。将设备工作恢复至清洁前状态后，关闭机柜前后门（背板）。

6. 填写记录

根据维护保养结果，规范填写《建筑消防设施维护保养记录表》。

三、注意事项

1. 拆机清理设备前，应确定主备电源完全断开，避免人员带电，谨防静电对设备造成损害。

2. 消防控制室内各设备可能来自不同厂商，其结构设计不尽相同，特别是许多品牌机箱（柜）的设计比较特殊，需要特殊的工具或机关才能打开。

3. 使用除尘工具时，禁止碰撞主机设备、划伤主机及显示屏，不可碰触内部电路板。

4. 清洁过程中应保持设备机柜内外部各开关、指示灯及接线端子的标识完好。

5. 设定合理的清洁周期。

技能 2 清洁消防控制设备组件（电路板、插接线等）

一、操作准备

1. 技术资料

消防控制室内设备产品使用说明书和设计手册等技术资料。

2. 常备工具和材料

旋具、电烙铁、焊锡和专用吸尘器等。

3. 实操设备

集中型火灾自动报警演示系统。

4. 记录表格

《建筑消防设施维护保养记录表》。

二、操作步骤

1. 安全合理拆卸电路板

关闭设备主电源、备用电源开关，等待设备电容放电后（约 2 min）再拆卸拟清洁的电路板。拆卸电路板前，首先对其所有的插接件进行编号和记录，拔下电路板连接的所有插接件后再拆除固定电路板的螺钉，取下电路板。

2. 清洁电路板上的积尘

使用吸尘器吸除电路板各部分的积尘，注意不可碰触电路板。若用专用刷子刷去电路板部分的积尘，操作时力量一定要适中，以防碰掉电路板表面的贴片元件或造成元件松动。电路板积尘过多处还可用专用酒精进行清洁。

3. 插接线清洁与锈蚀处置

如果电路板上的插槽灰尘过多，可用吸尘器进行清洁。检查接线端子是否有松动，如有松动可用旋具拧紧，如有锈蚀及时更换接线端子。接线如有锈蚀现象，则应剪掉锈蚀部分并镀锡处理后再连接到相应位置。锈蚀线头与无锈蚀线头对比示例如图 3-1-7 所示，镀锡线头示例如图 3-1-8 所示。

4. 安装恢复设备组件

安装清洁后的电路板，紧固各连接螺钉，正确连接各插接线，检查并确认各部位无异常。

5. 通电并进行整机测试确认

依次打开设备主电源、备用电源开关，对设备进行自检和整机功能测试，检查设备运行情况是否与清洁前一致。

图 3-1-7　锈蚀线头与无锈蚀线头对比示例

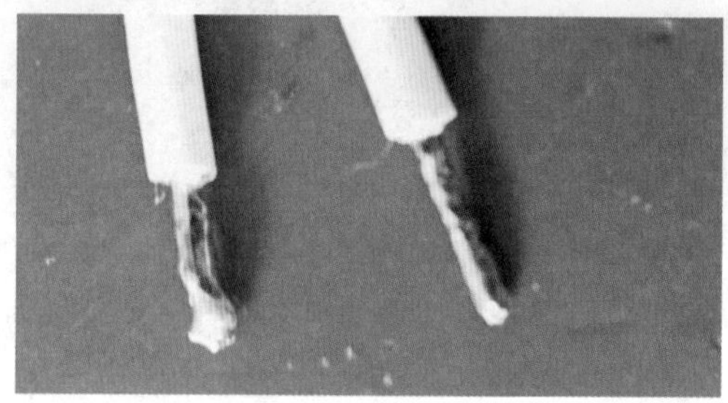

图 3-1-8　镀锡线头示例

6. 填写记录

根据维护保养结果，规范填写《建筑消防设施维护保养记录表》。

三、注意事项

1. 清洁过程应注意保持设备机柜内部各开关、指示灯及接线端子的标识完好。

2. 对于带电池的主电路板，严禁将电池与电路板分开，避免造成数据丢失。

3. 拆卸消防控制设备电路板一般应由设备生产厂商技术人员完成或得到设备生产厂商授权。

培训单元 2
测试与更换蓄电池

【培训重点】

掌握火灾报警控制器、消防联动控制器蓄电池充放电测试的方法。

掌握更换火灾报警控制器、消防联动控制器蓄电池的方法。

【知识要求】

一、蓄电池放电测试要求

如控制器采用铅酸蓄电池，每 3 个月应进行一次蓄电池充放电测试。充放电测试的方法如下：

1. 关闭控制器主电开关，使用备用电源工作，直至蓄电池放电至终止电压。
2. 对蓄电池充电 24 h 后关闭主电开关，使用备用电源供电。
3. 控制器连接真实负载的情况下，正常工作 8 h。
4. 对控制器进行模拟火警、联动等功能测试，控制器仍能工作 30 min。

二、更换蓄电池

如控制器能够满足上述要求，则说明蓄电池容量正常，完成蓄电池充放电测试，否则需要更换蓄电池。

在进行蓄电池充放电测试过程中，备用电源不能满足正常工作要求时，应能通过声光提示备电欠压，且不能消音。

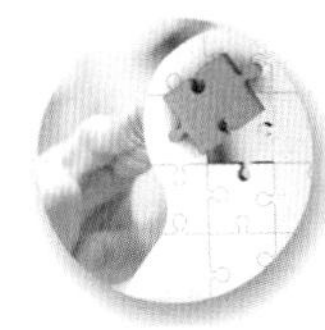

【技能操作】

技能 1 测试蓄电池的充放电功能

一、操作准备

1. 技术资料

火灾探测报警系统图、火灾探测器等系统部件现场布置图和地址编码表、火灾报警控制器使用说明书和设计手册等技术资料。

2. 常备工具

旋具、断线钳、绝缘胶带、万用表等电工工具。

3. 实操设备

集中型火灾自动报警演示系统。

4. 记录表格

《建筑消防设施维护保养记录表》。

二、操作步骤

1. 关闭火灾报警控制器主电源

关闭火灾报警控制器主电开关，保持备电开关处于打开状态，火灾报警控制器处于备电工作状态。火灾报警控制器备电工作状态示例如图 3-1-9 所示。

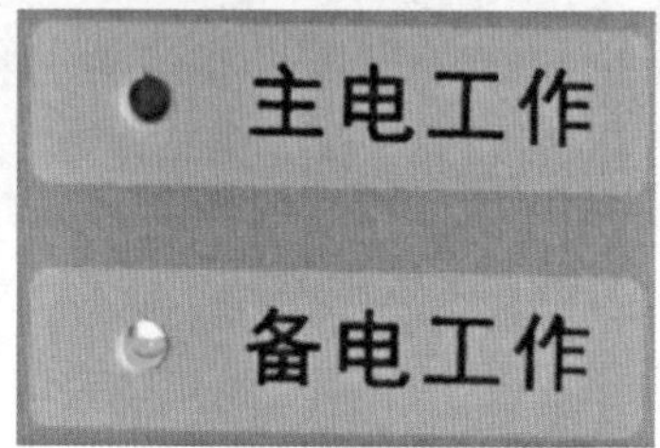

图 3-1-9　备电工作状态示例

2. 对蓄电池进行充电

当火灾报警控制器不能正常工作或发出欠压报警时，打开火灾报警控制器主电开关，开始对蓄电池进行充电，并计时 24 h。此时火灾报警控制器处于主电工作状态，火灾报警控制器主电工作状态示例如图 3-1-10 所示。

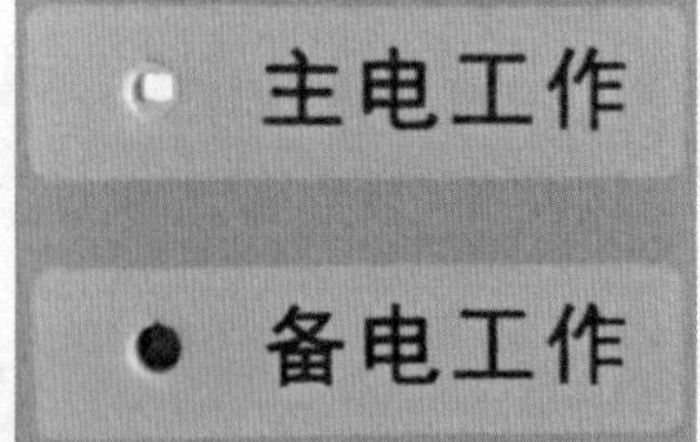

图 3-1-10　主电工作状态示例

3. 对蓄电池进行放电

充电 24 h 后关闭火灾报警控制器主电开关，并重新开始计时 8 h。

4. 控制器继续工作

备电工作 8 h 后，对控制器进行模拟火警、联动等功能测试，如果火灾报警控制器能够正常工作 30 min，则说明蓄电池容量正常，完成蓄电池充放电测试，否则需要更换蓄电池。

5. 欠压指示

在进行蓄电池充放电测试过程中，备用电源不能满足正常工作要求时，应能通过声、光提示备电欠压，且不能消音。火灾报警控制器显示备电欠压示例如图 3-1-11 所示。

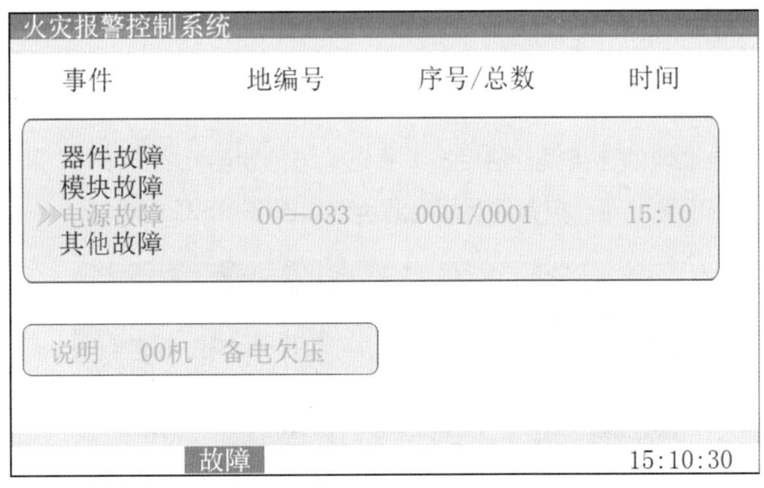

图 3-1-11 火灾报警控制器显示备电欠压示例

6. 填写记录

根据检查结果，规范填写《建筑消防设施维护保养记录表》。

三、注意事项

模拟产生各类报警信息时，不应损坏系统组件；启动重要消防设备时，应保证不造成意外损失。

技能 2 更换蓄电池

一、操作准备

1. 技术资料

火灾报警控制器使用说明书和设计手册等技术资料。

2. 备品备件

控制器厂家提供或者指定规格型号的蓄电池。

3. 常备工具

旋具、钳子、万用表、绝缘胶带等。

4. 记录表格

《建筑消防设施维护保养记录表》。

二、操作步骤

1. 关闭控制器电源

先切断控制器备用电源，再切断控制器主电源，使控制器处于完全断电状态。

2. 拆卸蓄电池

先拆下蓄电池间的连接线，然后拆下蓄电池与控制器间的连接线，再拆下蓄电池的安装支架后取出蓄电池。控制器备用电源示例如图 3–1–12 所示。

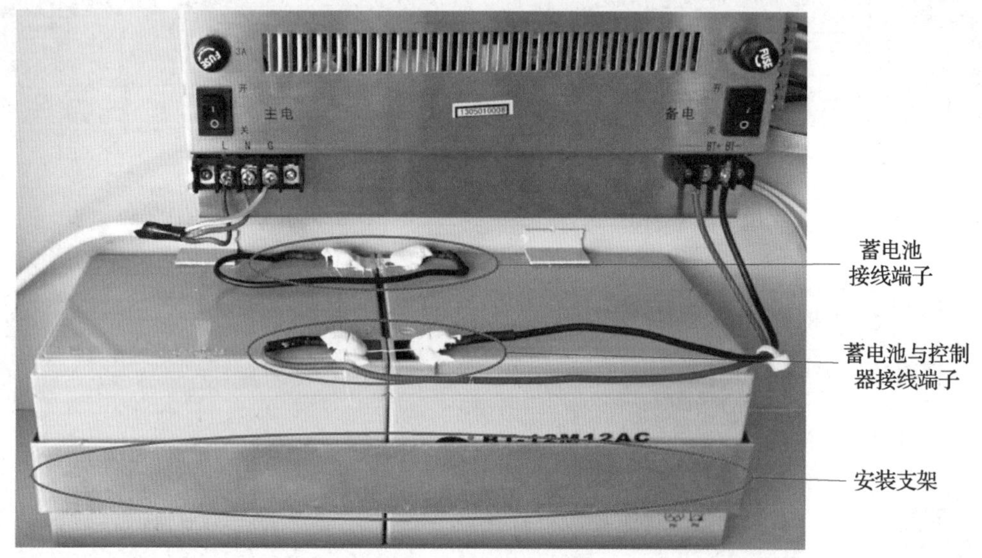

图 3–1–12　控制器备用电源示例

3. 安装蓄电池

将新的蓄电池放入控制器内，并安装蓄电池安装支架，先连接两节蓄电池间的连线，后连接蓄电池与控制器间的连线。

4. 检查蓄电池与控制器连接是否完整、正确

依次打开控制器的主电开关和备电开关，依照产品使用说明书对控制器进行自检操作，观察控制器是否工作正常。

5. 填写记录

根据检查结果，规范填写《建筑消防设施维护保养记录表》。

三、注意事项

切记在更换蓄电池时一定要使控制器处于完全断电状态。

培训单元3
清洁与保养火灾探测器

【培训重点】

掌握吸气式感烟火灾探测器、点型火焰探测器和图像型火灾探测器的保养内容。

熟练掌握吸气式感烟火灾探测器、点型火焰探测器和图像型火灾探测器的清洁保养方法。

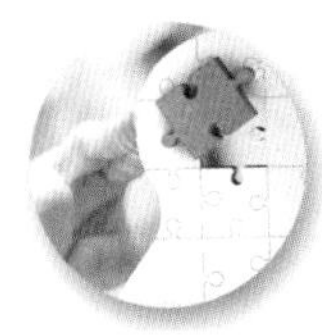

【技能操作】

技能1 吸气式感烟火灾探测器的清洁与保养

一、操作准备

1. 技术资料

吸气式感烟火灾探测器使用说明书、设计手册等技术资料。

2. 常备工具和材料

旋具、吹尘器、电烙铁、焊锡、软布等。

3. 实操设备

管路吸气式感烟火灾探测器演示模型。

4. 记录表格

《建筑消防设施维护保养记录表》《建筑消防设施故障维修记录表》。

二、操作步骤

1. 检查运行环境

检查探测器安装部位，发现有漏水、渗水现象，应上报维修。吸气式感烟火灾探测器运行环境示例如图 3–1–13 所示。

图 3–1–13 吸气式感烟火灾探测器运行环境示例

2. 检查外观

（1）检查吸气式感烟火灾探测器表面是否有明显的破损，如有应及时上报维修。

（2）检查吸气式感烟火灾探测器的指示灯是否指示正常，如有异常应及时排查故障原因，予以消除。

（3）用专用清洁工具或者软布及适当的清洁剂清洁主机外壳、指示灯，产品标志应清晰、明显，指示灯应清晰可见，功能标注清晰、明显。吸气式感烟火灾探测器主机外观示例如图 3–1–14 所示。

图 3–1–14 吸气式感烟火灾探测器主机外观示例

3. 检查接线端子

检查探测器及底座所有产品的接线端子，吸气式感烟火灾探测器接线端子处示例如图 3–1–15 所示。将连接松动的端子重新紧固连接；换掉有锈蚀痕迹的螺钉、端子垫片等接线部件；去除有锈蚀的导线端，烫锡后重新连接。

4. 吹扫采样管

使用专业工具对吸气式感烟火灾探测器的采样管路进行吹扫，并更换过滤袋。吹扫吸气式感烟火灾探测器的采样管路示例如图 3–1–16 所示。吹扫后应对吸气式感烟火灾探测器重新进行标定，并设定响应阈值。

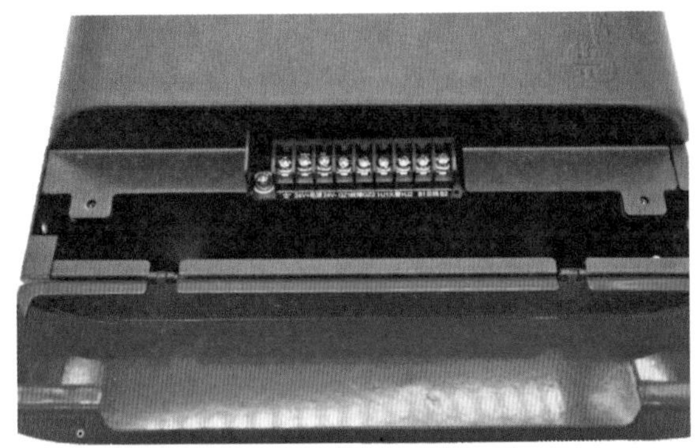

图 3-1-15 吸气式感烟火灾探测器接线端子处示例

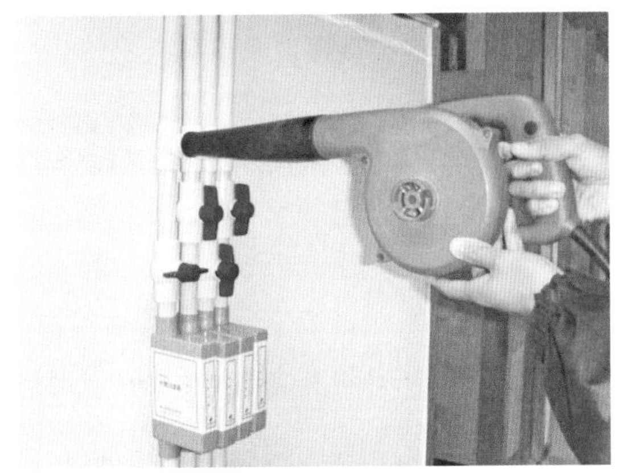

图 3-1-16 吹扫吸气式感烟火灾探测器的采样管路示例

5. 接入复检

在采样管最末端（最不利处）采样孔加入试验烟，检查探测器或其控制装置是否在 120 s 内发出火灾报警信号，结果应符合标准和设计要求。不合格时，应上报维修。

6. 填写记录

规范填写《建筑消防设施维护保养记录表》，若发现探测器存在故障，还应规范填写《建筑消防设施故障维修记录表》。

三、注意事项

采样管吹扫后，应按探测器使用说明书或设计手册的要求重新标定。

技能 2　保养点型火焰探测器

一、操作准备

1. 技术资料

点型火焰探测器使用说明书、设计手册等技术资料。

2. 常备工具

旋具、吹尘器、梯子、软布等。

3. 实操设备

含有点型火焰探测器的集中火灾自动报警演示系统。

4. 记录表格

《建筑消防设施维护保养记录表》《建筑消防设施故障维修记录表》。

二、操作步骤

1. 检查运行环境

检查探测器安装部位，发现运行环境有遮挡物时，应及时清理；发现有漏水、渗水现象时，应上报维修。

2. 检查外观

（1）检查探测器表面是否有明显的破损，如有应及时上报维修。

（2）检查探测器的指示灯是否指示正常，如有异常应及时排查故障原因，予以消除。

（3）用专用清洁工具或者软布及适当的清洁剂清洁外壳、指示灯，产品标志应清晰、明显，指示灯应清晰可见，功能标注清晰、明显。紫外火焰探测器（隔爆型）外观示例如图 3–1–17 所示。

3. 检查接线端子

检查探测器及底座所有产品的接线端子，紫外火焰探测器（隔爆型）接线端子处示例如图 3–1–18 所示。将连接松动的端子重新紧固连接；换掉有锈蚀痕迹的螺钉、端子垫片等接线部件；去除有锈蚀的导线端，烫锡后重新连接。

4. 清洁光路通过的窗口

用专用清洁工具或软布及适当的清洁剂清洁光路通过的窗口。清洁紫外火焰探测器（隔爆型）窗口示例如图 3–1–19 所示。

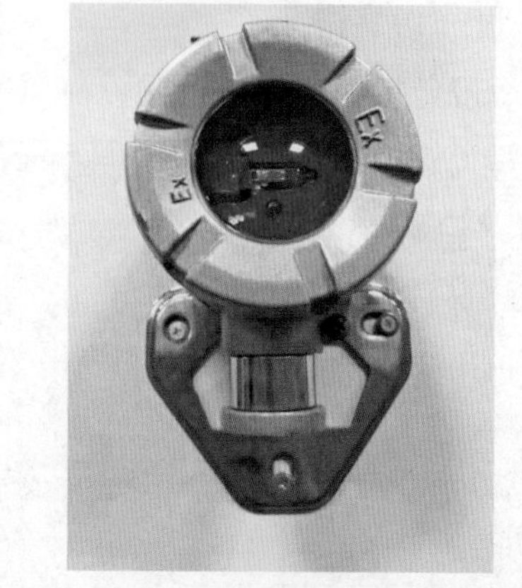

图 3–1–17　紫外火焰探测器（隔爆型）外观示例

图 3-1-18 紫外火焰探测器（隔爆型）接线端子处示例

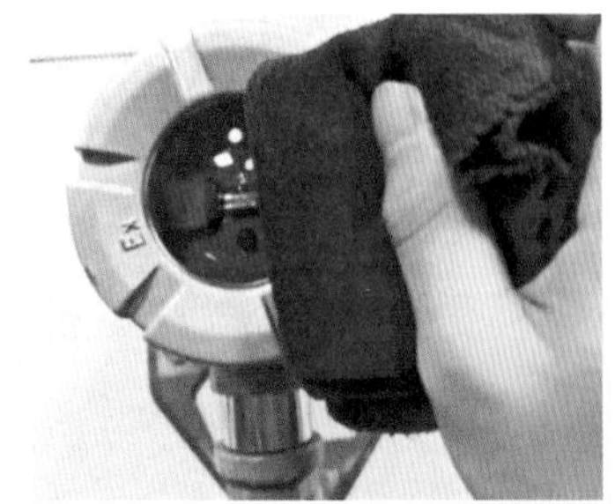

图 3-1-19 清洁紫外火焰探测器（隔爆型）窗口示例

5. 接入复检

产品经维护保养接入系统后，采用专用检测仪器或模拟火灾的方法在探测器监视区域内最不利处检查探测器的报警功能，检查探测器是否能正确响应，结果应符合标准和设计要求。不合格时，应上报维修。

6. 填写记录

规范填写《建筑消防设施维护保养记录表》，若发现探测器存在故障，还应规范填写《建筑消防设施故障维修记录表》。

三、注意事项

登高操作时，应做好安全防护。

技能 3 保养图像型火灾探测器

一、操作准备

1. 技术资料

图像型火灾探测器使用说明书、设计手册等技术资料。

2. 常备工具和材料

旋具、吹尘器、电烙铁、焊锡、梯子、软布等。

3. 实操设备

含有图像型火灾探测器的集中型火灾自动报警演示系统。

4. 记录表格

《建筑消防设施维护保养记录表》《建筑消防设施故障维修记录表》。

二、操作步骤

1. 检查运行环境

检查探测器安装部位，发现运行环境有遮挡物时，应及时清理；发现有漏水、渗水现象时，应上报维修。图像型火灾探测器安装运行环境示例如图 3-1-20 所示。

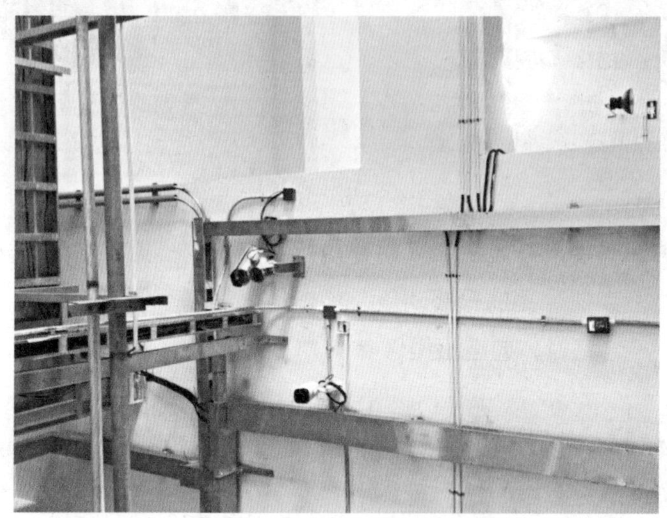

图 3-1-20　图像型火灾探测器安装运行环境示例

2. 检查外观

用专用清洁工具或者软布及适当的清洁剂清洗外壳、镜头保护罩，以保证产品标志清晰、明显，指示灯清晰可见，功能标注清晰、明显。清洁镜头保护罩示例如图 3-1-21 所示。

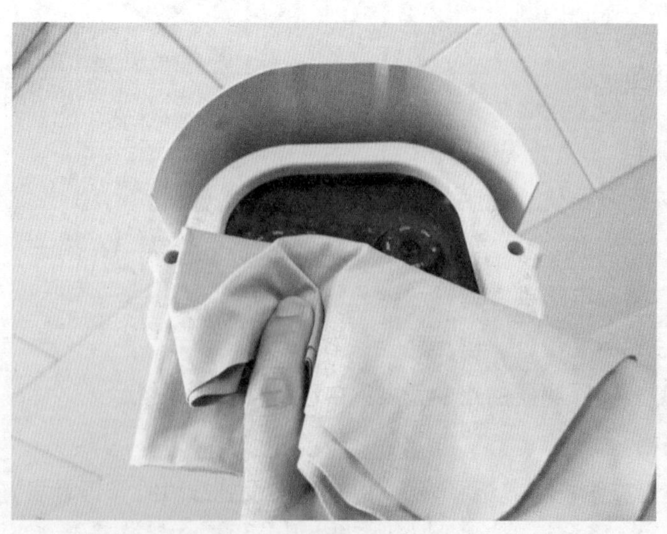

图 3-1-21　清洁镜头保护罩示例

3. 检查接线端子

检查探测器及底座所有产品的接线端子，图像型火灾探测器接线端子处示例如图 3-1-22 所示。将连接松动的端子重新紧固连接；换掉有锈蚀痕迹的螺钉、端子垫片等接线部件；去除有锈蚀的导线端，烫锡后重新连接。

4. 清洁镜头

若镜头保护罩后的镜头受到污染，用专用镜头纸、软布或清洁剂清洁镜头，清洁图像型火灾探测器保护罩后镜头示例如图 3-1-23 所示。

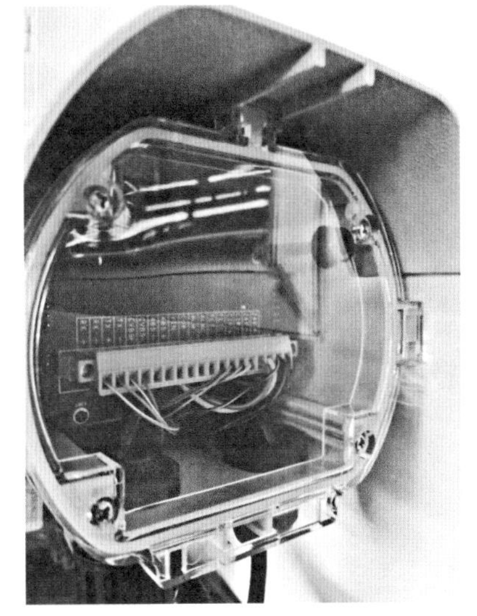

图 3-1-22　图像型火灾探测器接线端子处示例

图 3-1-23　清洁图像型火灾探测器保护罩后镜头示例

5. 接入复检

产品经维护保养接入系统后，采用专用检测仪器或模拟火灾的方法在探测器监视区域内最不利处检查探测器的报警功能，检查探测器是否能正确响应，结果应符合标准和设计要求。不合格时，应上报维修。

6. 填写记录

规范填写《建筑消防设施维护保养记录表》，若发现探测器存在故障，还应规范填写《建筑消防设施故障维修记录表》。

三、注意事项

登高操作时应做好安全防护。

培训项目 2 自动灭火系统保养

培训单元 1 保养泡沫灭火系统

【培训重点】

了解泡沫比例混合器（装置）、泡沫产生装置的分类、组成及工作原理。

熟练掌握泡沫比例混合器（装置）、泡沫产生装置的维护保养方法。

【知识要求】

一、泡沫比例混合器（装置）

泡沫比例混合器（装置）的作用是将泡沫液与水按比例混合形成泡沫混合液，是泡沫系统的核心部件，按其结构和工作原理不同主要分为环泵式比例混合器、压力式比例混合装置、平衡式比例混合装置、计量注入式比例混合装置、泵直接注入式比例混合装置、管线式比例混合器等。目前工程应用中主要采用压力式比例混合装置、平衡式比例混合装置、机械泵入式比例混合装置、管线式比例混合器，本单元主要对这几种泡沫比例混合器（装置）进行介绍。

1. 压力式比例混合装置

（1）压力式比例混合装置的组成及结构

压力式比例混合装置主要由罐体、胶囊、比例混合器、进水控制阀、出液控制阀、安全阀、人孔、排液阀、排水阀等部件组成，当需要实现自动控制时，还需要有控制盘（箱）等。按罐体的安装方式，压力式比例混合装置可分为立式和卧式两种，装置实体照片如图 3–2–1 所示，装置结构示意图如图 3–2–2 所示。

a） b）

图 3–2–1 压力式比例混合装置实体照片

a）卧式 b）立式

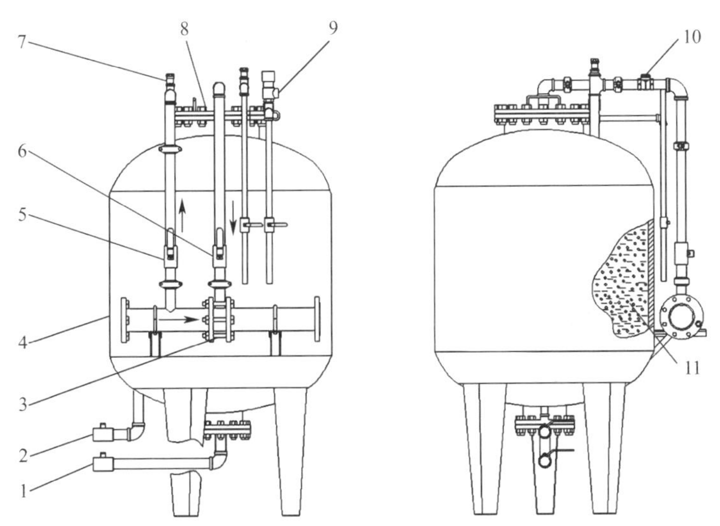

图 3–2–2 压力式比例混合装置结构示意图

1—排污球阀（泡沫液） 2—排水球阀 3—比例混合器 4—罐体 5—进水球阀 6—出泡沫液球阀 7—自动排气阀 8—人孔 9—安全阀 10—止回阀 11—胶囊

（2）压力式比例混合装置的工作原理

当压力水流经混合器管路时，有部分水经进水管进入储罐内，大部分水沿混合管路进入比例混合器的喷嘴向扩散管喷出。进入喷嘴时，口径缩小，流速增大，在喷嘴出口与扩散管之间形成低压混合室，进入储罐内的水将胶囊内储存的泡沫液从出液管压出，经孔板进入比例混合器的低压混合室与流经比例混合器喷嘴的大股压力水流汇合形成泡沫混合液，泡沫混合液被输送至泡沫产生设备。压力式比例混合装置原理示意图如图 3–2–3 所示。

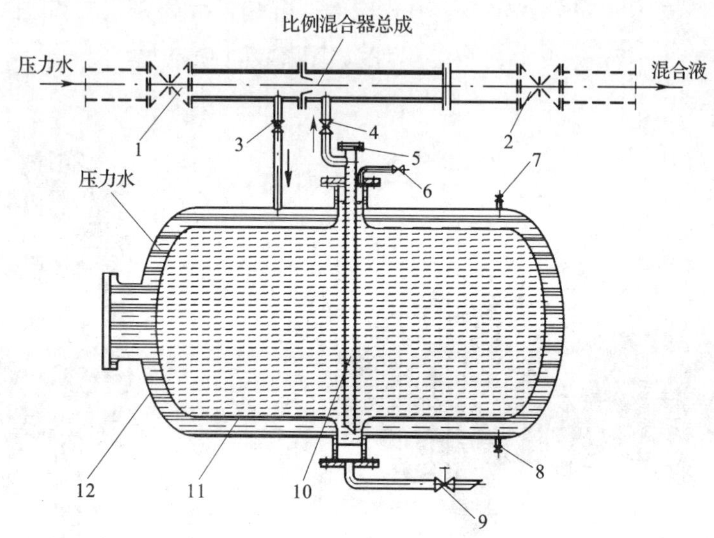

图 3–2–3　压力式比例混合装置原理示意图

1—进口阀　2—出口阀　3—进水阀　4—出液阀　5—加注泡沫液法兰盖　6—胶囊排气阀　7—水腔排气阀　8—排水阀　9—排液阀　10—吸液管　11—胶囊　12—压力储罐

（3）压力式比例混合装置维护保养的主要内容

1）每月至少进行一次外观检查，各阀门及各连接处应无渗漏，各阀件应处于正常状态。

2）每使用完一次后必须用清水将储罐和管道内冲洗干净，内外表面要进行补漆防腐处理。

3）泡沫液到期应及时更换，灌装泡沫液时，应保持罐内清洁，泡沫液型号要和原泡沫液一致，不得与其他类型泡沫液混存，不应与老化失效的泡沫液混合使用。

4）胶囊应每年作一次检漏试验。

5）装置的安全阀应定期进行校验。

2. 平衡式比例混合装置

（1）平衡式比例混合装置的组成

平衡式比例混合装置主要由常压泡沫液储罐、泡沫液泵（电动机或水轮机驱动）、比例混合器、平衡阀、安全阀、控制柜、混合器管路、回流管路等阀件和管路组成。装置实体照片如图 3–2–4 所示，装置结构示意图如图 3–2–5 所示。

图 3–2–4 平衡式比例混合装置实体照片

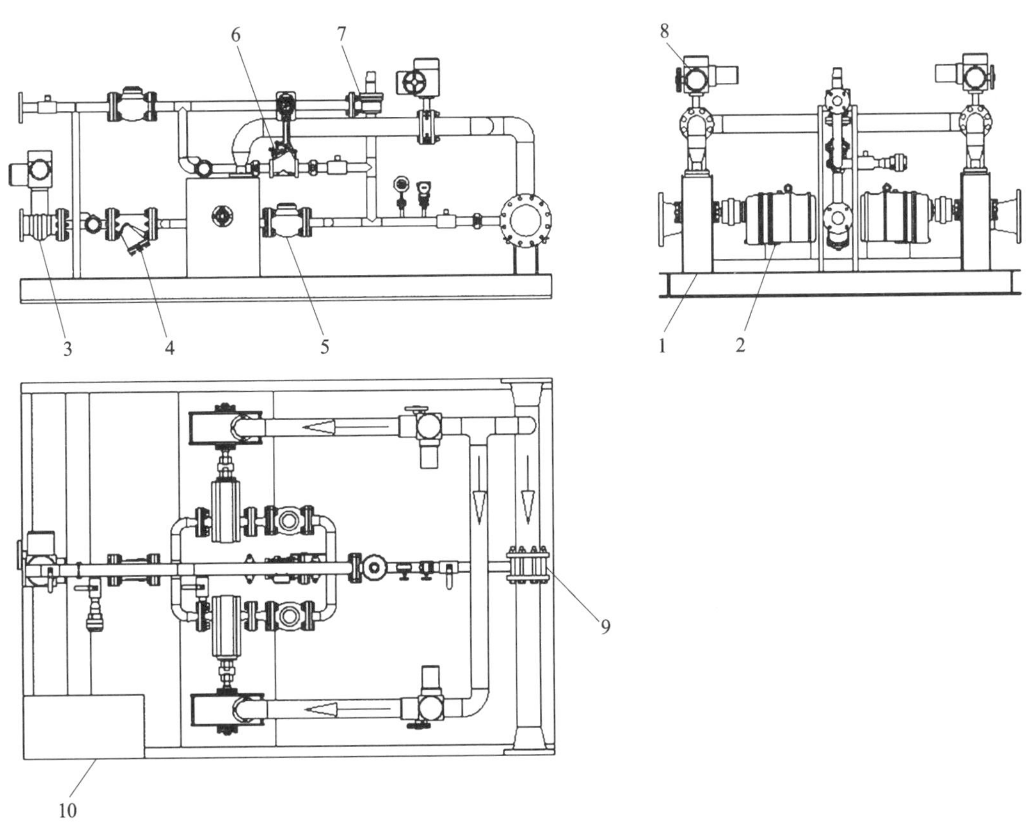

图 3–2–5 水轮机驱动型平衡式比例混合装置结构示意图

1—水轮机 2—泡沫液泵 3—泡沫液进口电动阀 4—Y 型过滤器体 5—止回阀 6—平衡阀 7—安全阀 8—水轮机进口电动阀 9—比例混合器 10—控制柜

（2）平衡式比例混合装置的工作原理

泡沫液泵供给的泡沫液一股进入比例混合器，另一股经平衡阀回流到泡沫液储罐。当水压升高时，系统供水量增大，泡沫液供给量也应增大，平衡阀的隔膜带动阀杆向下，节流阀的节流口减小，泡沫液回流量减小，供给系统的泡沫液量增大；当水压降低时，在平衡阀的调节下，供给系统的泡沫液量也会相应减小。平衡式比例混合装置的比例混合精度较高，适用的泡沫混合液流量范围较大。装置工作原理图如图 3–2–6 所示。

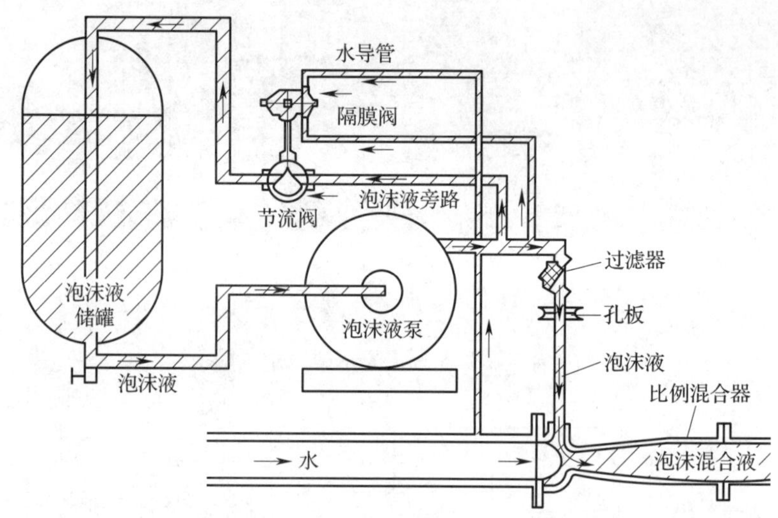

图 3–2–6　平衡式比例混合装置工作原理图

（3）平衡式比例混合装置维护保养的主要内容

1）每周至少进行一次系统外观检查，确保电气控制系统处于正常状态，各阀门及各连接处应无渗漏，各阀件应处于正常状态。

2）每月至少进行一次运转试验，以确保装置中各部件完好、装置性能可靠。

3）每使用完一次后必须用清水将泡沫液供给管路、混合液管路等冲洗干净。

4）每年至少进行一次泡沫液液位检查，液位应保持最高高度，否则应添加泡沫液。添加泡沫液时，应确保泡沫液型号和原泡沫液一致，不得与其他类型泡沫液混存，不应与老化失效的泡沫液混合使用。

3. 机械泵入式比例混合装置

（1）机械泵入式比例混合装置的组成

机械泵入式比例混合装置主要由水力马达、联轴器（含防护罩）、清洗管路（含部件）、底座、泡沫液泵、单向阀、排气阀、换向三通阀、泡沫液出液管路（含部件）等组成。装置实体照片如图 3–2–7 所示，装置结构示意图如图 3–2–8 所示。

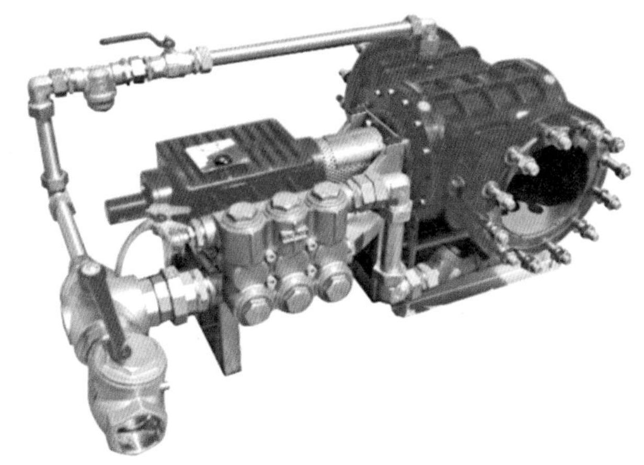

图 3-2-7　机械泵入式比例混合装置实体照片

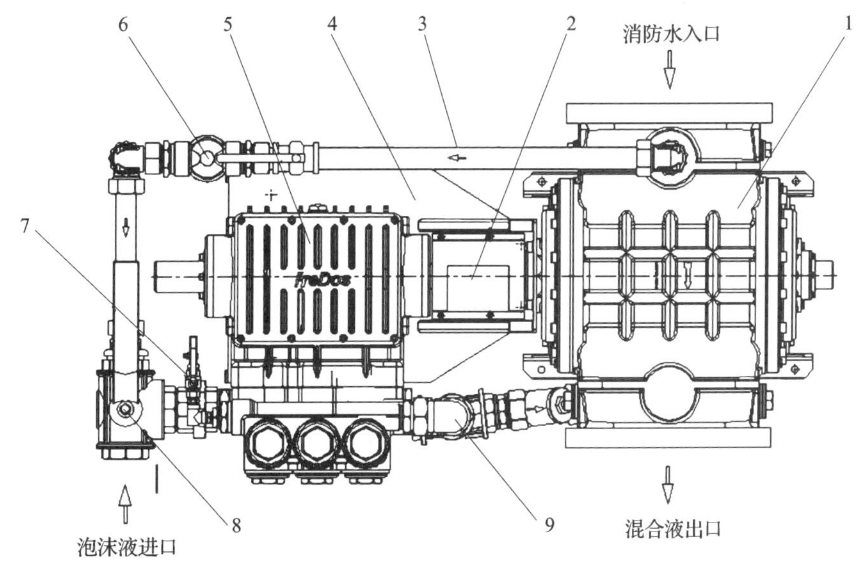

图 3-2-8　机械泵入式比例混合装置结构示意图

1—水力马达　2—联轴器（含防护罩）　3—清洗管路（含部件）　4—底座
5—泡沫液泵　6—单向阀　7—排气阀　8—换向三通阀　9—泡沫液出液管路（含部件）

（2）机械泵入式比例混合装置的工作原理

当现场发生火灾时，消防压力水驱动水力马达转动，水力马达通过联轴器带动泡沫液泵工作，将储存在储罐内的泡沫液注入消防水流中形成泡沫混合液，如果泡沫液泵压力过高，泡沫液就通过安全泄压阀回流至泡沫液储罐。机械泵入式比例混合装置工作原理图如图 3-2-9 所示。

（3）机械泵入式比例混合装置维护保养的主要内容

1）每周至少进行一次装置外观检查，确保各阀门及各连接处应无渗漏，各阀件应处于正常状态。

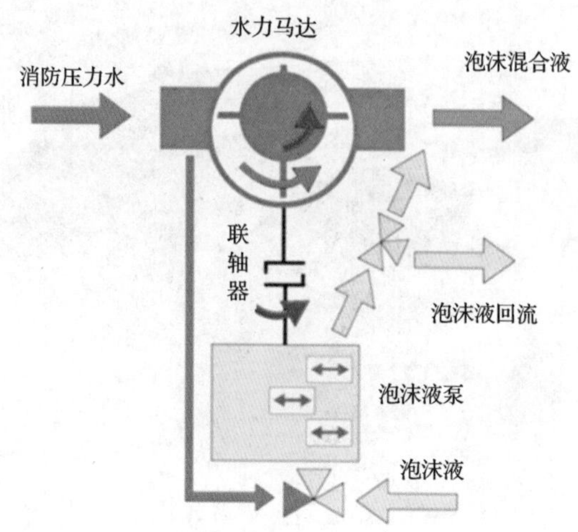

图 3-2-9　机械泵入式比例混合装置工作原理图

2）每月至少开启一次装置，确保能够打出合格的并满足规定的泡沫混合液。

3）每使用完一次后，须用清水将装置管路等部件冲洗干净。

4）确保泡沫液储罐内存有足量的泡沫液。添加泡沫液时，应确保泡沫液型号和原泡沫液一致，不得与其他类型泡沫液混存，不应与老化失效的泡沫液混合使用。

5）确保驱动水轮机、泡沫液泵、阀门等在使用寿命内，系统主要部件至少半年保养和维护一次。

4. 管线式比例混合器

（1）管线式比例混合器的组成

管线式比例混合器主要由本体、接口、过滤网、扩散口、喷嘴调节底座阀、调节手柄等组成。管线式比例混合器压力损失比较大，混合比精度较低，主要用于移动式系统。实体照片如图 3-2-10 所示，结构示意图如图 3-2-11 所示。

（2）管线式比例混合器的工作原理

管线式比例混合器主要是利用文丘里管的原理在混合腔内形成负压，在大气压力作用下将容器内的泡沫液吸到腔内与水混合。管线式比例混合器直接安装在主管线上，泡沫液与水直接混合形成混合液，系统压力损失较大。

（3）管线式比例混合器维护保养的主要内容

1）定期检查各个部件是否紧固以及橡胶膜片的磨损情况，必要时及时更换。

2）使用后必须用清水对阀体和表面进行冲洗，同时冲洗过滤器中的垃圾。

图 3-2-10　管线式比例混合器实体照片

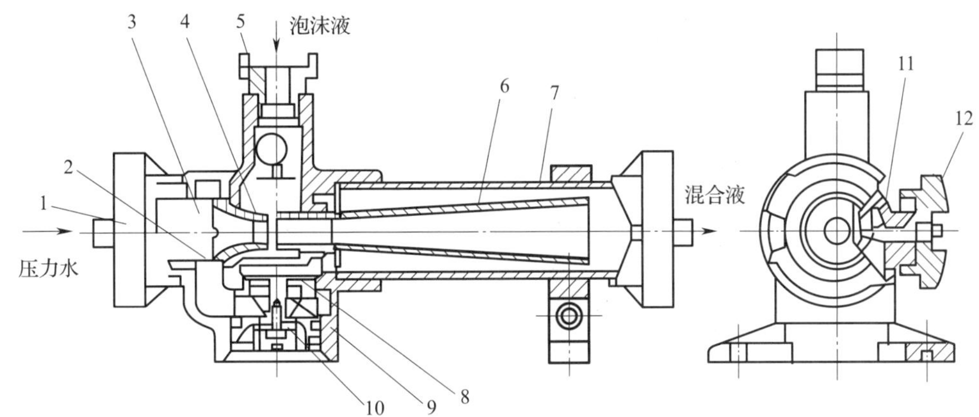

图 3-2-11 管线式比例混合器结构示意图

1—管牙接口 2—混合器本体 3—过滤网 4—喷嘴 5—吸液管接口 6—扩散管 7—外接管 8—底阀座 9—底阀芯 10—橡胶膜片 11—调节阀芯 12—调节手柄

二、泡沫产生装置

泡沫产生装置的作用是将空气混入泡沫混合液并产生一定倍数的泡沫。主要包括泡沫产生器、泡沫枪、泡沫炮、泡沫喷头等，其中泡沫产生器又可分为低倍数泡沫产生器、高背压泡沫产生器、中倍数泡沫产生器和高倍数泡沫产生器。下面主要对常用的泡沫产生装置进行介绍。

1. 泡沫产生器

（1）泡沫产生器的组成

1）低倍数泡沫产生器。低倍数泡沫产生器按安装形式的不同分为横式和立式两种，横式泡沫产生器水平安装在罐壁顶部，立式泡沫产生器铅锤安装在罐壁顶部，实体照片如图 3-2-12 所示，结构示意图如图 3-2-13 所示。

2）高倍数泡沫产生器。根据驱动风叶的原动机类型不同，高倍数泡沫产生器可分为电动机驱动式和水力驱动式。电动机驱动式高倍数泡沫产生器是由电动机驱动风扇叶轮旋转鼓风发泡的。水力驱动式高倍数泡沫产生器是通过有压泡沫混合液驱动安装在主轴上的水轮机叶轮旋转产生运动气流来发泡的。典型的高倍数泡沫产生器实体照片如图 3-2-14 所示，结构示意图如图 3-2-15 所示。

（2）泡沫产生器的工作原理

按发泡原理不同，泡沫产生器分为吸气型和吹气型。低倍数泡沫产生器是吸气型的，高倍数泡沫产生器是吹气型的。

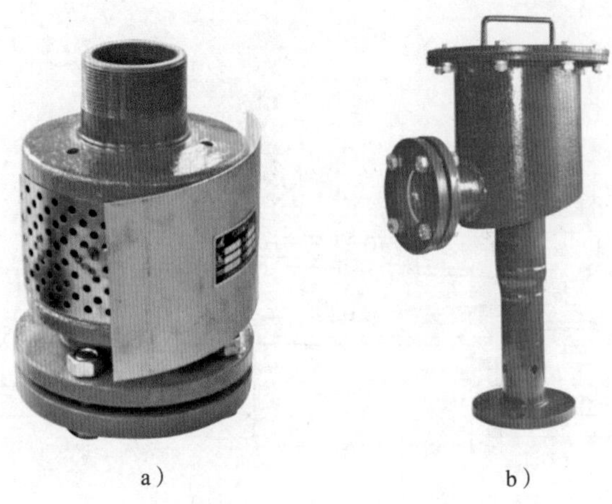

图 3-2-12　泡沫产生器实体照片
a）横式泡沫产生器　b）立式泡沫产生器

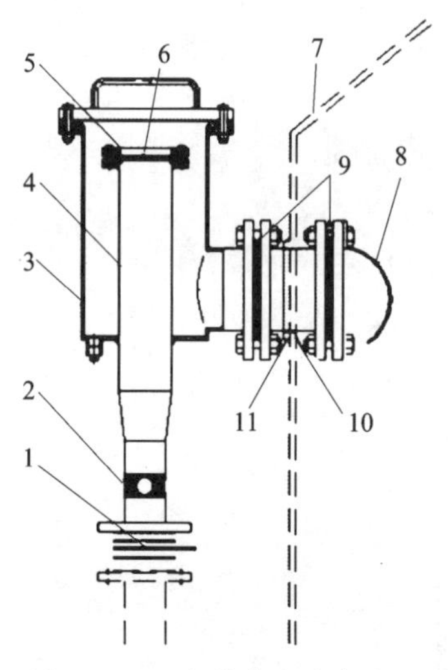

图 3-2-13　低倍数泡沫产生器（立式）结构示意图
1—孔板　2—滤网　3—产生器体　4—输送管　5—封盖　6—密封玻璃　7—储罐壁　8—挡流板　9—密封垫圈　10—喷管连接组件　11—管壁加强板

图 3-2-14　高倍数泡沫产生器实体照片

吸气型泡沫产生器由液室、气室、变截面喷嘴或孔板、混合扩散管等部分组成。当泡沫混合液流经喷嘴或孔板时，由于通流截面的急剧缩小，液流的压力能迅速转变为动能而使液流成为一束高速射流。射流中的流体微团呈无规则运动，当微团横向运动时，与周围空气间相互摩擦、碰撞、参混，将动量传给与射流边界接触的空气层，并将这部分空气连续挟带进入混合扩散管，形成气—液混合流。由于空气不断被带走，气室内形成一定负压，在大气压作用下外部空气不断进入气室，这样就连续不断地产生一定倍数的泡沫。

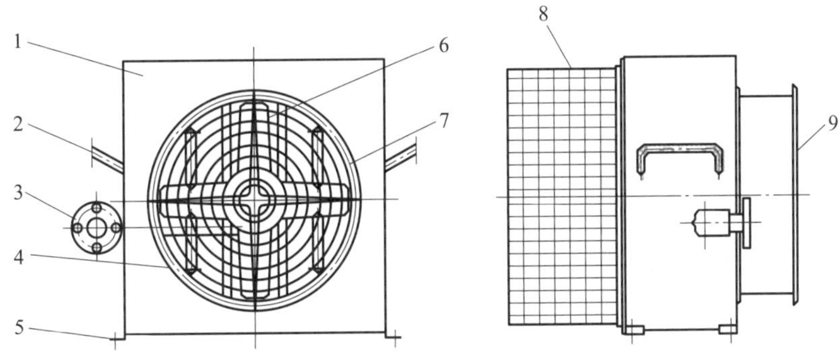

图 3-2-15 高倍数泡沫产生器结构示意图

1—产生器壳体 2—搬抬扶手 3—进液口连接法兰 4—产生器管道与喷头
5—安装地脚 6—风叶 7—安全网 8—发泡网 9—送风口

吹气型泡沫产生器主要由喷嘴、发泡筒、发泡网、风叶等组成，其工作原理是：一定压力的泡沫混合液通过喷嘴以雾化形式均匀喷向发泡网，在网的内表面上形成一层混合液薄膜，由风叶送来的气流将混合液薄膜吹胀成大量的气泡。

（3）泡沫产生器维护保养的主要内容

1）每使用完一次后必须用清水将泡沫产生器和管道冲洗干净，必要时对内外表面要进行补漆防腐处理。

2）每年至少要检查一次系统，确保装置上的螺栓、垫片、管道及附件应完好无损。

2. 泡沫枪

（1）泡沫枪的组成

泡沫枪主要由管牙接口、枪体、启闭柄、吸液管、手轮、枪筒组成。泡沫枪实体照片如图 3-2-16 所示，结构示意图如图 3-2-17 所示。

（2）泡沫枪的工作原理

按照图 3-2-17 泡沫枪结构示意图所示，压力水由水带经过管牙接口进入枪体，在枪体和喷嘴构成的空间内形成负压。这个空间通过吸管接头与吸管连接，吸管一端插入空气泡沫液桶，吸取空气泡沫液，使空气泡沫液与水按一定比例混合。当混合液流通过喷嘴时，立即扩散雾化，再次形成负压而吸入大量空气，与混合液流进行混合，形成空气泡沫，经过整个枪筒产生良好的泡沫射流喷射出去。

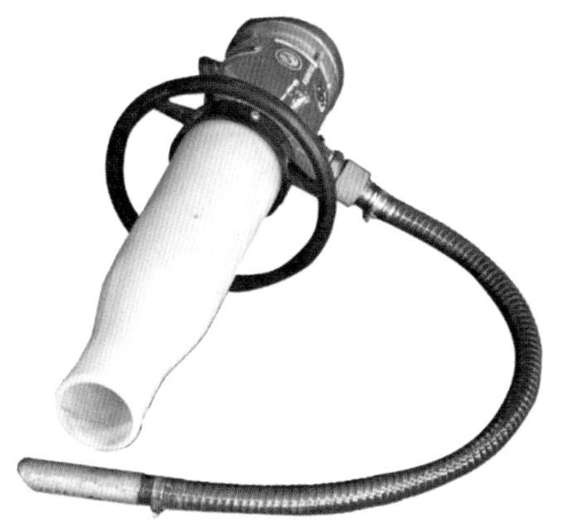

图 3-2-16 泡沫枪实体照片

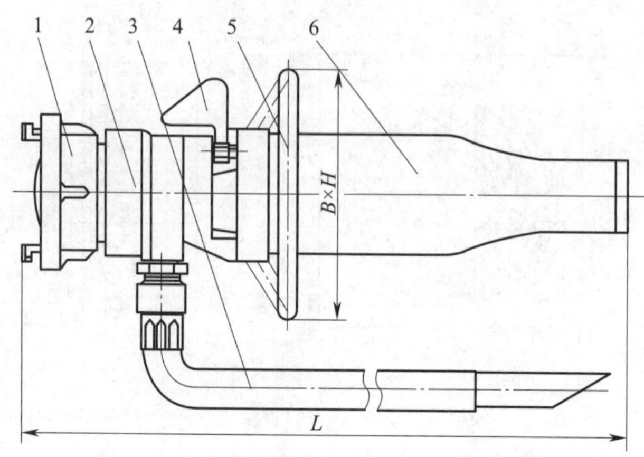

图 3-2-17　泡沫枪结构示意图

1—管牙接口　2—枪本体　3—吸液管　4—启闭柄　5—手轮　6—枪筒

（3）泡沫枪维护保养的主要内容

1）每次使用后应检查各零件是否完整，连接是否紧固，吸管和管牙接口等处的橡胶垫圈是否损缺。

2）每次使用后应用清水洗净，清除吸管内、喷嘴等处附着的杂物，然后擦干水渍，置于阴凉干燥处，以防腐蚀。

3. 泡沫炮

（1）泡沫炮的组成

泡沫炮主要由泡沫喷管、泡沫喷嘴、压力表、炮体、入口法兰、操作手轮组成。泡沫炮实体照片如图 3-2-18 所示，结构示意图如图 3-2-19 所示。

（2）泡沫炮的工作原理

按照图 3-2-19 泡沫炮结构示意图所示，泡沫混合液由泡沫炮的入口法兰进入炮体，通过喷嘴形成扩散的雾化射流，在其周围产生负压，从而吸入大量空气形成泡沫，通过泡沫喷管喷射出去。

（3）泡沫炮维护保养的主要内容

1）定期为钢珠槽和转动部位加注润滑脂，保持操作转动处于灵活状态。

2）每次使用后应喷射一段时间的清水，然后将炮内水放尽。

3）应经常检查泡沫炮的完好性和操作灵活性，若发现紧固件松动，应及时紧固，使泡沫炮一直处于良好的使用状态。

图 3-2-18　泡沫炮实体照片

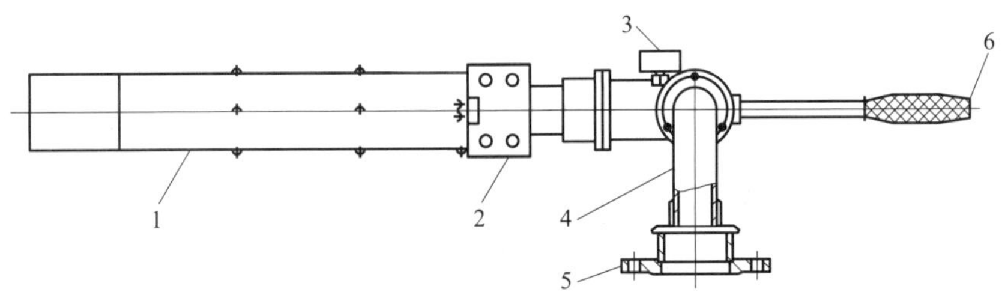

图 3-2-19 泡沫炮结构示意图

1—泡沫喷管 2—泡沫喷嘴 3—压力表 4—炮体 5—入口法兰 6—操作手轮

三、泡沫液泵

1. 泡沫液泵的组成及结构

泡沫液泵是平衡式比例混合装置、机械泵入式比例混合装置的重要组件，用于输送泡沫液。目前所使用的泡沫液泵主要有齿轮泵和同步转子泵，其中齿轮泵有直齿与人字齿两种。以同步转子泵为例，其实体照片如图 3-2-20 所示，结构示意图如图 3-2-21 所示，泵体内设一对变速齿轮、一对同步齿轮、一对共轭三螺旋转子。

图 3-2-20 泡沫液泵实体照片

2. 泡沫液泵的工作原理

以同步转子泵为例，变速齿轮用来调整转子的转速，同步齿轮用来带动转子，主要承载泵做功的传动力矩，使两转子的啮合与摩擦力降至最低。两转子是泵的核心部件，分别在两个平行轴的同步齿轮驱动下相对运转，转子和泵体之间不断形成连续稳定的吸入腔、密封腔、排出腔，将连续吸入的泡沫液经密封腔体由排出端排出。

3. 泡沫液泵维护保养的主要内容

（1）定期检查润滑液液位，使液位保持在观察孔的中间，必要时添加润滑液。

（2）应每年更换一次润滑液。

（3）在寒冷地区的冬天，如用水代替泡沫液试验，试验后应将泵体内的水排净，以防泵体冻坏。

图 3-2-21　泡沫液泵结构示意图

1—转子支承轴承　2—两端机封　3—过流腔体
4—中间隔离腔　5—同步齿轮箱　6—减速箱

【技能操作】

技能 1　保养泡沫产生器

一、操作准备

1. 技术资料

泡沫产生器设备说明书、调试手册、图样等技术资料。

2. 常备工具

旋具、抹布等。

3. 实操设备

泡沫灭火演示系统。

4. 记录表格

《建筑消防设施维护保养记录表》。

二、操作程序

1. 外观检查与保养

对泡沫产生器的各部件进行外观检查，查看各部件是否有破损、锈蚀等，必要时重新涂漆防腐。用抹布擦拭泡沫产生器外露表面，清洁外露表面的灰尘或其他污垢。

2. 吸气口检查与保养

检查泡沫产生器吸气口（见图 3-2-22）是否有杂物堵塞，如有堵塞应及时将杂物清理。

a） b）

图 3-2-22 泡沫产生器吸气口

a）立式 b）横式

3. 密封玻璃检查与保养

对泡沫产生器的密封玻璃进行检查，查看是否有破损，如有损坏，应立即更换。

4. 填写记录

根据维护保养的实际情况，规范填写《建筑消防设施维护保养记录表》。

三、注意事项

必要时，可对泡沫产生器进行喷水或喷泡沫试验，观察其是否能够正常运行。进行喷水或喷泡沫试验时，可将密封玻璃拆除。

技能 2 保养泡沫比例混合装置

一、操作准备

1. 技术资料

泡沫比例混合装置使用说明书、调试手册、图样等技术资料。

2. 常备工具

旋具、抹布等。

3. 实操设备

泡沫灭火演示系统。

4. 记录表格

《建筑消防设施维护保养记录表》。

二、操作程序

1. 外观检查及保养

对泡沫比例混合装置上的压力表、阀门、控制柜、泡沫液泵、电动机、管道及附件进行外观检查，应完好无损，必要时应对各部件添加润滑脂并进行防锈处理。用抹布擦拭泡沫比例混合装置各部件外露表面，清洁外露表面的灰尘或其他污垢。平衡式泡沫比例混合装置主要部件示意图如图 3-2-23 所示。

图 3-2-23　平衡式泡沫比例混合装置主要部件示意图

1—压力表　2—止回阀　3—安全阀　4—平衡阀　5—控制柜　6—泡沫液泵

2. 管件检查及保养

查看装置各个阀门、管件及连接处是否有松动、渗漏现象，对出现损坏的部件及时维修或更换。

3. 安全阀检查及保养

查看安全阀的定期校验记录，确保在校验周期内，必要时应立即安排校验。

4. 平衡阀检查及保养

检查平衡阀是否损坏，必要时应将平衡阀进行拆解。检查内部膜片是否损坏，如有损坏，及时更换。平衡阀实体照片如图3-2-24所示。

5. 泡沫液泵检查及保养

手动检查泡沫液泵运转是否正常，必要时通过现场控制柜启动泡沫液泵，检查其运行是否正常。

6. 控制柜检查及保养

通过外观检查控制柜及各操作按钮、仪表是否正常，必要时启动试验，检查其运行是否正常。

7. 填写记录

根据维护保养的实际情况，规范填写《建筑消防设施维护保养记录表》。

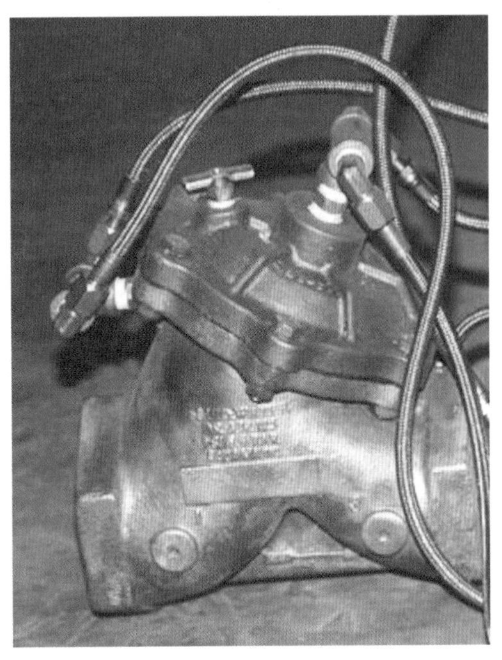

图 3-2-24 平衡阀实体照片

三、注意事项

1. 必要时，可通过现场控制柜启动装置进行正常运行，观察装置上的泡沫液泵、驱动装置、比例混合器、平衡阀、管路及附件是否运行正常。

2. 试验结束后应对装置进行冲洗，关闭储罐的泡沫液出口阀，用水带连接装置上的冲洗接口对装置进行冲洗，冲洗后将装置内的水放空。

技能 3 保养泡沫液泵

一、操作准备

1. 技术资料

泡沫液泵使用说明书、调试手册、图样等技术资料。

2. 常备工具

旋具、抹布等。

3. 实操设备

泡沫灭火演示系统。

4. 记录表格

《建筑消防设施维护保养记录表》。

二、操作程序

1. 外观检查

对泡沫液泵进行外观检查，应无碰撞变形及其他损伤，表面应无锈蚀，保护涂层应完好，必要时重新涂漆防腐。用抹布擦拭泡沫液泵外露表面，清洁外露表面的灰尘或其他污垢。

2. 联轴器检查

检查泡沫液泵和驱动装置的联轴器是否正常，手动转动应运转正常。

3. 润滑液检查

检查泡沫液泵的润滑液液位，液位应保持在观察孔的中间，必要时添加润滑液。每年更换一次润滑液。

4. 填写记录

根据维护保养的实际情况，规范填写《建筑消防设施维护保养记录表》。

三、注意事项

必要时，可启动泡沫液泵进行运转试验，试验后应对泵体进行冲洗，并将其内的水排净。

培训单元 2
保养预作用和雨淋自动喷水灭火系统

【培训重点】

熟练掌握预作用报警装置的保养技能。

熟练掌握雨淋报警阀组的保养技能。

熟练掌握空气维持装置的保养技能。

熟练掌握排气装置的保养技能。

【技能操作】

技能 1 保养预作用报警装置

一、操作准备

1. 技术资料

设备说明书、调试手册、图样等技术资料。

2. 常备工具

专用扳手、抹布等。

3. 实操设备

预作用自动喷水灭火演示系统。

4. 记录表格

《建筑消防设施维护保养记录表》。

二、操作步骤

1. 做好防误动措施

根据维护保养的需要，将设备处于手动状态，做好防止误动作的措施。

2. 外观检查

（1）检查报警阀组的标志牌是否完好、清晰，阀体上水流指示永久性标识是否易于观察，与水流方向是否一致。

（2）检查报警阀组组件是否齐全，表面有无裂纹、损伤等现象。

（3）检查报警阀组是否处于伺应状态，观察其组件有无漏水等情况。

（4）检查报警阀组设置场所的排水设施有无排水不畅或者积水等情况。

（5）检查预作用报警装置的火灾探测传动、液（气）动传动及其控制装置、现场手动控制装置的外观标志有无磨损、模糊等情况。

3. 清洁保养

（1）检查预作用报警阀组过滤器的使用性能，清洗过滤器并重新安装到位。

（2）检查主阀以及各个部件外观，及时清除污渍。

（3）检查主阀锈蚀情况，及时除锈，保证各部件连接处无渗漏现象，压力表读数准确，水力警铃动作灵活，声音洪亮，排水系统排水畅通。

4. 填写记录

根据维护保养的实际情况，规范填写《建筑消防设施维护保养记录表》。

技能 2　保养雨淋报警阀组

一、操作准备

1. 技术资料

设备说明书、调试手册、图样等技术资料。

2. 常备工具

感烟探测器功能试验装置、专用扳手、抹布等。

3. 实操设备

雨淋自动喷水灭火演示系统。

4. 记录表格

《建筑消防设施维护保养记录表》。

二、操作步骤

1. 做好防误动措施

根据维护保养的需要，将设备处于手动状态，做好防止误动作的措施。

2. 外观检查

（1）检查报警阀组的标志牌是否完好、清晰，阀体上水流指示永久性标识是否易于观察，与水流方向是否一致。

（2）检查报警阀组组件是否齐全，表面有无裂纹、损伤等现象。

（3）检查报警阀组是否处于伺应状态，观察其组件有无漏水等情况。

（4）检查报警阀组设置场所的排水设施有无排水不畅或者积水等情况。

3. 清洁保养

（1）检查雨淋报警阀组过滤器（见图 3-2-25）的使用性能，清洗过滤器并重新安装到位。

（2）检查主阀以及各个部件外观，及时清除污渍。

（3）检查主阀锈蚀情况，及时除锈，保证各部件

图 3-2-25　过滤器

连接处无渗漏现象，压力表读数准确，水力警铃动作灵活，声音洪亮，排水系统排水畅通。

4. 填写记录

根据维护保养的实际情况，规范填写《建筑消防设施维护保养记录表》。

技能 3 保养空气维持装置

一、操作准备

1. 技术资料

设备说明书、调试手册、图样等技术资料。

2. 常备工具

旋具、专用扳手、抹布等。

3. 实操设备

预作用自动喷水灭火演示系统。

4. 记录表格

《建筑消防设施维护保养记录表》。

二、操作步骤

1. 外观检查

检查预作用报警装置的充气设备及其控制装置的外观标志有无磨损、模糊等情况，相关设备及其通用阀门是否处于工作状态。

2. 清洁保养

（1）检查空气压缩机空气滤清器，并将油池内积污清除，补充新的润滑油，必要时清洗过滤网。

（2）检查空气压缩机内排气通道、储气罐及排气管系统，并清除内部积炭及油污。

3. 填写记录

根据维护保养的实际情况，规范填写《建筑消防设施维护保养记录表》。

技能4　保养排气装置

一、操作准备

1. 技术资料

设备说明书、调试手册、图样等技术资料。

2. 常备工具

感烟探测器功能试验装置、专用扳手、抹布等。

3. 实操设备

预作用自动喷水灭火演示系统。

4. 记录表格

《建筑消防设施维护保养记录表》。

二、操作步骤

1. 外观检查

检查预作用报警装置的排气装置及其控制装置的外观标志有无磨损、模糊等情况，相关设备及其通用阀门是否处于工作状态。

2. 清洁保养

（1）检查排气阀排气孔是否堵塞，及时将排气孔清理干净。

（2）检查电磁阀，及时清洗阀内外及衔铁吸合面的污物。

3. 填写记录

根据维护保养的实际情况，规范填写《建筑消防设施维护保养记录表》。

培训单元3
保养气体灭火系统

【培训重点】

掌握气体灭火系统的组成和保养内容及要求。

熟练掌握气体灭火系统的灭火剂储存、启动、控制和防护区泄压等装置保养方法。

【知识要求】

一、气体灭火剂储存装置的组成

管网系统的储存装置应由储存容器、容器阀和集流管等组成，容器阀和集流管之间应采用挠性连接。预制灭火系统的储存装置，应由储存容器、容器阀等组成。

灭火剂瓶组应至少由灭火剂及容器、容器阀、安全泄放装置、灭火剂取样口、检漏装置等组成，容器阀应具有机械应急启动功能。

外储压式七氟丙烷灭火系统储存装置设有加压瓶组，部分外储压式七氟丙烷灭火系统储存装置设有减压阀，如图 3–2–26 所示。

低压二氧化碳灭火系统配备制冷装置、液位计、安全泄压阀等，如图 3–2–27 及图 3–2–28 所示。

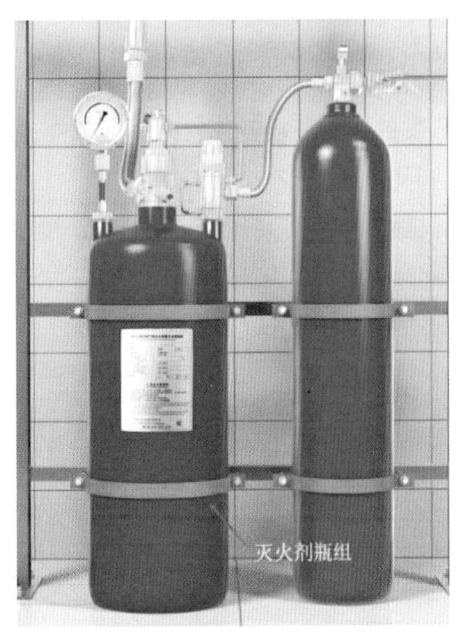

图 3–2–26 外储压式七氟丙烷灭火系统储存装置

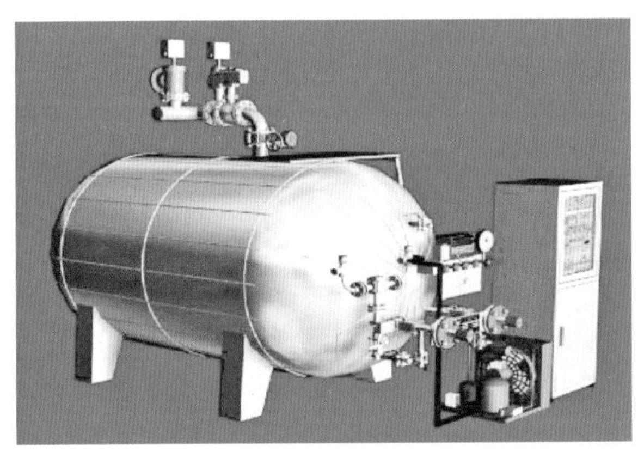

图 3–2–27 低压二氧化碳储存装置

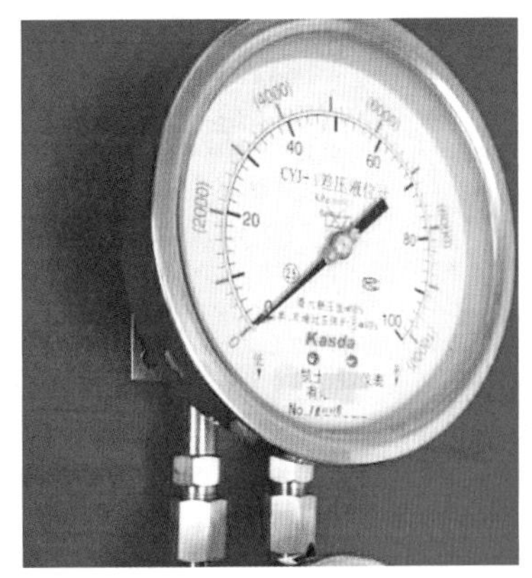

图 3–2–28 液位计

二、气体灭火系统启动、控制装置的组成

气体灭火系统启动装置、控制装置至少由驱动气体瓶组（不适用于直接驱动灭火剂瓶组的系统）、气单向阀（适用于组合分配系统）、选择阀（适用于组合分配系

统）、驱动装置、安全泄放装置、控制盘、检漏装置、低泄高封阀（适用于具有驱动气体瓶组的系统）等部件构成。

气体灭火系统控制组件包括灭火控制装置，防护区内火灾探测器，手动、自动转换开关，手动启动、停止按钮，气体喷放指示灯等。

三、防护区泄压装置的组成

防护区泄压装置一般由固定部件（与墙体连接固定）、活动部件（叶片或盖板）、驱动部件组成。

机械式泄压装置由压力调节驱动部件或砝码驱动部件驱动叶片或盖板开启泄压。

电动式泄压装置由电动驱动部件开启叶片或盖板泄压，由压力检测装置发出的启动信号或者气体灭火控制系统发出的联动信号启动。

四、其他组件

其他组件主要包括灭火剂输送管道及配件，喷嘴，固定设备和管道的支架、吊架等。

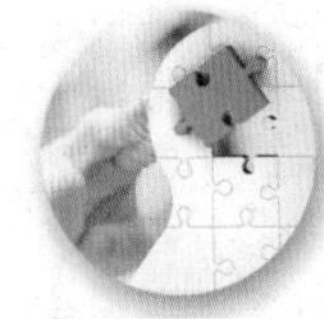

【技能操作】

技能 1　保养气体灭火剂储存装置

一、操作准备

1. 技术资料

设备说明书、图样、产品使用说明书和设计手册等技术资料。

2. 常备工具

旋具、钳子、万用表、清洁抹布等。

3. 防护装备

安全防护装备，如防砸鞋、安全帽、绝缘手套等。

4. 实操设备

组合分配型高压、低压二氧化碳灭火演示系统。

5. 记录表格

《建筑消防设施维护保养记录表》。

二、操作步骤

1. 做好防误动措施

根据维护保养的需要，将设备处于手动状态，做好拆除电磁阀连接线路等防止误动作的措施。

2. 外观检查

（1）观察、检查低压二氧化碳储存装置的运行情况、储存装置间的设备状态是否正常，并进行记录。

（2）观察、检查储存装置的所有设备、部件、支架等有无碰撞变形及其他损伤，表面有无锈蚀，保护涂层是否完好，铭牌和标志牌是否清晰，手动操作装置的防护罩、铅封和安全标志是否完整。

（3）观察、检查灭火剂单向阀、选择阀的流向指示箭头与灭火剂流向是否一致。

（4）手动检查储存装置及支架的安装是否牢固。

（5）灭火剂及增压气体泄漏情况检查及测量

1）对照设计资料，检查低压二氧化碳灭火系统储存装置、外储压式七氟丙烷灭火系统储存装置的液位计示值是否满足设计要求，灭火剂损失 10% 时应及时补充。

2）检测高压二氧化碳储存容器的称重装置（见图 3-2-29），泄漏量超过 10% 时，称重装置应该报警，否则应进行检修。

图 3-2-29　高压二氧化碳储存容器的称重装置

3）观察 IG541、七氟丙烷等卤代烷灭火系统灭火剂储瓶的压力显示，压力损失 10% 时，应进行检修。部分压力表直接连通储瓶，可直接观察压力值；部分压力表需要开启压力表底座上的连通阀门才能连通储瓶，观察前先打开连通阀门，观察后关闭阀门；部分产品直接采用压力传感器测量，电子屏幕直接读取压力值。

4）按储存容器全数（不足5个的按5个计）的20%，拆下七氟丙烷等卤代烷灭火系统储存容器进行称重检测。灭火剂损失超过10%时，应进行检修。

建议：检测到1瓶灭火剂损失超标时，进行全数称重检测。

3. 清洁保养

（1）所有设备清洁、除尘。

（2）除压力容器外，金属部件表面有轻微锈蚀情况的，进行除锈和防腐处理。

（3）金属螺纹连接处，选择阀手柄、压臂与阀体的连接处，选择阀气动活塞、主活塞处，均注润滑剂。

4. 填写记录

根据维护保养的实际情况，规范填写《建筑消防设施维护保养记录表》。

三、注意事项

1. 维护保养时，必须采取防止灭火系统或容器误喷放的措施。

2. 对压力容器进行相关操作的人员应穿着安全防护装备，一般由厂家专业人员进行作业，保养人员进行必要的协助。

3. 在维护保养合格后，立即恢复系统正常工作。

4. 储存装置各部件、组件出现损伤、变形、严重锈蚀等影响储存装置性能的问题时，储瓶与容器阀之间的密封件、容器阀内部的密封件老化或损坏时，应由生产企业或其授权的专业机构进行维修处理。

5. 由于气体灭火剂喷放后基本无法取证，为了避免灭火剂喷放后没有成功灭火而致责任不清晰的情况发生，消防技术服务机构及相关单位应具备确认灭火剂质量合格的方法和措施。

6. 检查灭火剂储存装置压力时，注意储瓶间环境温度，综合判断压力是否满足要求。

技能2　保养气体灭火系统启动、控制装置

一、操作准备

1. 技术资料

设备说明书、图样、产品使用说明书和设计手册等技术资料。

2. 常备工具

旋具、钳子、万用表、清洁抹布等。

3. 防护装备

安全防护装备，如防砸鞋、安全帽、绝缘手套等。

4. 实操设备

组合分配型七氟丙烷气体灭火演示系统。

5. 记录表格

《建筑消防设施维护保养记录表》。

二、操作步骤

1. 做好防误动措施

根据维护保养的需要，将设备处于手动状态，做好拆除电磁阀连接线路等防止误动作的措施。

2. 外观检查

（1）观察、检查控制装置的运行情况，观察灭火控制器显示状态是否正常，并进行记录。

（2）观察、检查启动、控制装置的所有设备、部件、支架等有无碰撞变形及其他损伤，表面有无锈蚀，保护涂层是否完好，铭牌和标志牌是否清晰，手动操作装置的防护罩、铅封和安全标志是否完整。

（3）观察、检查气单向阀的流向指示箭头与要求的气体流向是否一致，如图 3–2–30 所示。

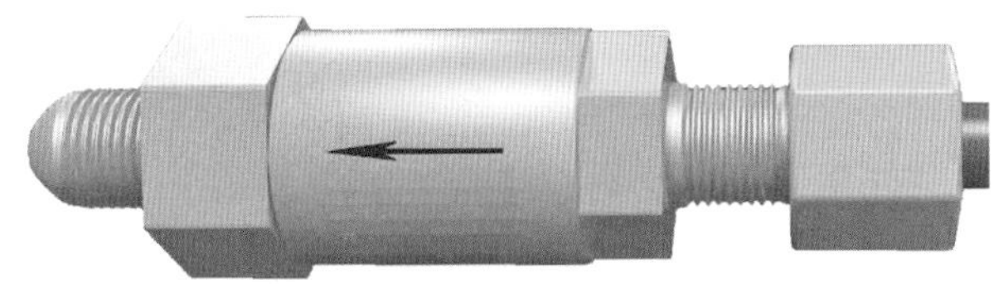

图 3–2–30 气单向阀

（4）观察、检查驱动气体储存装置安全阀的泄压方向是否朝向操作面。

（5）对照竣工图样，观察、检查启动、控制装置的安装是否与图样一致。

（6）手动检查启动装置及支架的安装是否牢固，控制装置各部件的安装是否牢固。

（7）驱动气体泄漏情况检查。观察、检查驱动气体储存装置的压力显示是否在压力表绿色区域。

3. 清洁保养

（1）所有设备清洁、除尘。

（2）除压力容器外，金属部件表面有轻微锈蚀情况的，进行除锈和防腐处理。

（3）金属螺纹连接处以及电磁驱动器应急操作的阀杆处，注润滑剂。

4. 填写记录

根据维护保养的实际情况，规范填写《建筑消防设施维护保养记录表》。

三、注意事项

1. 维护保养时，必须采取防止驱动气瓶误喷放的措施。

2. 对压力容器进行相关操作的人员应穿着安全防护装备，一般由厂家专业人员进行作业，保养人员进行必要的协助。

3. 在维护保养合格后，立即恢复系统正常工作。

4. 启动、控制装置各部件、组件出现损伤、变形、严重锈蚀等影响装置性能的问题时，由生产企业或其授权的专业机构进行维修处理。

5. 启动装置连接的气动管路重新安装时，注意组合分配系统的组合分配逻辑。

技能 3　保养防护区泄压装置

一、操作准备

1. 技术资料

设备说明书、图样、产品使用说明书和设计手册等技术资料。

2. 常备工具

旋具、钳子、万用表、清洁抹布等。

3. 防护装备

安全防护装备，如防砸鞋、安全帽、绝缘手套等。

4. 实操设备

组合分配型烟烙尽气体灭火演示模型。

5. 记录表格

《建筑消防设施维护保养记录表》。

二、操作步骤

1. 外观检查

（1）观察、检查防护区泄压装置（见图 3-2-31）有无碰撞变形及其他损伤，表面有无锈蚀，保护涂层是否完好，铭牌和标志牌是否清晰。

图 3-2-31 防护区泄压装置

（2）对照竣工图，观察、检查防护区泄压装置设置位置是否符合设计要求。

（3）手动检查防护区泄压装置的安装是否牢固。

2．清洁保养

（1）清洁、除尘。

（2）金属部件表面有轻微锈蚀情况的，应进行除锈和防腐处理。

（3）固定部件与活动组件的连接处注润滑剂。

3. 填写记录

根据维护保养的实际情况，规范填写《建筑消防设施维护保养记录表》。

培训单元 4
保养自动跟踪定位射流灭火系统

【培训重点】

熟练掌握保养自动跟踪定位射流灭火系统的灭火装置、探测装置、控制装置等组件的方法及操作流程。

【技能操作】

保养自动跟踪定位射流灭火系统

一、操作准备

1. 技术资料

自动跟踪定位射流灭火系统图、系统组件现场布置图和地址编码表、自动跟踪定位射流灭火系统产品使用说明书和设计手册等技术资料。

2. 常备工具和材料

旋具、钳子、万用表、绝缘胶带、润滑油脂等。

3. 防护装备

安全防护装备，如安全带、防砸鞋、安全帽、绝缘手套等。

4. 实操设备

自动跟踪定位射流灭火演示系统。

5. 记录表格

《建筑消防设施维护保养记录表》。

二、操作步骤

1. 保养自动跟踪定位射流灭火系统的灭火装置

自动跟踪定位射流灭火系统的灭火装置，包括自动消防炮、喷射型自动射流灭火装置、喷洒型自动射流灭火装置。保养方法及操作流程如下：

（1）检查灭火装置安装固定是否牢固。

（2）灭火装置运动机构添加润滑油。

（3）通过控制主机远程操作检查灭火装置上、下、左、右、直流 / 喷雾动作是否正常。

（4）通过现场控制箱操作检查灭火装置上、下、左、右、直流 / 喷雾动作是否正常。

（5）通过操作灭火装置运动，检查各方位的行程速度，若有卡阻、迟缓等现象，应进行检修。

（6）检查灭火装置的运动极限定位是否符合要求，若不符合，应进行调整。

（7）检查灭火装置流道及出口是否有异物堵塞，若有异物，应进行清除，确保射流畅通。

2. 保养自动跟踪定位射流灭火系统的探测装置

自动跟踪定位射流灭火系统的探测装置，主要有图像型火灾探测器、红紫外复合探测器。保养方法及操作流程如下：

（1）检查探测器安装是否牢固，以免探测范围、探测灵敏度发生变化。

（2）检查探测器的接线是否整齐、牢固。

（3）通过控制主机操作界面、监视器，检查可见视频、红外视频图像信号是否正常，是否存在图像干扰、抖动。

（4）检查可见视频图像的清晰度，若不清晰，应清洗或调修探测器。

（5）利用火源测试探测器，观察火源在红外视频图像中成像的清晰度，若不清晰，应清洗或调修探测器。

（6）利用火源测试探测器，检查探测器灵敏度阈值是否正常。

（7）开启控制装置系统巡检模式，利用火源测试探测器，检查探测器火源信号输出功能是否正常。

3. 保养自动跟踪定位射流灭火系统的控制装置

自动跟踪定位射流灭火系统控制装置包括控制主机、硬盘录像机、矩阵切换器、监视器、UPS电源、现场控制箱、信号处理器、消防水泵控制柜等。保养方法及操作流程如下：

（1）控制主机

1）控制主机清洁、除尘。

2）检查安装是否牢固。

3）检查电源、通信、控制、视频接线是否紧固。

4）检查电源是否正常。

5）检查测试自检功能是否正常。

6）检查系统软件运行是否正常、参数设置是否正确。

7）操作检查远程启动消防水泵功能是否正常，检查自动控制阀开启、关闭的控制功能是否正常。

8）检查消防水泵、灭火装置、自动控制阀、信号阀、水流指示器等的状态显示功能是否正常。

9）检查模拟末端试水装置的系统启动功能。

10）进行系统灭火功能测试。使控制主机处于自动状态下，模拟输入火警信号，检查控制装置能否自动启动消防水泵、打开自动控制阀、启动系统射流灭火，并应同时启动声、光警报器和其他联动设备。

11）检查火灾现场视频实时监控和记录功能是否正常。

（2）硬盘录像机

1）检查录像机对图像型火灾探测器可见视频的录像功能。

2）检查录像查询及回放功能。

3）校对录像时间。

（3）矩阵切换器

1）通过矩阵切换器键盘，切换监视器上的视频图像。

2）利用火源测试图像型火灾探测器，观察监视器是否显示报警探测器的视频图像。

3）校对矩阵时间。

4）检查参数设置是否正确。

5）检查矩阵切换器键盘按键是否灵敏。

6）检查电源、通信、视频接线是否紧固。

（4）监视器

1）检查画面显示是否正常。

2）检查电源、视频接线是否紧固。

（5）UPS 电源

1）检测市电输入是否正常。

2）检测 UPS 电源输出是否正常。

3）检测蓄电池组供电是否正常，测量供电电压是否正常。

4）测试市电切断后 UPS 逆变供电是否正常。

5）检查 UPS 电源主机负载是否正常，有无故障显示。

6）检查 UPS 电源主机风扇是否全部正常运转。

7）对 UPS 电源进行充放电试验。

（6）现场控制箱

1）现场控制箱清洁、除尘。

2）检查安装是否牢固。

3）检查电源、通信接线是否紧固。

4）检查现场控制箱钥匙锁（或密码锁）是否正常。

5）操作检查远程启动消防水泵功能是否正常，检查自动控制阀开启、关闭的控制功能是否正常。

6）检查消防水泵、自动控制阀和水流指示器的状态显示功能是否正常。

7）测试现场手动控制和消防控制室手动控制的切换功能是否正常。

4. 保养自动跟踪定位射流灭火系统的电气线路

系统电气线路包括电源线、控制线、通信线、视频线等。电气线路的保养方法及操作流程如下：

（1）检查线路接头，对锈蚀、老化、损坏的接头进行更换。

（2）检查接线端子，对松动的端子进行紧固，对锈蚀、老化、损坏的端子进行更换。

（3）排查线路是否存在短路、断路现象。

（4）检查图像信号是否存在干扰，找到干扰因素进行排除。

（5）整理杂乱线路，修复故障线路。

（6）对无标识或标识不清的线路进行标识，制作线路标签。

5. 保养自动跟踪定位射流灭火系统的供水设施及管网

（1）检查系统供水管网内的水压是否正常。

（2）检查消防储水设施、设备水位是否正常；在寒冷季节，检查是否有结冰。

（3）检查消防水泵自动巡检运转情况是否正常。

（4）检查消防水泵启动运转情况是否正常。

（5）检查气压稳压装置工作状态是否正常。

（6）检查所有阀门开闭状态是否正常。

（7）检查管道、附件的外观及标识是否正确。

（8）检查模拟末端试水装置出水和压力是否正常。

（9）测试消防水泵出水流量和压力是否正常，消防水泵启动、主备泵切换是否正常。

（10）检查管道和支吊架是否松动，管道连接件是否变形、老化或有裂纹。

（11）检查水泵接合器是否完好。

（12）检查和清洗消防储水设施、过滤器。

三、注意事项

1. 带电作业需按作业要求佩戴防护用具，登高作业应做好安全防护措施，并配置登高监护人员。

2. 保养自动跟踪定位射流灭火系统时，现场应做好防护措施，以免对人身及财产造成损害。

培训单元 5
保养固定消防炮灭火系统

【培训重点】

熟练掌握保养固定消防炮灭火系统消防炮、控制装置、电气线路、供水设施及管网、泡沫罐和泡沫比例混合装置、干粉罐和氮气瓶组等组件的方法及操作流程。

【技能操作】

保养固定消防炮灭火系统

一、操作准备

1. 技术资料

固定消防炮灭火系统图、系统组件现场布置图和地址编码表，固定消防炮灭火系统产品使用说明书和设计手册等技术资料。

2. 常备工具和材料

旋具、钳子、万用表、绝缘胶带、润滑油脂等。

3. 防护装备

安全防护装备，如安全带、防砸鞋、安全帽、绝缘手套等。

4. 实操设备

固定消防炮灭火演示系统。

5. 记录表格

《建筑消防设施维护保养记录表》。

二、操作步骤

1. 保养固定消防炮灭火系统的消防炮

固定消防炮灭火系统的消防炮，包括消防水炮、消防泡沫炮、消防干粉炮。保养方法及操作流程如下：

（1）检查消防炮及附件外观是否完好。

（2）检查消防炮安装固定是否牢固，消防炮体连接件及法兰螺丝是否紧固。

（3）检查消防炮电气接线是否正常，有无破损。

（4）消防炮运动机构加注润滑油。

（5）手动操作消防炮上、下、左、右、直流/喷雾动作是否正常，检查各方位的行程速度，若有卡阻、迟缓等现象，应进行检修。

（6）检查消防炮的运动极限定位是否正常，若不正常，应进行调整。

（7）通过控制主机远程操作检查消防炮上、下、左、右、直流/喷雾动作是否正常。

（8）通过现场控制箱操作检查消防炮上、下、左、右、直流/喷雾动作是否正常。

（9）通过无线遥控器操作检查消防炮上、下、左、右、直流/喷雾动作是否正常。

2. 保养固定消防炮灭火系统的控制装置

固定消防炮灭火系统控制装置包括控制主机、现场控制箱、无线遥控器、消防水泵控制柜等。保养方法及操作流程如下：

（1）控制主机

1）控制主机清洁、除尘。

2）检查安装是否牢固。

3）检查电源、通信、控制接线是否紧固。

4）检查电源是否正常。

5）检查按钮、按键、指示灯状态是否正常。

6）操作检查远程启动消防水泵功能是否正常，检查控制阀开启、关闭的控制功能是否正常。

7）检查消防水泵、消防炮、控制阀等的状态显示功能是否正常。

（2）现场控制箱

1）现场控制箱清洁、除尘。

2）检查安装是否牢固。

3）检查电源、通信接线是否紧固。

4）检查现场控制箱钥匙锁（或密码锁）是否正常。

5）操作检查远程启动消防水泵功能是否正常，检查控制阀开启、关闭的控制功能是否正常。

6）检查消防水泵和控制阀的状态显示功能是否正常。

7）测试现场手动控制和消防控制室手动控制的切换功能是否正常。

（3）无线遥控器

1）检查无线遥控器钥匙锁是否正常。

2）检查电池是否正常。

3）操作检查消防炮选择功能是否正常，例如选择 1 号炮塔消防水炮进行操作。

4）操作检查消防炮水平、俯仰回转动作和射流状态转换的控制功能是否正常。

5）操作检查控制阀开启、关闭的控制功能是否正常，检查阀门开极限、关极限的状态反馈是否正常。

3. 保养固定消防炮灭火系统的电气线路

系统电气线路包括电源线、控制线、通信线等。电气线路的保养方法及操作流程如下：

（1）检查线路接头，对锈蚀、老化、损坏的接头进行更换。

（2）检查接线端子，对松动的端子进行紧固，对锈蚀、老化、损坏的端子进行更换。

（3）排查线路是否存在短路、断路现象。

（4）整理杂乱线路，修复故障线路。

（5）对无标识或标识不清的线路进行标识，制作线路标签。

4. 保养固定消防炮灭火系统的供水设施及管网

（1）检查系统供水管网内的水压是否正常。

（2）检查消防储水设施、设备水位是否正常；在寒冷季节，检查是否有结冰。

（3）检查消防水泵自动巡检运转情况是否正常。

（4）检查消防水泵启动运转情况是否正常。

（5）检查气压稳压装置工作状态是否正常。

（6）检查所有阀门开闭状态是否正常。

（7）检查管道、附件的外观及标识是否正确。

（8）测试消防水泵出水流量和压力是否正常，消防水泵启动、主备泵切换是否正常。

（9）检查管道和支吊架是否松动，管道连接件是否变形、老化或有裂纹。

（10）检查和清洗消防储水设施、过滤器。

（11）定期冲洗管道，清除锈渣，并进行涂漆处理。

5. 保养固定消防炮灭火系统的泡沫罐和泡沫比例混合装置

（1）检查外观是否正常。

（2）检查安装固定是否牢固，管路连接是否紧固。

（3）检查泡沫罐液位是否正常。

（4）检查泡沫罐内泡沫灭火剂是否在有效期内。

6. 保养固定消防炮灭火系统的干粉罐和氮气瓶组

（1）检查外观是否正常。

（2）检查安装固定是否牢固，管路连接是否紧固。

（3）检查氮气瓶的储压是否正常，正常值为不小于设计压力的 90%。

（4）检查干粉罐内干粉灭火剂是否在有效期内。

三、注意事项

1. 带电作业需按作业要求佩戴防护用具，登高作业应做好安全防护措施，并配置登高监护人员。

2. 保养固定消防炮灭火系统时，现场应做好防护措施，以免对人身及财产造成损害。

培训单元 6
保养水喷雾灭火系统

【培训重点】

掌握水喷雾灭火系统的维护保养内容。

掌握水喷雾灭火系统的维护保养方法。

【知识要求】

一、雨淋阀保养内容

1. 密封垫的保养

阀瓣密封垫应定期进行清洗或更换。雨淋阀内部件名称详见图 3-2-32 雨淋阀局部剖视图。

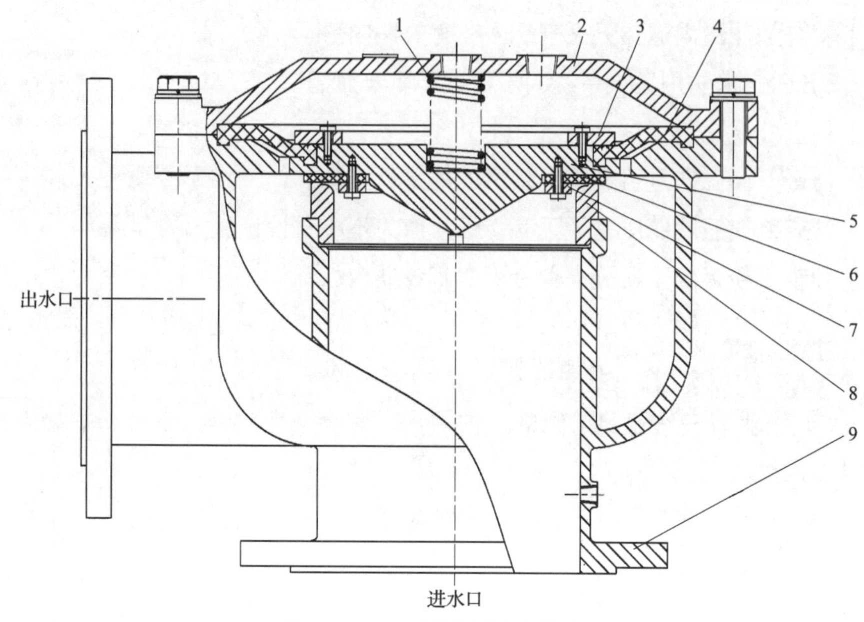

图 3-2-32　雨淋阀局部剖视图

1—弹簧　2—阀盖　3—上压板　4—隔膜　5—阀瓣　6—密封垫　7—下压板　8—阀座　9—阀体

2. 阀座的保养

阀座应定期进行清洗和更换。定期对阀座进行清洗，并检查是否损坏，如发现有裂纹、划伤或压坑，损坏不严重的可用细研磨砂修复，损坏严重的应进行更换。

3. 电磁阀的保养

定期检查电磁阀工作情况，电磁阀工作不正常应检查接线线路或更换电磁阀，直至问题解决。电磁阀位置见图 3-2-33 雨淋阀外形图。

图 3-2-33　雨淋阀外形图

1—电磁阀　2—手动快开阀

4. 过滤器的保养

检查过滤器，应完好、无漏水，为保持配套过滤器的清洁，应经常对过滤器进行清洗。

Y 型过滤器安装在雨淋阀侧供水支管上（此支管连通消防水主管道，供水给雨淋阀皮囊，使皮囊产生压力压住雨淋阀内部阀盖），其作用是过滤消防水中的杂质，使消防水顺利通过到达皮囊处，从而降低水压波动带来的误动。

打开过滤器盖帽，拉出内部滤网，用高压水对滤网内外侧进行冲洗，直至滤网上无杂质，再将滤网安装到过滤器上，旋紧盖帽，如图 3–2–34 所示。

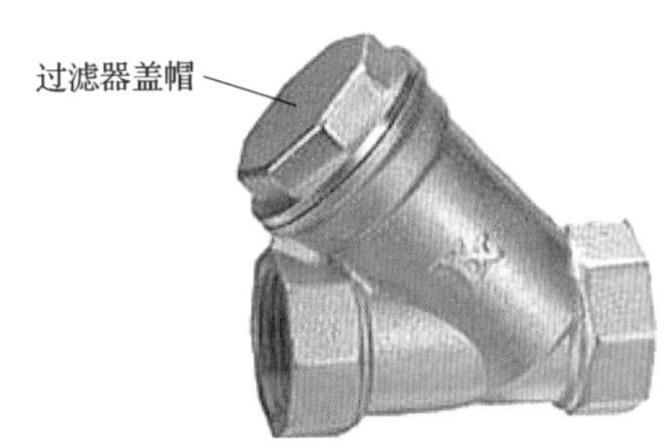

图 3–2–34 Y 型过滤器

二、管道管件保养内容

1. 管道管件的检查

定期检查管道管件是否有漏水、脱漆、生锈情况。

2. 控制阀门的检查

系统上所有的控制阀门均应采用铅封或锁链固定在开启或规定的状态。每月应对铅封、锁链进行一次检查，当有破坏或损坏时应及时修理更换。

三、水雾喷头保养内容

1. 备件检查

定期对水雾喷头进行外观及备用数量检查，发现有不正常的喷头应及时更换。

2. 水雾喷头保养

当喷头上有异物时应及时清除；更换喷头时应使用专用扳手；水雾喷头每次使用后需要对喷头的过滤网进行清洗，去除异物。水雾喷头实物如图 3–2–35 所示。

图 3-2-35　水雾喷头实物图

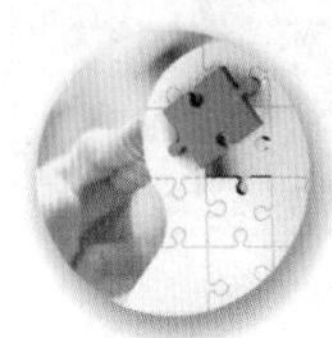

【技能操作】

保养水喷雾灭火系统

一、操作准备

1. 技术资料

水喷雾灭火系统图、水喷雾灭火控制器产品使用说明书和设计手册等技术资料。

2. 常备工具

通用扳手、水雾喷头专用扳手、旋具、刷子、钳子、万用表、绝缘胶带、高压冲洗设备（用于清洗雨淋阀、过滤器和喷头，压力≥ 0.5 MPa）等。

3. 防护装备

安全防护装备，如防砸鞋、安全帽、绝缘手套等。

4. 实操设备

水喷雾自动灭火演示系统。

5. 记录表格

《消防控制室值班记录表》《建筑消防设施维护保养记录表》。

二、操作步骤

1. 做好防误动措施

根据维护保养的需要，将设备处于手动状态，做好防止误动作的措施。

2. 外观检查

（1）检查雨淋阀组的电磁阀、过滤器等组件，应完好，无漏水、锈蚀等情况。

（2）检查控制阀门均应采用铅封或锁链固定在开启或规定的状态。

（3）检查水雾喷头的备件，应能满足要求；检查水雾喷头周围，应无遮挡。

3. 清洁保养

（1）喷头上有异物时应及时清除。

（2）对雨淋阀密封圈、过滤器进行清洁保养。

4. 填写保养记录

根据维护保养的实际情况，规范填写《建筑消防设施维护保养记录表》。

三、注意事项

1. 保养前，应将雨淋阀前后阀门关闭。更换、清洗喷头等登高作业时需配监护人员。

2. 保养前，须断开与灭火控制器的控制线缆的连接。

3. 拆线检查时做好线头标记（如拍照留存），线头拆除后可能通电的线头必须用绝缘胶布包扎好。

4. 保养结束后，确认控制系统正常且输出端无控制电压时方可连接雨淋阀上的电磁阀。

5. 维护保养设备时应注意：

（1）保养完毕通电前，应先检查接线是否牢固，有无废线头、工具遗留在电路板上。通电先开主电源，后开备用电源。

（2）保养后应进行功能测试，满足产品性能要求后方可投入使用。

6. 在系统维护保养过程中，业主必须采取应急管理措施，确保维护保养消防安全，并按照当地相关要求报送消防管理机构备案。

7. 维护保养结束后整理现场，清点工具，清除现场所有杂物，以防遗留在设备内造成事故。

培训单元 7
保养细水雾灭火系统

【培训重点】

掌握细水雾灭火系统的维护保养内容及方法。

熟练掌握细水雾灭火系统维护保养技能。

【知识要求】

一、喷头的维护保养内容及方法

1．维护保养内容

每日检查喷头外观，应无变形、损坏、漏水、缺失或被遮挡现象；每月检查开式喷头喷嘴应无堵塞，闭式喷头热敏元件应无破损。

2．维护保养方法

在检查过程中发现变形、损坏、漏水、缺失的喷头，应更换、补充；移除遮挡喷头的物品；清除喷头阻塞物。

二、泵组的维护保养内容及方法

1．维护保养内容

每日检查泵组各组件外观及工作状态。每月检查泵组控制柜，关闭控制柜电源，手动操作各控制开关、按钮应灵活可靠；开启电源后指示应正常。手动启动泵组，控制柜相应运行、指示灯指示应正常，无异响。每月检查高压泵、备用泵、稳压泵功能，并进行主备泵自动转换功能试验。每年检查高压泵、备用泵、稳压泵及泵组控制柜报警功能。

2．维护保养方法

保持泵房良好的通风、散热及保温措施。每周清理泵组各组件表面油渍、水及尘埃，清洁控制柜表面灰尘。每月用干燥气体或刷子清洁泵组控制柜内灰尘杂物。紧固泵组地脚螺栓、固定螺栓及各转动部件的连接螺栓，确保控制柜柜体接地牢固完好，发现接线脱落或松动应及时维修。

三、瓶组的维护保养内容及方法

1．维护保养内容

每月检查瓶组周围环境，不应存在影响操作的杂物。每月检查瓶组有无碰撞变形及其他机械性损伤，表面应无锈蚀，保护涂层应完好，铭牌和保护对象标识牌应清晰，安全标识应完整。每月检查储气瓶压力表，指针应处于绿色区域内且不得小于设计储存压力的 90%。每季度检查瓶组支架、框架，应无松动，连接管应无变形、裂纹及老化现象。

2. 维护保养方法

储气瓶自充装之日起，每满五年的前一个月，应委托气瓶检验机构对气瓶及容器阀检验 1 次。气瓶检验及水压试验方法应符合压力容器的相关规定，水压强度试验压力应为 25.8 MPa。取得合格检验报告后，由具备充装资质的机构充装符合强制性产品认证要求的驱动气体。压力容器水压强度试验应为相应系统最大工作压力的 1.5 倍。储水瓶液位计显示或水损失超过 10% 时，应由具备资质的机构充装。

四、区域阀组的维护保养内容及方法

1. 维护保养内容

每日检查分区控制阀组外观应完整，无损伤、无渗漏，标识应清晰并与其保护的防护区相对应，阀体上的水流指示永久性标志应与水流方向一致，阀门启闭位置正确，铅封、锁具完好，压力表显示应正常。每月测试开式系统分区控制阀的手动、自动、机械应急启动功能及信号反馈功能。每月检查闭式系统分区控制阀应处于开启状态，阀门启闭标识应明显并用锁具固定，采用信号阀的，在试水阀处放水或手动关闭分区控制阀，信号反馈应正确。每月检查区域阀组状态显示，依次启闭各区域阀组信号阀，火灾报警控制盘应能正确显示。

2. 维护保养方法

清除分区控制阀组周围杂物和影响操作的障碍物；阀组组件损伤、渗漏，铅封、锁具缺失、破损应维修或更换；每半年至少应清理 1 次过滤器，清除阻塞物及附着物。

五、储水装置的维护保养内容及方法

1. 维护保养内容

每日检查储水箱的外观，无明显磕碰伤痕或损坏。检查储水装置的液位显示装置等是否正常工作。寒冷和严寒地区还应检查设置储水设备的房间温度是否低于 5℃。

常压式储水箱每半年换水一次，储水容器内的水质要求按产品制造商的要求定期更换。

2. 维护保养方法

（1）检查储水装置的液位。对于储瓶，采用称重的方式进行；对于常压式水箱，采用直尺测量水箱液位高度，并与设计参数进行核对，不足时应补充至设计液位。

（2）清洗储水箱。放空水箱，使用专用清洗剂对箱体内壁及内部管路进行清洁，清洗符合要求后，注入符合制造单位要求的水，至设计液位。

六、报废

喷头有明显损伤、变形、损坏而无法修复或阻塞物、附着物无法清除时，应报废；区域阀组组件有严重变形、锈蚀及其他明显机械性损伤或功能缺失而无法修复时，应报废。

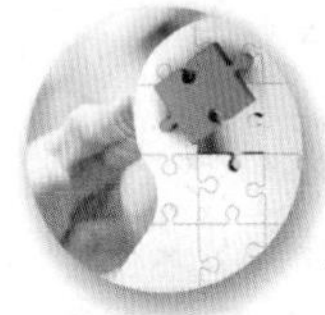

【技能操作】

保养细水雾灭火系统

一、操作准备

1. 技术资料

产品使用说明书和维护保养手册等技术资料。

2. 常备工具

通用扳手、细水雾喷头专用扳手、旋具、刷子、钳子、万用表、绝缘胶带、高压冲洗设备（用于清洗阀门和喷头，压力≥ 0.5 MPa）、温度计、万用表、兆欧表等。

3. 防护装备

安全防护装备，如防砸鞋、安全帽、绝缘手套等。

4. 实操设备

泵组式或瓶组式细水雾灭火演示系统。

5. 记录表格

《建筑消防设施维护保养记录表》。

二、操作步骤

1. 做好防误动措施

根据维护保养的需要，将控制系统和灭火设备设置在手动状态，做好防止误动作的措施。

2. 检查

（1）使用万用表、兆欧表检查系统的消防水泵、稳压泵等用电设备配电控制柜，观察其电压、电流监测是否正常；检查系统监控设备供电是否正常，系统中的电磁阀、模块等用电元气件是否通电正常。

（2）直观检查高压泵组电机有无发热现象；检查稳压泵是否频繁启动；检查水泵控制柜（盘）控制面板及显示信号状态是否正常；检查泵组连接管道有无渗漏滴水现象；检查主出水阀是否处于打开状态；检查水泵启动控制和主备泵切换控制是否设置在“自动”位置。

（3）直观检查分区控制阀（组）等各种阀门的标志牌是否完好、清晰；检查分区控制阀上设置的对应于防护区或保护对象的永久性标识是否易于观察；检查阀体上水流指示永久性标识是否易于观察，与水流方向是否一致；检查分区控制阀组的各组件是否齐全，有无损伤，有无漏水等情况；检查各阀门是否处于常态位置。

（4）直观检查储气瓶、储水瓶和储水箱的外观是否有明显磕碰伤痕或损坏；检查储气瓶、储水瓶等的压力显示装置是否状态正常；检查储水箱的液位显示装置等是否正常工作；寒冷和严寒地区检查设置储水设备的房间温度是否低于5℃。

（5）直观检查释放指示灯、报警控制器等是否处于正常状态；检查喷头外观有无明显磕碰伤痕或者损坏，有无喷头漏水或者被拆除、遮挡等情况。

（6）直观检查系统手动启动装置和机械应急操作装置上的标识是否正确、清晰、完整，是否处于正确位置，是否与其所保护场所明确对应；检查设置系统的场所及系统手动操作位置处是否设有明显的系统操作说明。

（7）对闭式系统末端试水装置进行保养，其方法和要求参见湿式自动喷水灭火系统的末端试水装置。

（8）直观检查防护区的使用性质是否发生变化；检查防护区内是否有影响喷头正常使用的吊顶装修；检查防护区内可燃物的数量及布置形式是否有重大变化。

3. 清洁保养

（1）喷头上有异物时应及时清除。

（2）对阀门密封圈、泵前泵后及喷头的过滤器进行清洁保养。

（3）对开式分区控制阀后的管道进行吹扫。

（4）定期清洗水箱，并按照设计要求更换水。

4. 填写记录

根据实际情况，规范填写《建筑消防设施维护保养记录表》。

三、注意事项

1. 保养前，检查确认系统组件和设备处于正常工作（待机）状态。如需停机保养的设备，应向主管值班人员报告，取得维护负责人的同意，并临场监督，加强防范措施后方能进行保养。保养前应断开与灭火控制器控制线缆的连接。拆线检查时应做好线头标记（如拍照留存），线头拆除后，对于可能通电的线头必须用绝缘胶布包扎好。

2. 保养设备时应注意：

（1）保养完毕通电前，应先检查接线是否牢固，有无废线头、工具遗留在电路板上；通电先开主电源，后开备用电源。

（2）保养后应进行功能测试，满足产品性能要求方可投入使用。

（3）更换、清洗喷头登高作业时需配监护人员。

3. 保养结束后，确认控制系统正常且输出端无控制电压时方可连接细水雾系统的电动控制阀门（电磁阀、电动球阀）。

4. 在系统维护保养过程中，必须采取应急管理措施，确保保养期间消防安全，并按照当地相关要求报送消防管理机构备案。

5. 维护保养结束后，及时整理现场、清点工具、清除杂物，以防遗留在设备内造成事故。

培训单元 8
保养干粉灭火系统

【培训重点】

了解干粉灭火系统的维护保养内容。

掌握保养干粉灭火系统组件的基本方法。

【知识要求】

一、干粉灭火系统维护保养的范围

范围包括：防护区内和入口处的声光报警装置、入口处的安全标志及干粉灭火剂喷放指示门灯、无窗或固定窗扇的地上防护区和地下防护区的排气装置、防护区的泄压装置，干粉储存容器、干粉药剂、集流管、驱动气体管道和减压阀、选择阀及信号反馈装置、阀驱动装置、管道、喷头和灭火控制器。

二、干粉灭火系统维护保养的内容

1. 防护区检查

检查防护区的疏散通道是否通畅，疏散指示标志和应急照明装置是否正常，防护区内和入口处的声光报警装置、入口处的安全标志及干粉灭火剂喷放指示门灯是否正常，排气装置和泄压装置是否正常。

2. 干粉储存容器的检查

检查干粉储存容器的位置与固定方式是否正常；检查干粉罐的附属件是否正常工作，如安全阀、进气阀、出口阀等是否动作灵活。

如干粉储罐的使用年限超过 10 年或发现干粉储罐有明显的腐蚀点，应进行水压强度试验。试验完毕经干燥后方能装粉。

3. 集流管等组件的检查

检查集流管、驱动气体管道和减压阀的连接部位有无位移、松动，高压连接胶管有无变形、裂纹及老化，安全防护装置的泄压方向是否正常。

4. 选择阀的检查

检查选择阀及信号反馈装置有无位移、松动。选择阀应有标明对应防护区或保护对象名称的永久标识。如标识缺失、标注不明，应及时、准确重新标注。检查选择阀安全销的铅封是否正常，如安全销和铅封缺失，应及时补充恢复。

5. 驱动装置的检查

检查驱动装置的位置与固定方式是否正常；检查动力气瓶的压力数值是否在规定的压力范围内，启动气体管路的连接是否正常，是否有移位、损坏、腐蚀现象；检查气瓶阀是否动作灵活。对减压阀应定期进行动作试验，观察二次压力是否符合规定值。

动力气瓶组一般每十年拆下来检查一次，检查瓶阀密封状况，并对气瓶进行水压强度试验。

6. 管道的检查

检查干粉管路有无位移、损坏、腐蚀现象，油漆颜色是否正常，以免出现泄漏而影响系统的喷射性能。干粉输送管严禁进水和进入污物，发现有积水应放出，并将管内用干燥空气吹干。全淹没系统管网至少每两年对管网进行一次吹扫，吹扫后应给喷嘴戴好防尘帽。

7. 喷头的检查

检查喷嘴安装位置和方向是否正确，喷嘴的密封盖是否密封良好。

如果系统附有干粉卷车，要检查卷筒转动是否灵活。操作干粉喷枪，检查开闭动作是否正常。

8. 联动设备的检查

检查灭火控制器及手动/自动转换开关，手动启动、停止按钮，喷放指示灯及声光报警装置等相关设备的设置是否正常，有无遮挡。每年进行电气控制回路检查，检查启动气瓶组的自动启动是否正常。

9. 干粉灭火剂的检查

每五年打开干粉储罐的装粉孔，检查干粉质量（取样品送交权威的检验单位进行性能检查），若符合规定要求，方可继续使用。若发现干粉灭火剂受潮、变质、结块或者性能检查不合格，应更换新的同类干粉灭火剂。

【技能操作】

保养干粉灭火系统

一、操作准备

1. 技术资料

产品使用说明书、调试手册、图样等技术资料。

2. 常备工具

压力表检查扳手、旋具、钳子、万用表、绝缘胶带等。

3. 实操设备

干粉灭火演示系统。

4. 记录表格

《建筑消防设施维护保养记录表》。

二、操作步骤

1. 干粉储存容器保养（见图 3-2-36）

（1）检查干粉储存容器的位置与固定方式、油漆和标识等的安装质量是否符合设计要求。如果位置有偏差或者固定方式有问题，应及时用工具调整、紧固。油漆和标识若有缺损，应用油漆补上。检查干粉罐上的安全阀、进气阀、出口阀等动作是否灵活。

若发现干粉储罐上有明显的腐蚀点，应进行水压强度试验。试验完毕，经干燥后方能装粉。

（2）打开干粉储罐的装粉孔，检查干粉质量，若发现干粉灭火剂受潮、变质或结块，应更换新的同类干粉灭火剂。同时取样品送交检验单位进行性能检查，若符合规定要求，方可继续使用。

2. 驱动气体储瓶保养（见图 3-2-37）

检查驱动气体储瓶的位置与固定方式是否正常；检查气瓶的压力数值是否在规定的压力范围内。

驱动气瓶组内压力检查步骤如下：

（1）检查压力表开关是否关闭（即压紧螺母是否旋紧，见图 3-2-38）。

图 3-2-36　干粉储存容器

图 3-2-37　驱动气体储瓶

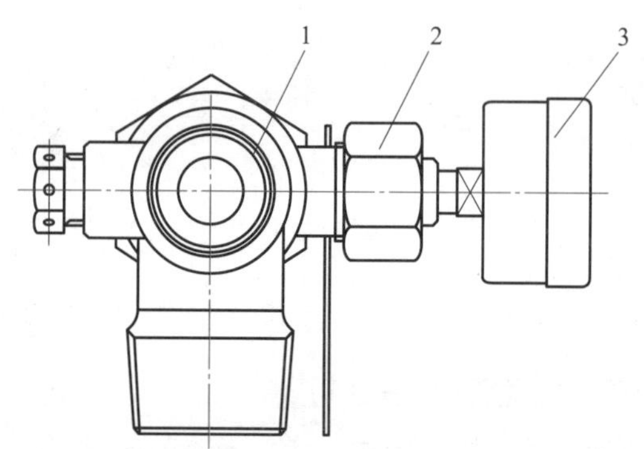

图 3-2-38　压力表检查

1—容器阀体　2—压紧螺母　3—压力表

（2）卸下压力表，泄放压力表密封腔内的压力。

（3）此时压力表应归零，否则应更换压力表。

（4）装上压力表，打开压力表开关，显示正确的压力。

（5）安装调试完毕，应旋紧压紧螺母，关闭压力表开关。

3. 集流管、驱动气体管道和减压阀保养

（1）查看框架牢固程度及防腐处理程度，如固定不牢，及时用工具调整、紧固，防腐处理不当则需及时补充防腐工序。

（2）检查集流管和减压阀的连接是否固定可靠；查看集流管和驱动气体管道是否有移位、损坏、腐蚀现象。如固定不牢，及时用工具调整、紧固，有损坏则更换，防腐处理不当则需及时补充防腐工序。

（3）检查减压阀的压力显示装置位置是否便于人员观察。如有反向或者不便于人员观察情况应及时调整。

（4）检查安全防护装置的泄压方向是否朝向操作面。

4. 阀驱动装置保养

（1）检查气动阀驱动装置的启动气体储瓶上是否永久性标明对应防护区或保护对象的名称或编号。如标号缺失、标注不明，应及时、准确标注。

（2）检查拉索式机械阀驱动装置的防护钢管是否锈蚀，拉索转弯处的导向滑轮是否灵活好用，拉索末端拉手的保护盒是否正常。如发现拉索套管和保护盒固定不牢，及时用工具调整、紧固，有损坏则更换，防腐处理不当则需及时补充防腐工序。

5. 管道保养

检查干粉管路有无位移、损坏和腐蚀现象，如固定不牢，及时用工具调整、紧固，应及时修复腐蚀管路。检查油漆颜色是否正常，如油漆脱落则用红色油漆涂覆管道。发现干粉输送管有积水应放出，并将管内用干燥空气吹干。

6. 喷头保养（见图 3-2-39）

（1）检查喷嘴安装位置和方向是否正确，喷嘴的密封盖是否密封良好。

（2）如果系统附有干粉卷车，要检查卷筒转动是否灵活。操作干粉喷枪，检查开闭动作是否正常。

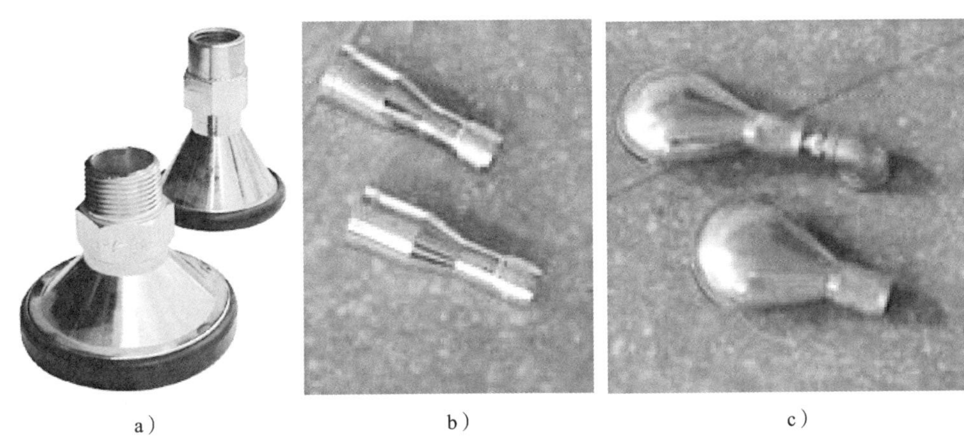

a） b） c）

图 3-2-39 干粉喷头实物图

a）扩散喷头 b）直通式喷头 c）鸭嘴式喷头

7. 启动气体储瓶和选择阀保养（见图 3-2-40）

（1）检查选择阀有无位移、松动，如有位移及固定不牢，及时用工具调整、紧固。

（2）检查选择阀处标明对应防护区或保护对象名称的标识。如标识缺失、标注不明，应及时、准确重新标注。

（3）检查选择阀安全销的铅封是否正常，如安全销和铅封缺失，应及时补充恢复。

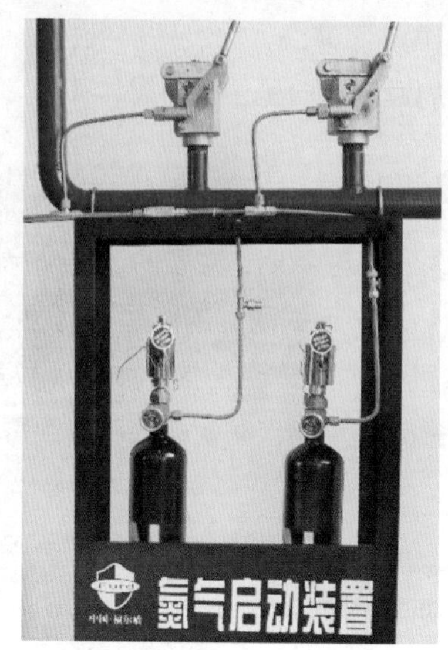

图 3-2-40　启动气体储瓶和选择阀

三、注意事项

1. 维护保养时，应做好防误动措施。
2. 维护保养时，一定要插好保险销或者切断电源。
3. 维护保养后，应将设备复原后再通电，使设备进入正常运行状态。

培训单元 1
保养柴油发电机组

【培训重点】

了解柴油发电机组的储油设施、充放电装置、通风排气管路的配置及使用。

掌握柴油发电机组的储油设施、充放电装置、通风排气管路的保养要求。

熟练掌握柴油发电机组的储油设施、充放电装置、通风排气管路的保养方法。

【知识要求】

一、柴油发电机燃油供给系统的检查维护内容

1. 检查燃油箱盖上的通气孔是否畅通，若孔中有污物应清除干净。

2. 检查加入的柴油的标号是否符合要求，油量是否充足，油箱油量应在一半以

上，油路开关应打开。

3. 打开减压机构摇转曲轴，每个气缸内都应有清脆的喷油声音，表示喷油良好。若听不到喷油声或不来油，表示油路中可能有空气，此时可旋松柴油滤清器和喷油泵的放气螺钉，以排除油路中的空气。

4. 检查油管及接头处有无漏油现象，发现问题及时处理解决。

二、充放电装置检查维护内容

1. 检查外观、按钮及标识应完好并清晰。
2. 检查散热口应无异物和遮挡。
3. 检查内部的接线及配套附件应完好，无断路、脱落。
4. 检查接地保护应完好。
5. 测试的充电功能应正常。

三、柴油发电机组进气、排气系统的检查维护内容

1. 进气系统

柴油机进气口应布置在空气流通的地方。

柴油机进气管内径应不小于 200 mm。

柴油机的进气管弯头应采用大圆弧过渡。

空滤器到柴油机增压器的连接管路密封应良好，不得有任何缝隙和泄漏现象。

进气管内应无杂物，如有杂物应及时清理。

进气口应加设百叶窗和金属防护网帘，进气口处如有杂物、异物，应及时清理。

2. 排气系统

散热器与排风口之间是否有弹性减震喇叭形导风槽，如有需连接安装紧固。

外接排气管与机组柴油机增压器之间的柔性连接管应无破损且连接紧固。

外接排气管应固定牢固，如有松动或产生振动，应及时紧固。

排气管内及出口处应无杂物和遮挡，如有应及时进行清理。

特别说明：

机组如发现故障，影响系统正常使用，需联系专业厂家安排技术人员进行维修处理。

【技能操作】

技能 1 保养柴油发电机组储油箱

一、操作准备

1. 技术资料

柴油发电机组各设施、设备说明书、调试手册、图样等技术资料。

2. 常备工具

温度计、干净的软布及其他常规工具。

3. 作业许可

按照设备所属单位相关管理规定，申请柴油发电机组保养作业许可。

4. 安全警示

设备操作现场应设立明显的作业警示标志，避免火源。

5. 实操设备

柴油发电机组演示模型。

二、操作步骤

1. 外部基础情况检查维护

（1）核对柴油发电机组储油箱各项要求，根据图样核对柴油发电机组储油箱的安装、配置。

（2）观察温度计温度指示，对比室内气温是否低于发电机组启动最低环境温度，如低于启动最低环境温度，应开启电加热器，对机器进行预热。

（3）检查油箱外观是否完好，如有变形或泄漏，应及时处理。柴油发电机组储油箱如图 3-3-1 所示。

（4）清理油箱周边杂物、油箱和供油、回油管路附着物。

（5）清洁油箱液位计外部，确保液位计标位显示清晰，如图 3-3-1 柴油发电机组储油箱中“2”所示。

（6）检查供油、回油管路是否完好，如有跑冒滴漏，应立即维修。

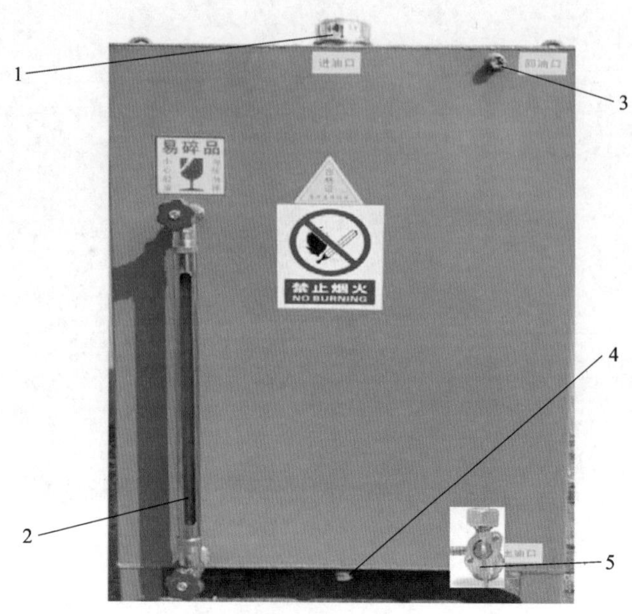

图 3-3-1　柴油发电机组储油箱

1—加油口　2—液位计　3—回油口　4—放油阀　5—供油阀

2. 燃油供给检查维护

（1）检查油箱加油口的油箱盖，应盖好锁紧，如图 3-3-1 柴油发电机组储油箱中“1”所示。

（2）检查油箱内燃油是否与当前环境所需燃油的标号一致。

（3）检查油箱油位，如油位低于规定值，应补充至正常位置，如图 3-3-1 柴油发电机组储油箱中“2”所示。

（4）检查燃油供油阀应常开，如图 3-3-1 柴油发电机组储油箱中“5”所示。

（5）按照设备厂家技术资料规定定期对燃油箱进行沉淀物或油箱清理。

3. 记录填报

根据实际作业情况，规范填写相关记录表单。

三、注意事项

1. 设备间不得使用任何形式的明火。
2. 操作设备时不应损坏系统中的其他组件。
3. 操作设备时应注意不要接触发电机组机械部件，防止受到机械伤害。

技能 2 保养柴油发电机组充放电装置

一、操作准备

1. 技术资料

柴油发电机组各设施、设备说明书、调试手册、图样等技术资料。

2. 常备工具

数字万用表、钳形电流表、毛刷等。

3. 作业许可

按照设备所属单位相关管理规定，申请柴油发电机组保养作业许可。

4. 安全警示

设备操作现场应设立明显的作业警示标志，避免火源。

5. 实操设备

柴油发电机组演示模型。

二、操作步骤

1. 外部基础情况检查维护

（1）检查外观是否完好，标识是否完好并清晰；柴油发电机组蓄电池组充放电装置如图 3–3–2 所示。

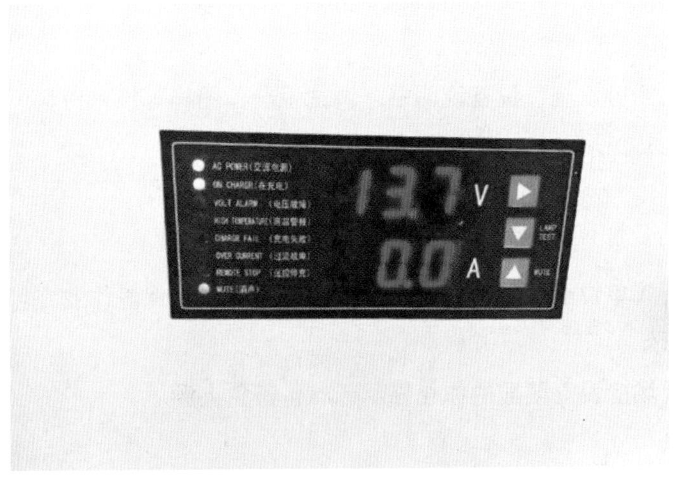

图 3–3–2 柴油发电机组蓄电池组充放电装置

（2）检查散热口是否有异物或遮挡，如有应及时清理。

（3）检查内部的接线及配套附件是否完好，无断路、脱落，如有脱落或松动，应及时维修。

（4）检查接地保护是否完好，如有脱落或松动，应及时维修。

2. 功能性检查维护

（1）在发电机组停机状态，先检查启动柴油机的蓄电池组是否达到启动电压，再检查充放电装置的充电输出电压、电流是否与规定值相符。

（2）手动启动发电机组，检查启动柴油机的蓄电池组电压，同时检查充放电装置的充电输出电压、电流是否与规定值相符。

3. 记录填报

根据实际作业情况，填写相关记录表单。

三、注意事项

1. 设备间不得使用任何形式的明火。
2. 操作设备时不应损坏系统中的其他组件。
3. 操作设备时应注意不要接触发电机组机械部件，防止受到机械伤害。
4. 操作设备时应防止直接接触电气设备元件，防止受到触电伤害。

技能 3　保养柴油发电机组通风排气管路

一、操作准备

1. 技术资料

柴油发电机组各设施、设备说明书、调试手册、图样等技术资料。

2. 常备工具

毛刷等。

3. 作业许可

按照设备所属单位相关管理规定，申请柴油发电机组保养作业许可。

4. 安全警示

设备操作现场应设立明显的作业警示标志，避免火源。

5. 实操设备

柴油发电机组演示模型。

二、操作步骤

1. 外部基础情况检查维护

（1）检查设备及周围有无妨碍运转和通风的杂物，如有应及时清理。

（2）检查通风管路或通风口有无遮挡和杂物，如有应进行清理，如图 3-3-3 柴油发电机组正面“1”所示。

（3）检查散热器出风侧及出风口有无遮挡和杂物，如有应进行清理，如图 3-3-3 柴油发电机组正面“5”所示。

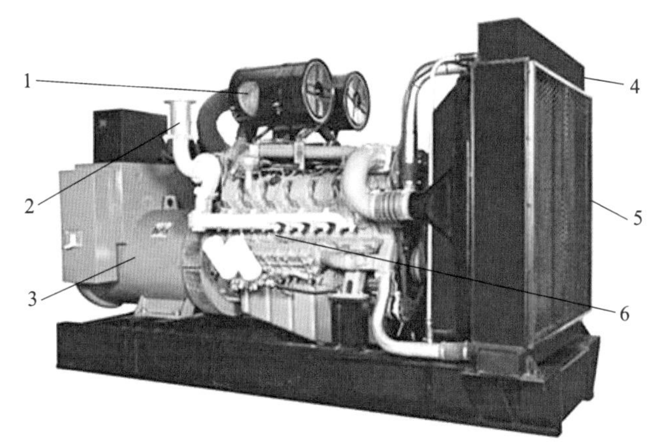

图 3-3-3 柴油发电机组正面

1—通风管路 2—排烟管路 3—发电机 4—散热器 5—散热器出风侧 6—柴油机

（4）检查排烟管道连接是否牢固，排烟管道室外的排烟口有无遮挡和杂物，如有应进行清理，如图 3-3-3 柴油发电机组正面“2”所示。

2. 功能性检查维护

（1）检查散热器水位，如水位低于规定值，应补充至正常位置。

（2）检查散热器循环水阀应常开，如图 3-3-4 柴油发电机组侧面“1”所示。

（3）手动启动发电机组，检查通风排烟管路状态，机组应稳定运行，通风、排烟管路无明显晃动和堵塞，如有状态不符，立即停机检修。

3. 记录填报

根据实际作业情况，填写相关记录表单。

三、注意事项

1. 设备间不得使用任何形式的明火。
2. 操作设备时不应损坏系统中的其他组件。
3. 操作设备时应注意不要接触发电机组机械部件，防止受到机械伤害。

图 3–3–4　柴油发电机组侧面
1—散热器循环水阀　2—蓄电池组

培训单元 2
保养电气火灾监控系统

【培训重点】

熟练掌握电气火灾监控设备的日常保养。
熟练掌握电气火灾监控探测器的日常保养。

【知识要求】

电气火灾监控系统需要进行日常保养，其内容与要求见表 3–3–1。

表 3–3–1　电气火灾监控系统日常保养的内容与要求

保养对象	保养项目	保养要求
电气火灾监控设备	运行环境	（1）清除控制器周边的可燃物、杂物 （2）检查安装部位是否有漏水、渗水现象
	设备外观	（1）检查控制器是否安装牢固，对松动部位进行紧固 （2）检查控制器的外观是否存在明显的机械损伤 （3）检查控制器的显示是否正常 （4）操作控制器声光自检按键（钮），检查控制器的音响和显示器件是否完好

续表

保养对象	保养项目	保养要求
电气火灾监控设备	表面清洁	用吸尘器清洁控制器的操作面板、控制开关、机箱表面；用微湿的软布擦拭控制器机箱
	内部检查及吹扫	（1）检查控制器接线口的封堵是否完好，各接线的绝缘护套是否有明显的龟裂、破损 （2）用吸尘器吸除内部电路板、电池、接线端子上的灰尘 （3）检查电路板和组件是否有松动，接线端子和线标是否紧固完好，对松动部位进行紧固
	报警功能测试	使探测器发出报警信号，检查控制器报警信号和探测器地址注释信息显示情况
	打印纸更换（若有）	检查控制器的打印纸是否缺失，如缺失应予以更换
	蓄电池保养（若有）	进行控制器的主备电源切换检查，对于不能满足备电持续工作时间的蓄电池予以更换
剩余电流式电气火灾监控探测器、测温式电气火灾监控探测器、故障电弧探测器	运行环境	（1）清除探测器与互感器或其他设备之间的遮挡物 （2）检查部件周围是否有漏水、渗水现象
	设备外观	（1）检查部件是否安装牢固，对松动部位进行紧固 （2）检查部件的外观是否存在明显的机械损伤 （3）检查部件的运行指示灯是否显示正常
	表面清洁	用吸尘器吸除表面灰尘，用微湿的软布擦拭部件外壳
	报警功能测试	使探测器对应的响应参数达到其报警阈值，检查探测器的报警确认灯点亮情况及控制器的显示情况

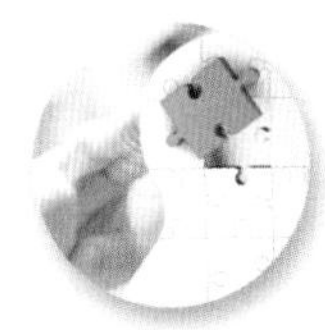

【技能操作】

技能 1　保养电气火灾监控设备

一、操作准备

1. 技术资料

电气火灾监控系统图、电气火灾监控探测器等系统部件现场布置图和地址编码表、电气火灾监控设备产品使用说明书和设计手册等技术资料。

2. 常备工具

旋具、吸尘器、软布等。

3. 实操设备

电气火灾监控演示系统。

4. 记录表格

《建筑消防设施维护保养记录表》。

二、操作步骤

1. 外观保养

在日常保养过程中，可以通过外观查看电气火灾监控设备的使用情况和运行状态。

（1）目测电气火灾监控设备表面是否存在明显的机械损伤，人机界面是否整洁，如有污损应记录并上报维修。

（2）目测电气火灾监控设备的显示及指示系统是否有按键破损、显示器花屏、指示灯无规则闪烁等明显故障。

2. 清洁保养

（1）使用软布将电气火灾监控设备外壳擦拭一遍，以清除污垢及灰尘。电气火灾监控设备外壳清洁示例如图 3-3-5 所示。

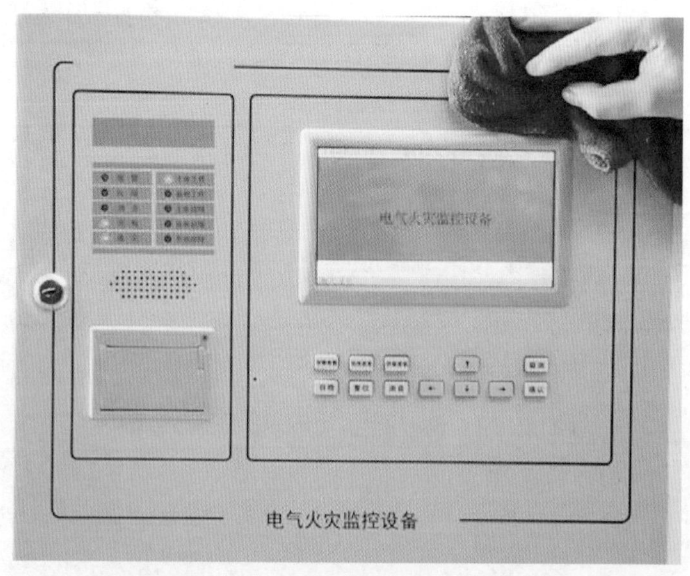

图 3-3-5　电气火灾监控设备外壳清洁示例

（2）断电后，打开电气火灾监控设备外壳，使用风枪和小毛刷将设备内部进行一遍除尘操作。电气火灾监控设备内部清洁示例如图 3-3-6 所示。

（3）断电后，检查内部接线线路是否出现露铜、接线不牢靠等现象。电气火灾监控设备内部接线是否牢靠示例如图 3-3-7 所示。

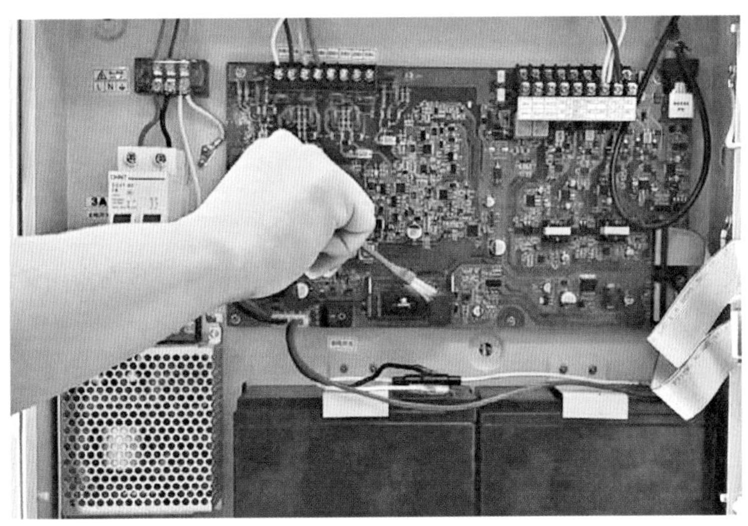

图 3-3-6 电气火灾监控设备内部清洁示例

图 3-3-7 电气火灾监控设备内部接线是否牢靠示例

3. 填写记录

根据检查结果，规范填写《建筑消防设施维护保养记录表》。如发现设备存在故障，还应规范填写《建筑消防设施故障维修记录表》。

三、注意事项

1. 进行自检功能和模拟报警测试之前，应通知相关人员，以免造成不必要的恐慌。

2. 需要对设备进行维护检查时，应断电检查。

技能 2　保养剩余电流式电气火灾监控探测器

一、操作准备

1. 技术资料

电气火灾监控系统图、电气火灾监控探测器等系统部件现场布置图和地址编码表、电气火灾监控设备产品使用说明书和设计手册等技术资料。

2. 常备工具

旋具、吹尘器、软布等。

3. 实操设备

电气火灾监控演示系统。

4. 记录表格

《建筑消防设施维护保养记录表》。

二、操作步骤

1. 运行环境保养

（1）剩余电流式电气火灾监控探测器安装位置应干燥，清洁，远离热源及强电磁场。

（2）剩余电流式电气火灾监控探测器应固定安装，使其避免油、污物、灰尘、腐蚀性气体或其他有害物质的侵袭。剩余电流式电气火灾监控探测器现场安装环境示例如图 3-3-8 所示。

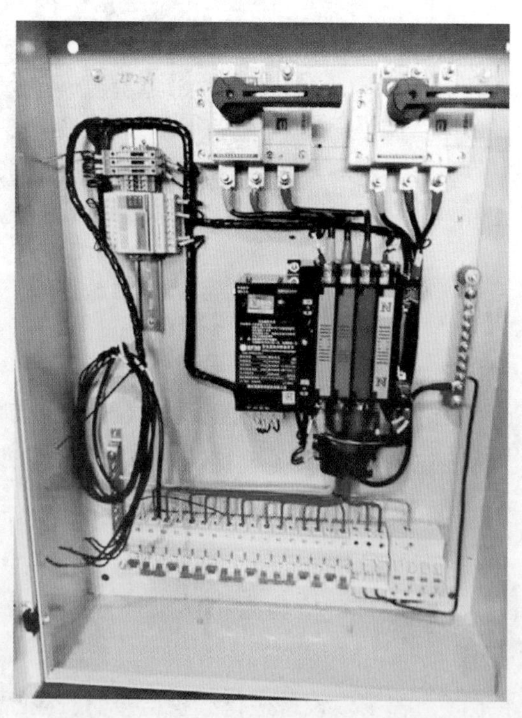

图 3-3-8　剩余电流式电气火灾监控探测器现场安装环境示例

2. 外观保养

（1）目测探测器表面是否存在明显的机械损伤，如有应上报维修。

（2）目测探测器的显示及指示系统是否有显示器花屏、指示灯无规则闪烁等明显故障，如有应上报维修。

3. 线路保养

检查线路接头和端子处是否有松动、虚接或脱落发生；检查敷设管线是否有破碎，桥架是否有脱落、变形发生。剩余电流式电气火灾监控探测器线路保养示例如图 3-3-9 所示。

4. 填写记录

根据检查结果，规范填写《建筑消防设施维护保养记录表》；如发现探测器存在故障，还应规范填写《建筑消防设施故障维修记录表》。

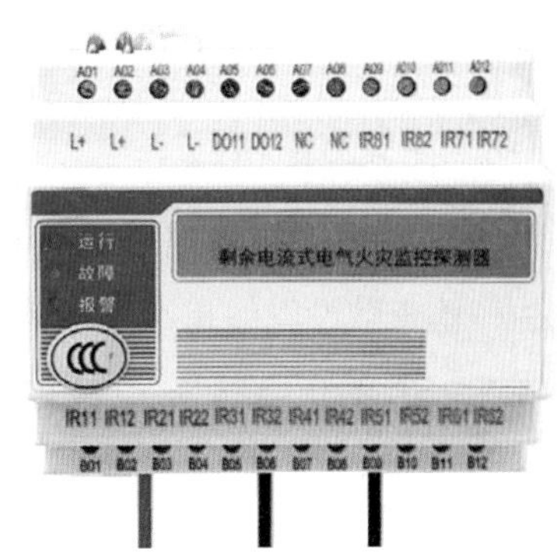

图 3-3-9 剩余电流式电气火灾监控探测器线路保养示例

三、注意事项

1. 进行模拟报警测试之前，应通知相关人员，以免造成不必要的恐慌。

2. 需要对设备进行维护检查时，应断电检查。

技能 3 保养测温式电气火灾监控探测器

一、操作准备

1. 技术资料

电气火灾监控系统图、电气火灾监控探测器等系统部件现场布置图和地址编码表、电气火灾监控设备产品使用说明书和设计手册等技术资料。

2. 常备工具

旋具、吹尘器、软布等。

3. 实操设备

电气火灾监控演示系统。

4. 记录表格

《建筑消防设施维护保养记录表》。

二、操作步骤

1. 运行环境保养

(1) 测温式电气火灾监控探测器安装位置应干燥，清洁，远离热源及强电磁场。

(2) 测温式电气火灾监控探测器应固定安装，使其避免油、污物、灰尘、腐蚀性气体或其他有害物质的侵袭。

2. 外观保养

(1) 目测探测器表面是否存在明显的机械损伤，如有应上报维修。

（2）目测探测器的显示及指示系统是否有显示器花屏、指示灯无规则闪烁等明显故障，如有应上报维修。

3. 线路保养

检查线路接头和端子处是否有松动、虚接或脱落发生；检查敷设管线是否有破碎，桥架是否有脱落、变形发生。测温式电气火灾监控探测器线路保养示例如图 3–3–10 所示。

4. 填写记录

根据检查结果，规范填写《建筑消防设施维护保养记录表》。如发现探测器存在故障，还应规范填写《建筑消防设施故障维修记录表》。

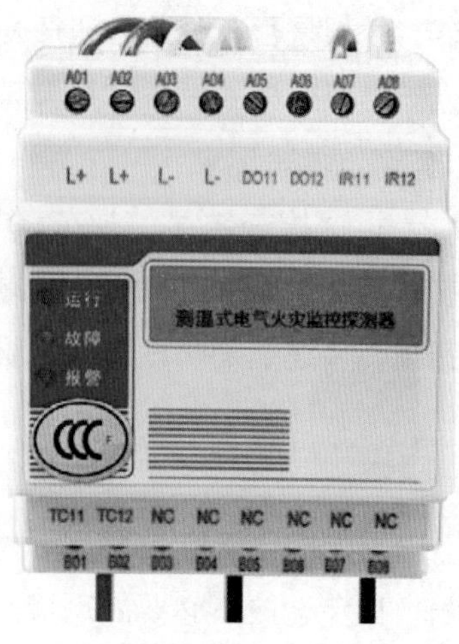

图 3–3–10 测温式电气火灾监控探测器线路保养示例

三、注意事项

1. 进行模拟报警测试之前，应通知相关人员，以免造成不必要的恐慌。

2. 需要对设备进行维护检查时，应断电检查。

技能 4　保养故障电弧探测器

一、操作准备

1. 技术资料

电气火灾监控系统图、电气火灾监控探测器等系统部件现场布置图和地址编码表、电气火灾监控设备产品使用说明书和设计手册等技术资料。

2. 常备工具

旋具、吸尘器、软布等。

3. 实操设备

电气火灾监控演示系统。

4. 记录表格

《建筑消防设施维护保养记录表》。

二、操作步骤

1. 运行环境保养

（1）故障电弧探测器安装位置应干燥，清洁，远离热源及强电磁场。

（2）故障电弧探测器应固定安装，使其避免油、污物、灰尘、腐蚀性气体或其他有害物质的侵袭。

2. 外观保养

（1）目测故障电弧探测器表面是否存在明显的机械损伤，如有应上报维修。

（2）目测故障电弧探测器的显示及指示系统是否有显示器花屏、指示灯无规则闪烁等明显故障，如有应上报维修。

3. 线路检查

检查线路接头和端子处是否有松动、虚接或脱落发生；检查敷设管线是否有破碎，桥架是否有脱落、变形发生。

4. 填写记录

根据检查结果，规范填写《建筑消防设施维护保养记录表》。如发现探测器存在故障，还应规范填写《建筑消防设施故障维修记录表》。

三、注意事项

1. 进行模拟报警测试之前，应通知相关人员，以免造成不必要的恐慌。
2. 需要对设备进行维护检查时，应断电检查。

培训单元 3
保养可燃气体探测报警系统

【培训重点】

了解可燃气体探测报警系统保养的基本知识。

熟练掌握可燃气体探测报警系统的保养技能。

【知识要求】

可燃气体探测报警系统需要进行日常的保养，保养的内容与要求见表 3–3–2。

表 3–3–2　可燃气体探测报警系统日常保养的内容与要求

保养对象	保养项目	保养要求
可燃气体报警控制器	运行环境	（1）清除控制器周边的可燃物、杂物 （2）检查安装部位是否有漏水、渗水现象
	设备外观	（1）检查控制器是否安装牢固，对松动部位进行紧固 （2）检查控制器的外观是否存在明显的机械损伤 （3）检查控制器的显示是否正常 （4）操作控制器声光自检按键（钮），检查控制器的音响和显示器件是否完好
	表面清洁	用吸尘器吸除控制器操作面板、控制开关、机箱的灰尘；用微湿的软布擦拭控制器机箱
	内部检查及吹扫	（1）检查控制器接线口的封堵是否完好，各接线的绝缘护套是否有明显的龟裂、破损 （2）用吸尘器吸除内部电路板、电池、接线端子上的灰尘 （3）检查电路板和组件是否有松动，接线端子和线标是否紧固完好，对松动部位进行紧固
	报警功能测试	使探测器发出报警信号，检查控制器报警信号和探测器地址注释信息显示情况
	打印纸更换	检查控制器的打印纸是否缺失，如缺失应予以更换
	蓄电池保养	进行控制器的主备电源切换检查，对于不能满足备电持续工作时间的蓄电池予以更换
可燃气体探测器	运行环境	（1）清除线型可燃气体探测器发射器和接收器之间的遮挡物 （2）检查部件周围是否有漏水、渗水现象
	设备外观	（1）检查部件是否安装牢固，对松动部位进行紧固 （2）检查部件的外观是否存在明显的机械损伤 （3）检查部件的运行指示灯是否显示正常
	表面清洁	用吹尘器吹扫、用微湿的软布擦拭部件外壳
	报警功能测试	使探测器监测区域的可燃气体浓度达到探测器的报警阈值，检查探测器的报警确认灯点亮情况及控制器的显示情况

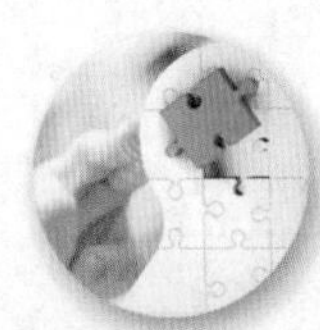

【技能操作】

技能 1　保养可燃气体报警控制器

一、操作准备

1. 技术资料

可燃气体探测报警系统图、可燃气体探测器等系统部件现场布置图和地址编码表、可燃气体报警控制器产品使用说明书和设计手册等技术资料。

2. 常备工具

旋具、吸尘器、软布等。

3. 实操设备

可燃气体探测器报警演示系统。

4. 记录表格

《建筑消防设施维护保养记录表》。

二、操作步骤

1. 检查可燃气体报警控制器运行环境

检查控制器安装部位，发现可燃物及杂物，应及时清理；发现有漏水、渗水现象，应上报维修。

2. 检查可燃气体报警控制器外观

（1）检查控制器安装质量

检查控制器是否安装牢固，对松动部位进行紧固。

（2）检查控制器机械损伤

检查控制器表面是否存在明显的机械损伤，如有应上报维修。

3. 清洁可燃气体报警控制器表面

（1）面板除尘

用吸尘器吸除控制器操作面板、控制开关、机箱的灰尘。

（2）机箱清洁

用微湿软布清洁控制器表面的灰尘、污物，清洁时避免造成控制器表面划伤，避免触及按键造成误动作。

4. 检查及吹扫可燃气体报警控制器内部

（1）接线口检查

检查控制器接线口的封堵是否完好，各接线的绝缘护套是否有明显的龟裂、破损。

（2）内部除尘

用吸尘器吸除控制器内部电路板、电池、接线端子的灰尘，吸除时避免触及电气元件，以免造成控制器损伤或人员触电危险。

（3）电路板及接线端子检查

检查控制器电路板和组件是否有松动，接线端子和线标是否紧固完好，对松动部位进行紧固。

5. 打印纸更换

打印纸更换方式与火灾报警控制器打印纸更换相似，具体可参考本系列教材中相关内容。

6. 蓄电池保养

蓄电池保养方式与火灾报警控制器蓄电池保养方法相似，具体可参考本系列教材中相关内容。

7. 填写记录

根据维护保养结果，规范填写《建筑消防设施维护保养记录表》。

三、注意事项

1. 进行自检功能和报警测试之前，应通知相关人员，以免造成不必要的恐慌。

2. 进行报警测试之前，应切断相关的联动设施，如风机、阀门等，以免造成不必要的损失。

3. 需要对设备进行维护检查时，应断电检查。

技能 2　保养可燃气体探测器

一、操作准备

1. 技术资料

可燃气体探测报警系统图、可燃气体探测器等系统部件现场布置图和地址编码表、可燃气体报警控制器产品使用说明书和设计手册等技术资料。

2. 常备工具

旋具、吸尘器、软布等。

3. 实操设备

可燃气体探测器报警演示系统。

4. 记录表格

《建筑消防设施维护保养记录表》。

二、操作步骤

1. 检查运行环境

检查探测器安装部位，如发现线型可燃气体探测器的发射器与接收器之间有遮挡物，应及时清理；如发现有漏水、渗水现象，应上报维修。

2. 检查探测器外观

（1）检查探测器安装质量

1）检查探测器安装是否牢固，对松动部位进行紧固。

2）检查探测器线路接头和端子处是否有松动、虚接现象，如有应进行紧固。

（2）检查探测器机械损伤

检查探测器表面是否存在明显的机械损伤，如有应上报维修。

（3）检查探测器显示及指示系统

检查探测器的显示及指示系统是否有显示器花屏、指示灯无规则闪烁等明显故障，如有应上报维修。

3. 清洁探测器表面

用吸尘器吸除、用微湿软布清洁探测器表面的灰尘、污物，清洁时避免造成探测器表面划伤，避免触及按键造成误动作。

4. 填写记录

根据维护保养结果，规范填写《建筑消防设施维护保养记录表》。

三、注意事项

1. 进行自检功能和报警测试之前，应通知相关人员，以免造成不必要的恐慌。

2. 进行报警测试之前，应切断相关的联动设施，如风机、阀门等，以免造成不必要的损失。

3. 需要对设备进行维护检查时，应断电检查。

培训单元 4
保养消防设备电源监控系统

【培训重点】

了解消防设备电源监控系统保养的基本知识。

熟练掌握消防设备电源监控系统的保养技能。

【知识要求】

消防设备电源监控系统需要进行日常保养，保养的内容与要求见表 3–3–3。

表 3–3–3　　消防设备电源监控系统日常保养的内容与要求

<table>
<tr><th>保养对象</th><th>保养项目</th><th>保养要求</th></tr>
<tr><td rowspan="8">消防设备电源状态监控器</td><td>运行环境</td><td>（1）清除监控器周边的可燃物、杂物
（2）检查安装部位是否有漏水、渗水现象</td></tr>
<tr><td>设备外观</td><td>（1）检查监控器是否安装牢固，对松动部位进行紧固
（2）检查监控器的外观是否存在明显的机械损伤
（3）检查监控器的显示是否正常
（4）操作监控器声光自检按键（钮），检查监控器的音响和显示器件是否完好</td></tr>
<tr><td>表面清洁</td><td>用吸尘器吸除监控器操作面板、控制开关、机箱的灰尘；用微湿的软布擦拭监控器机箱</td></tr>
<tr><td>内部检查及吹扫</td><td>（1）检查监控器接线口的封堵是否完好，各接线的绝缘护套是否有明显的龟裂、破损
（2）用吸尘器吸除内部电路板、电池、接线端子上的灰尘
（3）检查电路板和组件是否有松动，接线端子和线标是否紧固完好，对松动部位进行紧固</td></tr>
<tr><td>报警功能测试</td><td>使传感器发出消防电源中断报警信号，检查监控器发出声光信号和显示传感器故障信息的情况</td></tr>
<tr><td>打印纸更换</td><td>检查监控器的打印纸是否缺失，如缺失应予以更换</td></tr>
<tr><td>蓄电池保养</td><td>进行监控器的主备电源切换检查，对于不能满足备电持续工作时间的蓄电池予以更换</td></tr>
<tr><td colspan="2" style="display:none"></td></tr>
<tr><td rowspan="4">电压、电流、电压/电流传感器</td><td>运行环境</td><td>清除传感器周围的可燃物、杂物</td></tr>
<tr><td>设备外观</td><td>（1）检查传感器是否安装牢固，对松动部位进行紧固
（2）检查传感器的外观是否存在明显的机械损伤
（3）检查传感器的运行指示灯是否显示正常</td></tr>
<tr><td>表面清洁</td><td>用吸尘器吸除、用微湿的软布擦拭传感器表面的灰尘、污物</td></tr>
<tr><td>报警功能测试</td><td>使传感器监测消防设备电源发生故障，检查传感器的故障指示灯点亮情况及监控器的故障报警情况</td></tr>
</table>

【技能操作】

技能 1 保养消防设备电源状态监控器

一、操作准备

1. 技术资料

消防设备电源状态监控系统图、系统部件现场布置图和地址编码表、消防设备电源状态监控器产品使用说明书和设计手册等技术资料。

2. 常备工具

吸尘器、毛刷、软布、万用表、电工工具等。

3. 实操设备

消防设备电源状态监控演示系统。

4. 记录表格

《建筑消防设施维护保养记录表》。

二、操作步骤

1. 运行环境检查

检查监控器安装部位，如发现可燃物及杂物，应及时清理；如发现有漏水、渗水现象，应上报维修。

2. 外观检查

（1）检查监控器安装质量

检查监控器是否安装牢固，对松动部位进行紧固。

（2）检查监控器机械损伤

检查监控器表面是否存在明显的机械损伤，如有应上报维修。

（3）检查监控器显示器

检查监控器显示及指示系统是否有显示器花屏、指示灯无规则闪烁等明显故障，如有应上报维修。

3. 表面清洁

（1）面板吸尘

用吸尘器吸除监控器操作面板、控制开关、机箱的灰尘。

（2）机箱清洁

用微湿软布清洁监控器表面的灰尘、污物，清洁时避免造成监控器表面划伤，避免触及按键造成误动作。

4. 监控器内部检查及吹扫

（1）接线口检查

检查监控器接线口的封堵是否完好，各接线的绝缘护套是否有明显的龟裂、破损。

（2）内部吸尘

用吸尘器吸除监控器内部电路板、电池、接线端子的灰尘，操作时避免触及电气元件，以免造成监控器损伤或人员触电危险。

（3）电路板及接线端子检查

检查监控器电路板和组件是否有松动，接线端子和线标是否紧固完好，对松动部位进行紧固。

5. 打印纸更换

打印纸更换方法参见本系列教材相关内容。

6. 蓄电池保养

蓄电池保养方法参见本系列教材相关内容。

7. 填写记录

根据保养结果，规范填写《建筑消防设施维护保养记录表》。

三、注意事项

1. 操作过程中，应注意安全，避免发生触电事故。

2. 消防设备断电、合闸应严格执行本单位的设备断电、合闸规程。

技能 2　保养电压、电流、电压 / 电流传感器

一、操作准备

1. 技术资料

消防设备电源状态监控系统图、系统部件现场布置图和地址编码表、消防设备电源状态监控器产品使用说明书和设计手册等技术资料。

2. 常备工具

吸尘器、毛刷、软布、万用表、电工工具等。

3. 实操设备

消防设备电源状态监控演示系统。

4. 记录表格

《建筑消防设施维护保养记录表》。

二、操作步骤

1. 运行环境检查

检查传感器安装部位，如发现可燃物及杂物，应及时清理。

2. 外观检查

(1) 检查传感器安装质量

1) 检查传感器是否安装牢固，对松动部位进行紧固。

2) 检查传感器线路接头和端子处是否有松动、虚接现象，如有应进行紧固。

(2) 检查传感器机械损伤

检查传感器表面是否存在明显的机械损伤，如有应上报维修。

(3) 检查传感器指示灯

观察传感器工作状态指示灯，如图 3-3-11 所示，指示灯应无无规则闪烁等明显故障，如有应上报维修。

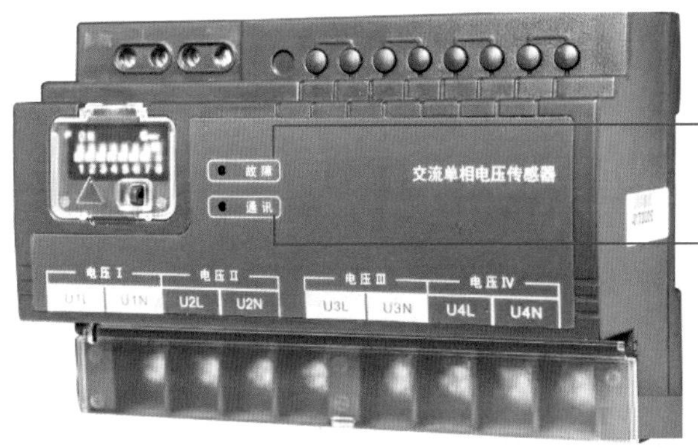

图 3-3-11 传感器工作状态指示灯示例

3. 表面清洁

用吸尘器吸除、用微湿软布清洁传感器表面的灰尘、污物，清洁时避免造成传感器表面划伤，避免触及按键造成误动作。

4. 填写记录

根据保养结果，规范填写《建筑消防设施维护保养记录表》。

三、注意事项

1. 操作过程中，应注意安全，避免发生触电事故。
2. 消防设备断电、合闸应严格执行本单位的设备断电、合闸规程。

培训单元 5 保养防火门监控系统

【培训重点】

了解防火门监控系统的维护保养要求。

掌握防火门监控系统组件保养方法。

【知识要求】

防火门监控系统需要进行日常保养，保养的内容与要求见表 3–3–4。

表 3–3–4　　防火门监控系统日常保养的内容与要求

保养对象	保养项目	保养要求
防火门监控器	运行环境	（1）清除监控器周边的可燃物、杂物 （2）检查安装部位是否有漏水、渗水现象
	设备外观	（1）检查监控器是否安装牢固，对松动部位进行紧固 （2）检查监控器的外观是否存在明显的机械损伤 （3）检查监控器的显示是否正常 （4）操作监控器声光自检按键（钮），检查监控器的音响和显示器件是否完好
	表面清洁	用吸尘器吸除监控器操作面板、控制开关、机箱的灰尘；用微湿的软布擦拭监控器机箱
	内部检查及吹扫	（1）检查监控器接线口的封堵是否完好，各接线的绝缘护套是否有明显的龟裂、破损 （2）用吸尘器吸除内部电路板、电池、接线端子上的灰尘 （3）检查电路板和组件是否有松动，接线端子和线标是否紧固完好，对松动部位进行紧固

续表

保养对象	保养项目	保养要求
防火门监控器	启动、反馈功能测试	通过防火门监控器对防火门电动闭门器下达启动命令，观察对应防火门的关闭情况，检查监控器的显示情况
	打印纸更换	检查监控器的打印纸是否缺失，如缺失应予以更换
	蓄电池保养	进行监控器的主备电源切换检查，对于不能满足备电持续工作时间的蓄电池予以更换
防火门门磁开关、电动闭门器	运行环境	（1）清除防火门与门框间的遮挡物 （2）检查部件周围是否有漏水、渗水现象
	设备外观	（1）检查部件是否安装牢固，对松动部位进行紧固 （2）检查部件的外观是否存在明显的机械损伤 （3）检查部件的运行指示灯是否显示正常
	表面清洁	用吸尘器吸除灰尘，用微湿的软布擦拭部件外壳
	反馈功能测试	防火门监控器启动、反馈功能测试

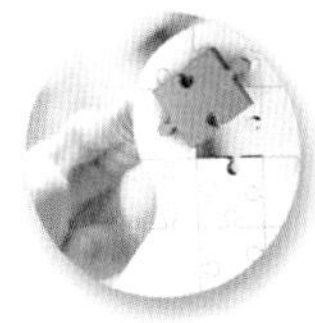

【技能操作】

技能1 保养防火门监控器

一、操作准备

1. 技术资料

防火门监控系统图、系统部件现场布置图和地址编码表、防火门监控器产品使用说明书和设计手册等技术资料。

2. 常备工具

吸尘器、毛刷、软布、万用表、电工工具等。

3. 实操设备

防火门监控演示系统。

4. 记录表格

《建筑消防设施维护保养记录表》。

二、操作步骤

1. 运行环境检查

检查监控器安装部位，如发现可燃物及杂物，及时清理；如发现有漏水、渗水现象，应上报维修。

2. 外观检查

（1）检查监控器安装质量

检查监控器是否安装牢固，对松动部位进行紧固。

（2）检查监控器机械损伤

检查监控器表面是否存在明显的机械损伤，如有应上报维修。

（3）检查监控器显示器

检查监控器显示及指示系统是否有显示器花屏、指示灯无规则闪烁等明显故障，如有应上报维修。

3. 表面清洁

（1）面板吸尘

用吸尘器吸除监控器操作面板、控制开关、机箱的灰尘。

（2）机箱清洁

用微湿软布清洁监控器表面的灰尘、污物，清洁时避免造成监控器表面划伤，避免触及按键造成误动作。

4. 内部检查及吸尘

（1）接线口检查

检查监控器接线口的封堵是否完好，各接线的绝缘护套是否有明显的龟裂、破损。

（2）内部吸尘

用吸尘器吸除监控器内部电路板、电池、接线端子的灰尘，吸除时避免触及电气元件，以免造成监控器损伤或人员触电危险。

（3）电路板及接线端子检查

检查监控器电路板和组件是否有松动，接线端子和线标是否紧固完好，对松动部位进行紧固。

5. 打印纸更换

打印纸更换方法参见本系列教材相关内容。

6. 蓄电池保养

蓄电池保养方法参见本系列教材相关内容。

7. 填写记录

根据保养记录，规范填写《建筑消防设施维护保养记录表》。

三、注意事项

需要对设备进行维护检查时，应断电检查。

技能 2 保养防火门门磁开关

一、操作准备

1. 技术资料

防火门监控系统图、系统部件现场布置图和地址编码表、防火门监控器产品使用说明书和设计手册等技术资料。

2. 常备工具

吸尘器、毛刷、软布、万用表、电工工具等。

3. 实操设备

防火门监控演示系统。

4. 记录表格

《建筑消防设施维护保养记录表》。

二、操作步骤

1. 运行环境检查

检查防火门门磁开关的安装部位，发现有漏水、渗水现象，应上报维修。

2. 外观检查

(1) 检查防火门门磁开关安装质量

1) 检查防火门门磁开关安装是否牢固，对松动部位进行紧固。

2) 检查防火门门磁开关接头和端子处是否有松动、虚接现象，如有应进行紧固。

(2) 检查防火门门磁开关机械损伤

检查防火门门磁开关表面是否存在明显的机械损伤，如有应上报维修。

(3) 检查防火门门磁开关指示灯

检查防火门门磁开关指示灯是否闪烁，如不闪烁应上报维修。

3. 表面清洁

用吸尘器吸除、用微湿软布清洁防火门门磁开关表面的灰尘、污物，清洁时避免造成防火门门磁开关表面划伤，避免造成误动作。

4. 填写记录

根据保养记录，规范填写《建筑消防设施维护保养记录表》。

三、注意事项

1. 进行报警测试之前，应通知相关人员，以免造成不必要的恐慌。

2. 需要对设备进行维护检查时，应断电检查。

技能 3　保养防火门电动闭门器

一、操作准备

1. 技术资料

防火门监控系统图、系统部件现场布置图和地址编码表，防火门监控器产品使用说明书和设计手册等技术资料。

2. 常备工具

吸尘器、毛刷、软布、万用表、电工工具等。

3. 实操设备

防火门监控演示系统。

4. 记录表格

《建筑消防设施维护保养记录表》。

二、操作步骤

1. 运行环境检查

检查防火门电动闭门器的安装部位，发现有漏水、渗水现象，应上报维修。

2. 外观检查

（1）检查防火门电动闭门器安装质量

1）检查防火门电动闭门器安装是否牢固，对松动部位进行紧固。

2）检查防火门电动闭门器接头和端子处是否有松动、虚接现象，如有应进行紧固。

（2）检查防火门电动闭门器机械损伤

检查防火门电动闭门器表面是否存在明显的机械损伤，如有应上报维修。

（3）检查防火门电动闭门器指示灯

检查防火门电动闭门器指示灯是否闪烁，如不闪烁应上报维修。

3. 表面清洁

用吸尘器吸除、用微潮软布清洁防火门电动闭门器表面的灰尘、污物，清洁时避免造成防火门电动闭门器表面划伤，避免造成误动作。

4. 填写记录

根据保养记录，规范填写《建筑消防设施维护保养记录表》。

三、注意事项

1. 进行报警测试之前，应通知相关人员，以免造成不必要的恐慌。
2. 需要对设备进行维护检查时，应断电检查。

培训单元 6 保养水幕自动喷水系统

【培训重点】

熟练掌握水幕自动喷水系统组件的保养技能。

【技能操作】

保养水幕自动喷水系统组件

一、操作准备

1. 技术资料

设备说明书、调试手册、图样等技术资料。

2. 常备工具

感烟探测器功能试验装置、清洁工器具等。

3. 实操设备

水幕自动喷水演示系统。

4. 记录表格

《建筑消防设施维护保养记录表》。

二、操作步骤

1. 做好防误动措施

根据维护保养的需要，将设备处于手动状态，做好防止误动作的措施。

2. 外观检查

（1）喷头

1）观察喷头（见图 3-3-12）与保护区域的环境是否匹配，判定保护区域的使用功能、危险性级别是否发生变更。

2）检查喷头外观有无明显磕碰伤痕或者损坏，有无喷头漏水或者被拆除等情况。

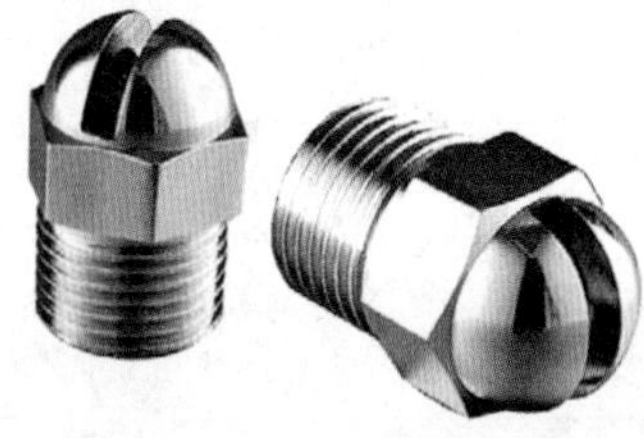

图 3-3-12　水幕喷头

3）检查保护区域内是否有影响喷头正常使用的吊顶装修，或者新增装饰物、隔断、高大家具以及其他障碍物；若有上述情况，采用目测、尺量等方法，检查喷头保护面积、与障碍物间距等是否发生变化。

（2）报警阀组

参见本系列教材相关内容。

（3）消防供配电设施

参见本系列教材相关内容。

3. 清洁保养

（1）检查消防水泵（稳压泵），对泵体、管道存在局部锈蚀的，应进行除锈处理；对水泵、电动机的旋转轴承等部位，应及时清理污渍、除锈、更换润滑油。

（2）系统各个控制阀门铅封损坏，或者锁链未固定在规定状态的，及时更换铅封，调整锁链至规定的固定状态；发现阀门有漏水、锈蚀等情形的，更换阀门密封垫，修理或者更换阀门，对锈蚀部位进行除锈处理。

（3）查看消防水泵接合器的接口及其附件，发现闷盖、接口等部件有缺失的，及时采购安装；发现有渗漏的，检查相应部件的密封垫完好性，查找管道、管件因锈蚀、损伤等出现的渗漏。属于密封垫密封不严的，调整密封垫位置或者更换密封垫；属于管件锈蚀、损伤的，更换管件，进行防锈、除锈处理。

（4）检查喷头，清除喷头上的异物。

（5）检查雨淋报警阀组过滤器的使用性能，清洗过滤器并重新安装到位。

（6）检查主阀以及各个部件外观，及时清除污渍。

（7）检查主阀锈蚀情况，及时除锈，保证各部件连接处无渗漏现象，压力表读数准确，水力警铃动作灵活、声音洪亮，排水系统排水畅通。

4. 填写记录

根据维护保养的实际情况，规范填写《建筑消防设施维护保养记录表》。

培训模块 四

设施维修

培训项目 1 火灾自动报警系统维修

培训单元 1 判断火灾自动报警系统线路故障类型并修复

【培训重点】

了解火灾自动报警系统常见的线路故障类别及现象。

掌握火灾自动报警系统线路故障修复方法。

【知识要求】

火灾自动报警系统线路故障按系统类型可分为火灾探测报警系统线路故障和消防联动控制系统线路故障。火灾自动报警系统线路中的信号总线包括报警信号总线和联动信号总线。

一、火灾探测报警系统线路故障类别和维修方法

火灾探测报警系统线路一般包括报警信号总线、DC 24 V 电源线，其中总线形式包括树形总线和环形总线两种。树形总线中的一个总线回路的不同部分又可划分为干线

和支线两种。

1. 树形总线形式火灾探测报警系统线路及故障部位

树形总线形式火灾探测报警系统线路及故障部位示例如图 4–1–1 所示。

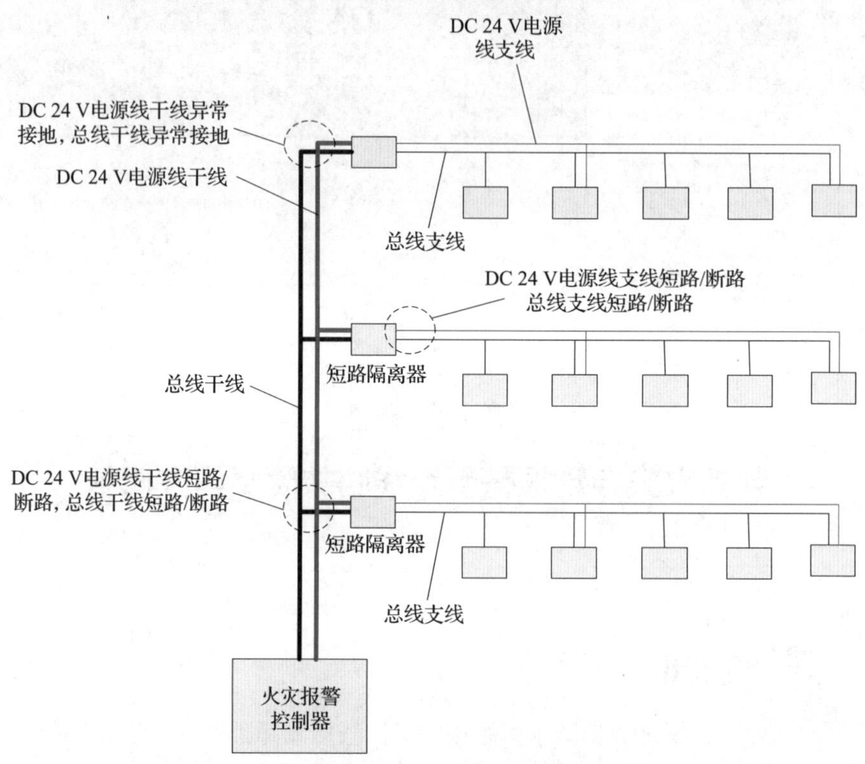

图 4–1–1　树形总线形式火灾探测报警系统线路及故障部位示例

2. 环形总线形式火灾探测报警系统线路及故障部位

环形总线形式火灾探测报警系统线路及故障部位示例如图 4–1–2 所示。

3. 树形总线形式火灾探测报警系统线路故障现象及修复方法

树形总线形式火灾探测报警系统线路故障现象及修复方法见表 4–1–1。

4. 环形总线形式火灾探测报警系统线路故障现象及修复方法

环形总线形式火灾探测报警系统线路故障现象及修复方法见表 4–1–2。

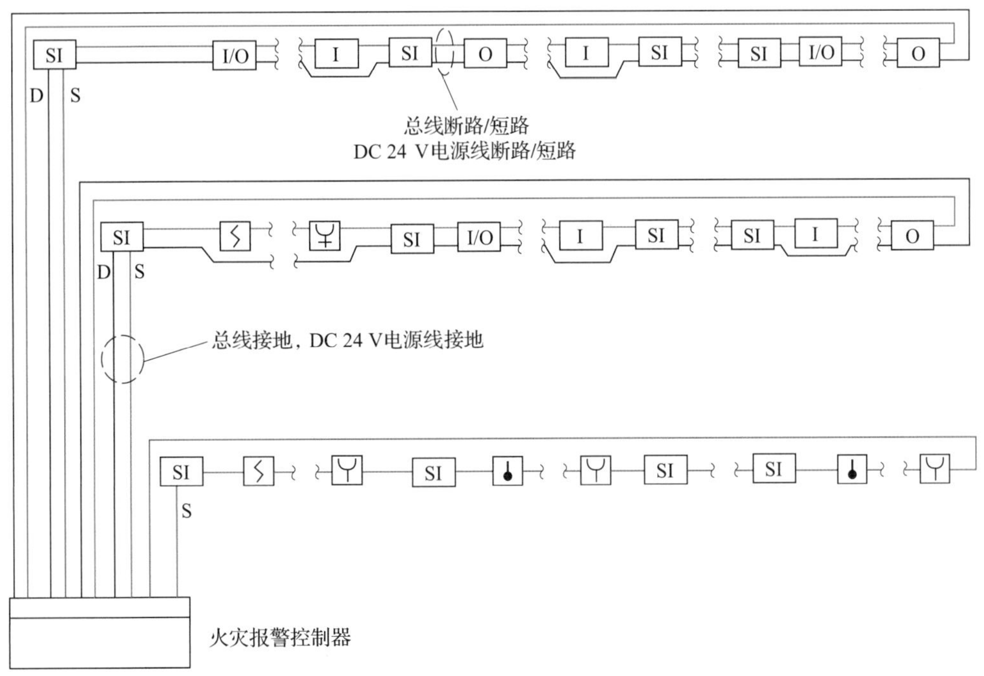

图 4–1–2　环形总线形式火灾探测报警系统线路及故障部位示例

表 4–1–1　　树形总线形式火灾探测报警系统线路故障现象及修复方法

故障类别	故障现象	修复方法
总线干线断路	（1）火灾报警控制器故障指示灯亮 （2）某一总线回路上有一路或多路支线上的现场部件指示灯全部熄灭，火灾报警控制器无法与其进行通信 （3）火灾报警控制器故障页面显示大量“部件故障”或“部件通信故障” （4）火灾报警控制器上对应总线回路端子电压输出正常，该回路总线干线线路末端电压异常	（1）查看图样，确定线路分布 （2）通过使用万用表分段测试总线干线电阻的方法，结合故障部件的编码及安装位置，确定线路断路的位置 （3）进行连接修复
总线支线断路	（1）火灾报警控制器故障指示灯亮 （2）指示灯处于熄灭状态的现场部件均属于同一总线支线，火灾报警控制器无法与其通信，但该总线支线上短路隔离器未动作，其他总线支线现场部件正常 （3）火灾报警控制器故障页面显示“部件故障”或“部件通信故障” （4）火灾报警控制器上对应总线回路端子电压输出正常，该回路总线干线线路末端电压正常	（1）查看图样，确定线路分布 （2）通过使用万用表分段测试总线支线电阻的方法，结合故障部件的编码及安装位置，确定线路断路的位置 （3）进行连接修复
总线干线短路	（1）火灾报警控制器故障指示灯亮 （2）一路或多路总线支线上的现场部件状态指示灯熄灭，火灾报警控制器均无法与其通信 （3）火灾报警控制器故障页面显示“部件故障”或“部件通信故障” （4）火灾报警控制器故障总线的回路端子间电压为 0 V	（1）查看图样，确定线路分布 （2）通过使用万用表分段测试总线干线电阻的方法，确定线路短路的位置 （3）断开短接，恢复正常线路

续表

故障类别	故障现象	修复方法
总线支线短路	（1）火灾报警控制器故障指示灯亮 （2）指示灯处于熄灭状态的现场部件均属于同一总线支线，火灾报警控制器无法与其通信，该总线支线上短路隔离器动作，其他支线现场部件正常 （3）火灾报警控制器故障页面显示“总线故障” （4）火灾报警控制器上对应总线回路端子电压输出正常，该回路总线干线线路末端电压正常	（1）查看图样，确定线路分布 （2）通过使用万用表分段测试总线支线电阻的方法，结合已动作短路隔离器位置、故障部件的编码及安装位置，确定线路短路的位置 （3）断开短接，恢复正常线路
总线接地	（1）火灾报警控制器故障指示灯亮 （2）火灾报警控制器故障页面显示“总线故障” （3）总线电压异常，火灾报警控制器无法与部分或全部现场部件通信	（1）查看图样，确定线路分布 （2）通过使用万用表分段测试总线对地电阻的方法，确定线路异常接地的位置 （3）进行断开修复
DC 24 V 电源线干线断路	（1）火灾报警控制器故障指示灯亮 （2）若干由火灾报警控制器 DC 24 V 电源线输出供电的现场部件无法启动，但直接由总线供电的现场部件都处于正常状态 （3）火灾报警控制器故障页面显示“部件通信故障”或“部件电源故障” （4）火灾报警控制器上对应 24 V 输出线路端子电压正常，但干线末端电压异常	（1）查看图样，确定线路分布 （2）通过使用万用表分段测试 DC 24 V 电源线干线电阻的方法，结合故障部件的编码及安装位置，确定线路断路的位置 （3）进行连接修复
DC 24 V 电源线支线断路	（1）火灾报警控制器故障指示灯亮 （2）若干由火灾报警控制器 DC 24 V 电源线输出供电的现场部件无法启动，但直接由总线供电的现场部件都处于正常状态 （3）火灾报警控制器故障页面显示“部件通信故障”或“部件电源故障” （4）火灾报警控制器上对应 24 V 输出线路端子电压正常，干线末端电压正常	（1）查看图样，确定线路分布 （2）通过使用万用表分段测试 DC 24 V 电源线支线电阻的方法，结合故障部件的编码及安装位置，确定线路断路的位置 （3）进行连接修复
DC 24 V 电源线干线短路	（1）火灾报警控制器故障指示灯亮 （2）由火灾报警控制器 DC 24 V 电源线输出供电的现场部件无法启动，但直接由总线供电的现场部件都处于正常状态 （3）火灾报警控制器故障页面显示“24 V 输出故障” （4）火灾报警控制器 DC 24 V 电源线干线端子间电压为 0 V	（1）查看图样，确定线路分布 （2）通过使用万用表分段测试 DC 24 V 电源线干线电阻的方法，确定线路短路的位置 （3）断开短接，恢复正常线路
DC 24 V 电源线支线短路	（1）火灾报警控制器故障指示灯亮 （2）由火灾报警控制器 DC 24 V 电源线输出供电的现场部件无法启动，但直接由总线供电的现场部件都处于正常状态 （3）火灾报警控制器故障页面显示“24 V 输出故障”	（1）查看图样，确定线路分布 （2）通过使用万用表分段测试 DC 24 V 电源线支线电阻的方法，确定线路短路的位置 （3）断开短接，恢复正常线路
DC 24 V 电源线接地	（1）火灾报警控制器故障指示灯亮 （2）火灾报警控制器故障页面显示“24 V 输出故障” （3）直接由总线供电的现场部件处于正常状态 （4）DC 24 V 电源线电压异常，火灾报警控制器无法与部分或全部由 DC 24 V 电源线供电的现场部件通信	（1）查看图样，确定线路分布 （2）通过使用万用表分段测试 DC 24 V 电源线线路对地电阻的方法，确定线路异常接地的位置 （3）进行断开修复

表 4–1–2　　环形总线形式火灾探测报警系统线路故障现象及修复方法

故障类别	故障现象	修复方法
总线断路	（1）火灾报警控制器故障指示灯亮 （2）火灾报警控制器故障页面显示“总线故障”，但总线上各部件通信正常 （3）短路隔离器未动作	（1）查看图样，确定线路分布 （2）通过使用万用表分段测试总线支线电阻的方法，结合故障部件的编码及安装位置，确定线路断路的位置 （3）进行连接修复
总线短路	（1）火灾报警控制器故障指示灯亮 （2）总线上某一区段内现场部件状态指示灯熄灭，火灾报警控制器无法与其通信，并且该区段两侧最近的短路隔离器动作，其他现场部件正常 （3）火灾报警控制器故障页面显示“总线故障”	（1）查看图样，确定线路分布 （2）通过使用万用表分段测试总线电阻的方法，结合已动作短路隔离器位置、故障部件的编码及安装位置，确定线路短路的位置 （3）断开短接，恢复正常线路
总线接地	（1）火灾报警控制器故障指示灯亮 （2）火灾报警控制器故障页面显示“总线故障” （3）总线电压异常，火灾报警控制器无法与部分或全部现场部件通信	（1）查看图样，确定线路分布 （2）通过使用万用表分段测试总线对地电阻的方法，确定线路异常接地的位置 （3）进行断开修复
DC 24 V 电源线断路	（1）火灾报警控制器故障指示灯亮 （2）若干由火灾报警控制器 DC 24 V 电源线输出供电的现场部件无法启动，但直接由总线供电的现场部件都处于正常状态 （3）火灾报警控制器故障页面显示“部件通信故障”或“部件电源故障”	（1）查看图样，确定线路分布 （2）通过使用万用表分段测试 DC 24 V 电源线支线电阻的方法，结合故障部件的编码及安装位置，确定线路断路的位置 （3）进行连接修复
DC 24 V 电源线短路	（1）火灾报警控制器故障指示灯亮 （2）由火灾报警控制器 DC 24 V 电源线输出供电的现场部件无法启动，但直接由总线供电的现场部件都处于正常状态 （3）火灾报警控制器故障页面显示“24 V 输出故障” （4）火灾报警控制器 DC 24 V 电源线端子间电压为 0 V	（1）查看图样，确定线路分布 （2）通过使用万用表分段测试 DC 24 V 电源线线路电阻的方法，结合已动作短路隔离器位置、故障部件的编码及安装位置，确定线路短路的位置 （3）断开短接，恢复正常线路
DC 24 V 电源线接地	（1）火灾报警控制器故障指示灯亮 （2）火灾报警控制器故障页面显示“24 V 输出故障” （3）直接由总线供电的现场部件处于正常状态 （4）DC 24 V 电源线电压异常，火灾报警控制器无法与部分或全部由 DC 24 V 电源线供电的现场部件通信	（1）查看图样，确定线路分布 （2）通过使用万用表分段测试 DC 24 V 电源线线路对地电阻的方式，确定线路异常接地的位置 （3）进行断开修复

二、消防联动控制系统线路故障类别和维修方法

在消防联动控制系统中，现场部件控制线路包括联动信号总线和手动直接控制专线两种。与火灾探测报警系统报警信号总线相同，联动信号总线的线路形式也包括树形总线和环形总线形式，其故障类别、故障现象及修复方法与火灾探测报警系统类似。消防联动控制系统 DC 24 V 线路的故障类别、故障现象及修复方法也与火灾探测报警系统类似。消防联动控制系统线路故障与火灾探测报警系统线路故障的区别主要在专线，一路专线一般又包括启动线、停止线、反馈线等 3 至 8 根线，当专线出现故障时，应对此路专线上的每一根线进行检测。消防联动控制系统线路及故障部位示例如图 4–1–3 所示，线路故障类别、现象及修复方法见表 4–1–3。

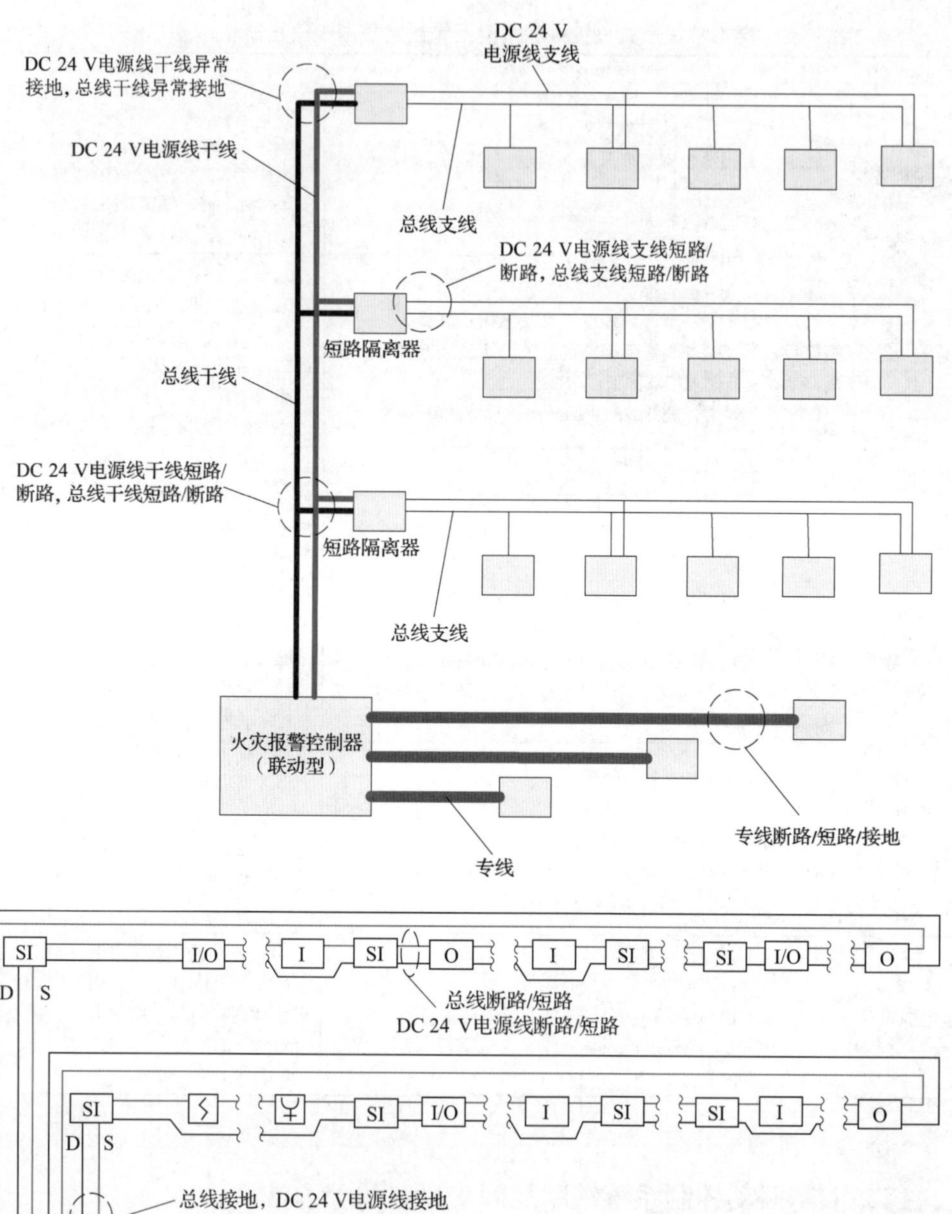

图 4-1-3 消防联动控制系统线路及故障部位示例

表 4-1-3　　消防联动控制系统线路故障类别、现象及修复方法

故障类别	故障现象	修复方法
联动信号线路断路	与火灾探测报警系统报警信号线路断路故障现象类同	与火灾探测报警系统报警信号线路断路故障修复方法类同
联动信号线路短路	与火灾探测报警系统报警信号线路短路故障现象类同	与火灾探测报警系统报警信号线路短路故障修复方法类同
联动信号线路接地	与火灾探测报警系统报警信号线路接地故障现象类同	与火灾探测报警系统报警信号线路接地故障修复方法类同
DC 24 V电源线线路断路	与火灾探测报警系统 DC 24 V 电源线线路断路故障现象类同	与火灾探测报警系统 DC 24 V 电源线线路断路故障修复方法类同
DC 24 V电源线线路短路	与火灾探测报警系统 DC 24 V 电源线线路短路故障现象类同	与火灾探测报警系统 DC 24 V 电源线线路短路故障修复方法类同
DC 24 V电源线线路接地	与火灾探测报警系统 DC 24 V 电源线线路接地故障现象类同	与火灾探测报警系统 DC 24 V 电源线线路接地故障修复方法类同
专线断路	（1）火灾报警控制器（联动型）或消防联动控制器故障指示灯亮 （2）由专线控制的现场部件无法启动或停止，或火灾报警控制器（联动型）或消防联动控制器无法接收到现场部件动作状态反馈信号 （3）火灾报警控制器（联动型）或消防联动控制器故障页面显示“专线线路故障”	（1）查看图样和说明书，确定线路分布 （2）根据故障现象，通过使用万用表分段测量线路电阻的方法，确定断路的具体导线，并找到具体位置 （3）进行连接恢复
专线短路	（1）火灾报警控制器（联动型）或消防联动控制器故障指示灯亮 （2）由专线控制的现场部件无法启动或停止，火灾报警控制器（联动型）或消防联动控制器无法接收到现场部件动作状态反馈信号 （3）专线中有两根线处于导通状态 （4）火灾报警控制器（联动型）或消防联动控制器故障页面显示“专线线路故障”	（1）查看图样和说明书，确定线路分布 （2）根据故障现象，通过使用万用表分段测量线路电阻的方法，确定一路专线中具体发生短路的两根或多根导线 （3）检查导线，找到短路处并断开，恢复正常连接
专线接地	（1）由专线控制的现场部件无法启动或停止，或火灾报警控制器（联动型）或消防联动控制器无法接收到现场部件动作状态反馈信号 （2）专线中有导线对地电阻低于 20 MΩ （3）火灾报警控制器（联动型）或消防联动控制器故障页面显示“专线线路故障”	（1）查看图样和说明书，确定线路分布 （2）根据故障现象，通过使用万用表测量线路对地电阻的方法，确定一路专线中具体发生对地绝缘受损的导线 （3）检查导线，找到对地绝缘受损处并断开，恢复正常连接

【技能操作】

技能 1　判断火灾探测报警线路故障类型并修复

一、操作准备

1. 技术资料

火灾探测报警系统图、火灾探测器等系统部件现场布置图和地址编码表、火灾报警控制器产品使用说明书和设计手册等技术资料。

2. 常备工具

旋具、钳子、万用表、绝缘胶带等。

3. 实操设备

集中型火灾自动报警演示系统。

4. 记录表格

《建筑消防设施故障维修记录表》。

二、操作步骤

以下以一个具体实例来阐述修复操作步骤。

1. 确定故障范围

查询火灾报警控制器的故障显示信息，对照系统图、部件平面布置图以及地址编码表，确定故障部件的范围。

火灾报警控制器故障报警显示示例如图 4-1-4 所示，火灾报警控制器报出总线故障，并且报出大量地址编号连续的火灾探测器通信故障。

火灾报警控制系统

事件	地编号	序号/总数	时间
器件故障	0001005	0003/0050	14:21
模块故障			
电源故障			
其它故障	00—019	0001/0001	14:20

说明 00机　01总线故障

故障　14:27:34

图 4-1-4　火灾报警控制器故障报警显示示例

根据火灾报警控制器故障提示信息，发生总线故障的回路为 1# 回路。通过查看如图 4-1-5 所示线路图样示例，结合火灾报警控制器故障提示信息，发现 1-2 和 1-3 支线上的火灾探测器全部发生通信故障。由此可知，应该是 1# 总线回路干线发生了故障。

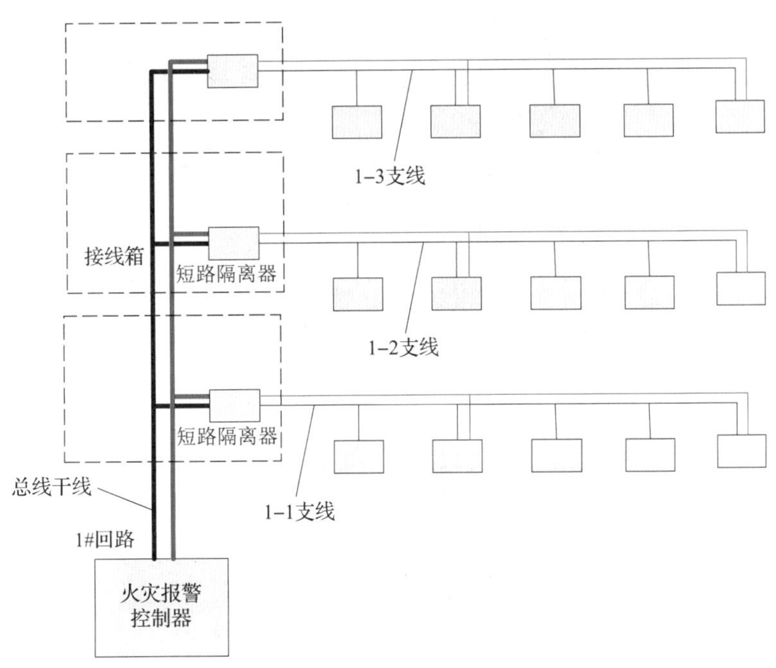

图 4-1-5 线路图样示例

2. 确定故障类型

关闭火灾报警控制器电源，将 1# 回路从火灾报警控制器回路板上拆除，用万用表测量总线是否短路、断路。

检查 1# 回路总线干线上两根导线间的电阻时，发现两根导线并未导通（线间电阻远大于 1 kΩ），排除短路故障，由此判断该干线故障为干线断路故障。利用万用表测量导线之间电阻示例如图 4-1-6 所示。

3. 确定故障部位

（1）检查 1-1 支线接线箱的输出端子处是否连接正常。

（2）检查 1-1 支线接线箱输出端到 1-2 支线接线箱输入端之间的线路是否断路。

（3）检查 1-2 支线接线箱输入端子是否连接正常。

经过检查，发现 1-2 支线接线箱输入端子处线路脱落，造成总线干线断路，如图 4-1-7 所示。

图 4-1-6　利用万用表测量火灾报警控制器回路端子间电阻示例

图 4-1-7　总线接线箱输入端子连接导线脱落造成总线断路示例

4. 修复故障

将脱落的导线接头烫锡后，用端子旋紧压接牢固。总线端子烫锡重新连接示例如图 4-1-8 所示。

图 4-1-8　总线端子烫锡重新连接示例

5. 功能测试

闭合火灾报警控制器电源，等待 100 s 时间，经观察确认火灾报警控制器无故障报警，然后分别在 1-2 总线支线和 1-3 总线支线选择 1 只火灾探测器并模拟火警，发现火灾报警控制器均正常发出火灾报警信号，总线干线断路故障已确认修复完毕。

6. 填写记录

根据维修情况，规范填写《建筑消防设施故障维修记录表》，存档并上报。

三、注意事项

1. 非检修必要，不可带电操作。
2. 重点检查端子箱、接线盒、触头等容易出现故障的部位，以及可能出现漏水的部位，例如空调口、给排水管附近。
3. 当线路数量较多时，拆线时必须做好标识，避免恢复时错接线。
4. 线路绝缘性很差时，控制器也会显示线路短路故障，因此绝缘性不好也必须进行分段检修。个别设备的故障也可能导致控制器报线路短路故障，检修确认设备故障后必须更换。
5. 修复时，导线应敷设在管内或线槽内，并且不应有接头或扭结。两端导线的接头，应在接线盒内焊接或用端子连接。
6. 敷设在多尘或潮湿场所的管路管口和管子连接处，均应作密封处理。

技能 2 判断消防联动控制线路故障类型并修复

一、操作准备

1. 技术资料

消防联动控制系统图、火灾探测器以及被控设备等系统部件现场布置图和地址编码表、火灾报警控制器（联动型）产品使用说明书和设计手册等技术资料。

2. 常备工具

旋具、钳子、万用表、500 V 兆欧表、绝缘胶带等。

3. 实操设备

集中型火灾自动报警演示系统。

4. 记录表格

《建筑消防设施故障维修记录表》。

二、操作步骤

以下以具体的专线故障实例来阐述修复操作步骤。

1. 确定线路故障范围

查询消防联动控制器故障信息，对照系统图、部件平面布置图，确定故障范围。

消防联动控制器显示“1# 消防泵线路故障”。

2. 确定故障类型

将 1# 消防泵控制专线从消防联动控制器专线控制盘上拆除。使用万用表逐一测量该专线启动线、停止线、反馈线及其他线路，判断其是否发生断路或短路。经检查，发现启动线与地线发生短路。

3. 确定故障部位

使用万用表对启动线分段测量，确定短路部位。

4. 故障修复

更换故障部位线路，采用接线盒重新连接。用 500 V 兆欧表测量启动线对地绝缘电阻，阻值应大于 20 MΩ。

5. 功能测试

按原线序将 1# 消防泵控制专线线路连接到消防联动控制器专线控制盘接线端子上。选择修复后线路上的现场部件进行联动测试，确认现场部件可正常联动并反馈信号。测试后复位现场部件和控制器。

6. 填写记录

根据维修情况，规范填写《建筑消防设施故障维修记录表》，存档并上报。

三、注意事项

1. 在修复消防联动控制线路过程中，必须注意防止误启动现场设备。

2. 修复后进行功能测试时，如需启动火灾警报器、启动防火卷帘或切断电源等，应通知相关人员，以免引起恐慌。

3. 其他注意事项类同火灾探测报警线路故障修复注意事项。

培训单元 2
更换火灾探测器

【培训重点】

熟练掌握更换吸气式感烟火灾探测器的方法。

熟练掌握更换火焰探测器的方法。

熟练掌握更换图像型火灾探测器的方法。

【技能操作】

技能 1　更换吸气式感烟火灾探测器

一、操作准备

1. 技术资料

火灾探测报警系统图、火灾探测器等系统部件现场布置图和地址编码表、系统设备的接线图、吸气式感烟火灾探测器产品使用说明书和设计手册等技术资料。

2. 备品备件

相同或兼容型号的吸气式感烟火灾探测器。

3. 常备工具

旋具、钳子、万用表、绝缘胶带、模拟火警测试的专用工具等。

4. 防护装备

安全防护装备，如防砸鞋、安全帽、绝缘手套等。

5. 记录表格

《建筑消防设施故障维修记录表》。

二、操作步骤

1. 临时关闭吸气式感烟火灾探测器的电源，使系统处于检修状态。

2. 将吸气式感烟火灾探测器的采样管拆除。

3. 将吸气式感烟火灾探测器的线路拆除，并做好标记；将探测器从原安装部位移除，拆除完成的设备如图 4-1-9 所示。

4. 将相同或兼容型号的吸气式感烟火灾探测器安装固定。

5. 打开吸气式感烟火灾探测器面板，根据产品说明书的要求重新接线，本规格产品需要将 24 V 电源 AB 通信端口接通。如图 4-1-10 所示为设备内部图。

6. 重启系统后，根据产品说明书的要求进行调试，本产品需要厂家使用专用编码器进行调试，如图 4-1-11 所示。

图 4-1-9　设备外观图

图 4-1-10　设备内部图

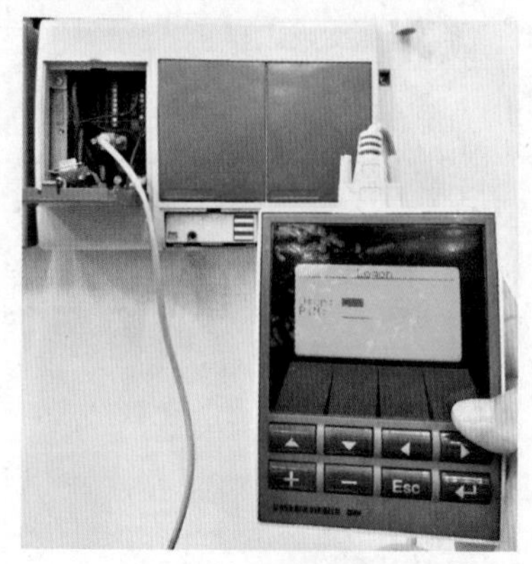

图 4-1-11　编码调试

7. 调试完成后，使用专用火灾探测装置模拟火灾，测试其报警功能。

8. 根据实际作业情况，填写本次维修记录。

技能 2　更换火焰探测器

一、操作准备

1. 技术资料

火灾探测报警系统图、火灾探测器等系统部件现场布置图和地址编码表、系统设备的接线图、火焰探测器产品使用说明书和设计手册等技术资料。

2. 备品备件

与原火焰探测器规格型号相同或与在用火灾报警控制器 / 接口模块接口和通信协议兼容性满足现行国家标准的火焰探测器。

3. 常备工具

旋具、钳子、万用表、绝缘胶带、模拟火警测试的专用工具等。

4. 防护装备

安全防护装备，如防砸鞋、安全帽、绝缘手套等。

5. 记录表格

《建筑消防设施故障维修记录表》。

二、操作步骤

1. 拆除原探测器

（1）依次关闭探测器的备用电源、主电源。

（2）逆时针旋转，打开探测器后盖，注意观察火焰探测器，前盖为火焰探测器的探测窗口，后盖为火焰探测器的接线端，如图 4–1–12 所示，应注意区分。

（3）拆除探测器外部接线，宜采用拍照片等方式记录探测器接线情况。

（4）将火焰探测器从专用安装支架拆下，安装支架示意图如图 4–1–13 所示。

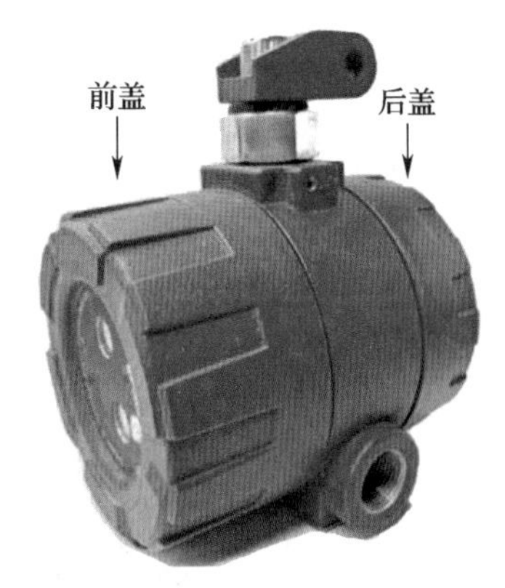

图 4–1–12 火焰探测器前盖、后盖

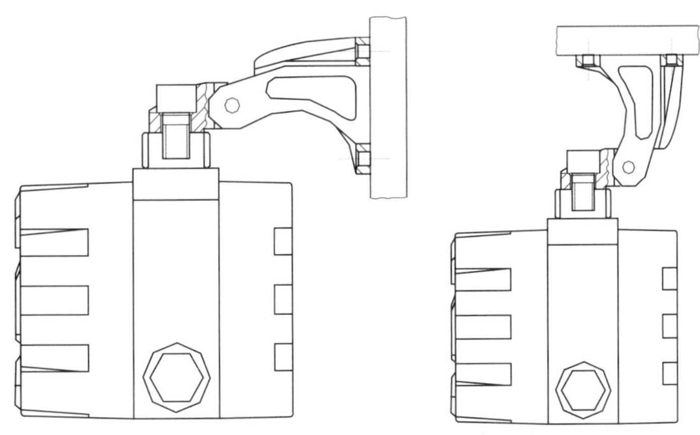

图 4–1–13 安装支架示意图

2. 新探测器的安装

（1）用万用表检查线路是否有短路、断路故障，用 500 V 兆欧表测量线路的接地电阻是否大于 20 MΩ。

（2）将探测器固定安装好。

（3）按原线序重新接线，接线图如图 4–1–14 所示，打开后盖就能看到里面是用户的接线端子，本产品接线端子如下：

FLK/FLD/FLB 为故障继电器的触点输出端，FLD 为公共端、FLK 为常开端、FLB 为常闭端（负载能力 2 A/30 V DC）；FRK/FRD/FRB 为火警继电器的触点输出端，FRD 为公共端、FRK 为常开端、FRB 为常闭端（负载能力 2 A/30 V DC）；GND 为可复位供电电源负极，+24 V 为可复位供电电源正极。

3. 火焰探测器报警功能测试

（1）完成接线、安装后，依次开启控制器主、备电源，使系统重新投入运行。火焰探测器正常运行时，绿色指示灯巡检。

图 4-1-14　接线图

（2）使用专用报警信号发生器，在距离探测器探测窗口 10 cm 的地方启动报警信号发生器（场所允许的情况下可使用打火机近距离点燃测试），探测器应该能在 10 s 左右报火警，红色指示灯点亮，如图 4-1-15 所示。报警控制器应能接收到报警信息。

4. 填写记录

根据实际作业情况，填写本次维修记录。

图 4-1-15　指示灯

技能 3　更换图像型火灾探测器

一、操作准备

1. 技术资料

火灾探测报警系统图、火灾探测器等系统部件现场布置图和地址编码表、系统设备的接线图、火焰探测器产品使用说明书和设计手册等技术资料。

2. 备品备件

与原图像型火灾探测器规格型号相同或与在用火灾报警控制器 / 接口模块接口和通信协议兼容性满足现行国家标准的图像型火灾探测器。

3. 常备工具

旋具、钳子、万用表、绝缘胶带、模拟火警测试的专用工具等。

4. 防护装备

安全防护装备，如防砸鞋、安全帽、绝缘手套等。

5. 记录表格

《建筑消防设施故障维修记录表》。

二、操作步骤

1. 原探测器拆除

（1）临时关闭系统电源，停用设备。

（2）使用内六角扳手将接线盒打开，拆卸接线盒，如图 4-1-16 所示。

（3）将图像型火灾探测器线路从接线盒、接线管中抽出，将图像型火灾探测器从安装位置拆下。接线盒内部如图 4-1-17 所示。

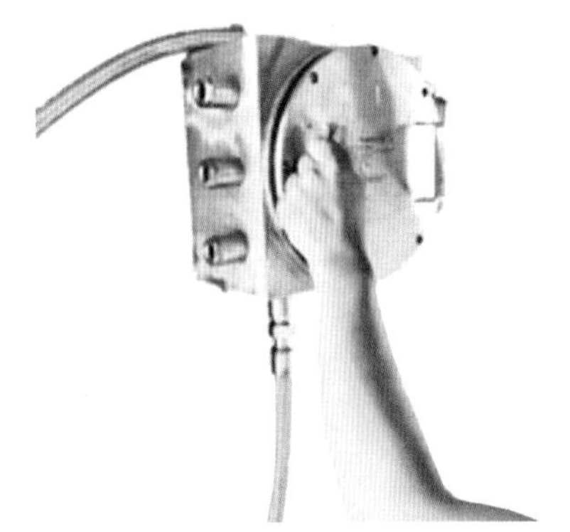

图 4-1-16 拆卸接线盒

图 4-1-17 接线盒内部

（4）采用拍照片等方式记录探测器接线情况。

2. 新探测器的安装

（1）使用万用表检查线路是否短路、断路，用 500 V 兆欧表测量线路的接地电阻是否大于 20 MΩ。

（2）将探测器固定安装好。

（3）按原线序重新接线，安装示意图如图 4-1-18 所示。

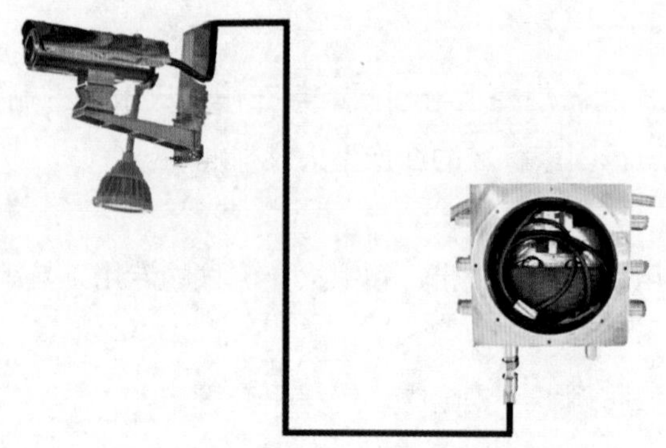

图 4-1-18　安装示意图

3. 图像型火灾探测器功能试验

（1）完成接线后，依次开启控制器主电源、备用电源，使系统重新投入运行。

（2）探测器正常运行时，使用专用报警信号发生器启动报警信号，探测器应该能在 10 s 左右报火警，报警控制器应能接收到报警信息。

4. 填写记录

根据实际作业情况，填写本次维修记录。

培训项目 2 自动灭火系统维修

培训单元 1 更换泡沫灭火系统组件

【培训重点】

掌握泡沫灭火系统组件常见故障的类型。

熟练掌握泡沫灭火系统相关组件的维修方法。

【知识要求】

泡沫灭火系统主要组件的常见故障和维修方法见表 4–2–1。

表 4–2–1 泡沫灭火系统主要组件常见故障和维修方法

设备名称	常见故障	维修方法
泡沫比例混合装置	装置中的胶囊因老化承压降低，系统运行时胶囊发生破裂	更换已损坏的胶囊
	装置中的平衡阀故障、损坏，导致装置无法正常工作	检查平衡阀，更换损坏部件，必要时更换整个平衡阀
	消防水因含有较多杂质，运行中将水轮机损坏	检查损坏的水轮机，更换损坏的部件，必要时更换整个水轮机

续表

设备名称	常见故障	维修方法
泡沫比例混合装置	装置相关阀门、管道连接件密封失效，发生泄漏，而导致装置无法正常工作	检查泄漏部位，确保密封良好，必要时更换泄漏部件
	泡沫液因储存环境不符合要求，失效变质	更换已变质的泡沫液
泡沫产生装置	低倍数泡沫产生器密封玻璃密封不严或损坏，导致储罐内可燃液体蒸气外泄	更换密封玻璃，并重新进行密封性能试验，试验合格后方可安装
	泡沫产生装置吸气口被杂物堵塞，导致发泡不正常	定期检查吸气口及清理杂物
	外浮顶储罐泡沫导流罩喷射口被杂物堵塞，导致泡沫无法正常喷射	定期检查喷射口及清理杂物
泡沫喷雾灭火装置	启动瓶组、动力瓶组出现泄漏，导致装置无法正常工作	定期检查瓶组的压力，发现压力低于最低压力值时，应及时更换瓶组
	系统管路冲洗不到位，导致末端水雾喷头堵塞	拆下水雾喷头并清洗喷头内杂物

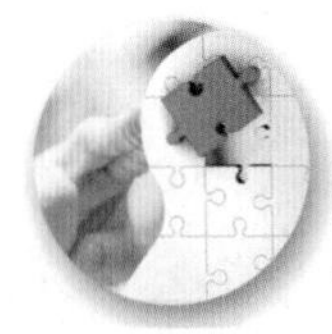

【技能操作】

技能 1　更换压力式比例混合装置内囊

一、操作准备

1. 技术资料

泡沫灭火系统图、系统组件现场布置图和地址编码表、泡沫灭火系统产品使用说明书和设计手册等技术资料。

2. 备品备件

新的压力式比例混合装置内囊。

3. 常备工具

旋具、钳子等。

4. 记录表格

《建筑消防设施检修记录表》。

二、操作步骤

1. 关闭装置的消防水进口阀、泡沫液出口阀，打开泡沫液储罐的排水阀，泄放泡沫液储罐内水压，罐内保留少部分水，如图 4-2-1 所示。

2. 泡沫液储罐内水压泄放后，通过泡沫液泵将胶囊内的泡沫液抽入泡沫液桶内。

3. 拆除装置内部必要的连接管路，打开泡沫液储罐人孔法兰盖，从人孔取出需更换的胶囊。

4. 清洗泡沫液储罐，然后放尽泡沫液储罐内的水，安装新的胶囊并连接好管路，确保安装牢固。

5. 向泡沫液储罐内注入部分消防水，然后通过泡沫液泵将泡沫液注入胶囊内。

6. 打开装置的消防水进口阀，向泡沫液储罐内注水，使水压增加至正常的工作压力，各连接处不得出现渗漏。

7. 复位装置上的阀门，使装置处于准工作状态。

图 4-2-1　压力式比例混合装置
1—人孔　2—泡沫液出口阀
3—消防水进口阀　4—排水阀
5—排液阀

三、注意事项

必须用清水将泡沫液储罐内部冲洗干净，泡沫液储罐内不得残留泡沫液。

技能 2　更换平衡式比例混合装置的平衡阀

一、操作准备

1. 技术资料

泡沫灭火系统图、系统组件现场布置图和地址编码表、泡沫灭火系统产品使用说明书和设计手册等技术资料。

2. 备品备件

与原平衡式比例混合装置的平衡阀规格型号相同的平衡阀及相关部件。

3. 常备工具

旋具、钳子等。

4. 记录表格

《建筑消防设施检修记录表》。

二、操作步骤

1. 关闭平衡阀进出口手动阀，拆除平衡阀上的取压铜管，如图 4-2-2 所示。

2. 将平衡阀从管路上拆除。

图 4-2-2　平衡阀及取压铜管实体图

3. 重新安装新的平衡阀，连接好取压铜管，复位各手动阀至正常工作状态。

4. 手动启动平衡式比例混合装置，平衡阀各连接处不应渗漏，装置工作正常。

三、注意事项

1. 更换好平衡阀后，应将平衡阀内的空气排出，使平衡阀中充满水后才能试验。

2. 装置连接好后需重新进行试验，平衡阀各连接处不应渗漏且装置工作正常。

技能 3　更换泡沫产生器的密封玻璃

一、操作准备

1. 技术资料

泡沫灭火系统图、系统组件现场布置图和地址编码表、泡沫灭火系统产品使用说明书和设计手册等技术资料。

2. 备品备件

与泡沫产生器密封玻璃规格相同的密封玻璃。

3. 常备工具

旋具、钳子、扳手等。

4. 记录表格

《建筑消防设施检修记录表》。

二、操作程序

1. 关闭泡沫产生器主管道上的控制阀门。

2. 立式泡沫产生器（见图 4-2-3）：打开产生器上盖法兰，用内六角扳手拆除密封玻璃压板，取出损坏的玻璃，先将新密封玻璃和密封圈安装好，再用压板固定好玻璃，最后将盖板重新安装好。

3. 横式泡沫产生器（见图 4-2-4）：拆下产生器的罩板，用内六角扳手拆除密封玻璃压板，取出损坏的玻璃，先将新密封玻璃和密封圈安装好，再用压板固定好玻璃，最后将罩板重新安装好。

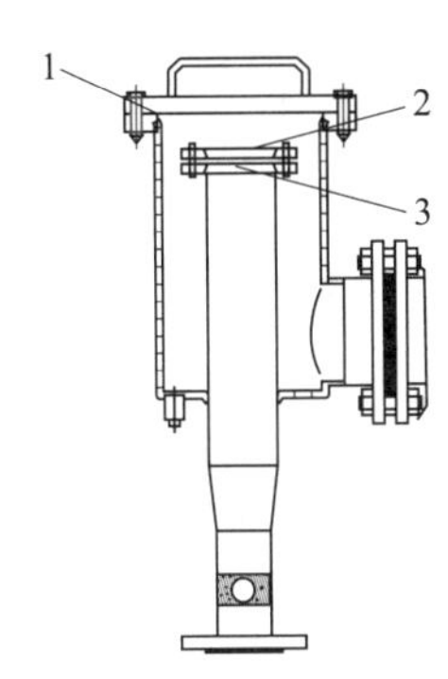

图 4-2-3 立式泡沫产生器结构示意图

1—上盖法兰 2—密封玻璃压板 3—密封玻璃

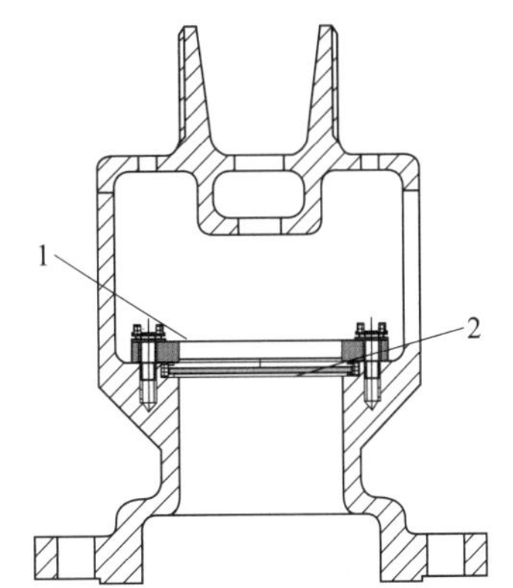

图 4-2-4 横式泡沫产生器结构示意图

1—密封玻璃压板 2—密封玻璃

三、注意事项

1. 一般密封玻璃的接触面配有密封圈和卡箍，拆除时不应丢失。
2. 更换前先清理管路内的残渣，以免堵塞管路、影响发泡。
3. 如密封玻璃一面有易碎划痕，应将有划痕面背向泡沫混合液流动方向。

培训单元 2
更换预作用和雨淋自动喷水灭火系统组件

【培训重点】

掌握预作用自动喷水灭火系统的常见故障。

掌握雨淋自动喷水灭火系统的常见故障。

熟练掌握预作用自动喷水灭火系统组件更换技能。

熟练掌握雨淋自动喷水灭火系统组件更换技能。

【知识要求】

一、预作用自动喷水灭火系统的常见故障和维修方法（见表 4-2-2）

表 4-2-2　　预作用自动喷水灭火系统的常见故障和维修方法

故障现象	原因分析	排除方法
自动滴水阀长期渗漏	阀瓣与阀瓣座之间有杂物	清除杂物
	橡胶件变形损坏	更换橡胶件
预作用装置开启后不报警	报警口堵塞	清洗报警口
	报警隔离球阀未打开	打开报警隔离球阀
预作用装置一直报警	水中杂质导致阀瓣关闭不严	用水冲洗或清理杂质
	末端试水装置阀门未关或关闭不严	关闭末端试水装置阀门
	阀瓣损坏或胶垫脱落	检查胶垫或阀瓣
预作用装置误报警	气体平稳补偿功能失效	检查补气孔
预作用装置间歇报警	管道内有大量空气	排除空气
压力表读数不在正常范围	预作用报警装置前的供水控制阀未打开	完全开启报警阀前的供水控制阀
	压力表管路堵塞	拆卸压力表及其管路，疏通压力表管路
	预作用报警装置的报警阀体漏水	按照湿式报警阀组渗漏的原因进行检查、分析，查找预作用报警装置的报警阀体的漏水部位，修复或者更换组件
	压力表管路控制阀未打开或者开启不完全	完全开启压力表管路控制阀
传动管喷头堵塞	消防用水水质存在问题，如有杂物等	对水质进行检测，清理不干净、影响系统正常使用的消防用水
	管道过滤器不能正常工作	检查管道过滤器，清除滤网上的杂质或者更换过滤器

二、雨淋自动喷水灭火系统的常见故障和维修方法（见表 4-2-3）

表 4-2-3　　雨淋自动喷水灭火系统的常见故障和维修方法

故障现象	原因分析	排除方法
自动滴水阀长期渗漏	阀瓣与阀瓣座之间有杂物	清除杂物
	橡胶密封件变形损坏	更换橡胶密封件
	未将系统侧管网内的余水排尽	开启放水控制阀，排除系统侧管道内的余水

续表

故障现象	原因分析	排除方法
不能复位或阀瓣不能关闭	复位步骤不对	按步骤复位
	水质过脏，有细小杂质进入复位装置密封面	拆下复位装置，用清水冲洗干净后重新安装，调试到位
预作用自动喷水灭火系统测试不报警	消防用水中的杂质堵塞了报警管道上过滤器的滤网	拆下过滤器，用清水将滤网冲洗干净后，重新安装到位
	水力警铃进水口处喷嘴被堵塞、未配置铃锤或者铃锤卡死	检查水力警铃的配件，配齐组件；对于有杂物卡阻、堵塞的部件，进行冲洗后重新装配到位
使用一段时间后阀瓣自动开启	火灾自动报警系统误报，联动开启	维修火灾自动报警系统
	节流孔板堵塞	疏通节流孔板
	电磁阀被误开或漏水	关闭或维修电磁阀
雨淋阀阀瓣渗漏	阀座与阀瓣密封面处有异物	清除阀座与阀瓣密封面处的异物
	阀座或阀瓣损坏或阀座松动	清除阀座松动处并进行紧固，或更换新的阀座或阀瓣
电磁阀不动作	启动信号线路故障	检查联动控制启动信号线路
	电磁阀输入功率不足	检查电磁阀实际输入功率是否达到额定功率要求，并联设置的每台雨淋阀都应进行检测
	电磁阀损坏	联系维修更换
雨淋报警阀不能进入伺应状态	复位装置存在问题	修复或者更换复位装置
	未按照安装调试说明书将报警阀组调试到伺应状态（隔膜室控制阀、复位球阀未关闭）	按照安装调试说明书将报警阀组调试到伺应状态（开启隔膜室控制阀、复位球阀）
	消防用水水质存在问题，杂质堵塞了隔膜室管道上的过滤器	将供水控制阀关闭，拆下过滤器的滤网，用清水冲洗干净后，重新安装到位
传动管泄压，雨淋阀不启动	传动管设置的高度、距离及压力与系统供水压力不匹配	检查传动管的设置，使其符合消防设计文件

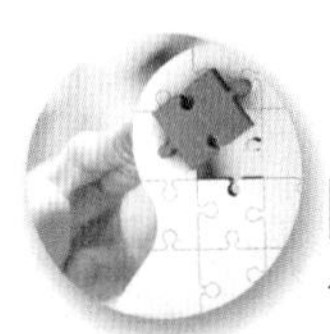

【技能操作】

技能 1　更换预作用自动喷水灭火系统组件

一、操作准备

1. 技术资料

预作用自动喷水灭火系统图、系统组件现场布置图和地址编码表、预作用自动喷水灭火系统产品使用说明书和设计手册等技术资料。

2. 备品备件

与预作用自动喷水灭火系统组件规格型号相同的组件。

3. 常备工具

旋具、钳子等。

4. 实操设备

预作用自动喷水灭火演示系统。

5. 记录表格

《建筑消防设施检修记录表》。

二、操作步骤

1. 关闭系统

关闭主供水控制阀和供气阀，打开排水阀和系统上的其他辅助排水阀，关闭隔膜室的供水阀。

2. 更换预作用阀阀腔内隔膜橡胶件

（1）将铜管拆开，拆下阀盖上的螺栓，取下阀盖、隔膜及腔内弹簧、支承块。

（2）检查隔膜，如轻微变形属正常，如变形较大，有鼓包、裂纹等，需更换隔膜。

（3）将以上零部件及阀体内部清洗干净。

（4）放上隔膜、支承块、弹簧、阀盖，对称交错拧紧螺栓。安装时首先要确保隔膜上球面的密封条与阀体的密封槽吻合，支承块、弹簧与隔膜和阀盖之间必须按相应的配合槽卡住，如以上两条装配有错则不能使阀工作正常。

3. 更换防复位器 O 形圈

（1）取下防复位器，将其用扳手打开。

（2）检查内部的密封环是否有损坏，橡胶密封块表面是否光滑、破损，O 形圈是否破损。

（3）更换相应损坏的部件，将完好部件清洗干净重新装好。

（4）将防复位器按照正确的方向安装回阀体上。

4. 更换自动滴水阀

取下自动滴水阀（见图 4-2-5），检查里面是否有异物，推杆是否灵活。检查无故障后，使用扳手按照拆卸处的位置施力拧紧。

图 4-2-5　自动滴水阀

5. 检查电磁阀

检查线路是否有问题，再打开电磁阀检查是否有渣滓堵住小孔，或阀芯的密封胶是否损坏，如已损坏则应更换（检查电磁阀性能时应将主供水阀关闭，以免雨淋阀打开）。

三、注意事项

1. 更换预作用阀阀腔内隔膜橡胶件时，需要两人配合操作。
2. 防复位器中橡胶密封块的安装有方向性。
3. 当雨淋阀阀腔内有压力时，不要拆卸阀盖。

技能 2 更换雨淋自动喷水灭火系统组件

一、操作准备

1. 技术资料

雨淋自动喷水灭火系统图、系统组件现场布置图和地址编码表、雨淋自动喷水灭火系统产品使用说明书和设计手册等技术资料。

2. 备品备件

与雨淋自动喷水灭火系统组件规格型号相同的组件。

3. 常备工具

旋具、钳子等。

4. 实操设备

雨淋自动喷水灭火演示系统。

5. 记录表格

《建筑消防设施检修记录表》。

二、操作步骤

1. 停用系统

关闭主供水控制阀，打开排水阀和系统上的其他辅助排水阀，关闭隔膜室的供水阀。

2. 更换雨淋阀阀腔（见图 4-2-6）内隔膜

（1）打开阀腔，将阀盖上与阀体相连的铜管拆开，拆下阀盖上的螺栓，取下阀盖、隔膜以及隔膜腔内的弹簧、支承块。

（2）检查隔膜，如有轻微的变形属于正常现象，如发现变形较大，出现鼓包、裂纹等现象，需要立即更换新的隔膜。

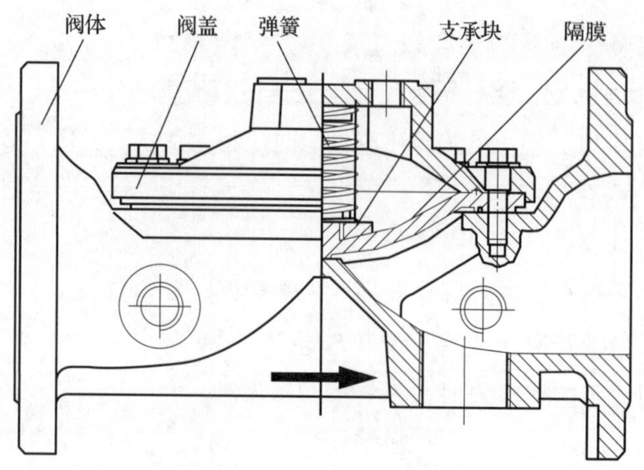

图 4-2-6　雨淋阀阀腔剖视图

（3）关闭阀腔，放上隔膜、支承块、弹簧、阀盖，交错拧紧螺栓，以保证其密封。安装时首先要确保隔膜上球面的密封条与阀体的密封槽吻合，支承块、弹簧与隔膜和阀盖之间必须按相应的配合槽卡住，如以上两条装配有错则不能使阀工作正常。

3. 更换防复位器 O 形圈

（1）取下防复位器，将其用扳手打开。

（2）检查内部的密封环是否有损坏，橡胶密封块表面是否光滑、破损，O 形圈是否破损。

（3）更换相应损坏的部件，将完好部件清洗干净重新装好。

（4）将防复位器按照正确的方向安装回阀体上。

4. 更换自动滴水阀

取下自动滴水阀，检查里面是否有异物，推杆是否灵活。检查无故障后，使用扳手按照拆卸处的位置施力拧紧。

5. 更换电磁阀

检查线路是否有问题，再打开电磁阀检查是否有渣滓堵住小孔，或阀芯的密封橡胶是否损坏，如已损坏则应更换（检查电磁阀性能时应将主供水阀关闭，以免雨淋阀打开）。检查无故障后，使用扳手按照拆卸处的位置施力拧紧。

6. 其他部件的更换

参考湿式自动喷水灭火系统的内容。

三、注意事项

1. 更换雨淋阀阀腔内隔膜橡胶件时，需要两人配合操作。
2. 防复位器中橡胶密封件的安装有方向性。
3. 当雨淋阀阀腔内有压力时，不要拆卸阀盖。

培训单元 3
更换气体灭火系统组件

【培训重点】

掌握气体灭火系统的常见故障和维修方法。
熟练掌握更换气体灭火系统组件的操作方法。

【知识要求】

一、灭火控制系统常见重要问题

1. 灭火系统设置条件发生变化

（1）防护区改造后，其可燃物灭火浓度或防护区容积发生变化，没有及时变更系统设计。

（2）防护区域功能发生变化，不宜设置气体灭火系统的，没有及时变更系统设计。

（3）灭火系统产品标准已经废止（如悬挂式哈龙“1211”产品），没有及时变更系统设计。

（4）《二氧化碳灭火系统设计规范》（GB 50193）修订后，未及时变更二氧化碳灭火系统的有人或经常有人的防护区。

应对照原设计资料，结合实际情况和现行规范，重新选择和设计灭火系统。

2. 压力容器没有定期检测

低压二氧化碳灭火剂储存容器应按《压力容器安全技术监察规程》等相关要求进行定期检测，钢瓶应按《气瓶安全监察规程》等相关要求进行定期检测，更换不合格的压力容器。

3. 灭火剂质量问题

灭火剂质量无法通过测压或称重发现问题时，可通过抽样送检或现场快速检测确定。发现不合格时，应及时更换为合格的灭火剂。

4. 其他问题

外部无法观察或检测的问题。例如，灭火剂储瓶内的虹吸管（引升管）如果破损或腐蚀（见图 4–2–7），将直接影响液化的气体灭火剂喷放，造成灭火失败。

图 4–2–7　破损及腐蚀的虹吸管

二、灭火控制系统常见故障和维修方法（见表 4–2–4）

表 4–2–4　　灭火控制系统常见故障和维修方法

序号	常见故障	可能原因	维修方法
1	灭火控制器电源故障	主电源线路损坏或停电、主电熔丝熔断	检修或更换线路；市电连续停电 8 h 时应关机，主电正常后再开机；更换熔丝或熔丝管
		备用电源电量不足或损坏、接线接触不良、熔丝熔断	开机充电 24 h 后若备用电源仍报故障，更换备用蓄电池；用烙铁焊接连接线；更换熔丝或熔丝管
2	灭火控制器不能正常工作	灭火控制器故障或损坏	通知生产企业或其授权的维修保养机构进行维修或更换设备
3	控制器短路或断路报警	控制系统线路短路或断路	检修或更换线路
4	火灾探测器误报警	粉尘或水雾干扰	排除干扰源，如无法排除则更换火灾探测器类型，使之适合周围环境条件
		火灾探测器损坏	更换火灾探测器
		探测器与底座脱落，接触不良	重新拧紧探测器或增大底座与探测器卡簧的接触面积
		报警总线与底座接触不良	重新压接总线，使之与底座有良好接触
		报警总线开路或接地性能不良	查出有故障的总线位置，予以更换
		探测器接口板故障	维修或更换接口板
5	手动 / 自动转化装置没有动作	没有接线或设备损坏	检修、更换线路或更换设备

续表

序号	常见故障	可能原因	维修方法
6	声光报警器没有动作	没有接线或设备损坏	检修、更换线路或更换设备
7	紧急启动/停止按钮不动作	没有接线或设备损坏	检修、更换线路或更换设备
8	电磁启动器没有动作	没有接线或设备损坏	检修、更换线路或更换设备
9	压力反馈信号器没有动作	没有接线或设备损坏	检修、更换线路或更换设备
		压力开关未复位	压力开关复位
10	放气指示灯没有动作	没有接线或设备损坏	检修、更换线路或更换设备
11	联动设备没有动作	没有接线或设备损坏	检修、更换线路或更换设备

三、灭火系统常见故障和维修方法（见表 4-2-5）

表 4-2-5　　灭火系统常见故障和维修方法

序号	常见故障	可能原因	维修方法
1	启动气瓶、灭火剂储瓶压力表示值低于正常区	压力表损坏	更换压力表
		灭火剂储存装置有微小泄漏	通知生产企业或其授权的维修保养机构进行维修或补压
2	无法自动开启启动装置	启动电压或电流过小	检修或更换电源
		连接线路断路	检修或更换线路
		启动装置电磁阀发生故障	更换电磁阀
3	无法手动打开启动装置	止动挡销等安全装置未拆除	拆除止动挡销等安全装置
		启动装置电磁阀发生故障	更换电磁阀
4	灭火剂储瓶压力示值高于正常区	环境温度超过设计温度	降低储瓶间的环境温度或将储瓶暂时转移到环境温度低于设计温度且适于存放储瓶的房间
		压力表损坏	更换压力表
5	启动气体释放后，灭火剂储存装置瓶头阀不动作	启动管路堵塞或启动气体泄漏	拆除启动管路，找出堵塞或泄漏位置，排除故障后重新安装，进行气密性试验
		启动管路单向阀反向安装或损坏	调整启动管路单向阀安装方向或更换驱动气体管路单向阀
		瓶头阀发生故障或损坏	通知生产企业或其授权的维修保养机构进行维修或更换
6	释放灭火剂时，连接软管处泄漏	软管断裂或泄漏	更换连接软管
		软管连接松动	拧紧松动的连接

续表

序号	常见故障	可能原因	维修方法
7	启动的灭火剂瓶组数量不足	启动气瓶压力不足	更换启动气瓶或通知生产企业或其授权的维修保养机构进行补压
		启动管路连接错误	按照设计图样重新连接启动管路
		气单向阀安装方向错误或损坏	调整启动管路单向阀安装方向或更换驱动气体管路单向阀
8	释放灭火剂时，集流管安全阀处有泄漏	安全阀松动或安全膜片损坏	拧紧安全阀或更换安全膜片
9	系统启动（或模拟喷气）时，喷放至其他防护区	启动了其他防护区的启动装置	检查启动装置对应防护区名称的永久性标志
		打开了其他防护区的选择阀	检查选择阀对应防护区名称的永久性标志
		其他防护区的选择阀未关闭或损坏	关闭其他防护区的选择阀，或通知生产企业或其授权的维修保养机构进行维修或更换已损坏的选择阀

【技能操作】

技能 1　更换现场手动 / 自动转换装置或紧急启动 / 停止按钮

一、操作准备

1. 技术资料

气体灭火系统图、系统部件现场布置图、控制器等产品使用说明书和设计手册等技术资料。

2. 备品备件

与原手动 / 自动转换装置或紧急启动 / 停止按钮相同或兼容型号的设备。

3. 常备工具

旋具、钳子、万用表、绝缘胶带等。

4. 防护装备

安全防护装备，如防砸鞋、安全帽、绝缘手套等。

5. 实操设备

组合分配型高压二氧化碳灭火演示系统。

6. 记录表格

《建筑消防设施检修记录表》。

二、操作步骤

1. 切断灭火控制器与驱动器的连接，防止灭火系统误动作。

2. 拆除损坏设备的连接线，记录接线顺序，拆除损坏的设备。

3. 用万用表检查设备的连接线是否存在短路或断路情况，用兆欧表测试连接线的接地电阻应大于 20 MΩ。检测合格后，安装新设备，按照原线序将连接线固定在设备的接线端子上。

4. 安装要求：安装牢固，不得倾斜。安装位置应位于防护区入口且便于操作的部位，安装高度为中心点距地（楼）面 1.5 m。如原设备位置符合上述要求，则安装在原位置；如原设备位置不符合上述要求，则安装在满足上述规定的位置上。

5. 进行模拟启动试验，测试设备是否正常工作。

6. 经上述测试，确认设备正常，恢复灭火控制器与驱动器的连接。

7. 根据实际维修情况，填写相应记录表格。

技能 2 更换启动管路

一、操作准备

1. 技术资料

气体灭火系统图、系统部件现场布置图、控制器等产品使用说明书和设计手册等技术资料。

2. 备品备件

与原启动管路相同或兼容型号的设备。

3. 常备工具

旋具、钳子、扩口器、专用扳手等。

4. 防护装备

安全防护装备，如防砸鞋、安全帽、绝缘手套等。

5. 实操设备

组合分配型高压二氧化碳灭火演示系统。

6. 记录表格

《建筑消防设施检修记录表》。

二、操作步骤

1. 切断启动气瓶与启动管路的连接，防止灭火系统误动作。

2. 拆除需要更换的部件、管件或管道。

3. 安装相应的部件、管件或管道，管道布置应符合设计要求。安装驱动气体管路单向阀时应注意方向。

4. 更换安装完成后，应进行气压严密性试验，合格后连接低泄高封阀。

5. 恢复启动气瓶与启动管路的连接。

6. 根据实际维修情况，填写相应记录表格。

三、注意事项

本技能操作需要由专业厂家或其授权的单位进行操作。

技能 3　更换灭火剂喷洒管路

一、操作准备

1. 技术资料

气体灭火系统图、系统部件现场布置图、控制器等产品使用说明书和设计手册等技术资料。

2. 备品备件

与原灭火剂输送管路型号相同的管道和配件。

3. 常备工具

套丝机、旋具、钳子、密封胶、专用扳手等。

4. 防护装备

安全防护装备，如防砸鞋、安全帽、绝缘手套等。

5. 实操设备

组合分配型高压二氧化碳灭火演示系统。

6. 记录表格

《建筑消防设施检修记录表》。

二、操作步骤

1. 拆开需更换的灭火剂输送管道与集流管的连接法兰。

2. 拆除需要更换的部件、管件或管道。

3. 安装相应的部件、管件或管道，管道布置应符合设计要求。

4. 安装选择阀、单向阀时注意流向指示箭头应指向介质流动方向，选择阀操作手柄应安装在操作面一侧，选择阀上要设置标明防护区、保护对象名称或编号的永久性标志，并应便于观察。

5. 更换安装完成后，应进行强度试验和气压严密性试验，相关指标应满足设计要求。

6. 将检修开关切换到正常位或连接启动装置的启动线，恢复灭火控制器与电磁阀的连接。

7. 根据实际维修情况，填写相应记录表格。

三、注意事项

1. 本技能操作需要由专业厂家或其授权的单位进行操作。

2. 当管道采用螺纹连接时，密封材料均匀附着在管道的螺纹部分，拧紧螺纹时，不得将填料挤入管道内；安装后的螺纹根部应有 2 ~ 3 条外露螺纹；连接后，将连接处的外部清理干净并做防腐处理。当管道采用法兰连接时，衬垫不得凸入管内，其外边缘宜接近螺栓，不得放双垫或偏垫；连接法兰的螺栓，直径和长度应符合标准，拧紧后，凸出螺母的长度不大于螺杆直径的 1/2 且应有不少于 2 条外露螺纹。

3. 已做防腐处理的无缝钢管不宜采用焊接连接，与选择阀等个别连接部位需采用法兰焊接连接时，要对被焊接损坏的防腐层进行二次防腐处理。

培训单元 4
更换自动跟踪定位射流灭火系统组件

【培训重点】

了解自动跟踪定位射流灭火系统常见故障。

掌握自动跟踪定位射流灭火系统的维修方法。

熟练掌握更换自动跟踪定位射流灭火系统主要组件的操作流程。

【知识要求】

自动跟踪定位射流灭火系统的常见故障和维修方法见表 4–2–6。

表 4–2–6　自动跟踪定位射流灭火系统的常见故障和维修方法

组件类别	设备名称	序号	常见故障	维修方法
灭火装置	自动消防炮、喷射型自动射流灭火装置	1	消防控制室远程手动操作灭火装置上、下、左、右、直流/喷雾不动作	先检查远程通信是否存在故障，再逐步检查控制主机、信号处理器、灭火装置动作机构等是否存在故障，维修或更换故障部件
		2	现场控制箱操作灭火装置上、下、左、右、直流/喷雾不动作	先检查现场控制箱通信是否存在故障，再逐步检查信号处理器、灭火装置动作机构等是否存在故障，维修或更换故障部件
		3	控制灭火装置上下动作、左右不动作或左右动作、上下不动作	先检查信号处理器是否存在故障，再检查灭火装置动作机构等是否存在故障，维修或更换故障部件
		4	灭火装置上、下、左、右、直流/喷雾动作卡阻、迟缓	检查灭火装置动作机构，维修或更换故障部件
		5	灭火装置无法自动扫描	先检查系统控制主机参数设置是否错误，再检查信号处理器、灭火装置是否存在故障，维修或更换故障部件
		6	灭火装置不出水或射程小、水流分散	检查自动控制阀和检修阀是否正常打开、供水管网和灭火装置流道是否有异物堵塞，排除阀门故障，清除堵塞异物
		7	灭火装置射流打不准目标	检查探测装置是否存在故障，探测装置参数设置是否正确，维修或更换故障部件，调整参数设置
	喷洒型自动射流灭火装置	1	灭火装置射流但不旋转	检查灭火装置旋转机构是否存在故障，维修或更换故障部件
		2	灭火装置不出水或水量小	检查自动控制阀和检修阀是否正常打开、供水管道内是否有异物堵塞，排除阀门故障，清除堵塞异物
探测装置	图像型火灾探测器	1	无红外图像信号	检查探测器是否损坏，维修或更换故障部件
		2	无可视图像信号	检查探测器是否损坏，维修或更换故障部件
		3	不输出火源探测信号	检查探测器是否损坏，维修或更换故障部件
		4	误报火警	先检查探测器是否损坏，维修或更换故障部件，再调整探测器灵敏度和探测器参数设置
		5	可视图像模糊	先检查探测器是否损坏，维修或更换故障部件，再调整探测器清晰度
		6	图像干扰	先检查探测器是否存在故障，维修或更换故障部件，再检查线路是否存在干扰，排除线路干扰
	红紫外复合探测器	1	红外信号故障	检查红外探测部件是否存在故障，维修或更换故障部件
		2	紫外信号故障	检查紫外探测部件是否存在故障，维修或更换故障部件
		3	不输出火源探测信号	检查探测器是否损坏，维修或更换故障部件
		4	误报火警	先检查探测器是否损坏，维修或更换故障部件，再调整探测器灵敏度和探测器参数设置

续表

组件类别	设备名称	序号	常见故障	维修方法
控制装置	控制主机	1	主机瘫痪	检查系统供电及主机硬件是否损坏，维修或更换损坏设备
		2	无法操作及控制	检查通信是否正常，再对线路进行排查，维修故障
		3	控制软件运行故障	检查硬件是否存在故障，排除硬件故障，再检查系统数据、参数设置是否正确，校正系统数据
		4	无法操作灭火装置动作	检查控制主机是否存在故障，维修或更换损坏设备，再检查系统电气线路是否存在故障，排除线路故障
		5	无法打开和关闭自动控制阀	检查控制主机、自动控制阀及电源是否存在故障，维修或更换故障部件，再检查系统电气电路是否存在故障，排除线路故障
		6	无法远程启动消防水泵	先检查控制主机、消防泵组电气控制柜及电源是否存在故障，维修或更换故障部件，再检查系统电气电路是否存在故障，排除线路故障
		7	无法报警	检查控制主机警报器是否存在故障，维修或更换故障部件
		8	联动故障	先检查控制主机是否存在故障，维修或更换故障部件，再检查控制主机与火灾自动报警系统联动控制柜通信是否存在故障，排除通信故障
	硬盘录像机	1	不录像	检查参数设置，检查录像机和硬盘是否损坏，维修或更换故障部件
		2	无法回放录像	检查录像机和硬盘是否存在故障，维修或更换故障部件
	矩阵切换器	1	不能切换图像	检查矩阵切换器是否存在故障，维修或更换故障部件
		2	时间、日期不准确	重新设置时间参数
	监视器	1	不显示画面	检查监视器和连接线路是否存在故障，维修或更换故障部件
		2	画面显示干扰、杂纹	检查监视器是否存在故障，维修或更换故障部件，再检查线路是否存在干扰，排除线路干扰
	UPS 电源	1	不供电	检查 UPS 电源主机是否存在故障，维修或更换故障部件
		2	无法逆变供电	检查 UPS 电源主机和蓄电池组是否存在故障，维修或更换故障部件
		3	电源主机风扇不工作或存在异响	检查 UPS 电源主机是否存在故障，维修或更换故障部件
		4	蓄电池腐蚀、漏液、变形	更换蓄电池
	信号处理器	1	远程通信故障	检查信号处理器远程通信部件是否存在故障，维修或更换故障部件
		2	现场通信故障	检查信号处理器现场通信部件是否存在故障，维修或更换故障部件

续表

组件类别	设备名称	序号	常见故障	维修方法
控制装置	信号处理器	3	无法控制灭火装置动作	检查信号处理器控制部件是否存在故障，维修或更换故障部件
		4	无法打开和关闭自动控制阀	检查信号处理器控制部件是否存在故障，维修或更换故障部件
		5	现场控制箱无法启动消防水泵	检查信号处理器控制部件是否存在故障，维修或更换故障部件
		6	无反馈信号	检查信号处理器反馈部件是否存在故障，维修或更换故障部件
	现场控制箱	1	钥匙锁发生故障或密码锁失灵，无法解锁	维修设备或更换面板
		2	通信故障	检查现场控制箱是否存在故障，维修或更换故障部件
		3	无法控制灭火装置动作	检查现场控制箱是否存在故障，维修或更换故障部件
		4	无法打开和关闭自动控制阀	检查现场控制箱是否存在故障，维修或更换故障部件
		5	无法启动消防水泵	检查现场控制箱是否存在故障，维修或更换故障部件
		6	现场和远程状态无法切换	检查现场控制箱是否存在故障，维修或更换故障部件
	消防水泵控制柜	1	无法启动消防水泵	检查消防泵组电气控制柜和电气线路、消防水泵驱动电动机是否存在故障，维修或更换故障部件
		2	无法实现主、备泵自动切换	检查消防泵组电气控制柜和电气线路是否存在故障，维修或更换故障部件

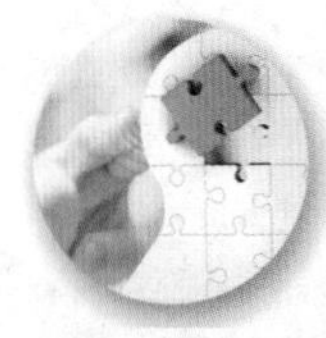

【技能操作】

技能 1　维修、更换自动跟踪定位射流灭火系统的灭火装置组件

一、操作准备

1. 技术准备

详细阅读项目图样资料，熟悉自动跟踪定位射流灭火系统灭火装置组件的规格、数量、分布位置等，熟悉灭火装置组件的功能、维修和更换方法及注意事项。

2. 备品备件

灭火装置组件维修、更换的备品备件。

3. 常备工具和材料

旋具、钳子、万用表、绝缘胶带、专用工具等。

4. 防护装备

安全防护装备，如安全带、防砸鞋、安全帽、绝缘手套等。

5. 记录表格

《建筑消防设施故障维修记录表》。

二、操作步骤

1. 利用登高设备拆除故障灭火装置，做好电气线路接头保护和标记，并关闭相应灭火装置的检修阀，如图 4-2-8 所示。

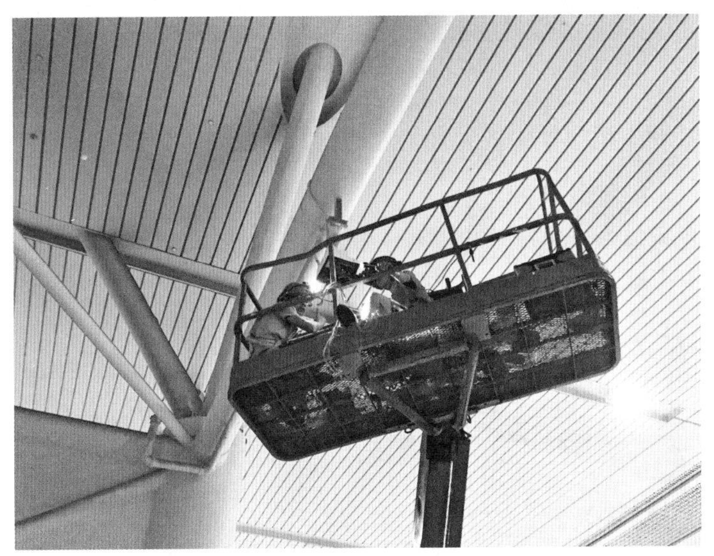

图 4-2-8 利用登高设备拆除故障灭火装置

2. 灭火装置除尘、清洁。
3. 使用专用工具拆解灭火装置。
4. 拆下损坏的传动机构、驱动电动机、控制电路板等部件。
5. 维修或更换故障部件。灭火装置维修如图 4-2-9 所示。
6. 组装灭火装置，并添加润滑剂。
7. 测试灭火装置动作及火灾探测功能。
8. 利用登高设备安装灭火装置，并连接电气线路。
9. 调试灭火装置运动限位、可见视频图像。
10. 设置控制软件中灭火装置的参数。

图 4-2-9　灭火装置维修

11. 通过控制主机操作测试灭火装置动作，利用火源测试灭火装置火灾探测、定位功能。

12. 恢复系统运行，填写维修记录。

修复后的灭火装置如图 4-2-10 所示。

图 4-2-10　修复后的灭火装置

三、注意事项

1. 带电作业需按作业要求佩戴防护用具，登高作业应做好安全防护措施，并配置登高监护人员。

2. 拆线检查时做好线头标记（如拍照留存），线头拆除后可能通电的线头必须用绝缘胶布包扎好。

3. 更换新设备时，应采用与原设备型号相同的设备进行更换，更换完毕通电前，应先检查接线是否牢固，有无废线头、工具遗留在电路板上。

4. 在系统维修更换过程中，必须采取应急管理措施，确保维修期间消防安全，并按照当地相关要求报送消防管理机构备案。

5. 维修结束后及时整理现场、清点工具、清除杂物，以防遗留在设备内造成事故。

技能 2　更换自动跟踪定位射流灭火系统的探测装置组件

一、操作准备

1. 技术准备

详细阅读项目图样资料，熟悉自动跟踪定位射流灭火系统探测装置组件的规格、数量、分布位置等，熟悉探测装置组件的功能、更换方法及注意事项。

2. 备品备件

探测装置组件更换的备品备件。

3. 常备工具和材料

旋具、钳子、万用表、绝缘胶带、专用工具等。

4. 防护装备

安全防护装备，如安全带、防砸鞋、安全帽、绝缘手套等。

5. 记录表格

《建筑消防设施故障维修记录表》。

二、操作步骤

1. 更换图像型火灾探测器（见图 4-2-11）

（1）利用登高设备拆除损坏的图像型火灾探测器，做好电气线路接头保护和标记。

（2）安装新的图像型火灾探测器，连接电气线路。

（3）调试图像型火灾探测器的红外视频图像信号和可见视频图像信号。

（4）调整图像型火灾探测器的角度、方位，使其符合设计要求。

（5）设置控制软件中图像型火灾探测器的参数。

图 4-2-11　利用登高设施更换图像型火灾探测器

（6）利用火源测试图像型火灾探测器，检查火灾探测、定位功能。

（7）恢复系统运行，填写维修记录。

2. 更换红紫外复合探测器

（1）利用登高设备拆除损坏的红紫外复合探测器，做好电气线路接头保护和标记。

（2）安装新的红紫外复合探测器，连接电气线路。

（3）调整红紫外复合探测器的角度、方位，使其符合设计要求。

（4）利用火源测试红紫外复合探测器，检查火灾探测、定位功能。

（5）恢复系统运行，填写维修记录。

技能 3　维修、更换自动跟踪定位射流灭火系统的控制装置组件

一、操作准备

1. 技术准备

详细阅读项目图样资料，熟悉自动跟踪定位射流灭火系统控制装置组件的规格、

数量、分布位置等，熟悉控制装置组件的功能、维修和更换方法及注意事项。

2. 备品备件

控制装置组件维修、更换的备品备件。

3. 常备工具和材料

旋具、钳子、万用表、绝缘胶带、专用工具等。

4. 防护装备

安全防护装备，如安全带、防砸鞋、安全帽、绝缘手套等。

5. 记录表格

《建筑消防设施故障维修记录表》。

二、操作步骤

1. 维修、更换控制主机

(1) 拆除发生故障的控制主机，做好电气线路接头保护和标记。

(2) 对控制主机进行除尘、清洁。

(3) 维修或更换故障部件。

(4) 安装控制主机，连接电气线路。

(5) 设置控制软件中的参数。

(6) 操作控制主机，测试灭火装置动作、自动控制阀打开和关闭、消防水泵启动、报警、联动、自检、复位等功能。

(7) 恢复系统运行，填写维修记录。

2. 更换硬盘录像机、矩阵切换器、监视器

(1) 拆除损坏的硬盘录像机、矩阵切换器、监视器，做好电气线路接头保护和标识。

(2) 安装新的硬盘录像机、矩阵切换器、监视器，连接电气线路。

(3) 操作硬盘录像机、矩阵切换器，设置可见视频图像的参数。

(4) 操作硬盘录像机、矩阵切换器、监视器，检查硬盘录像机录像及回放功能、矩阵切换器切换图像功能、监视器显示功能。

(5) 恢复系统运行，填写维修记录。

3. 更换 UPS 电源

(1) 拆除发生故障的 UPS 电源主机和蓄电池，做好电气线路接头保护和标记。

(2) 安装新的 UPS 电源，连接电气线路。

(3) 打开 UPS 电源，测试 UPS 电源供电功能；断开市电，测试 UPS 电源逆变供电功能。

（4）恢复系统运行，填写维修记录。

修复后的控制主机如图 4-2-12 所示。

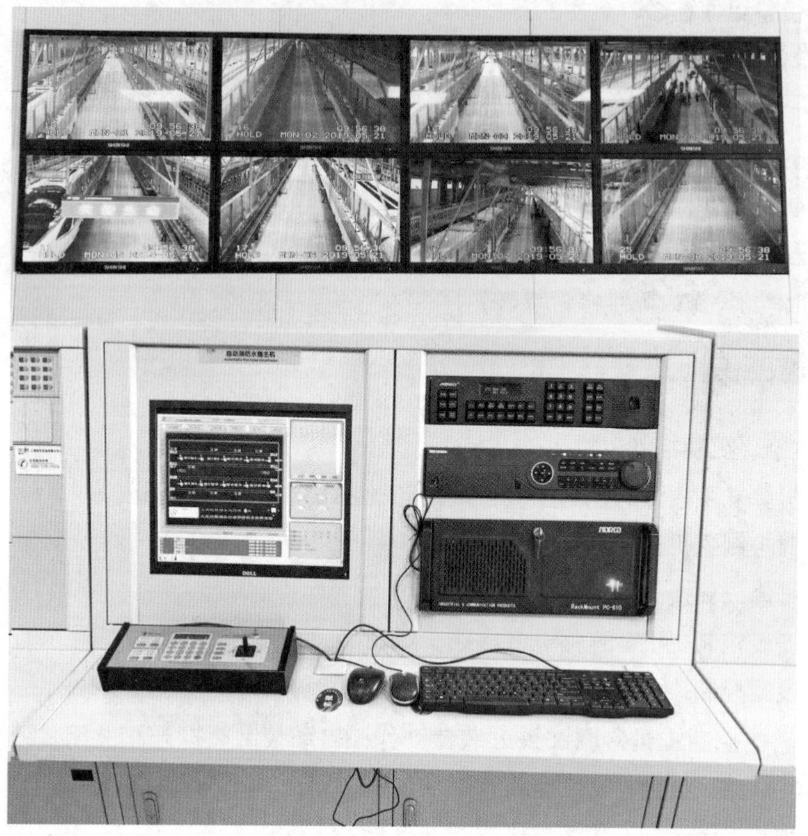

图 4-2-12　修复后的控制主机

4. 维修、更换信号处理器

（1）利用登高设备拆除发生故障的信号处理器，做好电气线路接头保护和标记。

（2）对信号处理器除尘、清洁。

（3）维修或更换故障部件。

（4）利用登高设备安装信号处理器，连接电气线路。

（5）设置控制软件中信号处理器的参数。

（6）分别操作控制主机和现场控制箱测试灭火装置动作、自动控制阀打开和关闭、消防水泵启动、信号反馈功能。

（7）恢复系统运行，填写维修记录。

5. 维修、更换现场控制箱

（1）拆除发生故障的现场控制箱，做好电气线路接头保护和标记。

（2）对现场控制箱除尘、清洁。

（3）维修或更换故障部件。

（4）安装现场控制箱，连接电气线路。

修复后的现场控制箱如图 4-2-13 所示。

a）

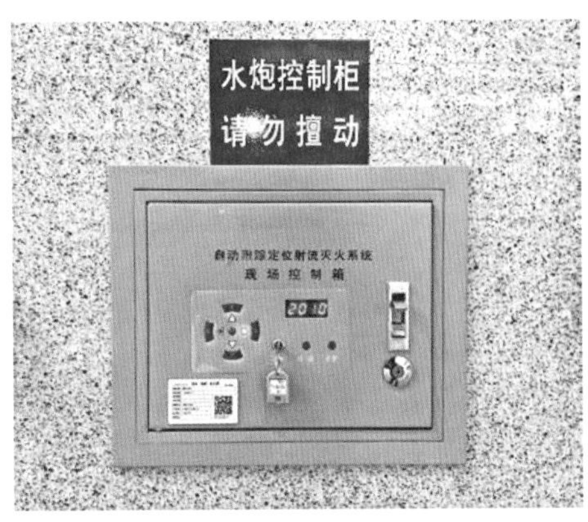

b）

图 4-2-13　修复后的现场控制箱

（5）操作现场控制箱，测试灭火装置动作、自动控制阀打开和关闭、消防水泵启动、现场控制箱操作和控制主机操作切换功能。

（6）恢复系统运行，填写维修记录。

培训单元 5
更换固定消防炮灭火系统组件

【培训重点】

了解固定消防炮灭火系统的常见故障。

掌握固定消防炮灭火系统的维修方法。

熟练掌握更换固定消防炮灭火系统组件的操作流程。

【知识要求】

固定消防炮灭火系统的常见故障和维修方法见表 4-2-7。

表 4–2–7　　固定消防炮灭火系统的常见故障和维修方法

组件类别	设备名称	序号	常见故障	维修方法
消防炮	消防水炮、消防泡沫炮、消防干粉炮	1	消防控制室远程手动操作消防炮上、下、左、右、直流 / 喷雾不动作	先检查远程通信是否存在故障，再逐步检查控制主机、动力源、消防炮驱动电动机、动作机构等是否存在故障，维修或更换故障部件
		2	现场控制箱操作消防炮上、下、左、右、直流 / 喷雾不动作	先检查现场控制箱通信是否存在故障，再逐步检查动力源、消防炮驱动电动机、动作机构等是否存在故障，维修或更换故障部件
		3	无线遥控器操作消防炮上、下、左、右、直流 / 喷雾不动作	先检查无线遥控器通信是否存在故障，再逐步检查动力源、消防炮驱动电动机、动作机构等是否存在故障，维修或更换故障部件
		4	控制消防炮上下动作、左右不动作或左右动作、上下不动作	先检查动力源是否存在故障，再检查消防炮驱动电动机、动作机构等是否存在故障，维修或更换故障部件
		5	消防炮上、下、左、右、直流 / 喷雾动作卡阻、迟缓	检查消防炮动作机构，维修或更换故障部件
		6	消防炮不射流或射程小、射流分散	检查控制阀和检修阀是否正常打开、供水（泡沫、干粉）管道和消防炮流道是否有异物堵塞，排除阀门故障，清除堵塞异物
控制装置	控制主机	1	主机瘫痪	检查系统供电及主机硬件，维修或更换损坏设备
		2	无法操作及控制	检查通信是否正常，再对线路进行排查，维修故障
		3	无法控制消防炮动作	检查控制主机是否存在故障，维修或更换损坏设备，再检查系统电气线路是否存在故障，排除线路故障
		4	无法打开和关闭控制阀	检查控制主机、控制阀及电源是否存在故障，维修或更换故障部件，再检查系统电气电路是否存在故障，排除线路故障
		5	无法远程启动消防水泵	先检查控制主机、消防泵组电气控制柜及电源是否存在故障，维修或更换故障部件，再检查系统电气电路是否存在故障，排除线路故障
	现场控制箱	1	钥匙锁发生故障或密码锁失灵，无法解锁	维修设备或更换面板
		2	通信发生故障	检查现场控制箱是否存在故障，维修或更换故障部件
		3	无法控制消防炮动作	检查现场控制箱是否存在故障，维修或更换故障部件

续表

组件类别	设备名称	序号	常见故障	维修方法
控制装置	现场控制箱	4	无法打开和关闭控制阀	检查现场控制箱是否存在故障，维修或更换故障部件
		5	无法启动消防水泵	检查现场控制箱是否存在故障，维修或更换故障部件
		6	现场和远程状态无法切换	检查现场控制箱是否存在故障，维修或更换故障部件
	无线遥控器	1	遥控器按键无反应或反应不灵敏	检查电池电量是否过低，检查按键面板是否存在故障，更换电池，维修按键面板
		2	无法选择消防炮	检查无线遥控器是否存在故障，维修或更换故障部件
		3	无法控制消防炮动作	检查无线遥控器是否存在故障，维修或更换故障部件
		4	无法打开和关闭控制阀	检查无线遥控器是否存在故障，维修或更换故障部件
	消防泵组电气控制柜	1	无法启动消防水泵	检查消防泵组电气控制柜和电气线路、消防水泵驱动电动机是否存在故障，维修或更换故障部件
		2	无法实现主、备泵自动切换	检查消防泵组电气控制柜和电气线路是否存在故障，维修或更换故障部件
泡沫装置	泡沫液储罐	1	罐体、管路及附件锈蚀、损坏	进行除锈、涂漆处理，维修或更换故障部件
		2	泡沫液泄漏	检查罐体是否腐蚀、锈蚀、损坏，检查阀门是否关闭不严密，维修或更换故障部件
		3	泡沫液过期或变质	更换泡沫液
	储罐压力式泡沫比例混合装置	1	不产生泡沫混合液	检查储罐进水管阀门、出泡沫液管阀门是否打开，检查系统供水流量、压力是否过小或过大，检查储罐内泡沫液是否已用完，检查泡沫比例混合器进泡沫液口是否堵塞，排除故障
		2	泡沫混合比例不符合要求	检查系统供水流量、压力是否过小或过大，检查泡沫比例混合器进泡沫液口是否堵塞，检查泡沫比例混合器与泡沫液规格型号是否匹配，排除故障
		3	泡沫液泄漏	检查罐体是否腐蚀、锈蚀、损坏，检查阀门是否关闭不严密，检查储罐内隔膜是否损坏，维修或更换故障部件

续表

组件类别	设备名称	序号	常见故障	维修方法
泡沫装置	平衡式泡沫比例混合装置	1	供泡沫液泵不工作	检查驱动电动机、水轮机、柴油机是否存在故障，检查供泡沫液泵是否咬死，维修或更换故障部件
		2	不产生泡沫混合液	检查系统供水流量、压力是否过小或过大，检查供泡沫液泵是否正常工作，检查储罐内泡沫液是否已用完，检查泡沫比例混合器进泡沫液口是否堵塞，排除故障
		3	泡沫混合比例不符合要求	检查系统供水流量、压力是否过小或过大，检查供泡沫液泵是否正常工作，检查泡沫比例混合器进泡沫液口是否堵塞，排除故障
干粉装置	干粉罐	1	罐体、管路及附件锈蚀、损坏	进行除锈、涂漆处理，维修或更换故障部件
		2	干粉结块、过期或变质	更换干粉灭火剂
	氮气瓶组	1	压力表显示瓶内压力低	检查压力表是否存在故障，检查瓶内氮气是否泄漏，更换压力表或充装氮气
		2	瓶体及阀门附件有锈蚀、损坏	维修或更换锈蚀、损坏部件
		3	瓶头阀启动装置损坏	维修或更换损坏部件

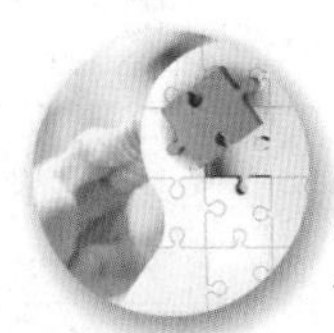

【技能操作】

技能1　维修、更换固定消防炮灭火系统的消防炮组件

一、操作准备

1. 技术准备

详细阅读项目图样资料，熟悉固定消防炮灭火系统消防炮组件的规格、数量、分布位置等，熟悉消防炮组件的功能、维修和更换方法及注意事项。

2. 备品备件

消防炮组件维修、更换的备品备件。

3. 常备工具和材料

旋具、钳子、万用表、绝缘胶带、专用工具等。

4. 防护装备

安全防护装备，如安全带、防砸鞋、安全帽、绝缘手套等。

5. 记录表格

《建筑消防设施故障维修记录表》。

二、操作步骤

1. 利用登高和吊装设备拆除故障消防炮，做好电气线路和动力源管路接头的保护和标记，并关闭相应消防炮的检修阀。
2. 对消防炮除尘、清洁。
3. 使用专用工具拆解消防炮。
4. 拆下损坏的传动机构、电动或液压执行机构等部件。
5. 维修或更换故障部件，如图 4-2-14 所示。

图 4-2-14 消防炮维修

6. 组装消防炮，并添加润滑剂。
7. 测试消防炮动作功能。
8. 利用吊装设备安装消防炮，并连接电气线路和动力源管路，如图 4-2-15 所示。
9. 调试消防炮运动限位。
10. 通过控制主机操作测试消防炮动作。
11. 恢复系统运行，填写维修记录。

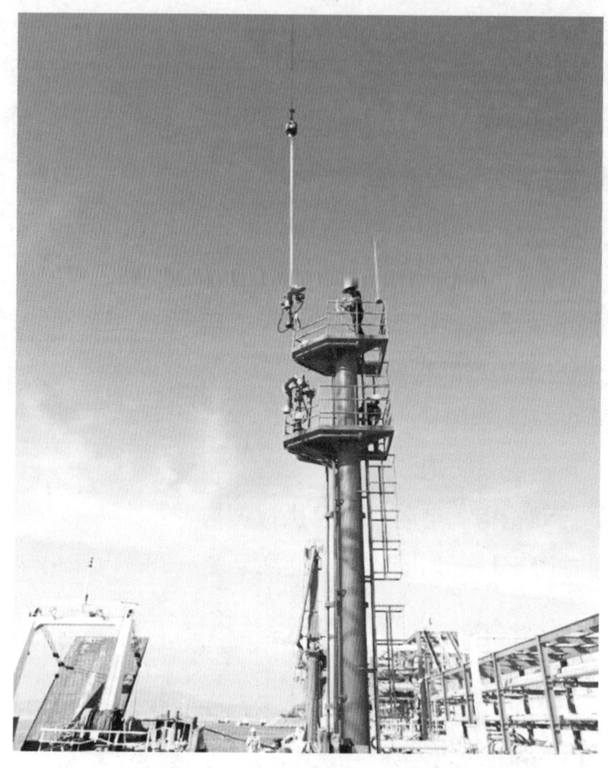

图 4-2-15　利用吊装设备安装消防炮

技能 2　维修、更换固定消防炮灭火系统的控制装置组件

一、操作准备

1. 技术准备

详细阅读项目图样资料，熟悉固定消防炮灭火系统控制装置组件的规格、数量、分布位置等，熟悉控制装置组件的功能、维修和更换方法及注意事项。

2. 备品备件

控制装置组件维修、更换的备品备件。

3. 常备工具和材料

旋具、钳子、万用表、绝缘胶带、专用工具等。

4. 防护装备

安全防护装备，如安全带、防砸鞋、安全帽、绝缘手套等。

5. 记录表格

《建筑消防设施故障维修记录表》。

二、操作步骤

1. 维修、更换控制主机

（1）拆除故障的控制主机，做好电气线路接头保护和标记。

（2）对控制主机除尘、清洁。

（3）维修或更换故障部件。

（4）安装控制主机，连接电气线路。

（5）操作控制主机，测试控制消防炮动作、控制阀打开和关闭、消防水泵启动、报警、联动等功能。

（6）恢复系统运行，填写维修记录。

修复后的控制主机如图 4-2-16 所示。

图 4-2-16 修复后的控制主机

2. 维修、更换现场控制箱

（1）拆除故障的现场控制箱，做好电气线路接头保护和标记。

（2）对现场控制箱除尘、清洁。

（3）维修或更换故障部件。

（4）安装现场控制箱，连接电气线路。

（5）操作现场控制箱，测试消防炮动作、控制阀打开和关闭、消防水泵启动、现场控制箱操作和控制主机操作切换功能。

（6）恢复系统运行，填写维修记录。

3. 更换无线遥控器

（1）更换故障无线遥控器。

（2）操作无线遥控器，测试消防炮选择、消防炮动作、控制阀打开和关闭功能。

（3）恢复系统运行，填写维修记录。

技能3 更换固定消防炮灭火系统的泡沫装置、干粉装置组件

一、操作准备

1. 技术准备

详细阅读项目图样资料，熟悉固定消防炮灭火系统泡沫装置和干粉装置组件的技术规格、数量、分布位置等，熟悉泡沫装置和干粉装置组件的功能、更换方法及注意事项。

2. 备品备件

泡沫装置和干粉装置组件更换的备品备件。

3. 常备工具和材料

管钳、扳手、专用工具等。

4. 防护装备

安全防护装备，如防砸鞋、安全帽等。

5. 记录表格

《建筑消防设施故障维修记录表》。

二、操作步骤

1. 更换储罐压力式泡沫比例混合装置

更换方法见本教材泡沫灭火系统相关内容。

2. 更换平衡式泡沫比例混合装置

更换方法见本教材泡沫灭火系统相关内容。

3. 更换干粉罐和氮气瓶组

（1）拆除干粉罐和氮气瓶组的电气线路，做好电气线路接头保护和标记。

（2）关闭干粉罐出粉管路上的检修阀。

（3）拆卸干粉罐和氮气瓶组的管路连接法兰螺栓、地脚螺栓，整体拆除干粉罐和氮气瓶组。

（4）更换并安装新的干粉罐和氮气瓶组，连接好管路及电气线路。

（5）调试干粉罐和氮气瓶组，恢复阀门正常开关状态。

（6）恢复系统运行，填写维修记录。

培训单元 1 维修消防应急广播系统和消防电话系统的线路故障

【培训重点】

掌握消防应急广播系统与消防电话系统的常见故障类型及原因。

熟练掌握消防应急广播系统与消防电话系统的维修方法。

【知识要求】

一、消防应急广播系统线路常见故障和维修方法

消防应急广播系统线路常见故障一般有支线故障、干线故障。消防应急广播系统线路常见故障类型、现象、原因及维修方法见表 4–3–1。

表 4–3–1　消防应急广播系统线路常见故障类型、现象、原因及维修方法

故障类型	故障现象	故障原因	维修方法
支线故障	广播控制器与火灾报警控制器显示“支线故障”，消防应急广播系统无法正常启动	广播模块接线错误	检查广播模块接线
		广播模块到扬声器之间线路短路或断路	检查修复广播模块至扬声器之间的连线

续表

故障类型	故障现象	故障原因	维修方法
干线故障	广播控制器与火灾报警控制器显示“干线故障”，消防应急广播系统无法正常启动	广播模块到功率放大器之间线路短路或断路	检查修复广播模块至功率放大器之间的连线，进行断开或连接修复
		广播模块接线错误	检查广播模块接线，重新连接
		广播干线接地	排除干线接地

二、消防电话系统线路常见故障和维修方法

消防电话系统线路常见故障一般有分机线路故障、插孔线路故障、总线故障等。消防电话系统线路常见故障类型、现象、原因及维修方法见表 4–3–2。

表 4–3–2　消防电话系统线路常见故障类型、现象、原因及维修方法

故障类型	故障现象	故障原因	维修方法
分机线路故障	消防电话总机显示“分机故障”，该分机与总机无法通信	该分机与电话总机线路断开	修复线路
插孔线路故障	消防电话总机显示“插孔故障”，该插孔与总机无法通信	该插孔与电话总机线路断开	修复线路
总线故障	消防电话总机显示“总线故障”，消防电话系统所有分机、插孔均无法与总机通信	电话系统总干线短路、断路	检查线路并修复
		某个电话分机或电话插孔损坏，端子短路导致整条线路短路	查找并更换电话分机或电话插孔

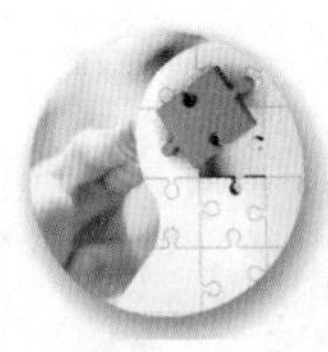

【技能操作】

技能 1　修复消防应急广播系统的支线故障

一、操作准备

1. 技术资料

消防应急广播系统竣工图样、产品使用说明书和设计安装手册等技术资料。

2. 常备工具

旋具、钳子、万用表、绝缘胶带等。

3. 防护装备

安全防护装备，如防砸鞋、安全帽、绝缘手套等。

4. 实操设备

消防应急广播演示系统。

5. 记录表格

《建筑消防设施故障维修记录表》。

二、操作步骤

1. 检查广播模块接线

拆下广播模块，参考模块接线图检查底座接线是否正确。如接线错误，应重新进行接线；如接线无误，进行下一步操作。广播模块接线检查示例如图 4-3-1 所示。

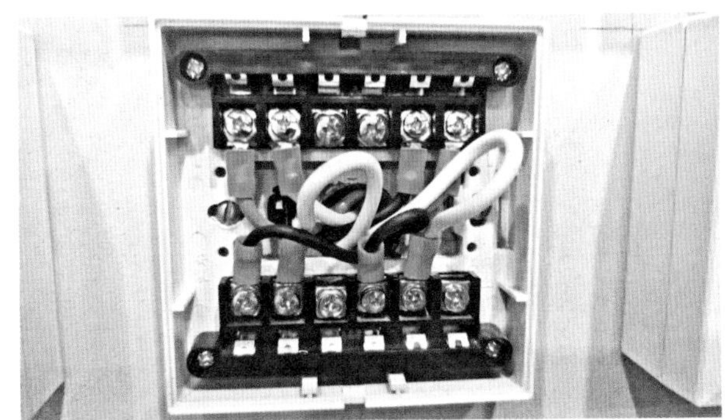

图 4-3-1 广播模块接线检查示例

2. 检查广播模块与扬声器之间接线

用万用表测试广播模块与扬声器的连接线是否存在短路、断路现象。广播模块到扬声器之间接线检查示例如图 4-3-2 所示。

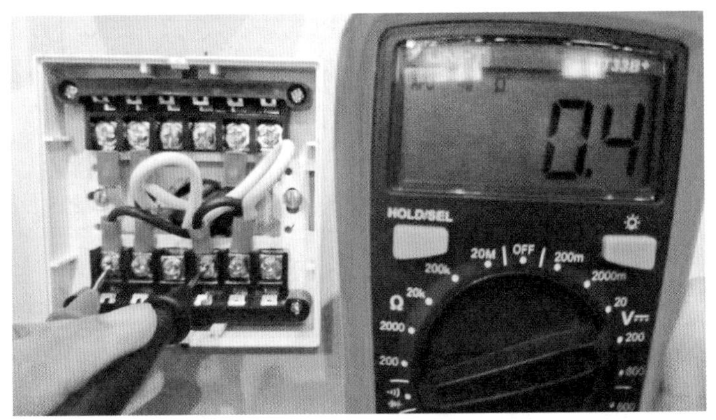

图 4-3-2 广播模块到扬声器之间接线检查示例

线路存在短路、断路现象时，要依据图样检查故障线路的具体位置，具体做法示例如下：

（1）若广播支线短路，通过查看竣工图样查找广播线路分布，通过万用表分段查找的方法确定短路点的位置，将短路点进行断开修复。

（2）若广播支线断路，通过查看竣工图样查找广播线路分布，通过万用表测试电压的方法，从最接近广播模块的端子箱、接线盒开始测量电压直至确定线路断路点的位置，并进行连接修复。

3. 检查广播支线接地

用万用表测试广播模块支线是否存在接地现象，如存在接地现象，找到接地位置进行处理。广播支线接地检查示例如图 4–3–3 所示。

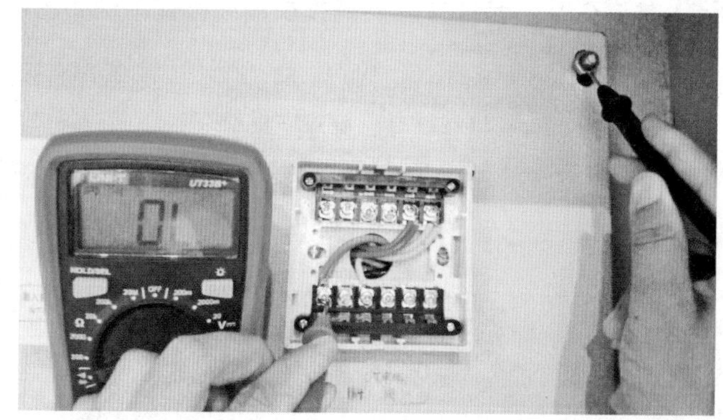

图 4–3–3　广播支线接地检查示例

4. 测试广播控制器监控状态

故障排除后检查广播控制器工作状态。广播控制器正常监控状态示例如图 4–3–4 所示。

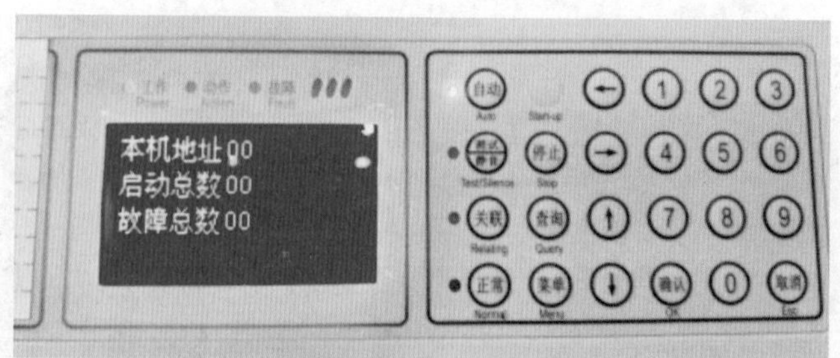

图 4–3–4　广播控制器正常监控状态示例

5. 检查消防应急广播启动

启动消防应急广播，观察扬声器发声是否正常，若正常，复位消防应急广播控制器。启动消防应急广播示例如图 4–3–5 所示。

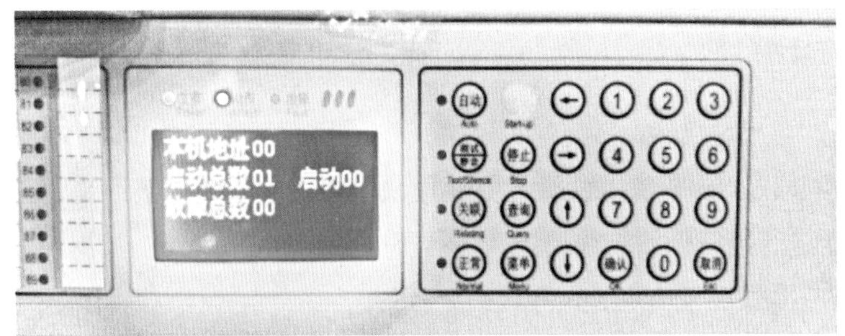

图 4-3-5 启动消防应急广播示例

6. 填写记录

规范填写《建筑消防设施故障维修记录表》。

三、注意事项

1. 不可带电插拔端子上线缆。

2. 拆线检查时，做好线头标记（如拍照），线头拆除后可能通电的线头必须用绝缘胶布包扎好。

3. 通电时先开主电，后开备电。

4. 维修结束后整理现场，清点工具，清除现场所有杂物，以防遗失、遗留在设备内造成事故。

技能 2 修复消防应急广播系统的干线故障

一、操作准备

1. 技术资料

消防应急广播系统竣工图、产品使用说明书和设计安装手册等技术资料。

2. 常备工具

旋具、钳子、万用表、绝缘胶带等。

3. 防护装备

安全防护装备，如防砸鞋、安全帽、绝缘手套等。

4. 实操设备

消防应急广播演示系统。

5. 记录表格

《建筑消防设施故障维修记录表》。

二、操作步骤

1. 检查广播模块接线

拆下广播模块，参考使用说明书中的模块接线图检查底座接线是否正确。如接线错误，应重新进行接线；如接线无误，进行下一步操作。

2. 检查广播模块与功率放大器接线

用万用表测试广播模块与功率放大器之间连接是否存在短路、断路现象。广播模块到功率放大器之间接线检查示例如图 4-3-6 所示。

图 4-3-6 广播模块到功率放大器之间接线检查示例

线路存在短路、断路现象时，要依据竣工图样检查故障线路的具体位置，具体做法示例如下：

（1）若广播干线短路，通过查看竣工图样查找广播线路分布，通过万用表分段查找的方法确定短路点的位置，对短路点进行断开修复。

（2）若广播干线断路，通过查看竣工图样查找广播线路分布，通过万用表测试电压的方法，从最接近广播模块的端子箱、接线盒开始测量电压直至确定线路断路点的位置，并进行连接修复。

3. 检查广播干线接地

用万用表测试广播模块干线是否存在接地现象，如存在接地，找到接地位置进行处理。

4. 测试广播控制器监控状态。

5. 检查消防应急广播启动。

6. 填写记录

规范填写《建筑消防设施故障维修记录表》。

三、注意事项

1. 不可带电插拔端子上线缆。

2. 拆线检查时，做好线头标记（如拍照），线头拆除后可能通电的线头必须用绝缘胶布包扎好。

3. 通电先开主电，后开备电。

4. 维修结束后及时整理现场、清点工具、清除杂物，以防遗失、遗留在设备内造成事故。

技能 3 修复消防电话系统主机与分机间线路故障

一、操作准备

1. 技术资料

消防电话系统竣工图、产品使用说明书和设计安装手册等技术资料。

2. 常备工具

旋具、钳子、万用表、绝缘胶带等。

3. 防护装备

安全防护装备，如防砸鞋、安全帽、绝缘手套等。

4. 实操设备

消防电话演示系统。

5. 记录表格

《建筑消防设施故障维修记录表》。

二、操作步骤

1. 确定故障部位

依次关闭电话总机的备电、主电开关，使用万用表测量电话分机总线端子电压，如图 4-3-7 所示。

如电压为“0 V”，则说明该分机总线存在断路现象，查看竣工图样确定电话总机至分机的线路分布，使用万用表测试总线干线电压，从最接近控制器的端子箱、接线盒开始测量直至确定线路断路的位置。

2. 修复故障线路

对故障线路予以更换，重新连接后，用万用表测量线路是否存在断路、短路现象，用 500 V 兆欧表测量线路对地阻抗，测量值应大于 20 MΩ。

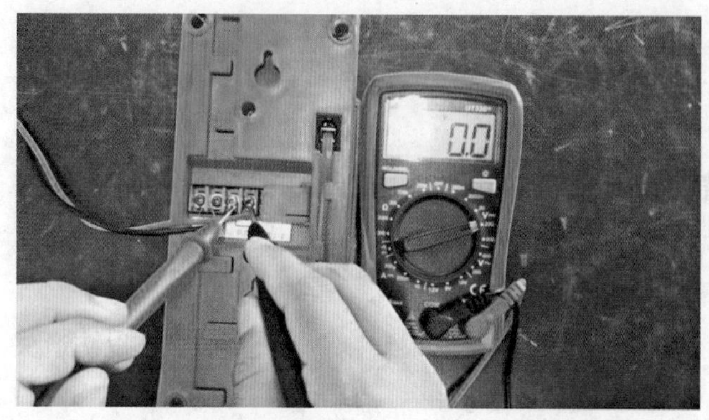

图 4-3-7　测量电话分机总线端子电压示例

3. 测试消防电话总机与分机的通话功能

故障排除后依次接通电话总机的主电、备电开关，检查消防电话总机监控状态。消防电话总机监控状态示例如图 4-3-8 所示。

图 4-3-8　消防电话总机监控状态示例

使用消防电话总机呼叫排除故障的电话分机号，检查通话是否正常；使用排除故障的电话分机呼叫电话总机，检查通话是否正常。双向通话检查示例如图 4-3-9 所示。

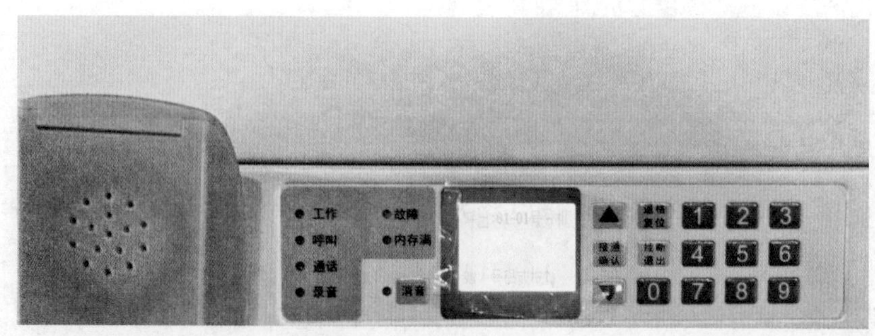

图 4-3-9　双向通话检查示例

4. 填写记录

规范填写《建筑消防设施故障维修记录表》。

三、注意事项

1. 不可带电插拔端子上线缆。

2. 拆线检查时，做好线头标记（如拍照），线头拆除后可能通电的线头必须用绝缘胶布包扎好。

3. 通电先开主电，后开备电。

4. 维修结束后及时整理现场、清点工具、清除杂物，以防遗失、遗留在设备内造成事故。

培训单元2
维修电气火灾监控系统

【培训重点】

了解电气火灾监控系统线路故障种类。

掌握电气火灾监控系统的故障情况。

熟练掌握电气火灾监控系统设备更换的方法。

【知识要求】

电气火灾监控系统线路采用通信总线与电气火灾监控探测器连接，采用树形总线形式布线。树形总线中的一个总线回路的不同部分又可划分为干线和支线两种。电气火灾监控系统线路及故障部位示例如图 4–3–10 所示。

电气火灾监控系统常见故障原因：一种是设备自身故障，另一种是电气火灾监控系统通信线路故障，还有系统部分回路或探测器通信故障或传感组件故障等。电气火灾监控系统常见故障及其处理方法见表 4–3–3。

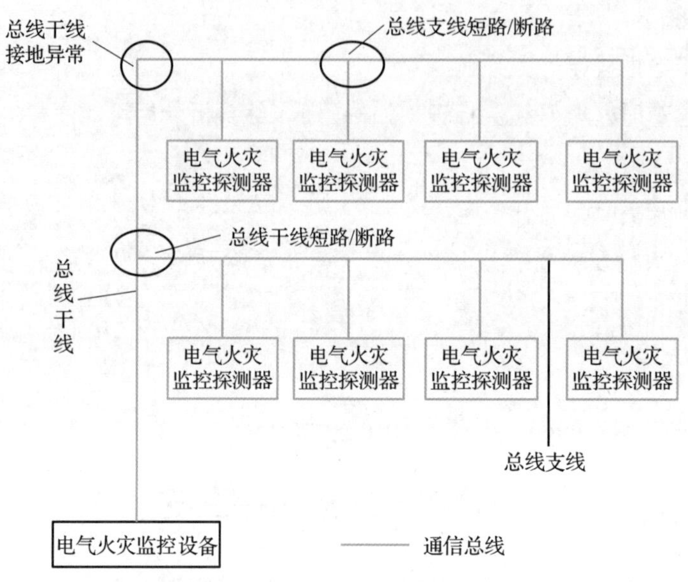

图 4-3-10　电气火灾监控系统线路及故障部位示例

表 4-3-3　　电气火灾监控系统常见故障及其处理方法

序号	故障类型	故障原因	处理方法
1	设备故障	监控设备未开启	重新开机
		监控设备损坏	更换损坏组件，开机
		探测器损坏	更换探测器
2	线路故障	监控设备与探测器线路未连接	线路重新连接，进行测试
		探测总线短路	检查线路，排除短路后重新进行测试
		探测总线断路	检查线路，排除断路后重新进行测试
		探测总线接触不良	检查线路连接处是否有松动情况，排除后进行测试
		传感组件线路断路或短路	检查传感组件线路，排除短路或断路后重新进行测试，保持稳固连接

【技能操作】

技能 1 修复电气火灾监控系统的线路故障

一、操作准备

1. 技术资料

电气火灾监控系统图、电气火灾探测器平面布置图、产品使用说明书和设计安装手册等技术资料。

2. 常备工具

旋具、钳子、万用表、绝缘胶带等。

3. 防护装备

安全防护装备，如防砸鞋、安全帽、绝缘手套等。

4. 实操设备

电气火灾监控演示系统。

5. 记录表格

《建筑消防设施检修记录表》。

二、操作步骤

以剩余电流式电气火灾监控探测器与电气火灾监控设备构成的电气火灾监控系统存在线路故障为例：

1. 检查判断线路故障类型

（1）检查电气火灾监控设备与剩余电流式电气火灾监控探测器是否存在线路短路、断路情况，线路接头和端子处是否有接地短路、松动、虚接或脱落发生。电气火灾监控设备总线短路示例如图 4-3-11 所示，剩余电流式电气火灾监控探测器总线断路示例如图 4-3-12 所示。

当发现电气火灾监控设备与剩余电流式电气火灾监控探测器存在线路短路时，则检查线路，排除短路点后上电测试；当发现线路断路时，找到线路断路点，连接后上电测试；当发现线路接头和端子处有接地短路、松动、虚接或脱落发生时，排除接地短路，拧紧连接线后重新上电测试。

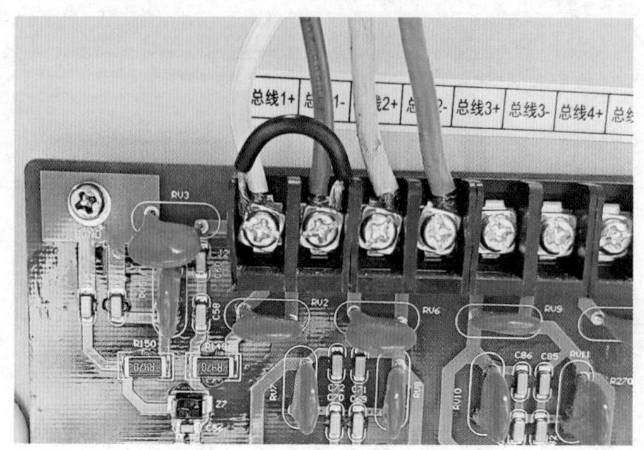

图 4-3-11　电气火灾监控设备总线短路示例

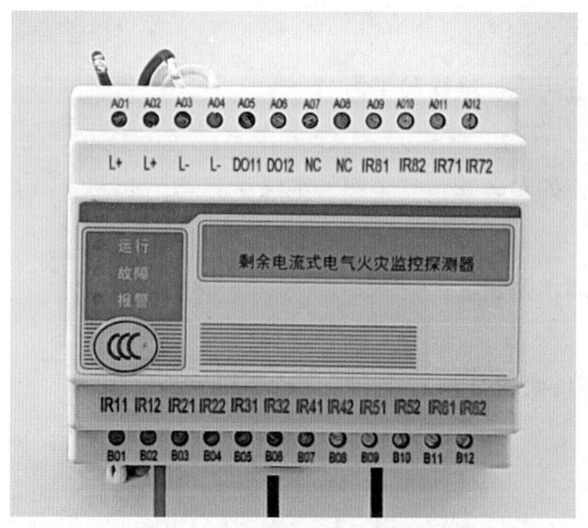

图 4-3-12　剩余电流式电气火灾监控探测器总线断路示例

（2）探测器与传感组件连接线路是否存在线路短路、断路情况，线路接头和端子处是否有接地短路、松动、虚接或脱落发生。剩余电流式电气火灾监控探测器与传感组件线路短路示例如图 4-3-13 所示，剩余电流式电气火灾监控探测器与传感组件断路示例如图 4-3-14 所示。

当发现探测器与传感组件连接线路存在线路短路时，检查线路，排除短路点后上电测试；当发现线路断路时，找到线路断路点，连接后上电测试；当发现线路接头和端子处有接地短路、松动、虚接或脱落发生时，排除接地短路，拧紧连接线后重新上电测试。

2. 填写记录

根据检查结果，规范填写《建筑消防设施检修记录表》。

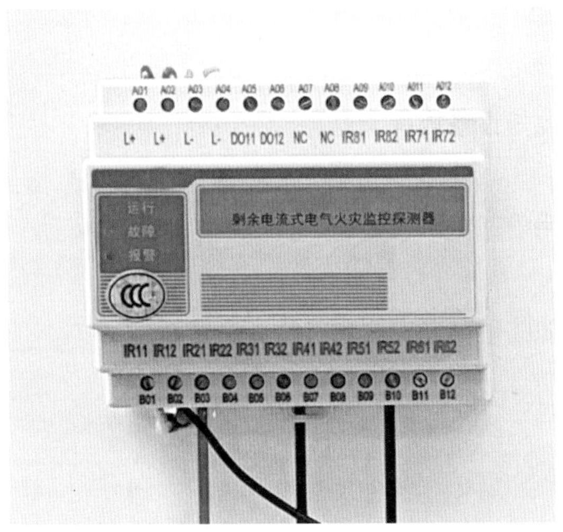

图 4-3-13　剩余电流式电气火灾监控探测器与传感组件线路短路示例

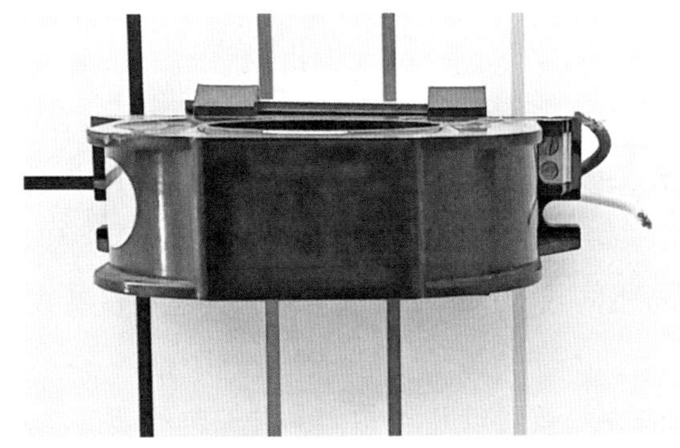

图 4-3-14　剩余电流式电气火灾监控探测器与传感组件断路示例

三、注意事项

1. 对设备、线路进行检查时，应将线路进行断电处理。

2. 注意安全防护，避免发生危险。

3. 作业人员需具有电工作业证，或在专业电工的配合下，采取安全措施后开展工作。

技能 2　更换电气火灾监控设备或探测器

一、操作准备

1. 技术资料

电气火灾监控系统图、电气火灾探测器平面布置图、产品使用说明书和设计安装手册等技术资料。

2. 备品备件

拟更换电气火灾监控设备或探测器。

3. 常备工具

旋具、钳子、万用表、绝缘胶带等。

4. 防护装备

安全防护装备，如防砸鞋、安全帽、绝缘手套等。

5. 实操设备

电气火灾监控演示系统。

6. 记录表格

《建筑消防设施检修记录表》。

二、操作步骤

1. 关闭电源

更换新设备时，应先关闭电源。正确的顺序是先关闭备用电源，再关闭主电源。

2. 选择组件

应选用与原设备型号相同或者厂家指定的电气火灾监控设备或探测器进行更换。

3. 通电前检查

更换完毕后通电前应先检查接线是否牢固，有无废线头、工具遗留在电路板上，然后再通电。正确的顺序是先打开主电源，再打开备用电源。

4. 功能调试

更换新设备后，应对电气火灾监控系统功能进行测试，调试正常后才可以移交委托单位确认。

5. 填写记录

根据检查结果，规范填写《建筑消防设施检修记录表》。

三、注意事项

1. 对于控制类设备控制主板、液晶显示器等关键部件，应报请委托单位协调设备的生产厂家进行维修，并应组织人员予以配合。

2. 对设备、线路进行检查时，应对线路进行断电处理。

3. 注意安全防护，避免发生危险。

4. 作业人员需具有电工作业证书，或在专业电工的配合下，采取安全措施后开展工作。

培训单元 3
维修可燃气体探测报警系统

【培训重点】

了解可燃气体探测报警系统线路故障种类。

熟练掌握判断可燃气体探测报警系统故障情况的方法。

熟练掌握可燃气体探测报警系统设备的更换方法。

【知识要求】

可燃气体探测报警系统的常见线路故障按故障出现的部位可以分为两种：一种是系统设备内部的连接线路故障；另一种是可燃气体报警控制器和可燃气体探测器之间的连接线路故障。可燃气体探测系统线路常见故障和维修方法见表 4–3–4。

表 4–3–4　　可燃气体探测系统线路常见故障和维修方法

序号	常见故障	原因	维修方法
1	可燃气体报警控制器无显示故障	（1）未连接主电源电源线 （2）未连接备用电源线 （3）熔断器动作（损坏）	（1）检查保险、线路情况 （2）复位 / 更换熔断器
2	某一回路可燃气体探测器全部掉线故障	（1）探测器供电线路短路或者断开 （2）探测器通信线路短路或者断开 （3）该回路出现接地故障	（1）检查该回路供电 / 通信连接线是否断开，连接好该回路供电 / 通信连接线路 （2）用万用表检查探测器回路供电 / 通信线路是否存在短路情况，排查短路故障 （3）利用兆欧表（摇表）检测该回路供电 / 通信线路与大地之间的接地电阻，阻值小于产品说明书中的绝缘要求则为接地故障，利用分段法排查回路线路接地点并修复接地故障
3	某只探测器掉线故障	（1）该探测器连接线断开 （2）该探测器损坏	（1）用万用表检查该探测器供电 / 通信连接线，连接好该探测器供电 / 通信连接线 （2）如探测器仍然无法恢复正常工作状态，则更换该探测器

【技能操作】

技能 1　修复可燃气体探测报警系统线路故障

一、操作准备

1. 技术资料

可燃气体探测报警系统图、可燃气体探测器平面布置图、产品使用说明书和设计安装手册等技术资料。

2. 常备工具

旋具、钳子、万用表、绝缘胶带等。

3. 防护装备

安全防护装备，如防砸鞋、安全帽、绝缘手套等。

4. 记录表格

《建筑消防设施检修记录表》。

二、操作步骤

1. 查询并判断可燃气体报警控制器线路故障

将可燃气体报警控制器的任一探测回路断开，查询控制器的故障信息，如图 4-3-15 所示，判断出故障回路的编号，结合系统布线图找出故障回路。

2. 维修可燃气体报警控制器线路故障

使用万用表、剥线钳、电烙铁、绝缘胶带等工具，将故障回路重新正确连接，故障回路板示例如图 4-3-16 所示。观察并记录可燃气体报警控制器的故障信息是否恢复。

图 4-3-15　可燃气体报警控制器显示器显示故障信息示例

图 4-3-16　故障回路板示例

3. 查找并判断可燃气体探测器线路故障

将与可燃气体报警控制器连接的任一探测器断开，通过查询控制器的故障信息，判断出发生故障的探测器地址编码，结合系统点位图查找出发生故障的探测器。发生故障的可燃气体探测器示例如图 4-3-17 所示。

4. 维修可燃气体探测器线路故障

使用万用表、旋具、剥线钳、绝缘胶带等工具，对照说明书将探测器重新正确连接，故障修复后的可燃气体探测器示例如图 4-3-18 所示。观察并记录可燃气体报警控制器的故障信息是否恢复。

图 4-3-17 发生故障的可燃气体探测器示例

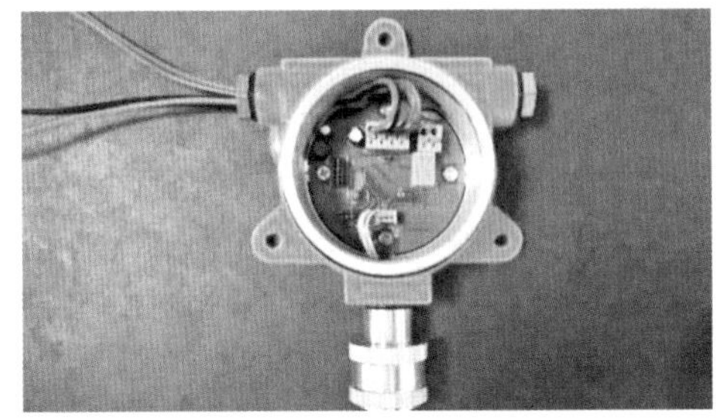

图 4-3-18 故障修复后的可燃气体探测器示例

5. 填写记录

规范填写《建筑消防设施检修记录表》。

三、注意事项

1. 对设备、线路进行检查时，应对线路进行断电处理。
2. 注意安全防护，避免发生危险。

技能 2 更换可燃气体探测报警系统组件

一、操作准备

1. 技术资料

可燃气体探测报警系统图、可燃气体探测器平面布置图、产品使用说明书和设计安装手册等技术资料。

2. 常备工具

钳子、万用表、绝缘胶带等。

3. 防护装备

安全防护装备，如防砸鞋、安全帽、绝缘手套等。

4. 实操设备

可燃气体探测报警演示系统。

5. 记录表格

《建筑消防设施检修记录表》。

二、操作步骤

1. 更换发生故障的可燃气体探测器

（1）断开不能现场维修的发生故障的可燃气体探测器与控制器之间的连接线，如图 4-3-19 所示。

（2）拆除发生故障的探测器，保留好固定用螺钉等配件。

（3）设置好新探测器的地址编码。

（4）安装好新探测器，确保新探测器固定牢固，使用万用表、剥线钳、电烙铁、绝缘胶带等工具按产品说明书中的接线要求接好新探测器与控制器的连接线，如图 4-3-20 所示。

图 4-3-19 断开发生故障的可燃气体探测器与控制器之间的连接线

图 4-3-20 完成新探测器与控制器之间的连接

（5）观察新探测器是否正常工作，在控制器上核查新探测器信息和工作状态，如图 4-3-21 所示。

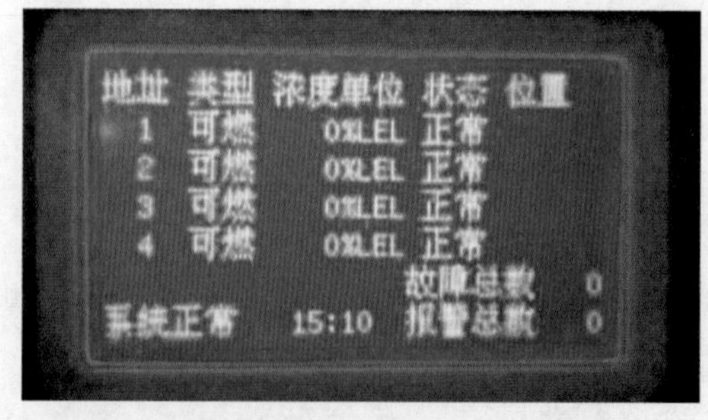

图 4-3-21 控制器上显示新探测器的信息和工作状态

2. 更换可燃气体报警控制器组件

（1）断开出现故障的可燃气体报警控制器的主电源和备用电源。

（2）拆除存在故障的组件，如回路板、电源板或蓄电池等，保留好固定用螺钉等配件。

（3）设置好要更换的新组件，如设置好新更换回路板的地址和通信波特率等。

（4）安装好组件，确保新组件固定牢固，使用万用表、剥线钳、电烙铁、绝缘胶带等工具按产品说明书中的接线要求接好新组件的连接线。

（5）接通可燃气体报警控制器的主电源和备用电源，观察可燃气体报警控制器是否正常工作，在可燃气体报警控制器上核查系统信息和各探测器的工作状态。

3. 填写记录表

规范填写《建筑消防设施检修记录表》。

三、注意事项

1. 操作前应断开可燃气体报警控制器的主电源和备用电源。
2. 注意安全防护，避免发生危险。

培训单元 4
维修灭火器

【培训重点】

了解二氧化碳、洁净气体灭火器的常见故障和维修方法。

掌握二氧化碳、洁净气体灭火器的维修、充装注意事项。

【知识要求】

一、二氧化碳灭火器和洁净气体灭火器的常见故障和维修方法

1. 二氧化碳灭火器和洁净气体灭火器的常见故障

二氧化碳灭火器的外部结构示例如图 4–3–22、图 4–3–23 所示，洁净气体灭火器的外部结构示例如图 4–3–24、图 4–3–25 所示。

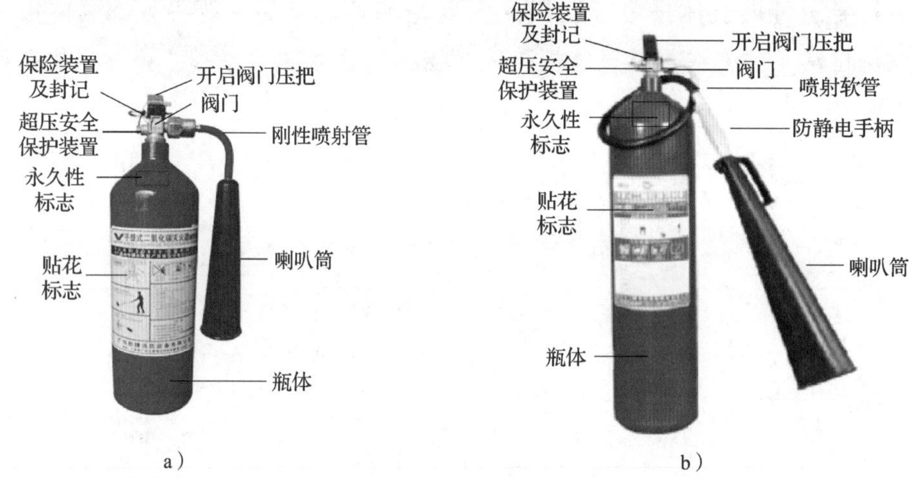

图 4–3–22　手提式二氧化碳灭火器外部结构示例

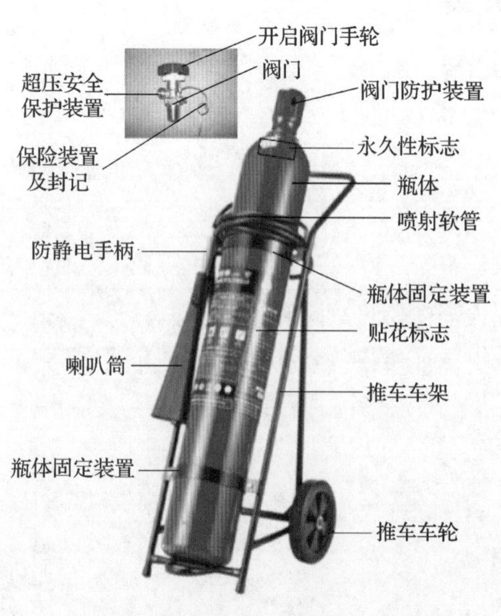

图 4–3–23　推车式二氧化碳灭火器外部结构示例

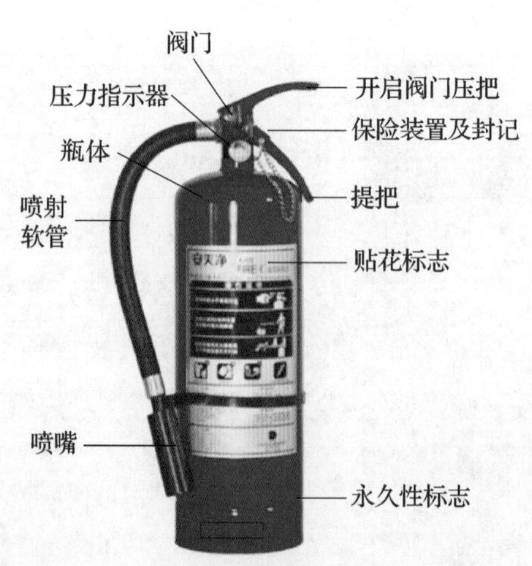

图 4–3–24　手提式洁净气体灭火器外部结构示例

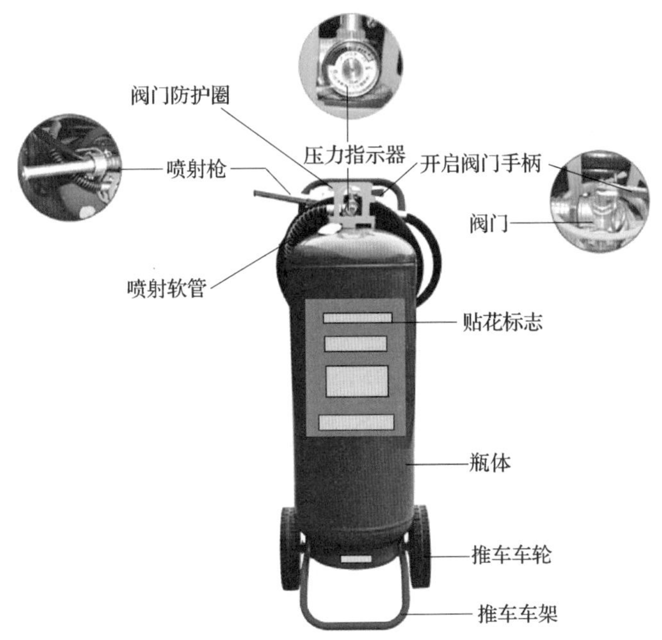

图 4–3–25 推车式洁净气体灭火器外部结构示例

二氧化碳灭火器和洁净气体灭火器常见故障（缺陷）见表 4–3–5。

表 4–3–5 二氧化碳灭火器和洁净气体灭火器常见故障（缺陷）

二氧化碳灭火器常见故障	洁净气体灭火器常见故障
（1）灭火器瓶体存在明显机械损伤和锈蚀 （2）灭火器贴花标志上的产品信息中生产商的名称、地址和电话，使用方法等标志内容损坏，模糊不清 （3）保险装置和封记损坏或遗失 （4）阀门开启机构损坏 （5）喷射喇叭筒明显变形、破裂或连接松动 （6）喷射软管龟裂、脱落和连接松动 （7）刚性喷射管不能旋转或不能固定锁住喇叭筒的喷射角度 （8）防静电手柄损坏 （9）灭火器总质量明显减轻，存在泄漏，或超压安全保护装置启动过，或已被使用过 （10）推车式灭火器车轮和车架部件有明显损伤，不能推（拉）自如 （11）超过出厂期满 5 年或首次维修以后每满 2 年的维修期限未维修 （12）超过出厂时间 12 年未报废	（1）灭火器瓶体存在明显机械损伤和锈蚀 （2）灭火器贴花标志上的产品信息中灭火剂的名称及充装量，驱动气体名称及充装量，生产商的名称、地址和电话，适用灭火种类及使用方法等标志内容损坏，模糊不清 （3）保险装置和封记损坏或遗失 （4）阀门开启机构损坏 （5）喷嘴存在明显变形、破裂或连接松动 （6）喷射软管龟裂、脱落和连接松动 （7）压力指示器不指示在绿区范围内，或已被使用过 （8）推车式灭火器的喷射枪开关不灵活或损坏 （9）推车式灭火器车轮和车架部件有明显损伤，不能推（拉）自如 （10）超过出厂期满 5 年或首次维修以后每满 2 年的维修期限未维修 （11）超过出厂时间 10 年未报废

2. 二氧化碳灭火器和洁净气体灭火器的维修方法

维修是指对每个灭火器进行全面彻底的检查及重新组装再利用的过程。维修工作包括维修前检查、拆卸灭火器、灭火剂回收处置、受压零部件的水压试验、零部件更换、再充装、报废与回收处置、质量检验等活动。根据《灭火器维修》（GA95）的要求，一般灭火器维修按下列的流程进行。

（1）原始信息记录

对灭火器进行维修前，首先要对送修的灭火器逐具做好原始信息登记，进行维修编号，保证灭火器的生产信息可追溯。记录至少包括表 4–3–6 所列的信息。

表 4–3–6　　灭火器原始信息记录

灭火器类型	共性信息	个性信息
二氧化碳灭火器	（1）维修编号 （2）灭火器用户名称 （3）制造厂名称或代号 （4）气瓶生产连续序号或编号 （5）型号、灭火剂的种类 （6）灭火级别和灭火种类 （7）使用温度范围 （8）水压试验压力 （9）生产年份或制造年月 （10）上次维修合格证上的信息（适用时）	（1）最大工作压力（MPa）或公称工作压力（MPa） （2）瓶体设计壁厚 （3）实际内容积 （4）空瓶质量
洁净气体灭火器		驱动气体名称、数量或压力

（2）维修前检查

在拆卸灭火器前，对灭火器进行检查的目的是判定其是否可经过维修后再配置使用。通过目测方法对灭火器外观和铭牌标志进行检查，若确认送修的灭火器已符合报废规定的要求，则按报废要求进行处置。报废判定原则见表 4–3–7。

表 4–3–7　　报废判定原则

按报废期限判定	按存在缺陷判定
自出厂日期算起，达到或超过以下期限时，应报废： （1）洁净气体灭火器 10 年 （2）二氧化碳灭火器和储气瓶 12 年	对外观目测判断，有下列情况之一者，应报废： （1）铭牌标志脱落，或虽有铭牌标志，但标志上生产商的名称无法识别，洁净气体灭火器的灭火剂名称和充装量模糊不清，以及永久性标志内容无法辨认 （2）瓶体被火烧过 （3）瓶体严重变形 （4）瓶体外部涂层脱落面积大于气瓶总面积的 1/3 （5）瓶体外表面、连接部位、底座等有腐蚀的凹坑 （6）不符合消防产品市场准入制度 （7）由不合法的维修机构维修过

（3）拆卸灭火器

拆卸灭火器是对其零部件进行分解检查的第一步。拆卸灭火器时应采用专用的工具，先将灭火器上的喷嘴、喷射管等外部附件卸下（注：推车式灭火器还包括车架组件等零部件）。然后，对瓶体内的灭火剂进行撤除处置。对于二氧化碳灭火器，灭火剂一般采用直接排空的方法处理，不予回收，若考虑予以回收利用，应采用专用的回收装置进行收集；对于洁净气体灭火器，应采用专用的气体回收装置分类收集灭火剂。对于回收的灭火剂，应分类进行含量和含水率检验，经检验符合相关标准要求的灭火剂可用于再充装，不符合标准要求的灭火剂应送有关的生产企业或环境保护部门进行处置。做好回收灭火剂的名称、数量、检验结果及可用于再充装的数量的记录。

撤除灭火剂后，将灭火器瓶体装夹在专用的工作台上，应采用专用工具拆卸瓶头阀门，拆卸时不能将瓶头阀门的顶部对准人体。在旋开连接螺纹时一定要缓慢，还要观察螺纹处是否有余气泄出，若卸阀时螺纹处有气体释放，要停止旋开螺纹，待余气排放完毕，再完全旋开连接螺纹，取出灭火器瓶头阀门和虹吸管。

（4）水压试验

水压试验主要用于检查受压零部件的安全性。水压试验前，应对灭火器瓶体、阀门、推车式灭火器的喷射枪和喷射软管组件等受压零部件逐个进行检查，若发现存在表 4–3–8 所列缺陷的灭火器瓶体应做报废处理，其他受压零部件应做报废更换处置，并填写报废处置记录。

表 4–3–8　受压零部件缺陷

灭火器瓶体缺陷	其他受压零部件缺陷
（1）瓶体内部有锈屑或内部表面或内部焊缝接头处有腐蚀的凹坑 （2）洁净气体灭火器瓶体内部的防腐层失效（有防腐层时） （3）瓶体颈圈的连接螺纹有损伤	（1）瓶头阀门的阀体和密封弹簧座有明显的裂纹和损伤、阀门顶杆变形、密封弹簧锈蚀、密封部位受损伤等缺陷 （2）推车式洁净气体灭火器的喷射枪有明显的裂纹和损伤 （3）推车式灭火器喷射软管组件有明显变形、龟裂、割伤、断裂等缺陷

对于确认不属于报废范围的灭火器瓶体，以及其他可不报废的受压零部件应逐个安装在专用的试验装置上进行水压试验。水压试验压力应按灭火器铭牌标志上规定的水压试验压力值进行，保压时间应不小于 1 min。水压试验时不应有泄漏、部件脱落、破裂和可见的宏观变形（注：喷射软管试验时会产生可见的宏观变形，但卸压后应恢复原状），二氧化碳灭火器的瓶体残余变形率应不大于 3%。填写水压试验记录。

经水压试验后，判定为不符合要求的灭火器瓶体应做报废处理，其他不符合要求的零部件应做报废更换处置，并填写报废处置记录。

（5）更换零部件

为再充装和总体装配，备全更换的零部件。除灭火器瓶体不可更换外，其余可更换的零部件应与灭火器原生产企业提供的零部件的特性参数保持一致。零部件经检验合格后方可使用，并应保持检验记录。

零部件需要更换存在两种情况，一是零部件存在缺陷时应更换，二是一些特定的部件每次维修时必须更换，见表 4–3–9。

表 4–3–9　　更换零部件

存在缺陷的零部件更换	必须更换的零部件
（1）在水压试验过程中发现的应报废更换的零部件 （2）阀门开启机构：存在明显损坏 （3）虹吸管：有明显弯折、堵塞、损伤和裂纹等缺陷 （4）压力指示器（洁净气体灭火器）：卸压后指针不在零位、指示区域不清晰、外表面有变形和损伤、示值误差不符合国家标准中相关的要求等缺陷 （5）喷嘴（或二氧化碳灭火器喇叭筒）：有明显变形、开裂、脱落、损伤等缺陷 （6）喷射软管：有变形、龟裂、断裂等缺陷 （7）橡胶和塑料零部件：有变形、变色、龟裂或断裂等缺陷 （8）刚性喷射管（二氧化碳灭火器）：不能旋转或不能固定住喇叭筒的喷射角度 （9）防静电手柄（二氧化碳灭火器）：损坏 （10）洁净气体灭火剂和二氧化碳灭火剂的纯度、含水率不符合相关灭火剂标准要求 （11）喷射枪（推车式洁净气体灭火器）：开关不灵活或损坏 （12）推车式灭火器车轮和车架：有明显损伤、不能推（拉）自如，以及固定灭火器瓶体的装置、固定喷射软管和喷枪的装置有损坏等缺陷	（1）灭火器上的密封片、圈、垫等密封零件 （2）二氧化碳灭火器的超压安全膜片

（6）再充装

二氧化碳灭火器和洁净气体灭火器的再充装应取得特种设备安全监督管理部门的许可。

灭火器再充装必须保证气瓶和阀门干燥。用于洁净气体灭火器的驱动气体的露点不应高于 –55℃。灭火剂的充装允许误差应符合表 4–3–10 的要求。

表 4–3–10　　灭火剂的充装允许误差

灭火器类型	灭火剂充装量	允许误差
二氧化碳灭火器	额定充装量	–5% ~ 0%
洁净气体灭火器		

先按灭火器原生产企业提供的灭火器装配图样，采用专用工具先将阀门配件和虹吸管等部件组装好，再与气瓶连接密封；然后，采用专用的气体充灌机，按灭火器铭牌标志上规定的额定充装量进行充装；对充装后的灭火器瓶体应逐具进行复称，确认灭火剂充装量符合要求；对于洁净气体灭火器，应再充装驱动气体；在充装好的灭火器瓶体上安装保险装置，并做好再充装记录。

（7）气密试验

经再充装的灭火器瓶体应逐具进行气密试验，并做好气密试验记录。气密试验合格后，则进行最后总体装配。

（8）总体装配

按原灭火器生产企业提供的灭火器装配图样，使用专用工具进行最终装配。通常需总体装配的零部件见表 4–3–11。

对总体装配完毕的灭火器进行称重，并记录下总质量。

表 4–3–11　　装配部件

灭火器类型	手提式	推车式
二氧化碳灭火器	（1）封记 （2）刚性喷射管及固定方位部件或喷射软管组件 （3）喷射喇叭筒 （4）防静电手柄 （5）原配的其他零部件等	（1）封记 （2）喷射软管 （3）喷射喇叭筒 （4）防静电手柄 （5）推车架及轮子组件 （6）灭火器瓶体及喷射软管和喇叭筒的固定部件 （7）原配的其他零部件等
洁净气体灭火器	（1）封记 （2）喷嘴或喷射软管组件 （3）原配的其他零部件等	（1）封记 （2）喷射软管组件 （3）喷射枪 （4）推车架及轮子组件 （5）灭火器瓶体及喷射软管和喷射枪的固定部件 （6）原配的其他零部件等

（9）维修标识

总体装配完成后，并确认表 4–3–12 所列的检验项目已逐具检验合格，则可对灭火器加贴维修合格证，但合格证不应覆盖原灭火器上的铭牌标识。灭火器维修合格证示例如图 4–3–26 所示。

表 4–3–12　　维修逐具检验项目

序号	检验项目	维修检验
		逐具检验
1	外观、外部结构及总质量检查	√
2	灭火器气密性试验	√
3	灭火剂充装量检查	√
4	水压试验	√
5	喷射软管组件水压试验	√

灭火器维修合格证	
维修编号：	总质量：　　　kg
维修日期：　　　年　　月　　日	
维修负责人：	电话：
维修机构地址：	
维修机构名称：	

图 4-3-26　灭火器维修合格证示例

（10）报废处置

灭火器的报废应经用户同意后，再做处置，并做好记录。报废灭火器，按拆卸灭火器的方法将灭火器瓶体和其他零部件分拆开，并分类进行报废处置。

（11）维修记录

保持整个维修流程中各过程的相关记录，以确保维修后灭火器信息的可追溯性。维修记录包括：维修前的原始信息记录（见表 4-3-6）、维修过程中的记录和灭火器报废记录。维修过程中的记录和灭火器报废记录应至少包括表 4-3-13 所列的内容。

表 4-3-13　　过程记录和报废记录

维修过程中的记录	灭火器报废记录
（1）维修编号 （2）产品型号 （3）瓶体的生产连续序号 （4）更换的零部件名称 （5）用回收再利用的灭火剂进行再充装记录（适用时） （6）灭火剂充装量 （7）维修后总质量 （8）维修出厂检验项目、检验记录和判定结果 （9）维修人员、检验人员和项目负责人的签字 （10）维修日期	（1）维修编号 （2）产品型号 （3）报废理由 （4）灭火器用户确认报废记录 （5）维修人员、检验人员和项目负责人的签字 （6）维修日期

二、二氧化碳灭火器和洁净气体灭火器维修充装注意事项

由于二氧化碳灭火器和洁净气体灭火器都是由高压液化气体或低压液化气体及驱动气体等压力气体组成的，因此，在维修过程中首先是要保证人身安全，同时要保证经维修后产品的质量，以及要保证气体排放或回收符合环境保护要求。维修充装须注意如下事项：

1. 在拆卸灭火器瓶头阀门前一定要先卸压，待余气排放完毕，才能完全旋开连接螺纹，拆卸时不能将瓶头阀门顶部对准人体。

2. 洁净气体灭火剂应分类回收。

3. 受压零部件（洁净气体灭火器的压力指示器除外）应逐个进行水压试验。

4. 零部件更换应与原灭火器生产企业提供的零部件的特性参数保持一致，灭火器瓶体不可更换。

5. 二氧化碳灭火器和洁净气体灭火器的再充装应取得特种设备安全监督管理部门的许可。

6. 对于报废的灭火器瓶体应按《气瓶安全技术监察规程》的要求采用压扁或者解体等不可修复的方式进行处理，报废的零部件（除灭火剂外）应按固体废物进行回收利用处置；回收的纯度和含水率不符合标准要求的洁净气体灭火剂应送相关的灭火剂生产企业进行处理。

【技能操作】

技能 1　维修二氧化碳灭火器

一、操作准备

1. 技术资料

灭火器原生产企业的装配图样和可更换零部件的明细表，以及操作指导手册等技术资料。

2. 备品备件

准备 MT/2（见图 4-3-22a）和 MT/5（见图 4-3-22b）两种规格需维修的手提式二氧化碳灭火器以及零部件备件（注：因推车式二氧化碳灭火器太重，从安全角度考虑，故用手提式二氧化碳灭火器作为培训技能操作教具，推车式灭火器的车架组件维修可单独操作）。

3. 常备工具

旋具、钳子等。

4. 防护装备

安全防护装备，如防砸鞋、安全帽、绝缘手套等。

5. 记录表格

《原始信息记录单》《灭火器维修记录单》（包括《维修前检查记录单》《灭火剂回

收记录单》《水压试验记录单》《更换零部件记录单》《维修出厂检验记录单》《报废记录单》等）。

二、操作步骤

1. 从获取需要维修的手提式二氧化碳灭火器开始，按如图 4–3–27 所示的维修流程进行维修，经过每个操作过程，最终完成灭火器的维修。

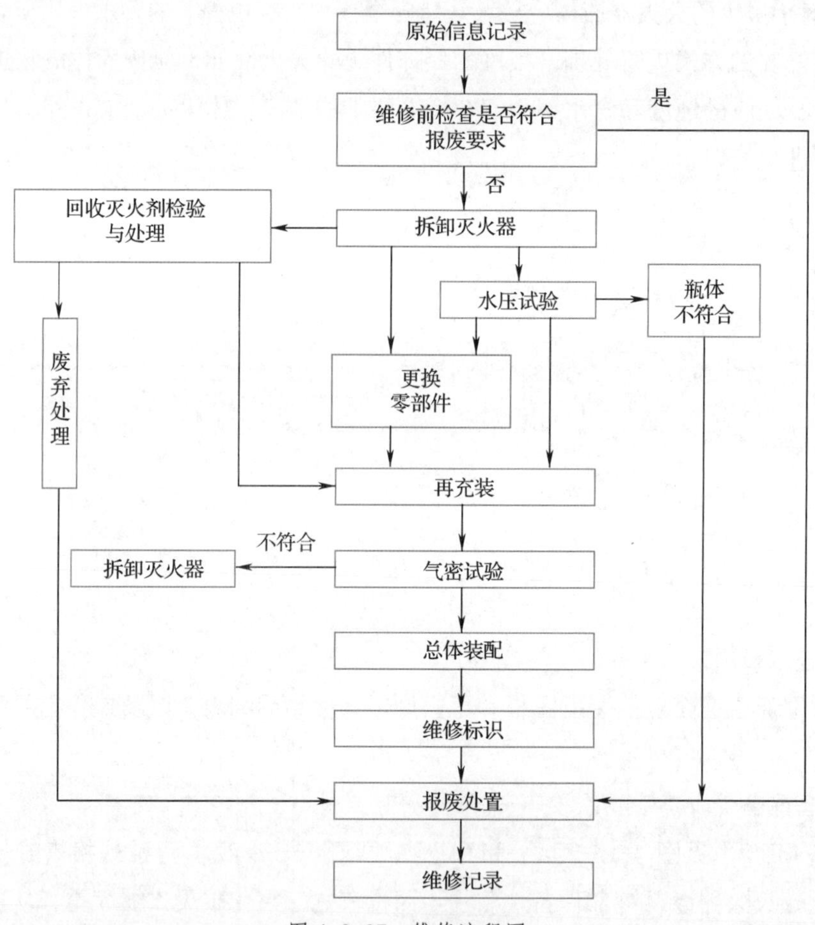

图 4–3–27　维修流程图

2. 为了确保维修后的灭火器信息的可追溯性，需要做好维修过程中的相关记录。

（1）做好原始信息记录，填写《原始信息记录单》。

（2）通过目测对灭火器外观和铭牌标志进行维修前检查，确认该灭火器是否应报废，并填写《灭火器维修记录单》中的《维修前检查记录单》或《报废记录单》。

（3）拆卸灭火器时，若考虑对二氧化碳灭火剂予以回收利用，应对回收的二氧化碳灭火剂进行含量和含水率检验，并填写《灭火器维修记录单》中的《灭火剂回收记录单》。

（4）在进行水压试验前，应对灭火器受压零部件逐个进行检查，确认是否属于报废的受压零部件，并填写《报废记录单》。经水压试验的受压零部件，逐个填写《灭火器维修记录单》中的《水压试验记录单》或《报废记录单》。

（5）按原灭火器生产企业的可更换零部件明细表，为再充装和总体装配备全更换的零部件，并填写《灭火器维修记录单》中的《更换零部件记录单》。

（6）充装后逐具进行充装量复称确认，并填写《灭火器维修记录单》中的《维修出厂检验记录单》。

（7）将再充装好的灭火器瓶体放入气密试验槽内逐具进行气密试验，并填写《灭火器维修记录单》中的《维修出厂检验记录单》。

（8）对总装完毕的灭火器进行称重，并填写《灭火器维修记录单》中的《维修出厂检验记录单》。

（9）口述对报废零部件处置的要求。

（10）整理维修记录。

三、注意事项

1. 拆卸灭火器时不能将瓶头阀门对准人体，待余气排放完毕，再完全旋开阀门与瓶体的连接螺纹。

2. 当阀门与瓶体的连接螺纹锈住时，不能用硬物捶打，可采用松锈剂喷涂后再拆卸的方式。

3. 气密试验时不能误操作灭火器。

技能 2　维修洁净气体灭火器

一、操作准备

1. 技术资料

灭火器原生产企业的装配图样和可更换零部件的明细表，以及操作指导手册等技术资料。

2. 备品备件

准备 MJ/4（见图 4-3-24）规格的需维修的手提式洁净气体灭火器以及零部件备件（注：因洁净气体灭火剂价格贵，目前市场上该类产品规格和数量都很少，故用 4 kg 手提式洁净气体灭火器作为培训技能操作教具）。

3. 常备工具

旋具、钳子等。

4. 防护装备

安全防护装备，如防砸鞋、安全帽、绝缘手套等。

5. 记录表格

《原始信息记录单》《灭火器维修记录单》(包括《维修前检查记录单》《灭火剂回收记录单》《水压试验记录单》《更换零部件记录单》《维修出厂检验记录单》《报废记录单》等)。

二、操作步骤

1. 维修洁净气体灭火器的操作步骤与维修二氧化碳灭火器的操作步骤相同。

2. 再充装过程中要熟悉充装驱动气体的操作要求。

三、注意事项

1. 拆卸灭火器时不能将瓶头阀门对准人体，待余气排放完毕，再完全旋开阀门与瓶体的连接螺纹。

2. 当阀门与瓶体的连接螺纹锈住时，不能用硬物捶打，可采用松锈剂喷涂后再拆卸的方式。

3. 气密试验时不能误操作灭火器。

4. 一旦气体在室内释放，应及时通风。

培训单元 5
维修消防应急照明及疏散指示系统

【培训重点】

掌握消防应急照明和疏散指示系统的常见故障类型及原因。

熟练掌握消防应急照明和疏散指示系统的维修方法。

【知识要求】

消防应急照明和疏散指示系统的常见故障一般有应急照明控制器故障、应急照明集中电源故障、应急照明配电箱故障、消防应急灯具故障、系统线路故障等。消防应急照明和疏散指示系统常见故障类型、现象、原因及维修方法见表 4–3–14。

表 4–3–14 消防应急照明和疏散指示系统常见故障类型、现象、原因及维修方法

故障类型	故障现象	故障原因	维修方法
应急照明控制器故障	（1）控制器无显示或显示不正常	灯板、显示板损坏	更换灯板、显示板
		灯板、显示板接线不良	重新接线
	（2）控制器显示“主电故障”	主电源接线不良	重新连接主电源接线
		主电源熔丝烧断	更换主电源熔丝
	（3）控制器显示“备电故障”	备用电源熔丝烧断	更换备用电源熔丝
		备用电源线路接线不良	重新连接备用电源接线
		蓄电池（组）欠压	保持主电源充电 8 h
		蓄电池（组）损坏	更换蓄电池（组）
	（4）控制器不打印	打印选项未设置	重新进行设置
		打印机接线不良	重新接线
		打印机卡纸	重新安装打印纸
	（5）按键无反应	按键板与主板接线不良	重新接线
		按键板损坏	更换按键板
	（6）不能联动控制系统设备应急启动	控制器控制逻辑编程错误	重新编程、录入
		控制器主板损坏	更换主板或控制器
应急照明集中电源故障	（1）集中电源无显示或显示不正常	主板损坏	更换主板
		电源板、转接板接线不良	重新接线
	（2）集中电源显示“主电故障”	主电源接线不良	重新连接主电源接线
		主电源熔丝烧断	更换主电源熔丝
	（3）集中电源显示“备电故障”	充电回路断路或短路	修复线路故障
		蓄电池（组）损坏	更换蓄电池（组）
	（4）控制器显示“集中电源故障”	集中电源损坏	修复或更换损坏部件
	（5）输出回路故障	输出回路断路、短路	修复线路故障
		输出回路过载保护	调整回路负载

续表

故障类型	故障现象	故障原因	维修方法
应急照明集中电源故障	（6）不能控制灯具应急启动、标志灯指示状态改变	集中电源主控板损坏	更换主板或集中电源
		回路板损坏	更换回路板
	（7）持续应急时间不达标	蓄电池（组）容量不足	更换蓄电池（组）
应急照明配电箱故障	（1）配电箱无显示或显示不正常	主板损坏	更换主板
		电源板、转接板接线不良	重新接线
	（2）配电箱显示“主电故障”	主电源接线不良	重新连接主电源接线
		主电源熔丝烧断	更换主电源熔丝
	（3）输出回路故障	输出回路断路、短路	修复线路故障
		输出回路过载保护	调整回路负载
	（4）控制器显示“应急照明配电箱故障”	应急照明配电箱损坏	修复或更换损坏部件
	（5）不能控制灯具应急启动、标志灯指示状态改变	配电箱主控板损坏	更换主板或配电箱
		回路板损坏	更换回路板
消防应急灯具故障	（1）灯具面板、灯罩有明显机械损伤	灯具损坏	更换灯具
	（2）灯具光源不能应急点亮	灯具损坏	更换灯具
	（3）标志灯标识信息不完整	灯具损坏	更换灯具
	（4）自带电源型灯具持续应急时间不满足要求	蓄电池容量不足	更换蓄电池或灯具
	（5）照明灯具设置部位的地面水平照度不满足要求	灯具灯罩污染	清洁灯具灯罩
		灯具光源效率降低	更换灯具
系统线路故障	（1）控制器显示“集中电源或应急照明配电箱故障”	控制器与集中电源或应急照明配电箱间通信线路断路、短路或接线不良	修复线路故障，重新接线
	（2）控制器显示某一“灯具故障”	灯具与集中电源或应急照明配电箱间接线不良	重新接线
		灯具与回路总线间接线短路、断路	修复线路故障

续表

故障类型	故障现象	故障原因	维修方法
系统线路故障	（3）控制器显示集中电源或应急照明配电箱配接的多个“灯具故障”	集中电源或应急照明配电箱输出端子接线不良	重新接线
		集中电源或应急照明配电箱输出回路总线短路、断路	修复线路故障
	（4）应急照明控制器不能自动控制系统设备应急启动、标志灯指示状态改变	应急照明控制器与火灾报警控制器、输出模块间线路接线不良	重新接线
		应急照明控制器与火灾报警控制器、输出模块间通信线路断路	修复线路故障，重新接线

【技能操作】

技能 1　消防应急灯具接线故障维修

一、操作准备

1. 技术资料

消防应急照明和疏散指示系统图、消防应急灯具平面布置图、产品使用说明书和设计安装手册等技术资料。

2. 常备工具

旋具、钳子、万用表、500 V 兆欧表、绝缘胶带等。

3. 防护装备

安全防护装备，如防砸鞋、安全帽、绝缘手套等。

4. 实操设备

集中供电集中控制型应急照明及疏散指示演示系统。

5. 记录表格

《建筑消防设施故障维修记录表》。

二、操作步骤

1. 灯具接线情况检查

（1）打开灯具外壳，检查灯具接线端子是否有松动断路、生锈导致接触不良、短路等现象。

（2）如有以上现象，予以修复、排除。

（3）如不存在上述现象，进行下一步操作。

灯具接线端子连接情况检查示例如图 4-3-28 所示。

图 4-3-28　灯具接线端子连接情况检查示例

2. 灯具与总线接线检查

（1）依次关闭灯具所连接应急照明集中电源的蓄电池电源和主电源开关。

（2）用万用表测试灯具与总线分线盒间的连线是否存在短路、断路。

（3）线路存在短路、断路现象时，进行下一步操作。

灯具与回路总线连接情况检查示例如图 4-3-29 所示。

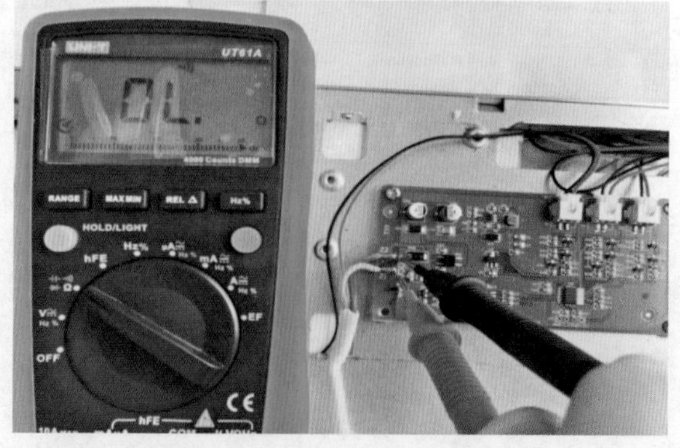

图 4-3-29　灯具与回路总线接线情况检查示例

3. 故障线路的更换

（1）采用同一规格型号的电线对故障线路予以更换。

（2）测量更换线路对地的绝缘电阻，用万用表检查线间是否短路，如外接线对地绝缘电阻值小于 20 MΩ，外接线之间的负载电阻小于 1 kΩ。

（3）将灯具与总线重新连接。

故障线路更换部位示例如图 4-3-30 所示。

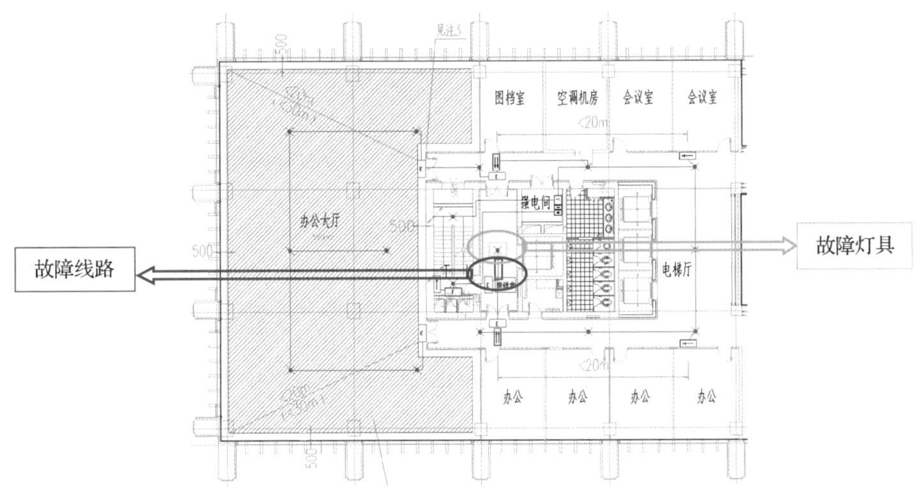

图 4-3-30　故障线路更换部位示例

4. 灯具应急启动功能测试

（1）依次打开集中电源的主电源和蓄电池电源开关，检查应急照明控制器中该灯具的故障报警是否自动消除。

（2）故障消除后，操作应急照明控制器使该灯具启动，检查灯具光源的应急点亮情况。

灯具应急启动检查示例如图 4-3-31 所示。

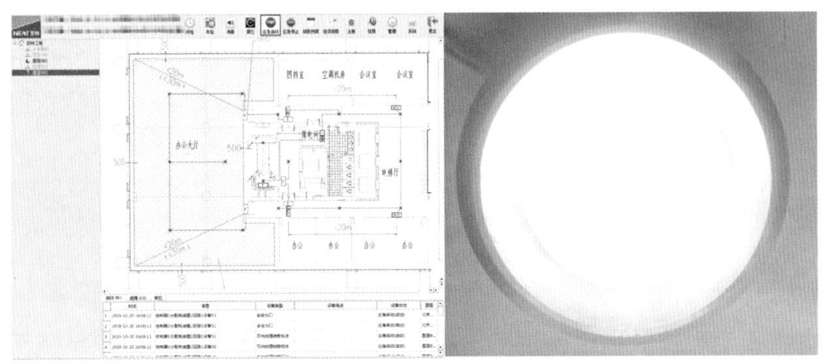

图 4-3-31　灯具应急启动检查示例

5. 系统复位

手动操作应急照明控制器的复位按键（钮），检查控制器和灯具复位情况。

系统复位操作和检查示例如图 4-3-32 所示。

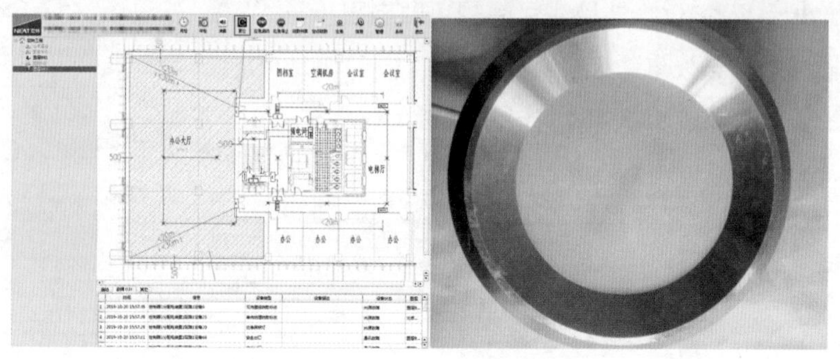

图 4-3-32　系统复位操作和检查示例

6. 填写维修记录

根据故障维修情况，规范填写《建筑消防设施故障维修记录表》，存档并上报。

三、注意事项

1. 不可带电插拔端子上线缆。

2. 拆线检查时，做好线头标记（如拍照），线头拆除后可能通电的线头必须用绝缘胶布包扎好。

3. 更换新设备时，先关闭电源，应采用与原设备型号相同的配件进行更换；更换完毕后通电前应先检查接线是否牢固，有无废线头、工具遗留在电路板上，然后通电；通电先开主电，后开备电。

4. 维修结束后整理现场，清点工具，清除现场所有杂物，以防遗失、遗留在设备内造成事故。

技能 2　集中电源回路故障维修

一、操作准备

1. 技术资料

消防应急照明和疏散指示系统图、消防应急灯具平面布置图、产品使用说明书和设计安装手册等技术资料。

2. 常备工具

旋具、钳子、万用表、绝缘胶带等。

3. 防护装备

安全防护装备，如防砸鞋、安全帽、绝缘手套等。

4. 实操设备

集中供电集中控制型应急照明及疏散指示演示系统。

5. 记录表格

《建筑消防设施故障维修记录表》。

二、操作步骤

1. 故障回路的确定

（1）根据应急照明控制器显示的故障灯具的地址注释信息，按照消防应急灯具平面布置图，确定故障灯具的设置部位。

（2）根据系统图确定集中电源故障回路的编号。

故障回路确定操作示例如图 4-3-33 所示。

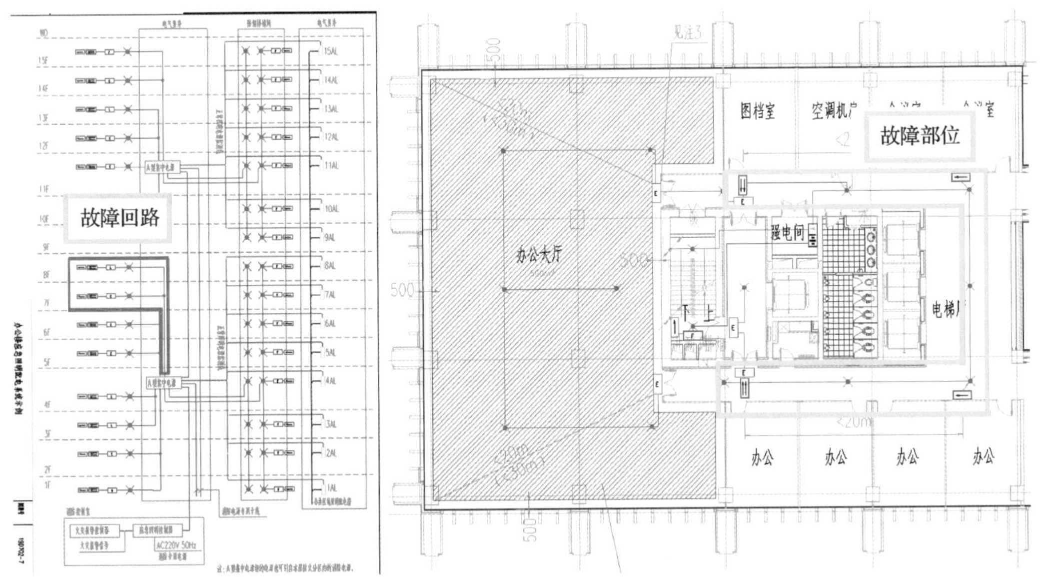

图 4-3-33 故障回路确定操作示例

2. 集中电源总线回路接线端子连接情况检查

（1）打开集中电源，检查故障总线回路接线端子是否松动断路、生锈而导致接触不良、短路。

（2）如有以上现象，对接线端子进行清理、紧固处理。

（3）若应急照明控制器显示的灯具故障未自动消除，进行下一步操作。

集中电源回路总线接线端子连接情况检查示例如图 4–3–34 所示。

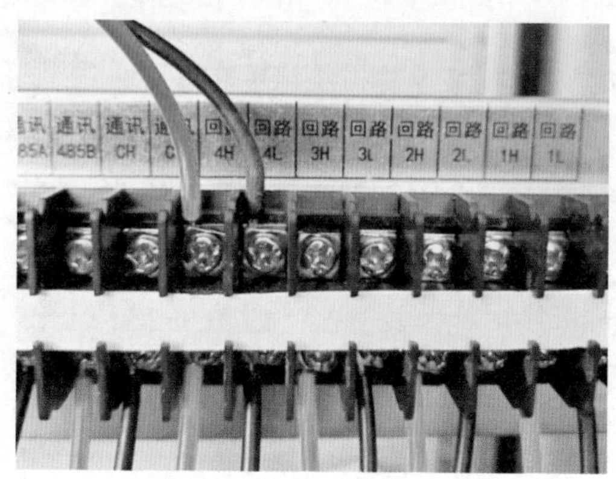

图 4–3–34　集中电源回路总线接线端子连接情况检查示例

3. 总线故障部位的确定

（1）依次关闭集中电源的蓄电池电源和主电源开关。

（2）将故障回路从接线端子上拆除。

（3）按照系统平面布置图所示，将位于该回路中间部位的灯具的总线回路断开。

（4）用万用表分别测试该部位的两段回路总线是否存在短路和断路现象，测试灯具和集中电源间回路总线是否断路时，应将集中电源端的总线短接。

（5）对于存在短路或断路的回路总线段，采用（3）和（4）的方法和步骤，逐段检查，最终确定故障部位。

回路总线故障部位确定操作示例如图 4–3–35 所示。

4. 故障线路的更换

（1）采用同一规格型号的电线对故障线路予以更换。

（2）用 500 V 兆欧表测量更换线路对地的绝缘电阻，用万用表检查线间是否短路，如外接线对地绝缘电阻值小于 20 MΩ，外接线之间的负载电阻小于 1 kΩ。

更换线路对地绝缘电阻测试示例如图 4–3–36 所示。

5. 开机检查

（1）依次打开集中电源的主电源和蓄电池电源开关，检查应急照明控制器显示的灯具故障报警是否自动消除。

（2）故障消除后，手动操作应急照明控制器应急启动，检查该回路灯具光源的应急点亮情况。

系统应急启动检查示例如图 4–3–31 所示。

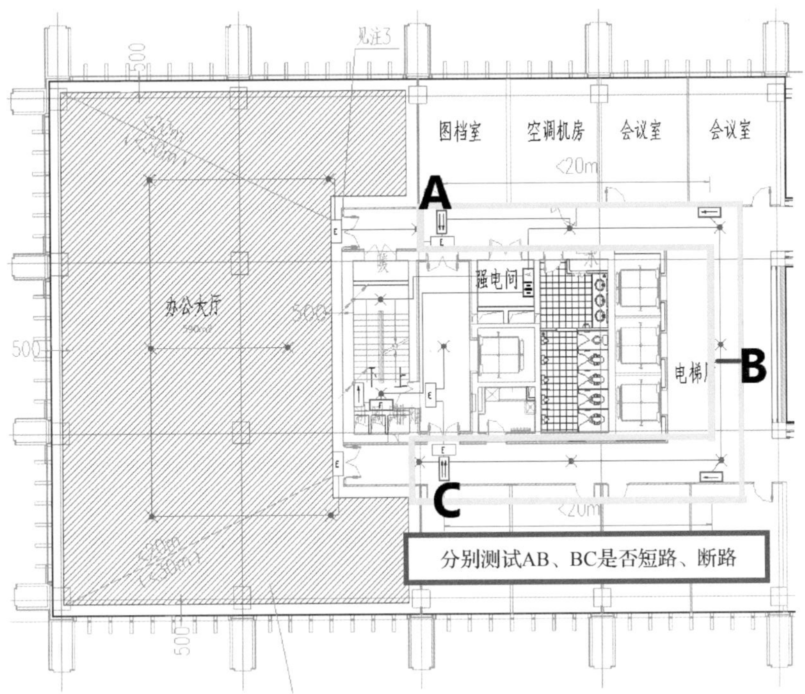

图 4-3-35 回路总线故障部位确定操作示例

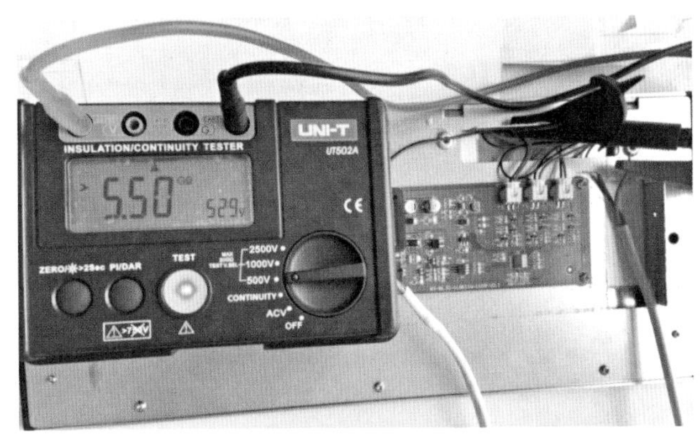

图 4-3-36 更换线路对地绝缘电阻测试示例

6. 系统复位

手动操作应急照明控制器的复位按键（钮），检查控制器和灯具复位情况。

系统复位操作和检查示例如图 4-3-32 所示。

7. 填写维修记录

根据故障维修情况，规范填写《建筑消防设施故障维修记录表》，存档并上报。

三、注意事项

1. 不可带电插拔端子上线缆。

2. 拆线检查时，做好线头标记（如拍照），线头拆除后可能通电的线头必须用绝缘胶布包扎好。

3. 更换新设备时，先关闭电源，应采用与原设备型号相同的配件进行更换；更换完毕后通电前应先检查接线是否牢固，有无废线头、工具遗留在电路板上，然后通电；通电先开主电，后开备电。

4. 维修结束后整理现场，清点工具，清除现场所有杂物，以防遗失、遗留在设备内造成事故。

培训模块五

设施检测

培训单元 1 检查火灾探测器

【培训重点】

掌握吸气式感烟火灾探测器、火焰探测器、图像型火灾探测器的设置要求。

掌握吸气式感烟火灾探测器、火焰探测器、图像型火灾探测器的检查方法。

【知识要求】

一、吸气式感烟火灾探测器的设置要求

吸气式感烟火灾探测器的设置要求见表 5–1–1。

二、火焰探测器和图像型火灾探测器的设置要求

火焰探测器和图像型火灾探测器的设置要求见表 5–1–2。

表 5–1–1　　吸气式感烟火灾探测器的设置要求

检查内容		设置要求
探测器灵敏度		天棚高度大于 16 m 的场所，探测器应设为最高灵敏度，并保证至少有两个采样孔低于 16 m；非高灵敏度的吸气式感烟火灾探测器不宜安装在天棚高度大于 16 m 的场所
采样管路的安装要求	采样管安装	采样管应牢固安装在过梁、支架等建筑结构上
	采样孔设置	在大空间场所安装时，每个采样孔的保护面积、保护半径应符合点型感烟火灾探测器的保护面积、保护半径的要求，当采样管道布置形式为垂直采样时，每 2℃温差间隔或 3 m 间隔（取最小者）应设置一个采样孔，采样孔不应背对气流方向
		采样孔的直径应根据采样管的长度及敷设方式、采样孔的数量等因素确定，并应符合设计文件和产品使用说明书的要求；采样孔需要现场加工时，应采用专用打孔工具
		当采样管道采用毛细管布置方式时，毛细管长度不宜超过 4 m
	探测器标识	采样管和采样孔应设置明显的火灾探测器标识

表 5–1–2　　火焰探测器和图像型火灾探测器的设置要求

检查内容	设置要求
安装位置	安装位置应保证其视场角覆盖探测区域，并应避免光源直接照射在探测器的探测窗口上
	探测器的探测视角内不应存在遮挡物
防护措施	在室外或交通隧道内安装时，应采取防尘、防水措施

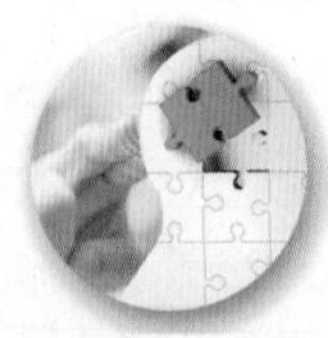

【技能操作】

检查吸气式感烟火灾探测器、火焰探测器、图像型火灾探测器的安装位置、数量、规格、型号

一、操作准备

1. 技术资料

吸气式感烟火灾探测器、火焰探测器、图像型火灾探测器系统图，现场布置图和

地址编码表，产品使用说明书和设计手册等技术资料。

2. 常备工具

激光测距仪、米尺等。

3. 实操设备

吸气式感烟火灾探测器演示模型，含火焰探测器、图像型火灾探测器的集中型火灾自动报警演示系统，具有场景再现功能的演示系统或设备等。

4. 记录表格

《建筑消防设施检测记录表》。

二、操作步骤

1. 规格、型号核查

对照消防工程竣工图样和探测器上的标识铭牌，核查各类探测器的规格、型号。

2. 吸气式感烟火灾探测器安装情况检查

（1）对照消防工程竣工图样检查探测器数量。

（2）检查采样管是否固定牢固。

（3）检查探测器的灵敏度等级，根据灵敏度等级检查采样管安装高度、采样孔位置是否符合要求。

（4）检查采样管是否穿越防火分区。

（5）对照产品说明书与消防产品检验报告，检查探测器每个探测单元的采样管总长度、单管长度、毛细管长度以及采样孔总数、单管采样孔数是否符合要求。

（6）检查采样孔保护半径是否符合要求，检查垂直采样管路上的采样孔设置位置是否符合要求。

（7）检查吸气管路与采样孔是否有火灾探测器标识。

3. 火焰探测器、图像型火灾探测器安装情况检查

（1）对照消防工程竣工图样检查探测器数量。

（2）对照产品说明书与消防产品检验报告，检查探测器的探测视角和探测距离是否满足应用条件。

（3）检查探测器探测视角内是否有遮挡物。

（4）检查探测器探测窗口是否可能被其他光源直射。

4. 填写记录

根据检查结果，填写《建筑消防设施检测记录表》。

培训单元 2 测试火灾探测器的火警和故障报警功能

【培训重点】

了解吸气式感烟火灾探测器、火焰探测器和图像型火灾探测器的火灾和故障报警功能测试原理。

掌握吸气式感烟火灾探测器、火焰探测器和图像型火灾探测器的火灾和故障报警功能测试方法。

【知识要求】

一、吸气式感烟火灾探测器火警和故障报警功能的测试原理

吸气式感烟火灾探测器探测主机通过吸气泵的工作，把防护区域内的空气样本或烟雾样本从采样孔吸入，通过采样管网传输到灵敏度非常高的探测腔内进行分析，可以监测到防护区域内微小的烟雾浓度变化，实现早期火灾的探测报警功能，其工作原理如图 5-1-1 所示。

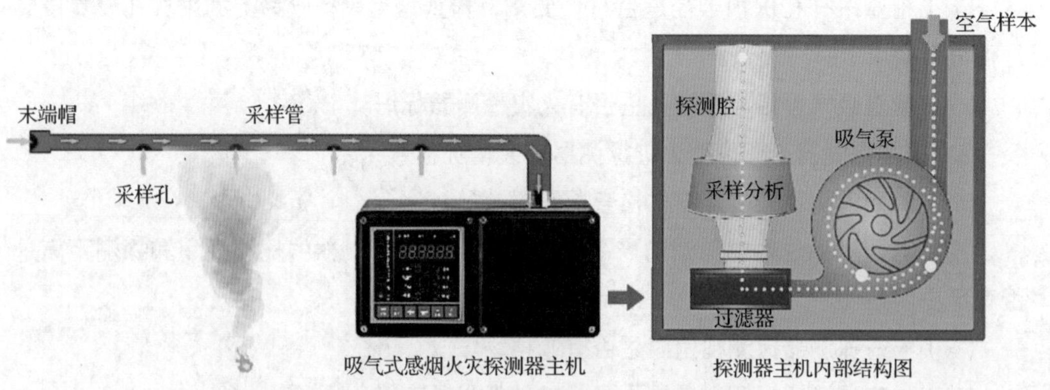

图 5-1-1　吸气式感烟火灾探测器工作原理图

吸气式感烟火灾探测器的操作可靠性取决于烟雾传感器的功能可靠性和系统的持续空气供给，若风机发生故障、探测器吸气管路发生破漏或堵塞等现象，导致探测器吸气流量大于正常吸气流量的 150% 或小于正常吸气流量的 50% 时，探测器应在 100 s

内发出故障信号；若探测器在任一采样孔获取的火灾烟雾参数符合报警条件时，探测器应在 120 s 内发出火灾报警信号。

因此，可以采取堵塞采样孔模拟低气流故障、拆除采样管末端帽模拟高气流故障等方法检测其故障报警功能，利用火灾探测器加烟器或点燃的香烟等向采样孔施加烟气（试验烟气也可由蚊香、棉绳等材料阴燃产生），检测其火灾报警功能。

二、火焰探测器火警和故障报警功能的测试原理

火焰探测器是通过感应火焰辐射的电磁波，检测火焰的特定波长及闪烁频率，将火焰辐射能量转化为电流或电压信号而达到探测火灾的目的。火焰的闪烁频率为 0.5 Hz ～ 20 Hz，热物体、电灯等辐射出的紫外线、红外线没有闪烁特征。为了避免环境可见光引起的误报，火焰探测器通常选择探测非可见光波长的红外光或紫外光。

因此，使用纸张等物品完全遮挡火焰探测器探测窗口时，探测器的光路被全部遮挡，探测器发出故障报警信号（当生产厂商提供探测器故障测试方法时，应按制造商提供的方法进行测试）。在场所允许的情况下，当将打火机、蜡烛或酒精灯等产生的火焰置于探测器正前方 1 m 左右时，火焰探测器会响应发出火灾报警信号。

火焰探测器功能试验器（见图 5–1–2）主要用于火焰探测器的调试、验收和检测维护，试验器火焰产生的红外光和紫外光能使火焰探测器产生火灾报警信号，其使用方法如下：

将火焰探测器功能试验器置于距离火焰探测器正前方 0.55 ～ 1 m 处，将试验器镜筒对准探测器，打开燃烧笔上的电子点火开关点燃燃烧嘴处喷出的丁烷气体，探测器响应火焰通过红外镜筒内的红外滤光片（波长≥ 850 nm）或紫外镜筒内的紫外滤光片（波长≤ 280 nm）过滤后的红外光或紫外光发出火灾报警信号。

图 5–1–2 火焰探测器功能试验器

三、图像型火灾探测器火警和故障报警功能的测试原理

图像型火灾探测器安装在火灾监控现场，采集现场的视频图像，通过视频专用电

缆传输到探测系统主机上，由主机上的管理软件对现场视频图像进行分析、识别，如果图像中某一区域的灰度变化、闪烁频率、颜色和运动模式等参数符合火焰或烟雾的特有特征，则管理软件作出火警判别，并发出火警报警信号。

因此，使用纸张等物品完全遮挡图像型火灾探测器传感部位时，探测器的光路被全部遮挡，探测器发出故障报警信号（当生产厂商提供探测器故障报警测试方法时，应按制造商提供的方法进行测试）。在场所允许的情况下，当将打火机、蜡烛或酒精灯等产生的火焰（火焰高度 4 cm 左右）置于距离图像型探测器正前方 20 m 左右处，静止或抖动，火灾探测器响应并发出火灾报警信号。图像型火灾探测器从发生火灾到发出火灾报警信号的响应时间不应大于 20 s。

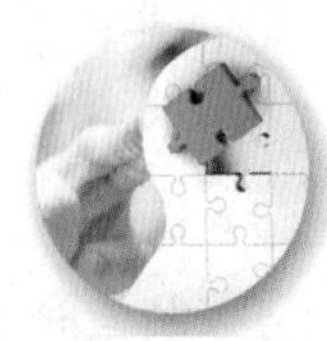

【技能操作】

技能 1　测试吸气式感烟火灾探测器的火警、故障报警功能

一、操作准备

1. 技术资料

火灾自动报警系统图、吸气式感烟火灾探测器管网布置图、探测器现场布置图和地址编码表、产品使用说明书和设计手册等技术资料。

2. 常备工具

加烟器或烟雾探测器测试剂等。

3. 实操设备

吸气式感烟火灾探测器演示模型，含火焰探测器、图像型火灾探测器的集中型火灾自动报警演示系统，具有场景再现功能的演示系统或设备等。

4. 记录表格

《建筑消防设施检测记录表》。

二、操作步骤

1. 状态确认

检测时，确认吸气式感烟火灾探测器与火灾报警控制器正确连接并接通电源，处于正常监视状态。

2. 故障报警功能测试

（1）采用拆除毛细采样管或拆除采样管末端帽等方法模拟高气流故障，测试探测器故障报警功能，如图 5-1-3 所示。

图 5-1-3 采用拆除毛细采样管模拟高气流故障

（2）采用堵塞采样孔或关闭吹扫阀门等方法模拟低气流故障，测试探测器故障报警功能，如图 5-1-4 所示。

（3）检查吸气式感烟火灾探测器故障报警确认灯点亮情况。探测器会在 100 s 内发出故障报警声，火灾报警控制器显示故障信号，吸气式感烟火灾探测器故障报警确认灯检查如图 5-1-5 所示，黄色故障指示灯点亮。

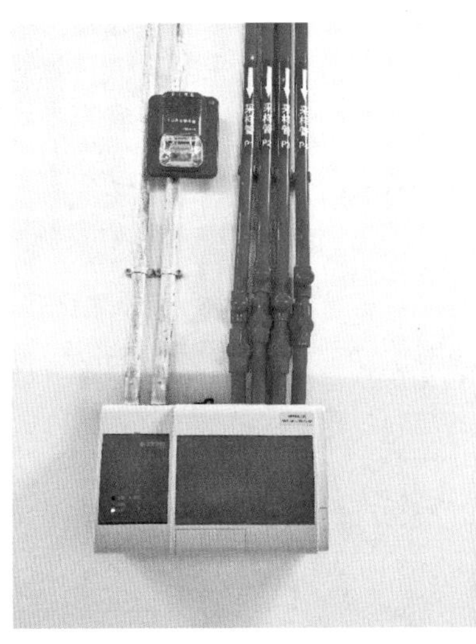
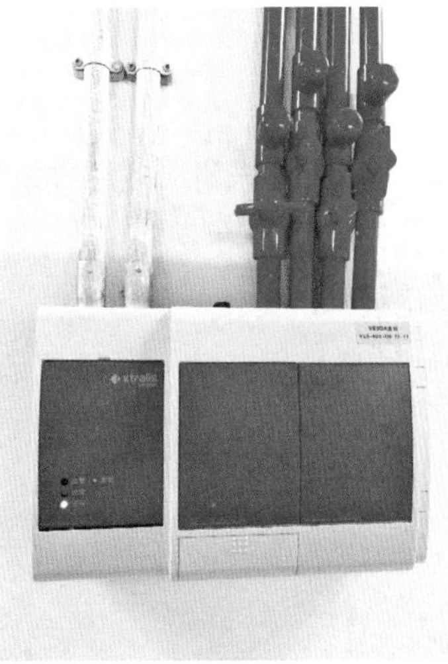

图 5-1-4 关闭吹扫阀门模拟低气流故障

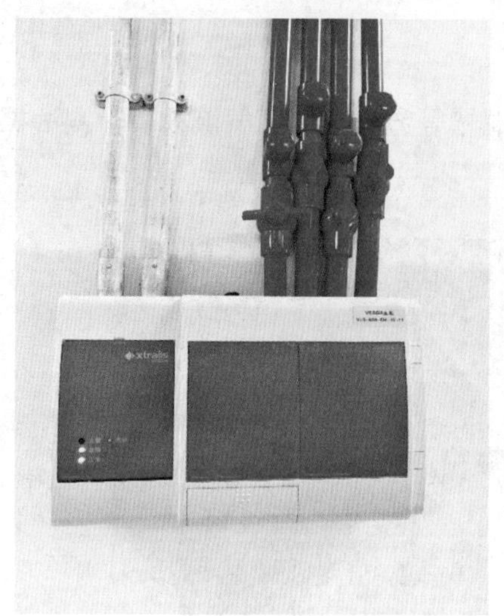
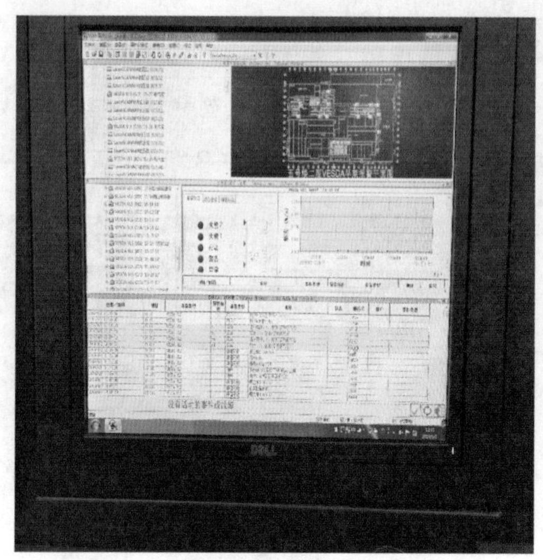

图 5-1-5　火灾报警控制器显示故障信号——黄色故障指示灯点亮

3. 火灾报警功能测试

（1）用加烟器或烟雾探测器测试剂向吸气式感烟火灾探测器采样孔持续施加烟气，如图 5-1-6 所示。

（2）检查吸气式感烟火灾探测器火灾报警确认灯点亮情况。探测器应在 120 s 内发出火灾报警信号，火灾警报装置发出声、光报警信号，火灾报警控制器显示火警信号，吸气式感烟火灾探测器火警确认灯检查如图 5-1-7 所示，红色报警确认灯点亮。

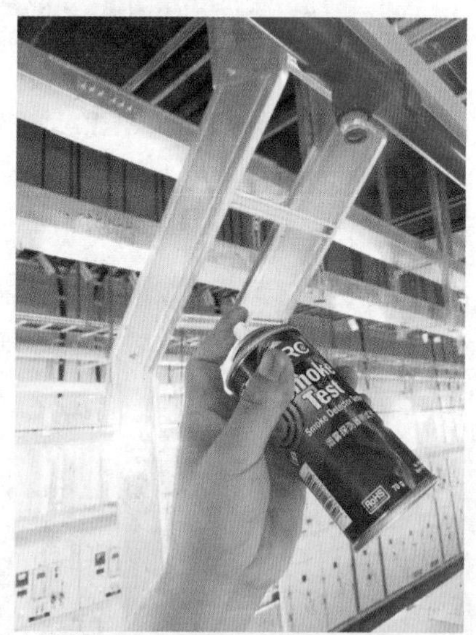

图 5-1-6　用烟雾探测器测试剂向采样孔施加模拟烟气

4. 系统恢复

测试完毕后，应将探测器各组件恢复至原状，处于正常监视状态。

5. 填写记录

根据测试结果，规范填写《建筑消防设施检测记录表》。

图 5-1-7 火灾报警控制器显示火警信号——红色报警确认灯点亮

技能 2 测试火焰探测器的火警、故障报警功能

一、操作准备

1. 技术资料

火灾自动报警系统图、火焰探测器布置图和地址编码表、产品使用说明书和设计手册等技术资料。

2. 常备工具

火焰探测器功能试验器、纸张等。

3. 实操设备

吸气式感烟火灾探测器演示模型，含火焰探测器、图像探测器的集中型火灾自动报警演示系统，具有场景再现功能的演示系统或设备等。

4. 记录表格

《建筑消防设施检测记录表》。

二、操作步骤

1. 状态确认

检测时，确认火焰探测器与火灾报警控制器正确连接并接通电源，处于正常监视状态。

2. 故障报警功能测试

使用纸张等物品完全遮挡探测器探测镜头，此时探测器不能正常工作，在 100 s

内发出故障声、光报警信号。拿开纸张，火灾探测器复位。

3. 火灾报警功能测试

（1）在火焰探测器监测视角范围内，距离探测器正前方 0.55 ~ 1 m 处，将火焰探测器功能试验器镜筒对准火焰探测器。

（2）打开试验器燃烧笔上的电子点火开关，产生火焰，如图 5–1–8 所示。

（3）检查火焰探测器火警确认灯点亮情况。探测器应发出火灾报警信号，火灾警报装置发出声、光报警信号，火灾报警控制器显示火警信号，火焰探测器火警确认灯检查如图 5–1–9 所示，红色报警确认灯点亮。

（4）将点火开关推下，使其处于关闭位置，火灾探测器复位。

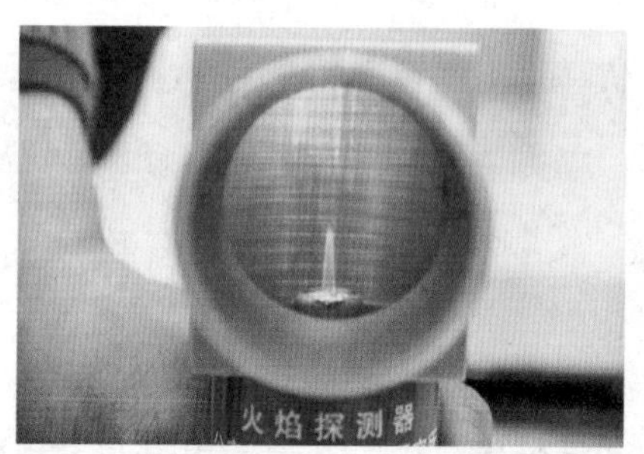

图 5–1–8　火焰探测器功能试验器产生火焰

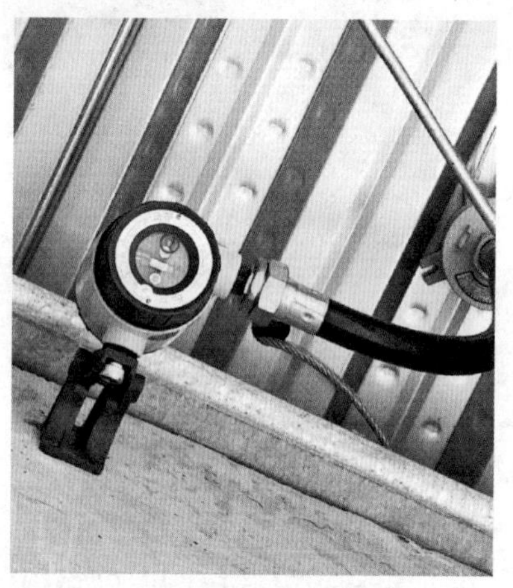

图 5–1–9　火焰探测器报警确认灯点亮

4. 填写记录

根据测试结果，规范填写《建筑消防设施检测记录表》。

三、注意事项

1. 火焰探测器功能试验器点燃火焰后会导致燃烧室和顶盖处温度升高，要确认顶盖处于开启状态并与周围可燃物保持安全距离，注意防止烫伤和引发火灾，禁止在有爆炸危险的场所使用。

2. 火焰探测器故障报警功能应按照制造商提供的方法测试。

3. 火焰探测器火灾报警功能可利用生产厂商提供的现场测试光源按其技术要求进行测试，也可利用生产厂商提供的专用报警信号发生器等进行测试。

技能 3　测试图像型火灾探测器的火警、故障报警功能

一、操作准备

1. 技术资料

火灾自动报警系统图、图像型火灾探测器布置图和地址编码表、产品使用说明书和设计手册等技术资料。

2. 常备工具

酒精灯、纸张等。

3. 实操设备

吸气式感烟火灾探测器演示模型，含火焰探测器、图像探测器的集中型火灾自动报警演示系统，具有场景再现功能的演示系统或设备等。

4. 记录表格

《建筑消防设施检测记录表》。

二、操作步骤

1. 状态确认

检测时，确认图像型火灾探测器与火灾报警控制器正确连接并接通电源，处于正常监视状态。

2. 故障报警功能测试

使用纸张等物品完全遮挡探测器探测镜头，此时探测器不能正常工作，在 100 s 内发出故障声、光报警信号。

3. 火灾报警功能测试

在图像型火灾探测器监测视角范围内，距离探测器 20 m 左右，点燃酒精灯，探测器响应发出火灾报警信号，如图 5-1-10 所示。火焰越大，探测器报警速度越快。

4. 复位

移开酒精灯或纸张，火灾探测器复位。

5. 填写记录

根据测试结果，规范填写《建筑消防设施检测记录表》。

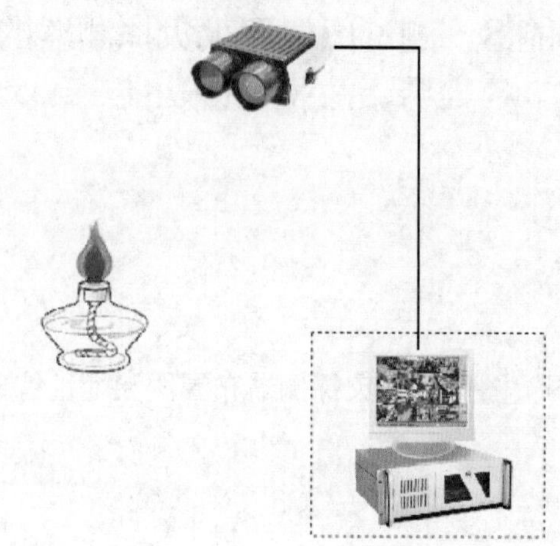

图 5-1-10　图像型火灾探测器报警功能测试示意图

三、注意事项

图像型火灾探测器故障报警和火灾报警功能应按照制造商提供的方法进行测试。

培训项目2 自动灭火系统检测

培训单元1 检测泡沫灭火系统

【培训重点】

熟练掌握泡沫灭火系统各组件的安装质量检测方法。

熟练掌握泡沫灭火系统联动控制功能检测方法。

【知识要求】

一、泡沫比例混合装置的安装质量检查

对于压力式比例混合装置、平衡式比例混合装置、机械泵入式比例混合装置的安装质量，主要从以下几个方面进行检查：

1. 检查比例混合装置的外观

看各组件是否在安装过程中有损坏。

2．检查泡沫液储罐的检修空间是否满足要求

储罐各侧的检修宽度不能小于 0.7 m，且操作面不能小于 1.5 m；当泡沫液储罐上的控制阀距地面高度大于 1.8 m 时，需要在操作面处设置操作平台或操作凳。

3．检查比例混合装置的安装方向

比例混合器的安装方向要与系统水流方向一致，不能反向。

4．检查铭牌标识

查看泡沫液储罐上的铭牌标识是否齐全，查看比例混合装置的混合比类型是否和泡沫液的混合比相匹配。

5．检查装置固定的牢固性

比例混合装置和泡沫液储罐一定要与基础固定牢固。

6．检查安全阀的安装

安全阀的出口不应朝向操作面。

7．检查压力表的安装

检查压力表的安装位置是否便于观测。

8．检查连接件的渗漏情况

检查阀门、法兰等管道连接处是否有渗漏。

9．检查阀门的性能

各阀门是否启闭灵活，是否处于正常状态。

二、泡沫产生装置的安装质量检查

对于低倍数泡沫产生器，主要进行以下检查：

1．检查泡沫产生器的外观

安装过程中是否对组件造成损坏。

2. 检查泡沫产生器的型号

型号规格是否符合设计要求。

3. 检查泡沫产生器的安装间距

间距偏差不宜大于 100 mm。

4. 检查泡沫产生器的固定措施

泡沫产生器和罐壁是否固定牢固。

5. 检查泡沫产生器的密封玻璃

密封玻璃应密封严密，不应有破碎，密封玻璃的划痕面应背向混合液流。对于外浮顶储罐，不应设置密封玻璃。

对于中倍数、高倍数泡沫产生器，主要进行以下检查：

（1）检查泡沫产生器的外观

安装过程中是否对组件造成损坏。

（2）检查泡沫产生器的型号

型号是否符合设计要求。

（3）检查泡沫产生器的安装位置

其位置应位于泡沫淹没深度以上。

（4）检查泡沫产生器的进气情况

在进气端 0.3 m 范围内不应有遮挡物。

（5）检查泡沫产生器发泡网出口情况

在发泡网出口 1.0 m 范围内，不应有影响泡沫喷放的障碍物。

三、系统联动控制功能测试

1. 泡沫—水喷淋系统联动控制功能

泡沫—水喷淋系统的联动控制原理和自动喷水灭火系统基本相同，主要区别就是增加了和泡沫液供给装置的联动控制。以闭式泡沫—水喷淋系统为例，进行系统联动控制测试可采用末端试水装置、楼层试水阀或者泡沫液试验阀（系统试验阀）。如果仅测试联动控制功能，使用泡沫液试验阀即可。测试时，打开泡沫液试验阀，报警阀组应及时开启，之后压力水经延迟器进入报警管路，水力警铃应报警，压力开关应动作，并启动消防水泵；同时报警管路一部分水进入压力释放阀，压力释放阀动作后，泡沫液控制阀自动开启，向系统供给泡沫液，系统试验阀随即有泡沫混合液流出。按闭式泡沫—水喷淋系统要求，在系统流量为 8 L/s 至最大流量区间内，系统的混合比应满足设计要求，因此，开启系统试验阀时，将流量控制在该流量区间，即可同时检测混合比是否符合要求。

2. 高倍数泡沫灭火系统的控制功能

全淹没高倍数泡沫灭火系统和自动控制的固定式局部应用系统的启动方式分为自动控制、手动控制和机械应急手动控制三种。联动控制功能测试主要针对自动控制启动方式，主要测试内容为：首先将火灾报警控制器的控制方式置于“自动”位置，使系统处于自动控制状态；然后模拟首个探测器的报警信号，火灾报警控制器接收到第一个火灾探测器的信号后，应启动防护区内的声、光警报装置，提示人员疏散；然后模拟第二个火灾探测器的报警信号，报警控制器接收到第二个火灾探测器的报警信号后，联动关闭防护区内的门窗、开启排气口、切断生产及照明电源等，并发出启动灭火系统指令，延时一定时间后，应自动启动泡沫消防水泵、比例混合装置、分区阀及相关自动控制阀门，向防护区内喷洒泡沫灭火。

3. 泡沫喷雾系统的联动功能

泡沫喷雾系统具有自动、手动和应急机械启动三种控制方式。联动控制功能测试主要针对自动控制启动方式，主要测试内容如下：首先将泡沫喷雾系统控制盘的控制方式置于“自动”位置，然后模拟首个火灾探测器的报警信号，当泡沫喷雾系统控制盘接收到第一个火警信号后，控制盘立即发出声、光警报；然后模拟第二个火灾报警信号，系统控制盘在接收到第二个火灾探测器的火灾信号后，应发出联动指令，经过延时（根据需要预先设定）后自动打开电磁型驱动装置及保护区对应的分区控制阀，动力瓶组储存的高压气体随即通过减压阀，进入储液罐中，推动泡沫灭火剂，经过分区控制阀、管网和水雾喷头喷向被保护区域，实施灭火。

技能 1　压力式比例混合装置的安装质量检测

一、操作准备

1. 技术资料

泡沫灭火系统图、系统组件现场布置图和地址编码表、泡沫灭火系统产品使用说明书和设计手册等技术资料。

2. 常备工具

卷尺等。

3. 实操设备

泡沫灭火演示系统，具有场景再现功能的演示系统或设备等。

4. 记录表格

《建筑消防设施检测记录表》。

二、操作步骤

1. 检查比例混合装置的外观

查看泡沫液储罐、比例混合器、进水阀、出液阀、排液阀、安全阀、压力表等关键组件是否在安装过程中有损坏，如图 5-2-1 所示。

2. 检查储罐的检修空间是否满足要求

用尺子测量检修通道的宽度，操作面的检修宽度不能小于 1.5 m，其他部位检修宽度不能小于 0.7 m；测量储罐控制阀距地面的高度，如果大于 1.8 m，检查其是否在操作面处设置了操作平台或操作凳。

3. 检查比例混合装置的安装方向

查看比例混合器箭头指向是否与系统水流方向一致，严禁两者反向，如图 5-2-2 所示。

4. 检查铭牌标识

首先查看泡沫液储罐上的铭牌标识是否齐全，应标识泡沫液种类、型号、出厂和灌装日期、有效期及储量等内容，另外查看比例混合装置的混合比类型是否和泡沫液的混合比相匹配。

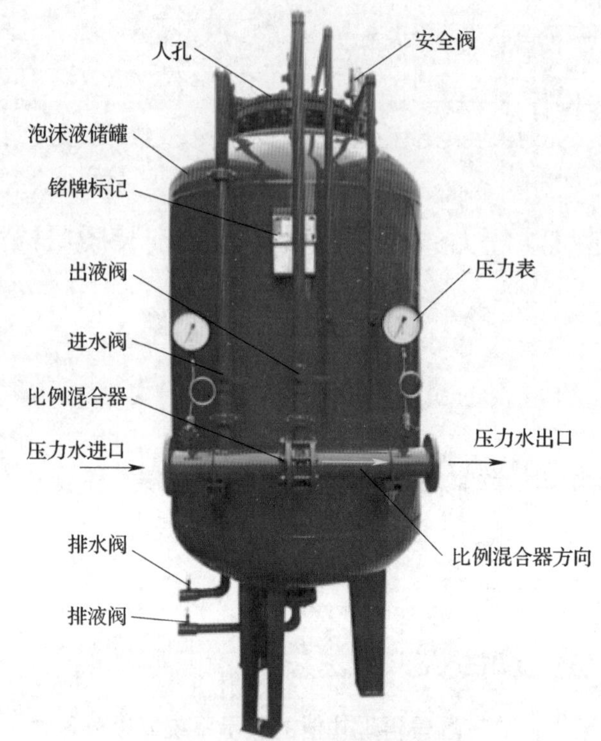

图 5-2-1　压力式比例混合装置组件图

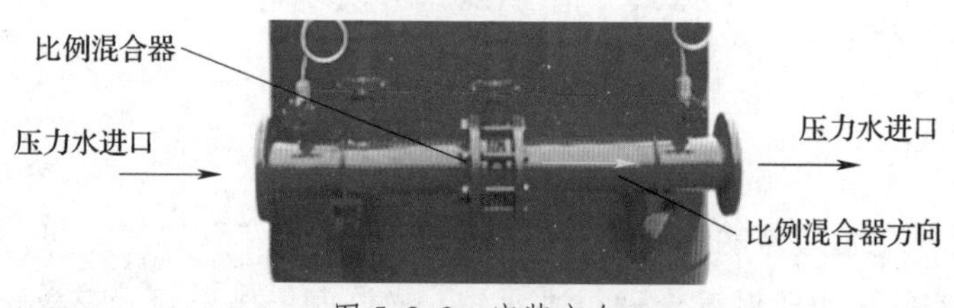

图 5-2-2　安装方向

5. 检查装置固定的牢固性

比例混合装置的工作压力较高，水流经过时有一定的冲击力，所以比例混合装置一定要与基础固定牢固。

6. 检查安全阀的安装

主要检查安全阀出口的朝向，出口不应朝向操作面，以免泄压时对人员造成伤害。

7. 检查压力表的安装位置

压力表应安装在便于人员观测的位置。

8. 检查连接件的渗漏情况

观察进水阀、出液阀、排液阀、相关连接法兰等管道连接处是否有渗漏。

9. 检查阀门的性能

用手转动各阀门，看是否启、闭灵活，观察各阀门是否处于正常状态。

三、注意事项

必要时可进行实际运行试验，观察各部件的功能是否正常。

技能 2 储罐区立式泡沫产生器的安装质量检测

一、操作准备

1. 技术资料

泡沫灭火系统图、系统组件现场布置图和地址编码表，泡沫灭火系统产品使用说明书和设计手册等技术资料。

2. 常备工具

卷尺、扳手等。

3. 实操设备

泡沫灭火演示系统，具有场景再现功能的演示系统或设备等。

4. 记录表格

《建筑消防设施检测记录表》。

二、操作步骤

1. 检查泡沫产生器的外观

查看泡沫产生器本体、泡沫室、发泡网、连接法兰等是否完好，无损伤；观察吸气口是否有杂物堵塞。泡沫产生器组成及安装示意图如图 5-2-3 所示。

2. 检查泡沫产生器的型号

对照设计图样，查看泡沫产生器型号是否和设计要求一致。

3. 检查泡沫产生器的安装间距

采用卷尺测量泡沫产生器的安装间距，间距偏差不宜大于 100 mm。

4. 检查泡沫产生器的固定措施

用手晃动泡沫产生器，检查泡沫产生器是否固定牢固。

5. 检查泡沫产生器的密封玻璃

利用扳手等工具，卸下产生器顶盖，查看密封玻璃是否完好，查看密封玻璃的划痕面是否朝上，密封是否严密。

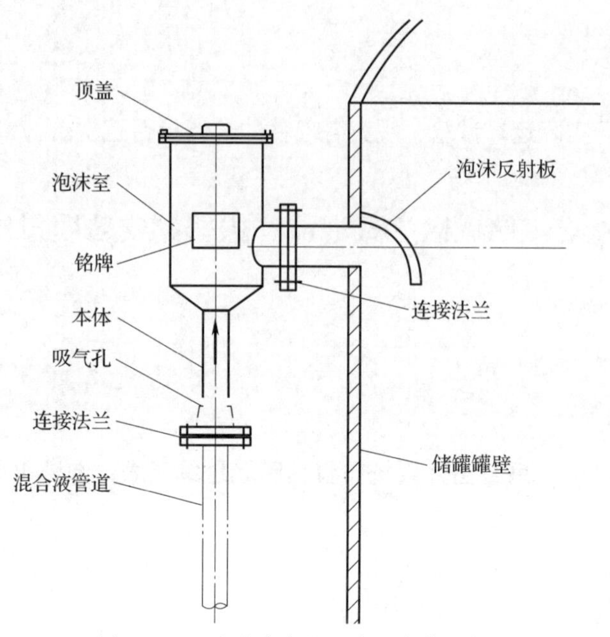

图 5-2-3　泡沫产生器组成及安装示意图

三、注意事项

对于立式泡沫产生器，密封玻璃划痕面应朝上。必要时可将泡沫产生器上盖板卸掉，进行喷泡沫试验。

技能 3　闭式泡沫—水喷淋灭火系统联动控制功能测试

一、操作准备

1. 技术资料

泡沫灭火系统图、系统组件现场布置图和地址编码表，泡沫灭火系统产品使用说明书和设计手册等技术资料。

2. 常备工具

量尺、测试用仪器、仪表设备等。

3. 实操设备

泡沫灭火演示系统，具有场景再现功能的演示系统或设备等。

4. 记录表格

《建筑消防设施检测记录表》。

二、操作步骤

闭式泡沫—水喷淋灭火系统示意图如图 5-2-4 所示。

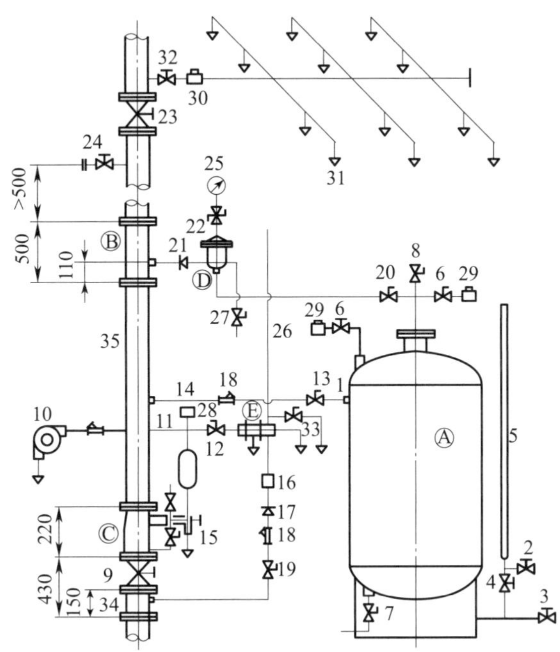

A. 泡沫罐　B. 比例混合器　C. 湿式报警阀
D. 泡沫液控制阀　E. 压力泄放阀

图 5-2-4　闭式泡沫—水喷淋灭火系统示意图

1—泡沫罐进水口　2—液位计排放阀（常闭）　3—泡沫液排 / 注阀（常闭）
4—液位计进液阀（常闭）　5—液位计　6—自动排气控制阀（常开）　7—排水阀（常闭）
8—排气 / 注液阀（常闭）　9—信号闸阀（常开）　10—水力警铃　11—报警管道
12—压力泄放阀的供水阀（常开）　13—泡沫罐供水控制阀（常开）　14—泡沫罐供水管道
15—报警控制阀（常开）　16—节流孔板　17—单向阀　18—过滤器　19—控制管路进水阀（常开）
20—泡沫液断流阀（常开）　21—单向阀　22—泡沫液排放管道　23—系统独立总阀（常开）
24—泡沫液测试阀（常闭）　25—压力表和旋塞阀（常开）　26—控制管道
27—泡沫控制阀的放液阀（常闭）　28—压力开关　29—自动排气阀　30—水流指示器
31—闭式洒水喷头　32—区域阀（常开）　33—手动泄压阀（常闭）
34—控制管供水短接　35—泡沫罐供水短接

1. 检查所有阀门是否处于准工作状态位置。

2. 关闭系统独立总阀 23。

3. 缓慢打开泡沫液测试阀 24，使流量控制在 8 L/s，系统联动结果应符合下列要求：

（1）湿式报警阀 C 自动开启。

（2）水力警铃报警，压力开关 28 动作，并联锁启动消防水泵。

（3）压力泄放阀 E 自动开启，控制管道 26 泄压，压力表 25 的指针指示值 ≤ 0.01 MPa。

（4）泡沫液控制阀 D 自动开启，测试管中排出泡沫混合液，接取样本，测试混合比应符合要求。

（5）消防控制室压力开关、消防水泵等的反馈信号应正常。

4. 试验完毕后，首先关闭泡沫罐供水控制阀 13 和泡沫液断流阀 20，用清水冲洗泡沫液试验管路，冲洗完毕，关闭泡沫液测试阀 24，停泵，湿式报警阀自动复位，开启阀 13、阀 20、阀 23，使系统处于准工作状态。

三、注意事项

泡沫混合液的混合比应在 8 L/s 至最大流量范围内，符合规范及设计要求，必要时，可进行最大流量运行测试。

培训单元 2
检测气体灭火系统

【培训重点】

了解气体灭火系统的安装要求。

熟练掌握气体灭火系统检测的主要内容。

熟练掌握气体灭火系统联动控制功能的内容及测试方法。

【知识要求】

一、气体灭火系统的安装要求

气体灭火系统一般性安装质量要求按控制装置、启动装置、储存装置、灭火剂输送管道分类检测，还需对气体灭火系统安装质量整体检测。

1. 控制装置

（1）气体灭火控制器（见图 5–2–5）

1）气体灭火控制器在墙上安装时，其底边距地（楼）面高度宜为 1.3 ~ 1.5 m，其靠近门轴的侧面距墙不应小于 0.5 m，正面操作距离不应小于 1.2 m；落地安装时，其底边宜高出地（楼）面 0.1 ~ 0.2 m。

2）控制器应安装牢固，不应倾斜；安装在轻质墙上时，应采取加固措施。

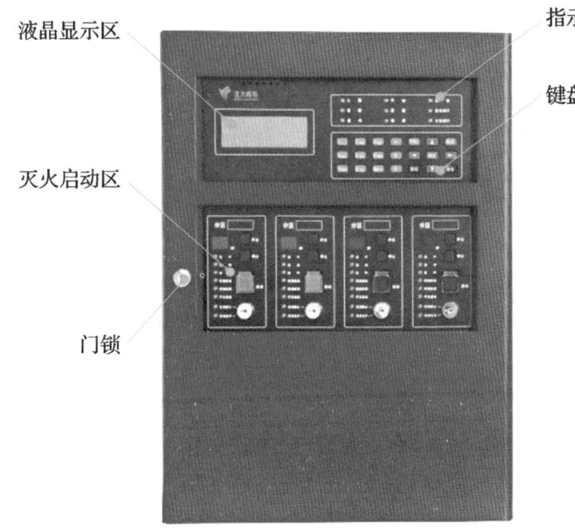

图 5–2–5　气体灭火控制器

3）引入控制器的电缆或导线，应符合下列要求：

配线应整齐，不宜交叉，并应固定牢靠；电缆芯线和所配导线的端部，均应标明编号，并与图样一致，字迹应清晰且不易褪色；端子板的每个接线端，接线不得超过 2 根；电缆芯和导线，应留有不小于 200 mm 的余量；导线应绑扎成束；导线穿管、线槽后，应将管口、槽口封堵。

4）控制器的主电源应有明显的永久性标志，并应直接与消防电源连接，严禁使用电源插头。控制器与其外接备用电源之间应直接连接。

5）控制器的接地应牢固，并有明显的永久性标志。

（2）火灾探测器

火灾探测器的检测方法参见火灾自动报警系统相关章节。

（3）手动启动 / 停止按钮、手动 / 自动转换装置（见图 5–2–6）

1）手动启动 / 停止按钮、手动 / 自动转换装置应安装在明显和便于操作的部位。当安装在墙上时，其底边距地（楼）面高度宜为 1.3 ~ 1.5 m。

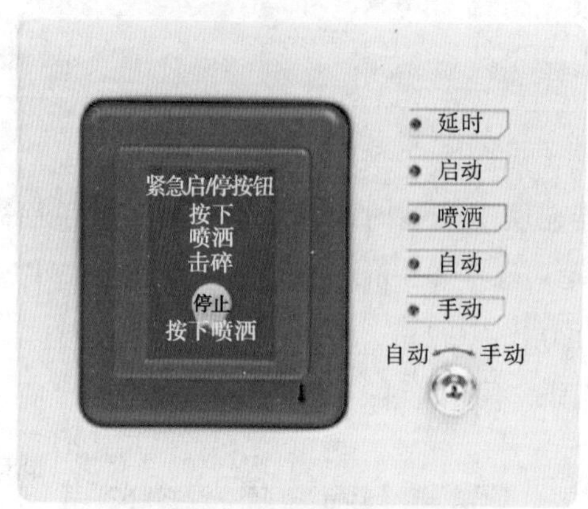

图 5-2-6　手动启动 / 停止按钮、手动 / 自动转换装置

检查数量：全数检查。

检验方法：尺量、观察检查。

2）放气指示灯

放气指示灯一般安装在防护区疏散门外的上方，便于观察的地方，如图 5-2-7 所示。

要求：安装牢固；连接导线应留有不小于 150 mm 的余量，且在其端部应有明显标志。

2. 启动装置（见图 5-2-8）

（1）拉索式机械驱动装置的安装应符合下列规定：

拉索除必要外露部分外，应采用经内外防腐处理的钢管防护；拉索转弯处应采用专用导向滑轮；拉索末端拉手应设在专用的保护盒内；拉索套管和保护盒应固定牢靠。

图 5-2-7　放气指示灯

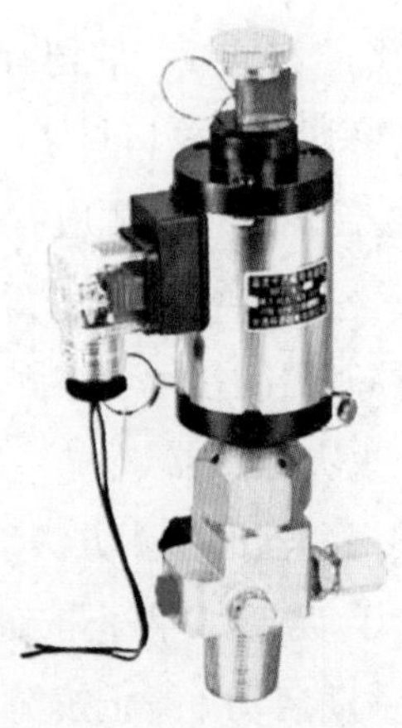

图 5-2-8　启动装置

（2）安装重力式机械驱动装置时，应保证重物在下落行程中无阻挡，其下落行程应保证驱动所需距离，且不得小于 25 mm。

（3）电磁驱动装置驱动器的电气连接线应沿固定灭火剂储存容器的支、框架或墙面固定。

（4）气动驱动装置的安装应符合下列规定：

驱动气瓶的支、框架或箱体应固定牢靠，并做防腐处理；驱动气瓶上应有标明驱动介质名称、对应防护区或保护对象名称或编号的永久性标志，并应便于观察。

（5）气动驱动装置的管道安装应符合管道布置设计要求：

竖直管道应在其始端和终端设防晃支架或采用管卡固定；水平管道应采用管卡固定。管卡的间距不宜大于 0.6 m。转弯处应增设 1 个管卡。

（6）气动驱动装置的管道安装后应做气压严密性试验，并合格。

1）气压强度试验应遵守下列规定：

试验前，必须用加压介质进行预试验，预试验压力宜为 0.2 MPa。

试验时，应逐步缓慢增加压力，当压力升至试验压力的 50% 时，如未发现异状或泄漏，继续按试验压力的 10% 逐级升压，每级稳压 3 min，直至试验压力。保压检查管道各处无变形、无泄漏为合格。

2）对气动管道，应取驱动气体储存压力。

3）进行气密性试验时，应以不大于 0.5 MPa/s 的升压速率缓慢升压至试验压力，关断试验气源 3 min 内压力下降不超过试验压力的 10% 为合格。

4）气压强度试验和气密性试验必须采取有效的安全措施。加压介质可采用空气或氮气。气动管道试验时应采取防止误喷射的措施。

3. 储存装置（见图 5-2-9）

（1）灭火剂储存装置的安装

1）储存装置的安装位置应符合设计文件的要求。

2）灭火剂储存装置安装后，泄压装置的泄压方向不应朝向操作面。低压二氧化碳灭火系统的安全阀应通过专用的泄压管接到室外。

3）储存装置上压力计、液位计、称重显示装置的安装位置应便于人员观察和操作。

4）储存容器的支、框架应固定牢靠，并应做防腐处理。

5）储存容器宜涂红色油漆，正面应标明设计规定的灭火剂名称和储存容器的编号。

6）安装集流管前应检查内腔，确保清洁。

7）集流管上的泄压装置的泄压方向不应朝向操作面。

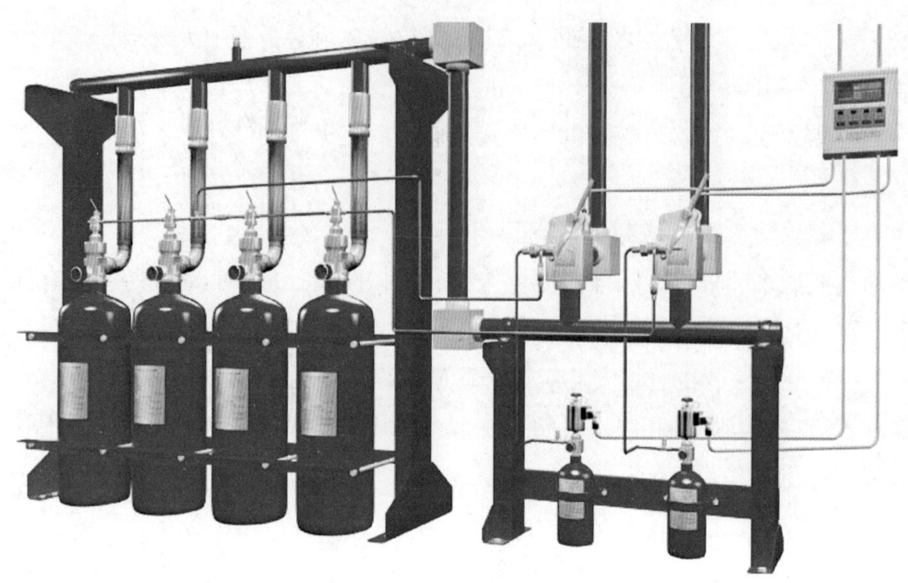

图 5–2–9 储存装置

8）连接储存容器与集流管间的单向阀的流向指示箭头应指向介质流动方向。

9）集流管应固定在支、框架上。支、框架应固定牢靠，并做防腐处理。

10）集流管外表面宜涂红色油漆。

（2）预制灭火系统的安装

1）柜式气体灭火装置（见图 5–2–10）、热气溶胶灭火装置等预制灭火系统及其控制器、声光报警器的安装位置应符合设计要求，并固定牢靠。

图 5–2–10 柜式气体灭火装置

2）柜式气体灭火装置、热气溶胶灭火装置等预制灭火系统装置周围空间环境应符合设计要求。

4. 灭火剂输送管道（见图 5-2-11）

（1）灭火剂输送管道连接应符合下列规定：

采用螺纹连接时，管材宜采用机械切割；螺纹不得有缺纹、断纹等现象；螺纹连接的密封材料应均匀附着在管道的螺纹部分，拧紧螺纹时，不得将填料挤入管道内；安装后的螺纹根部应有 2 ~ 3 条外露螺纹；连接后，应将连接处外部清理干净并做防腐处理。

采用法兰连接时，衬垫不得凸入管内，其外边缘宜接近螺栓，不得放双垫或偏垫。连接法兰的螺栓，直径和长度应符合标准，拧紧后，凸出螺母的长度不应大于螺杆直径的 1/2 且保证有不少于 2 条外露螺纹。

图 5-2-11 灭火剂输送管道

已经防腐处理的无缝钢管不宜采用焊接连接，与选择阀等个别连接部位需采用法兰焊接连接时，应对被焊接损坏的防腐层进行二次防腐处理。

（2）管道穿过墙壁、楼板处应安装套管。套管公称直径比管道公称直径至少应大 2 级，穿墙套管长度应与墙厚相等，穿楼板套管长度应高出地板 50 mm。管道与套管间的空隙应采用防火封堵材料填塞密实。当管道穿越建筑物的变形缝时，应设置柔性管段。

（3）管道支、吊架的安装应符合下列规定：

管道应固定牢靠，管道支、吊架的最大间距应符合表 5-2-1 的规定。

表 5-2-1　　支、吊架之间最大间距

DN（mm）	15	20	25	32	40	50	65	80	100	150
最大间距（m）	1.5	1.8	2.1	2.4	2.7	3.0	3.4	3.7	4.3	5.2

管道末端应采用防晃支架固定，支架与末端喷嘴间的距离不应大于 500 mm。

公称直径大于或等于 50 mm 的主干管道，垂直方向和水平方向至少应各安装 1 个防晃支架，当穿过建筑物楼层时，每层应设 1 个防晃支架。当水平管道改变方向时，应增设防晃支架。

（4）灭火剂输送管道安装完毕后，应进行强度试验和气压严密性试验，并合格。

1）水压强度试验压力应按下列规定取值：

对高压二氧化碳灭火系统，应取 15.0 MPa；对低压二氧化碳灭火系统，应取 4.0 MPa。

对 IG 541 混合气体灭火系统，应取 13.0 MPa。

对卤代烷 1301 灭火系统和七氟丙烷灭火系统，应取 1.5 倍系统最大工作压力，系统最大工作压力可按表 5-2-2 取值。

表 5-2-2　　系统储存压力、最大工作压力

系统类别	最大充装密度（kg/m^3）	储存压力（MPa）	最大工作压力（MPa）（50 ℃时）
IG 541 混合气体灭火系统	—	15.0	17.2
	—	20.0	23.2
卤代烷 1301 灭火系统	1 125	2.50	3.93
		4.20	5.80
七氟丙烷灭火系统	1 150	2.5	4.2
	1 120	4.2	6.7
	1 000	5.6	7.2

2）进行水压强度试验时，以不大于 0.5 MPa/s 的升压速率缓慢升压至试验压力，保压 5 min，检查管道各处无渗漏，无变形为合格。

3）当水压强度试验条件不具备时，可采用气压强度试验代替。气压强度试验压力取值：二氧化碳灭火系统取 80% 水压强度试验压力，IG 541 混合气体灭火系统取 10.5 MPa，卤代烷 1301 灭火系统和七氟丙烷灭火系统取 1.15 倍最大工作压力。

4）气压强度试验应遵守下列规定：

试验前，必须用加压介质进行预试验，预试验压力宜为 0.2 MPa。

试验时，应逐步缓慢增加压力，当压力升至试验压力的 50% 时，如未发现异状或泄漏，继续按试验压力的 10% 逐级升压，每级稳压 3 min，直至试验压力。保压检查管道各处无变形、无泄漏为合格。

5）灭火剂输送管道经水压强度试验合格后还应进行气密性试验，经气压强度试验合格且在试验后未拆卸过的管道可不进行气密性试验。

6）灭火剂输送管道在水压强度试验合格后，或气密性试验前，应进行吹扫。吹扫管道可采用压缩空气或氮气，吹扫时，管道末端的气体流速不应小于 20 m/s，采用白布检查，直至无铁锈、尘土、水渍及其他异物出现。

7）气密性试验压力应按下列规定取值：

对灭火剂输送管道，应取水压强度试验压力的 2/3。

对气动管道，应取驱动气体储存压力。

8）进行气密性试验时，应以不大于 0.5 MPa/s 的升压速率缓慢升压至试验压力，关断试验气源 3 min 内压力降不超过试验压力的 10% 为合格。

9）气压强度试验和气密性试验必须采取有效的安全措施。加压介质可采用空气或氮气。

（5）灭火剂输送管道的外表面宜涂红色油漆。

在吊顶内、活动地板下等隐蔽场所内的管道，可涂红色油漆色环，色环宽度不应小于 50 mm。每个防护区或保护对象的色环宽度应一致，间距应均匀。

5. 喷嘴（见图 5-2-12）

（1）安装喷嘴时，应按设计要求逐个核对其型号、规格及喷孔方向。

（2）安装在吊顶下的不带装饰罩的喷嘴，其连接管管端螺纹不应露出吊顶；安装在吊顶下的带装饰罩的喷嘴，其装饰罩应紧贴吊顶。

图 5-2-12　喷嘴

【技能操作】

技能 1　检查气体灭火系统的安装质量

一、操作准备

1. 技术资料

气体灭火系统施工图、设计说明书及其设计变更通知单等设计文件，产品出厂合格证和市场准入制度要求的有效证明文件，质量控制文件，系统及其主要组件的使用、维护说明书，施工过程检查记录及隐蔽工程验收记录等。

2. 常备工具

钢卷尺、温度计等。

3. 防护装备

安全防护装备，如防砸鞋、安全帽、绝缘手套等。

4. 实操设备

气体灭火演示系统、具有场景再现功能的演示系统或设备等。

5. 记录表格

《建筑消防设施检测记录表》。

二、操作步骤

1. 检查现场环境

（1）通过现场观测，核查资料，确认防护区可燃物中最大的设计灭火浓度是否超过设计方案的设计灭火浓度。

（2）通过现场观测，核查资料，确认防护区泄压口设置位置、开口面积是否符合设计要求；确认除泄压口外，防护区是否存在不能关闭或未封闭的开口。

（3）通过现场观测，核查资料，确认防护区内安置的设备、物品是否存在阻挡灭火剂喷嘴或影响灭火剂喷放的情况。

（4）通过现场观测，核查资料，确认灭火剂储瓶间是否存在阳光直射储存装置的情况。

（5）通过现场观测，核查资料，确认储瓶间内灭火剂储存装置的操作面宽度是否满足设计要求。

（6）核查确认防护区、储瓶间的环境温度是否满足设计要求。

（7）检查确认防护区、储瓶间门外的标志牌和警示标志是否符合要求。

2. 核查系统设备安装位置、安装数量、型号、规格

根据设计文件的要求，对组成系统的所有设备、部件进行安装位置、安装数量、型号、规格的核查。

3. 检查系统设备外观、标志

（1）控制器的主电源应有明显的永久性标志，并应直接与消防电源连接，严禁使用电源插头。控制器与其外接备用电源之间应直接连接。

（2）控制器的接地应牢固，并有明显的永久性标志。

（3）储存容器宜涂红色油漆，正面应标明设计规定的灭火剂名称和储存容器的编号。

（4）驱动气瓶上应有标明驱动介质名称、对应防护区或保护对象名称或编号的永久性标志，并应便于观察。

（5）驱动气瓶的机械应急手动操作处，应有标明对应防护区或保护对象名称的永久性标志。

（6）气单向阀、灭火剂单向阀、选择阀的流向指示箭头应指向介质流动方向。

（7）选择阀上应设置标明防护区或保护对象名称或编号的永久性标志牌，并应便于观察。

（8）灭火剂输送管道应涂红色油漆，隐蔽位置的管道可涂红色色环。

4. 核查安装要求

（1）控制器在墙上安装时，其底边距地（楼）面高度宜为 1.3 ~ 1.5 m，其靠近门轴的侧面距墙不应小于 0.5 m，正面操作距离不应小于 1.2 m；落地安装时，其底边宜高出地（楼）面 0.1 ~ 0.2 m。

（2）控制器应安装牢固，不应倾斜；安装在轻质墙上时，应采取加固措施。

（3）灭火剂储存装置、启动气瓶安装后，泄压装置的泄压方向不应朝向操作面。低压二氧化碳灭火系统的安全阀应通过专用的泄压管接到室外。

（4）储存装置上压力计、液位计、称重显示装置的安装位置应便于人员观察和操作。

（5）储存容器的支、框架应固定牢靠，并应做防腐处理。

（6）驱动气瓶的支、框架或箱体应固定牢靠，并做防腐处理。

（7）选择阀操作手柄应安装在操作面一侧，当安装高度超过 1.7 m 时应采取便于操作的措施。

（8）采用螺纹连接的选择阀，其与管网连接处宜采用活接。

（9）电磁驱动装置驱动器的电气连接线应沿固定灭火剂储存容器的支、框架或墙面固定。

（10）灭火剂输送管道的支吊架应固定牢靠，并应做防腐处理。

5. 填写记录

根据检测的实际情况，填写记录表格。

三、注意事项

1. 进行与压力容器有关的操作和试验时，应有防止储存装置（包括灭火剂储存装置和驱动气体储存装置）误动作的措施。

2. 所有检测、试验合格后，立即恢复系统正常工作状态。

技能 2　测试气体灭火系统的联动控制功能

一、操作准备

1. 技术资料

气体灭火系统施工图、设计说明书及其设计变更通知单等设计文件，产品出厂合格证和市场准入制度要求的有效证明文件，质量控制文件，系统及其主要组件的使用、维护说明书，施工过程检查记录及隐蔽工程验收记录等。

2. 常备工具

万用表、测试设备等。

3. 防护装备

安全防护装备，如防砸鞋、安全帽、绝缘手套等。

4. 实操设备

气体灭火演示系统、具有场景再现功能的演示系统或设备等。

5. 记录表格

《建筑消防设施检测记录表》。

二、操作步骤

一般按照发生火灾时，气体灭火系统操作流程进行相关测试。气体灭火系统操作流程如图 5-2-13 所示。

1. 连接测试设备并采取防误动措施

为了防止测试时灭火系统误启动，测试前应将驱动器（电磁阀）与启动瓶分离，直接启动的将驱动器与灭火系统分离；或拆开驱动器与灭火控制器启动输出端的连接导线，连接与驱动器功率相同的测试设备或万用表。

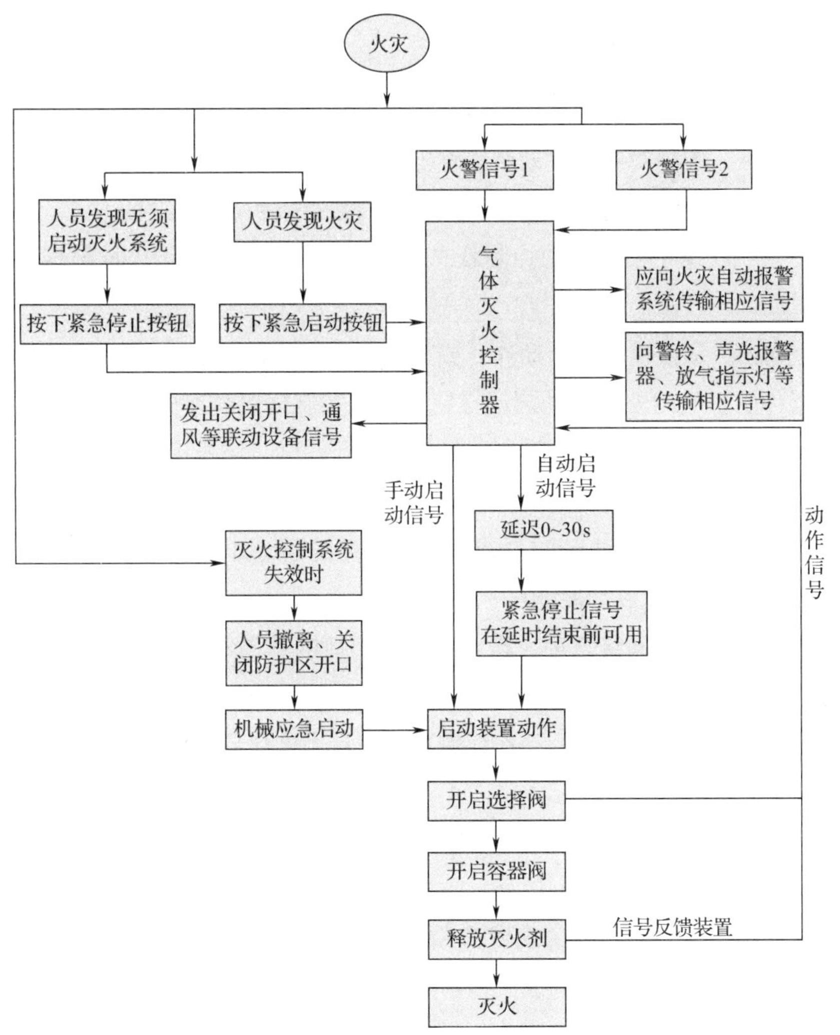

图 5-2-13 气体灭火系统操作流程

2. 手动 / 自动状态切换

操作气体灭火控制器或设置在防护区门口的手动 / 自动转换装置，可切换气体灭火控制系统的工作状态。

观察手动 / 自动状态指示灯是否显示正确。

3. 火警判断功能测试

（1）模拟防护区一个火灾探测器信号，灭火控制器进入预警状态，不会输出灭火系统的启动信号。

观察驱动器、测试设备是否动作，或万用表是否接到启动信号。

（2）再模拟防护区另外一组火灾探测器信号，形成复合火警，灭火控制器判定为真实火警，进入延时启动状态。

观察灭火控制器是否显示进入延时启动状态。

4. 启动功能测试

（1）自动控制状态下，灭火控制器收到两个独立的火警信号后，进行 0 ~ 30 s 延时；延时结束后，应向对应的驱动装置输出启动信号。

观察驱动器、测试设备是否动作，或万用表是否接到启动信号。

（2）将系统状态切换为手动控制状态，重复之前的试验，灭火控制器应不输出启动信号。

观察驱动器、测试设备是否动作，或万用表是否接到启动信号。

（3）操作防护区门外的手动启动按钮，灭火控制器应向对应的驱动装置直接输出启动信号。自动控制状态和手动控制状态分别进行测试，结果应一致。

观察驱动器、测试设备是否动作，或万用表是否接到启动信号。

注意：用万用表直接测试启动信号时，启动信号的输出功率应满足驱动器的启动功率。

5. 停止（中断）喷放功能测试

延时启动的延时时间结束前，操作防护区门口的手动停止按钮，灭火控制器没有启动信号的输出。

观察驱动器、测试设备是否动作，或万用表是否接到启动信号。

6. 警报功能测试

（1）收到火警信号（含手动启动按钮的动作信号）后，灭火控制器应向对应的防护区设置的声、光报警装置输出信号，防护区报警装置应发出声、光报警。

（2）手动触发压力信号器的测试开关，或短接压力信号器的连接电线，灭火控制器应向对应的防护区门外设置的放气指示灯输出信号，放气指示灯应点亮。

7. 联动功能测试

（1）预警状态时，灭火控制器应不输出联动信号，联动设备应不响应。

（2）真实火警状态、手动启动按钮动作时，灭火控制器应输出联动信号。自动控制状态和手动控制状态分别进行测试，结果应一致。

（3）观察防护区的空调通风、防火阀、电动门窗等联动设备。灭火控制器输出联动信号后，联动设备应响应，结果符合设计要求。

8. 填写记录

根据检测的实际情况，填写记录表格。

三、注意事项

1. 可与系统年检时的模拟启动试验和模拟喷气试验同步进行。

2. 测试合格后，应立即恢复系统正常工作状态。

培训单元3
检测预作用、雨淋自动喷水灭火系统

【培训重点】

了解预作用报警装置的安装要求。

了解雨淋报警阀组的安装要求。

了解预作用、雨淋自动喷水灭火系统流量压力检测装置的安装要求。

了解预作用自动喷水灭火系统联动控制功能要求。

了解雨淋自动喷水灭火系统联动控制功能要求。

掌握预作用自动喷水灭火系统的安装质量的检查技能。

掌握预作用自动喷水灭火系统的工作压力、流量及联动控制功能的检查技能；掌握雨淋自动喷水灭火系统的安装质量的检查技能。

熟练掌握雨淋自动喷水灭火系统的工作压力、流量及联动控制功能的检查技能。

【知识要求】

一、预作用报警装置的安装要求

1. 预作用报警装置的安装应在供水管网试压、冲洗合格后进行。

2. 安装时应先安装水源控制阀、报警阀组，然后进行报警阀组辅助管道的连接。

3. 水源控制阀、报警阀组与配水干管的连接，应使水流方向一致。

4. 预作用报警装置安装的位置应符合设计要求；当设计无要求时，报警阀组应安装在便于操作的明显位置，距室内地面高度为1.2 m，两侧与墙的距离应不小于0.5 m，正面与墙的距离不应小于1.2 m，报警阀组凸出部位之间的距离应不小于0.5 m（见图5–2–14）。

5. 安装报警阀组的室内地面应有排水设施，排水能力应满足报警阀组调试、验收和利用试水阀门泄空系统管道的要求。

6. 预作用报警装置可采用电动开启或手动开启，开启控制装置的安装应安全可靠。

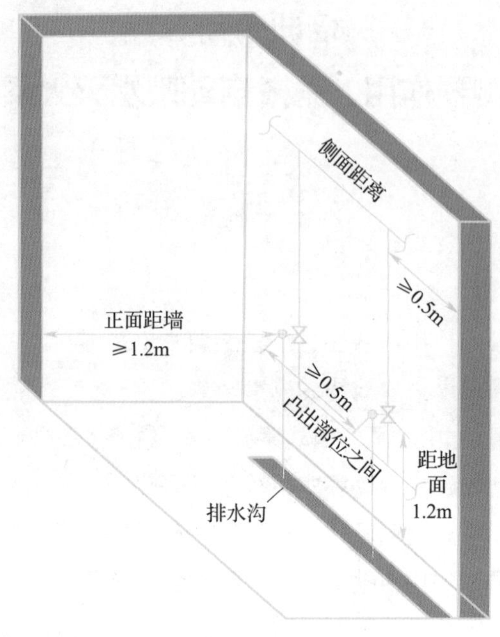

图 5-2-14　预作用报警装置安装位置示意图

7. 排水球阀、水力警铃、防复位器、电磁阀、手动快开阀的排水管路必须单独接入排水沟，以保证畅通。

8. 预作用报警装置的进出口应安装信号阀。

9. 水力警铃应安装在公共通道或值班室附近的外墙上（见图 5-2-15）；与报警阀组连接的管道，其管径应为 20 mm，总长不得大于 20 m。

10. 将气压维持装置中的电接点压力表（见图 5-2-16）设定为启动点 0.03 MPa，停止点 0.05 MPa，低压报警设定 0.02 MPa，高压报警设定 0.06 MPa。

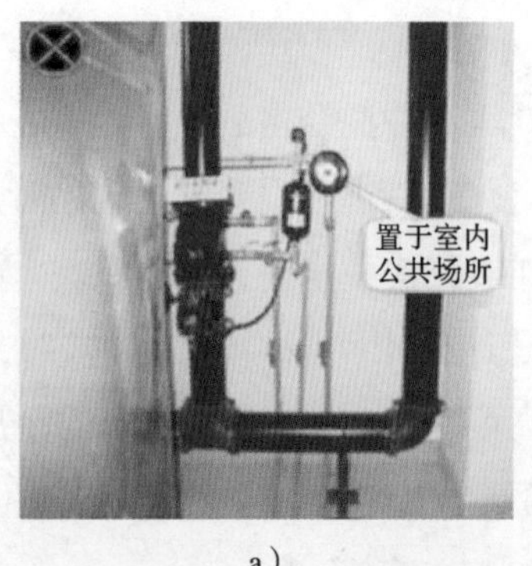

a）

b）

图 5-2-15　水力警铃安装
a）错误安装　b）正确安装

二、雨淋报警阀组的安装要求

1. 雨淋报警阀组的安装应在供水管网试压、冲洗合格后进行。

2. 安装时应先安装水源控制阀、报警阀，然后进行报警阀辅助管道的连接。

3. 水源控制阀、报警阀与配水干管的连接，应使水流方向一致。

4. 雨淋报警阀组安装的位置应符合设计要求；当设计无要求时，报警阀组应安装在便于操作的明显位置，距室内地面高度为 1.2 m，两侧与墙的距离不应小于 0.5 m，正面与墙的距离不应小于 1.2 m，报警阀组凸出部位之间的距离不应小于 0.5 m。

5. 安装报警阀组的室内地面应有排水设施（见图 5-2-17），排水能力应满足报警阀调试、验收和利用试水阀门泄空系统管道的要求。

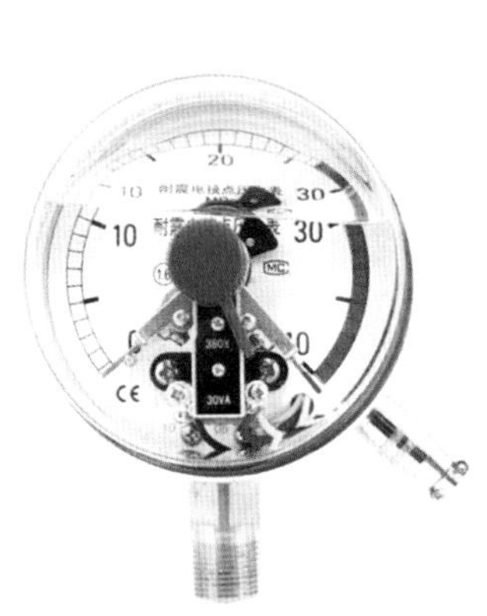

图 5-2-16 电接点压力表

图 5-2-17 消防水泵房排水设施

6. 雨淋报警阀组可采用电动开启、传动管开启或手动开启，开启控制装置的安装应安全可靠。

7. 排水球阀、水力警铃、防复位器、电磁阀、手动快开阀的排水管路必须单独接入排水沟，以保证畅通。

8. 雨淋报警阀的进出口应安装信号阀。

9. 水力警铃应安装在公共通道或值班室附近的外墙上；与报警阀连接的管道，其管径应为 20 mm，总长不得大于 20 m。

三、预作用、雨淋自动喷水灭火系统流量压力检测装置的安装要求

在水泵出水管上，应安装由控制阀，检测供水压力、流量用的仪表及排水管道组成的系统流量压力检测装置（见图 5-2-18）或预留可供连接流量压力检测装置的接口，其通水能力应与系统供水能力一致。

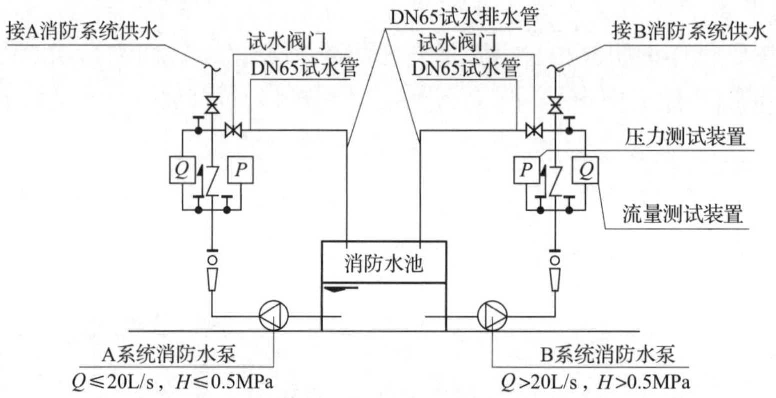

图 5-2-18　消防水泵流量压力检测装置示意图

工程中所安装的消防水泵能否满足该工程的灭火需要，应经过检测认定。为使系统调试、检测、消防水泵启动运行试验能按规范要求顺利进行，要求在系统中安装检测试验装置。当水泵流量小或压力不高时，可采用消防水泵试验管试验或临时设施试验，但当水泵流量和压力大时，不便采用试验管或临时设置测试，因此规定采用固定仪表测试。

四、预作用自动喷水灭火系统联动控制功能要求

1. 联动控制方式，应由同一报警区域内两只及以上独立的感烟火灾探测器或一只感烟火灾探测器与一只手动火灾报警按钮的报警信号，作为预作用阀组开启的联动触发信号。由消防联动控制器控制预作用阀组的开启，使系统转变为湿式系统；当系统设有快速排气装置时，应联动控制排气阀前的电动阀的开启。

2. 手动控制方式，应将消防水泵控制柜的启动和停止按钮、预作用阀组和快速排气阀入口前的电动阀的启动和停止按钮，用专用线路直接连接至设置在消防控制室内的消防联动控制器的手动控制盘，直接手动控制消防水泵的启动、停止及预作用阀组和电动阀的开启。

3. 水流指示器、信号阀、压力开关、消防水泵的启动和停止的动作信号，有压气体管道气压状态信号和快速排气阀入口前电动阀的动作信号应反馈至消防联动控制器。

五、雨淋自动喷水灭火系统联动控制功能要求

1. 联动控制方式，应由同一报警区域内两只及以上独立的感温火灾探测器或一只感温火灾探测器与一只手动火灾报警按钮的报警信号，作为雨淋报警阀组开启的联动触发信号。应由消防联动控制器控制雨淋报警阀组的开启。

2. 手动控制方式，应将消防水泵控制柜的启动和停止按钮、雨淋报警阀组的启动和停止按钮，用专用线路直接连接至设置在消防控制室内的消防联动控制器的手动控制盘，直接手动控制消防水泵的启动、停止及雨淋阀报警阀组的开启。

3. 水流指示器，压力开关，雨淋报警阀组、消防水泵的启动和停止的动作信号应反馈至消防联动控制器。

【技能操作】

技能 1 检查预作用自动喷水灭火系统的安装质量

一、操作准备

1. 技术资料

预作用自动喷水灭火系统设计文件及竣工验收文件，预作用自动喷水灭火系统产品使用说明书和设计手册等技术资料。

2. 常备工具

声级计、流量压力测量仪器等。

3. 实操设备

预作用自动喷水灭火演示系统、具有场景再现功能的演示系统或设备等。

4. 记录表格

《建筑消防设施检测记录表》。

二、操作步骤

1. 对照消防设计文件或者生产厂家提供的安装图样，检查预作用报警装置及其各附件的安装位置、结构状态，手动检查供水干管侧和配水干管侧控制阀门、检测装置各个控制阀门的状态。

2. 将预作用报警装置调节到伺应状态，开启报警阀组手动快开阀或者电磁阀，目测检查压力表变化情况、延迟器以及水力警铃等附件启动情况；采用压力表测试水力警铃喷嘴处的压力，采用卷尺确定水力警铃铃声声强测试点，采用声级计测试其铃声声强。

技能 2　检查预作用自动喷水灭火系统的工作压力、流量及联动控制功能

一、操作准备

1. 技术资料

预作用自动喷水灭火系统设计文件及竣工验收文件，预作用自动喷水灭火系统产品使用说明书和设计手册等技术资料。

2. 常备工具

声级计、流量压力测量装置等。

3. 实操设备

预作用自动喷水灭火演示系统、具有场景再现功能的演示系统或设备等。

4. 记录表格

《建筑消防设施检测记录表》。

二、操作步骤

1. 检查预作用自动喷水灭火系统的工作压力、流量

（1）启动系统消防水泵。

（2）打开预作用自动喷水灭火系统流量压力检测装置（见图 5-2-19）的放水阀，测试系统的流量、压力。

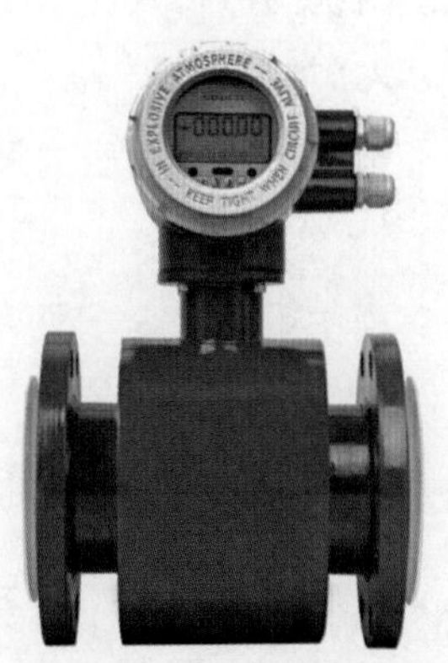

图 5-2-19　流量检测装置

2. 检查预作用自动喷水灭火系统的联动控制功能

（1）按照设计联动逻辑，采用专用测试仪表或其他方式，在同一防护区内模拟两只感烟火灾探测报警器信号，

查看火灾报警控制器火灾报警信号，查看联动控制器联动控制信号发出情况，逐一检查电磁阀、预作用报警装置（雨淋报警阀）、水流指示器、压力开关和消防水泵的动作情况，以及排气阀的排气情况。

（2）报警阀动作后，用声级计测试，距水力警铃 3 m 远处连续声强不应低于 70 dB。

（3）打开末端试水装置，待火灾控制器确认火灾 2 min 后读取出水压力不应低于 0.05 MPa。

（4）关闭末端试水装置，系统复位，恢复到工作状态。

技能 3　检查雨淋自动喷水灭火系统的安装质量

一、操作准备

1. 技术资料

雨淋自动喷水灭火系统设计文件及竣工验收文件，雨淋自动喷水灭火系统产品使用说明书和设计手册等技术资料。

2. 常备工具

声级计、流量压力测量装置等。

3. 实操设备

雨淋自动喷水灭火演示系统、具有场景再现功能的演示系统或设备等。

4. 记录表格

《建筑消防设施检测记录表》。

二、操作步骤

1. 对照消防设计文件或者生产厂家提供的安装图样，检查雨淋报警阀组及其各附件安装位置、结构状态，手动检查供水干管侧和配水干管侧控制阀门、检测装置各个控制阀门的状态（见图 5-2-20）。

2. 将雨淋报警阀组调节到伺应状态，开启雨淋报警阀组手动快开阀或者电磁阀，目测检查压力表变化情况、延迟器以及水力警铃等附件启动情况；采用压力表测试水力警铃喷嘴处的压力，采用卷尺确定水力警铃铃声声强测试点，采用声级计测试其铃声声强。

图 5-2-20　雨淋系统安装质量检查

技能 4　检查雨淋自动喷水灭火系统的工作压力、流量及联动控制功能

一、操作准备

1. 技术资料

雨淋自动喷水灭火系统设计文件及竣工验收文件，雨淋自动喷水灭火系统产品使用说明书和设计手册等技术资料。

2. 常备工具

声级计、压力测量装置等。

3. 实操设备

雨淋自动喷水灭火演示系统、具有场景再现功能的演示系统或设备等。

4. 记录表格

《建筑消防设施检测记录表》。

二、操作步骤

1. 检查雨淋自动喷水灭火系统的工作压力、流量

（1）启动系统消防水泵。

（2）打开雨淋自动喷水灭火系统流量压力检测装置放水阀，测试系统的压力和流量。

2. 检查雨淋自动喷水灭火系统的联动控制功能

（1）对于传动管控制的雨淋报警阀组，查看并读取传动管压力表数值，核对传动

管压力表设定值；启动 1 只传动管上的闭式喷头，对控制腔泄压，逐一查看雨淋报警阀、压力开关和消防水泵等动作情况。

（2）对于火灾探测器控制的雨淋报警阀组，按照设计联动逻辑，采用专用测试仪表或其他方式，在同一防护区内模拟两只感温火灾探测器的报警信号，查看火灾报警控制器火灾报警信号，查看联动控制器联动控制信号发出情况，逐一检查电磁阀、雨淋报警阀、压力开关和消防水泵的动作情况。

（3）报警阀动作后，用声级计测试，距水力警铃 3 m 远处连续声强应不低于 70 dB。

（4）系统复位，恢复到工作状态。

培训单元 4
检测自动跟踪定位射流灭火系统

【培训重点】

熟练掌握检查自动跟踪定位射流灭火系统的安装质量的方法。

熟练掌握测试自动跟踪定位射流灭火系统的工作压力、流量及联动控制功能的方法。

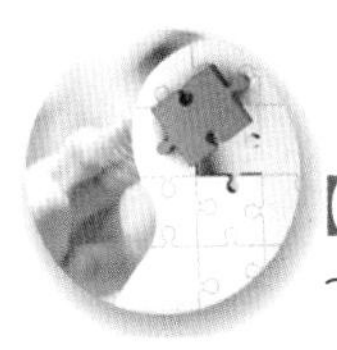

【技能操作】

技能 1 检查自动跟踪定位射流灭火系统的安装质量

一、操作准备

1. 技术准备

详细阅读项目图样资料，熟悉自动跟踪定位射流灭火系统组件及设施设备的规格、数量、分布位置等，熟悉系统组件及设施设备的功能、检查方法及注意事项。

2. 常备工具

卷尺、万用表、兆欧表等。

3. 防护装备

安全防护装备，如安全带、防砸鞋、安全帽、绝缘手套等。

4. 实操设备

自动跟踪定位射流灭火演示系统、具有场景再现功能的演示系统或设备等。

5. 记录表格

《建筑消防设施检测记录表》。

二、操作步骤

1. 检查自动跟踪定位射流灭火系统组件及配件的安装质量

（1）检查灭火装置的安装质量

1）检查灭火装置的安装是否固定可靠。

2）检查灭火装置的安装是否在设计规定的水平和俯仰回转范围内，是否与周围构件触碰。

3）检查与灭火装置连接的管线是否安装牢固，是否阻碍回转机构的运动。

（2）检查探测装置的安装质量

1）检查探测装置的安装是否固定可靠。

2）检查探测装置的安装是否产生探测盲区。

3）检查探测装置及配线金属管或线槽是否有接地保护，接地是否牢靠并有明显标识。

4）检查进入探测装置的电缆或导线是否配线整齐、固定牢固，电缆线芯和导线的端部是否标明编号。

灭火装置及管道、附件安装质量检查如图 5-2-21 所示。

（3）检查控制装置的安装质量

1）检查控制装置的安装是否牢固可靠。

2）检查控制装置的接地是否安全可靠。

控制装置的安装质量检查如图 5-2-22 所示。

（4）检查模拟末端试水装置的安装质量

1）检查每个保护区的管网最不利点处是否设模拟末端试水装置，是否便于排水。

2）检查模拟末端试水装置的组成是否符合设计要求。

3）检查模拟末端试水装置的出水是否采取孔口出流的方式排入排水管道。

4）检查模拟末端试水装置的安装位置是否便于操作测试。

图 5-2-21　灭火装置及管道、附件安装质量检查

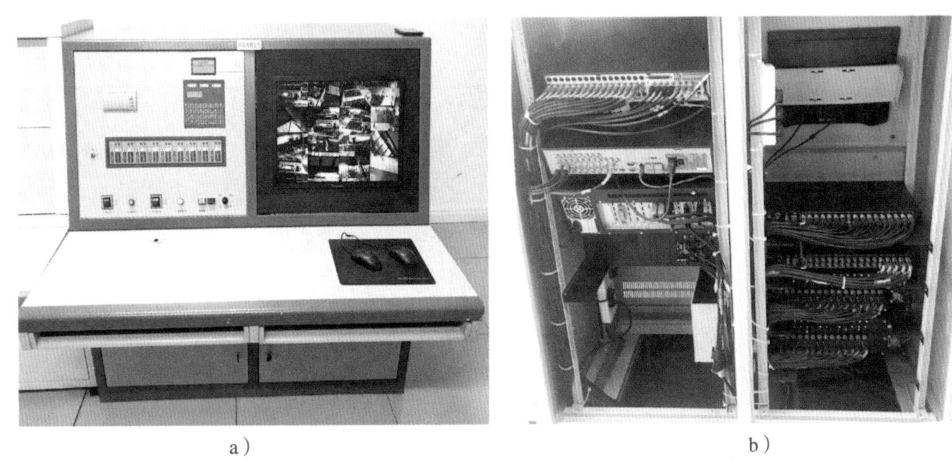

a）　　b）

图 5-2-22　控制装置的安装质量检查

a）控制主机外观的安装质量检查　b）控制主机内部的安装质量检查

5）检查模拟末端试水装置是否设置明显的标识，用尺测量试水阀距地面的高度，检查模拟末端试水装置是否采取不被他用的措施。

2. 检查自动跟踪定位射流灭火系统管道及附件的安装质量

（1）检查管道的安装质量

1）检查水平管道的安装，其坡度、坡向是否符合设计要求，当出现 U 形管时是否有放空措施。

2）检查立管是否用卡箍固定在支架上，卡箍的间距是否大于设计值。

3）检查埋地管道隐蔽工程试验和验收记录资料是否齐全。

4）检查管道安装位置、标高、水平度和垂直度等的偏差是否符合要求。

5）检查管道支架和吊架的安装是否平整牢固，管墩的砌筑是否规整，其间距是否符合设计要求。

6）检查穿过防火墙、楼板的管道是否安装套管。穿防火墙套管的长度是否小于防火墙的厚度，穿楼板套管的长度是否高出楼板 50 mm，底部是否与楼板底面相平；管道与套管间的空隙是否采用防火材料封堵；管道穿过建筑物的变形缝时，是否采取保护措施。

7）检查管道和设备的防腐、防冻措施是否到位。

（2）检查阀门的安装质量

1）检查自动控制阀、信号阀、手动检修阀等阀门是否按相关标准进行安装。

2）检查自动排气阀是否采取立式安装。

3）检查放空阀是否安装在管道的最低处。

（3）检查水流指示器的安装质量

1）检查水流指示器的电气元件部位是否垂直安装在水平管道上侧，其动作方向是否与水流方向一致。

2）检查安装在吊顶内的水流指示器是否设有便于维修的检修口。

自动跟踪定位射流灭火系统的灭火装置及入口前管道、附件安装示意图如图 5-2-23 所示。

3. 检查自动跟踪定位射流灭火系统消防水泵、气压稳压装置、消防水池、高位消防水箱及消防水泵接合器的安装质量

检测方法见本系列教材湿式自动喷水灭火系统的相关内容。

4. 检查自动跟踪定位射流灭火系统电源、备用动力、电气设备及电气线路的安装质量

（1）检查电源、备用动力、电气设备的安装质量

1）检查供电电源是否采用消防电源，是否符合有关标准规定。

2）检查供电保护是否采用漏电保护开关，是否采用具有漏电报警功能的保护装置。

3）检查电气设备的布置是否满足带电设备安全防护距离的要求，是否符合有关标准规定。

（2）检查电气线路的安装质量

1）检查系统的供电电缆和控制线缆是否采用耐火铜芯电线电缆，系统的报警信号线缆是否采用阻燃或阻燃耐火电线电缆。

2）检查强、弱电回路的布线是否使用同一根电缆，是否分别成束分开排列；不同电压等级的线路，是否穿在同一线管内或线槽的同一槽孔内。

3）检查引入控制装置内的电缆及其芯线是否符合设计要求。

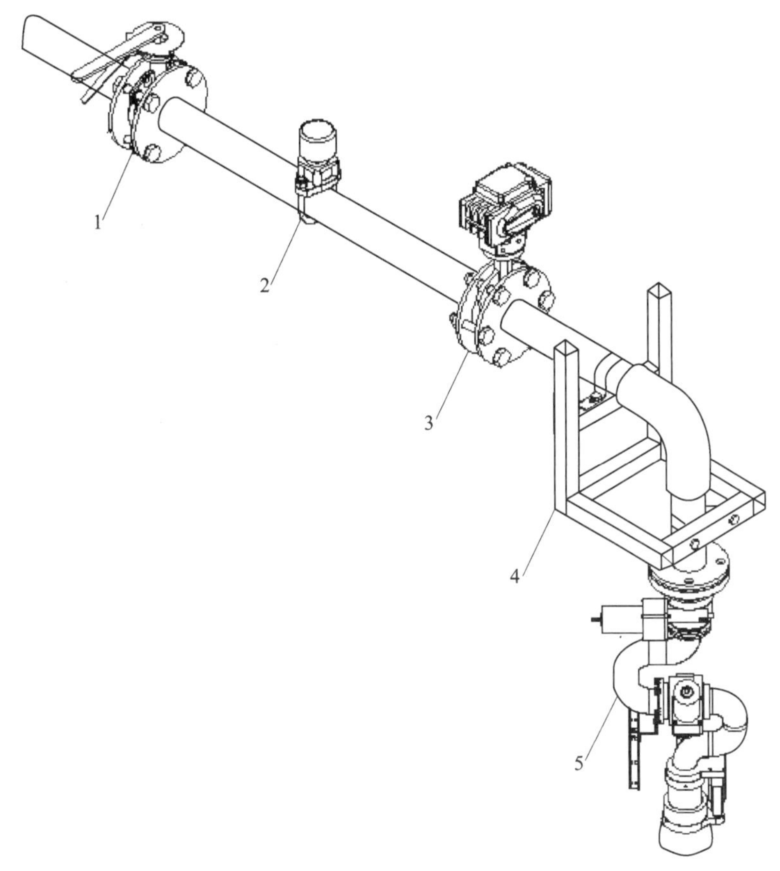

图 5-2-23 灭火装置及入口前管道、附件安装示意图
1—检修阀 2—水流指示器 3—自动控制阀
4—固定支架 5—自动跟踪定位射流灭火装置

4）检查系统内不同用途的导线是否采用不同的颜色，相同用途导线的颜色是否相同，且导线的接线端是否有标号。

5）使用 500 V 兆欧表测量每个回路的导线绝缘电阻。弱电系统的导线对地、导线之间的绝缘电阻值不应小于 20 MΩ；强电系统的导线对地、导线之间的绝缘电阻值不应小于 0.5 MΩ。

三、注意事项

带电作业需按作业要求佩戴防护用具，登高作业应采取安全防护措施，并配置登高监护人员。

技能 2　测试自动跟踪定位射流灭火系统的工作压力、流量及联动控制功能

一、操作准备

1. 技术准备

详细阅读项目图样资料，熟悉自动跟踪定位射流灭火系统组件及设施设备的规格、数量、分布位置等，熟悉系统组件及设施设备的功能、检测方法及注意事项。

2. 常备工具

便携式流量计、秒表、万用表、试验火源等。

3. 防护装备

安全防护装备，如安全带、防砸鞋、安全帽、绝缘手套、防水布等。

4. 实操设备

自动跟踪定位射流灭火演示系统、具有场景再现功能的演示系统或设备等。

5. 记录表格

《建筑消防设施检测记录表》。

二、操作步骤

1. 测试自动跟踪定位射流灭火系统的工作压力和流量

（1）测试自动跟踪定位射流灭火系统工作压力的操作步骤

1）检查自动跟踪定位射流灭火系统所有设施设备应处于待命状态。

2）选取需要同时开启射流喷水试验的灭火装置（自动消防炮系灭火系统和喷射型自动射流灭火系统为 2 台灭火装置，喷洒型灭火系统根据设计确定），做好射流喷水试验区域的安全防护。

3）操作需要同时开启射流喷水试验的灭火装置，调整喷射角度朝向预定喷水区域。

4）启动消防水泵，打开喷水试验灭火装置对应的自动控制阀，灭火装置射流喷水。

5）观察喷水试验灭火装置进水口处压力表，记录压力表读数，该压力值即为系统工作压力，正常应为系统设计工作压力。

（2）测试自动跟踪定位射流灭火系统流量的操作步骤

在消防水泵启动运行、灭火装置射流喷水的同时，利用安装在消防水泵出水管道上的流量计或便携式流量计测试消防水泵出水流量，记录流量计读数，该流量值即为系统流量，正常应为系统设计流量。

2. 测试自动跟踪定位射流灭火系统的联动控制功能

（1）测试消防水泵及稳压装置的启动、运行和联动控制功能

1）测试自动或手动方式启动消防水泵，消防水泵应在 55 s 内投入正常运行。

2）测试备用电源切换方式或备用泵切换启动消防水泵，消防水泵应在 1 min 内投入正常运行。

3）启动消防水泵运行，观察消防水泵运行应正常，测量流量、压力应符合设计要求。

4）测试稳压装置运行应正常。当管网压力达到稳压泵设计启泵压力时，稳压泵应立即启动；当管网压力达到稳压泵设计停泵压力时，稳压泵应自动停止运行；人为设置主稳压泵故障，备用稳压泵应立即启动；当消防水泵启动时，稳压泵应停止运行。

（2）测试自动控制阀和灭火装置的手动控制功能

1）使系统电源处于接通状态，系统控制主机、现场控制箱处于手动控制状态。

2）分别通过系统控制主机和现场控制箱，逐个手动操作每台自动控制阀的开启、关闭，观察自动控制阀的启、闭动作和反馈信号应正常。

3）逐个手动操作每台灭火装置（自动消防炮和喷射型自动射流灭火装置）俯仰和水平回转，观察灭火装置的动作及反馈信号应正常，且在设计规定的回转范围内与周围构件应无触碰进行自动控制阀开启、关闭功能试验，其启、闭动作、反馈信号等应符合设计要求。

4）对具有直流—喷雾转换功能的灭火装置，逐个手动操作检验其直流—喷雾动作功能。

灭火装置的手动控制功能测试如图 5-2-24 所示。

a）

b）

图 5-2-24 灭火装置的手动控制功能测试

a）远程手动控制测试灭火装置动作 b）观察灭火装置动作情况

（3）测试系统主电源和备用电源的切换功能

测试方法参见本系列教材相关内容。

（4）测试模拟末端试水装置的联动控制功能

1）使系统处于自动控制状态。

2）在模拟末端试水装置探测范围内，放置油盘试验火，系统应能在规定时间内自动完成火灾探测、火灾报警并启动消防水泵，打开该模拟末端试水装置的自动控制阀。

3）观察检查，模拟末端试水装置出水的水压压力和流量应符合设计要求。

（5）测试自动跟踪定位射流灭火系统的自动灭火功能

1）使系统处于自动控制状态。

2）在保护区内的任意位置上，放置 1 A 级别火试模型，在火试模型预燃阶段使系统处于非跟踪定位状态。

3）预燃结束，恢复系统的跟踪定位状态进行自动定位射流灭火。系统从自动射流开始，自动消防炮灭火系统、喷射型自动射流灭火系统应在 5 min 内扑灭 1 A 灭火级别的木垛火，喷洒型自动射流灭火系统应在 10 min 内扑灭 1 A 灭火级别的木垛火。火试模型、试验条件、试验步骤等应符合国家标准《手提式灭火器》（GB 4351）的规定。

4）系统灭火完成后，应自动关闭自动控制阀，并采取人工手动停止消防水泵。

（6）测试自动跟踪定位射流灭火系统的联动控制功能

1）在系统自动灭火功能测试试验中，当系统确认火灾后，声、光警报器应动作，火灾现场视频实时监控和记录应启动。

2）系统动作后，控制主机上的消防水泵、水流指示器、自动控制阀等的状态显示应正常。

3）系统的火灾报警信息应传送给火灾自动报警系统，并应按设计要求完成有关消防联动功能。

自动跟踪定位射流灭火系统灭火试验如图 5-2-25 所示。

3. 填写记录

根据检查结果，填写《建筑消防设施检测记录表》。

三、注意事项

1. 带电作业需按作业要求佩戴防护用具，登高作业应采取安全防护措施，并配置登高监护人员。

2. 测试系统自动灭火功能和联动控制功能时，应做好喷水灭火试验现场的安全防护。

图 5-2-25 自动跟踪定位射流灭火系统灭火试验

培训单元 5
检测固定消防炮灭火系统

【培训重点】

了解固定消防炮灭火系统的安装与施工要求。

掌握固定消防炮灭火系统的功能验收要求。

熟练掌握检查固定消防炮灭火系统安装质量的方法。

熟练掌握测试固定消防炮灭火系统工作压力和流量及联动控制功能的方法。

【知识要求】

一、固定消防炮灭火系统主要组件的安装与施工要求

1. 消防炮的安装与施工要求

（1）消防炮安装应符合设计要求，且应在供水管线系统试压、冲洗合格后进行。

（2）消防炮安装前应确定基座上供灭火剂的立管固定可靠。

（3）消防炮回转范围应与防护区相对应。

（4）消防炮安装后，应检查确认在其设计规定的水平和俯仰回转范围内不与周围的构件碰撞。

（5）与消防炮连接的电、液、气管线应安装牢固，且不得干涉回转机构。

2. 泡沫比例混合装置与泡沫液罐的安装与施工要求

（1）泡沫液罐的安装位置和高度应符合设计要求。

（2）常压泡沫液罐的现场制作、安装和防腐应符合设计要求。

（3）压力式泡沫液罐安装时，支架应与基础牢固固定，且不应拆卸和损坏配管、附件；罐的安全阀出口不应朝向操作面。

（4）设在室外的泡沫液罐的安装应符合设计要求，并应根据环境条件采取防晒、防冻、防腐等措施。

（5）压力式比例混合装置应整体安装，与管道连接处的安装应严密。

（6）泡沫比例混合装置的标注方向应与液流方向一致。

（7）平衡式泡沫比例混合装置的安装应符合设计和产品要求。

3. 干粉罐与氮气瓶组的安装与施工要求

（1）安装在室外时，干粉罐和氮气瓶组应根据环境条件设置防晒、防雨等防护设施。

（2）干粉罐和氮气瓶组的安装位置和高度应符合设计要求。

（3）干粉罐和氮气瓶组中需现场制作的连接管道应采取防腐处理措施。

（4）干粉罐和氮气瓶组的支架应固定牢固，且应采取防腐处理措施。

4. 消防炮塔的安装与施工要求

（1）安装消防炮塔的地面基座应稳固，钢筋混凝土基座施工后应有足够的养护时间。

（2）消防炮塔与地面基座的连接应固定可靠。

（3）消防炮塔安装后应采取相应的防腐措施。

（4）消防炮塔应做防雷接地，施工完毕应及时进行隐蔽工程验收。

二、固定消防炮灭火系统的功能验收要求

1. 系统启动功能和联动控制功能验收要求

（1）系统手动启动功能验收要求

使系统电源处于接通状态，各控制装置的操作按钮处于手动状态。逐个按下各消防泵组的手动操作启、停按钮，观察消防泵组的动作及反馈信号情况是否正常；逐个按下各电控阀门的手动操作启、停按钮，观察阀门的启、闭动作及反馈信号情况是否正常；用手动按钮或手持式无线遥控发射装置逐个操控相对应的消防炮做俯仰和水平回转动作，观察各消防炮的动作及反馈信号是否正常，观察消防炮在设计规定的回转范围内是否与消防炮塔干涉，消防炮塔的防腐涂层是否完好。对带有直流喷雾转换功能的消防炮，还应检验其喷雾动作控制功能。

（2）主、备电源的切换功能验收要求

系统主、备电源处于接通状态，切断主电源，备用电源应能自动投入运行；恢复主电源供电，主电源应能自动投入运行。

（3）消防泵组功能验收要求

1）消防泵组运行验收要求

按系统设计要求，启动消防泵组，观察该消防泵组及相关设备动作是否正常，若正常，消防泵组在设计负荷下，连续运转不应小于 2 h。

2）主用、备用泵组自动切换功能验收要求

接通控制装置电源，并使消防泵组控制装置处于自动状态，人工启动一台消防泵组，观察该消防泵组及相关设备动作是否正常，若正常，则在消防泵组控制装置内模拟消防泵组故障，使之停泵。此时，备用消防泵组应能自动投入运行。消防泵组在设计负荷下，连续运转不应小于 30 min。

（4）联动控制功能验收要求

按设计的联动控制单元进行逐个检查。接通系统电源，使待检联动控制单元的被控设备均处于自动状态，按下对应的联动启动按钮，该单元应能按设计要求自动启动消防泵组，打开阀门等相关设备，直至消防炮喷射灭火剂（或水幕保护系统出水）。该单元设备的动作与信号反馈应符合设计要求。

2. 系统喷射功能验收要求

（1）验收试验条件要求

1）水炮和水幕保护系统采用消防水进行喷射。

2）泡沫炮系统的比例混合装置及泡沫液的规格应符合设计要求。

3）消防泵组供水达到额定供水压力。

4）干粉炮系统的干粉型号、规格、储量和氮气瓶组的规格、压力应符合系统设计要求。

5）系统手动启动和联动控制功能正常。

6）系统中参与控制的阀门工作正常。

（2）试验结果要求

1）水炮、水幕、泡沫炮的实际工作压力不应小于相应的设计工作压力。

2）水炮、泡沫炮、干粉炮的水平、俯仰回转角应符合设计要求，带直流喷雾转换功能的消防水炮的喷雾角应符合设计要求。

3）保护水幕喷头的喷射高度应符合设计要求。

4）泡沫炮系统的泡沫比例、混合装置提供的混合液的混合比应符合设计要求。

5）水炮系统和泡沫炮系统自启动至喷出水或泡沫的时间不应大于 5 min，干粉炮系统自启动至喷出干粉的时间不应大于 2 min。

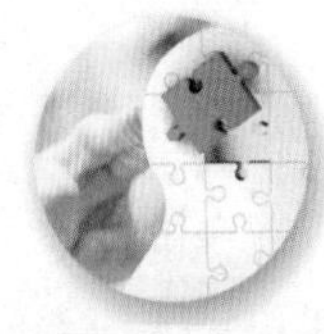

【技能操作】

技能 1　检查固定消防炮灭火系统的安装质量

一、操作准备

1. 技术准备

详细阅读项目图样资料，熟悉固定消防炮灭火系统组件及设施设备的规格、数量、分布位置等，熟悉系统组件及设施设备的功能、检查方法及注意事项。

2. 常备工具

卷尺、万用表、兆欧表等。

3. 防护装备

安全防护装备，如安全带、防砸鞋、安全帽、绝缘手套等。

4. 实操设备

固定消防炮灭火演示系统、具有场景再现功能的演示系统或设备等。

5. 记录表格

《建筑消防设施检测记录表》。

二、操作步骤

1. 检查固定消防炮灭火系统消防炮的安装质量

（1）检查消防炮基座上供灭火剂的立管是否固定可靠。

（2）检查消防炮的固定是否牢固。

（3）检查消防炮是否在其设计规定的水平和俯仰回转范围内，是否与周围的构件碰撞。

（4）检查消防炮连接的电、液、气管线是否安装牢固，是否干涉回转机构。

2. 检查固定消防炮灭火系统泡沫比例混合装置与泡沫液罐的安装质量

（1）检查泡沫液罐的安装位置和高度是否符合设计要求。

（2）检查常压泡沫液罐的安装和防腐措施是否符合设计要求。

（3）检查压力式泡沫液罐的安装支架是否与基础牢固固定，配管和附件是否完好；罐的安全阀出口是否朝向操作面。

（4）检查设置在室外的泡沫液罐安装是否符合设计要求，是否根据环境条件采取防晒、防冻、防腐等措施。

（5）检查压力式比例混合装置与管道连接处的安装是否严密。

（6）检查泡沫比例混合装置的标注方向是否与液流方向一致。

（7）检查平衡式泡沫比例混合装置的安装是否符合设计和产品要求。

3. 检查固定消防炮灭火系统干粉罐与氮气瓶组的安装质量

（1）检查安装在室外的干粉罐和氮气瓶组是否根据环境条件设置防晒、防雨等防护设施。

（2）检查干粉罐和氮气瓶组的安装位置和高度是否符合设计要求。

（3）检查氮气瓶组安装是否能够防止氮气误喷射。

（4）检查干粉罐和氮气瓶组的连接管道是否采取防腐处理措施。

（5）检查干粉罐和氮气瓶组的支架是否固定牢固，是否采取防腐处理措施。

4. 检查固定消防炮灭火系统消防炮塔的安装质量

（1）检查安装消防炮塔的地面基座是否稳固。

（2）检查消防炮塔与地面基座的连接是否固定可靠。

（3）检查消防炮塔的起吊定位现场是否有足够空间。

（4）检查消防炮塔是否采取相应的防腐措施。

（5）检查消防炮塔是否做好防雷接地。

远控消防炮系统的消防炮及炮塔安装示意图如图 5-2-26 所示。

图 5-2-26 消防炮及炮塔安装示意图

5. 填写记录

根据检查结果，填写《建筑消防设施检测记录表》。

三、注意事项

带电作业时，需按作业要求佩戴防护用具；登高作业时，应采取安全防护措施，并配置登高监护人员。

技能 2 测试固定消防炮灭火系统的工作压力和流量、性能及联动控制功能

一、操作准备

1. 技术准备

详细阅读项目图样资料，熟悉固定消防炮灭火系统组件及设施设备的规格、数量、分布位置等，熟悉系统组件及设施设备的功能、检测方法及注意事项。

2. 常备工具

便携式流量计、秒表、万用表、手持折射仪或手持导电率测量仪、泡沫发泡倍数测试专用仪器等。

3. 防护装备

安全防护装备，如安全带、防砸鞋、安全帽、绝缘手套等。

4. 实操设备

固定消防炮灭火演示系统、具有场景再现功能的演示系统或设备等。

5. 记录表格

《建筑消防设施检测记录表》。

二、操作步骤

1. 测试固定消防炮灭火系统的工作压力和流量

（1）按系统设计要求，启动消防泵组在设计负荷下运行，开启消防水炮、消防泡沫炮进行喷射试验，观察水泵出口压力表，记录压力表读数，即为消防泵组的出水压力；观察消防炮进口压力表，记录压力表读数，即为消防炮的工作压力。核查测量值是否满足要求。

（2）利用安装在消防泵组出水管道上的流量计或便携式流量计测试水泵出水流量，记录流量计读数，该流量值即为消防泵组的出水流量。核查测量值是否满足要求。

2. 测试固定消防炮灭火系统消防炮的性能

（1）对消防水炮和消防泡沫炮进行喷水试验和喷射泡沫试验，检查其喷射压力、仰俯角度、水平回转角度等指标是否符合设计要求。

消防炮喷水试验如图 5-2-27 所示。

图 5-2-27 消防炮喷水试验

消防泡沫炮喷射泡沫试验如图 5-2-28 所示。

（2）对消防干粉炮进行喷射干粉试验，检查其喷射压力、喷射时间、仰俯角度、水平回转角度等指标是否符合设计要求。

消防干粉炮喷射干粉试验如图 5-2-29 所示。

图 5-2-28　消防泡沫炮喷射泡沫试验

图 5-2-29　消防干粉炮喷射干粉试验

3. 测试固定消防炮灭火系统泡沫比例混合装置的性能

（1）启动消防泵组和泡沫比例混合装置，打开消防泡沫炮进行喷射泡沫液试验。

（2）用流量计测量泡沫比例混合装置的泡沫混合液流量，用手持折射仪或手持导电率测量仪测量泡沫混合液的混合比。检查测试结果是否符合设计要求。

4. 测试固定消防炮灭火系统的喷射功能

（1）测试消防水炮灭火系统的喷射功能

1）启动消防泵组，打开消防水炮进口控制阀。

2）分别通过消防炮回转手柄（手轮）和控制装置操作消防水炮对保护范围进行喷水试验。

3）用秒表测量系统自接到启动信号至水炮炮口开始喷水的时间，其值不应大于5 min；用尺测量消防水炮射程，检查是否符合设计要求。

（2）测试消防泡沫炮灭火系统的喷射功能

1）启动消防泵组和泡沫比例混合装置，打开消防泡沫炮进口控制阀。

2）分别通过消防炮回转手柄（手轮）和控制装置操作消防泡沫炮对保护范围进行喷射泡沫液试验。

3）用秒表测量系统自接到启动信号至泡沫炮炮口开始喷射泡沫的时间，其值不应大于5 min，且持续喷射泡沫的时间应大于2 min；用尺测量消防泡沫炮射程，检查其值是否符合设计要求。

4）测量泡沫混合液的混合比、泡沫发泡倍数、泡沫析液时间是否符合设计要求。

（3）测试消防干粉炮灭火系统的喷射功能

1）启动氮气瓶组，以氮气代替干粉，进行消防干粉炮喷射试验。

2）分别通过消防炮回转手柄（手轮）和控制装置操作消防干粉炮对保护范围进行喷射试验。

3）用秒表测量系统自接到启动信号至干粉炮炮口开始喷射干粉的时间，其值不应大于2 min，且持续喷射干粉的时间应大于60 s；检查其各项性能指标均是否达到设计要求。

5. 测试固定消防炮灭火系统的联动控制功能

（1）接通系统电源，使待检联动控制单元的被控设备均处于自动状态。

（2）按下对应的联动启动按钮，测试该单元是否能按设计要求自动启动消防泵组。打开阀门等相关设备，直至消防炮喷射灭火剂或水幕保护系统出水，测试该单元设备的动作与信号反馈是否符合设计要求。

（3）对具有自动启动功能的联动单元，对联动单元的相关探测器输入模拟启动信号后，测试该单元是否能按设计要求自动启动消防泵组，打开阀门等相关设备，直至消防炮喷射灭火剂或水幕保护系统出水。

（4）检查各联动单元被控设备的动作与信号反馈是否符合设计要求。

6. 填写记录

根据检查结果，填写《建筑消防设施检测记录表》。

三、注意事项

1. 带电作业时，需按作业要求佩戴防护用具；登高作业时，应采取安全防护措施，并配置登高监护人员。

2. 进行固定消防炮灭火系统喷水或喷射泡沫试验时，应做好试验现场的安全防护。

培训项目 3 其他消防设施检测

培训单元 1 检测电气火灾监控系统

【培训重点】

了解电气火灾监控系统的安装要求。

掌握电气火灾监控系统的功能。

熟练掌握对电气火灾监控系统进行功能及安装质量检测。

【知识要求】

一、电气火灾监控系统的安装要求

电气火灾监控系统安装要求见表 5-3-1。

表 5-3-1 电气火灾监控系统安装要求

序号	检查内容	安装要求
1	监控设备安装	设备应安装牢固，不应倾斜
		落地安装时：设备底边宜高出地（楼）面 0.1 ~ 0.2 m
		采用壁挂方式安装时：其主显示屏高度宜为 1.5 ~ 1.8 m，其靠近门轴的侧面距墙不应小于 0.5 m，正面操作距离不应小于 1.2 m；安装在轻质墙上时，应采取加固措施
2	监控设备引入线缆	配线应整齐，不宜交叉，并应固定牢靠
		线缆芯线的端部，均应标明编号，并与图样一致，字迹应清晰且不易褪色
		端子板的每个接线端，接线不得超过 2 根
		线缆应留有不小于 200 mm 的余量
		线缆应绑扎成束
		线缆穿管、槽盒后，应将管口、槽口封堵
3	监控设备电源连接	设备的主电源应有明显的永久性标识，并应直接与消防电源连接，严禁使用电源插头
		设备与其外接备用电源（如有）之间应直接连接
4	监控设备蓄电池（如有）安装	设备自带电池需进行现场安装时，蓄电池规格、型号、容量应符合设计文件的规定，蓄电池安装应符合产品使用说明书的要求
5	监控设备接地	设备的接地应牢固，并有明显的永久性标识
6	监控探测器安装	在探测器周围应适当留出更换和标定的空间
		剩余电流式探测器负载侧的中性线不应与其他回路共用，且不应重复接地
		测温式探测器应采用产品配套固定装置固定在保护对象上
7	传感器安装	传感器与裸带电导体应保证安全距离，金属外壳的传感器应有安全接地
		传感器应独立支承或固定，安装牢固，并应采取防潮、防腐蚀等措施
		传感器输出回路的连接线，应使用截面积不小于 1.0 mm^2 的双绞铜芯导线，并应留有不小于 150 mm 的余量，其端部应有明显标识
		传感器的安装不应破坏被监控线路的完整性，不应增加线路接点

二、电气火灾监控系统功能检查要求

电气火灾监控系统一般由电气火灾监控设备、电气火灾监控探测器、剩余电流互感器、温度传感器等组成。当保护线路中的探测参数超过报警预设值时，电气火灾监控设备能发出声、光报警信号并指示报警部位。

1. 电气火灾监控设备的报警功能检查要求

电气火灾监控设备是能接收来自电气火灾监控探测器的报警信号，发出声、光报警信号和控制信号，指示报警部位，记录、保存并传送报警信息的装置。其报警功能见表 5–3–2。

表 5–3–2　　电气火灾监控设备报警功能

序号	测试内容	测试要求及方法
1	自检功能	监控设备应能对指示灯、显示器和音响器件进行功能自检
2	操作级别	监控设备应根据不同的使用对象设置不同的操作级别
3	故障报警功能	监控设备与现场部件之间的连线断路时，监控设备应在 100 s 内显示故障部件的地址注释信息
		监控设备与现场部件之间的连线短路时，监控设备应在 100 s 内显示故障部件的地址注释信息
4	监控报警功能	探测器发出报警信号后，监控设备应在 10 s 内发出监控报警声、光信号，并记录报警时间
		监控设备应显示发出报警信号部件的地址注释信息
5	消音功能	监控设备应能手动消除报警声信号
6	复位功能	监控设备的连接、探测器的监测区域恢复正常，监控设备应能对监控设备的报警状态复位，消除监控设备的声、光报警信号

2. 电气火灾监控探测器报警功能检查要求

电气火灾监控探测器是探测被保护线路中的剩余电流、温度、故障电弧等电气火灾危险参数变化和由于电气故障引起的烟雾变化及可能引起电气火灾的静电、绝缘参数变化的探测器。其报警功能见表 5–3–3。

表 5–3–3　　电气火灾监控探测器监控报警功能

序号	测试内容	测试要求及方法
1	剩余电流式电气火灾监控探测器监控报警功能	探测器监测区域的剩余电流达到报警设定值时，探测器的报警确认灯应在 30 s 内点亮并保持
		监控设备应发出监控报警声、光信号，并记录报警时间
		监控设备应显示发出报警信号部件的地址注释信息
2	测温式电气火灾监控探测器监控报警功能	探测器监测区域的温度达到报警设定值时，探测器的报警确认灯应在 40 s 内点亮并保持
		监控设备应发出监控报警声、光信号，并记录报警时间
		监控设备应显示发出报警信号部件的地址注释信息

续表

序号	测试内容	测试要求及方法
3	故障电弧探测器监控报警功能	探测器监测区域单位时间故障电弧的数量未达到报警设定值时，探测器的报警确认灯不应点亮
		探测器监测区域单位时间故障电弧的数量达到报警设定值时，探测器的报警确认灯应在 30 s 内点亮并保持
		监控设备应发出监控报警声、光信号，并记录报警时间
		监控设备应显示发出报警信号部件的地址注释信息

【技能操作】

技能 1　检查电气火灾监控系统的安装质量

一、操作准备

1. 技术资料

电气火灾监控系统图、电气火灾探测器平面布置图、产品使用说明书和设计安装手册等技术资料。

2. 常备工具

卷尺、万用表、兆欧表等。

3. 防护装备

安全防护装备，如安全带、防砸鞋、安全帽、绝缘手套等。

4. 实操设备

电气火灾监控演示系统、具有场景再现功能的演示系统或设备等。

5. 记录表格

《建筑消防设施检测记录表》。

二、操作步骤

1. 电气火灾监控设备安装质量检查

(1) 现场环境检查

检查电气火灾监控器安装环境是否干燥，通风是否良好。

（2）监控设备安装质量检查

1）检查设备安装的牢固性。

2）落地安装时：用米尺测量设备底边距地（楼）面高度是否大于 0.1 m。

3）采用壁挂方式安装时：用米尺测量其靠近门轴的侧面距墙是否大于 0.5 m，正面操作距离是否大于 1.2 m。

（3）监控设备引入线缆

1）检查配线是否整齐、无交叉、固定牢靠。

2）检查线缆芯线的端部编号是否与图样一致，字迹是否清晰且不易褪色。

3）检查端子板的接线端接线是否超过 2 根。

4）检查线缆是否留有不小于 200 mm 的余量。

5）检查线缆是否绑扎成束。

6）检查线缆管口、槽口是否封堵。

（4）监控设备电源连接

检测内容和方法见本系列教材相关内容。

（5）监控设备蓄电池安装

检测内容和方法见本系列教材相关内容。

（6）监控设备接地

检查设备的接地牢固性，是否有明显的永久性标识。

2. 监控探测器安装质量检查

（1）现场环境检查

检查电气火灾监控器的安装环境是否干燥，通风是否良好。

（2）监控探测器主机安装质量检查

1）检查在探测器周围是否适当留出更换和标定的空间。

2）检查剩余电流式探测器负载侧的中性线是否与其他回路共用，是否重复接地。

3）检查测温式探测器是否采用产品配套固定装置固定在保护对象上。

（3）监控探测器的传感器安装质量检查

1）检查传感器与裸带电导体是否保证安全距离，金属外壳的传感器是否有安全接地。

2）检查传感器安装的牢固性，并是否采取防潮、防腐蚀等措施。

3）检查传感器输出回路连接线是否为双绞铜芯导线，其截面积是否不小于 1.0 mm^2，其是否留有不小于 150 mm 的余量，其端部是否有明显标识。

4）检查传感器的安装是否破坏被监控线路完整性，是否增加线路接点。

3. 填写记录

根据检查结果，填写《建筑消防设施检测记录表》。

三、注意事项

传感器安全质量检查时，应注意与带电体的安全间距，防止触电事故发生。

技能 2 测试电气火灾监控系统的探测报警功能

一、操作准备

1. 技术资料

电气火灾监控系统图、电气火灾探测器平面布置图、产品使用说明书和设计安装手册等技术资料。

2. 常备工具

卷尺、万用表、兆欧表等。

3. 防护装备

安全防护装备，如安全带、防砸鞋、安全帽、绝缘手套等。

4. 实操设备

电气火灾监控演示系统、具有场景再现功能的演示系统或设备等。

5. 记录表格

《建筑消防设施检测记录表》。

二、操作步骤

1. 监控探测器的监测报警功能

（1）剩余电流式电气火灾监控探测器监控报警功能

1）调节剩余电流发生器，模拟探测器监测区域的剩余电流达到报警设定值时，观察探测器的报警确认灯是否在 30 s 内点亮并保持。

2）观察监控设备是否发出监控报警声、光信号，并记录报警时间。

3）查询监控设备的监控报警信息，核实发出监控报警信号的部件号和地址注释信息是否与实际发生一致。

（2）测温式电气火灾监控探测器监控报警功能

1）操作温式热风机，模拟探测器监测区域的温度达到报警设定值时，观察探测器的报警确认灯是否在 40 s 内点亮并保持。

2）观察监控设备是否发出监控报警声、光信号，并记录报警时间。

3）查询监控设备的监控报警信息，核实发出监控报警信号的部件号和地址注释信息是否与实际发生一致。

（3）故障电弧探测器监控报警功能

1）操作故障电弧模拟发生装置 1 s 内产生故障电弧 12 个，观察探测器的报警确认灯是否在 30 s 内点亮并保持。

2）操作故障电弧模拟发生装置 1 s 内产生故障电弧 15 个，观察探测器的报警确认灯是否在 30 s 内点亮并保持。

3）观察监控设备是否发出监控报警声、光信号，并记录报警时间。

4）查询监控设备的监控报警信息，核实发出监控报警信号的部件号和地址注释信息是否与实际发生一致。

2. 测试电气火灾监控设备的报警功能

模拟探测器发出报警信号后，观察监控设备是否在 10 s 内发出监控报警声、光信号，并记录报警时间。

查询监控设备是否显示发出报警信号部件的地址注释信息。

3. 填写记录

根据检查结果，填写《建筑消防设施检测记录表》。

三、注意事项

传感器安全质量检查时，应注意与带电体的安全间距，防止触电事故发生。

培训单元 2
检测可燃气体探测报警系统

【培训重点】

了解可燃气体探测报警系统的安装要求。

掌握可燃气体探测报警系统的探测报警功能测试方法。

【知识要求】

一、可燃气体探测报警系统的安装要求

1. 组成要求

可燃气体探测报警系统应由可燃气体报警控制器、可燃气体探测器、火灾声光警报器等组成。

2. 可燃气体探测器设置一般要求

（1）探测气体密度小于空气密度的可燃气体探测器应设置在被保护空间的顶部；探测气体密度大于空气密度的可燃气体探测器应设置在被保护空间的下部；探测气体密度与空气密度相当的可燃气体探测器可设置在被保护空间的中间部位或顶部。

（2）可燃气体探测器宜设置在可能产生可燃气体的部位附近。

3. 点型可燃气体探测器保护半径要求

（1）可燃气体释放源处于露天或敞开式布置的设备区域内时，探测器与释放源的距离宜符合下列规定：

1）当探测器位于释放源的全年最小频率风向的上风侧时，探测器与释放源的距离不宜大于 15 m。

2）当探测器位于释放源的全年最小频率风向的下风侧时，探测器与释放源的距离不宜大于 5 m。

（2）可燃气体释放源处于封闭或局部通风不良的半敞开厂房内时，每隔 15 m 可设一台可燃气体探测器，且探测器距其所覆盖范围内的任一释放源不宜大于 7.5 m。

4. 线型可燃气体探测器安装要求

（1）线型可燃气体探测器的保护区域长度不宜大于 60 m。

（2）线型可燃气体探测器在安装时，应使发射器和接收器的窗口避免日光直射，且在发射器与接收器之间不应有遮挡物，两组探测器之间的距离不应大于 14 m。

5. 可燃气体报警控制器的设置

（1）当有消防控制室时，可燃气体报警控制器可设置在保护区域附近；当无消防控制室时，可燃气体报警控制器应设置在有人值班的场所。

（2）可燃气体报警控制器安装在墙上时，其主显示屏高度宜为 1.5 ~ 1.8 m，其靠近门轴的侧面距墙不应小于 0.5 m，正面操作距离不应小于 1.2 m。

6. 安装施工质量要求

可燃气体探测器、可燃气体报警控制器、火灾警报器安装应牢固可靠。

二、可燃气体探测报警系统的探测报警功能要求

1. 系统探测报警功能要求

（1）可燃气体探测报警系统应独立组成，可燃气体探测器不应接入火灾报警控制器的探测器回路；当可燃气体的报警信号需接入火灾自动报警系统时，应由可燃气体报警控制器接入。

（2）石化行业涉及过程控制的可燃气体探测器报警信号应接入消防控制室。

（3）可燃气体报警控制器的报警信息和故障信息，应在消防控制室图形显示装置或起集中控制功能的火灾报警控制器上显示，但该类信息与火灾报警信息的显示应有区别。

（4）可燃气体报警控制器发出报警信号时，应能启动保护区域的火灾声光警报器。

（5）可燃气体探测报警系统保护区域内有联动和警报要求时，应由可燃气体报警控制器或消防联动控制器联动实现。

2. 可燃气体探测器探测性能要求

参见本教材其他章节。

3. 可燃气体报警控制器报警功能要求

（1）控制器应具有低限报警或低限、高限两段报警功能。

（2）控制器应能直接或间接地接收来自可燃气体探测器及其他报警触发器件的报警信号，发出可燃气体报警声、光信号，指示报警部位，记录报警时间，并保持至手动复位。

（3）当有可燃气体报警信号输入时，控制器应在 10 s 内发出报警声、光信号。对来自可燃气体探测器的报警信号，可设置报警延时，其最大延时时间不应超过 1 min，延时期间应有延时光指示，延时设置信息应能通过本机操作查询。

（4）控制器在可燃气体报警状态下应至少有两组控制输出。

（5）控制器应有专用可燃气体报警总指示灯（器）。控制器处于可燃气体报警状态

时，总指示灯（器）应点亮。

（6）可燃气体报警声信号应能手动消除，当再次有可燃气体报警信号输入时，应能再次启动。

（7）控制器显示功能应满足下述要求：

1）能显示当前可燃气体报警部位的总数。

2）能区分最先报警部位。

3）后续报警部位按报警时间顺序连续显示。当显示区域不足以显示全部报警部位时，按顺序循环显示，同时有手动查询按钮（键）。

（8）控制器应设手动复位按钮（键），复位后，仍然存在的状态及相关信息应保持或在 20 s 内重新建立。

（9）通过控制器可改变与其连接的可燃气体探测器报警设定值时，该报警设定值应在控制器上手动可查。

（10）除复位操作外，对控制器的任何操作均不应影响控制器接收和发出可燃气体报警信号。

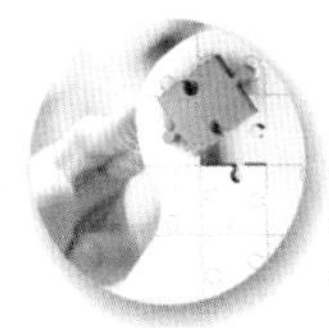

【技能操作】

技能 1　检查可燃气体探测报警系统的安装质量

一、操作准备

1. 技术资料

可燃气体探测报警系统图、可燃气体探测器平面布置图、产品使用说明书和设计安装手册等技术资料。

2. 常备工具

卷尺、万用表、兆欧表等。

3. 防护装备

安全防护装备，如安全带、防砸鞋、安全帽、绝缘手套等。

4. 实操设备

可燃气体探测报警演示系统、具有场景再现功能的演示系统或设备等。

5. 记录表格

《建筑消防设施检测记录表》。

二、操作步骤

1. 现场环境检查

通过现场观测，核查资料，明确现场最小频率风向、可能发生泄漏的部位及可能泄漏的气体种类。

2. 可燃气体探测器安装位置检查

根据现场环境风向、可能发生泄漏的部位、可能泄漏的气体种类及其与空气之间的密度对比等因素，通过核查探测器产品说明书，并进行现场观察，检查探测器安装位置是否符合要求。

3. 可燃气体报警控制器安装位置检查

检查可燃气体报警控制器的设置位置，安装高度、距墙距离、操作距离是否符合要求。

对照图样，现场观察检查探测器安装数量是否符合要求。

4. 安装质量检查

检查可燃气体报警控制器、探测器、声光警报器、电源箱安装是否牢固，有无松动现象，机箱是否做好接地保护。

5. 填写记录

根据检测情况，填写《建筑消防设施检测记录表》。

技能2　测试可燃气体探测报警系统的探测报警功能

一、操作准备

1. 技术资料

可燃气体探测报警系统图、可燃气体探测器平面布置图、产品使用说明书和设计安装手册等技术资料。

2. 常备工具

卷尺、万用表、兆欧表等。

3. 防护装备

安全防护装备，如安全带、防砸鞋、安全帽、绝缘手套等。

4. 实操设备

可燃气体探测报警演示系统、具有场景再现功能的演示系统或设备等。

5. 记录表格

《建筑消防设施检测记录表》。

二、操作步骤

1. 设定检查

检查可燃气体报警控制器高限、低限报警功能及控制输出点数及手动直接控制按钮（键）的设置是否符合要求。

2. 释放气体

利用导管、标定罩从标准气体气瓶中取样，使用标定罩向可燃气体探测器释放其应响应的气体。

3. 检查报警信号发生情况

检查可燃气体探测器发出报警信号的情况并记录报警响应时间。

4. 检查可燃气体报警控制器报警情况

可燃气体探测器发出报警信号后，观察并记录可燃气体控制器发出可燃气体报警声、光信号（包括报警总指示、部位指示等）情况和控制输出接点动作及计时、打印情况。同时检查可燃气体控制器消音功能、可燃气体报警声信号再启动功能和可燃气体报警信息显示功能。可燃气体报警控制器报警状态下的报警信号示例如图 5-3-1 所示。

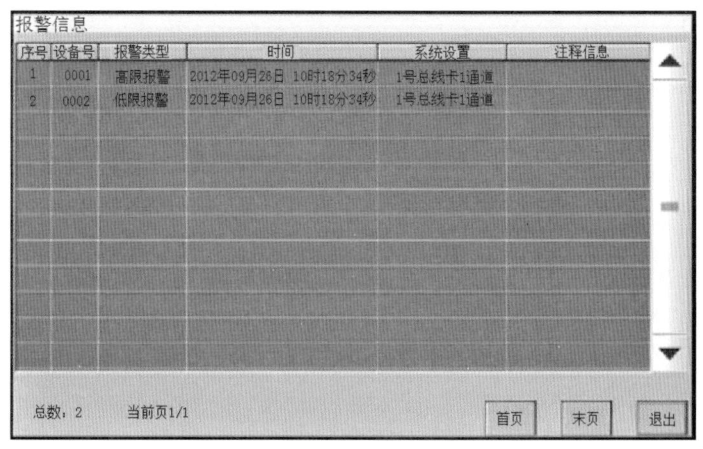

图 5-3-1 可燃气体报警控制器报警状态下的报警信号示例

5. 复位后报警功能检查

保持可燃气体探测器发出报警信号，手动复位可燃气体报警控制器，20 s 后检查可燃气体报警控制器是否再次发出报警声、光信号。

6. 恢复

停止测试气体的释放，开启通风措施，消除试验部位气体，至所有可燃气体探测器不再发出可燃气体报警信号。手动复位可燃气体报警控制器，20 s 后检查可燃气体报警控制器的指示情况。

7. 填写记录

根据检测情况，填写《建筑消防设施检测记录表》。

三、注意事项

测试气体应少量可控，整个测试过程应确保安全，及时采取通风措施。

培训模块

技术管理和培训

培训项目1 管理消防控制室

培训单元1 消防控制室应急操作预案

【培训重点】

熟练掌握消防控制室应急操作预案的编制方法。

掌握消防控制室应急操作预案的组织实施方法。

【知识要求】

一、消防控制室应急操作预案的编制方法

1. 消防控制室应急操作预案的概念和特点

应急预案是指针对可能发生的事故，为迅速、有序地开展应急行动而预先制定的行动方案。消防控制室应急操作预案是指消防控制室在发生火灾以后，为迅速、有序地开展灭火救援行动，启动消防设施而预先制定的行动方案。消防控制室应急操作预案是一种现场处置方案，现场处置方案与其他预案相比，重点突出应急处置程序、应

急处置要点、注意事项等内容。预案应根据火灾风险评估、岗位操作规程以及危险性控制措施，组织消防控制室消防设施操作员及其他现场作业人员进行编制，做到现场作业人员应知应会，熟练掌握，并经常进行演练。

2. 消防控制室应急操作预案的内容

消防控制室应急操作预案的主要内容包括火灾分析、工作职责、应急程序、注意事项四个部分。

（1）火灾分析

主要包括消防控制室所在建筑物的特点、人员密集程度和消防设施种类三个方面。例如，高层建筑与单、多层建筑以及地下建筑在火灾事故发生以后，有不同的特点；使用功能不同的建筑物，发生火灾以后的疏散要求也有所不同；不同的消防设施，其联动触发信号、火灾确认的方式也有所差异。

（2）工作职责

主要是指根据工作岗位、组织形式及人员构成，明确岗位人员的应急工作分工和职责。作为消防控制室值班人员，应实行每日 24 h 专人值班制度，每班不应少于 2 人，值班人员应持有消防设施操作员职业资格证书；消防设施日常维护管理应符合国家标准《建筑消防设施的维护管理》（GB 25201）的要求；应确保火灾自动报警系统、灭火系统和其他联动控制设备处于正常工作状态，不得将应处于自动状态的设在手动状态；应确保高位消防水箱、消防水池、气压水罐等消防储水设施水量充足，确保消防泵出水管阀门、自动喷水灭火系统管道上的阀门常开；确保消防水泵、防排烟风机、防火卷帘等消防用电设备的配电柜启动开关处于自动位置（通电状态）。除此以外，消防安全责任人、消防安全管理人的职责应符合消防法及有关法律法规的规定。

（3）应急程序

消防控制室值班人员接到报警信号后，应按下列程序进行处理：

1）接到火灾报警信息后，应以最快方式确认。

2）确认属于误报时，查找误报原因并填写《建筑消防设施故障维修记录表》。

3）确认火灾后，立即将火灾报警联动控制开关转入自动状态（处于自动状态的除外），同时拨打“119”火警电话报警，报警时应说明着火单位地点、起火部位、着火物种类、火势大小、报警人姓名和联系电话。

4）立即启动单位内部灭火和应急疏散预案，同时报告单位消防安全责任人，单位消防安全责任人接到报告后应立即赶赴现场。

（4）注意事项

主要包括：

1）佩戴个人防护器具方面的注意事项。

2）使用抢险救援器材方面的注意事项。

3）采取救援对策或措施方面的注意事项。

4）现场自救和互救注意事项。

5）现场应急处置能力确认和人员安全防护等事项。

6）应急救援结束后的注意事项。

7）其他需要特别警示的事项。

3. 消防控制室应急操作预案的编制方法

消防控制室应急操作预案的编制，主要分为以下几个步骤：

（1）成立组织

结合本单位部门分工和职能，成立以单位消防安全责任人为组长，相关部门人员参加的应急预案编制工作组，明确编制任务、职责分工，制订工作计划，组织开展预案编制工作。

（2）资料收集

包括法律法规、技术标准、消防设施竣工图样、各分系统控制逻辑关系说明、设备使用说明书、系统操作规程、值班制度、维护保养制度及值班记录等文件资料。

（3）现状评估

主要是指分析可能发生的火灾事故及其危害程度和影响范围，同时从消防设施操作人员数量、微型消防站队员数量、消防设施设置情况、消防装备器材配置情况等方面对消防控制室的应急能力进行客观评估。

（4）编制预案

依据风险评估结果组织编制应急预案。预案编制应注重预案的系统性和可操作性，做到与上级主管部门、地方政府及相关部门的预案相衔接。

消防控制室应急操作预案的格式应符合以下要求：封面主要包括预案编号、预案版本号、单位名称、预案名称、编制单位名称、颁布日期等内容；批准页载明单位主要负责人批准的签名。预案应设置目次，目次中所列的内容及次序如下：批准页；章的编号、标题；带有标题的条的编号、标题（需要时列出）；附件，用序号表明其顺序。预案推荐采用 A4 版面印刷，活页装订。

二、消防控制室应急操作预案的组织实施方法

1. 消防控制室应急操作预案的评估论证

预案编制完成后，应进行评审或论证。评审分为内部评审和外部评审。内部评审

或论证由本单位主要负责人组织有关部门和人员进行。外部评审由本单位组织有关专家或技术人员进行。生产规模小、危险因素少的生产经营单位可以通过演练对应急预案进行论证。应急预案评审或论证合格后，按照有关规定进行备案，由消防安全责任人签发实施。

2. 消防控制室应急操作预案的演练

火灾事故往往具有突发性，为了能在最短时间内最大限度地减少人员伤亡和财产损失，就必须快速反应，利用一切资源协调一致行动，及时采取有效措施进行处置。消防演练是指按照预案进行实际的操作演练，增强单位有关人员的消防安全意识，熟悉消防设施、器材的位置和使用方法，同时也有利于及时发现问题，完善预案。演练目的主要包括检验预案、锻炼队伍、磨合机制、宣传教育、完善准备等方面。

3. 消防控制室应急操作预案的贯彻实施

火灾事故发生以后，正确贯彻落实消防控制室应急操作预案，有赖于消防设施操作员长期工作过程中对预案的理解和掌握。以将火灾报警联动控制开关转入自动状态为例，大量火灾事故都证明在火灾发生的初期，由于消防设施操作员心情紧张、对消防联动控制器操作不熟练而导致操作失败或者操作不及时，很大程度上影响了初期火灾的处置效果，影响了自动消防设施应具有功能的发挥。这就要求消防设施操作员在持证上岗以后，要进一步熟练单位消防设施的操作方法，将消防控制室应急操作预案烂熟于心，以确保在火灾发生后正确操作、及时处置。

培训单元 2
建立消防控制室台账和档案

【培训重点】

熟悉并掌握消防控制室台账和档案的建立、更新工作。

【知识要求】

一、消防档案的建立与管理

建立消防档案是保障单位消防安全管理工作以及各项消防安全措施落实的基础工作。通过档案对各项消防安全工作情况的记载，可以检查单位相关岗位人员履行消防安全职责的情况，强化单位消防安全管理工作的责任意识，有利于推动单位的消防安全管理工作朝着规范化、制度化的方向发展。

《中华人民共和国消防法》第十七条规定，建立消防档案是消防安全重点单位应当履行的消防安全职责之一。《机关、团体、企业、事业单位消防安全管理规定》第八章就消防档案作了明确规定。

1. 建立消防档案的范围

根据《机关、团体、企业、事业单位消防安全管理规定》的有关规定，消防安全重点单位应当建立健全消防档案；其他单位应当将本单位的基本概况、消防救援机构填发的各种法律文书及与消防工作有关的材料和记录等统一保管备查。

2. 消防档案的主要内容

消防档案应包括消防安全基本情况和消防安全管理情况，消防档案应当翔实、全面反映单位消防工作的基本情况，并附有必要的图表，根据情况变化及时更新。

（1）消防安全基本情况

1）单位基本概况和消防安全重点部位情况。

2）建筑物或者场所施工、使用或开业前的消防设计审核、消防验收及消防安全检查的文件、资料。

3）消防管理组织机构和各级消防安全责任人。

4）消防安全制度。

5）消防设施、灭火器材情况。

6）专职消防队、志愿消防队人员及其消防装备配备情况。

7）与消防安全有关的重点工种人员情况。

8）新增消防产品、防火材料的合格证明材料。

9）灭火和应急疏散预案。

（2）消防安全管理情况

1）消防机构填发的各种法律文书。

2）消防设施定期检查记录、自动消防设施全面检查测试的报告以及维修保养的记录。

3）火灾隐患及其整改情况记录。

4）防火检查、巡查记录。

5）有关燃气、电气设备检测（包括防雷、防静电）等记录资料。

6）消防安全培训记录。

7）灭火和应急疏散预案的演练记录。

8）火灾情况记录。

9）消防奖惩情况记录。

上述规定中的第2）、3）、4）、5）项记录应当注明检查的人员、时间、部位、内容、发现的火灾隐患及处理措施等；第6）项记录应当注明培训的时间、参加人员、内容等；第7）项记录应当注明演练的时间、地点、内容、参加部门及人员等。

二、消防控制室资料管理要求

消防控制室内应保存下列纸质和电子档案资料：

1. 建（构）筑物竣工后的总平面布局图、建筑消防设施平面布置图、建筑消防设施系统图及安全出口布置图、重点部位位置图等。

2. 消防安全管理规章制度、应急灭火预案、应急疏散预案等。

3. 消防安全组织结构图，包括消防安全责任人、管理人、专职消防人员等内容。

4. 消防安全培训记录、灭火和应急疏散预案的演练记录。

5. 值班情况、消防安全检查情况及巡查情况的记录。

6. 消防设施一览表，包括消防设施的类型、数量、状态等内容。

7. 消防系统控制逻辑关系说明、设备使用说明书、系统操作规程、系统和设备维护保养制度等。

8. 设备运行状况、接报警记录、火灾处理情况、设备检修检测报告等资料。这些资料应定期保存和归档。

三、消防控制室值班记录的要求

1. 消防值班记录主要内容

（1）《消防控制室值班记录表》——用于消防设施操作员日常值班时记录火灾报警控制器日运行情况及火灾报警控制器日检查情况。

（2）《建筑消防设施巡查记录表》——用于消防系统维护人员日常记录消防设施工作状态、外观等的巡查情况。

（3）《建筑消防设施月度检查记录表》——用于消防设施操作员每月记录消防设施各项功能的实测结果。

（4）《建筑消防设施故障处理记录表》——用于消防设施操作员在消防控制室值班，建筑消防设施巡查或建筑消防设施月度检查过程中记录发现的不能当场处理的问题。

2. 记录的填写方法

《消防控制室值班记录表》《建筑消防设施巡查记录表》《建筑消防设施月度检查记录表》及《建筑消防设施故障处理记录表》是值班工作的文字反映，可以真实详细地反映各系统的工作情况。表格样式见表 6–1–1、表 6–1–2、表 6–1–3、表 6–1–4。

表 6–1–1　　消防控制室值班记录表

年　　月　　日

火灾报警控制器运行情况记录													
时间	火灾报警控制器运行情况		报警性质				消防联动控制器运行情况			报警部位、故障原因及处理情况	值班人签名	值班人签名	值班人签名
	正常	故障	火警	误报	故障报警	漏报	正常		故障				
							自动	手动					

续表

火灾报警控制器检查情况记录							
火灾报警控制器型号	自检	消音	复位	主电源	备用电源	检查人	故障及处理情况

消防安全管理人（签字）：

注：1. 情况正常打“√”，存在问题或故障打“×”；

2. 对发现的问题应及时处理，当场不能处置的要填报《建筑消防设施故障处理记录表》；

3. 本表为样表，单位可根据控制器数量及值班时段进行调整。

表 6–1–2　　建筑消防设施巡查记录表

年　月　日

巡查项目	巡查内容	巡查情况			
		正常	故障		故障原因及处理情况
			部位	数量	
消防供电配电设施	消防电源工作状态				
	自备发电设备状态				
	消防配电房、发电机房环境				
火灾自动报警系统	火灾报警探测器外观				
	区域显示器运行状况、CRT图形显示器运行状况、火灾报警控制器、消防联动控制器外观和运行状况				
	手动报警按钮外观				
	火灾报警装置外观				
	消防控制室工作环境				
消防供水设施	消防水池外观				
	消防水箱外观				
	消防水泵及控制柜工作状态				
	稳压泵、增压泵、气压水罐工作状态				
	水泵接合器外观、标识				
	管网控制阀门启闭状态				
	泵房工作环境				

续表

<table>
<tr><th rowspan="3">巡查项目</th><th rowspan="3">巡查内容</th><th colspan="4">巡查情况</th></tr>
<tr><th rowspan="2">正常</th><th colspan="2">故障</th><th rowspan="2">故障原因及处理情况</th></tr>
<tr><th>部位</th><th>数量</th></tr>
<tr><td rowspan="4">消火栓（消防炮）灭火系统</td><td>室内消火栓外观</td><td></td><td></td><td></td><td></td></tr>
<tr><td>室外消火栓外观</td><td></td><td></td><td></td><td></td></tr>
<tr><td>消防炮外观</td><td></td><td></td><td></td><td></td></tr>
<tr><td>启泵按钮外观</td><td></td><td></td><td></td><td></td></tr>
<tr><td rowspan="3">自动喷水灭火系统</td><td>喷头外观</td><td></td><td></td><td></td><td></td></tr>
<tr><td>报警阀组外观</td><td></td><td></td><td></td><td></td></tr>
<tr><td>末端试水装置压力值</td><td></td><td></td><td></td><td></td></tr>
<tr><td rowspan="8">泡沫灭火系统</td><td>泡沫喷头外观</td><td></td><td></td><td></td><td></td></tr>
<tr><td>泡沫消火栓外观</td><td></td><td></td><td></td><td></td></tr>
<tr><td>泡沫炮外观</td><td></td><td></td><td></td><td></td></tr>
<tr><td>泡沫发生器外观</td><td></td><td></td><td></td><td></td></tr>
<tr><td>泡沫液储罐间环境</td><td></td><td></td><td></td><td></td></tr>
<tr><td>泡沫液储罐外观</td><td></td><td></td><td></td><td></td></tr>
<tr><td>比例混合器外观</td><td></td><td></td><td></td><td></td></tr>
<tr><td>泡沫泵工作状态</td><td></td><td></td><td></td><td></td></tr>
<tr><td rowspan="8">气体灭火系统</td><td>气体灭火控制器工作状态</td><td></td><td></td><td></td><td></td></tr>
<tr><td>储瓶间环境</td><td></td><td></td><td></td><td></td></tr>
<tr><td>气体瓶组或储罐外观</td><td></td><td></td><td></td><td></td></tr>
<tr><td>选择阀、驱动装置等组件外观</td><td></td><td></td><td></td><td></td></tr>
<tr><td>紧急启 / 停按钮外观</td><td></td><td></td><td></td><td></td></tr>
<tr><td>放气指示灯及警报器外观</td><td></td><td></td><td></td><td></td></tr>
<tr><td>喷嘴外观</td><td></td><td></td><td></td><td></td></tr>
<tr><td>防护区状况</td><td></td><td></td><td></td><td></td></tr>
<tr><td rowspan="8">防烟排烟系统</td><td>挡烟垂壁外观</td><td></td><td></td><td></td><td></td></tr>
<tr><td>送风阀外观</td><td></td><td></td><td></td><td></td></tr>
<tr><td>送风机工作状态</td><td></td><td></td><td></td><td></td></tr>
<tr><td>排烟阀外观</td><td></td><td></td><td></td><td></td></tr>
<tr><td>电动排烟窗外观</td><td></td><td></td><td></td><td></td></tr>
<tr><td>自然排烟窗外观</td><td></td><td></td><td></td><td></td></tr>
<tr><td>排烟机工作状态</td><td></td><td></td><td></td><td></td></tr>
<tr><td>送风、排烟机房环境</td><td></td><td></td><td></td><td></td></tr>
</table>

续表

巡查项目	巡查内容	巡查情况			
		正常	故障		故障原因及处理情况
			部位	数量	
应急照明和疏散指示标志	应急灯外观				
	应急灯工作状态				
	疏散指示标志外观				
	疏散指示标志工作状态				
应急广播系统	扬声器外观				
	扩音机工作状态				
消防专用电话	分机电话外观				
	插孔电话外观				
防火分隔	防火门外观				
	防火门启闭状态				
	防火卷帘外观				
	防火卷帘工作状态				
消防电梯	紧急按钮外观				
	轿厢内电话外观				
	消防电梯工作状态				
灭火器	灭火器外观				
	灭火器设置位置状况				
其他设施					
巡查人（签名）					年　月　日
消防安全管理人（签名）					年　月　日
备注					

注：1．情况正常打“√”，存在问题或故障打“×”，并写明故障原因及处理情况；

2．对发现的问题应及时处理，当场不能处置的要填报《建筑消防设施故障处理记录表》；

3．本表为样表，单位可根据建筑消防设施实际情况和巡查时段进行调整。

表 6-1-3　　　　建筑消防设施月度检查记录表

单位名称：　　　　　　　　　　　　　　日期：

检测项目		检测内容	实测记录
消防供电配电	消防配电	试验主、备电切换功能	
	自备发电机组	试验启动发电机组	
	储油设施	核对储油量	
火灾报警系统	火灾报警探测器	试验报警功能	
	手动报警按钮	试验报警功能	
	警报装置	试验警报功能	
	报警控制器	试验报警功能、故障报警功能、火警优先功能、打印机打印功能、火灾显示盘和 CRT 显示器的显示功能	
	消防联动控制器	试验联动控制和显示功能	
消防供水设施	消防水池	核对储水量	
	消防水箱	核对储水量	
	稳（增）压泵及气压水罐	试验启泵、停泵时的压力工况	
	消防水泵	试验启泵和主、备泵切换功能	
	管道阀门	试验管道阀门启闭功能	
消火栓（消防炮）灭火系统	室内消火栓	试验屋顶消火栓出水及静压	
	室外消火栓	试验室外消火栓出水及静压	
	消防炮	试验消防炮出水	
	启泵功能	试验远距离启泵功能	
自动喷水系统	报警阀组	试验放水阀放水及压力开关动作信号	
	末端试水装置	试验末端放水及压力开关动作信号	
	水流指示器	核对反馈信号	
泡沫灭火系统	泡沫液储罐	核对泡沫液有效期和储存量	
	泡沫栓	试验泡沫栓出水或出泡沫	
气体灭火系统	瓶组与储罐	核对灭火剂储存量	
	气体灭火控制设备	模拟自动启动、试验切断空调等相关联动	
机械加压送风系统	风机	试验联动启动风机	
	送风口	核对送风口风速	
机械排烟系统	风机	试验联动启动风机	
	排烟阀、电动排烟窗	试验联动启动排烟阀、电动排烟窗，核对排烟口风速	
应急照明		试验切断正常供电、测量照度	
疏散指示标志		试验切断正常供电、测量照度	

续表

检测项目		检测内容	实测记录
应急广播系统	扩音器	试验联动启动和强制切换功能	
	扬声器	测试音量、音质	
消防专用电话		试验通话质量	
防火分隔	防火门	试验启闭功能	
	防火卷帘	试验手动、机械应急和联动控制功能	
	电动防火阀	试验联动关闭功能	
消防电梯		试验按钮迫降和联动控制功能	
灭火器		核对选型、压力和有效期	
其他设施	防毒面具	核对有效期	

测试人（签名）： 测试单位（盖章）：

年 月 日 年 月 日

消防安全责任人或消防安全管理人（签名）：

年 月 日

注：1. 如情况正常，则在“实测记录”栏中标注“正常”；

2. 发现的问题或存在故障应在“实测记录”栏中填写，并及时处置，当场不能处置的要填报《建筑消防设施故障处理记录表》；

3. 本表为样表，单位可根据建筑消防设施实际情况制表。

表 6–1–4　建筑消防设施故障处理记录表

年 月 日

检查时间	检查人姓名	检查发现问题或故障	消防安全管理人处理意见	停用系统消防安全责任人签名	问题或故障处理结果	问题或故障排除消防安全管理人签名

值班人员应按各种记录规定的栏目的要求填写，不得从简。填写记录应字迹清楚、端正，不得乱画乱涂，错别字可以擦去或用“／”符号。记录的签名不得只签姓，必须签全名。

四、建筑消防设施档案建立与管理要求

1. 档案内容

建筑消防设施档案至少包含下列内容：

（1）消防设施基本情况

主要包括消防设施的验收意见，产品、系统使用说明书，系统调试记录，消防设施平面布置图，系统图等原始技术资料。

（2）消防设施动态管理情况

主要包括消防设施的值班记录、巡查记录、检测记录、故障维修记录以及维护保养计划表、维护保养记录、消防控制室值班人员基本情况档案及培训记录等。

2. 保存期限

消防设施施工安装、竣工验收及验收技术检测等原始技术资料应长期保存，《消防控制室值班记录表》和《建筑消防设施巡查记录表》的存档时间不少于一年，《建筑消防设施检测记录表》《建筑消防设施故障维修记录表》《建筑消防设施维护保养计划表》《建筑消防设施维护保养记录表》的存档时间不少于五年。

培训单元 3
上传消防安全管理信息

【培训重点】

掌握利用消防控制室图形显示装置上传消防安全管理信息。

【知识要求】

消防安全管理信息主要包括单位基本情况、消防设施信息、安全检查情况、火灾信息等，消防安全管理信息内容见表 6-1-5。通过对消防安全管理信息的监视与管理，可加强消防部门对单位的监督及管理，同时也可提高企事业单位消防安全管理水平及火灾预防能力，所以消防安全管理信息具有十分重要的意义。

表 6-1-5　　消防安全管理信息

序号	名　称		内　容
1	基本情况		单位名称、编号、类别、地址、联系电话、邮政编码，消防控制室电话；单位职工人数、成立时间、上级主管（或管辖）单位名称、占地面积、总建筑面积、单位总平面图（含消防车道、毗邻建筑等）；单位法人代表、消防安全责任人、消防安全管理人及专兼职消防管理人的姓名、身份证号码、电话
2	主要建（构）筑物等信息	建（构）筑物	建筑物名称、编号、使用性质、耐火等级、结构类型、建筑高度、地上层数及建筑面积、地下层数及建筑面积、隧道高度及长度等，建造日期、主要储存物名称及数量、建筑物内最大容纳人数、建筑立面图及消防设施平面布置图；消防控制室位置，安全出口的数量、位置及形式（指疏散楼梯）；毗邻建筑的使用性质、结构类型、建筑高度、与本建筑的间距
		堆场	堆场名称、主要堆放物品名称、总储量、最大堆高、堆场平面图（含消防车道、防火间距）
		储罐	储罐区名称、储罐类型（指地上、地下、立式、卧式、浮顶、固定顶等）、总容积、最大单罐容积及高度，储存物名称、性质和形态，储罐区平面图（含消防车道、防火间距）
		装置	装置区名称、占地面积、最大高度、设计日产量、主要原料、主要产品、装置区平面图（含消防车道、防火间距）
3	单位（场所）内消防安全重点部位信息		重点部位名称、所在位置、使用性质、建筑面积、耐火等级，有无消防设施，责任人姓名、身份证号码及电话
4	室内外消防设施信息	火灾自动报警系统	设置部位、系统形式，维保单位名称、联系电话；控制器（含火灾报警、消防联动、可燃气体报警、电气火灾监控等）、探测器（含火灾探测、可燃气体探测、电气火灾探测等）、手动报警按钮、消防电气控制装置等的类型、型号、数量、制造商；火灾自动报警系统图
		消防水源	市政给水管网形式（指环状、支状）及管径、市政管网向建（构）筑物供水的进水管数量及管径、消防水池位置及容量、屋顶水箱位置及容量、其他水源形式及供水量、消防泵房设置位置及水泵数量、消防给水系统平面布置图
		室外消火栓	室外消火栓管网形式（指环状、支状）及管径、消火栓数量、室外消火栓平面布置图
		室内消火栓系统	室内消火栓管网形式（指环状、支状）及管径、消火栓数量、水泵接合器位置及数量、有无与本系统相连的屋顶消防水箱

续表

<table>
<tr><th>序号</th><th colspan="2">名　称</th><th>内　容</th></tr>
<tr><td rowspan="11">4</td><td rowspan="11">室内外消防设施信息</td><td>自动喷水灭火系统（含雨淋、水幕）</td><td>设置部位、系统形式（指湿式、干式、预作用，开式、闭式等）、报警阀位置及数量、水泵接合器位置及数量、有无与本系统相连的屋顶消防水箱、自动喷水灭火系统图</td></tr>
<tr><td>水喷雾（细水雾）灭火系统</td><td>设置部位、报警阀位置及数量、水喷雾（细水雾）灭火系统图</td></tr>
<tr><td>气体灭火系统</td><td>系统形式（指有管网、无管网，组合分配、独立式，高压、低压等）、系统保护的防护区数量及位置、手动控制装置的位置、钢瓶间位置、灭火剂类型、气体灭火系统图</td></tr>
<tr><td>泡沫灭火系统</td><td>设置部位、泡沫种类（指低倍、中倍、高倍，抗溶、氟蛋白等）、系统形式（指液上、液下，固定、半固定等）、泡沫灭火系统图</td></tr>
<tr><td>干粉灭火系统</td><td>设置部位、干粉储罐位置、干粉灭火系统图</td></tr>
<tr><td>防烟排烟系统</td><td>设置部位、风机安装位置、风机数量、风机类型、防烟排烟系统图</td></tr>
<tr><td>防火门及卷帘</td><td>设置部位、数量</td></tr>
<tr><td>消防应急广播</td><td>设置部位、数量，消防应急广播系统图</td></tr>
<tr><td>应急照明和疏散指示系统</td><td>设置部位、数量，应急照明和疏散指示系统图</td></tr>
<tr><td>消防电源</td><td>设置部位、消防主电源在配电室是否有独立配电柜供电、备用电源形式（市电、发电机、EPS 等）</td></tr>
<tr><td>灭火器</td><td>设置部位、配置类型（手提式、推车式等）、数量、生产日期、更换药剂日期</td></tr>
<tr><td>5</td><td colspan="2">消防设施定期检查及维护保养信息</td><td>检查人姓名、检查日期、检查类型（日检、月检、季检、年检等）、检查内容（各类消防设施相关技术规范规定的内容）及处理结果，维护保养日期、内容</td></tr>
<tr><td rowspan="5">6</td><td rowspan="5">日常防火巡查记录</td><td>基本信息</td><td>值班人员姓名、每日巡查次数、巡查时间、巡查部位</td></tr>
<tr><td>用火用电</td><td>用火、用电、用气有无违章情况</td></tr>
<tr><td>疏散通道</td><td>安全出口、疏散通道、疏散楼梯是否畅通，是否堆放可燃物；疏散走道、疏散楼梯、顶棚装修材料是否合格</td></tr>
<tr><td>防火门、防火卷帘</td><td>常闭防火门是否处于正常工作状态，是否被锁闭；防火卷帘是否处于正常工作状态，防火卷帘下是否堆放物品影响使用</td></tr>
<tr><td>消防设施</td><td>疏散指示标志、应急照明；火灾自动报警系统探测器；自动喷水灭火系统喷头、末端放（试）水装置、报警阀；室内、室外消火栓系统；灭火器是否处于正常完好状态</td></tr>
<tr><td>7</td><td colspan="2">火灾信息</td><td>起火时间、起火部位、起火原因、报警方式（自动、人工等）、灭火方式（气体、喷水、水喷雾、泡沫、干粉灭火系统，灭火器，消防队等）</td></tr>
</table>

【技能操作】

使用消防控制室图形显示装置上传消防安全管理信息

一、操作准备

1. 技术资料

火灾探测报警系统图、火灾探测器平面布置图地址编码表、单位消防安全管理信息电子档案，消防控制室图形显示装置使用说明书和安装手册等技术资料。

2. 实操设备

集中型火灾自动报警演示系统。

3. 记录表格

《消防控制室值班记录表》。

二、操作步骤

1. 安装程序并注册，如图 6-1-1 所示。通信服务器程序和火灾报警监控图形显示程序默认为开机后自动运行。

图 6-1-1　安装程序并注册

2. 以城市火灾监控平台为例，上传单位基本情况、建筑信息、消防设施情况等其他消防安全管理信息，界面如图 6-1-2、图 6-1-3、图 6-1-4 所示。

图 6-1-2　单位基本情况界面

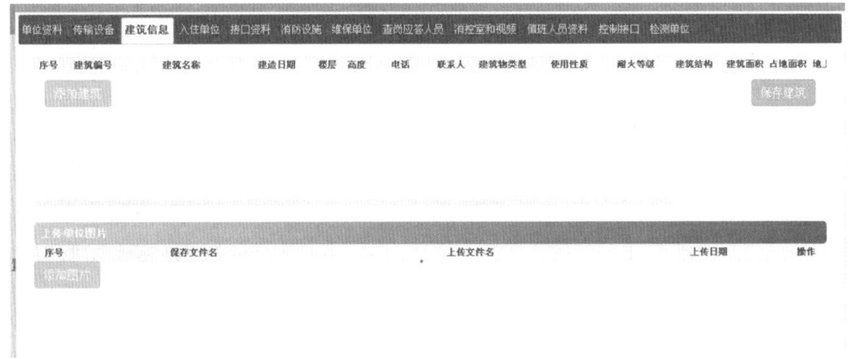

图 6-1-3 建筑信息界面

图 6-1-4 消防设施情况界面

3. 上传文件，包括消防控制室管理机构文件、系统竣工图样文件、设备使用说明书文件、系统操作规程文件、值班制度文件、设备维护保养制度文件等。

4. 填写记录

规范填写《消防控制室值班记录表》。

培训项目 2 开展消防培训

培训单元 1 消防理论知识培训的内容和方法

【培训重点】

掌握《消防设施操作员国家职业技能标准》关于消防设施操作员“基本知识”的具体内容。

掌握《消防设施操作员国家职业技能标准》对五级 / 初级工、四级 / 中级工消防设施操作员“相关知识要求”的具体内容。

熟练掌握五级 / 初级工、四级 / 中级工消防设施操作员理论知识培训的方法。

【知识要求】

一、《消防设施操作员国家职业技能标准》对职业道德和基础知识的要求

《消防设施操作员国家职业技能标准》对消防设施操作员“基础知识”的要求分为两大方面，一方面是职业道德，另一方面是基础知识。其中基础知识又分为消防工作

概述、燃烧和火灾基本知识、建筑防火基本知识、电气消防基本知识、消防设施基本知识、初起火灾处置知识、计算机基础知识、相关法律法规知识8个部分。

职业道德是指从业人员在职业活动中应遵循的基本观念、意识、品质和行为的要求，即一般社会道德以及工匠精神和敬业精神在职业活动中的具体体现。主要包括职业道德基本知识和职业守则两部分。《消防设施操作员国家职业技能标准》规定消防设施操作员职业守则的内容是：以人为本，生命至上；忠于职守，严守规程；钻研业务，精益求精；临危不乱，科学处置。

基础知识是指从业人员在职业活动中应掌握的通用基本理论知识、安全知识、环境保护知识、有关法律法规知识等。基础知识是所有级别消防设施操作员均需熟练掌握的内容，也是三级/高级工消防设施操作员对五级/初级工、四级/中级工消防设施操作员进行培训的重点。

二、《消防设施操作员国家职业技能标准》五级/初级工、四级/中级工消防设施操作员“相关知识要求”的具体内容

在《消防设施操作员国家职业技能标准》中，相关知识要求是指达到每项技能要求必备的知识。相关知识要求应与技能要求相对应，是具体的知识点，而不是宽泛的知识领域。例如，《消防设施操作员国家职业技能标准》要求四级/中级工消防设施操作员能判断火灾自动报警系统的工作状态，与之相关知识要求为“火灾自动报警系统工作状态的判断方法”。掌握相关知识要求是实现技能的前提和保证，也是三级/高级工消防设施操作员理论培训的重点环节。三级/高级工消防设施操作员应对五级/初级工、四级/中级工消防设施操作员“相关知识”要求部分的具体内容熟练掌握，具体的内容可参照《消防设施操作员国家职业技能标准》。

三、五级/初级工、四级/中级工消防设施操作员理论培训的方法

1. 备课

教员进行教学工作的基本程序是备课、上课、作业设计、学习辅导、教学评价。教学工作以上课为中心环节，备课是教员教学工作的起始环节，是上好课的先决条件。

（1）钻研教材

钻研教材包括研读《消防设施操作员职业技能标准》（以下简称《标准》）和阅读参考资料。《标准》是教材编写、培训教学、鉴定考试的依据，其中明确规定了各等级

消防设施操作员的相关知识和技能要求，教员要使自己的教学有方向、有目标、有效果，就必须熟读《标准》、研究《标准》。

教材是教员备课和上课的主要依据，教员备课，必须先通读教材，了解全书知识的基本结构体系，分清重点章节和各章节知识内容的重点、难点及其关系。然后再深入具体的每一节课，准确地把握每一节课的教学目标和教学内容，设计和安排教学活动和教学过程。

教员在备课时，要阅读相关参考资料。教员要善于将自己阅读时的所思、所想增补到教学日志中，以丰富自己的教学资源。教员要由“教教材”转为“用教材教”，把教材当成一种手段，通过这种手段去达到教学目标。因为教材只是把知识结构呈现在我们面前，给我们确定了一部分教学任务，但教员理解、整合教学内容应该是有变化的。总之，钻研教材时既要尊重教材，又不能局限于教材；既要灵活运用教材，又要根据培训机构、学员实际情况对教材进行创造性的应用，切实发挥教材的作用。

（2）了解学员

教员只有认真地了解学员，才能有效地将教学内容和学员的实际联系起来，才能真正做到因材施教。了解学员包括了解学员的知识基础、认知特点、能力基础以及工作经验等。

2. 制订教学计划

精心安排课程，是成为一个优秀教员必备的技能之一。安排课程表，需要教员通读教材，了解教材各项目和单元所占的比重；需要教员熟悉业务，了解实操在整个教学过程中的比重和不同项目的难易度。相对较难的项目，所占的授课时间相应地长；相对容易或者简单的项目，所占的授课和练习时间相应地短。这些都需要教员在课程表中精心安排、合理调配。有些学校同时授课的班级较多，还存在合理安排实操教室的问题。这些都需要事先安排，这些安排最终都以课程表的形式体现出来。

3. 五级 / 初级工、四级 / 中级工消防设施操作员理论培训的方法

（1）讲授法

讲授法是指教员通过口头语言直接向学员系统连贯地传授知识的方法。从教员教的角度来说，讲授法是一种传授型的教学手段；从学员学的角度来说，讲授法是一种接受型的学习方式。讲授法包括讲述、讲解等方式。讲述，多为教员向学员叙述事实材料，或描绘所讲对象，例如，讲解湿式报警阀的组成。讲解，是教员对概念、定律、公式、原理等进行说明、解释、分析或论证，例如分析燃烧的链式反应。

科学应用讲授法的基本要求是：第一，讲授的内容要具有科学性和思想性。无论

是描绘情境、叙述事实，还是阐释概念、论证原理，都应当准确无误、翔实可靠。第二，讲授的过程要具有渐进性和扼要性。要根据教材各部分间的内在联系，由浅入深，从简至繁，循序渐进。要突出重点，抓住难点，解决疑点，或使描绘的境界突出，或将蕴含的情理挑破，或把深邃的见解点明，使之意味隽永、情趣横生。第三，讲授的方式要多样、灵活。教员要把讲授法与其他方法诸如谈话、演示等交互运用，还要与复述、提问、讨论等方式穿插进行，以求综合效应，防止拘泥于一格。第四，讲授的语言要精练准确。总的要求是：叙事说理，言之有据，把握科学性；吐字清晰，措词精当，力求准确；描人状物，逼真细腻，生动形象；节奏跌宕，声情并茂，富有感染力；巧譬善喻，旁征博引，加强趣味性；解惑释疑，弦外有音，富有启发性。第五，运用讲授法教学，要配合恰当的板书或课件。板书要字迹工整、层次分明、详略得当、布局合理。第六，运用讲授法教学时，要教会学员在书上作记号、画重点、提问题、谈见解、写眉批、写旁批、写尾批等。

讲授法是传统模式的培训方法，是培训中应用最为普遍的一种方法。在消防培训过程中，要注意抓住讲解的重点，讲究表达的艺术和技巧，善于启发和引导，保留适当的时间进行教员与学员之间的沟通，用问答等形式获取学员对讲授内容的反馈。要尽可能地将理论与实际相结合，避免枯燥乏味的说教，在培训时尽可能先引入一些技能操作部分的实例，引起学员的感性认识，再用理论对技能部分进行解释说明，增强培训效果，还可借助投影仪等辅助设备，突出重点，便于学员学习和记笔记。

讲授法的优点是能同时实施于多名学员，成本较低，易于掌握和控制培训进度。它的缺点是学员处于被动接受和有限思考的地位，参与性不高，如果没有及时的技能操作做补充，很容易导致脱节。

（2）谈话法

谈话法也称问答法或者讨论法，是教员根据学员已有的知识和经验，通过师生间的问答使学员获取知识的方法。谈话前，教员要在明确教学目的、把握教材重点、摸透学员情况的基础上做好充分准备，认真拟定谈话的提纲，精心设计谈话的问题，审慎选择谈话的方式。谈话时，教员提出的每一个问题都应紧扣教材、难易适当，既要面向全体，又要因人而异。谈话后，教员要及时小结，对学员零乱的知识进行梳理，错误的地方予以纠正，含混的答案予以澄清。

讨论可以安排在讲授开始时，也可以安排在讲授过程中，或课堂内容结束之后。在讲授过程中，可能会出现自发性的讨论，这种情况往往在互动过程中，学员会有不同的回答，提出不同的想法，授课人要善于把握授课与讨论的时间，并适时地进行总结，如果当时能确定一个结论，那么这个结论一般来讲比较容易被接受。讨论可以是正式的，也可以是非正式的。在课后或其他时间的讨论，例如参加会议培训时的讨论，都可以作为培训的实施方式之一。通过这种双向的多项交流，可以交流经验，也可以自我启发，通过讨论可以形成团队精神和良好的人际关系，对团队精神和工作态度的培养大有益处，也可以使讨论的团队或小组对某一问题共同提高认识。

在正式授课之后，一般都要安排答疑。授课人要针对学员可能提出的问题事先做好充分的准备，并善于在答疑中发现问题，及时总结，做好信息反馈，提高培训系统整体的效果。

培训单元 2
消防操作技能培训的内容和方法

【培训重点】

掌握《消防设施操作员国家职业技能标准》对五级 / 初级工、四级 / 中级工消防设施操作员“技能要求”的具体内容。

熟练掌握五级 / 初级工、四级 / 中级工消防设施操作员操作技能培训的方法。

【知识要求】

一、《消防设施操作员国家职业技能标准》“技能要求”的内容

在职业技能标准中，技能要求是完成每项工作内容应达到的结果或应具备的能力，是工作内容的细分。

《消防设施操作员国家职业技能标准》对消防设施操作员的“技能要求”按照级别不同有所不同，对五级 / 初级工、四级 / 中级工、三级 / 高级工消防设施操作员“技能要求”的内容可参见《消防设施操作员国家职业技能标准》。职业标准中标注“★”的为涉及安全生产或操作的关键技能，如考生在技能考核中违反操作规程或未达到该技能要求，则技能考核成绩为不合格。需要注意的是，不同等级的消防设施操作员的关键技能要求并不相同，五级 / 初级工消防设施操作员设有 10 项关键技能；四级 / 中级

工消防设施操作员设有 25 项关键技能。

二、五级 / 初级工、四级 / 中级工消防设施操作员操作技能培训的方法

五级 / 初级工、四级 / 中级工消防设施操作员操作技能培训主要采用直观法。直观性教学方法是教员通过实物或教具进行演示，组织学员进行教学性参观等，使学员利用各种感官直接感知客观事物或现象而获得知识、形成技能的教学方法，也称直接传授法。在消防培训实践中，通过对实物的功能讲解和实际操作的演示讲解使学员能固化理论知识，通过实际动手操作，学习消防设施设备的操作、检测和维护保养。这种方法以直接感知为主要形式，其特点是生动形象、具体真实，学员视听结合，记忆深刻。在五级 / 初级工、四级 / 中级工消防设施操作员培训中，知识直观的最终形式是实物直观 + 模像直观 + 言语直观。具体来说，主要有以下几种方法：

1. 实物直观

实物直观即通过直接感知要学习的实际事物而进行学习的一种直观方式。例如，观察各种实物、演示各种实验、进行实地参观访问等都属于实物直观。由于实物直观是在接触实际事物时进行的，它所得到的感性知识与实际事物间的联系比较密切，因此它在实际生活中能很快地发挥作用。同时，实物直观给人以真实感、亲切感，因此它有利于激发学员的学习兴趣，调动学习的积极性。但是，实物有时难以突出事物的本质要素，学习者必须“透过现象看本质”，这具有一定的难度。同时，由于时间、空间和感官选择性的限制，学员难以通过实物直观获得许多事物清晰的感性知识。由于实物直观有这些缺点，因此它不是唯一的直观方式，还必须有其他种类的直观方式。

2. 模像直观

模像即事物模拟性形象。模像直观即通过对事物的模像直接感知而进行学习的一种直观方式。例如，对各种图片、图表、模型、幻灯片、教学电影电视等的观察和演示，均属于模像直观。由于模像直观的对象可以人为制作，因而模像直观在很大程度上可以克服实物直观的局限，扩大直观的范围，增强直观的效果。首先，它可以人为地排除一些无关因素，突出本质要素。其次，它可以根据观察需要，通过大小变化、动静结合、虚实互换、色彩对比等方式扩大直观范围。但是，由于模像只是事物的模拟形象，而非实际事物本身，因此模像与实际事物之间有一定的差距。为了使通过模像直观获得的知识在学员的生活实践中发挥更好的定向作用，一方面应注意将模像与学员熟悉的事物相比较，另一方面，在可能的情况下，应使模像直观与实物直观

结合进行。

3. 言语直观

言语直观是在形象化的语言作用下，通过对语言的物质形式（语音、字形）的感知及对语义的理解而进行学习的一种直观形式。言语直观的优点是不受时间、地点和设备条件的限制，可以广泛使用；能运用语调和生动形象的事例去激发学员的感情，唤起学员的想象。但是，言语直观所引起的感知，往往不如实物直观和模像直观鲜明、完整、稳定。因此，在可能的情况下，应尽量与实物直观和模像直观配合使用。

三级 / 高级工考核示范样例

理论知识考试

一、单项选择题（下列每题有 4 个选项，其中只有 1 个是正确的，请将其代号填写在横线空白处，每题 1 分）

1. 气体灭火控制器是用于控制各类气体自动灭火系统的一种消防电气控制设备，也是________控制设备的基本组件之一。

A. 消防联动　　B. 火灾报警　　C. 消防灭火　　D. 电气火灾

2. 检查细水雾灭火系统储水装置的液位时，对于储瓶采用________方式进行。

A. 称重　　B. 压力计　　C. 检漏　　D. 目测

3. 按罐体的安装方式，压力式比例混合装置可分为立式和________两种。

A. 撬式　　B. 壁挂式　　C. 桥式　　D. 卧式

4. 对柴油发电机燃油供给系统进行检查维护时，应检查燃油箱盖上的________是否畅通，若内部有污物应清除干净。

A. 通气孔　　B. 呼吸阀　　C. 防尘罩　　D. 节流器

5. 在对可燃气体探测报警系统状态进行有效识别的过程中，可通过________直观判断系统所处工作状态。

A. 电源指示灯　　B. 确认灯　　C. 信号灯　　D. 反馈灯

二、多项选择题（下列每题的多个选项中，至少有 2 个是正确的，请将正确答案的代号填写在横线空白处，每题 1 分）

1. 水喷雾灭火系统是由________、过滤器及水雾喷头等组成，并配套设置火灾探测报警及联动控制系统或传动管系统，火灾时可向保护对象喷射水雾灭火或进行防护冷却的灭火系统。

A. 水源　　B. 供水设备及管网

C. 雨淋阀组　　D. 配水管网

E. 柴油发电机组

2. 泡沫灭火系统一般由________、泡沫液泵（一般为比例混合装置的组成部分）、泡沫比例混合器（装置）、泡沫产生装置、火灾探测与启动控制装置等组件组成。

A. 泡沫消防水泵　　B. 泡沫液

C. 泡沫液储罐　　D. 消防水泵

E. 控制阀门及管道

3. 火灾探测报警系统线路一般包括________，其中总线形式包括树形总线和环形总线两种。

A. 报警信号总线　　B. 联动信号总线

C. 故障信号总线　　D. DC 24 V 电源线

E. 反馈信号总线

4. 下列叙述中，属于更换泡沫产生器的密封玻璃时的注意事项的是________。

A. 一般密封玻璃的接触面配有密封圈和卡箍，拆除时不应丢失

B. 更换前应先清理管路内的残渣以免堵塞管路，影响发泡

C. 密封玻璃一面有易碎划痕时，应将有划痕面背向泡沫混合液流动方向

D. 更换预作用阀阀腔内隔膜橡胶件时，需要两人配合操作

E. 防复位器中橡胶密封块的安装是有方向性的

5. 国家标准《气体灭火系统施工及验收规范》（GB 50236）规定，气体灭火系统控制组件包括________、气体喷放指示灯等。

A. 灭火控制装置　　B. 防护区内火灾探测器

C. 手动、自动转换开关　　D. 手动启动、停止按钮

E. 空气呼吸器

三、判断题（下列判断正确的请在括号内打“√”，错误的请在括号内打“×”，每题 1 分）

1. 当发现电气火灾监控设备与剩余电流式电气火灾监控探测器存在线路短路故障时，应先查线路，排除短路点后再上电测试。（　　）

2. 火灾报警控制器、消防联动控制器的电源部分应具有主电源和备用电源调整装置，当主电源断电时，能手动转换到备用电源；当主电源恢复时，能自动转换到主电源。（　　）

3. 红色、绿色、黄色三种指示灯分别表示电气火灾监控探测器的正常、故障和报警工作状态。（　　）

4. 清洁消防控制室设备时，拆机清理设备前应确认主备电源完全断开，应避免人员带电，谨防静电对设备造成损害。（　　）

5. 电动式泄压装置由电动驱动部件开启叶片或盖板泄压，由压力检测装置发出的启动信号或气体灭火控制系统发出的联动信号启动。（　　）

技能考核

题目一：判断火灾探测报警线路故障类型并修复★

1. 考核要求：能判断火灾探测报警线路故障类型并修复。
2. 准备工作：火灾自动报警系统处于完好状态。
3. 考核时限：5 min。
4. 评分项目及标准

判断火灾探测报警线路故障类型并修复

<table>
<tr><th>评分项目</th><th>评分要点</th><th>配分</th><th>评分标准及扣分</th></tr>
<tr><td>确定故障范围</td><td>查询故障信息，对照系统图确定故障范围</td><td>—</td><td rowspan="6">操作错误本技能不得分，本等级技能鉴定不合格</td></tr>
<tr><td>确定故障类型</td><td>使用万用表判断其是否发生断路或短路</td><td>—</td></tr>
<tr><td>确定故障部位</td><td>使用万用表对启动线路分段测量，确定故障部位</td><td>—</td></tr>
<tr><td>故障修复</td><td>更换故障部位线路，采用接线盒重新连接</td><td>—</td></tr>
<tr><td>功能测试</td><td>按原线序将专线线路连接到接线端子上</td><td>—</td></tr>
<tr><td>填写记录</td><td>填写《建筑消防设施故障维修记录表》</td><td>—</td></tr>
<tr><td>合计</td><td>—</td><td>5</td><td>—</td></tr>
</table>

题目二：更换泡沫产生器的密封玻璃★

1. 考核要求：能更换泡沫产生器的密封玻璃。
2. 准备工作：泡沫灭火系统处于完好状态，泡沫产生器处于损坏状态。
3. 考核时限：2 min。
4. 评分项目及标准

更换泡沫产生器的密封玻璃

<table>
<tr><th>评分项目</th><th>评分要点</th><th>配分</th><th>评分标准及扣分</th></tr>
<tr><td>工作准备</td><td>关闭产生器主管道上的控制阀门</td><td>—</td><td rowspan="7">操作错误本技能不得分，本等级技能鉴定不合格</td></tr>
<tr><td rowspan="4">更换过程</td><td>打开上盖法兰拆除压板</td><td>—</td></tr>
<tr><td>安装新密封玻璃和密封圈</td><td>—</td></tr>
<tr><td>用压板固定好玻璃</td><td>—</td></tr>
<tr><td>重新安装盖板，保持密封</td><td>—</td></tr>
<tr><td>注意事项</td><td>密封玻璃有划痕面背向混合液流动方向</td><td>—</td></tr>
<tr><td>填写记录</td><td>填写《建筑消防设施故障维修记录表》</td><td>—</td></tr>
<tr><td>合计</td><td>—</td><td>6.5</td><td>—</td></tr>
</table>